林下经济与
农业复合生态系统管理

Non-timber Forest-based Economy and Complex Agricultural Ecosystem Management

李文华 ◆ 主　编
陈幸良　李世东　刘某承 ◆ 副主编

中国林业出版社
China Forestry Publishing House

图书在版编目(CIP)数据

林下经济与农业复合生态系统管理 / 李文华主编. —北京：中国林业出版社，2021.5
ISBN 978-7-5219-1096-4

Ⅰ. ①林… Ⅱ. ①李… Ⅲ. ①林业经济-经济发展-研究-中国 Ⅳ. ①F326.23

中国版本图书馆 CIP 数据核字(2021)第 054440 号

责任编辑：于界芬　贺晓峰

出版发行	中国林业出版社（100009　北京西城区刘海胡同7号）
电　话	010-83143542
网　址	http://lycb.forestry.gov.cn
印　刷	河北京平诚乾印刷有限公司
版　次	2021年5月第1版
印　次	2021年5月第1次
开　本	787mm×1092mm　1/16
印　张	29.25
字　数	780千字
定　价	188.00元

林下经济与农业复合生态系统管理

编委会

主　编　李文华（中国科学院地理科学与资源研究所）
副主编　陈幸良（中国林学会）
　　　　李世东（国家林业和草原局）
　　　　刘某承（中国科学院地理科学与资源研究所）
编　委（按姓氏拼音排列）
　　　　陈晓鸣（中国林业科学研究院资源昆虫研究所）
　　　　丁访军（贵州省林业科学研究院）
　　　　顾兴国（浙江省农业科学院）
　　　　洪传春（东北大学秦皇岛分校）
　　　　侯向阳（中国农业科学院草原研究所）
　　　　黄国勤（江西农业大学生态科学研究中心）
　　　　黄璐琦（中国中医科学院）
　　　　蒋菊生（海南省农垦科学院）
　　　　冀春花（海南省农垦科学院）
　　　　李　隆（中国农业大学）
　　　　李　玉（吉林农业大学）
　　　　林昆仑（中国林学会）
　　　　林　群（中国林业科学研究院）
　　　　刘伟玮（中国环境科学研究院）
　　　　卢　琦（中国林业科学研究院荒漠化研究所）
　　　　伦　飞（中国农业大学）
　　　　束怀瑞（山东农业大学）
　　　　汪阳东（中国林业科学研究院亚热带林业研究所）
　　　　王　斌（中国林业科学研究院亚热带林业研究所）

王　枫(中国林学会)
王景升(中国科学院地理科学与资源研究所)
王　妍(中国林学会)
向仲怀(西南大学)
许建初(中国科学院昆明植物研究所)
许中旗(河北农业大学)
杨　伦(中国科学院地理科学与资源研究所)
曾凡顺(辽宁林业科学研究院)
曾祥谓(中国林学会)
张福锁(中国农业大学)
张象枢(中国人民大学)
钟林生(中国科学院地理科学与资源研究所)
朱鹤健(福建师范大学)

前言

　　农业，包括种植业、林业、畜牧业和渔业，是一个民族在形成过程中最早的社会生产形式。从其发生学角度观察，农业是人类对其所赖以生存的生态系统加以人为干预，以获取生活和生产资料，将其构造为农业生态系统的过程。可以说，农业是人类对自然生态系统农业化的产物。人类对环境的农业化过程贯穿人类社会发展的始终。农业随社会生产力和科技水平的提高，经历了不同的阶段，表现了不同的社会内涵。

　　作为一个文明古国，我国农业历史已追溯到距今10000年前后。有人依据考古资料和历史传说，把距今18000年前火的利用和控制时代作为人类文明的开始，把我国的历史提前到10000～18000年前遥远的过去。在原始文明阶段，人类与自然保持了相互依赖的关系。此时人类与自然处于混沌的矛盾统一的状态，人类是自然生态系统中的一员。随着农业文明的出现，人类驾驭自然的能力日益加强，创造了辉煌的古代农业文明，比如古埃及文明、波斯文明、玛雅文明、黄河流域文明、印度河文明等，推动了社会的发展。但随着人类驾驭自然能力的日益增强，对自然的原始敬畏逐渐消失，同时为了发展的短期和狭隘的目的造成了生态失衡，人类与自然的关系从"和谐"变成了"对抗"。

一、中国农业发展的几个阶段

　　全球历史上，在人类文明的一些发祥地，如两河流域、古希腊、古罗马帝国、拉丁美洲等，由于人口激增、盲目扩耕地、过度放牧、砍伐森林等，造成了严重的生态和环境问题，破坏了人类生活和社会文明所赖以生存的物质基础。同样是农业文明古国的中国，其农业却得到了不断发展和完善，得以长期延续下来。中国传统农业在发展历程中形成的哲理理念和具体技术备受关注，是我国当代农业发展的基础，值得我们借鉴和利用。

自然生态系统的采集渔猎农业。在人类漫长的农业历史中，获取食物及其他生活资料的最初方式是采集和渔猎。原始人类的遗址（如云南元谋人遗址、陕西蓝田人遗址、北京人遗址等）也是中国旧石器时代早期最重要的遗址，这些石器则是当时适应采集生活需要的具有多种用途的工具。无论采集还是渔猎，都局限于攫取现成的天然产物，人类依赖于自然界的恩赐，生活很不稳定。此时的农业特点是生态多样性高，具有多功能性、自组织和不稳定性等特点，是中国农业最开始阶段。

朴素的原始农业。随着历史的不断发展，农业发展也进入了朴素的原始农业阶段。最初的农业是以牺牲大片森林为代价的"刀耕火种"农业，它往往是人类从单纯依靠自然界的恩赐，发展到自觉和更主动地去创造物质财富。原始农业的发展促进了人类的定居生活。从已经发现的早期农业文化遗产来看，当时农业分布是零星散布的，多集中于东部季风区，其中以黄河中下游及长江中下游较为密集。由于自然条件的差异，主要类型包括黄河流域的原始旱地农业类型，长江流域的原始水田农业系统，长城以北和西部地区的狩猎和饲养经济类型，以及东南滨海的以采集和渔猎为主的原始农业类型，有的地方发展了以农业为主的综合经济（包括饲养家畜）。原始农业的出现在当时是一个巨大的历史进步，它为社会进步创造了物质前提；以当代的标准看，原始农业也产生了它的负面影响：原始农业的生产水平和技术水平还是落后的，需要不断砍伐森林，在一定程度上破坏了自然环境，而这种破坏，随着人口的增加、可利用土地的相对减少和生产工具的改进而日渐严重，但并未超过生态系统所承载的阈值。

精耕细作的传统农业。随着我国历史的不断发展，到了春秋时期，传统的土地公有制（井田制）逐步为土地私有制所取代，而且铁器和农田水利也得到了很好的发展，此时的工业技术还比较粗放，但基本上摆脱了"刀耕火种"方式，精耕细作技术已在某些生产环节中萌芽了；从春秋至魏晋南北朝，以黄河流域为中心的北方精耕细作传统农业技术体系逐步成型；唐中叶时期，全国经济中心从黄河流域转移到长江以南地区，与此相适应，南方精耕细作体系逐步成熟起来；到明清时期，人口激增、耕地日渐不足，成为严重社会问题，为了解决人多地少的尖锐矛盾，人们加强对边疆地区和边际土地（如山地、海涂、盐碱地、冷浸田等）的开发，同时更充分地利用现有农用地，增加复种指数，大力提高单位面积产量，精耕细作农业技术得到了充分的发展。在中国精耕细作的传统农业时期，人类活动得到进一步加强，但技术相对落后，朴素的农业哲学思想（如天人合一）得到进一步发展，出现了投入量少、集约经营的农业，并留下了丰富的农业文化遗产，在中国农业发展历史中发挥着不可替代的作用。

近代石油农业。1840年鸦片战争以后，世界主要资本主要国家先后入侵我国，把中国作为倾销过剩商品的市场和掠夺原料的基地，使我国以耕织为主的自然经济开始解体。与此同时，农产品商品化的发展，特别是经济作物种植面积的扩大和粮食作物商品率的提高，也促进了自然经济的解体。尤其是20世纪中叶以后，我国传统农业受到了具有工业文明特征的石油农业的冲击，并开始了向石油农业过渡的历程。近代石油农业开始大量投入石油化学产品（如化肥、农药等），农业单产很高。但在这一过程中，近代石油农业也出现了一些弊端，如化肥和农药的过量施用导致各种生态灾害，农业灌溉用水的大幅度增加导致水资源过量开采，过度垦荒、滥砍滥伐和超载过牧等导致水土流失及土壤沙化现象严重等问题。此时，在国际上开始了一场可持续农业运动，出现了绿色农业运动。

反思中的生态农业。随着我国人口的迅速增加、经济快速发展、耕地区域减少，环境日渐恶化，尤其改革开发以后，近代石油农业迅速发展，其所带来的问题日趋严重，我国学者们也开始反思农业如何可持续发展，开始思考一个问题：中国农业发展的出路在哪里？是继续走西方石油农业的老路？还是吸收中国传统农业的精华，与现代科学技术相结合，走有中国特色的现代农业新路？正是在这种背景下，中国的科学家开始寻找一条适合中国国情的、具有当代特征的中国农业发展模式。1982年，叶谦吉教授在银川农业生态经济学术讨论会上发表《生态农业——我国农业的一次绿色革命》一文，正式提出了中国的"生态农业"这一术语。1993年由农业部等7部委局组成了"全国生态农业县建设领导小组"，重点部署51个县开展县域生态农业建设，从其分布的区域和生态类型的代表性来看，具有重要意义。2000年3月，国家七部委局在北京召开第二次全国生态农业县建设工作会议，对第二批50个示范县工作进行了部署，同时提出在全国大力推广和发展生态农业的任务。这一时期，中国学者在广泛的生态农业实践中，总结出带有普遍性的经验，并把它上升到理性认识，初步形成了中国的生态农业理论，发表了《中国农林复合经营》《Agro-Ecological Farming Systems in China》《生态农业——中国可持续农业的理论与实践》等著作。2005 年，"浙江青田稻鱼共生系统"被联合国粮农组织确定为首批全球重要农业文化遗产（Globally Important Agricultural Heritage Systems，GIAHS），不仅表明国际社会对中国生态农业的关注，也标志着中国生态农业发展进入了一个新阶段。

展望未来的复合农业。随着我国生态文明目标的提出，传统的生态农业应该进一步发展，智慧型复合农业逐渐受到关注。这种智慧型复合农业系统不仅是新的农业技术与传统经验的结合，更应当是在生态经济学基础上，实现了多种组分在时间与空间上综合了一种工程技术，这种农业系统符合我国生态文明建设的目标，具有整体和系统功能、复合生态学思想，体现出政治、文化、自然、社会相结合的内容，能够实现农业的可持续发展。虽然我国生态农业得到了长足的发展，但是与智慧型复合农业相比，仍存在较大的差距，我国智慧型复合农业发展仍在路上。

二、农业复合生态系统管理的几个概念

当前，我国正处在绿色转型的过程中，我们的原则是求大同、存小异，重实用、少学院派。随着习近平生态文明思想、绿色发展理念和传承优秀传统文化的精神的贯彻落实，生态农业的概念逐渐被广大群众所接受。作为一个新的理念，在其形成的初期，往往会出现不同的名称和表达术语；在其实践过程中也会出现不同的组成、结构和模式，例如近来在农业生态学领域的许多具有重要影响的著作中，就提出了诸如生态农业、农林复合经营、可持续农业、有机农业、复合农业、农业生态工程以及林下经济来表达这种复合型。在本书中，我们不准备仔细地对不同名称和概念进行逐一分析，而是从应用的角度，将基本的原理和明显的区别加以概括，择其具有广泛应用性的重点进行介绍。这种观点与我们在 1994 年出版的《中国农林复合经营》绪论中所表达的思想是一脉相承的。因为用一种简单的术语来表达复杂的系统是极其困难的。同时，对不同作者提出的术语进行分析，不难发现尽管它们在文字表达上存在或多或少的差异，但其本质上并无明显区别。

生态农业（Eco-agriculture）是按照生态学原理、生态经济学规律和系统科学方法，建立起来的结构合理、功能持续、经济可行的社会、经济、生态三种效益统一的农业生产系统；同时，它作为一种人工生态系统，具有生态系统的结构与功能特征，其自身的发展遵守生态学的基本规律。因此，在生态农业的实践中要积极和科学地运用这些规律来对这一人工的生态系统进行调控。

农林复合经营（Agro-forestry），有人称为混农林业，是世界各地农业实践中一种传统的土地利用方式，它是指在同一土地管理单元上，人为地把多年生木本植物（如乔木、灌木、棕榈、竹类等）与其他栽培植物（如农作物、药用植物、经济植物以及真菌等）和（或）动物，在空间上或按一定的时序安排在一起而进行管理的土地利用和技术系统的综合。在农林复合经营系统中，不同组分间应具有生态学和经济学上的联系。

林下经济，目前还没有公认的定义和统一的英文翻译。一般认为，林下经济是以林地资源为基础，充分利用森林资源和林荫空间，将林下种植、林下养殖、森林景观利用和林下产品加工相结合，通过科学合理的经营管理，从而取得良好的经济效益的复合林农业系统。因此，林下经济的内涵是发展农林复合经营，以生产多种木质与非木质林产品为目的经济形态。林下经济的外延还应包括利用森林的生态功能和社会文化功能，开展诸如生态旅游、休闲度假、观光采摘等多项活动，以满足社会需求而发展的林业经济。

从定义可以看出，生态农业、农林复合经营与林下经济虽然在文字表述上略有不同，但在本质上并无明显差别。

（1）它们都是传统经验的基础上，根据当前农业发展中存在的问题，以可持续发展为指导思想，以发展与保护相互依存和相互制约的观点为依据，以生态效益、经济效益和社会效益的综合发展为目标的复合经营体系。

（2）它们的核心问题是提高生产力、发展经济、提高人民生活水平。它们都力图加强系统的自组织和自维持能力，使系统达到高效、和谐和稳定的发展，但同时它并不反对必要的投入，并尽可能以不污染环境为准则。

（3）生态农业、农林复合经营与林下经济都力图通过多种产品来满足农民家庭及社区的多方面的经济要求，并缓解由气候变化、市场波动和病虫害等带来的威胁，并且使劳动力能在全年得到合理的分配,增加就业机会和提高收入水平。

(4) 生态农业、农林复合经营与林下经济的推广需要政府的扶持,特别是在其初始阶段。同时,三者均强调群众的积极参与和系统自身的造血功能和机制,这种机制的建立是一个逐步的过程,它要求通过结构的调整和短、中、长效益的结合,逐步建立起一个高产、优质、高效的可持续发展的大农业系统。

(5) 生态农业、农林复合经营与林下经济的概念可以应用在不同层次上。从一家一户的庭院经营,到田间的生态系统,到以景观单元为主的综合经营以至到县和大区域的复合经营体系,如农田防护林体系等。

同时,生态农业、农林复合经营与林下经济也有许多不同之处。

首先,生态农业与农林复合经营以及林下经济的区别,主要表现在生态农业的范围比农林复合经营及林下经济要广泛得多。在农林复合经营及林下经济的组分中,必须有木本植物的存在,同时它的组合相对简单。而生态农业中既可包括木本植物,也可以是不包括木本植物的多种成分组合。广义的生态农业包括农、工、商联合的生产系统。如果把生态农业县的建设也包括在内,则其就不仅包括农业生产系统及其自然环境和自然资源,同时也涉及工业、交通、能源以及交换分配、消费等各个经济环节,同时也把人口、文化、培训、教育、政策和管理体制包括在系统之中。这就大大地超越了农林复合经营及林下经济系统所包括的范围,而进入以生态经济学原理为指导的农村持续发展的范畴了。

其次,农林复合经营与林下经济也存在一些区别:一是培育对象的侧重不同,林下经济是强调以林为主,在生产林产品的前提下,提高土地利用率,增加单位面积经济产量和经济效益,而农林复合系统则不一定强调以林为主,也可能以农作物或者其他产品为主;二是两者的土地利用类型不同,农林复合经营的土地利用类型多是农耕地甚至是水池(如桑基鱼塘),而林下经济的土地利用类型是则主要是林地;三是发展目的不同,农林复合经营的目的主要是在改善农田生态环境的条件下,发展农业经济,而林下经济则主要是在不破坏林地生态功能的前提下,优化区域产业结构,发展林业经济;四是发展的阶段不同,农林复合经营是一般的农业生产活动,而林下经济是在这种经营活动的基础上发展起来的全新的经济形式,它以生态经济和循环经济为指导,更加强调整个过程充分利用生态学原理和生物种间的互利关系,做到资源的高效和循环利用;五是概念和范畴不同,农林复合经营主要表征经营活动,林下经济主要强调发展经济,而范畴更加广泛。可以说,林下经济主要来源于农林复合经营,但是又不同于农林复合经营,在内涵和生产格局上,更强调其经济属性。

当然,农林复合经营与林下经济的不同,更多地是由于这两个概念是不同学科出于不同的需要提出的,而且人们对"定义"的理解也不尽相同,因此造成了上述的一些区别。由于目前对林下经济尚没有公认的概念,为方便期间,本书将农林复合经营和林下经济作为同义语。

三、本书编写的目的与成书过程

2012年国务院办公厅下发《关于加快林下经济发展的意见》,2013年国务院印发《循环经济发展战略及近期行动计划》,明确了在新的历史时期下,保护与发展林下经济和农业复合生态系统管理的新方向。2014年,中国林学会成立了林下经济分会,我当选为林下经济分会的主任委员。为了使农林复合经营这一具有数千年传统、曾经在农村社会经济发展与农村生态环境建设中发挥了巨大作用、符合我国现实国情的农业发展模式,能够得到更好的发展,有必要系统整理并不断完善我国农业复合生态系统管理的理论与方法,认真总结成功经验和存在问题,分析面临的新问题,找出新时期发展的突破口,为乡村振兴战略与我国农村经济发展做出贡献,同时也为国际可持续农业运动提供借鉴,在原国家林业局软课题和林下经济分会的支持下,我组织相关专家学者编撰了此书。

在编写过程中,我们注重了下面几个基本原则:

一是总结经验与创新提高相结合的原则。在本书酝酿之初,我们就确定了"回顾历史、面对现实、展望未来"的基本思想,既要从各个方面全面、系统地总结中国林下经济和农业复合生态系统管理的成功经验与存在问题;也要全面分析林下经济和农业复合生态系统管理在新时期所面临的机遇与挑战,以及在进一步强调农村社会经济可持续发展、农民脱贫致富和加快生态环境建设的条件下所面临的巨大压力;更要根据林下经济和农业复合生态系统管理的自身规律和乡村振兴战略及全面建设小康社会的基本要求,提出适应我国实际情况又符合林下经济和农业复合生态系统管理发展规律的建议,以便为科学研究与实践操作人员提供参考。

二是系统性与重点性相结合的原则。中国林下经济和农业复合生态系统管理的内容极为丰富，尽管已经出版了一批相关的论著与论文，对我国林下经济和农业复合生态系统管理的发展起了到了积极的推动作用，但或者由于有所侧重而显得全面性不够，或者由于出版时间较早而与当前情况结合不够。本书在拟定编写提纲时，就力求全面地阐述林下经济和农业复合生态系统管理的发展历程、基本原理、管理与评价分析以及发展展望等，力求全面；同时又着力于不同的模式类型、技术体系以及区域特点，进行更加详细的介绍，以突出重点。

三是总体策划与分篇把关相结合的原则。由于编写这样一部涉及面广、参加人员多、内容丰富的论著，非常困难，为了高效地工作，我们组织了由主编和副主编组成的常务编委会和近50名作者参加的编委会。由常务编委会进行总体策划，各位副主编进行分篇把关，以便尽可能地保证编写质量。

四是分别编写与集中交流相结合的原则。确定编写指导思想之后，邀请了具有广泛的地区代表性、专业代表性和工作性质代表性的作者。为了使作者在编写过程中避免重复和密切结合最新动态，我们除了制订统一的编写提纲与编写要求外，还结合中国林学会林下经济分会每年的学术年会召开工作会议，以统一思想。

本文共分四个部分。第一部分，理论篇，主要介绍了林下经济和农业复合生态系统管理的概念和内涵、重要意义、国外研究与发展状况、国内研究与发展状况、指导思想、理论基础等；第二部分，区域篇，主要介绍了东北、华北、西北、华东、华中、华南和西南等七个区域林下经济和农业复合生态系统管理的状况；第三部分，类型篇，主要介绍了林下经济和农业复合生态系统管理的分类方法以及林—粮复合、林—牧复合、林—菌复合、林—茶复合、林—药复合、林—昆复合、林—湿复合、竹林复合、果园复合、庭院复合、小流域复合系统以及森林旅游等十二大复合生态系统经营的模式；第四部分，发展篇，主要介绍了林下经济和农业复合生态系统管理的现代组织形式、三产融合发展以及政策建议。

自2014年组织编写此书以来，本书的出版得到了国家林业局（现为国家林业和草原局）科技司、中国林学会林下经济分会的大力支持。同时，为了编撰本书，我们先后向来自我国林学、农学、生态学、经济学、管理学等不同学科的专家学者共46人进行约稿。这些作者，均以促进我国林下经济和农业复合生态系统管理的发展为己任，在几乎没有经费支持和报酬的情况下，根据总体写作计划，克服各种困难，很好地完成了任务。作为主编，我要特别感谢各位作者的充分理解与大力支持。可以说，如果没有他们的奉献与合作精神，要完成这样一部书的编写，是几乎无法想象的。

但另一方面，由于农业生态系统复合管理的复杂性及相关名词定义的讨论辨析，本书的编写及统稿经历了6年的时间。在新的形势下，本书收录的部分类型案例可能有了新的发展，也可能有新的、好的类型没有收录进来。疏漏之处在所难免，请读者给予批评和指正。同时，在本书相关时间的表述上，是以开始编写此书为时间节点的，由此给读者造成的不便，尚请谅解。

2012年，党的十八大报告提出，"把生态文明建设放在突出地位，融入经济建设、政治建设、文化建设、社会建设各方面和全过程"。2017年，党的十九大报告提出，"必须树立和践行绿水青山就是金山银山的理念"，"形成绿色发展方式和生活方式，坚定走生产发展、生活富裕、生态良好的文明发展道路"。生态文明建设中"生态"两个字的内涵远远超出了传统意义上的自然生态的含义，而已成为自然、经济、文化、政治的载体，包含了生态文化、生态环境、生态产业三个方面的内容。林下经济和农业复合生态系统管理恰恰对应了生态保护与建设、生态产业发展、人居环境建设和生态文化建设等方面，是典型的绿色、循环和低碳的发展模式，是"绿水青山"转变为"金山银山"的典型途径，是生态文明建设的重要体现。

在党和政府的重视下，当前林下经济的发展呈现出良好的态势，无论其实践推广还是科学研究都处于不断扩大和深入的过程。在当前人口、资源、环境压力的时代背景下，其显著的经济、生态与社会效益，使得其在未来的土地利用过程中，具有广阔发展前景。我们相信，在科学发展观和生态文明的指导下，在国家相关部委、地方政府、企业和民众的多方参与下，在多学科专家的通力合作下，我国林下经济和农业复合生态系统管理的科学研究和产业发展将为实现中国梦作出新的贡献！

中国工程院院士

2020年12月于北京

目 录

前 言

第一篇 理论篇

第一章 农林复合经营基本概念与内涵 ……………………………………(3)
 第一节 农林复合经营概念及其内涵 ………………………………(3)
 第二节 林下经济概念及其内涵 ……………………………………(4)
 第三节 农林复合经营、林下经济与生态农业的关系 ……………(5)
 第四节 农林复合经营的重要意义 …………………………………(6)
 参考文献 ………………………………………………………………(12)

第二章 国外农林复合经营研究与发展概况 ……………………………(15)
 第一节 世界主要地区农林复合经营进展状况 ……………………(15)
 第二节 农林复合经营研究内容 ……………………………………(21)
 第三节 农林复合经营未来展望 ……………………………………(26)
 参考文献 ………………………………………………………………(28)

第三章 中国农林复合经营研究与发展概况 ……………………………(32)
 第一节 中国农林复合经营的研究概述 ……………………………(32)
 第二节 中国农林复合经营的研究现状与趋势 ……………………(36)
 第三节 中国农林复合经营的实践发展历程 ………………………(42)
 第四节 中国农林复合经营的特色与存在的问题 …………………(52)
 参考文献 ………………………………………………………………(55)

第四章 农林复合经营指导思想 …………………………………………(59)
 第一节 古代哲理的启示 ……………………………………………(59)

第二节　可持续发展理论 …………………………………………………… (64)
　　第三节　生态文明理论 ……………………………………………………… (69)
　　参考文献 ……………………………………………………………………… (70)

第五章　生态学原理 …………………………………………………………… (71)
　　第一节　生态学理论 ………………………………………………………… (71)
　　第二节　农林复合系统种间根系相互作用 ………………………………… (80)
　　第三节　农林复合系统对土壤肥力的影响及其综合调控 ………………… (88)
　　参考文献 ……………………………………………………………………… (97)

第六章　农林复合经营社会经济学原理 …………………………………… (109)
　　第一节　经济学理论 ………………………………………………………… (109)
　　第二节　社会学理论 ………………………………………………………… (112)
　　第三节　农林复合系统的调控机制 ………………………………………… (115)
　　参考文献 ……………………………………………………………………… (119)

第二篇　区域篇

第七章　东北地区 ……………………………………………………………… (123)
　　第一节　区域概况 …………………………………………………………… (123)
　　第二节　类型分布及其特点 ………………………………………………… (124)
　　第三节　可持续经营建议 …………………………………………………… (133)
　　参考文献 ……………………………………………………………………… (135)

第八章　华北地区 ……………………………………………………………… (138)
　　第一节　区域概况 …………………………………………………………… (138)
　　第二节　类型分布及其特点 ………………………………………………… (141)
　　第三节　可持续经营建议 …………………………………………………… (144)
　　参考文献 ……………………………………………………………………… (147)

第九章　西北地区 ……………………………………………………………… (148)
　　第一节　区域概况 …………………………………………………………… (148)
　　第二节　类型分布及其特点 ………………………………………………… (150)
　　第三节　可持续经营建议 …………………………………………………… (157)
　　参考文献 ……………………………………………………………………… (159)

第十章　华东地区 ……………………………………………………………… (164)
　　第一节　区域概况 …………………………………………………………… (164)

  第二节 类型分布及其特点 ………………………………………………………（166）
  第三节 可持续经营建议 …………………………………………………………（179）
 参考文献 …………………………………………………………………………………（181）

第十一章 华中地区 ……………………………………………………………（186）
  第一节 区域概况 ……………………………………………………………………（186）
  第二节 类型分布及其特点 ………………………………………………………（189）
  第三节 可持续经营建议 …………………………………………………………（193）
 参考文献 …………………………………………………………………………………（196）

第十二章 华南地区 ……………………………………………………………（201）
  第一节 区域概况 ……………………………………………………………………（201）
  第二节 类型分布及其特点 ………………………………………………………（203）
  第三节 可持续经营建议 …………………………………………………………（205）
 参考文献 …………………………………………………………………………………（206）

第十三章 西南地区 ……………………………………………………………（209）
  第一节 区域概况 ……………………………………………………………………（209）
  第二节 类型分布及其特点 ………………………………………………………（211）
  第三节 可持续经营建议 …………………………………………………………（218）
 参考文献 …………………………………………………………………………………（220）

第三篇 类型篇

第十四章 农林复合系统分类 …………………………………………………（225）
  第一节 研究与实践现状 …………………………………………………………（225）
  第二节 我国农林复合经营分类 …………………………………………………（228）
 参考文献 …………………………………………………………………………………（235）

第十五章 林－粮复合系统 ……………………………………………………（237）
  第一节 概况 …………………………………………………………………………（237）
  第二节 类型分布及其特点 ………………………………………………………（241）
  第三节 典型模式：桐－粮复合系统 ………………………………………………（243）
  第四节 典型模式：杨－粮复合系统 ………………………………………………（250）
  第五节 典型模式：枣－粮复合系统 ………………………………………………（259）
 参考文献 …………………………………………………………………………………（265）

第十六章　林-牧复合系统·····(268)
第一节　概况·····(268)
第二节　类型分布及其特点·····(273)
第三节　典型模式：林-草-牧复合系统·····(274)
第四节　典型模式：草库伦复合系统·····(278)
第五节　典型模式：荒漠绿洲"三圈"复合生态系统·····(283)
参考文献·····(285)

第十七章　林-菌复合系统·····(291)
第一节　概况·····(291)
第二节　类型分布及其特点·····(292)
第三节　典型模式：林-人工栽培食用菌复合系统·····(293)
第四节　典型模式：林-野生菌复合系统·····(296)
参考文献·····(301)

第十八章　林-茶复合系统·····(305)
第一节　概况·····(305)
第二节　类型分布及其特点·····(306)
第三节　茶园-苗木复合系统·····(308)
参考文献·····(312)

第十九章　林-药复合系统·····(313)
第一节　概况·····(313)
第二节　类型分布及其特点·····(314)
第三节　典型模式：铁皮石斛林下经济系统·····(315)
第四节　典型模式：北五味子复合经营模式·····(317)
第五节　典型模式：草珊瑚林下套种模式·····(318)
第六节　典型模式：红豆杉林下套种栽培模式·····(319)
参考文献·····(320)

第二十章　林-昆复合系统·····(321)
第一节　概况·····(321)
第二节　类型分布及其特点·····(322)
第三节　典型模式：林-蜂复合系统·····(324)
第四节　典型模式：林-紫胶复合系统·····(330)
参考文献·····(333)

第二十一章　林-湿复合系统 (335)

  第一节　概况 (335)
  第二节　类型分布及其特点 (335)
  第三节　典型模式：桑基鱼塘复合系统 (340)
  参考文献 (342)

第二十二章　竹林复合系统 (343)

  第一节　概况 (343)
  第二节　类型分布及其特点 (344)
  第三节　典型模式：竹-药复合系统 (347)
  第四节　典型模式：竹-菌复合系统 (349)
  参考文献 (352)

第二十三章　果园复合系统 (354)

  第一节　概况 (354)
  第二节　类型分布及其特点 (355)
  参考文献 (357)

第二十四章　庭院复合系统 (360)

  第一节　概况 (360)
  第二节　类型分布及其特点 (362)
  第三节　效益分析 (364)
  参考文献 (365)

第二十五章　小流域复合系统 (366)

  第一节　概况 (366)
  第二节　典型模式：长汀小流域水土保持系统 (366)
  第三节　典型模式：千烟洲农-林复合系统 (370)
  参考文献 (373)

第二十六章　森林旅游 (375)

  第一节　概况 (375)
  第二节　类型分布及其特点 (377)
  第三节　典型模式：产业融合的典范——浙江安吉 (379)
  第四节　典型模式：景区中的"低碳先导"——四川九寨沟 (380)
  第五节　林家乐中的"标兵"——福建森林人家 (383)
  参考文献 (386)

第四篇　发展篇

第二十七章　现代组织形式 (389)
- 第一节　概况 (389)
- 第二节　农民专业生产合作社 (391)
- 第三节　现代综合服务体系 (393)
- 第四节　供销合作社 (396)
- 第五节　信用合作社及其金融机构 (398)
- 第六节　集体及社区合作社 (400)
- 参考文献 (402)

第二十八章　三产融合发展 (403)
- 第一节　概况 (403)
- 第二节　主要类型 (404)
- 第三节　发展途径 (407)
- 参考文献 (409)

第二十九章　林下经济的可持续发展 (411)
- 第一节　与林下经济相关的政策现状 (411)
- 第二节　林下经济发展存在的问题 (432)
- 第三节　林下经济发展的政策建议 (435)
- 参考文献 (447)

第一篇
理论篇

第一章
农林复合经营基本概念与内涵

在我国向智慧型农业复合生态系统发展过程中，存在着农林复合经营、林下经济和生态农业等多种类型。理解不同类型的农业复合生态系统的概念和内涵，对于更好地实现智慧型农业复合生态系统的目标具有重要的意义。因此，本章主要介绍了农林复合经营和林下经济的概念和内涵及重要意义，并与生态农业的内涵进行了系统的比较和阐述。

第一节　农林复合经营概念及其内涵

农林复合经营（Agroforestry），有人称为混农林业，是世界各地农业实践中一种传统土地利用方式，它是指在一个土地利用单元中，人为地把木本植物与农作物以及畜禽养殖多种成分结合起来的土地利用系统。这种朴素而有效的土地利用实践历史相当悠远，并具有许多成功的模式。但是长期以来，这些珍贵的经验并没有得到足够的重视，也并没有从科学上给予系统的总结与提高。直到20世纪70年代以来，随着世界人口爆炸性的增长，发达国家对资源的过度消耗和发展中国家由于人口的压力以及对基本生活资料的需要，正在消耗人类赖以生存的自然资源，并导致生物多样性的减少和环境的污染和退化，进而影响到经济的增长和人们的生活。在严酷的现实面前，人类被迫进行反思，开始探索一条能导致可持续发展的土地利用和农业发展的模式。正是在这样的背景下，农林复合经营这一古老的土地利用方式才被重新认识。它作为一门边缘的分支学科，出现在农业和林业科学的交叉领域，并呈现出蓬勃的生机和巨大的潜力。

基于国际农林复合系统委员会的定义为依据，李文华和赖世登（1994）认为，农林复合系统是指再同一土地管理单元上，人为地把多年生木本植物（如乔木、灌木、棕榈、竹类等）与其他栽培植物（如农作物、药用植物、经济植物以及真菌等）和（或）动物，在空间上或按一定的时序安排在一起而进行管理的土地利用和技术系统的综合。在农林复合系统中，在不同的组分间应具有生态学和经济学上的联系。因此，农林复合经营与其他土地利用系统相比，具有以下几方面突出的特征：

（1）复合性。农林复合系统改变了常规农业经营对象单一的特点，它至少包括两个以上的成分。这里的"农"不仅包括第一性生物产品如粮食、经济作物、蔬菜、药用植物、栽培食用菌等，也包括第二性产品如饲养家畜、家禽、水生生物和其他养殖业。所谓"林"包括各种乔木、灌木和竹类组成的用材林、薪炭林、防护林和经济林等。农林复合系统把这些成分从空间和时间上结合起来，使系统的结构向多组分、多层次、多时序发展。利用不同生物间共生互补和相辅相成的作用提高系统的稳定性和持续性，并取得较高额生物产量和转化效率。特别是这种多生物种类的人工生态系统能够从有限的土地上获取多种的产品，以满足小农经济的多方面的需求。这点对发展中国家的农民来说具有重要意义。同时，农林复合系统在管理上要打破部门之间和学科之间的界限，这就要求跨部门跨学科的研究和合作。

（2）系统性。农林复合系统是一种人工生态系统，有其整体的结构和功能，在其组成成分之间有物质和能量的交流和经济效益上的联系。人们经营的目标不仅要注意其组成的某一成分的变化，更要注意成分之间的动态联系。农林复合经营不同于单一对象的农业生产，而是把取得系统的整体效益作为系统管理的重要目的。

（3）集约型。农林复合系统是一种复合的人工生态系统。在管理上要求比单一组分的人工生态系统有更高的技术。同时为了取得较多的品种和较高的产量，在投入上也有较高的要求。

（4）等级性。农林复合系统的大小可以具有不同的等级和层次。它可以从以家庭为一个结构单元，到田间生态系统，到以小流域或地区为单元，直接覆盖广大面积的农田防护林体系。

第二节　林下经济概念及其内涵

随着我国林权改革和天然林资源保护工程的不断深入，如何引导广大林区林农、国有林区职工如何致富，实现变"青山"变为"金山"，正确处理生态保护与产业发展之间的关系已经成为亟待解决的问题（曹玉昆等，2014）。因此，我国也适时地提出了发展林下经济。早在20世纪50年代至60年代末期，我国国有林区通过在林下开展养殖业和种植业，来解决食物不足的问题；经过70~90年代的发展，林下经济得到快速发展，规模迅速扩大（曹玉昆等，2014）。进入21世纪之后，为了实现林业发展，林农增收，充分利用地理资源，林下经济得到各部门的充分重视。2007年2月，国务院总理温家宝在辽宁抚顺考察时提出，"能够保护好生态环境，发展好林下经济很重要"；2010年的中央一号文件明确提出要因地制宜发展林下种养业；2012年7月，国务院办公厅颁发的《关于加快林下经济发展的意见》也为林下经济的发展提出了新的要求，带来了新的机遇（张以山和曹建华，2013）。

我国林地面积大，各地情况相差较大，各地的林下经济发展模式存在较大差异，因此，在生产时间和科学研究中，各地对林下经济的概念尚未形成统一的观点（徐超，2013）。根据前人对林下经济的定义与总结，本书认为，林下经济是以林地资源为基础，充分利用森林资源和林荫空间，选择合适的林下种植、林下养殖、森林景观利用和林下产品加工相结合的复合林农业系统，进行科学合理的经营管理，从而取得良好的经济效益。因此，林下经济的内涵是发展农林复合经营，以生产多种木质与非木质林产品为目的经济形态。林下经济的外延还应包括利用森林的生态功能和社会文化功能，开展诸如生态旅游、休闲度假、观光采摘等多项活动，以满足社会需求而发展的林业经济（翟明普，2011）。

根据林下经济的定义及内涵，李金海等（2008）总结了林下经济的以下几个特点：

（1）提高资源利用率。林下经济所构建的复合林农生态系统，能够提高土地资源的利用效率，并且可以能够提高单位面积生物量和光能利用率。

（2）增强森林生态系统稳定性。发展林下经济，形成上层是乔木层，中间是灌木层，下边是草本和动物，地下是微生物的复合结构，进一步提高了生态系统生物多样性和稳定性。

（3）促进资源循环利用。林下经济延伸了"生产者－消费者－分解者"产业经济链条，形成了"资源－产品－再生资源－再生产品"互利共生的循环经济网络模式，实现物质能量流的闭合式循环，最终达到"零排放"的理想目标。

第三节　农林复合经营、林下经济与生态农业的关系

生态农业是我国著名生态学家马世骏先生于1981年在北京举行的农业系统工程学术讨论会上提出的，并在一系列著作中给予了系统的阐述，其核心和指导思想是应用生态系统的整体、协调、循环、再生原理，充分利用经济杠杆、市场和价值规律，使我国农业纳入良性循环的轨道（李文华和赖世登，2004）。生态农业是按照生态学原理、生态经济学规律和系统科学方法，建立起来的结构合理、功能持续、经济可行的社会、经济、生态3种效益统一的农业生产系统；同时，它作为一种人工生态系统，具有生态系统的结构与功能特征，其自身的发展遵守生态学的基本规律。因此，在生态农业的实践中要积极和科学地运用这些规律来对这一人工的生态系统进行调控（李文华，2003）。

生态农业、农林复合经营与林下经济都有许多共同之处：

（1）它们都是传统经验的基础上，根据当前农业发展中存在的问题，以可持续发展为指导思想，以发展与保护相互依存和相互制约的观点为依据，以生态效益、经济效益和社会效益的综合发展为目标的复合经营体系。

（2）生态农业、农林复合经营与林下经济的核心问题是提高生产力、发展经济、提高人民生活水平。这一目标主要是通过调整系统的组成和时空结构、提高第一性生物生产力，实现物质的多级利用和转化效率，并提高管理技术、经营水平和了解市场信息来实现的。它们都力图加强系统的自组织和自维持的能力，使系统达到高效、和谐和稳定的发展，但同时并不反对必要的投入，并尽可能以不污染环境为准则。

（3）生态农业、农林复合经营与林下经济都力图通过多种产品来满足农民家庭及社区的多方面的经济要求，并缓解由气候波动和市场变化以及病虫害等带来的危害，并且使劳动力能在全年得到合理的分配，增加就业机会和提高收入水平。

（4）生态农业、农林复合经营与林下经济的推广需要政府的扶持，特别是在其初始阶段尤为重要，同时二者均强调群众的积极参与和系统自身的造血功能和机制。此机制的建立是一个逐步的过程，它要求通过结构的调整和短、中、长效益的结合，逐步建立起一个高产、优质、高效的可持续发展的大农业系统。

（5）生态农业、农林复合经营与林下经济的概念可以应用在不同层次上。从一家一户的庭院经营，到田间的生态系统，到以景观单元为总体的综合经营以至到县和大区域的复合经营体系，如农田防护林体系等。

上述特征决定了不论是农林复合经营或是生态农业在进行设计和实践过程中都需多学科的配合以及群众、科技人员、领导干部和决策部门的参加与支持。

然而，生态农业与农林复合经营以及林下经济又有明显的区别，主要表现在生态农业的范围比农林复合经营及林下经济的系统要广泛得多。在农林复合经营及林下经济的组分中，必须有木本植物的存在，同时它的组合相对简单。而生态农业中既可包括木本植物，也可以是不包括木本植物的多种成分组合。广义的生态农业包括农、工、商联合生产系统。如果把生态县的建设也包括在内，则其中包括的成分就不仅包括农业生产系统及其自然环境和自然资源，同时也涉及工业、交通、能源以及交换分配、消费等各个经济环节，同时也把人口、文化、培训、教育、政策和管理体制包括在系统之中。这就大大地超越了农林复合经营及林下经济系统所包括的范围，而进入以生态经济学原理为指导的农村持续发展的范畴了。

尽管农林复合经营与林下经济有着颇多共同点，但是两者之间仍存在一些区别。翟明普（2011）指出，它们之间的区别表现在以下几个方面：一是培育对象的侧重不同，林下经济是强调以林为主，在生产林产品的前提下，提高土地利用率，增加单位面积经济产量和经济效益，而农林复合系统则不一定强调以林为主，其也可能以农作物或者其他产品为主；二是两者的土地利用类型不同，农林复合经营的土地利用类型多是农耕地甚至是水池（如桑基鱼塘），而林下经济的土地利用类型是则主要是林地；三是发展目的不同，农林复合经营的目的主要是改善农田的生态环境条件下，发展农业经济，而林下经济则主要是在不破坏林地生态功能的前提下，优化区域产业结构，发展林业经济；四是发展的阶段不同，农林复合经营是一般的农业生产活动，而林下经济是在这种经营活动的基础上发展起来的一种全新经济形式，它以生态经济和循环经济为指导，更加强调整个过程充分利用生态学原理和生物种间的互利关系，做到资源的高效和循环利用；五是概念和范畴不同，农林复合经营主要表征经营活动，林下经济主要强调发展经济，而范畴更加广泛。可以说，林下经济主要来源于农林复合经营，但是又不同于农民复合经营，在内涵和生产格局上，更强调其经济属性。

第四节　农林复合经营的重要意义

中华人民共和国成立之后，我国农业取得了辉煌的成绩，用全球7%的耕地面积养育了全球21%的人口。然而，我国农村与农业的发展仍面临着严峻的问题，主要表现在自然资源(特别是水土资源)短缺,农业生产效益低下,抵御自然灾害的能力较弱,农田生态环境趋于恶化,农村经济发展相对缓慢等(李文华,2004)。日益全球化的国际形势和生态环境保护与建设的巨大压力,使我国农业的发展面临着新的挑战(李文华,2004)。与此同时,我国林业发展也面临着严重问题,如人均森林资源数量少、森林资源的区域分布极不均衡、森林资源连年赤字、营林资金投入不足等(李文华和赖世登,1994)。

农林复合经营是基于生态学中的物种间协同作用的原理,将多年生木本植物、栽培作物、动物在空间并按一定的时序有机地排列在一起,形成具有多种群、多层次、多效益的人工生态系统,这不仅能够大大地提高农业系统的稳定性,缓解粮食危机和资源短缺问题,还能够协调农业与林业用地的矛盾,增加森林面积,具有重要的作用(高英旭等,2008;Vu Thi Thuong et al.,2015)。农林复合经营不仅能够更好地利用土地资源,还能消除贫困,提供一系列的生态系统服务功能、环境保护作用、增加净收益。

在农业复合生态系统中,基于农林复合经营所形成的农林复合系统是重要的组成部分和典型代表。联合国千年发展评估(Millennium Ecosystem Assessment,2005)以及国际农业科技发展协会(International Assessment of Agricultural Science and Technology for Development,2008)都强调了农林复合系统的农业多功能作用,能够达到社会、经济与生态效益同步发展的目标(Jose,2009)。由此可见,农林复合系统具有重要的意义,主要体现在以下三个方面:生态效益、经济效益和社会效益。

一、生态效益

农林复合系统是一种重要的人工生态系统,其在保护生态环境方面具有重要的作用,主要体现在:充分利用资源、生物多样性保护与病虫害防治、保持水土、固碳释氧、保持土壤肥力、净化水质和减少污染等。

(一)充分利用资源

农林复合系统时空结构的合理配置,打破了单一的农业生产模式,将林木与作物或牧草、药材等有机地结合在一起,形成一个多类型、多层次、多功能的立体复合种植系统,并且通过合理的配置和组合,使每种作物或品种在复合群体中处在适宜的生态位,充分发挥不同作物种类或品种之间的互补优势,从而有效地提高资源利用效率主要体现在土地利用、光能利用、水分和养分利用等方面(董宛麟等,2011;李岩泉和何春霞,2014)。

1. 土地利用方面

农林复合系统是将树木和作物进行合理的配置,从而更加充分地利用土地资源,进而提高土地的利用率和总的生产力。由此可见,农林复合经营在缓解土地竞争、提高土地使用价值方面具有重要的意义。研究表明,根据土壤的特点并结合不同坡位土壤理化差异,因地制宜,合理规划,变沟谷农业为立体开发型农业,变单一农作物为农林果草综合配置,进行"林-果-农"垂直立体布局或"间、套、混作"地块立体布局,能够充分挖掘其潜力,实现其价值(何园球等,2015)。研究结果表明,与单一农作物相比,进行农林复合经营,土地利用率可提高19.0%,即在相同的管理条件下,间作所需要的土地面积是单作的1.19倍，同时由于树木的种植，也相应地增加了森林面积（孟平等，2004；高英旭等，2008）。

2. 光能利用方面

光能是植物生长的能量来源，对于生态系统稳定具有重要的作用。农林复合系统能够充分利用空间和时间生态环境，并结合作物间生长期的长短及播种期的早晚，同时，由于农作物相对较矮，可利用近地面空间，林木树冠高大，年生长周期长，占据地面上层空间，从而错开植物竞争空间以及时间，结合自身生长规律，从而有效地提高光能利用效率（董宛麟等，2011；李岩泉和何春霞，2014）。例如，在松树下进行人参种植，不仅能够保障松树对光的需要，同时也能满足人参种植厌光的偏好；如进行冬小麦与玉米的立体种植，可使田间高光合效率的旺长期延续交替，从而充分利用光能资源，提高光能利用率和增加光合产物（李岩泉和何春霞，2014）。

3. 水分与养分利用方面

水分和养分都是限制作物生长的限制性因素，水分与养分的利用效率则反映了植物对环境的适应状况。水分与养分的利用效率，对于当地生态环境以及社会发展都具有重要意义，尤其是在缺水和土壤贫瘠的地区。林木根系一般较深，能充分利用土壤深层营养物质和水分，农作物则利用浅层土壤中的养分和水分，作物根系垂直生长呈多波顺次递推特点，根系生长中心和吸收中心交错出现，农林复合系统对通过不同作物和林木进行合理的配置，使整个复合系统各组分进行生态互补，从而更加高效地利用水分和养分等资源（董宛麟等，2011；李岩泉和何春霞，2014）。陆光明等（1992）、孟平等（1999）、何春霞等（2012）对我国水资源相对困乏的地区（黄淮海平原和太行山地山丘丘陵区）的研究表明，与单作物系统相比，农林复合系统能够有效地提高了水分利用率，提高了3%~16%左右。就养分利用方面而言，最突出的就是豆科树种与农作物进行间作，豆科作物能够通过自身的生物固氮作用满足其氮元素需求，从而减少对外界氮元素的需求，提高了氮肥利用效率，减少了氮的流失，进而降低了地下水硝态氮污染的风险（戴晓琴，2006）。

（二）生物多样性保护与病虫害防治

农林复合经营在维持生物多样性方面具有重要的意义，其在保护生物多样性方面主要体现在5个方面：首先，农林复合系统能够为多种生物提供栖息场所，这就使其具有一定的抵抗力；其次，农林复合系统由于其本身的复杂性，能够有利于敏感种质资源的保护；第三，与传统的单一的农业系统相比，农林复合系统具有更高的生产力和持续性，从而更有利于栖息地的维持；第四，农林复合系统能够通过构建廊道，使动植物与其栖息地保持连接；最后，农林复合系统具有保持水土、控制污染、保护生境等作用，从而有利于生物多样性的保护（Jose，2009）。由此可见，农林复合系统在生物多样性保护方面具有重要作用。张林杰等（2015）通过研究江苏省东台林场的不同经营模式发现，与纯农模式相比，银杏复合模式提高了土壤动物的多样性，优化了土壤环境。曾祥福等（1998）的研究则表明，柑橘园通过农林复合，物种丰富度提高1~2.2倍，Simpson指数提高72.5%~150%，Shannou-wiener指数提高1.3~2.3倍。

单一品种大面积种植往往会导致作物病害大流行，造成严重的经济损失；而大面积推广单一抗病品种，或是遗传基础狭窄的姊妹系品种，则又会造成具有不同抗性的遗传背景和机制的地方品种的丧失，最终导致农业生产系统中的遗传多样性的损失（朱有勇，2013）。通过建立由多个抗病品种组成的生产系统，才能够达到持久、有效地控制多种病害的目的（朱有勇，2013）。农林复合系统就是将树木和作物进行合理的配置，具有丰富的生物多样性，因此，也具有一定的病虫害防治的作用。研究表明，与单一林分相比，在核桃抑螺防病林设林下间种多种农作物的农林复合经营，能够有效地减少钉螺存活率，并能够有效减少病害的发生，同时还可以使农民增收，产生良好的经济和生态效益（张春华等，2012）。因此，通过农林复合经营的方法，对于控制病虫害具有重要的意义。现阶段，通过农林复合经营控制病虫害的方式主要包括：寻找并确定合适的寄主作物防治害虫和病菌；通过寄主作物和其他作物轮作，避免给害虫提供长期栖息地，从而减少病虫害的发生；利用生态学原理，采用生物防治方法进行控制；利用农林复合经营的管理措施，通过调整光照强度，来控制病虫害的发生等（Atangaga，2014）。

(三) 保持水土和增加土壤肥力

农林复合系统是由林木和农作物组成的多层系统，其对水土流失有一定的控制作用，且与纯农业系统相比，其径流量和土壤侵蚀量都相对较少（夏青，2006）。农林复合系统能够通过改善土壤结构、增加土壤总孔隙度和非毛管孔隙度、降低土壤容重、增加土壤孔隙度，从而提高土壤的持水性能，研究表明，与单一农业种植模式相比，农林复合系统的土壤含水量能增加17%~30%左右（温熙胜，2004）。此外，农林复合系统还能够减少径流和减少土壤侵蚀量，从而实现防治水土流失的目的。在三峡库区砾石坡耕地采用农林复合经营的方式，能够有效地减少水土流失量，其土壤流失量仅为对照组的11.42%左右（王玲玲等，2002）；而在四川紫色土丘陵地区，采用农林复合系统，其年径流量为非农林复合系统的1/2，洪峰模数减少了60%作用，这说明农林复合系统能够有效地削减流域径流、洪峰及防洪有明显的效果，提高土壤含水量（刘刚才，2001a；2001b）。由此可见，农林复合系统与纯农业系统相比，具有控制水土流失和减少水土流失等作用。

土壤养分的流失，主要是由于水土流失和淋溶等作用引起，农林复合系统能够很好地控制水土流失和减少径流，从而可以有效地减少土壤养分的流失。同时，在一些农林复合系统中，豆科等作物能够通过生物固氮作用增加系统的氮元素，同时，树木则通过物质循环过程，增加土壤物理、化学以及生物特性（Jose，2009），从而保持和增加土壤肥力。研究表明，农林复合系统系统能够有效地增加土壤中有机质、全氮、速效氮、速效磷、速效钾的含量（陈玉香等，2003；温熙胜等，2004；万云等，2009；林培群等，2010；胡宏祥等，2010；董宛麟等，2011）。

(四) 固碳释氧

固碳释氧作用是指植物通过光合作用，将大气中的CO_2固定下来，并释放O_2的过程。在这一过程中，植物将大气中的CO_2以生物量的形式储存于生态系统之中，从而降低大气中CO_2的浓度，这成为碳汇作用。与单作物系统相比，农林复合系统在具有更好的碳汇作用，这主要体现在两个方面：植被碳储存和土壤碳储存（Jose，2009；平晓燕等，2013；解婷婷等，2014）。在植被碳储存方面，农林复合系统是由林木和农作物构成，都能够通过光合作用固定大气中大量的 CO_2，从而减少 CO_2 的浓度；同时，农林复合系统提高了农田生态系统的植被覆盖率，增加了植被的生物量和碳储量，使得其碳固存潜力显著高于牧草和农田作物（Haile et al.，2008；Sharrow et al.，2004；Kirby et al.，2007），通过估算得出，全球尺度上农林复合系统植被碳储量的范围为 $40\sim150\ t/hm^2$，从而有力地减少了大气中 CO_2 浓度（IPCC，2006）。在土壤碳储存方面，在农林复合系统中，土壤作为一个重要的亚系统，与其他土地利用方式相比，农林复合系统通过增加土壤有机质输入量、减少土壤淋溶损失、促进根系周转、提高凋落物的数量和质量以及改善土壤理化性状等措施来增加土壤碳储量（Sharrow et al.，2004；Dossa et al.，2008）。因此，在全球变化的情况下，农林复合系统的碳汇功能具有重要的意义。据 IPCC 报告（2000）估算，通过提高农林复合系统的管理措施，农林复合系统具有十分巨大的固碳潜力，到 2010 年，全球农林复合系统每年的固碳量达到了 12000 Mg C，而到 2040 年，其固碳量则达到了 17000 Mg C。

（五）净化水质和减少污染

在传统农业系统中，仅有不到一半的氮肥和磷肥能够被植物所吸收，这就造成了大量化肥随地表径流和渗漏等进入地表水和地下水之中，进而污染水体，降低水质（Cassman，1999），如墨西哥湾的富营养化现象等。农林复合系统在保持水质、减少污染方面具有重要的作用。例如，罗天啸等（2015）对中南丘陵区农林复合系统对农药残留物的净化作用进行了研究，结果表明农林复合系统对稻田土壤农药污染物有着良好的消除作用，这主要原则两方面的机制：第一，农林复合系统中稻田土壤芳香度较低的有机质含量较高，这使土壤微生物生命活动处于较高水平，从而进入稻田土壤的有机农药容易降解，减少土壤农药的残留量；第二，农林复合系统周围被森林屏蔽，阻隔了农业病虫通过气流进入复合系统内，从而减少农药施用量，降低了农药残留污染的风险（罗天啸等，2015）。在河岸缓冲区种植树木，开展农林复合系统，能够减缓水流速递，从而提高水体过滤作用，增加沉淀作用，提高营养元素截留，从而有效地减少污染和净化水质，其净化效果可达 20% 左右（Jose，2009；Lee et al.，2003）。

二、经济效益

传统农业、林业、牧业彼此分离的封闭系统，长期以来走的是一条自我完善的道路。它不利于水土保持，培肥地力；不利于农村劳动力的转移；不利于农村经济的发展和农民生活水平的根本改善；不利于生态农业的建设与发展，总之，不利于现代化农业的实现（李文华和赖世登，1994）。

农林复合经营是以系统性、社会经济可行性、效益最高及长短利益结合为原则，根据经营目的主要从物种组成、空间结构及时间变化等方面来设计的，因此，农林复合经营可实现"一地多用"和"一年多收"的目标，促进了资源的高效利用。尤其在造林初期间农作物能充分利用林地中空间、气候和土壤等资源，可取得近期经济效益，达到以短养长；同时对林下农作物进行中耕、除草、施肥等管理措施，改善了幼树的生长环境，提高了幼树的成活率，也可降低抚育成本。农林复合经营模式所带来的经济效益是非常可观的，因此，农林复合经营对于改善民生，提高人民生活水平具有重要的意义(程鹏等，2010)。

农林复合经营强调的是具有较高经济价值和生态效益的树种，通过农林复合经营可做到一地多用、一年多收，能在相应的时间内获得 2~3 种以上产品的收获，这样能更好地获得物种多样性所带来的经济效益。如山东省齐河县为充分利用林下空间，促进农民增收，该县积极探索推广多种优质高效的林间种养模式，林-菌间作、林-菜间作、林-草间作、林-禽混养等蓬勃发展，农林复合经营能够为农户带来较大的经济收益，可谓是农户快速致富的一条有效途径(陈静，2009)。利用生态学原理，在椰园进行开展不同农林复合经营(如间种菠萝、间种胡椒、间种番薯、椰园内养鸡等)，与粗放管理和单一种植相比，都能够有效地增加经济收入(冯美利等，2007)。在辽西低山丘陵区进行农林复合经营，都能够有效地增加农户的经济收益，其中"杨-农复合经营"，林木蓄积量、产值随树木的年龄增长加速递增(高英旭等，2008)。运用生态经济学原理，浙江南部丘陵山区发展的梨-草-鸡复合系统，其割草与鸡粪还田后有良好的改土培肥效果，避免了农药和化肥的大量投入；同时，利用这种模式可以生产出有机食品或绿色水果，系统每亩的净收入比裸地梨园要高出 1720 元。由此可见，农林复合系统具有良好的生态、经济和社会效益(叶晓伟等，2007)。

三、社会效益

农林复合系统不仅在维持生态系统稳定和促进经济发展方面具有重要的意义，还具有重要的社会效益，如文化传承、商品供给、社会就业、人才培育、增加税收等方面。

(一) 文化传承

传统的农林复合系统，是当地居民经过长期的人工时间，探索出的一套符合当地自然环境和民族特色的生产技术。因此，传统农业复合系统的经营，对于文化传承，尤其是少数民族文化的传承具有重要的意义。例如，苗侗民族的林粮间作以及烧火"炼山"，都是当地民众在农业生产实践的产物，蕴含了深刻的农林科学知识和在山地环境条件下的生产生存智慧。而在农林复合系统的生产和交易过程中，为避免和解决物权纠纷，当地人往往以订立契约文书的形式来明确各自的权益，从而形成了独具特色的契约文化(胡展耀，2013)。具有当地特色的契约文化，详细记录并反映了当地苗、侗等少数民族在长期的实践中形成的农林复合系统生产活动的智慧，是当地民族在明朝末年至中华人民共和国成立初期近 400 年间形成并传承至今的一宗宝贵的民族民间文献遗产，被海内外学者誉为具有世界代表意义的农林复合文明系统的历史记忆库，为民族学、人类学、农林科学、生态学、经济学、法学、档案文献学等多学科的研究提供了弥足珍贵的第一手材料，具有重要的现实意义和学术价值(胡展耀，2013)。

(二) 商品供给

农林复合系统是由树木、农作物等组合起来的系统，与单一农作物系统相比，农林复合系统能够有多种产品输入,例如粮食、油料、畜禽、果品、蔬菜、药材、木材等,可满足社会多方面的需求(程鹏等,2010)。此外,在农林复合系统中,尤其是果农复合系统中,粮食产量增加,而其林果产量也随果树年龄的增长而逐年增加,这不仅会满足本地区对粮食和林果的需求,还可以向其他地区输出粮食和林果,满足整个社会的需求。

(三)社会就业

农林复合经营具有集约性的特点,要求投入密集的劳动力,在收购、运输、批发、零售、加工等各个环节可使大量人员短期就业,有利于安排农村的剩余劳动力,增加就业机会。因此,此类经营不但能够增加长期收入,而且还可增加短期收入,从而调动农民的积极性(程鹏等,2010)。例如,在低山缓丘区坡地进行"果-农复合经营",可以增加大量的就业机会,使剩余劳动力长期就业,其中"枣-农复合经营"每0.7hm^2面积需要一人、"杨-农复合经营"则每公顷面积需要一人管理,而护岸林面积则每6.67 hm^2面积需要一人;此外,在枣、粮的收购、运输、批发、零售、加工等各个环节可使大量人员短期就业,为社会再就业承担了一部分责任(高英旭等,2008)

(四)其他方面

在农林复合经营过程中,投入了大量农业和林业的科技人员,他们在长期的实践过程中,能够熟练掌握农林复合的经营技术,从而使他们自身的农业、林业技术通过农林复合得到了有力的互补,打破了因技术人员短缺的障碍。此外,在农林复合经营模式的生产、销售过程中,国家及有关部门征收特产税、育林基金、交易税等,为国家增加了税源和一定的税值,同时也带动了区域经济发展(程鹏等,2010)。

参考文献

[1] 曹玉昆,雷礼纲,张瑾瑾,2014. 我国林下经济集约经营现状及建议[J]. 世界林业研究,27(6): 60-64.

[2] 曾祥福,黄闰泉,葛正明,等,1998. 三峡库区农林复合系统物种多样性指数[J]. 湖北林业科技, 104(2):1-5.

[3] 陈静,2009. 论述农林复合经营在林业发展中的地位与作用[J]. 河北林业科技,6:30-32.

[4] 陈玉香,周道玮,2013. 玉米-苜蓿间作的生态效应[J]. 生态环境,12(4):467-468.

[5] 程鹏,曹福亮,汪贵斌,2010. 农林复合经营的研究进展[J]. 南京林业大学学报(自然科学版),34 (3):151-156.

[6] 戴晓琴,2006. 幼龄杨树和小麦-玉米复合系统土壤水分和养分时空变化及作物表现[P]. 北京:中国农业大学.

[7] 董宛麟,张立祯,于洋,等,2011. 农林间作生态系统的资源利用研究进展[J]. 中国农学通报,27 (28):1-8.

[8] 冯美利,刘立云,曾鹏,2007. 椰园复合经营模式及效益分析[J]. 现代农业科技,11:45-46.

[9] 高英旭,刘红民,张敏,等,2008. 辽西低山丘陵区农林复合经营的效应[J]. 辽宁林业科技,1: 31-34.

[10] 何春霞,孟平,张劲松,等,2012. 基于稳定碳同位素技术的华北低丘山区核桃-小麦复合系统种

间水分利用研究[J]. 生态学报，32(7)：2047-2055.

[11] 何园球，樊剑波，陈晏，等，2015. 红壤丘陵区农林复合系统研究与展望[J]. 土壤，47(2)：229-327.

[12] 胡宏祥，朱小红，严平，等，2010. 农林复合措施保土保肥试验分析[J]. 水土保持通报，30(3)：83-86.

[13] 胡展耀，2013. 中国山地民族混农林复合文明的历史记忆库[J]. 原生态民族文化学刊，3：75-79.

[14] 解婷婷，苏培玺，周紫娟，等，2014. 气候变化背景下农林复合系统碳汇功能研究进展[J]. 应用生态学报，25(10)：3039-3046.

[15] 李金海，胡俊，袁定昌，2008. 发展林下经济，加快首都新农村建设步伐——关于发展城郊型林下经济的探讨[J]. 林业经济，7：20-23.

[16] 李文华，赖世登，2004. 中国农林复合经营[M]. 北京：科学出版社.

[17] 李文华，2003. 生态农业——中国可持续农业的理论与实践[M]. 北京：化学工业出版社.

[18] 李文华，2014. 中国生态农业面临的机遇与挑战[J]. 中国生态农业学报，12(1)：1-3.

[19] 李岩泉，何春霞，2014. 我国农林复合系统自然资源利用率研究进展[J]. 林业科学，50(8)：141-145.

[20] 林培群，余雪标，刘苇，等，2010. 桉农复合系统对土壤性质变化的影响研究[J]. 广东农业科学，1：24-27.

[21] 刘刚才，高美荣，朱波，等，2001a. 紫色丘陵区农林复合系统的调洪抗旱作用. 自然灾害学报，10(1)：41-44.

[22] 刘刚才，朱波，林三益，等，2001b. 四川紫色土丘陵区农林系统的水土保持作用[J]. 山地学报，19：60-64.

[23] 陆光明，马秀玲，周厚德，等，1992. 农林复合系统中农田蒸散及水分利用效率的研究[J]. 北京农业大学学报，18(4)：26-30.

[24] 罗天啸，闫文德，高超，等，2015. 中南丘陵区两类农林复合系统对农药残留物的净化作用[J]. 中南林业科技大学学报，35(2)：85-89.

[25] 孟平，樊巍，宋兆民，等，1999. 农林复合系统水热资源利用率的研究[J]. 林业科学研究，12(3)：256-261.

[26] 孟平，张劲松，2004. 梨-麦复合系统水分效应与土地利用效应的研究[J]. 林业科学研究，17(2)：167-171.

[27] 平晓燕，王铁梅，卢欣石，2013. 农林复合系统固碳潜力研究进展[J]. 植物生态学报，37(1)：80-92.

[28] 万云，刘桂华，周敏，2009. 栗-茶间作茶园主要生态因子特性的研究[J]. 经济林研究，27(3)：57-60.

[29] 王玲玲，何丙辉，龚清朝，等，2002. 三峡库区砾石耕地农林复合经营效益研究[J]. 水土保持学报，16(2)：84-86+90.

[30] 温熙胜，2004. 三峡库区耕地农林复合种植模式与效益研究[P]. 重庆：西南农业大学.

[31] 夏青，2006. 紫色土区农林复合系统效益研究[P]. 重庆：西南大学.

[32] 徐超，2013. 福建省三明地区发展林下经济实证研究[P]. 福州：福建农林大学.

[33] 叶晓伟，张放，方志根，2007. 丘陵山区梨-草-鸡复合系统的生态经济分析——浙江南部丘陵山区农林复合模式[J]. 农机化研究，2：72-74.

[34] 翟明普，2011. 关于林下经济若干问题的思考[J]. 林业产业，38(3)：47-49+52.

[35] 张春华，唐国勇，刘方炎，等，2012. 云南省山区林农复合模式控制钉螺效应[J]. 中国血吸虫病防

治杂志,24(5):514-517.

[36] 张林杰,汪贵斌,曹福亮,2015. 银杏的复合经营对土壤动物多样性的影响[J]. 南京林业大学学报(自然科学版),39(2):27-31+39.

[37] 张以山,曹建华,2013. 林下经济概论[M]. 北京:中国农业科学技术出版社.

[38] 朱有勇,2013. 农业生物多样性与作物病虫害控制[J]. 北京:科学出版社.

[39] Dossa EL, Fernandes E CM, Reid W S, et al., 2008. Above and belowground biomass, nutrient and carbon stocks contrasting an opengrown and a shaded coffee plantation[J]. Agroforestry Systems, 72:103-115.

[40] Haile S G, Nair P KR, Nair V D, 2008. Carbon storage of different soil-size fractions in Florida silvopastoral systems[J]. Journal of Environmental Qualit, 37:1789-1797.

[41] Jose S, 2009. Agroforestry ecosystem services and environmental benefits: An overview[J]. Agroforestry Systems, 2009, 76:1-10.

[42] Kirby K R, Potvin C, 2007. Variation in carbon storage among tree species: Implications for the management of a small-scale carbon sink project[J]. Forest Ecology and Management, 246:208-221.

[43] Sharrow S H, Ismail S, 2004. Carbon and nitrogen storage in agroforests, tree plantations, and pastures in western Oregon, USA[J]. Agroforestry Systems, 60(2):123-130.

[44] Vu Thi Thuong, Nguyen The Ky, 王来,等,2015. 越南和平水电站库区不同农林复合模式的环境效益比较[J]. 农业工程学报,31(1):291-297.

本章作者:伦飞(中国农业大学)、杨伦(中国科学院地理科学与资源研究所)、李文华(中国科学院地理科学与资源研究所)

第二章
国外农林复合经营研究与发展概况

农林复合经营是一种传统的土地利用方式,至今已有几千年的历史,对于小农家庭的生计维持发挥了重要作用,然而,对于其研究主要是经验和描述性的记载。自20世纪60年代开始,全球人口、资源、环境的矛盾日益突出,一些科学家和国际组织逐渐意识到这种土地利用方式所具有的显著效益(Nair and Garrity,2012)。自此,农林复合经营进入了发展与研究相互促进的快速发展阶段。

在此期间,农林复合经营的发展与研究主要有三大特征:①农林复合经营研究机构逐渐完善成熟。1978年,在加拿大国际发展研究中心(IDRC)的倡导下,国际农林复合系统委员会(International Council for Research in Agroforestry,简称ICRAF)正式成立,总部位于肯尼亚首都内罗毕。1991年,ICRAF正式改名为国际农林复合系统中心(International Center for Research in Agroforestry),同时加入了国际农业研究咨询小组(Consultative Group on International Agricultural Research,简称CGIAR),并扩大了在全球的研究范围。2002年,ICRAF又获得了"世界农林业中心"的称号。②农林复合经营已成为全球最重要的土地利用方式之一,在非洲、美洲、大洋洲、欧洲和亚洲的广泛地区均有不同形式的农林复合经营活动。③学科体系不断成熟,研究内容不断丰富。对于农林复合经营的概念、内涵(Nair,1982;Lundgren,1982;Beets,1989;Leakey,1996)、分类体系(Nair,1985;Nair,1989),以及所涉及的相关学科(Sanchez,1995)进行了深入而广泛的讨论;对于农林复合经营的研究内容,除了如何提高生产力水平,还涉及非木质林产品,病虫害,碳汇,生物多样性,大气、水、土环境改善,景观娱乐,以及社会经济等不同方面。

第一节 世界主要地区农林复合经营进展状况

农林复合经营活动正在全世界广泛开展,但由于不同地区自然地理条件和社会经济文化方面有着巨大差别,农林复合经营的研究发展并不平衡并具有明显的地域性特色。作为全球农业复合经营研究的专门机构,ICRAF已在非洲东南部、非洲中西部、东南亚、南亚、亚洲中东部以及拉丁美洲等全球6个地区成立了办公室,开展农林复合经营相关工作。

一、非洲

非洲是农林复合经营研究最早的地区之一，整个非洲大陆都广泛开展农林复合经营。在非洲实行的农林复合经营主要包括：改进了的移耕轮作系统、庭院式农林复合系统、塔翁雅系统、条带式混交系统、田间零星植树、农田防护林系统和林牧系统等。非洲农林复合经营研究和发展主要关注于季节性干旱和半干旱地区的农作物生产、速生树种或固氮树种对于提高农田土壤肥力和产量的作用、林牧系统中饲料树种的种植和多用途树种的种植等方面，其研究更多是从农业的视角来考虑（Buresh and Cooper，1999；Leakey et al.，2012）

由于技术和经济落后，土地退化和土壤肥力下降是影响农业生产和人类福利的重要问题，农林复合经营作为一种适宜的土地利用经营方式，大有作为。然而近些年，非洲农林复合经营活动并没有得到明显发展，主要原因可能包括：①对于农林复合经营所具有的效益缺乏广泛的宣传。虽然对农林复合经营进行了大量研究，一些农林复合经营项目也比较成功，然而非洲各个国家对其宣传还远远不够。政府和投资人对其显著效益还缺乏了解，农民亦是如此。②过于关注使用化肥农药扩大农业生产水平。目前，非洲国家政府更为关注通过化肥、农药来提高农作物产量，而放弃选择农林复合经营模式或生态农业。③缺乏对树木种子的供给。农民获得树木种子的范围和渠道还比较有限，政府和市场在这方面需要发挥更大作用。④土地所有权不够完善。对于小农家庭来说，土地所有权是影响开展农林复合经营的最重要因素，不完善的土地制度会显著影响农民的经营方式。⑤市场不够完善。市场对于农民农林复合经营的模式和作物具有重要影响，而当前的市场还远远不够成熟。⑥农林复合相关配套、具体工作缺乏。比如，农林复合经营责任部门不明确、农民培训工作不到位、严格有序的信息传播机制不健全等。⑦法律政策不够完善。国家法律和政策中很少有支持小农开展农林复合经营的相关条例，而这对于农林复合经营的发展至关重要。

二、美洲

美国是最早展开农林复合经营研究的国家之一，包括林牧系统和"经济林-植物篱"模式（Hart et al.，1970；Garrett and Jones，1976）。然而直到最近十几年，由于其显著的经济、生态环境和社会效益，农林复合经营开始逐渐得到政府和农民的认可。2011年，美国农业部发布了《农林复合战略工作框架》，将其作为"增强美国农业景观、流域和乡村社区"这一国家战略的重要组成部分（Jose，2012）。目前，美国农林复合经营主要类型如表1-1所示。

表 1-1 美国 5 种主要农林复合经营类型

主要类型	主要分布区域	主要用途	应用技术	潜在面积 ($\times 10^6 hm^2$)
河岸缓冲带	所有地区	改善非点源污染，减少土壤侵蚀和养分滞留，保护河流	河岸生物工程	1.69
		改善微环境和保护水生动物栖息地	建立湿地	
		构建野生动物廊道		
防护林系统	大平原	保护和提高作物产量，控制土壤侵蚀，降低雪灾	植物篱	8.95
"经济林－植物篱"模式	中西部	增加作物多样性和农民收入，建立野生动物栖息地	植物管理	17.9
林牧系统	所有地区	经济多样性，改善动物健康、防火、木材管理	树木秸秆收获	77.7
森林农场	所有地区	收入增加和多样化	森林管理	37.35

加拿大是全球面积第二大国家，根据气候、土壤、地形和自然资源的区别，主要分为五大区域，分别是大西洋区域、魁北克、安大略、大草原和不列颠哥伦比亚。不同地区主要的农林复合经营模式也不相同，其中，大西洋地区主要鼓励河岸缓冲带类型，魁北克、安大略和大草原地区主要鼓励"经济林－植物篱"模式和防护林类型，不列颠哥伦比亚地区主要鼓励林牧复合经营类型。此外，森林农场和生物能源林也是加拿大比较典型的类型。与美国一样，2011 年，加拿大国家农业部也通过农业温室气体项目（AGGP）启动和建立了国家农林复合行动网络框架。此外，各个地区也建立了与农林复合经营相关的组织机构。

农林复合经营是拉丁美洲主要的土地利用方式之一，总面积在 2 亿~3.57 亿 hm^2，其中，中美洲面积在 0.14 亿~0.26 亿 hm^2，南美洲面积在 0.88 亿~3.15 亿 hm^2。拉丁美洲实行的农林复合经营主要包括：林牧系统、乔木－经济作物复合系统、轮作休耕系统、庭院多种经营等（Kass and Somarriba, 1999; Somarriba et al., 2001; Barrera and Toledo, 2005）。其中，林牧系统和乔木－经济作物复合系统是该区最为重要的农林复合经营模式。商业化的林牧系统在拉丁美洲很普遍，对于其研究也比较深入。过去主要注重家畜的产量，现在已扩展到家庭生计和生态系统服务的研究。此外，更好更安全的林牧复合经营销售市场也逐渐成熟，包括不同认证体系的制定、生态系统服务的偿付机制（Rapidel et al., 2011）。乔木树种下种植可可豆、咖啡等经济作物是另一种普遍应用的模式，其中遮阴可可豆的面积大概 135 万 hm^2，遮阴咖啡的面积大概 300 万 hm^2。不少学者对乔木－经济作物复合系统的社会经济和生态系统服务进行了研究（Schroth and Harvey, 2007; Somarriba and Beer, 2011）。

农林复合经营已经融入了拉丁美洲的社会经济发展。农民对于农林复合经营模式非常认可，也积极采用这种模式，积累了比较成功的经验。比如，政府、非政府组织和一些机构积极给农民提供技术支持；为不同的群体提供大量的正式教育和短期培训，包括农民、博士研究生等；大量技术手册和图书被编写用于科学教育宣传；资金来源渠道多样，包括私人部门、政府、非政府组织和相关经济公司；制定了相关法律和制度；建立了一些分管农林复合经营专门机构等。然而目前，拉丁美洲农林复合经营发展并不均衡，需要更多来自政府和社会的支持。

三、大洋洲

澳大利亚的农林复合经营主要有防护林和林牧结合等类型。主要的研究包括:造林和其他生物措施控制土壤的盐渍化,林木产品的多样化,系统的生产力,以及相关模型研究(Schofield,1992;Lefroy,1992;Prinsley,1992)。

新西兰从 20 世纪 60 年代末开始针对最典型的林牧复合系统进行观测研究。主要的林牧复合系统有 3 种,一是经营用材和防护兼用的林带,一方面为牲畜提供防护,另一方面生产优质板材;二是在林场中进行林下放牧,一方面通过人为措施改进牲畜的草食,另一方面利用动物取食草类促进树木生长;三是在草场上栽植树木,以较低投入获得林牧的双重收益。另外,新西兰在辐射松 - 羊(牛)复合系统方面研究的比较深入,包括生理生态和生产力,并开发出了辐射松农林复合经营的模拟程序包,用以指导农林复合经营工作(Knowles,1991)。

关于澳大利亚和新西兰农林复合经营的结构设计、组成搭配、系统管理,以及当前在开展的研究项目对未来发展需要改进的方面,在 Reid 和 Wilson(1985)合著的《澳大利亚和新西兰的农林混合经营》一书中有比较系统的介绍。

四、欧洲

由于气候、地形和农业机械化的原因,欧洲农林复合经营更多集中在地中海区域,如西班牙、意大利的丘陵区和德国的中南部,欧洲北部地区相对较少。在该区实行的农林复合经营主要包括:林牧系统、林农系统、森林农场、多用途树种、改进的移耕轮作系统和河岸缓冲带等。其中,林 - 牧复合经营是欧洲地区最为典型的农林复合经营类型,在欧洲已有几千年的历史(Bergmeier et al.,2010)。

自 20 世纪 90 年代中期开始,欧洲国家逐渐开始意识到农林复合经营所提供的多重环境效益,如生物多样性保护、改善水质量、增加碳汇、水土保持等(Eurobarometer,2008),同时,欧洲的土地管理政策鼓励生产、生态和社会效益的结合,这直接导致欧洲农林复合经营面积从 1990—2010 年增加了 7%(FAO,2011)。

欧洲农林复合经营中,74% 的乔木属于阔叶林,其中 71% 分布在地中海区域,树种主要是橡树;针叶林主要分布在地中海高海拔山区,树种主要是樟子松、刺柏、云杉,其中,樟子松占欧洲森林面积的 31%、云杉占 21%(Pardini,2009;Papanastasis et al.,2009)。在西班牙广泛应用的德希萨系统(Dehesa System)是欧洲最为典型的农林复合经营模式,该模式将山羊、牛或猪等家畜饲养在橡树下,主要分布在伊比利亚半岛的西南部,面积大概有 310 万 hm^2,对其各方面研究也已相当深入(Moreno and Pulido,2009)。驯鹿饲养系统在欧洲的面积达到 4140 万 hm^2,该模式一般将驯鹿饲养在樟子松或云杉下,主要分布在欧洲北部的芬兰、挪威和瑞典(Jernsletten and Klokov,2002)。在英国,那些具有较高经济价值树种、具有更大经济效益的农林复合经营模式更具有发展前景。例如,果园复合系统、林下养鸡系统等。此外,代替一年生草本植物,多年生植物的种植明显增加,例如，芒草、葡萄、能源作物（Short Rotation Coppice，SRC）、茶树等。在德国，比较典型的农林复合经营模式是农场或牧场的果树（Reeg，2011），然而目前，以杨树、柳树和刺槐等能源树种为主的"经济林-植物篱"模式得到了快速发展。在匈牙利，防护林系统被广泛用于强风对农作物和家畜的影响（Takács and Frank，2009）。

欧洲国家对农林复合经营的经济、生态以及社会效益进行了较多的研究。一些国家和欧盟均开展了研究计划（Sibbald et al.，2001；Burgess et al.，2003，2005；Dupraz et al.，2005；Mosquera et al.，2010）。一些国家也成立了农林复合经营的相关组织，如英国森林农场论坛、法国农林复合协会、欧盟农林复合联合会等。然而目前，欧洲农林复合经营依然不够广泛和均衡，国家和区域性的农林复合经营政策依然缺乏。

五、南亚和东南亚

南亚和东南亚地区农林复合经营具有悠久的历史。该地区社会经济落后，农业用地稀少，土地退化严重，在当前人口增长和气候变化的背景下，农林复合经营是一种相当有前景的土地利用方式。庭院复合经营是该地区最为典型的农林复合系统类型，它能够提供多种多样的产品，以及生态系统服务。虽然相关研究表明，该地区农林复合经营能够获得更高的回报率，但其规模并没有明显增加，可能的原因有土地所有权的问题、缺乏政府相关法律政策支持、市场不够健全等。今后，应注重完善市场；提高产品多样化，增加产品附加值；加强农林复合经营的宣传和技术指导；对不同主体进行培训，包括政策制定者，提高其认知和能力建设水平。

多种多样的农林复合系统为当地农民提供了食物、能源、饲料、药材等产品，以及社会生态效益。该区实行的农林复合经营类型众多，如表1-2所示。

表1-2 南亚地区主要的农林复合系统类型

农林复合系统类型	功能	特点
农业园艺系统	提供木材、能源、饲料、药材、非木质林产品、食物	多种果树与多用途树种结合，广泛种植在孟加拉国、印度、尼泊尔、斯里兰卡
农林系统	提供木材、食物	马占相思、臭椿、柚木与农作物结合；黑杨、桉树是印度北部和巴基斯坦农林系统中常见树种；白杨农林系统具有较高的生态经济效益
"经济林-植物篱"模式	提供食物、能源、饲料、绿肥，提高土壤肥力、环境服务	小农家庭广泛采用，多选择经济效益更高的树种
林渔系统	提供水产品、水果、木材，加强养分循环	分布在印度、孟加拉国、斯里兰卡和马尔代夫的沿海地区
田边植树	提供能源、饲料、木材、遮阴，保护作物免受动物和人类干扰	多选择固氮树种；单行作物篱一般间隔0.5m，双行作物篱一般间隔0.5m
经济作物中种植遮阴树种	提供香料、药材、木材、燃料等产品	茶、咖啡、丁香、黑椒等作物需要的遮阴强度不同
能源作物种植	提供木质纤维、木材和生物能源	竹子、绿荆等纤维作物，以及麻风树等油料作物受到关注
昆虫林业	提供紫胶、蚕蛹、蜂蜜等	分布在印度东北部的山区

(续)

农林复合系统类型	功能	特点
饲料作物种植	砍伐和搬运饲料作物	干旱季节种植饲料作物，按年循环收获
多层次作物系统	提供水果、坚果、木材和能源	粮食作物与棕榈、榴莲混作，包括果树、草本药材等
稀疏草地复合系统	提供食物、能源和木材	玉竹系统广泛分布在印度和巴基斯坦
防护林系统	保护作物和家畜，防止风蚀、提高产量	速生树种被广泛种植在南亚
移耕轮作系统	提供粮食	改进的传统刀耕火种方式
林牧系统	提供木材、饲料、能源以及家畜	树木与草相结合，提供家畜饲料，如山羊、绵羊等
坡地农业	提供饲料、能源，加强土壤保持和环境保护	对于山地土壤保持和提高粮食产量发挥重要作用
塔翁雅系统	提供木材和粮食	起源于缅甸，并传播到世界其他地区
庭院复合经营	提供食物、药材、能源、饲料、其他非木质产以及经济收入	在南亚和东南亚大概有 800 万 hm^2，其中，喀拉拉邦和康提最为著名
农地种树	提供木材、能源、饲料	一种短期的轮作系统，主要种植速生树种

另外，对于农林复合经营的分类在 20 世纪 90 年代前已有过广泛讨论，主要是根据系统植被结构、木本植物的功能、管理投入的水平和系统的生态环境功能进行分类。根据相关统计，全球热带和温带地区的农林复合经营类型已达到 30 多种（Atangana et al.，2014）。其中，应用最为广泛的类型如表 1-3、1-4 所示。

表1-3　热带地区农林复合经营主要类型

主要类型	简要描述
塔翁雅系统	在木本植物种植的早期阶段种植农作物
庭院多种经营	庭院及其周围多种树木和作物之间的多层次搭配，也包括家畜
改进的移耕轮作系统	农地撂荒后，有意识种植生长快速、固氮的树木，加快土地恢复，并从树木中获得收益
土壤保持和恢复植树	在河岸、梯田周围，或者盐碱化、退化土地上种植树木
多层次树种搭配	利用不同树种在生长习性上的差异，进行多物种、多层次的组合
农场或牧场的多用途树种	树木被随意或有规律的种植在农田或牧场，同时，树木提供果实、能源、饲料、木材等
植物-作物搭配（遮阴树种）	将高大树木与一些经济作物搭配种植，如可可豆、咖啡等
林-牧复合系统	在牧场上种植一些乔木，乔木之间成行或成簇保持较大距离
防护林系统	通过种植树木保护农田，防治风害、洪水等灾害
"经济林-植物篱"模式	种植一些生长快速、固氮的乔木，同时，通过修剪控制乔木高度在1m以下，残枝落叶用于增加土壤肥力或作为饲料

表1-4　温带地区农林复合经营主要类型

主要类型	简要描述
"经济林–植物篱"模式	每隔一定距离种植1~2行乔木树种，其间种植农作物
河岸缓冲带	在河流和农牧业用地间种植本地乔木和灌草，用于防止农业污染和洪水侵袭等
林–牧复合系统	在牧场上种植一些乔木，乔木之间成行或成簇保持较大距离
防护林系统	通过种植树木保护农田，防治风害、洪水等灾害
森林农场	通过对现有森林的适当管理，从中获得非木质产品，如坚果、人参等

第二节　农林复合经营研究内容

伴随着全球经济化、市场化、气候变化以及生态环境意识提高的大背景，农林复合经营的研究内容也相应发生了显著变化，不同学者从经济学、生态学、植物学、土壤学、林学、农学、生物学等不同学科的角度，主要对农林复合经营的非木质产品、病虫害防治、碳汇功能、生物多样性维持、土壤保持、大气和水环境调节、景观文化功能以及社会经济效益方面展开了研究，研究尺度和内容更为广泛深入。

一、非木质林产品

非木质林产品（Non-timber Forest Product，NTFPs）是指除了木材以外，来自森林内所有可以被人类利用的生物物质，包括花卉、药用植物、装饰品、食物、香料、纤维、树脂等。非木质林产品对于林农生计、文化和家庭传统的维持、精神和身体的完善、科学研究和收入等方面都具有重要作用（Center for International Forestry Research，2013）。非木质林产品的发展和研究对于林业的可持续发展具有重要意义。

农林复合经营通过时间和空间上的物种组合，往往具有更多样化、丰富、健康的产品。1996年，ICRAF联合了众多国际和国家组织，如FAO、IUFRO、Unesco、澳大利亚国际农业研究中心等，在肯尼亚内罗毕举办了第一届主题为"农林复合经营中非木质林产品的经营和市场化"的全球水平会议。根据会议，对农林复合经营非木质林产品的重要作用形成了一致共识，并提出了下一步的行动建议，同时，FAO下的林业产品部门也提出了"非木质林产品推动和发展计划"，旨在通过改善收获、利用、贸易和市场等方面，提高非木质林产品的价值，并强调数据收集、信息发布、技术转移、合作伙伴加强、农民培训和政策建议对于非木质产品发展的重要作用。这次会议标志着非木质产品生产作为农林复合经营的重要生产功能，及其在农林复合经营可持续发展中的重要作用，得到全球社会的一致认可。围绕着上述方面，近些年对于农林复合经营中非木质林产品进行了大量研究，目前，非木质林产品已成为农林复合经营经济产出的重要组成部分。

二、病虫害防治

农林复合经营病虫害问题一直是研究的热点,特别是在热带地区。农林复合经营能否有效防止病虫害,受到多方面因素影响,包括植物物种多样性、种植树木、系统年龄、种植方式,以及作物之间的关系(Epila,1986)。农林复合经营中病虫害综合治理的方法一般包括:鉴定和利用合适的寄主植物防治害虫和病菌;通过寄主植物和其他植物轮作,避免给害虫提供长期栖息地;采用生物防治方法;通过管理措施,调整适宜光照强度;采用对病虫害具有强抵抗力的物种;培训农民,通过农林复合经营管理,降低病虫害的强度;积极采用适宜的传统方法(Atangaga et al.,2014)。

一般认为,农林复合系统中植物物种多样性有利于减少害虫强度,轮作有利于减少病虫害,增加光照强度有利于减少林间适度,从而减少致病菌。Schroth 等(2000)从寄主植物、系统结构、植物篱、光照强度、土壤肥力和管理措施等方面,对热带农林复合经营病虫害问题进行了深入的研究。由于不同地区不同农林复合经营类型下,面临的病虫害问题也各不相同,农林复合经营对病虫害的影响及其管理措施还需要更为深入的研究。

三、碳汇功能

农林复合经营在应对气候变化,减缓气候变暖方面具有重要作用,近些年对其碳汇功能进行了大量研究(Takimoto et al.,2009;Gupta et al.,2009;Kaonga et al.,2009;Saha et al.,2009;Pinto et al.,2010)。一般认为,农林复合经营中乔灌木通过固碳作用能够将大气中的碳固定在体内,从而相比于单作农田系统,单位面积上显著增加了碳储量,减少了大气中碳储量(Sharrow and Ismail,2004;Kirby and Potvin,2007)。农林复合系统碳汇潜力的影响因素主要有系统类型、物种组成、株龄、地理位置、环境因子和管理措施等(Jose,2009)。

Nair 等(2010)研究发现,农林复合系统中植被碳汇潜力大概在西非萨赫尔荒漠草原的 $0.29Mg/(hm^2 \cdot a)$ 与波多尼哥混交林的 $15.21 Mg/(hm^2 \cdot a)$ 之间,土壤碳汇潜力大概在加拿大经济作物篱的 $1.25Mg/(hm^2 \cdot a)$ 与哥斯达黎加林牧系统下的 $173 Mg/(hm^2 \cdot a)$ 之间。此外,土地肥沃的湿润地区碳汇潜力高于干旱、半干旱和退化土地农林复合系统,热带地区碳汇潜力高于温带地区。

根据国际气候变化委员会(IPCC,2000)的估计,改善当前农林复合经营的管理措施,到2040年将会额外增加碳储量 17000 Mg。此外,相对于湿地、退化土地恢复,森林、牧草地、水田和耕地管理水平改善,农林复合经营增加碳汇的潜力最大。Nair 等(2009)估计全球范围内大约有 1023 万 km^2 的土地面积属于农林复合系统,按照平均固碳水平,50年内将能够固存 1.9Pg。Udawatta 和 Jose(2012)对美国农林复合系统碳汇潜力进行测算,认为每年能够固存 $5.30 \times 10^5 Mg\ C$,其中林牧复合系统固存 $4.64 \times 10^5 Mg\ C$,经济作物篱固存 $5.24 \times 10^4 Mg\ C$,防风墙固存 $8.6 \times 10^3 Mg\ C$,河岸缓冲带固存 $4.7 \times 10^3 Mg\ C$。

目前来看,对于农林复合经营碳汇功能的估算是不容易的,粗略的,其估算的方法和假设条件往往也不相同(Nair,2012)。在对其进行测算的过程中,应准确描述其方法和测算步骤,以便进行横向对比分析研究。

四、生物多样性维持

农林复合经营对于全球生物多样性的维持具有重要作用,其作用机制主要来自5个方面:①通过提高更多的生态位,提高了不同物种抗干扰的水平;②有助于保存濒危敏感物种的种质资源;③相对于传统农业土地利用形式,更具有生产力和可持续性,从而更有利于栖息地的维持;④通过复合系统间有机联系,形成廊道,有助于支持系统的完成性和不同组分间物种的保存;⑤通过提供土壤保持、水分调节等其他生态系统服务,促进生物多样性的维持(Schroth et al.,2004;McNeely,2004;Harvey et al.,2006)。

不同学者对农林复合经营在维持和提高植物、哺乳动物、鸟类、昆虫、土壤动物、土壤微生物等方面进行了大量研究(Jose,2009,2012)。比如,耐阴咖啡复合经营、可可豆复合经营,相对于传统农业耕作方式,明显提高了生物多样性(Perfecto et al.,1996;Moguel and Toledo,1999)。一些学者对热带庭院复合经营模式下植物多样性进行了调查研究,认为其植物物种丰富度和多样性很高,接近原始森林(Ewel,1999;Kumar and Nair,2004;Kabir and Webb,2009)。农林复合经营能够提高鸟类多样性,如Harvey和Villalobos(2007)对哥斯达黎加塔拉曼卡保护区内森林、可可豆和香蕉2种农林复合类型,以及香蕉单作下鸟类和蝙蝠多样性进行了比较;Soderstrom等(2001)研究发现牧场搭配种植乔灌木对于提高鸟类的丰富度有积极影响。关于农林复合经营有利于维持节肢动物、昆虫和土壤动物的研究也明显增加。Smith等(1996)、Stamps和Linit(1997)研究了山核桃与作物复合经营模式中,地表植被类型对于节肢动物的影响;Brandle等(2004)研究认为防风墙通过边缘效应增加了昆虫数量和多样性。另外,Costa等(2012)对巴西本地原始森林、农林复合系统以及木薯单作3种土地利用方式下丝状真菌的多样性进行了比较;Arias等(2012)对墨西哥不同咖啡生产系统和本地云雾林下丛枝菌根真菌的多样性进行了比较。

此外,一些学者以农民为研究对象,对影响农民开展农林复合经营提高生物多样性的原因进行了研究。结果发现,增加的物种由于缺乏市场销售渠道无法获得增加的边际效益,农林复合经营增加的成本、有害物种的增加以及生态经济效益的不确定性是主要影响因素(Langenberger et al.,2009;Brodt et al.,2009)。McNeely(2004)建议今后对于农林复合经营如何提高生物多样性应进行动态适应性管理,并鼓励当地社区农民和团体的参与。

五、土壤、大气和水环境改善

对于农林复合经营在维持和提高土壤生产力和可持续性方面,不同学者也做过大量研究。相对于单作农业系统,农林复合系统有助于改善土壤物理、化学和微生物性质(Jose et al.,2004)。Seiter等(1995)通过对^{15}N同位素追踪发现,小麦间作赤杨复合系统下,小麦种总氮的32%~58%来自于固氮树种赤杨所固定的氮。Lee和Jose(2003)研究了美国南部山核桃-棉花间作与单作棉花下土壤质量差异,发现复合系统下土壤有机质和微生物生物量更高。Udawatta 等(2008)研究发现农林复合缓冲区域土壤 C、N 和酶活性高于行栽作物土壤。总体来看，不同的农林复合类型会对土壤质量，特别是养分方面会产生不同的影响。

农林复合经营有助于改善空气质量，其中，防风墙类型能够有效降低风速、限制风蚀、减少噪音和净化空气。Tyndall 和 Colletti(2007)对防风墙在控制家畜气味方面的作用进行了研究，并从社会经济成本的角度对农场水平解决家畜气味的应对措施进行了分析比较，认为采用防风墙类型是最好的应对管理措施。

此外，河岸缓冲带类型被认为在改善水质量方面发挥了重要作用，它能够有效净化径流水，促进农田流失养分沉淀、保留，过滤有害元素，是应对农业非点源污染的有效措施(Udawatta et al., 2002；Lee et al., 2003；Anderson et al., 2009)。Lee 等(2003)对美国爱荷华州农田与河流的河岸间仅种植柳枝稷和柳枝稷与乔木搭配的河岸缓冲带类型在径流养分吸收方面进行了比较，发现河岸缓冲带比仅种植柳枝稷多吸收了20%的养分，更有利于防止河流富营养化。另外，农林复合系统中树木的存在，其深根性能够吸收表层渗流的营养物质，有助于改善地下水的质量(Allen et al., 2004；Nair et al., 2007)。因此，农林复合经营对于解决高度集约化农业所产生的水环境问题能够发挥重要作用。

六、景观娱乐功能

随着景观生态学的发展和成熟，相关学者意识到农林复合经营的景观美学价值，并将视角从以往生态系统的尺度转移到景观尺度，积极应用景观生态学的理论和方法对农林复合经营展开了研究(Cowan and Revell, 2000；Winchcombe and Revell, 2004；Pastur, 2012)。Revell(1997)讨论了农林复合经营的景观设计原则，包括背景、中景和前景的不同尺度。Winchcombe 和 Revell(2004)认为在农林复合景观设计中，应努力尝试将景观美学价值与生态、经济相结合，并提出了农林复合经营景观设计流程。此外，Revell(1997)将农林复合经营的景观美学和土壤保持、盐分控制、遮阴、提供木产品、旅游等功能之间的相互影响进行了定性比较分析。Palma 等(2007)从景观尺度对欧洲典型的林牧复合经营模式的环境影响进行了评价，认为林牧复合经营有助于提高环境效益。Baran-Zglobicka 等(2012)从景观尺度对波兰进入欧盟后传统的小农经营模式如何发展进行了探讨，认为传统农林经营模式应该保留。Hobinger 等(2011)应用景观生态学工具对哥斯达黎加集约化农田和油棕榈-作物搭配等不同情景对于植物多样性的影响进行了分析。此外，也有学者对农林复合经营恢复或改善景观的作用进行了研究。Asare 等(2014)研究认为，可可豆农林复合模式可以作为廊道，有助于恢复加纳人为砍伐造成的森林破碎化，并提出了相关政策建议。Erdmann(2004)从农林复合经营特点、案例、方法和未来展望等方面，对农林复合经营作为森林景观恢复的手段做了系统分析。从以上研究可以看出，从景观尺度对农林复合经营进行管理方面的研究逐渐增多。

农林复合经营不仅具有生产功能，以及良好的生态环境效益，而且也具有良好的景观美学和文化价值。在合理发展的条件下，农林复合经营与生态旅游的结合将是一种双赢的模式。通过生态旅游，农林复合经营者可以获得额外的收入，同时也会努力维持系统的稳定和可持续性。一些学者对农林复合经营的休闲娱乐功能进行了探讨。Barbieri 和 Valdivia（2010a）根据旅游提供的不同类型范围，将美国密西西比州农林复合经营者分为生产主义者和田园主义者，对其在观念认知、信息获取偏好渠道和代理人偏好三个方面进行了分析，认为两种群体明显不同，并提出相应的建议。Barbieri 和 Valdivia（2010b）还对密西西比州农林复合经营的旅游多功能性进行了分析，其中，打猎、采摘、游览观赏和徒步是主要的方式；此外，还探讨了休憩娱乐和农林复合经营之间的关系，认为休憩娱乐有助于提高经营者意愿和认知水平。

七、社会经济研究

20 世纪 90 年代以来，从社会经济角度对农林复合经营展开的研究逐渐增多（Buck et al.，1998；Montambault and Alavalapati，2005）。科学家和相关组织意识到通过对农林复合经营的社会经济分析，有助于评估农林复合经营的经济合理性、明确影响农林复合经营的社会经济因素、监控未来可能发生的变化以及提出相关的建议等。同时，将生物物理与社会经济学科相结合，对农林复合经营展开研究将是今后的难点和重点（Kurtz，2000；Rule et al.，2000；Alavalapati and Nair，2001）。

目前，国际上关于农林复合经营社会经济研究的问题主要包括经济效益、生计效益、性别、机构、宏观经济政策、市场、生态系统服务价值以及所有权方面。经济分析的方法主要包括分组单独分析、成本收益、计量经济、环境经济、经营预算以及最优化模型等方面。具体如表 1-5、1-6 所示（Montambault and Alavalapati，2005）。

表 1-5 农林复合经营研究的主要社会经济问题

问题	内容
经济效益	产品带来的经济收入
生计效益	小农家庭所获得的食物、饲料、能源以及药材等
性别	妇女和儿童的发展
机构	相关机构和研究单位对农林复合经营的影响
宏观经济政策	政府补贴、税收、利率等宏观经济政策的影响
市场	产品的投入与产出，以及市场变化对农林复合经营的影响
生态系统服务价值	农林复合经营所提供的生态系统服务，如碳汇、生物多样性维持、休闲旅游等所产生的价值
所有权	土地租赁、林地所有权等相关产权的问题

表 1-6 农林复合经营研究的主要经济分析方法

分析类型	内容
分组单独分析	包括基础设施、市场、政策以及所有权等方面分析
成本收益	应用经济学中净现值、成本收益率、回报率等工具分析农林复合经营投入、成本、风险、效益等方面
计量经济	通过问卷和时间序列统计数据研究不同经济变量之间的关系

(续)

分析类型	内容
环境经济	对农林复合经营所提供的生态系统服务价值进行测算
经营预算	对农林复合经营技术、管理方面的影响进行经济分析
最优化模型	通过线性、非线性模型、投入产出表等建立生产最优化模型

第三节 农林复合经营未来展望

由于温带地区发达国家和热带地区发展中国家在经济、社会和自然条件等方面有着明显的差异，因而在农林复合经营的研究和实施方面有不同的侧重点。非洲、南亚、拉丁美洲等众多发展中国家更多关注农林复合经营在提供粮食和其他产品上发挥的重要作用，更多倾向于农田防护林、水土保持林、林粮间作、庭院复合经营等生产型为主的经营模式。欧洲、北美洲、大洋洲等众多发达国家更多关注农林复合经营在改善环境、提供生态系统服务方面发挥的重要作用，更多倾向于防护林、河岸缓冲带、林牧系统等农林复合经营模式。农林复合经营在热带和温带地区面临的挑战及其重要性程度，如图 1-1 所示。

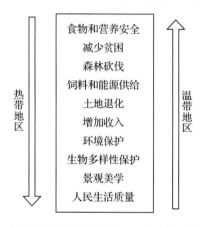

图 1-1 农林复合经营在热带和温带地区面临的挑战及其重要性程度

20 世纪 90 年代以前，农林复合经营的研究主要通过典型模式成功的案例，进行经验型总结和归纳。这一阶段对农林复合经营的概念内涵、分类、方法论等展开了广泛的讨论，为后来的发展奠定了坚实基础。近 20 年来，农林复合经营的研究主要通过实验和模型，从更大的区域和全球尺度展开，其研究内容也涉及了经济、生态、社会、文化等多方面。更明显的是，农林复合经营积极与全球开展的重大项目相结合，以应用为导向，展开了研究和讨论，比如，农林复合经营在解决联合国千年发展确定的目标方面将能够发挥重要作用；对于 REDD+ 的实施，农林复合经营也可以作为一种重要的手段（图 1-2）。在未来 20 年，农林复合经营的方向将可能围绕树种与作物的组成、生态系统服务功能、系统管理、政策环境以及生态系统和景观水平的研究（表 1-7）。

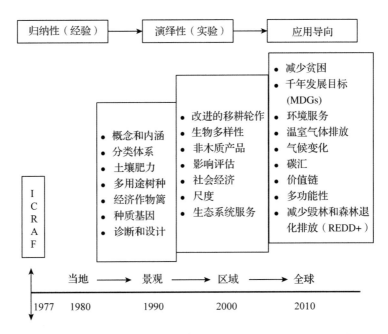

图1-2　农林复合经营研究的发展历程(Nair and Garrity, 2012)

经过广泛的科学研究和实践,农林复合经营已经被认可为一种能提供多重效益、有效的土地利用方式,无论是在热带的发展中国家,还是温带的发达国家。除了 ICRAF 专门的国际性农林复合研究中心,很多国家也建立相关的政府机构,以及开展了相关的研究计划和项目。农林复合经营已在全球不同地区不同程度地进行着,然而,农林复合经营要成为 21 世纪的主流科学和主要土地利用方式,依然还需要国际机构、政府、科学家、非政府组织,以及公众的共同努力。

表1-7　农林复合经营未来的研究热点

研究热点	主题内容	重点区域
农林复合系统组成:树木	本地和未被利用树木的利用	热带地区
	食物、水果、饲料和肥料树种	非洲撒哈拉沙漠以南地区
	具有高价值产品的树种,如药材	热带适宜地区
农林复合系统组成:作物	发展多样化作物,提高生产效率	全球
生态系统服务	气候变化减缓和适应,理解碳汇的作用	全球
	土壤质量和土壤管理	
	植物物种多样性	
	水质量提高:减少非点源污染	
	理解生物多样性和碳汇联系	工业化发达国家
通过管理提高系统的生产力和树的防护作用	发展合适的模式,提高管理水平、解决具体的问题	全球
	土地退化(土壤侵蚀、肥力保持等)	
	增加碳储量	
	生物多样性保护	

(续)

研究热点	主题内容	重点区域
改善政策环境	如何制定政策鼓励发展	全球
	现行国家和区域相关农林复合经营政策的评估	不同尺度不同方面的评价
生态系统和景观水平研究	当前的研究一般多集中在样地和农田水平	全球
	生态环境相关问题应更多从生态系统和景观水平研究	

参考文献

[1] Alavalapati J, Nair P K R, Barkin D, 2001. Socioeconomic and institutional perspectives of agroforestry [J]. World Forests, 3: 71-83.

[2] Allen S C, Jose S, Nair P K R, et al, 2004. Safety-net role of tree roots: Evidence from a pecan (Caryaillinoensis K. Koch) - cotton (Gossypium hirsutum L.) alley cropping system in the southern United States [J]. Forest Ecology and Management, 192(2-3): 395-407.

[3] Anderson S H, Udawatta R P, Seobi T, et al, 2009. Soil water content and infiltration in agroforestry buffer strips [J]. Agroforestry Systems, 75(1): 5-16.

[4] Arias R M, Abarca G H, Sosa V J, et al, 2012. Diversity and abundance of arbuscular mycorrhizal fungi spores under different coffee production systems and in a tropical montane cloud forest patch in Veracruz, Mexico [J]. Agroforestry Systems, 85(1): 179-193.

[5] Asare R, Afari-Sefa V, Osei-Owusu Y, et al, 2014. Cocoa agroforestry for increasing forest connectivity in a fragmented landscape in Ghana [J]. Agroforestry Systems, 88(6): 1143-1156.

[6] Baran-Zglobicka B, Zglobicki W, 2012. Mosaic landscapes of SE Poland: Should we preserve them? [J]. Agroforestry Systems, 85(3): 351-365.

[7] Barbieri C, Valdivia C, 2010a. Recreational Multifunctionality and its implications for agroforestry diffusion [J]. Agroforestry Systems, 79(1): 5-18.

[8] Barbieri C, Valdivia C, 2010b. Recreation and agroforestry: Examining new dimensions of multifunctionality in family farms [J]. Journal of Rural Studies, 26(4): 465-473.

[9] Barrera-Bassols N, Toledo V M, 2005. Ethnoecology of the Yucatec Maya: Symbolism, knowledge and management of natural resources [J]. Journal of Latin American Geography, 4(1): 9-41.

[10] Beets W C, 1989. The potential role of agroforestry in ACP states [M]. CTA.

[11] Bergmeier E, Petermann J, Schröder E, 2010. Geobotanical survey of wood-pasture habitats in Europe: diversity, threats and conservation [J]. Biodiversity and Conservation, 19(11): 2995-3014.

[12] Brandle J R, Hodges L, Zhou X H, 2004. Windbreaks in North American agriculture systems [J]. Agroforestry Systems, 61(1): 65-78.

[13] Brodt S, Klonsky K, Jackson L, et al, 2009. Factors affecting adoption of hedgerows and other biodiversity-enhancing features on farms in California, USA [J]. Agroforestry Systems, 76(1): 195-206.

[14] Buck L E, Lassoie J P, Fernandes E C M, et al, 1998. Agroforestry in Sustainable Agricultural Systems [M]. Boca Raton: CRC Press.

[15] Buresh R J and Cooper P J M, 1999. The science and practice of short-term improved fallows: Symposium synthesis and recommendations [J]. Agroforestry Systems, 47(1): 345-356.

[16] Burgess P J, Incoll L D, Corry D T, et al, 2005. Poplar growth and crop yields within a silvoarable agroforestry system at three lowland sites in England[J]. Agroforestry Systems, 63(2): 157-169.

[17] Buttoud G, 2013. Advancing Agroforestry on the Policy Agenda—A guide for decision-makers[R]. FAO.

[18] Costa P M O, Motto C M S, Malosso E, 2012. Diversity of filamentous fungi in different systems of land use [J]. Agroforestry Systems, 85(1): 195-203.

[19] Epila J S O, 1986. The case for insect pest management in agroforestry research[J]. Agricultural Systems, 19(1): 37-54.

[20] Erdmann T K, 2004. Agroforestry as a Tool for Restoring Forest Landscapes [M]. New York: Springer.

[21] Ewel J J, 1999. Natural systems as models for the design of suitable systems of land use[J]. Agroforestry Systems, 45: 1-21.

[22] Gupta N, Kukal S S, Bawa S S, et al, 2009. Soil organic carbon and aggregation under poplar based agroforestry system in relation to tree age and soil type[J]. Agroforestry Systems, 76(1): 27-35.

[23] Hart R H, Hughes R H, Lewis C E, et al, 1970. Effect of nitrogen and shading on yield and quality of grasses grown under young slash pines[J]. Agronomy Journal, 62(2): 285-287.

[24] Harvey C A, Gonzales J, Somarriba E, 2006. Dung beetle and terrestrial mammal diversity in forest, indigenous Agroforestry Systems and plantain monocultures in Talamanca, Costa Rica[J]. Biodiversity Conservation, 15(2): 555-585.

[25] Harvey C A, Villalobos J A G, 2007. Agroforestry Systems conserve species-rich but modified assemblages of tropical birds and bats[J]. Biodiversity Conservation, 16(8): 2257-2292.

[26] Hobinger T, Schindler S, Seaman B S, et al, 2012. Impact of oil palm plantations on the structure of the agroforestry mosaic of La Gamba, southern Costa Rica: Potential implications for biodiversity[J]. Agroforestry Systems, 85(3): 367-381.

[27] Jose S, Gillespie A R, Pallardy S G, 2004. Interspecific interactions in temperate agroforestry[J]. Agroforestry Systems, 61(1): 237-255.

[28] Jose S, 2009. Agroforestry for ecosystem services and environmental benefits: An overview[J]. Agroforestry Systems, 76(4): 1-10.

[29] Jose S, 2012. Agroforestry for conserving and enhancing biodiversity[J]. Agroforestry Systems, 85(1), 1-8.

[30] Kabir M E, Webb E L, 2009. Can homegardens conserve biodiversity in Bangladesh? [J]. Biotropica, 40(1): 95-103.

[31] Kaonga M L, Bayliss-Smith T P, 2009. Carbon pools in tree biomass and the soil in improved fallows in eastern Zambia[J]. Agroforestry Systems, 76(1): 37-51.

[32] Kass D C L, Somarriba E, 1999. Traditional fallows in Latin America[J]. Agroforestry Systems, 47(1-3): 13-36.

[33] Kirby K R, Potvin C, 2007. Variation in carbon storage among tree species: Implications for the management of a small-scale carbon sink project[J]. Forest Ecology and Management, 246(2-3): 208-221.

[34] Knowles R L, 1991. New Zealand experience with silvopastoral systems: A review[J]. Forest Ecology and Management, 45(1-4): 251-267.

[35] Langenberger G, Prigge V, Martin K, et al, 2009. Ethnobotanical knowledge of Philippine lowland farmers and its application in agroforestry[J]. Agroforestry Systems, 76(1): 173-194.

[36] Leakey R, 1997. Refining agroforestry and opening Panora's box[J]. Agroforestry Today, 9(1): 5.

[37] Lee K H, Isenhart T M, Schultz R C, 2003. Sediment and nutrient removal in an established multi-species

riparian buffer[J]. Journal of Soil and Water Conservation, 58(1): 1-8.

[38] Lee K H, Jose S, 2003. Soil respiration and microbial biomass in a pecan-cotton alley cropping system in southern USA[J]. Agroforestry Systems, 58(1): 45-54.

[39] Lefroy E C, Dann P R, Wildin J H, et al, 1992. Trees and shrubs as sources of fodder in Australia[J]. Agroforestry Systems, 20(1-2): 117-139.

[40] Lundgren B O, 1982. Introduction[J]. Agroforestry Systems, 1: 3-6.

[41] McNeely J A, 2004. Nature versus nurture: Managing relationships between forests, agroforestry and wild biodiversity[J]. Agroforestry Systems, 61(1): 155-165.

[42] Moguel P, Toledo V M, 1999. Biodiversity conservation in traditional coffee systems of Mexico[J]. Conservation Biology, 13(1): 11-21.

[43] Montambault J R, Alavalapati J R R, 2005. Socioeconomic research in agroforestry: A decade in review [J]. Agroforestry Systems, 65(2): 151-161.

[44] Mosquera-Losada M R, Ferreiro-Domínguez N, Rigueiro-Rodríguez A, 2010. Fertilization in pastoral and Pinus radiata D. Don silvopastoral systems developed in forest and agronomic soils of northwest Spain[J]. Agriculture Ecosystems and Environment, 139(4): 618-628.

[45] Nair P K R, Garrity D, 2012. Agroforestry—The Future of Global Land Use[M]. New York: Springer.

[46] Nair P K R, Nair V D, Kumar B M, et al, 2010. Carbon sequestration in Agroforestry Systems[J]. Advance in Agronomy, 108: 237-307.

[47] Nair P K R, 1985. Classification of Agroforestry Systems[J]. Agroforestry Systems, 3: 97-128.

[48] Nair P K R, 1998. Directions in tropical agroforestry research: Past, present, and future[J]. Agroforestry Systems, 38: 223-245.

[49] Nair P K R, 2012. Carbon sequestration studies in Agroforestry Systems: A reality-check[J]. Agroforestry Systems, 86(2): 243-253.

[50] Nair V D, Nair P K R, Kalmbacher R S, et al, 2007. Reducing nutrient loss from farms through silvopastoral practices in coarse-textured soils of Florida, USA[J]. Ecological Engineering, 29(2): 192-199.

[51] Palma J H N, Graves A R, Burgess P J, et al, 2007. Methodological approach for the assessment of environmental effects of agroforestry at the landscape scale[J]. Ecological Engineering, 29(4): 450-462.

[52] Pastur G M, Andrieu E, Iverson L R, et al, 2012. Agroforestry landscapes and global change: landscape ecology tools for management and conservation[J]. Agroforestry Systems, 85(3): 315-318.

[53] Perfecto I, Rice R, Greenberg R, van derVoorst M E, 1996. Shade coffee: A disappearing refuge for biodiversity[J]. Bioscience, 46(8): 598-608.

[54] Pinto L S, Anzueto M, Mendoza J, et al, 2010. Carbon sequestration through agroforestry in indigenous communities of Chiapas, Mexico[J]. Agroforestry Systems, 78: 39-51.

[55] Prinsley R T, 1992. The role of trees in sustainable agriculture—an overview[J]. Agroforestry Systems, 20: 87-116.

[56] Rapidel B, DeClerck F, LeCoq J F, et al, 2011. Ecosystem services from agriculture and agroforestry-measurement and payment[M]. London: Earthscan.

[57] Reeg T, 2011. Agroforestry Systems as land use alternatives in Germany? A comparison with approaches taken in other countries[J]. Outlook on Agriculture, 40(1): 45-50.

[58] Saha S K, Nair P K R, Nair V D, et al, 2009. Soil carbon stock in relation to plant diversity of homegardens in Kerala, India[J]. Agroforestry Systems, 76(1): 53-65.

[59] Sanchez P A, 1995. Science in agroforestry[J]. Agroforestry Systems, 30: 5-55

[60] Schofield N J, 1993. Tree planting for dryland salinity control in Australia[J]. Agroforestry Systems, 43(20): 1-23.

[61] Schroth G, da Fonseca G A B, Harvey C A, et al, 2004. Agroforestry and biodiversity conservation in tropical landscapes[M]. Washington, DC: Island Press.

[62] Schroth G, Harvey C A, 2007. Biodiversity conservation in cocoa production landscapes[J]. Biodiversity Conservation, 16(8): 2237-2244.

[63] Schroth G, Krauss U, Gasparotto L, et al, 2000. Pests and diseases in Agroforestry Systems of the humid tropics[J]. Agroforestry Systems, 50(3): 199-241.

[64] Sharrow S H, Ismail S, 2004. Carbon and nitrogen storage in agroforests, tree plantations, and pastures in western Oregon, USA[J]. Agroforestry Systems, 60(2): 123-130.

[65] Sibbald A R, Eason W R, Mcadam J H, et al, 2001. The establishment phase of a silvopastoral national network experiment in the UK[J]. Agroforestry Systems, 53(1): 39-53.

[66] Smith M W, Arnold D C, Eikenbary R D, et al, 1996. Influence of ground cover on beneficial arthropods in pecan[J]. Biological Control, 6(2): 164-176.

[67] Soderstrom B, Svensson B, Vessby K, et al, 2001. Plants, insects and birds in semi-natural pastures in relation to local habitat and landscape factors[J]. Biodiversity Conservation, 10(11): 1839-1863.

[68] Somarriba E, Beer J, 2011. Productivity of Theobroma cacao Agroforestry Systems with legume and timber shade tree species[J]. Agroforestry Systems, 81: 109-121.

[69] Somarriba E, Beer J, Muschler R G, 2001. Research methods for multistrataAgroforestry Systems with coffee and cacao: recommendations from two decades of research at CATIE[J]. Agroforestry Systems, 53(2): 195-203.

[70] Stamps W T, Linit M J, 1997. Plant diversity and arthropod communities: implications for temperate agroforestry[J]. Agroforestry Systems, 39(1): 73-89.

[71] Takimoto A, Nair V D, Nair P K R, 2009. Contribution of trees to soil carbon sequestration under Agroforestry Systems in the West African Sahel[J]. Agroforestry Systems, 76(1): 11-25.

[72] Tyndall J, Colletti J, 2007. Mitigating swine odor with strategically designed shelterbelt systems: A review[J]. Agroforestry Systems, 69(1): 45-65.

[73] Udawatta R P, Kremer R J, Adamson B W, et al, 2008. Variations in soil aggregate stability and enzyme activities in a temperate agroforestry practice[J]. Applied Soil Ecology, 39(2): 153-160.

[74] Udawatta R P, Krstansky J J, Henderson G S, et al, 2002. Agroforestry practices, runoff, and nutrient loss: A paired watershed comparison[J]. Journal of Environmental Quality, 31(4): 1214-1225.

本章作者：刘伟玮（中国环境科学研究院）、李文华（中国科学院地理科学与资源研究所）

第三章
中国农林复合经营研究与发展概况

中国具有悠久的农业发展历史，在数千年的农业文明中，生态农业的思想深刻地体现在其农业生产实践中。很早以前，先民们即已经认识到树林对于农业的重要性，认识到农业是建立在林业的基础之上的。农林复合的思想在数千年的农业生产理论与实践中俯拾皆是。本章从中国农林复合经营的理论研究及其实践发展两方面进行了阐述。

第一节 中国农林复合经营的研究概述

中国作为一个传统的农业大国，有着数千年农林间作的经验，其农林复合经营的实践和理论研究一直走在前列。期刊文献发表情况是某一领域研究状况的重要反映，以"中文发现"为搜索平台，检索得到主题为"农林复合"和"林下经济"的历年相关中文学术期刊文献各1017和319条。由此得到国内农林复合经营相关文献发表数量及变化情况（图1-3），从中可归纳出其研究历程的三个阶段：20世纪90年代中期前处于稳步上升阶段，90年代中期到2006年前后处于稳定发展阶段，而从2006年左右开始则进入较快速上升阶段。这与我国农林复合经营以及生态农业建设实践的发展历程是较为契合的。

图1-3 农林复合经营与林下经济相关中文学术论文发表趋势（1983—2014）

20世纪90年代中期前，伴随着我国农林复合经营实践的逐步展开，相关的理论研究也在不断深入。在公开发表的期刊文献中，有近40%是对农林复合经营的概述性介绍，研究深度相对不足。此外，农林复合经营的效益评估、生态环境效应和相关技术与物种选择等也是受到研究者关注的主要方面。在此期间，其研究的对象主要为农田防护林、桐粮间作、林－胶－茶复合系统、桑基鱼塘和小流域治理等。

20世纪50年代开始、80年代大规模展开的防护林建设工程开启了我国农林复合经营在宏观层面的应用。随着实践的深入，对农林防护林建设的科学研究也成果斐然，《东北西部内蒙古东部防护林研究》（向开馥，1989）和《防护林体系生态效益及边界层物理特征研究》（朱廷曜，1992）从理论和方法方面将防护林体系的研究推向一个新的高度。

结合防护林建设工程及其后的退耕还林工程，桐粮间作、枣粮间作、杨粮间作和林药间作等农林复合经营模式的研究与实践得到较大发展，其中尤以桐粮间作的研究最为深入，发表了大量的学术文章，并出版了《泡桐研究》及《泡桐栽培学》（蒋建平，1990）等专著，对桐粮间作进行了系统的研究。竺肇华等（1981）编著的《Paulownia in China: Cultivation and Utilization》由亚洲生物科学网络（Asian Network for Biological Sciences）和加拿大国际发展研究中心（IDRC）出版，在国际农林复合经营研究中产生了广泛的影响。

林－胶－茶复合系统的研究起源于20世纪60年代初，中国科学院云南植物研究所、华南热带作物科学研究院和广东省海南农垦热带作物研究所对此做出了重要的贡献，由冯耀宗等（1985）撰写的《胶茶人工群落的研究与推广综合报告》是对此研究的系统总结，其研究成果在实践中获得了巨大的成功，成为世人瞩目的农林复合经营的成功模式之一。

基塘系统的研究始于钟功甫于1958年发表的《珠江三角洲"桑基鱼塘"与"蔗基鱼塘"》一文，此文受到了我国农林学者的重视并引起联合国大学的关注，1980—1983年中国科学院广州地理研究所与联合国大学合作研究，使基塘系统的研究由定性转向定量。他们着重于基塘系统的结构与功能、能量交换与物质循环等研究，取得了丰硕的研究成果，发表了《基塘系统的水陆相互作用》等专著和多篇论文。

小流域综合治理以"千烟洲模式"为代表，该模式不仅为开发我国南方红壤丘陵资源提供了科学的模式，而且为该区域的资源综合利用和农业可持续发展探索了一条成功道路。据此形成了极具理论与实践指导价值的《红壤丘陵开发和治理——千烟洲综合开发治理试验研究》（中国科学院南方山区综合科学考察队，1989）一书，相关研究成果被评为国家科技进步三等奖和中国科学院科技进步一等奖。

此外，江省里下河的沟垛生态系统研究自80年代开始，取得了丰富的成果，出版有专著《立体林业——里下河地区农林复合经营实践》（黄宝龙等，1991）。其中历时10年的"林农复合生态经济系统的研究与应用"项目获1994年林业部科技进步一等奖。

1976年，国际农林复合系统研究委员会（ICRAF）成立后，在世界范围内开展了农林复合经营的调查、宣传和推广工作。我国也引入了农林复合经营（Agroforestry）这一术语，并推动了我国农林复合系统研究向更深层次发展。

马世骏和李松华主编的《中国的农业生态工程》（1987）一书为我国农林复合经营的发展奠定了理论基础，李文华和赖世登（1994）系统总结了农林复合经营的历史、理论基础、分类及分区特点，并对我国最有代表性的15种农林复合经营类型做了重点而系统的阐述，这成为我国农林复合经营研究的新起点。

在此期间,我国农林复合经营的研究开始由定性化向定量化转变,从单一模式的定量化研究向系统的定量化研究发展。在总体性定量化研究方面,卢琦(1994)应用 GIS 技术进行桐农复合系统三维空间的动态模拟;刘金勋(1994)应用 GIS 和专家系统进行农林复合系统的辅助决策管理的初步研究,建立了包括社会、经济和生态因子的专家推理模型和专家经验知识回归模型。在桐粮间作研究中,曲进社等(1986)应用数量化方法来确定泡桐的立地等级,并以土壤、水位、养分、林木配置方式和树龄等要素来建立泡桐生长的预测方程;竺肇华等(1989)以遗传学理论对泡桐无性系分析计算其遗传方差、环境方差、遗传力、变异系数等证明泡桐苗期优木选择是可行的;蒋建平等(1990)应用二次旋转设计方法,以苗木密度、种植期、种根粗、氮和磷施用量5个因子为控制变量的回归,确定苗木培育措施的组合方案。在农林复合经营的能流、物流及系统的动态模拟定量化研究方面,刘乃壮等(1990)对桐粮复合系统的太阳辐射分布进行了动态模拟,从而选择出不同树木年龄的复合系统的合理结构;钟功甫(1987)以物流分析描述出珠江三角洲基塘系统的物质循环方式及其效率;李树人(1986)进行的泡桐养分循环动态研究确定了泡桐营养元素循环率为 73.6%。在农林复合经营的优化调控的研究方面,顾连宏等(1992)用连续变化梯度法设计,理论上可以用最少的试验次数和最小的试验规模获得最佳的结构模式。

在此期间,在我国召开的农林复合经营国内和国际学术会议主要有:

1986 年 10 月,在江苏高邮召开的"全国林农复合生态系统研讨会",对农林复合经营的各种理论问题,如不同生物种群间的相互适应与边缘效应、复合系统的多样性与稳定性、立体化经营及其效益、模式分类等作了充分的讨论。

1988 年 12 月,在北京召开的"中国农用林业系统学术座谈会",着重交流了我国华北、中原地区、干旱半干旱地区的农用林业系统研究成果,并由中国林业科学研究院和加拿大国际发展研究中心(IDRC)共同出版了论文集《Agroforestry System in China》。

1990 年春,在北京召开的"全国生态林业学术研讨会",系统讨论了农林复合经营的定义、技术与理论。

1992 年 4 月,在南京召开了"国际农林复合经营研讨会",广泛地研讨了世界范围内的农林复合经营,并出版了《农林复合经营研究与实践论文集》。

此间我国出版了相关的专业刊物,主要有中国科学院南京土壤研究所主办的《当代复合林农业》和中国林业科学研究院林业研究所农用林室和安徽省林业科学研究所主办的《泡桐与农用林业》,它们对我国农林复合经营研究发挥了积极的作用。

20 世纪 90 年代中期之后,随着农业比较收益的不断降低,农田弃耕现象日渐加重,农林复合经营实践相对进入低潮期,其理论研究则延续着前期的研究工作平稳前行。在公开发表的期刊文献中,较为宽泛的概述类论文相对减少,约占总体的 20%,而农林复合经营的生态环境效应、模式与分类以及其他的基础性研究文献有了较大幅度的增加,反映了总体研究水平的提高。在此期间,学者们关注的领域也更为广泛。

林-粮复合研究进一步深入,在桐-粮复合研究不断深入的同时,杨-粮复合、枣-粮复合的研究也取得了丰富的成果,如袁玉欣、王颖和裴宝华研究团队的杨粮间作系列研究成果对杨-粮复合系统在光能利用、土壤水分理化性质改变、小气候变化、株行距与产量关系以及系统对农田生态环境改善的影响等方面进行了深刻的揭示(袁玉欣等,2002)。而尹飞、毛任钊和傅伯杰等人对枣-粮复合系统内间作作物产量、氮磷营养元素利用与表观损失方面的空间差异性进行了深入的分析,为枣-粮复合系统的空间布置提供了理论依据(尹飞等,2008)。

基塘系统的研究上,在系统水陆交互作用、物质循环和能量流动等方面的研究进一步加深,而随着珠江三角洲地区工业化、城镇化的大举推进以及市场需求的变化,致使经营者重"塘"轻"基",基塘系统遭受了严重的破坏,甚至大片消失。如何应对社会经济发展和集约化农业对基塘系统的影响,聂呈荣、骆世明和章家恩等根据恢复生态学的原理,提出应用食物链和生态位原理对退化基塘系统进行生态恢复,具体措施有鱼塘的水体恢复、基面的土壤恢复、环境污染的治理以及基塘面积的合理配比等(聂呈荣等,2003)。与此同时,对基塘系统的历史文化价值的研究越来越受到重视,这种研究热潮一直延续到当前,而这种研究也带动了基塘系统景观旅游研究的兴起。

对胶-茶复合系统的研究进一步转向胶-茶-鸡复合系统,孟庆岩等(2000)分析了胶-茶-鸡复合系统的物质循环规律和经济、社会与生态效益。研究认为,该系统的营养循环良好,其系统外物质投入率相对较少而系统内养分循环量较高,具有较合理的物质循环结构,因而综合效益良好。

在关注农林复合经营的各生态组分之间的关系及结构优化配置所能带来的产出效益的同时,学者们也开始关注系统对生态环境治理的影响和农林复合景观建设的研究。与此同时,农林复合经营在区域和流域综合治理中的作用越来越突出,在南方红黄壤丘陵区、沿海水网农区、黄淮海平原区、北方旱区、太行山低山丘陵区、西北黄土沟壑区等地区的农林复合经营的发展中取得了大量的研究成果。中国林业科学研究院孟平完成的太行山低山丘陵区及黄淮海平原农区农林符合经营研究多项成果曾多次获部级及国家科技进步奖。

对农林复合经营的经济问题的研究也开始受到更多的重视,庞爱权和张大红(1996)较早地指出了农林复合经营研究的另一方面,即是否采纳这种土地经营策略,还必须考虑市场因素以外的宏观经济政策与土地利用制度,以及地区社会与文化背景等。农林复合经营在实践中得到应用的前提,不仅取决于理论、技术的成熟与否,更取决于其所处的社会经济环境。只有当生态的、社会的和经济的因素得到充分考虑的情况下,可持续的农林复合经营才能实现。

21世纪以来,随着社会经济的发展和需求的变化,农林复合经营研究的水平、内容和方向也出现了较大的变化,一方面,研究水平进一步提升,对农林复合经营进行概述性的文章数量进一步减少,更多的是具有一定研究深度的论文;另一方面,研究内容更加广泛,一些原先关注度不高的基础研究领域也开始受到重视。同时,研究的侧重点也有所变化,对农林复合经营的内部运行机理及相互作用关系的研究文章比重越来越大,如在公开发表的学术文献中,有近45%是关于农林复合经营的生态环境效应、种间互作、系统结构及其他基础研究方面的论文。

对农林复合经营的生态景观的研究也开始增加,林媚珍等(2014)对中山市基塘系统景观格局的分析,韩文权等(2012)基于GIS技术对四川岷江上游杂谷脑流域农林复合经营的景观格局优化的研究。这些研究表明人们对农林复合经营的功能与效益认识的深化,它不再仅被看作为增加产出的土地利用方式，同时还具有景观美化等方面的生态服务功能，这些功能也在逐渐地被人们所认识、研究和利用。

随着我国集体林权制度改革的深入，如何释放林地经营权转变所产生的生产力，使农民实现"不砍树也能致富"的目标，成为政府、学术界与广大农民共同关心的话题。在此背景下，林下经济的研究迅速成为热潮。围绕着林下经济的可持续发展这一中心点，农林复合经营与管理的研究逐渐受到重视，发表了大量的研究成果。

2014年12月，中国林学会林下经济分会正式成立，首届委员会的主任委员由生态学家、林学家李文华院士担任。林下经济分会的成立也标志着我国农林复合经营与林下经济的研究、保护与发展进入到一个新的更快的发展阶段。

在数十年的研究发展历程中，我国与国际农林复合经营学术界的交流也在日益加深。2002年8月，世界农用林业中心（ICRAF）中国项目开始实施，通过国际合作来提升当地民众发展农林复合经营的意识，从而致力于保护中国山地区域物质财富和生物多样性的延续。2014年3月27日，中国农业科学院－世界农用林业中心（ICRAF）"农用林业与可持续畜牧业联合实验室"成立。该实验室的成立旨在充分利用双方的科研经验和优势成果，推进开展木本饲料和油料作物资源评价和循环利用，环境微生物生态多样性和养分循环，以及畜牧业低碳减排与可持续发展等领域的合作。此外，中国科学院昆明植物研究所与世界农用林业中心的合作、中国科学院广州地理研究所与联合国大学的合作、中国林业科学研究院与加拿大国际发展研究中心的合作均取得了丰硕的成果。我国农林复合经营国际合作研究呈现出广阔的前景。

第二节 中国农林复合经营的研究现状与趋势

一、研究现状

当前，我国对农林复合经营的研究无论是深度还是广度都有了极大的发展，根据历年发表的文献得到其研究内容分类（表1-8）。研究内容主要集中在农林复合经营的实践总结（包括农林复合经营模式的分类和概述性的总结）、农林复合经营的运行机理与作用关系研究（包括农林复合经营中物种间作用关系、系统内的能量流动与物质循环、系统结构、生态环境效应以及其他相关的基础研究）、农林复合经营的价值评估研究和农林复合经营的管理与可持续经营研究四个方面。

表 1-8　1983—2015 年发表的农林复合经营相关中文文献分类

年份	生态系统服务	社会学	能流与物流	经营与管理	景观与小流域	系统结构	种间互作	综述	其他基础研究	技术与树种选择	模式与分类	效益评价	生态环境效应	概述性论文	合计
1983	0	0	1	0	0	0	0	0	2	1	0	1	2	2	9
1984	0	0	0	0	0	0	0	0	0	0	0	1	1	3	5
1985	0	0	0	0	0	0	0	0	0	0	0	0	0	2	2
1986	0	0	0	0	0	0	0	0	1	0	0	1	1	5	8
1987	0	0	0	1	0	0	0	0	0	0	2	5	2	2	12
1988	0	0	0	0	0	1	0	0	1	2	2	2	2	8	18
1989	0	0	1	1	0	1	0	0	0	5	0	1	0	5	14
1990	0	0	0	0	1	0	0	0	1	0	0	5	0	10	17
1991	0	0	1	0	1	6	0	0	0	5	0	4	0	7	24
1992	0	1	1	0	0	1	0	0	0	4	1	5	2	10	25
1993	0	0	0	1	1	1	0	1	4	5	0	2	4	14	33
1994	0	1	0	1	1	1	0	0	4	4	2	3	6	11	34
1995	0	0	0	1	1	2	2	0	3	5	2	9	6	15	46
1996	0	0	1	1	0	3	0	0	3	6	3	10	5	10	45
1997	0	0	2	0	3	1	2	0	0	3	1	6	5	7	27
1998	0	0	1	1	1	0	0	1	7	5	7	2	6	9	40
1999	0	1	3	0	0	1	1	3	5	6	6	4	6	2	38
2000	0	1	1	0	2	2	1	3	10	6	6	1	12	8	53
2001	0	0	0	2	1	1	0	2	5	1	0	6	8	6	35
2002	0	2	1	1	0	1	0	1	3	0	3	5	3	7	27
2003	0	2	1	1	1	1	1	5	8	4	2	5	3	5	39
2004	0	1	0	0	1	1	1	0	0	5	6	3	8	7	33
2005	0	1	0	1	0	0	4	1	5	3	3	2	6	6	32
2006	0	1	0	0	2	0	2	3	5	2	2	1	9	5	32
2007	0	1	0	0	2	1	0	3	2	2	4	6	4	5	30
2008	0	1	0	0	1	1	3	3	2	3	3	6	8	4	35
2009	1	1	0	1	2	0	2	3	5	1	2	5	13	8	44
2010	0	2	0	1	3	1	2	2	4	4	5	0	17	5	46
2011	0	5	1	3	1	1	1	1	7	2	6	4	5	6	43
2012	0	3	0	2	2	0	3	4	2	6	3	4	7	6	42
2013	0	6	0	0	1	1	4	3	5	3	4	1	10	4	42
2014	0	2	0	3	1	1	1	5	1	4	5	10	17	5	55
2015	0	6	0	0	0	0	1	2	7	1	2	1	9	3	32
合计	1	38	14	22	26	31	31	46	102	98	85	121	190	212	1017
比例（%）	0.1	3.7	1.4	2.2	2.6	3	3	4.5	10	9.6	8.4	11.9	18.7	20.8	100

资料来源：根据中国学术期刊网搜集整理

(一)农林复合经营的实践总结

我国学者根据我国农林复合经营的实际,结合自身的研究角度对农林复合经营提出了不同的分类体系(黄枢和沈国舫,1993;熊文愈等,1993;宋兆民和孟平,1993;裘福庚和方嘉兴,1996;孟平等,2003),其中以李文华和赖世登(1994)提出的分类体系较为典型,他们依据地理空间尺度的规模,从宏微观的角度将农林复合系统分为庭院经营系统、田间生态系统和区域景观系统三大系统,依据系统中组分的不同组合进一步细分为农-林、林-草和林-药复合等16个类型组215个类型,这一分类体系在学术界得到了普遍的认可。此外,一些学者依据其农林复合经营所处区域的地域特点提出了相应的分类系统,如朱清科等(1999)对黄土区、樊巍对河南平原区农林复合系统的分类。农林复合系统是一个组分与功能多样化,同时目标多元化的综合性农业生产体系,系统的复杂性决定了对其分类的困难性。目前国内外学术界对农林复合系统的分类还没有建立起一套科学的分类标准体系,综合来看,其科学的分类标准将会是向多因素和多目标的综合分类体系方向发展。

对已有的农林复合系统的实践效果及经验总结的研究较多,学者们对我国宏观层面的农林复合系统(如平原区农田防护林体系)和微观层面的农林复合系统(如林粮间作、桑基鱼塘、庭院经营等)进行了大量的研究和实践经验总结,得到了有意义的结论。当前就如何实现林下经济的可持续发展成为的一个突出问题。为此,许多学者根据自己的研究条件和研究方向对不同区域、不同类型的林下经济成功案例进行了经验式的总结(徐卓等,2012;李娅和陈波,2013;李金海等,2013)。这些总结丰富了案例研究的内容,但多数研究的理论深度尚显不足,且多以定性分析为主,定量分析不足。

(二)农林复合系统的运行机理与作用关系研究

在有关农林复合系统的研究中,这部分研究占据着绝对的主体地位。大量学者基于生态学原理和科学实验分析,对农林复合经营的种间互作、能量流与物质流、生态环境效应、生物多样性变化等进行了深入的研究。

农林复合系统的种间互作方面。所谓农林复合系统种间互作,即系统中一种生物通过改造环境而直接或间接地影响相邻生物。学者对不同区域及不同模式下农林复合系统中地上部分物种相互间对光合作用的影响(赵英等,2006;彭晓邦和张硕新,2013)、农林复合经营中林木和农作物地下部分对水分及养分的竞争状况及其影响(孙辉等,2005;许华森等,2013)、植物间化感作用(万开元等,2005;迟铭和刘增文,2011)等进行了大量而深入的研究。

农林复合系统能流的研究是近50年来国际上研究较多的课题之一。自 Lindeman(1949)创立了生态系统能流分析方法,美国著名生态学家 H. T. Odum 及其学生对各类生态系统进行了能流研究,提出一套简明的"能量语言"和分析方法。自20世纪60年代开始,人们对人工影响的生态系统能流和物质流进行了大量的研究。能量流动是农林复合经营的基本功能之一,但各种系统中各组分及量比关系不同,其能流路径、效率也不同,进而决定整个系统生产力的高低。许多学者对不同模式内植物种群对光能的削弱和截获、旱坡地植物篱农作系统能流特征等进行了研究，取得一些有意义的成果（彭方仁等，2002；陈一兵等，2007）。

农林复合经营中物质循环主要体现在养分、水分的循环，物质的循环与平衡直接影响生产力的高低和系统的稳定与持续，是系统中各生物得以生存和发展的基础。通过研究农林复合经营的物质循环过程，揭示其循环的特点及其与各因素的相互关系，不仅可以丰富农林复合经营的理论，而且可以指导生产实践（张昌顺和李昆，2005）。许多学者对此进行了研究（孙辉等，2005）。

农林复合系统的生态环境效应主要体现在防风效应、空气温湿度效应、土壤水分效应和改良效应、生物效应、热力效应以及水文效应等方面（马利强，2012）。许多学者对农林复合经营在水土保持、土壤肥力、防风、固存CO_2及保护生物多样性等方面的生态环境效应进行了深入的、定量化的研究并取得了丰硕的研究成果（林开敏等，2001；夏青等，2006；单宏年，2008）。

对已有的农林复合经营的生态环境效应研究文献的分析发现，对农林复合经营的土壤理化性质、水土保持作用与水质水量的变化和农田小气候的改变等方面的研究长期居主体位置。在20世纪90年代，有关农林复合经营在钉螺防控方面的作用曾受到重视。近年来，越来越多的学者则开始关注农林复合经营在固碳、生物多样性保持和污染防治方面的作用。

(三) 农林复合经营的价值评估研究

1. 农林复合系统的经济价值评估方面

农林复合经营可实现一地多用和一年多收的目标，从而提高了土地资源的利用效率，增加了单位面积土地的经济收益。沈立新（2003）对银杏为主的混农林系统，高城雄等（2007）对陕北长城沿线风沙区农林复合经营，李蕊（2013）对北京沟域典型农林复合系统以及陈俊华等（2013）对川中丘陵区柏木林下养鸡的研究，都证明在一定的科学条件下其经济效益十分明显（沈立新，2003；高城雄等，2007；Reyes et al.，2005；李蕊，2013；陈俊华等，2013）。

然而，这些研究多局限在单一财务效益方面，而忽略了系统长期经营投资的时间价值，其评价结果有可能误导人们的投资决策，因此，把时间因素引入分析中是必要的。黄宝龙（1988）较早地在中国应用贴现的效益 - 成本分析工具评价了林 - 鱼 - 农复合系统的经济效益，提高其分析的科学性。

单纯的经济评价不能满足具有多功能特性的农林复合经营发展的需要（庞爱权和Ian Nuberg，1997），为此，对其综合效益的评估成为必然，彭鸿嘉等（2004）采用层次分析法（AHP）对甘肃中部黄土丘陵沟壑区典型流域林农复合生态系统从生态效益、经济效益、社会效益方面对其综合效益进行了分析评价（彭鸿嘉等，2004）；孟庆岩（2011）同样用此分析方法评估了胶 - 茶 - 鸡农林复合系统的综合效益，评价结果表明，胶 - 茶 - 鸡农林复合系统的综合效益优于单作、间作胶园和胶 - 茶 - 鸡 - 猪园。

2. 农林复合系统的社会价值评估方面

对农林复合经营与林下经济的社会效益的研究较为有限，程鹏（2003）、高英旭等

(2008)研究认为,其社会效益主要体现在:多种产品的输出可有效地满足社会需求,农林复合经营具有劳动集约型特点使之有利于农村的剩余劳动力的就业,培养了大批的农、林业科技人员,为国家增加了税源和带动了区域经济发展等方面(程鹏,2003;高英旭等,2008)。对于这种社会价值的定量化和货币化研究是较为困难的。

3. 农林复合系统的生态价值评估方面

生态系统服务价值评估研究近年来越来越受到重视,对其理论与方法的研究也越来越深入。与此同时,在实践中,生态系统服务价值评估在绿色GDP核算、环境损害赔偿、生态补偿政策制定等领域也得到了成功运用。农林复合系统的生态价值评估是运用生态系统服务价值评估的理论和方法对不同的农林复合系统的生态环境效益进行定量化的价值评估研究。目前这方面的研究相对较为少见,也是将来研究的重点方向之一。

农林复合系统的价值评估近年来越来越受到重视,逐渐成为此领域的研究热点之一。目前在这方面的研究中尚存在着一些不足:第一,对农林复合系统综合价值评估的研究方法尚不完善,导致不能全面地评价农林复合经营的总体效益,同时,较多的研究是将其综合价值分割开来进行评估,不能体现其系统性和综合性;第二,对农林复合经营的经济评价较为单一,研究多局限在单一财务效益方面,而忽略了系统长期经营投资的时间价值,其评价结果有可能误导人们的投资决策,也即研究缺乏时间因素的评估,同时,对其生态服务功能的价值评估的研究也较少;第三,在研究中较少地将风险与不确定性因素引入,导致价值评估缺乏辅助决策的合理性。综上,建立客观的综合效益评价指标体系是较为迫切和重要的。

(四)农林复合经营的管理与可持续经营研究

农林复合经营的可持续发展一方面依赖于相关科学技术的发展,另一方面依赖于对其有效的保护和管理,使适应于特定区域的农林复合经营模式受到农户的认可,并主动实施。为此,有必要从社会科学的角度对农林复合经营的管理、保护与发展进行研究。近年来,这方面的研究逐渐受到越来越多的关注。

农林复合系统管理的研究并不多见,所进行的研究主要集中在对林下经济发展的管理上。李娅等(2014)和林文树等(2014)利用AHP-SWOT分析工具分别对云南省和黑龙江省的林下经济发展所面临的优势、劣势、机遇和威胁因素进行了分析,在此基础上提出相应的发展战略。李丹等(2013)针对我国林下产品的质量监管问题,保障林下经济产品生产、加工、流通过程中的公共安全,满足消费者的知情权,对基于条码的林下经济产品质量可追溯管理系统的建立进行了研究;姜洋等(2012)以黑龙江省伊春林-菌代表产品黑木耳为例,从林下产品品牌建立的角度,对我国林下经济作物的认证问题进行了研究;严文高等(2013)利用统计数据,运用变异系数、泰尔指数等方法对我国林下经济中的食用菌产业发展的时空差异进行了分析;耿玉德和张朝辉(2013)通过建立林下经济发展的生态位态势测度指标体系,测度林下经济发展的相对态值和相对势值,分析黑龙江省国有林区林下经济发展的生态位演化趋势;彭斌和刘俊昌(2014)通过构建DEA模型,分析了广西壮族自治区不同区域的七个县的林下经济发展效率,认为其与林下经济的模式、林下经营的产品以及投入程度等因素关系较大,提出在发展林下种植、养殖等活动时要关注环境保护、选择适宜的发展模式和林下产品，同时要注重完善政策扶持体系，突出市场的引导作用。

农林复合经营的可持续经营与农户的经营意愿与行为密切相关，相比国外研究而言，国内在农户采用农林复合经营的意愿和行为的影响因素研究方面较为薄弱。杨占彪等（2011）以川中丘陵区为例，采用参与性农户评估方法（PRA）对比分析了农户对农林复合经营的意愿及其影响因素。研究认为，农林复合经营模式的示范推广提高了农户对此模式的采用意愿。通过 Logistic 回归分析得出，农户对农林复合经营的认知、与外界的交流学习、经济收入状况、受教育程度以及耕地面积是决定农户决策意愿的主要影响因素。近年来，随着《中共中央 国务院关于全面推进集体林权制度改革的意见》的出台，国内出现了一股林下经济的研究热潮，一些学者开始关注农户发展林下经济的意愿及其影响因素的研究，李彧挥等（2011）通过对湖南省安化县 108 户农户的调研数据，建立 logistic 回归模型分析农户发展林下经济的意愿，分析认为，年龄、受教育程度、兼业情况、林地面积与坡度、资金来源等的影响较为显著。在此基础上提出相应的政策建议。

此外，国内对林下经济可持续发展影响因素的研究较多，这类研究主要表现在三个方面：第一，通过构建统计模型进行定量化分析，如姜钰和贺雪涛（2014）通过构建林下经济可持续发展系统动力学（SD）模型分析了林下经济的经济、社会和生态子系统的相互作用，同时以黑龙江省为例进行了实证分析，研究认为林下经济发展的影响因素主要有收入水平、科技水平和投资水平等；韩杏容等（2011）运用关联树法分析了林下经济建设项目可持续性的影响因素后认为，财政投资、群众经济承受力等是关键性影响因素。第二，通过实地问卷调查，对调查数据进行统计分析林下经济发展的影响因素，如廖灵芝和李显华（2012）对云南省大关县的调研、李娅和韩长志（2013）对云南省部分案例点的调研、张坤等（2013）对云南省永胜县的调研、集体林权制度改革监测项目组（2014）对全国 70 个县的调研、陈天仪（2014）对河南省内黄县的调研等，这些研究分析了当前林下经济发展存在的问题，认为制约其发展的因素主要集中在资金、技术、规模、抗风险能力、思想、林地流转政策、劳动力、林业科技服务、信息等方面。第三，通过对个别案例的定性分析，进行泛泛而谈，无论深度还是广度都不够深入的研究。也有学者专门针对集体林权改革对林下经济发展的影响进行了分析（张翔和姜雪梅，2014）。

目前，国内对农林复合经营相关研究的不足主要体现在三个方面：第一，研究多局限于定性研究，在定量化研究上显得不足，在分析工具的运用上要有所欠缺；第二，研究的深度不足，研究多流于泛泛而谈，结论大同小异；第三，研究的广度不足，例如，国外学者对农林复合经营的经营意愿的研究，从经济学、社会学等多角度和多学科出发，不仅研究了农户的年龄、受教育程度等个体特质以及资金等常规性影响因素的影响，还研究了自我效能、态度和意识方面等社会因素的影响，相比较而言，国内学者研究的广度要小得多。

此外，在对林下经济的研究中，相对于大量的林下经济发展制约因素的研究，对农户发展林下经济的意愿及其影响因素的研究则要少得多。基于不同区域的自然地理状态和农户特征的差异性，在将来的研究中，有必要加强对不同地区农户发展林下经济的意愿及其影响因素的定量研究。

二、研究趋势

第一，从统计分析上来看，近年来对农林复合经营的生态环境效应的研究、农林复合经营的应用技术研究和系统各组分间相互作用关系的研究上有不断加强的趋势。

第二，研究范围在不断扩展，农林复合经营的生态补偿（生态环境服务付费）、生态系统服务功能及其价值评估、相关社会学研究等方面越来越得到重视。

第三，农林复合经营的综合价值评估的研究将得到加强。经济效益评估将会引入时间因素和风险因素，生态服务价值评估将受到重视并引入到综合评价中，从而全面地评价农林复合经营的价值。

第四，对特定区域农林复合经营优化模式的试验性研究。不能仅限于对农林复合经营模式的一般性比较研究，应当针对特定区域的自然地理与资源条件，结合当地的经济社会发展特征，开展适合本地发展的适宜性农林复合经营模式研究，寻求特定区域的最优经营模式。同时，注意对这些模式进行总结和推广。

第五，农林复合经营的管理、保护与推广的研究将得到进一步加强。农林复合经营需要由个体自发的形式向有组织地发展的方向转变。在这当中，将会有一系列问题需要解决，如：如何有效地实现林下经济产品（生态产品）的品牌认证与推广？如何避免农林复合经营与林下经济的过度开发？在我国如何实现小农户生产下的农林复合经营的规模化？农户行为与农林复合系统的环境影响及其社会机理的研究等问题，都是有必要进一步研究的。

第六，研究方法上将趋向于定量研究与定性研究的结合。无论是从自然科学角度还是从社会科学角度，定量研究的强化都将是必然趋势。

第三节　中国农林复合经营的实践发展历程

中国数千年的农业生产是在没有化肥等外来投入的情况下很好地实现了农业内部的良性循环，并保持了地力常新，这也使中国成为世界古代文明起源国中极少数没有出现地力衰竭的国家之一（李文华，2003）。在这一漫长的发展过程中，先民们在农业生产实践中开发了大量的农林复合经营生产模式，如形式多样的林粮间作、林牧结合、桑基鱼塘、庭院经营等类型。这些传统的农林复合经营模式无一不凝聚着先民的智慧，蕴含着朴素的生态农业思想，它们是我国丰富的传统农耕经验的重要组成部分，也是今天我们发展现代生态农业的宝贵财富。

归纳起来，中国农林复合经营大致经历了原始农林复合经营、传统农林复合经营和现代农林复合经营三个发展阶段（熊文愈和薛建辉，1991），在此过程中，农林复合经营经历了由自发向自觉、由依据传统经验向依据科学的生态工程进行建设的变化过程。

一、原始农林复合经营

原始农林复合经营大约发生于旧石器时代晚期而盛行于新石器时期，此阶段为原始农业时期。根据考古学和民族学资料推断，这一时期大约在1万年前至2300年前（郭文韬，1981）。原始农林复合经营的典型形式是刀耕火种，其实质是一种原始的撂荒耕作制和轮荒耕作制。

随着人类社会的发展和人口的增加，通过渔猎和采集的方式所获取的食物逐渐难以满足人类生存的需要，我国先民开始有意识地通过农业耕作的方式来生产粮食，他们在实践中产生和发展了刀耕火种的生产技术。所谓刀耕就是用刀斧砍伐土地上的树木；火种就是用火把砍倒的树木烧掉，利用木棒等简单的劳动工具将粮食种子种在灰烬中（李根蟠和卢勋，1987）。轮荒耕作即耕种若干年后再撂荒数年，待林木恢复后再行砍种；而撂荒耕作则为耕种一年即撂荒且不再利用该地块。通过这种轮垦和游耕的方式实现了林农交替循环和持续利用土地的目的。可以想象，先民在砍种时不可能不注意留下可供食用的果树于砍种地之中。同时由于砍烧林木是一项十分艰苦的劳动，人们往往采取"去枝留干"的做法（李根蟠和卢勋，1987），这样有利于林木的再生。在"留干"的耕地上播种粮食作物，这是原始农业时期的一种林粮间作的生产实践。

"农"字本义为"垦荒耕种"，这种农业耕作方式在我国有着数千年的历史，如先秦古籍《周礼·秋官·柞氏》中记有："柞氏，掌攻草木及林麓。夏日至，令刊阳木而火之。冬日至，令剥阴木而水之，……凡攻木者，掌其政令"。直至今天，在我国西南人少林多的边远山区仍存在着这种原始的农林复合经营模式。

例如，我国西南怒族称"火山地"的耕地就是砍种1年后撂荒的轮歇地。佤族的"懒火地"，又称"砍烧地"，是把树木杂草砍倒焚烧后不以翻土即播种的地，一般只种1年，待撂荒七八年至10年后再度垦种。撂荒期的长短，取决于林木恢复的年限。为了使撂荒地的林木较快恢复和长得更加繁茂，使地力尽快恢复，景颇族人还在撂荒地上撒些树木的种籽，以利林木再生。独龙族有一种称为"斯蒙姆朗"的耕地就是人工种植过桤木（*Alnus cremastogyne* Burk.）的火烧地。因为桤木根系有根瘤菌，能固定空气中的氮素，有肥地作用，可以连续耕种三四年以后再行撂荒，桤木生长十分迅速，也就缩短了撂荒期。这是林粮轮作的最原始的一种形式。

原始农林复合经营是尚未人工种植林木而开展的农林复合经营，它反映了原始农业对森林的依赖（孟平，2004）。一方面，以这种刀耕火种的原始农林复合经营为起点，古代农业文明得以开创和发展；另一方面，这种文明的发展又是以大量森林的破坏和毁灭为代价的。因此，原始农林复合经营有着很大的局限性。

二、传统农林复合经营

传统农林复合经营起于4000多年前。随着人口增加导致的对粮食需求的增加，通过单纯的刀耕火种方式来满足这一需求则需要砍伐更多的林地，同时延长土地的耕作时间，缩短其休闲期。这导致森林面积大量减少、地力衰退严重和粮食产量降低（孟平，2004）。在此背景下，人们开始关注农、林业相互依存的紧密关系，寻求通过保护山林、人工植树和实施林农间作等方式来提高土地的利用率，增加其产出，由此开始，刀耕火种逐渐演变为定居农业。随着以家庭为单元的土地私有制和封建社会自给自足的小农生产方式的确立，农林复合经营所需要的社会经济条件均已具备，大量成功的农林复合经营模式在实践中得以创造和发展。

庭院经营是传统农林复合经营的重要内容之一，早在奴隶制农业时期就存在了（桂慕文，1990）。那时奴隶主用奴隶的血汗建筑起自己的庭院，经营蚕桑、林果和畜牧业。《诗经》中就有"无逾我墙，无折我树桑"之句。王室园囿的池沼中还养有各种鱼类。

当时的菜地称"圃"，圃内有时也种植或保留着一些蔬菜和果树。用篱笆围起来的叫"园"，园内既可种菜也可种果树。园圃都置于房前屋后，"宅"在"园"中或者"园"中有"宅"（林鸿荣，1992）。

种养结合的庭院经营在春秋战国时期已有较详细的记载。《孟子·尽心上》（公元前3世纪）云"五亩之宅，树墙下以桑，匹妇蚕之，则老者足以衣帛矣；五母鸡，二母彘，无失其时，老者足以无失食肉矣"。可见庭院经营已成为当时一家衣食的主要来源。

晋朝，我国南方庭院经营相当盛行，庭院中种养兼营，布置有序，十分讲究，正如陶渊明《归园田居》（公元406年）诗云"方宅十余亩，草屋八九间。榆柳荫后檐，桃李罗堂前。暖暖远人村，依依墟里烟。狗吠深巷中，鸡鸣桑树颠。户庭无尘杂，虚室有余闲。久在樊笼里，复得返自然"。唐宋时期，巴蜀、吴越一带，家家庭院翠竹环抱，柑橘掩映。南方庭院多种桑、梓。此时，浙东庭院蚕织生产已很普遍。到明清时代，我国农村庭院经营的内容颇为丰富，不但饲养畜禽，种有林木、果树、作物、蔬菜，还有花卉和多种加工如制豆腐、酿甜酒、编篮子、制斗笠等（桂慕文，1990）。

春秋战国时期，间作套种和混作已经萌芽（郭文韬，1988），《氾胜之书》（公元前1世纪）就有瓜、韭、小豆之间的间作套种和桑黍混种的记载："种桑法，……每亩以黍、椹子各三升合种之。黍、桑当俱生。锄之，桑令稀疏调适。黍熟，获之。桑生正与黍高平，因以利镰摩地刈之，曝令燥。后有风调，放火烧之，常逆风起火。桑至春生"。桑黍混种，当年可收获粮食，同时培育了桑苗，第二年平茬苗苗壮生长，即可采叶饲蚕。用这种方法培育的桑树称为"地桑"，它比树桑所长之叶大，质鲜嫩，且采收省时省力。

南北朝，林－粮复合经营的树种除桑外还有槐、楮、榆等多种。北魏贾思勰所著《齐民要术》（公元533—544年）记载了槐麻混种的方法，当下雨种麻时，槐籽"和麻子撒之。当年之中，即与麻齐，麻熟刈去，独留槐，……明年劚地令熟，还于槐下种麻，胥槐令长"。书中还记载了楮－麻复合经营的情形，"（种谷楮）耕地令熟，二月耧耩之，和麻子漫散之，即劳。秋冬仍留麻勿刈，为楮作暖。明年正月初，附地芟杀，放火烧之。一岁即没人"。该书还对桑树与粮、豆、蔬菜等间作的经验进行了总结，如提到在桑树下套种绿豆和小豆，并称之为"二豆良美，润泽益桑"。

此时人们对许多树种和作物的生物特性已有初步认识，并注意到树种间以及树与作物间的相互关系。如《齐民要术》指出，榆是不适宜林农间作的树种，"榆性扇地，其荫下五谷不植"，而茶树耐阴，适合于间种。唐朝《四时纂要》（公元10世纪初）亦记载，茶树喜荫,"此物畏日",其幼苗与雄麻、黍等高秆植物间种,增强其抵抗自然灾害的能力。宋朝《北苑别录·开畲》(1186)则记载了桐茶间种,既有助于茶树夏日遮荫又利于冬季防寒的情况。

唐宋时期,桑-粮复合经营已比较普遍,这些可从当时的诗作中得到反映。如唐韩愈的《过南阳》诗:"南阳郭门外,桑下麦青青",北宋梅尧臣《桑原》诗:"原上种良桑,桑下种茂麦",南宋范成大《香山》诗:"落日青山都好在,桑间荞麦满芳洲"。同时树木与作物根系的搭配关系也引起了人们的注意,如南宋陈旉《农书》(1149)对桑苎(麻)间作的记述:"若桑圃近家,即可作墙篱,仍更疏植桑,令畦垄差阔,其下偏栽苎。因粪苎,即桑亦获肥益矣,是两得之也。桑根植深,苎根植浅,并不相妨,而利倍差"。此时人们已注意到"桑根植深,苎根植浅"这种作物根系在空间结构上的合理搭配关系,从而取得了"不相妨,而利倍差"的效果,这给后来利用生态位原理发展农林复合经营理论以有益的启示。

元朝对树木和作物的生物学特性有了进一步的了解,在《农桑辑要》(1286)中提出"桑间可种田禾,与桑有宜与不宜",说明农林复合经营的物种搭配是讲究科学的而非任意性的,"如种谷必揭得地脉亢干,至秋桑叶先黄,到明年桑叶涩薄,十减二、三,又致天水牛生蠹根吮皮等虫;若种蜀黍,其枝叶与桑等,如此丛杂,桑亦不茂。如种绿豆、黑豆、芝麻、瓜、芋,其桑郁茂,明年叶增二、三分。种黍亦可,农家有云:桑发黍,黍发桑。此大概也"。

明朝已有了果园防护林。明代徐光启所著《农政全书》(1639)记载,"凡作园,于西北两边种竹以御风。则果木畏寒者,不至冻损"。其中还有杉木与粟、麦间种,以耕代抚的记载:"……夏种粟,冬种麦,当可耕锄"等。

此时期的古籍中已有林草间种的记载。如林中郁闭,不能种豆,但可种耐牧草。《救荒简易书》(1831)中说,在林荫蔽处"若种苜蓿菜,必能茂盛"。

清代农林复合经营则更为普遍,不但注意物种组合,经营上也更加精细。《蚕桑辑要》(1831)和《蚕桑事宜》提出,"桑未盛时可兼种蔬菜、棉花诸物,兼种则土松而桑易茂繁,此两利之道也,但不可有碍根条,如种瓜豆,不可使藤上树",可兼种的作物,也要精细管理,勿让蔓生瓜豆攀缘树上,不然,相夺阳光,就会影响桑树生长。

我国地域广阔,各地劳动人民因地制宜,创造出适合本地区的农林复合经营模式,其中南国水乡的基塘系统则是著名的案例。

东汉以后我国北方人口南迁和南方开发人口激增,促进了江南水网农业的发展。人们利用濒河滩地、湖泊淤地,与水争地形成了圩田耕作法和"桑基鱼塘"的生产模式。圩田就是圩内种稻,圩上栽桑,圩外养鱼,形成林-粮-鱼复合经营系统,因地制宜地利用了洼地。

汉朝侍中习郁在襄阳依照范蠡的做法,凿池培基,池养鱼,基种竹及长楸、芙蓉缘岸,菱芡覆水,合理安排了种养业。这可能是我国最早的基塘系统记录。

我国长江下游太湖流域劳动人民因势利导,在水乡泽国条件下发展起独具特色的基塘系统,其经营的内容在明朝已颇为丰富,形成了桑-蚕-羊(猪)-鱼复合经营系统,使这一地区的资源合理利用达到了新的境界。《农政全书》就介绍了这一一举多得地利用畜粪养鱼、鱼牧互促的生产技术。清初张履祥《补农书》(1658)的《策溇上生业》文认为,农者,

"凿池之土，可以培基，……池中淤泥，每岁起之，以培桑竹，则桑竹茂而池水益深矣"。该生产模式在明清时期有了很大的发展，嘉湖一带基塘系统非常普遍，形成"傍水之地，无一旷土，一望郁然"的景观。

珠江三角洲的基塘系统始于唐朝（钟功甫，1981；郭文韬，1986），到明朝已十分盛行。据明万历《顺德县志》记载，"垦负郭之田为圃，名曰基，以树果木。荔枝最多，茶桑次之，……圃中凿池蓄鱼，春则涸之插秧"。基上栽种的树木种类也有所增加有果树、茶、桑树等。清朝基塘生产模式被普遍采用形成相当规模的集中分布区。《九江乡志》记载，"濒海地洼，粒食维艰，前人因凿沼养鱼为业；乡擅西、北江下流，地窳，鱼塘十之八，田十之二"。乾隆年间，基塘区又进一步扩大。当时的海州、镇涌、金瓯、绿潭、沙头、大同、九江等多以鱼桑为业。《九江儒林乡志》记载，自乾隆、嘉庆以后，"民多改业桑鱼，树艺之夫，百不得一"。这是因为经营桑基鱼塘，效益较好。正如《高明县志》（1894年）所云，"将洼地挖深，泥覆四周为基，中凹下为塘，基六塘四。基种桑，塘蓄鱼，桑叶饲蚕，蚕屎饲鱼，两利俱全，十倍禾稼"。加之康熙年间，广东生丝开始输出国外，促进了桑蚕业发展至清末，珠江三角洲基塘面积已达 6 万多 hm^2。

清代农－林－牧－渔复合经营的立体结构出现新格局。光绪《常昭志稿》介绍了谭晓兄弟巧妙的立体布局："凿其最洼者为池，余则围以高塍，辟而耕之，岁入视平壤三倍；池以百计，皆蓄鱼，池之上架以梁为茇舍，蓄鸡豕其中，鱼食其粪又易肥；塍之上植梅、桃诸果属。其污泽则种菰、茈、菱、芡，可畦者以艺四时诸蔬，皆以千计；凡鸟凫、昆虫之属，皆罗列而售之。……于是资日益饶"。通过凿池养鱼，池上加厩养禽畜，地面兼搞多种经营的方式实现了空间的充分利用和物质的合理循环，这种农林牧渔相结合的模式是农林复合经营史上有重要意义的范例和创举（唐德富，1988）。

传统农林复合经营是我国广大劳动人民在长期的农业生产实践中的经验总结，蕴含着深邃的生态学思想和先民们丰富的智慧，是我国农耕文化的重要组成部分，对现代生态农业的建设和发展具有重要的借鉴意义。正如美国综合生物资源中心（BIEC）所认为的："中国是一个历史悠久的农业大国，有长达几千年永续经营农、林资源的传统，包括举世闻名的农林牧结合经营系统，如多种作物间作、轮作等技术可有效地减少或控制病虫害，具有良好的生态、经济和社会效益，在现代化进程中可以加以发扬，也可以为其他国家借鉴。"

三、现代农林复合经营

现代农林复合经营是在人口、资源、环境与经济发展之间矛盾越来越尖锐的背景下产生并发展的。它是在生态工程学和生态经济学理论的指导下，以现有的农林复合经营实践为基础，运用现代科学技术手段，对其进行科学化、系统化和理论化而开发出的新型农林复合经营模式。现代农林复合经营扩大了其在环境保护、资源利用、经济发展和农民增收中的作用，使这一古老的农业生产模式焕发出新的生机。

中华人民共和国成立后，我国在科学化、有组织的农林复合经营方面发展迅速，在不同时期和不同的区域，农林复合经营建设的侧重点各有不同，地区性特色明显。其中最具有组织化和系统化建设的当数我国的防护林工程建设，它是农林复合经营在宏观水平上应用的典型体现。

1949年，华北人民政府冀西沙荒造林局组织实施的防护林带和林网建设，拉开了我国有组织的宏观层面农林复合系统建设的帷幕。50年代初，由国家统一规划，在我国东北部、内蒙古东部、冀西北、豫东等风沙区营建防护林。此时的防护林结构配置为单一的宽林带大网格，其目的是防风治沙，保障农业生产。

从20世纪60年代开始，防护林工程建设逐步扩大到华北、中原以及江南水网区。在此阶段，多地将防护林建设纳入到基本农田建设体系中，统筹规划，实行山、水、田、林、路综合治理，由单一防护向综合防护转变。防护林结构以窄林带小网格为主，其目的是改善农田小气候环境和防御自然灾害。在农田防护林体系建设过程中，立体农、林业思想逐步形成，这为我国农林复合经营的发展提供了重要的基础。

20世纪70年代末，我国正式开始进行三北防护林建设体系工程、长江中上游防护林体系工程、沿海防护林体系工程、平原绿化工程和太行山绿化工程五大防护林生态工程建设，成为农林复合系统在宏观水平上的著名范例。继此五大工程之后，20世纪90年代以来又相继启动了全国防沙治沙工程和淮河、太湖、黄河中游、珠江、辽河流域防护林体系工程等大型林业生态工程建设，规划总面积1.2亿hm^2，占国土总面积73.5%。这些林业生态工程把林业和农业、生物技术和工程技术、农田防护与生态景观、生态环境保护和经济发展很好地结合起来，实现了由单一生态型向生态-经济和生态-景观-经济复合型的防护林模式的转变(孟平，2004)，实现了经济、社会与生态效益的有机统一，极大地丰富了我国农林复合经营的内容和模式。

结合大型林业生态工程建设和劳动人民的实践，我国林粮间作得到极大的发展，成为我国农林复合系统中最普遍的类型。20世纪60年代以来，在华北平原区和西北部分地区发展起来的林粮间作最为成功。在林粮间作中采用的树种多为泡桐、杨树、枣树和桑树，还有其他一百余种树种，粮食则以小麦和各种豆类为主。桐农间作最早发端于河南省的黄泛平原区，其后逐步向鲁西南、皖北、苏北徐淮地区及冀南等平原区和黄土丘陵区扩散。至20世纪80年代末，全国桐农间作达346.7万hm^2，其中河南、山东、河北、安徽、陕西和江苏分别达到172万、123.3万、21.7万、13.9万、8万和3.3万hm^2。可以说，不论是其应用范围还是研究深度都达到了相当的水平。枣农间作在华北与西北地区也较为广泛，主要集中于山东的北部与西北部(20世纪80年代末种植面积达12.8万hm^2)、河南(20世纪80年代末种植面积达6.7万hm^2)和河北(沧州地区20世纪80年代末枣粮间作面积达1.33万hm^2)，此外在山西、天津等地也有较大面积的种植。桑农间作类型则主要集中于河南以及河北、山东和安徽的部分地区，杨农间作类型主要集中于河南以及山东、山西和河北的部分地区。此外，在湖南、贵州、江西、福建、广东和浙江等传统的产杉区，农户有杉-农复合经营的传统，其中以湖南最为广泛，已经形成自己独特的栽培制度。而在华中山地有白蜡树/桑树-粮复合经营、杉木/油桐-粮复合经营、林-茶复合经营等类型，在西北地区及青藏高原则有部分的林-牧复合经营。这些林-粮复合经营在取得了良好的经济效益同时，也获得了很好的环境效益。

与此同时，林药间作在全国各地也得到了较大的发展，其中尤以东北地区更为普遍，其木本植物主要有红松、紫椴、水曲柳、胡桃楸、榆树和落叶松等，林下中药材主要有人参、刺五加、五味子、细辛、延胡索和天麻等。其中以林-参复合经营最为著名。

在海南、广东、广西等热带地区，则以林-胶-茶复合经营为典型代表，成为农林复合经营的成功模式之一。20世纪50年代末，中国科学院云南热带植物研究所开始的人工群落研究为我国热带地区农林复合经营进行了理论与实践上的有益探索；70年代，华南热带作物科学研究院和广东省海南农垦热带作物研究所在胶-农复合经营研究的基础上展开林-胶-茶复合经营的研究。此后，中国科学院云南热带植物研究所与海南农垦局协作进行的"胶-茶复合经营的研究与推广"项目获得成功，并于1981年10月被列为我国参加联合国教科文组织的人与生物圈研究计划。

林-胶-茶复合经营针对热带地区的自然地理条件和树木、橡胶与茶树的生物学特性，合理组织其系统结构，其基本构成是林木纵横交接构成网格，创造出小气候静风环境，保护胶茶生长；橡胶在树网的上层，为茶树蔽荫；茶树在中下层，起保护水土的作用（詹行滋，1991）。它从功能结构上体现了自然规律，从种类成分上反映了社会的需要，因而在实践中取得了巨大的成功。到80年代末，海南农垦局在其所属的80多个农场中推广种植了林-胶-茶1.66万hm^2，取得了良好的生态、经济和社会效益。此后，该系统又逐步发展出林-胶-椒、林-胶-咖、林-胶-益（智）、林-胶-槟（榔）等类型。90年代末，随着市场需求等条件的变化，特别是该系统中主产的茶叶销路不畅以及胶、茶管理分割等因素的影响，林-胶-茶、林-胶-茶复合经营的发展出现了一系列问题。在此背景下，一些新的适应市场需求的复合系统在此模式的基础上被开发出来，如海南省文昌市的胶-茶-鸡复合经营就是一成功案例（孟庆岩，2011）。

自20世纪80年代开始，我国农林复合经营进入到了一个蓬勃发展的时期。这一时期以江苏里下河的沟垛系统、珠江三角洲和湖州地区的基塘生态系统以及大规模的小流域综合治理为代表。在江苏省里下河地区建立的沟垛系统是地势低洼地区进行农林复合经营的典型代表，通过在滩地上实行开沟筑垛，在沟里养鱼和垛上造林，进行林农间作，林牧结合，构成林、农、牧、渔复合经营的沟垛系统，提高了土地等资源的利用率，取得了明显的经济效益，同时也形成了一个美丽的水乡文化景观。而珠江三角洲和湖州地区的基塘系统则是湿地农林复合经营的典型，具有悠久的历史。在长期的农业发展实践中，基塘系统形成了桑基鱼塘、蔗基鱼塘、花基鱼塘、菜基鱼塘和杂基鱼塘等多种生产模式（钟功甫，1980），其中以桑基鱼塘为主。自1958年钟功甫发表了《珠江三角洲"桑基鱼塘"与"蔗基鱼塘"》一文后，基塘系统受到国内外学者高度重视，其研究与实践工作取得了很大的发展，仅广东在发展鼎盛时期其经营面积就达5.33万hm^2（钟功甫，1993）。但遗憾的是，随着工业化的发展和城市化进程的加速，受多种因素影响，基塘系统遭到极大的破坏，绝大多数业已消失。如今仅有湖州市尚存有成规模保持完好的传统基塘系统，主要集中于南浔区菱湖、和孚和吴兴区东林三镇，有桑地4000 hm^2和鱼塘10000 hm^2。其中以菱湖镇的桑基鱼塘最为典型，被联合国粮农组织认定为我国唯一保留完整的传统生态农业模式，2004年该镇射中村桑基鱼塘成为联合国粮农组织亚太地区综合养鱼研究和培训中心的教育示范基地。

20世纪80年代以来，针对我国广大的水土流失地区，开始了以小流域为单元的综合治理工程并取得了显著的生态、经济和社会效益。小流域综合治理以对整个流域的全面规划为基础,合理地配置农、林、牧、渔业,充分发挥各部分的经济和生态功能,达到系统优化的目的。至20世纪90年代中期,我国共开展综合治理的小流域达9000余条。

20世纪90年代末,我国启动了退耕还林工程,利用这一契机,我国农林复合经营开始进入有组织、成规模和科学化的发展时期。该项工程起于1999年,是我国在20世纪末启动的又一项重大的跨世纪林业生态工程。以退耕还林为契机,在对退耕地进行造林时,先行规划,在确保林地的水土保持功能不减弱的条件下,通过林-果复合、林-药复合、林-草复合等类型,实施立体经营,努力实现生态改善和农民增收的双重目标。

我国农民自古就有利用庭院房前屋后的空隙地、自留地进行综合种植和养殖的传统和习惯。庭院经济提供了一个能很好地满足小农户生产自己需要的农用消费品的便捷渠道,由此逐步形成了我国广大小农户们"房前屋后,种花种树(豆)"的传统。他们充分利用庭院的立体空间,进行多级开发,生产多种农产品,实现了资源的最大化综合利用。当前我国庭院经营发展形式多种多样,主要有"四位一体"生态农业模式、"种植-养殖-果树"模式、庭院加工业模式、集约化生产经营模式和旅游观光模式等,它们使我国现有的约667万 hm^2 的庭院土地成为农村家庭生活和生产的重要补充,与田园经济一起共同构成了完整的农户经济(马宝收,2007)。

现代农林复合经营依托现代农业科技,以生态经济学理论为指导,以农业生态工程技术为支撑,合理组织林、农、牧、渔、副等资源,实现了系统内自然资源与社会资源的充分利用,是农林复合经营发展的方向。

四、中国农林复合经营在新时期的发展

21世纪初,在集体林权制度改革的持续推进和国务院鼓励发展林下经济的背景下,全国各地因地制宜地掀起林下经济发展的热潮,农林复合经营进入新的发展阶段,其特征就是林下经济的全面深入发展。

2003年,《中共中央 国务院关于加快林业发展的决定》出台,开启了我国的集体林权改革之路;2007年,党的十七大报告中更明确提出了"改革集体林权制度"的要求;2008年,《中共中央 国务院关于全面推进集体林权制度改革的意见》出台,明确了集体林权制度改革是以明晰林地使用权和林木所有权、放活经营权,落实处置权、保障收益权为主要内容的综合性改革。这一改革被誉为是继土地联产承包责任制后农村的"第二次革命"。

集体林权制度改革为我国林下经济的发展消除了重大的制度性障碍,2010年中央1号文件首次明确提出"因地制宜发展特色高效农业、林下种养业,挖掘农业内部就业潜力";2012年,国务院下发《国务院办公厅关于加快林下经济发展的意见》,明确提出"在保护生态环境的前提下,以市场为导向,科学合理利用森林资源",这为发展林下经济提供了良好的契机。与此同时,在2013年国务院下发的《循环经济发展战略及近期行动计划》中也提出要"重点培育推广畜(禽)-沼-果(菜、林、果)复合型模式、农林牧渔复合型模式等","实现鱼、粮、果、菜协同发展",明确了在新的历史时期下农林复合经营和林下经济发展的新方向。

在此背景下,各地纷纷出台鼓励本地区林下经济发展的政策举措。据不完全统计,截

至 2015 年 4 月，全国共有 26 个省（自治区、直辖市）出台了加快发展林下经济的政策或规划（表 1-9）。这些保障政策极大地刺激了社会力量发展林下经济的意愿，从而使林下经济的参与主体日渐广泛，发展模式不断创新，组织形式日益多样，经营机制更加灵活，林下经济逐渐向产业化、规模化方向发展。

林下经济包括林下采摘、林下种植、林下养殖和林下旅游四方面，2016 年我国林下经济产值达到 6020.7 亿元，一些具有林业优势的地区也开始大力地发展适宜本地区的林下经济形式，如东北地区、南方集体林区所在的省份，其林下经济产值及所占林业总产值的比重都领先于全国其他省份，具有发展林下经济的明显优势。

表 1-9　国家、省级层面促进林下经济发展相关政策文件

发布时间	颁发部门	文件名称
2012.7	国务院办公厅	关于加快林下经济发展的意见（国办发〔2012〕42 号）
2012.8	国家林业局	关于贯彻落实《国务院办公厅关于加快林下经济发展的意见》的通知（林改发〔2012〕204 号）
2012.9	国家林业局办公室	关于《国务院办公厅关于加快林下经济发展的意见》有关工作任务分工的通知（办改字〔2012〕140 号）
2015.1	国家林业局	全国集体林地林下经济发展规划纲要（2014—2020 年）
2009.2	北京市园林绿化局	关于进一步推动林下经济发展的意见（京绿造发〔2009〕4 号）
2013.4	上海市人民政府办公厅	转发市农委、市绿化市容局《关于本市加快林下经济发展促进林地综合利用意见》的通知（沪府办发〔2013〕18 号）
2013.2	安徽省人民政府办公厅	关于加快林下经济发展的实施意见（皖政办〔2013〕4 号），
2012.9	福建省人民政府	关于进一步加快林业发展的若干意见（节选）（闽政）〔2012〕48 号）
2012.12	山东省人民政府办公厅	关于进一步加快林下经济发展的意见（鲁政办发〔2012〕77 号）
2012.3	江西省人民政府	关于大力推进林下经济发展的意见（赣府发〔2012〕10 号）
2013.7	江苏省政府办公厅	关于加快发展林下经济的实施意见（苏政办发〔2013〕115）号）
2014.5	浙江省林业厅	加快推进林下经济发展的意见（浙林造〔2014〕20 号）
2013.12	黑龙江省人民政府办公厅	关于印发《黑龙江省林下经济发展规划（2013—2020 年）》的通知（黑政办发〔2013〕56 号）
2010.3	辽宁省林业厅	关于加快县域经济林业产业发展的实施意见（辽林字〔2010〕10 号）
2012.10	吉林省人民政府办公厅	关于加快林下经济发展的意见（吉政办发〔2012〕63 号）
2012.8	广东省人民政府办公厅	关于加快林下经济发展的实施意见（粤府办〔2012〕32 号）
2012.3	广西壮族自治区财政厅和林业厅	关于印发《2012 年广西林下经济发展专项资金项目申报指南》的通知（桂财农〔2015〕57 号）
2010.10	广西壮族自治区人民政府办公室	关于大力推进林下经济发展的意见（桂政办发〔2010〕91 号）
2013.7	海南省人民政府办公厅	关于大力发展林下经济促进农民增收的实施意见（琼府办〔2013〕114 号）
2012.11	湖北省人民政府办公厅	关于大力推进林下经济发展的意见（鄂政办发〔2012〕75 号）

(续)

发布时间	颁发部门	文件名称
2013.8	湖南省人民政府	关于加快林下经济发展的实施意见(湘政办发〔2013〕11号)
2012.6	河南省林业厅	关于大力发展林下经济的意见(豫林发〔2012〕153号)
2007.5	河北省林业局	关于大力发展林下产业的指导意见(冀林产字〔2007〕3号)
2013.1	河北省人民政府	关于加快林下经济发展的实施意见(冀政函〔2013〕1号)
2015.4	内蒙古自治区人民政府办公厅	关于加快林下经济发展的实施意见(内政办发〔2015〕36号)
2013.1	中共山西省委办公厅 山西省人民政府办公厅	关于深化集体林权制度改革的实施意见(节选)(晋办发〔2013〕1号)
2012.12	陕西省人民政府办公厅	贯彻落实国务院办公厅关于加快林下经济发展意见的实施意见(陕政办发〔2012〕115号)
2013.5	贵州省人民政府办公厅	关于加快林下经济发展的实施意见(黔府办发〔2013〕30号)
2014.11	云南省人民政府	关于加快林下经济发展的意见(云政发〔2014〕39号)
2012.12	四川省人民政府办公厅	关于加快林下经济发展的意见(川办发〔2012〕73号)
2012.12	青海省人民政府办公厅	关于加快林下经济发展的意见(青政办〔2012〕337号)
2012.2	中共甘肃省委办公厅 甘肃省人民政府办公厅	关于加快林下经济发展的意见(甘办发〔2012〕3号)
2012.6	甘肃省人民政府办公厅	关于印发甘肃省"十二五"林下经济发展规划的通知(甘政办发〔2012〕3号)
2013.8	宁夏回族自治区人民政府办公厅	关于加快林下经济发展的意见(宁政办发〔2013〕104号)
2005.11	新疆维吾尔自治区党委 自治区人民政府	关于加快特色林果业发展的意见(新党发〔2005〕14号)
2008.7	新疆维吾尔自治区党委 自治区人民政府	关于进一步提高特色林果业综合生产能力的意见(新党发〔2008〕10号)

资料来源：根据网上公开资料搜集整理

林下经济构成模式中以林下种植和养殖为主体，它们也是典型的农林复合经营形式。我国各地区之间的自然地理条件差异巨大，这也形成了多种具有本地优势的林下种植和养殖模式的存在，随着其不断的快速发展，这已成为我国农林复合经营发展的一个新亮点。2014年，国家林业局华东林业调查规划设计院对南方集体林区林下经济发展进行了抽样调查①，在所抽取的72个县中，开展有林下种植和林下养殖的县(市)分别达到64和54个，涉及林地面积、林下经济总产值和参与人口数分别达到 $27.03 \times 10^4 \mathrm{hm}^2$、$97.18 \times 10^8$ 元、138.12万人和 $9.00 \times 10^4 \mathrm{hm}^2$、$24.06 \times 10^8$ 元、77.92万人。综合来看，其林下种植以林-药、林-菌模式为主，林下养殖以林-禽、林-蜂和林-畜模式为主(表1-10)。

---

① 南方集体林区包括浙江、福建、广东、广西、海南、江西、安徽、湖南、湖北和贵州10个省份。

表 1-10 调查的 72 个县(市)林下种植与林下养殖基本情况

模式		县(市)数(个)	总面积 ($\times 10^4 hm^2$)	总产值 ($\times 10^4$ 元)	品种数 (个)
林下种植	林-药	52	3.12	192929	215
	林-菌	32	6.26	92874	94
	林-花	25	1.15	401679	61
	林-菜	19	8.17	66925	37
	林-苗	17	0.28	38414	81
	林-果	16	4.10	67123	22
	林-油	12	1.71	21050	44
	林-茶	9	1.04	48486	20
	林-草	6	1.00	40841	9
	林-粮	3	0.22	1471	10
林下养殖	林-禽	46	2.38	150073	78
	林-蜂	35	4.79	40611	34
	林-畜	30	1.50	40333	48
	林-蛙	14	0.23	4315	18
	林-鱼	3	1.00	5301	12

资料来源：王金荣，凌飞，过珍元，等．南方集体林区林下经济发展现状及效益分析[C]．2014 林下经济发展学术研讨会论文集，2014：19-25．

林下经济的发展对我国农业生态环境保护、农村经济结构调整和农民增收均具有重要的意义。2015 年，国家林业局制定的《全国集体林地林下经济发展规划纲要(2014—2020 年)》提出，到 2020 年实现林下经济产值和农民林业综合收入稳定增长，全国发展林下种植面积约 1800 万 hm^2，实现林下经济总产值 1.5 万亿元。林下经济已构成了当前我国农林复合经营在新时期发展的主体。

第四节 中国农林复合经营的特色与存在的问题

一、中国农林复合经营的特色

(一)国家主导与农户深度参与相结合

我国自古以来就是一个农耕大国，历代统治者都高度重视农业。同时，我国农业生产条件并不优越，农业发展受自然条件的掣肘较为严重，每年都有较高的因灾损失。而随着人口的不断增加，农业对于我国经济和社会的稳定发展起着越来越重要的作用。为此，我国历届政府无一不对农业高度重视，在促进农业发展的各重大事项中都扮演着主导者的作用。在促进农林复合经营的发展中，国家的身影也随处可见。在宏观农林复合经营领域，诸如在农田防护林网建设、退耕还林等各大生态工程建设方面，在生态县建设、小流域综合治理方面，政府都直接扮演着规划者、领导者、参与者的角色；在大量的农田生态系统建设中，国家也起到了组织者和支持者的作用，不断地推出一系列鼓励政策，在不同时期有效地促进了相关农林复合经营的发展。同时在相关科研上也进行了大量的投入，农林复合经营研究是我国"七五"至"九五"重点科技攻关项目的重要内容，在"九五"期间相关的专题研究约占国家农业科技攻关专题总数的38%，国家拨款的40%（孟平等，2004）。

为更好地发挥集体林权改革这一"农村经济社会发展的第二次革命"的作用，当前我国正在大力促进林下经济的发展。为鼓励农户深度参与其中，各级政府推出了一系列的林下经济发展规划和激励举措。发展好林下经济不仅是各地林业主管部门的重要工作，也受到各地党委和政府的重视并深度介入，各地均给予林下经济发展以一系列的资金、税收等方面支持，由此可见国家参与深度与广度之一斑。

（二）小农户生产方式处于主体地位

由于我国实行的是分田到户和分林到户的土地制度，形成了耕地与林地高度细碎化和分散化的特点，加之中国传统小农经营所形成的无论是从生计角度还是从情感角度上看农户对土地的高度依赖，使得我国土地和林地的流动性相对较弱。尽管随着我国经济的高速发展和农村劳动力持续不断的转移，土地和林地有着逐渐集中的趋势，但这种集中的速度是缓慢的，规模也是有限的。目前我国的农林复合经营基本上仍是由小农户生产方式处于主体地位，这一方面有利于小农户资源配置的灵活性和生产积极性的发挥，另一方面由于风险抵御能力较弱，使小农户在面对大市场时处在了不利的地位。

（三）生态服务功能日益被重视

我国的农林复合经营一以贯之的是"以粮为纲"，兼顾其他生物质的获取，其最大目的就是努力实现在有限土地的范围内实现最大化的持续性产出。因此，在农林复合经营的建设中，更注重农田防护林建设、林－粮复合经营、果－粮复合经营等，形成各种有利于产出的农林复合系统，这与我国人多地少的国情是密切相关的。与我国不同的是，发达国家在农林复合经营的建设上，其目标多侧重于生态保护和景观美化，在研究中更注重生物多样性保护与景观美学的研究。

当然，随着我国经济的发展，这种"以粮为纲"的状况也在慢慢地发生着变化。在农林复合经营的实践中，人们对农林复合经营的生态服务功能开始越来越重视。农林复合经营不仅具有生产经济产品的功能，还具有涵养水源、防风固沙、保护生物多样性等生态服务功能，这种生态服务功能的价值在很多情况下甚至高于其所提供的经济价值。如何保护、利用和提高这些生态服务功能越来越成为人们关注的重点。

（四）文化传承作用突显

另外，农林复合经营的文化传承作用也开始受到社会各界的关注，大量的农林复合经营模式都有着悠久的历史。它们来自远古，带着其蕴含着的丰富而厚重的历史文化积淀继续服务于现代，如珠江三角洲的桑基鱼塘、江苏里下河的沟垛系统、湖南的林－农复合系统、辽宁宽甸的林－参复合系统等，这些农林复合经营类型无一不饱含着丰富的农耕文化和朴素的生态学原理，凝聚着古人的汗水和智慧，并以各种不同的系统为载体，继续将这些智慧和文化传承下去,服务于这片土地上的人们。当前,一些农林复合经营被发掘出来,成为全国乃至全球重要农业文化遗产,它们是传承我国传统农业文化的重要代表。同时,农业文化遗产保护工作也为我国生态农业和农林复合经营的保护与发展创造了新的契机(李文华等,2012)。

二、中国农林复合经营发展中存在的问题

(一)技术支撑不够

农林复合经营具有较强的技术要求,我国农民在长期的农林复合经营实践中积累了丰富的经验,由于过去农村社会的超稳定结构,这些经验能够较为容易地依靠口口相传流传下来,成为至可宝贵的财富。但是,随着农村劳动力的不断向城市转移,新生代农民越来越多地脱离农村,农村的超稳定结构逐渐地被打破。人口流动性的增强使过去依靠口口相传的技术传承方式受到挑战,大量的传统农业生产技术和经验,包括农林复合经营的传统技术和经验后继乏人,甚至永远丧失。另一方面,新科技向农户的传导也不顺畅,这主要表现在两方面:其一,农户的技术需求无法及时有效地传递给相关的农业科研机构;其二,农业科研机构的研究成果无法顺畅地到达农户的手中。这些与我国的农业科研体系与基层农业技术服务体系的不完善有着较大的关系。

(二)小农户面向大市场能力不足

随着生产力水平的不断提高和社会分工的细化,农户生产在满足自身需求的同时,更多的是为了提供给市场,大量的农林复合经营的产出物也将要进入市场。随着我国市场经济体制改革的不断深入,市场在商品价格形成和资源配置中的作用越来越重要,与此同时,激烈的市场竞争也使市场风险的存在成为常态。小农户在面对大市场时,常常面临一些源自于自身弱质性的天然存在的能力不足问题,如信息不畅、抵御风险能力弱、产品同质性严重、融资能力不足等,这些困难大大地削弱了农户进一步发展的能力和动力。而如何实现小农户生产背景下的规模化经营是我国农林复合经营面临的现实问题。

(三)经济效益与生态效益冲突

农林复合经营追求的是生态效益、社会效益与经济效益的统一,是在生态环境得到改善(至少是不受损害)的情况下获得更好的经济收益。我国地域面积广大,各地自然地理条件差别巨大,需要因地制宜地实施最适合本地的农林复合经营模式。而农林复合经营最优化的目标是建立在严格的科学技术支撑基础上的。然而,目前我国的林农业科技供给并不充分,导致在很多情况下农林复合经营并未达到理想的生态与经济收益目标,例如林下养殖因畜禽数量过高导致林地破坏和环境污染情况。另一方面,由于农林复合经营是一个人工生态系统,实施者的行为对系统发展的影响很大,而实施者的最大目的是实现其经济收益的最大化。因此,当其经济收益与生态收益相一致时,两者相得益彰;然而,当两者发生矛盾时,生态利益往往就会让位于经济利益,实施者在进行农林复合经营的组分搭配时就会偏离科学的轨道而唯一地关注其短期的经济收益。例如,在20世纪90年代末粮价低

迷的背景下，全国很多地方出现了"良田种树""林木争地""林木胁地"的现象，这导致农地减少、粮食减产、地下水消耗过度等一系列问题(温铁军等，2010)。国务院于2004年对此专门发出了紧急通知，其中特别强调："……不准占用基本农田进行植树造林、发展林果业和搞林粮间作……"。事实上，很多地方(特别是在黄淮海平原地区)在实施农田种树时多打着"林粮间作""农林复合经营"的旗号进行的，而这实际上是一种"伪农林复合经营"。

(四)生态补偿机制缺失

所谓生态补偿机制就是指以保护生态环境、促进人与自然和谐发展为目的，根据生态系统服务价值、生态保护成本、发展机会成本，运用政府和市场手段来调节生态保护利益相关者之间利益关系的公共制度(李文华和刘某承，2010)。生态补偿机制是实现外部性内部化的一种经济手段。科学合理的农林复合经营具有显著的正的生态外部性，而这种正的外部性所带来的生态收益却不能为农户所占有。与此同时，为建立起这样合理高效的农林复合经营，在多数情况下又需要农户付出一定的成本(包括机会成本)。如此一来，在农林复合经营生态外部性没有得到内部化的情况下，就会出现农户成本-收益不对等的结果，从而导致农户从事农林复合经营的积极性在一定程度上受到损害，影响了农林复合经营的应用和发展。科学合理的生态补偿机制在一定程度上可缓解这样的矛盾，但是当前我国尚未建立起这样的机制与制度体系。

(五)科学有效的管理体制尚未建立

我国目前的行政管理体系中农、林业的管理分别归为不同的主管部门。而农林复合经营是"农""林"物种混合构成的人工生态系统，其中既有涉农的成分，也有涉林的成分。同时，在不同地区和不同的自然地理条件下，其"农""林"物种在系统中的主体地位并不一样，表现为系统中有时以"农"为主，有时以"林"为主，有时两者兼顾。这样就容易导致在不同的地方，由于对农林复合经营的不同理解和认识造成本地农、林业主管部门间的责任推诿和管理冲突，当有部门利益时就争相参与，而需要承担相关责任时就不断避让。这种管理主体不明的结果使农林复合经营的科学规划和管理难以有效进行，自然影响了其可持续性的发展。

参考文献

[1] 陈俊华，龚固堂，朱志芳，等，2013. 川中丘陵区柏木林下养鸡的生态经济效益分析[J]. 生态与农村环境学报，2：214-219.
[2] 陈天仪，2014. 农户发展林下经济现状与诉求的实证分析——基于河南省内黄县的调查[J]. 林业经济，6：45-47+63.
[3] 陈一兵，林超文，黄晶晶，等，2007. 中国四川旱坡地植物篱农作系统能流特征[J]. 植物生态学报，31(5)：960-968.
[4] 程鹏，2003. 现代林业生态工程建设理论与实践[M]. 合肥：安徽科学技术出版社.
[5] 迟铭，刘增文，2011. 杜仲叶水提取物对几种农作物的化感作用[J]. 西北农业学报，6：168-173.
[6] 单宏年，2008. 农林复合经营的生态效益研究[J]. 现代农业科技，6：203-204.

[7] 樊巍, 孟平, 李东芳, 2001. 河南平原复合农林业[M]. 郑州: 黄河水利出版社.
[8] 高城雄, 朱首军, 赵智鹏, 等, 2007. 陕北长城沿线风沙区农林复合经营模式与效益研究[J]. 水土保持研究, 1: 60-63.
[9] 高英旭, 刘红民, 张敏, 等, 2008. 辽西低山丘陵区农林复合经营的效应[J]. 辽宁林业科技, 1: 31-34.
[10] 耿玉德, 张朝辉, 2013. 国有林区林下经济发展的生态位态势测度研究——以黑龙江省为例[J]. 林业经济, 3: 57-61.
[11] 桂摹文, 1990. 庭院经济威信未来议[J]. 农业考古, 1: 20-25.
[12] 郭文韬, 1981. 中国古代的农作制和耕作法[M]. 北京: 农业出版社.
[13] 郭文韬, 1988. 中国农业科技发展史略[M]. 北京: 中国科学技术出版社.
[14] 韩文权, 常禹, 胡远满, 等, 2012. 基于GIS的四川岷江上游杂谷脑流域农林复合景观格局优化[J]. 长江流域资源与环境, 2: 231-236.
[15] 韩杏容, 黄易, 夏自谦, 2011. 林下经济建设项目可持续性评价研究——以贵州省桐梓县为例[J]. 林业经济, 4: 85-90.
[16] 黄宝龙, 等, 1991. 立体林业——里下河地区农林复合经营实践[M]. 南京: 江苏科学技术出版社.
[17] 黄宝龙, 等, 1988. 江苏省里下河地区人工林复合经营体系的研究[C]. 中国林学会森林生态专业委员会林农复合生态系统学术讨论会论文集, 6-25.
[18] 黄枢, 沈国舫, 1993. 中国造林技术[M]. 北京: 中国林业出版社.
[19] 集体林权制度改革监测项目组, 2014. 林下经济发展现状及问题研究——基于70个样本县的实地调研[J]. 林业经济, 2: 11-14+109.
[20] 姜洋, 仲维维, 王倩, 等, 2012. 关于我国林下经济作物认证问题的研究——以黑龙江省伊春林菌代表产品黑木耳为例[J]. 林业经济, 4: 93-96.
[21] 姜钰, 贺雪涛, 2014. 基于系统动力学的林下经济可持续发展战略仿真分析[J]. 中国软科学, 1: 105-114.
[22] 蒋建平, 刘廷志, 武禄光, 等, 1990. 泡桐高秆壮苗培育措施数学模型的研究[J]. 泡桐与农用林业, 1: 1-8.
[23] 蒋建平, 1990. 泡桐栽培学[M]. 北京: 中国林业出版社.
[24] 李丹, 李国, 王霓虹, 等, 2013. 基于条码的林下经济产品质量可追溯管理系统[J]. 北京林业大学学报, 1: 144-148.
[25] 李根蟠, 卢勋, 1987. 中国南方少数民族原始农业形态[M]. 北京: 农业出版社.
[26] 李金海, 胡俊, 刘松, 等, 2013. 北京林下经济特征与重点发展趋势研究[J]. 林业经济, 3: 28-30.
[27] 李蕊, 2013. 北京沟域典型农林复合经营经济效益分析[J]. 林业经济, 5: 125-128.
[28] 李树人, 1986. 泡桐的养分循环[J]. 泡桐与农用林业, 2: 19-27.
[29] 李文华, 赖世登, 1994. 中国农林复合经营[M]. 北京: 科学出版社.
[30] 李文华, 刘某承, 闵庆文, 2012. 农业文化遗产保护: 生态农业发展的新契机[J]. 中国生态农业学报, 20(6): 663-667.
[31] 李文华, 2003. 生态农业——中国可持续农业的理论与实践[M]. 北京: 化学工业出版社.
[32] 李娅, 陈波, 2013. 云南省林下经济典型案例研究[J]. 林业经济, 3: 67-71.
[33] 李娅, 韩长志, 2013. 基于农户意愿的云南省林下经济发展路径研究[C]. 中国西部生态林业和民生林业与科技创新学术研讨会论文集. 1-5.
[34] 李娅, 唐文军, 陈波, 2014. 云南省林下经济发展战略研究——基于AHP-SWOT分析[J]. 林业经济, 7: 42-47.
[35] 李彧挥, 陈笑男, 祝浩, 等, 2011. 影响林农发展林下经济的因素分析——以湖南省安化县为例

[J]. 林业经济, 9: 76-82.

[36] 廖灵芝, 李显华, 2012. 林下经济发展的制约因素及对策建议——基于云南省大关县的调查[J]. 中国林业经济, 1: 10-12.

[37] 林鸿荣, 1992. 隋唐五代林木培育述要[J]. 中国农史, 1: 63-71.

[38] 林开敏, 俞新妥, 洪伟, 等, 2001. 杉木人工林林下植物对土壤肥力的影响[J]. 林业科学, 37(S1): 94-98.

[39] 林媚珍, 冯荣光, 纪少婷, 2014. 中山市基塘农业模式演变及景观格局分析[J]. 广东农业科学, 24: 184-189+197+237.

[40] 林文树, 周沫, 吴金卓, 2014. 基于SWOT-AHP的黑龙江省林下经济发展战略分析[J]. 森林工程, 4: 172-177+181.

[41] 刘金勋, 1994. 农林复合系统规划管理方法论研究[P]. 北京: 中国科学院.

[42] 刘乃壮, 1990. 农林间作农田太阳辐射分布的计算机模拟[J]. 泡桐与农用林业, 2: 18-27.

[43] 卢琦, 1994. 农桐复合系统光照生态位的三维动态仿真模型[P]. 北京: 中国科学院.

[44] 马宝收, 2007. 庭院经济与农民增收初探[J]. 生态经济, 6: 85-89.

[45] 马利强, 2012. 农林复合系统可持续经营研究[M]. 北京: 北京理工大学出版社.

[46] 马世骏, 李松华, 1987. 中国的农业生态工程[M]. 北京: 科学出版社.

[47] 孟平, 张劲松, 高峻, 2004. 中国复合农林业发展机遇与研究展望[J]. 世界林业研究, 6: 30-34

[48] 孟平, 张劲松, 樊巍, 2003. 中国复合农林业研究[M]. 北京: 中国林业出版社.

[49] 孟庆岩, 2011. 胶-茶-鸡农林复合模式综合效益评价[J]. 生态经济(学术版), 1: 150-155.

[50] 孟庆岩, 王兆骞, 姜曙千, 2000. 我国热带地区胶-茶-鸡农林复合系统物质循环研究[J]. 自然资源学报, 1: 61-65.

[51] 聂呈荣, 骆世明, 章家恩, 等, 2003. 现代集约农业下基塘系统的退化与生态恢复[J]. 生态学报, 9: 1851-1860.

[52] 庞爱权, Ian Nuberg, 1997. 中国农林复合系统的经济评价[J]. 自然资源学报, 2: 81-87.

[53] 庞爱权, 张大红, 1996. 农林复合系统发展中的经济问题研究[J]. 林业经济, 5: 55-61.

[54] 彭斌, 刘俊昌, 2014. 基于DEA模型的广西林下经济发展效率研究[J]. 广西民族大学学报(哲学社会科学版), 1: 168-172.

[55] 彭方仁, 李杰, 黄宝龙, 2002. 海岸带复合农林业系统植物种群光环境特征研究[J]. 生态科学, 21(1): 11-15.

[56] 彭鸿嘉, 莫保儒, 蔡国军, 等, 2004. 甘肃中部黄土丘陵沟壑区农林复合系统综合效益评价[J]. 干旱区地理, 3: 367-372.

[57] 彭晓邦, 张硕新, 2013. 商洛低山丘陵区农林复合系统中大豆与丹参的光合生理特性[J]. 生态学报, 6: 1926-1934.

[58] 裘福庚, 方嘉兴, 1996. 农林复合系统及其实践[J]. 林业科技研究, 9(3): 318-322.

[59] 曲进社, 刘建生, 1986. 豫东兰考泡桐立地条件的定量评价[J]. 泡桐与农用林业, 1986, 1: 58-62.

[60] 沈立新, 2003. 银杏混农林间作模式栽培技术研究[J]. 中国生态农业学报, 11(2): 117-118.

[61] 宋兆民, 孟平, 1993. 中国农林业的结构与模式[J]. 世界林业研究, 6(5): 77-82.

[62] 孙辉, 唐亚, 黄雪菊, 2005. 金沙江干旱河谷坡地复合经营系统内竞争及养分平衡研究.[J]干旱地区农业研究, 23(1): 166-172.

[63] 孙辉, 谢嘉穗, 唐亚, 2005. 坡耕地等高固氮植物篱复合经营系统根系分布格局研究[J]. 林业科学, 41(2): 8-15.

[64] 唐德富, 1988. 谈谈生态农业的生态设计[J]. 农村生态环境, 3: 34-38.

[65] 万开元, 陈防, 余常兵, 等, 2005. 杨树-农作物复合系统中的化感作用[J]. 生态科学, 24(1):

57-60.

[66] 温铁军, 孔祥智, 郑风田, 等, 2010. 中国林权制度改革: 困境与出路[M]. 武汉: 华中科技大学出版社.

[67] 夏青, 何丙辉, 谢洲, 等, 2006. 紫色土农林复合经营土壤理化性状研究[J]. 水土保持学报, 20(2): 86-89.

[68] 向开馥, 1989. 东北西部内蒙古东部防护林研究[M]. 哈尔滨: 东北林业大学出版社.

[69] 熊文愈, 姜志林, 黄宝龙, 等, 1993. 中国农林复合经营[M]. 南京: 江苏科学技术出版社.

[70] 熊文愈, 薛建辉, 1991. 混农林业: 一条发展林业的有效途径[J]. 世界林业研究, 4(2): 27-31.

[71] 徐卓, 刘芸, 尹小华, 等, 2012. 西南喀斯特山地林下经济发展模式研究[J]. 西南师范大学学报(自然科学版), 11: 59-65.

[72] 许华森, 毕华兴, 高路博, 等, 2013. 晋西黄土区果农复合系统根系生态位特征[J]. 中国农学通报, 24: 69-73.

[73] 严文高, 张俊飚, 李鹏, 2013. 基于泰尔指数的林下经济产业发展时空差异研究——以全国24省(市)食用菌产业面板数据为例[J]. 林业经济, 3: 75-79.

[74] 杨占彪, 杨远祥, 邵继荣, 等, 2011. 基于参与性调查农户对农林复合系统的认知与响应——以川中丘陵区为例[J]. 四川农业大学学报, 2: 286-293.

[75] 尹飞, 毛任钊, 傅伯杰, 等, 2008. 枣粮间作养分利用与表观损失空间差异性[J]. 生态学报, 6: 2715-2721.

[76] 袁玉欣, 王颖, 裴保华, 等, 2002. 杨粮复合系统中林木遮荫作用研究[J]. 林业科学, 1: 36-43.

[77] 詹行滋, 1991. 我国热带季风区的"林-胶-茶生态模式"[J]. 自然资源学报, 4: 293-302.

[78] 张昌顺, 李昆, 2005. 人工林养分循环研究现状与进展[J]. 世界林业研究, 18(4): 35-39.

[79] 张坤, 张升, 李扬, 等, 2013. 林下经济农户问卷调查结果与分析——以云南省永胜县三个村为例[J]. 林业经济, 3: 62-66.

[80] 张翔, 姜雪梅, 2014. 集体林权制度改革对林下经济发展的影响——以辽宁省林改监测为例[J]. 林业经济, 7: 36-41+54.

[81] 赵英, 张斌, 王明珠, 2006. 农林复合系统中物种间水肥光竞争机理分析与评价[J]. 生态学报, 26(6): 1792-1801.

[82] 中国科学院南方山区综合科学考察队, 1989. 红壤丘陵开发和治理——千烟洲综合开发治理试验研究[M]. 北京: 科学出版社.

[83] 钟功甫, 1980. 珠江三角洲的"桑基鱼塘"——一个水陆相互作用的人工生态系统[J]. 地理学报, 3: 200-209+277-278.

[84] 钟功甫, 1993. 全球热带亚热带低洼渍水地的分布和利用[J]. 热带地理, 2: 99-105.

[85] 钟功甫, 丁汉增, 王增骐, 等, 1987. 珠江三角洲基塘系统研究[M]. 北京: 科学出版社.

[86] 朱清科, 沈应柏, 朱金兆, 1999. 黄土区农林复合系统分类体系研究[J]. 北京林业大学学报, 21(3): 36-40.

[87] 朱廷曜, 1992. 防护林体系生态效益及边界层物理特征研究[M]. 北京: 气象出版社.

[88] Kumar M, Singshi S, Singh B, 2008. Screening indigenous tree species for suitable tree-crop combinations in the agroforestry system of Miaoram, India[J]. Estonian Journal of Ecology, 57(4): 269-278.

[89] Reyes T, Quiroz Rand MsikulaS, 2005. Socio-economic comparison between traditional and improved cultivation methods in Agroforestry Systems, East Usambara Mountains, Tanzania[J]. Environmental management, 36(5): 682-690.

本章作者: 洪传春(东北大学)、李文华(中国科学院地理科学与资源研究所)

第四章
农林复合经营指导思想

第一节　古代哲理的启示

我国农林复合经营的长期实践不仅创造了多样的类型和丰富的经验，而且早在古代的天人合一的哲学思想和农林史料中，对于这一民间传统的土地利用和多元性农业经验实践，从理论上已有过高度的概括。这些宝贵的文化遗产值得我们认真的领会和总结，从中摄取其精华部分，对于发展符合我国现代的农林复合系统将有重要的指导意义。

一、"三才"论的生态系统思想

我国古代哲学家将"天、地、人"称为"三才"，并认为"天时地利人和"是取得成功的重要因素。我们的祖先在2000多年前的春秋战国时代就把生物、环境和人类三者视为一个有机整体，运用"三才"论来解释其相互协调关系。

《周易·系辞下》记载："有天道焉，有地道焉，有人道焉"；《吕氏春秋》也有"夫稼，为之者人也，生之者地也，养之者天也"的记载，明确指出了生物（稼）、环境（天和地）和人类三者的关系，并提出人类改造自然的能动作用，"地可使肥，又可使棘"。

《荀子·富国》篇记载："上得天时，下得地利，中得人和，则财货浑浑如泉源，汸汸如河海，暴暴如丘山"。

西汉《淮南子》记载："上因天时，下尽地财，中用人力，是以群生遂长、五谷蕃殖"。《氾胜之书》也记载："凡耕之本，在于趣时，和土，务粪泽，早锄早获"。同时指出，"得时之和，适地之宜，田虽薄恶，收可亩十石"。这些都说明按自然规律，因势利导，做到天尽其时，地尽其力，物尽其用，人尽其才，就会万物生长，五谷藩殖，取得最佳的生态经济效益。

南北朝的《齐民要术》进一步阐明了先人提出的"天、地、人"统一的思想体系。提出"顺天时，量地利，则用力少而成功多。任情返道，劳而无获"。说明人的干预要符合其生态环境要求才能"用力少而成功多",反之则"劳而无获"。

元朝《王祯农书》指出:"天气有阴阳寒燠之异,地势有高下燥湿之别,顺天之时,因地之宜,存乎其人"。明朝马一农的《农说》提出:"合天时、地脉、物性之宜,而无所差失,则事半而功倍矣"。清朝农学家张际标也提出:"天有时,地有气,物有情,悉以人司其柄"。进一步说明环境和生物体因子的可变性和复杂性,人要灵活掌握和应用,不但要知其然,还要知其所以然。故曰:"知天之时,识地之宜",做到"知其所宜,用其不可弃;知其所宜,避其不可为"。就是说,趋利避害,扬长避短,方能"力足以胜天矣"。

清朝陆卉仪在《论厘田》中记载:"天时、地利、人和,不特用兵为然,凡事皆有之,即农田一事,关系尤重"。说明"天、地、人"三要素的普遍意义。在农业生产上,对三要素的辩证关系做了进一步的阐述:"水旱天时也;肥瘠地利也;修治垦辟,人和也。三者之中,以人和为重,地利次,天时又次之。假如雨旸时若,此固人之所望也,然天不可必,一有不时,硗埆下之地先受其害,惟良田不然,此天时不如地利也。田虽上产,然或沟洫不修,种植不时,则虽良田,无所用之,故云买田买佃,此地利不如人和也,三者之中,论其重,莫重于人和,而地利次之,天时又次之;论其要,莫要于天时,而地利次之,人和又次之;故雨旸时若,则下地之所获,与上地之获等。土性肥美,则下农之所获与上农之所获等,劳逸顿殊故也。然使既得天时,既得地利,而又能济之以人和,则所获更与他人不同,所以必贵于人和也"。这种唯物辩证的哲学思想,也是农林复合系统的指导思想。它强调在农林复合经营活动中要注意环境因子和生物因子,实行人工调控,合理规划设计,充分利用自然资源,做到农林牧合理配置,有较多的物质和技术投入,以维持农林复合系统的水热平衡,养分平衡,使该生产系统经久不衰,持续发展。

二、农林复合经营的生态平衡思想

农林复合经营是我国传统农业的一大特色,它产生于朴素的生态平衡思想,这种思想的形成可追溯到夏商之时。夏后之世,伐木火林之举益甚(陈嵘,1983)。《管子》记载,"有虞之王,枯泽童山。夏后之王,烧增薮,焚沛泽。"森林减少,生态失衡,水旱灾害频繁发生,故《汉书·禹贡传》云:"斩伐林木,亡有时禁,水旱之灾,未必不由此也"。以认识到森林的存亡与生态环境的关系,并把林业发展与国计民生密切联系起来,如《管子·立政》篇:"富国有五事",其中之一就是"山泽救于火,草木植成,国之富也"。

为了保护天然林,维持生态平衡,商始设职掌之官。周代已经制定了森林管理之法令,"令万民时斩林有期日","凡窃木者,有刑罚"(《周礼》)。并提倡植树造林,不但视农桑为要政,广植经济林木,"树之榛栗,椅桐梓漆"(《诗经·庸风·定之方中》),还栽植行道树、坟茔树、寺院树、庭院树,并建皇家林苑等。

春秋战国时期开始了防护林的营造,《管子·度地》有筑堤防水、并在堤上植树防溃的记载,"树以荆棘,以固其地,杂之以柏杨,以备决水"。而后扩展到塘田,于堤上种树,堤上种桑柘可以系牛,"牛得凉荫而遂性,堤得牛践而坚实,桑得肥水而沃美,旱得决水以灌溉,潦即不致于弥漫而害稼"(《史记·理宗记》)。堤上植树不但起到护堤作用,且体现了农林牧业之间的相依关系。

北魏始给天下民田课种桑榆,《北魏书·孝义帝木纪》中记载,"初受田者,男夫一人,给田二十亩,课莳余,种桑五十株,枣五株,榆三株"。北齐时桑田以永业田固定下来,此田多行农林混作,如《氾胜之书》记载,"种桑法,……每亩以黍、椹子各三升合种之"。这种农林复合经营在隋代已有近 1333.3 万 hm^2(林鸿荣,1992)。

生物防治是生态平衡思想的一种实践,距今约 2000 余年的战国就认识到生物的食物链关系。《庄子·山水》中记载的"螳螂扑蝉,黄雀在后"的典故尽人皆知,利用食物链之间的关系来清除害虫在汉代已有记载,《西汉·礼记》举了养猫以捕田鼠、迎虎来消灭野猪的例子。明代霍韬《渭崖文集》也记载,"顺德产蟛蜞,能食谷芽,惟鸭能啖之,故鸭广南为盛,以其蟛蜞能养鸭,亦有鸭能啖蟛蜞两相济也"。不但防止了蟛蜞对稻田的危害,亦可肥鸭,可谓一举两得。

生态平衡思想推动了"地力常新壮"理论的发展,杂草能肥田的认识在西周初年至春秋时期已经有了,如《诗经》云:"以薅荼蓼,荼蓼朽止,黍稷茂止"。粮草间作在公元三世纪已有记载,西晋《广志》记载"苕草,色青黄,紫华,十二月稻下种之,蔓延殷盛,可以美田"。根据土壤养分可以平衡的原理,南宋陈旉提出地力常新壮,把用地养地相结合的农艺技术推到理论的高度,使我国农业走上了与欧洲"三圃制"完全不同的道路。利用生物固氮,利用植物第一性生产所积累的有机物质归还于土壤,保持其养分平衡,使之农业可持续发展,这是农林复合经营所追求的目标之一。

生态平衡原理应用于农林复合经营实践的例子不胜枚举,其哲理性在古籍中也有高度的概括。这种生物间、生物与环境相互依存的关系在《知本提纲》中有过深刻的揭示:"盖丰亨视乎物产,物产本于五行,然必常相培补,始能发荣滋长。故风动以培其天,日暄以培其火,粪壤以培其土,雨雪以培其水"。启示我们要注意自然资源的合理利用,注意维持生态平衡,创造有利于生物生产的环境条件已获丰收,它是农林复合经营的思想基础。

我国不论春秋战国时期以家庭为单元的小型综合农业或者明清时期的农林牧复合经营系统,均体现其合理利用自然资源,维持生态平衡的思想光辉。《沈氏农书》明白指出农林复合经营体系中的农、林、牧业间的依存关系,"今羊专吃枯叶、枯草,猪专吃糟麦,则烧酒又获赢息,有盈无亏,白落肥壅"。畜牧业依赖于农林业提供饲料而兴旺,农林业依赖于畜牧业提供给肥料而丰登。这种合理利用自然资源又维持生态平衡的思想,在今天的农林复合系统中也有着重要的指导意义。

三、"三宜"原则的生态结构原理

我国古代的"三宜"原则,即在农业生产上提倡的"因地制宜,因时制宜,因物制宜",也就是要正确处理生物与环境之间、生物与生物之间的配置关系,也就是农林复合系统结构的基本原理。

1. 因物制宜,合理的物种结构

古代农林复合经营的林粮间作,不断地探索着物种结构的合理性、科学性,积累了丰富的经验。当时用于林粮间作的树种,常见的有桑、橡、楮、油桐、梧桐、桂、槐、板栗、茶、榆、杉木、杨柳、漆、桤木、竹和多种果树等,农作物有粮食作物、经济作物、蔬菜和绿肥(有时把绿豆、小豆、胡麻也作绿肥栽培)及牧草等。在长期的生产实践中人们了解到并不是所有的树种或作物都适宜间作套种的，故有"宜与不宜"之说。《齐民要术·种桑柘》总结了林粮间作的经验：在"桑间种植芜菁"，"其地柔润，有胜耕者"；在桑间种植禾豆，"欲得逼树"，既能充分利用地力，又能熟化土壤。

桑麻是有利的物种组合，深浅根系合理分布，如《陈旉农书》记载："若桑圃近家，即可作墙篱，仍更疏植桑，令畦垄差阔，其下遍栽苎，因粪苎，即桑亦获肥益矣，是两得之也。桑根植深，苎根植浅，并不相妨，而利倍差……诚用力少而见功多也"。

桐茶间作，物种结构合理。因为茶树耐阴，夏日炎阳正好得到桐树的遮挡，冬天桐树落叶茶树又得到充足的阳光，不至于冻害(《北苑别录·开畲》)。肉桂也是适于农林间作的经济树种。因桂树幼时耐阴，与高秆作物间种，正好得以庇荫。如《种桂》指出：桂树初种一、二年树身矮小，萌芽甚嫩，行间空地宜种杂物，像木薯、山芋、山姜等，酷暑时彼此掩映遮荫，桂树益茂，草自不生。

有些树木是不宜于作物间种的，如榆树，因"榆性扇地，其阴下五谷不植"。

今天的农林复合经营继承和弘扬了物种结构的历史经验，胶茶间种、桐粮间种等就是利用其生物学特性，相得益彰，取得了重大的成功。

2. 因地制宜，合理的种植布局

我国古代对林、果、作物与地形、土壤的关系已有相当的认识，根据不同的地势地形和土壤，选择种植不同的林果和作物，收到很好的效果。早在周代《诗·秦风·东邻》就有"阪(高地)有桑，隰(低洼地)有杨"的诗句，说明当时人们已经懂得桑杨有不同的生态要求，要选择不同的立地种植。

《管子·地员》记载："草木之道，各有谷造"，"或高或低，各有草土，凡彼草，物有十二衰，各有所归"。战国时期的《管子·地员》可以说是一部生态地植物学专著，它所观察到的植物与土壤的关系，今天看来也是正确的："息土"是一种冲积土，适于生长各种谷物；适于生长"蚖""苍""杜荣"和"楚棘"等草木；"赤垆"土是已汇总疏历、刚强而又肥沃的土壤，适于栽培各种谷物，它产的麻白，织出的布精细；适于生长"白茅"和"赤棠"等草木；"黄唐"土是一种盐碱较重的土壤，不长五谷，只可种些黍秋之类的早熟黏性作物，它盛产的草木有"茅""櫄""榎"和"桑"等；"斥埴"土是一种盐性黏土，只能种大豆和麦，这里生长"蓏""杞"等草木；"黑埴"是一种含盐的黑色黏土，适宜种稻和麦，草木有"苹""蓩"和"白棠"(丁鹏,1983)。要根据土壤性质安排种植。

《史记·货殖列传》也记载："地性生草，山性生木，如地种葵韭，山种枣栗，名曰美园茂林"。因地制宜，林茂粮丰。"下田仃之处，不得五谷者"，可以种柳；"山涧河旁及下田不得五谷之处"可以种柞；"其白土薄地，不宜五谷者，唯宜榆及白榆"，"楮"，宜涧谷间种之，地欲极良"，种竹则"宜高平之地(近山阜尤是所宜，下田得水则死)，黄白软土为良"。茶园"山中带坡峻之地，因水浸根必死"(《四时纂要》)。这些都说明，农林业生产要因地制宜，造林要适地适树，各种植物生长对立地条件均有一定的要求，依立地而合理布局种植，方能"美园茂林"。

在植物与土壤之间，是相互联系而又有规律的，"或高或低，各有草物"，一定的土壤生长着一定的植物，各依其特定的植被关系而相互依存，植物依赖土地生长，土地也要靠植物来保持水分，彼此以维持生态平衡。

3. 因时制宜，合理的时空结构

古代林农间种在空间结构上所积累的实践经验难能可贵，对今天的农林复合经营颇有启迪。

其一是时间结构。就是巧用天时，适时而作，将不同生活期的植物，合理安排种植时间，实行间套种，农林复合经营，做到一年多熟，一地多获。春秋战国时《荀子》中就有记载："一岁而再获之"。《陈旉农书》中进一步指出，只要合理利用空间和时间，就可以达到"种无虚日，收无虚日，一岁所资，绵绵相继"之目的。

明朝徐光启的《农政全书》就记载，在杉木幼林期间种谷麦的情况，"如山可种，则夏种栗，冬种麦，可当耘锄"，不但对光能全年得以利用，还以耕代抚，促进了杉木的生长。王象晋撰的《群芳谱》中，记载着巧妙利用植物生活周期物候时间差的情形，"蚕豆……两浙桑树下，偏环种之"，"此豆与豌豆，树叶茂时彼已结荚或实矣"。清《橡蚕图说》中也说：种橡兼种杂物时，在相熟幼龄期宜于种麦，因为"冬种麦，至橡茂盛时，而麦已熟矣"。这样，不仅充分利用了有限的时间，更重要的还利用了光能、热能、土地等自然资源，当春天橡树"其叶高稀"之时，冬麦却利用了阳光，合成了有机物质并储藏起来，到橡树茂盛时小麦已经成熟了。

其二是水平结构。农林复合经营的水平结构合理是系统高产的重要因素。我国南北朝时期已经有文献记载林粮间作的水平结构问题。《齐民要术》总结了这方面的经验，"桑葚作床播种，第二年春季换床每隔 5 尺（古尺约为今 0.233m，5 尺则约 1.17m）。栽苗一株……桑苗之间，常常翻熟土壤，播种绿豆或小豆，这 2 种豆都很好，都能增加土壤中的水分和养分，使桑苗长得更好。换床 2 年之后，在早春起苗出栽，不必截干。每隔 10 步栽植一株。如果栽的太密，树荫相接，就会妨碍所要间作的谷物或者豆类的生长。……在桑林中耕时，不必迫近树木，否则，既伤树根，又坏犁刀，两有损失。犁耕不到之处，用锄锄之，截去浮根，然后施用蚕粪，或在树周离根茎一步范围内撒播芜菁（萝卜）。萝卜挖取后，放猪其间，使之疏松土壤，胜于耕锄"。因此，在树旁间种谷类、豆类，既能利用地力，又能改良土质，在树周撒播萝卜，也能节省劳力。

《农政全书》记载了杉木栽种密度和间作的做法，杉木行距宜 4~5 尺（0.93~1.17m），密植长得高，稀植长得粗（原意），在郁闭前如行间种上谷麦，这样，充分利用地力，收获了粮食，又抚育了杉木，这种做法一直延至今日。它要比"塔翁雅"的产生早约 200 年。林粮间作可以克服林木生长周期长的不足，增加经济收入，以短养长。如桂树与木薯、白薯、山姜之类作物间种，使幼树于夏日得以庇荫，长得更茂，也防止了杂草的发生，作物的收入也可以补偿一年经费的一半以上。

其三是垂直结构。在农田中引入树木的成分，在空间上成为二层结构甚至更多层次的垂直结构，是空间利用的一次突破。我国古代劳动人民创造性的充分利用农田空间，最大限度的发挥光、热、水、土、肥、气等环境因子而达到增加产量的农艺技术，也是我国农林复合经营遗产中最光辉的一部分。

我国在南北朝的《齐民要术》就记载林粮间种，采用高矮相互搭配，形成空间多层次利用的种植技术。如《种桑柘》篇，于桑树下"种绿豆、小豆"。《蚕桑简编》和《蚕桑宜济》也记载,桑下"空处宜种绿豆、赤豆等物""行间或种绿豆、黑豆、豌豆、芝麻及瓜芋菜蔬,无不可者。上采桑叶,下种豆蔬,可谓两益"。

宋朝,从地上空间的多层次利用发展到土壤的分层利用形成更多的层次。基上中林果;池上加舍养鸡、猪;池中种茭白、茈、菱、芡;并蓄鱼。鱼也有不同种类,个居其间。这种空间多层利用,至今仍是农林复合系统的主要内容。

同时,还出现依地势立体种植的形式,具有代表性的应推为梯田。

我国在公元776年就出现了梯田(梁家勉,1983)。《诗经·小雅》"正月"一诗提到的梯田,称为"阪田"。《骖鸾录》有明确的定义,"岭坂上皆禾田,层层而上至顶,名梯田"。唐朝开元、天宝年间梯田已很普,"四海之内,高山绝壑,耒耜亦满"。以往是坡地,顺坡而种,水土流失相当严重,故杜甫诗云"历三岁,土脉竭,不可复树艺"。因水土流失,到第三年地力已尽,不能够再种了。当时已经知道梯田不但利用了空间,而且有保持地力之功。

在山坡下部洼处不能种稻麦,则"于山坑开一水凼,养浮萍以供喂猪"。可见,当时的垂直结构已有不同类型,在种植上不仅有作物和林木,还包括水生植物(饲料)的立体配置。在土地利用上,从沼泽低洼水面到丘陵坡地甚至山顶,层层利用,形成立体的种植结构。

我国古代已十分讲究林木和作物的合理配置和巧妙布局,早种与晚种、高秆与矮秆、地面与地下、深根与浅根、蔓生与直立、喜阴与喜光、洼地与山坡等多物种、多层次的立体结构。这些经验与技术是十分宝贵的。

第二节 可持续发展理论

随着人口的迅速增长、消费的增加和人类对地球影响的规模空前加大,环境与经济发展关系上出现了一系列的尖锐矛盾,引起了人们的忧虑与不安。1972年在斯德哥尔摩举行的环境大会,敲响了环境问题的警钟,有力地推动了资源与环境保护工作。然而,遗憾的是这么多年过去了,尽管人们做了多方面的努力,资源环境问题不仅没有得到真正的改善,许多新的问题,如臭氧层的破坏、全球变暖、酸雨等不断出现,其发展的速度超出了人们的想象,规模具有全球特点,严重后果难以预测。严峻的现实迫使人们对过去在资源与环境方面采取的战略和措施,进行认真反思,并探索一条有效的、导致人类繁荣昌盛的道路。"持续发展"正是在总结了发展与环境相互关系的正反两方面的经验和教训的基础上提出的。目前,"可持续发展"这一概念已经在1982年巴西举行的有183个国家和70多个国际组织参加的"联合国环境与发展大会"(UNCED,1992)为人们所接受。它与生物多样性的保护、全球变化一起成为国际社会及学术界重点关注的三大前沿领域。持续发展的理论对农林复合系统的发展有着重要的指导意义。

一、可持续发展概念产生于发展的历史回顾

朴素的持续发展思想由来已久，在中华民族传统的农林业生产和社会发展的时间中可以找出这一概念的雏形。但是作为一种科学的术语，是在1980年发表的世界自然资源保护大纲（WCS）中给予系统阐述的（IUCN et al.，1980）。这一文件虽然主要是自然资源的保护提出的，但其涉及的范围远远超出了单纯的自然资源的保护，而且是把保护与发展看做是相辅相成、不可分割的两个方面，并将自然保护置于整个社会发展的框架中。在这一大纲的鼓励下，世界上50多个国家根据自己的国情也制定了本国的自然保护大纲。

世界自然保护大纲改变了过去就保护论保护的做法。明确提出其目的在于把资源保护和发展很好地结合起来。这里所谈的发展是指经济的发展，来满足人类的需要和改善人们的生活质量；这里所指的保护是人类要合理的利用生物圈，既要使目前这一代人得到最大的利益，又要保持其潜力，以满足后代的需要和愿望。这一定义虽经不断修改，但是却为持续发展的概念奠定了基本的轮廓。大纲提出了生物资源保护的三个目标：其一是维持基本的生态过程和生命维持系统；其二是保持遗传的多样性；其三是保证生态系统和生物物种的持续利用。为达到此目标，提出要求国家和国际承担的责任，并从政策、计划、立法、培训、科研、群众的参与多方面的综合措施探寻解决问题的途径。这种认识问题的观点和解决问题的对策，对20世纪80年代以来环境与发展的问题起到了指导的作用。

为了使世界自然保护大纲中所提出的观点有更深一步的了解和落实到实际行动计划，世界自然保护联盟委托Munro组织有关科学人员发表了另一部具有国际影响的文件——《保护地球》（IUCN et al.，1991）。在这一文件中，对持续发展的概念做了进一步的阐述，它指出一段时期以来人们在使用名词中的混乱现象。人们有时把"持续发展"（Sustainable Development）与"持续增长"（Sustainable Growth）、"持续利用"（Sustainable Use）混为一谈。这种观点是不对的，因为"持续增长"这个概念是不确切的。严格说来，没有任何自然事物是可以无休止的增长；而"持续利用"只能用于可更新资源，当人们的利用不超过其负荷极限时有可能达到持续利用，而不是用于非可更新资源。在此纲领性的文件中对"持续发展"给出的定义是"改进人类的生活质量，同时不要超过持续发展的生态系统的负荷能力"。

该书中对一个持续发展的社会提出了9项原则，即：
(1)尊重和爱护各种生物资源和生命系统；
(2)提高人的生活质量；
(3)保护地球的生命力和多样性；
(4)减缓非可更新资源的衰竭；
(5)保持地球的负荷能力；
(6)使人的行为规范和实践符合持续发展的标准；
(7)使各社团能参与其自身的环境保护；
(8)在国家的水平上建立起综合发展与保护的总体框架；
(9)建立全球持续发展的国际合作秩序。

对持续发展概念的形成和发展起到重要推动作用的另一件具有国际影响的大事是：1983年11月成立的世界环境与发展委员会（WCED）的工作和贡献。尽管这一委员会是根

据联合国第 38 届大会的决议成立并得到联合国的支持,但其在行动和发表意见方面有充分的独立性。该组织由前任挪威首相 G. H. Brundtland 夫人担任主席,由世界各国科学、教育、经济、社会以及政治方面具有中重要影响的 22 位代表参加,其中 14 位来自发展中国家。该组织经过世界各地的广泛调查与有关人士的讨论,于 1987 年向联合国提交一份《我们共同的未来(Our Common Future)》,又称《布鲁特兰德报告》。持续发展的思想像一条红线贯穿于全书之中。它对当前人类在发展与保护方面存在的问题进行了全面和系统的评价,并一针见血地指出:在过去我们关心的是经济发展对环境带来的影响,而我们现在则迫切感到生态的压力,如土壤、水、大气污染和森林的退化对经济发展的影响。在不久以前,我们感到国家之间在经济方面互相联系的重要性,而现在我们则感到在国家之间的生态学方面的互相依赖的情景。生态与经济从来没有像现在这样互相紧密地连接在一个互为因果的网络之中。

在这里持续发展的定义与世界自然保护大纲中所提出的基本上是一致的,即"持续发展是在满足当代人需要的同时,不损害人类后代满足其自身需要的能力",但在其对问题的认识深度上则有明显的提高。同时,以创新的精神从政策的高度提出了要实现这一战略目标必须做到的 7 件大事:

(1)提高经济增长速度,解决贫困问题;
(2)改善增长的质量,改变破坏环境和资源为代价的问题;
(3)千方百计地满足人民对就业、粮食、能源、住房、水、卫生保健等方面的需求;
(4)把人口限制在可持续发展的水平;
(5)保护和加强资源基础;
(6)技术发展要与环境保护相适应;
(7)把环境和发展问题落实到政策、法令和政府决策中;

《布鲁特兰德报告》中还强调了个人、群众团体、企业、研究机构和政府部门需要采取的行动和承担的义务,以及加强国际合作的必要和可能。这一报告已于 1987 年为联合国 42 届大会通过,成为联合国及全世界在环境保护与经济发展方面带有指导性的纲领性文件。

在这里特别指出的是 1992 年在巴西里约热内卢召开的联合国环境与发展大会(UNCED),它是人类社会发展史上具有历史意义的大会,会议通过的一系列决议和文件,特别是其中的《21 世纪议程》第一次将可持续发展由理论和概念推向行动。

联合国环境与发展大会是在瑞典斯德哥尔摩联合国人类环境大会的 20 年以后举行的又一次有关发展与环境的大会,参加会议的包括 183 个国家和国际组织以及非政府组织的代表。会议通过了关于环境与发展的《里约热内卢宣言》《21 世纪议程》《联合国气候变化框架公约》《生物多样性公约》,以及关于各种类型森林的管理、保护和持续发展的无法律约束力的全球协议和权威性原则声明等一系列文件。这次会议,以持续发展为指导思想,从政治平等、消除贫困、环境保护、资源管理、生产和消费方式、科学技术、立法、国际贸易、动员广大群众的参与,特别是妇女、青年和当地群众的参加以及加强能力建设和国际合作方面进行了广泛的讨论,在许多重要的问题上达成了共识,为全世界迎接新世纪的挑战做了必要的准备。由于实现持续发展需要进行一系列的改革,其中包括自然资源和环境的问题也涉及科学技术的革新,同时也包括社会、经济以及机构的改革,国与国之间的新型关系的确立以及意识形态和行动规范的适应和财政的支持,因此,在落实过程中必然会遇到各种困难和多方面的挑战。然而,在严峻的人口、资源、环境的挑战面前,人类已别无其他选择,只能按照目前所具有的良知,尽快地促进这一历史的转变,否则将为时过晚。

二、可持续发展理论对农林复合经营的指导

目前各国和各个部门正在根据其自身的条件和特点探讨把这一理论用于实践中的具体方法与道路。农业的发展应该是一个地区、一个国家可持续发展总体框架中的一个不可或缺的部分,同时,部门的可持续发展只能当它融于可持续发展的总体战略之中时,才有可能从理论变为现实。在这方面联合国粮农组织做出了很大的努力。

1991年4月,联合国粮农组织在荷兰政府的支持下在荷兰召开了有119个国家的高级官员、179个政府间组织、20个民间团体和26名特邀的专家参加的农业与环境大会,会议通过了Den Bosch宣言和可持续农业与农村发展行动议程。同年11月联合国粮农组织又发表了《可持续农业与农村发展国际合作计划框架》(ICPF/SARD)以便在国际、地区和国家水平上实现农业的持续发展。这些会议对发展中国家给予特殊重视。

联合国粮农组织结合农业部门特点对可持续发展给出的定义是:

可持续发展要求管理和保护自然、自然资源基础并进行技术和机构改造使之朝向能保证和持续满足现代和今后人类需要的方向发展。这样的持续发展(在农业、渔业和林业部门)应该是能保护土地、水、植物和动物遗传资源,防止环境退化,同时又应是技术上适宜、经济上可行并能为社会所接受的(联合国粮农组织,1992)。

这个定义除了包括可持续发展的重要的生态方面外,对农业、经济和社会问题都给予了重视,并把优化利用自然资源,保护环境与农业的高产、持续,保证人民生活,解决粮食问题,平等和社会稳定和人民在全过程的参与结合起来。对于发展中国家来说,持续农业要解决以下3方面的问题:

(1)解决粮食供应;
(2)解决就业和增加收入;
(3)保护自然资源与环境。

对于发展中国家来说持续发展应该在经济增长的总体框架内来加以实现。农业的可持续发展是与林业的发展紧密联系的,是农村发展动态过程的一个组成部分。在此行动计划框架中提出:实现农业的可持续发展要从5个方面着手,其中包括:

(1)对改进部门政策的持续;
(2)群众的参与和人类资源的开发;
(3)复合生产系统的管理和促进农村收入的多样化;
(4)持续利用自然资源基础;
(5)节约和持续利用,重点农业投入。

从上述5个方面来说,有些直接涉及农林复合系统的应用,有些则对农林复合系统的而应用和发展支持与指导性的作用。

我国是人口大国,同时又是经济技术处于发展过程中的国家,解决环境与发展问题是

中国一项长期而又艰巨的任务。中国经济发展水平处于满足人民最基本生活需求的阶段，随着经济发展的进程，资源与环境的压力将与日俱增，这些矛盾主要表现在以下几个方面：

（1）庞大的人口基数和不断增长的趋势与资源的有限性和稀缺性的矛盾日益加剧。特别是我国正处在经济大发展的时期，资源消耗趋势潜伏着巨大的危险。

（2）"高投入、低效率、高污染"的传统发展模式，在我国资源利用和农村发展中仍占优势，这与我国人均资源数量少、环境治理能力差和生态环境脆弱的国情发生尖锐的矛盾，这种模式正受到严峻的挑战。

（3）我国是一个发展中的国家，经济力量和技术能力有限，人民生活水平较低，广大农民迫切要求满足其生存所需要的基本物质，并进一步提高生活质量，而在消费观念、价值观念、社会道德与行为规范方面还没有纳入持续发展的轨道。加之政策法令不够完善，从而加重了资源与环境所承受的压力和负担。

（4）条块分割的管理机制，短浅的决策行为，以及政策法令的不完备与持续发展的原则脱节，造成资源的浪费和环境的污染。这些问题反过来又成为社会发展的制约因素（李文华，1994）。

为了探索我国农业持续发展模式，贯彻农业和环境保护相结合的原则，我国从20世纪80年代初，开始进行生态农业研究和试验示范。中国生态农业的内涵是在经济与环境协调发展指导下，总结吸收各种农业方式的成功经验，按生态学和经济学原理，应用系统工程方法建立起来的农业体系。它要求把粮食生产与多种经济作物生产结合起来，发展大田种植业与林、牧、副、渔业结合起来，把发展大农业与第二、三产业结合起来，利用传统的农业精华和现代科学技术，通过人工设计生态工程，协调发展与环境之间、资源利用与保护之间，形成生态与经济上的两个良性循环。

尽管当前人们对生态农业的名词有不同看法，对生态农业内涵的理解也存在一些分歧，但是就其实质来看，我国生态农业的理论和实践是与可持续发展的原则和目标相一致的。

农林复合系统与生态农业在发展上虽然并不是同一概念，但它们之间有许多共同之处，所遵循的总的原则是一致的。在发展过程中更要看到二者的趋同和联系。实际上，可以认为，农林复合系统是广义生态农业中的一个重要组成部分，它的着重点放在农业结构的调整上，探索结合土地利用的优化模式。它是在更广泛的生态农业系统框架中一个很重要的亚系统。

在可持续发展的全球战略中，提出一个口号是"全球着眼，局部着手"。从我国情况来看，尽管实现可持续发展还存在不少困难，但是我们还有很多有利条件。表现在以下几个方面：

（1）我国人民自古以来形成符合可持续发展的"天人合一"的朴素哲学思想。以勤劳节俭为美德的社会行为规范，以及在自然资源管理方面的丰富的传统经验，使我国在自己的国土上繁衍昌盛，并创造了独特的华夏文明。这些宝贵的文化遗产和精神财富，如能结合新的形势不断发扬光大，将对可持续发展起到重要的推动作用。

（2）1982年6月在巴西召开的联合国环境与发展大会通过了关于环境与发展的《里约热内卢宣言》《21世纪议程》《关于森林问题的原则声明》等重要文件，并签署了《联合国气候变化框架公约》和《生物多样性公约》，充分体现了国际社会解决环境与发展问题和解决全球问题的决心，体现了人类社会可持续发展的新思想，也为在全球范围内加强国际合作、促进经济合作和保护环境提供了新的契机。我国也把资源的合理利用和环境的保护提高到国策的高度给予重视，并采取了一系列措施，特别是生态农业在我国广泛开展为农林复合系统的应用创造了良好的条件。中国政府派出高级政府代表团参加了里约会议并签署了有关文件，决定认真履行自己的国际义务。会议后不久中国政府决定立即编制《中国21世纪议程》，这不仅仅是中国政府对联合国环境与发展大会的积极响应，而且反映了中国经济、社会发展的内在需求。在《中国21世纪议程》中，把发展综合性农业系统提到重要的地位。

（3）我国环境与资源形势虽然严峻，但我国幅员辽阔，资源门类齐全，总量丰富，有一定的科学技术力量，综合国力较强，在进一步开发上仍有一定的潜力。我国尚有面积广阔的宜农土地与荒山草坡可供发展农、林、牧业；特别是耕地中占2/3的受到多种自然灾害的中低产田，还有较大的发展潜力。在这方面农林复合系统能发挥较大的作用。

（4）我国人口众多既是包袱，又是宝贵的财富。我国是世界上人力资源最丰富的国家。农林复合系统由于其对土地在时间和空间利用的相对充分，以及生产多元化的特征，能吸收更多的劳力参加工作，提供了较多的就业机会和增值的可能。

（5）作为一个人口众多、经济相对落后的国家，中国面临着发展经济、摆脱贫困、提高人民生活水平、改善生活质量的紧迫任务。我们在当前以及今后相当一段时期内，我国的经济就必须以较高的速度运行。但是，按照原有的发展模式，是难以实现我们的战略目标的。中国今后发展道路唯一的选择是寻求人口、经济、社会、资源、环境的协调发展，把近期与长远利用、生态与经济效益结合起来，以"科学发展观"为指导思想，逐步走上持续发展的道路。这一观点应成为农林复合系统设计、实施、评价和改进的指导思想。

实现可持续发展是继农业革命和工业革命后的一次重大的社会革命。这次革命不仅要在生产技术上进行改革，在要求人与人的关系、思想观念、价值观念上发生改变，并需在能力建设、政策法律方面进行相应的改革。由于这一变革要在社会的经济和组织结构上发生变化，可能会受到习惯势力的抵制。然而，当今社会发展的态势已经证明，除此并无其他道路可以选择时，那么最好的办法就是及时采取主动引导这一变革，而不要让恶性循环继续发展下去。

第三节 生态文明理论

生态文明观是在全球生态环境危机和生态环境受到农业文明、工业文明冲击的背景下形成的。农业文明和工业文明在追求企业利益最大化的同时，将环境成本外部化，因此带来了资源破坏、环境污染、沙漠化、"城市病"等等全球性一系列难题。人类越来越深刻地认识到，物质生活的提高是必要的，但不能忽视精神生活；发展生产力是必要的，但不能破坏生态；人类不能一味地向自然索取，而必须保护生态平衡。生态文明作为对农业文明和工业文明的超越，代表了一种更为高级的人类文明形态。

20世纪70~80年代，在世界范围内开始了关于"增长的极限"的讨论，各种环保运动逐渐兴起。1972年6月,联合国在斯德哥尔摩召开了有史以来第一次"人类与环境会议",通过了《人类环境宣言》,从而揭开了全人类共同保护环境的序幕。1983年11月,联合国成立了世界环境与发展委员会,1987年该委员会在其报告《我们共同的未来》中,正式提出了可持续发展的模式。1992年联合国环境与发展大会通过的《21世纪议程》,更是高度凝结了当代人对可持续发展理论的认识。至此,人们对生态文明有了比较清晰的认识。所谓生态文明,是人类文明的一种高级形式。它以尊重和维护生态环境为主旨,以可持续发展为根据,以未来人类的继续发展为着眼点。生态文明观强调人的自觉与自律,强调人与自然环境的相互依存、相互促进、共处共融。生态文明的提出,是人们对可持续发展问题认识深化的必然结果。

生态文明观为人类可持续发展提供了地球进化的生态伦理依据和社会发展的生态文明路线。生态文明观认为:生态文明是实现人口与资源、生态环境协调发展的社会范型,是人类为了可持续生存与发展,在经过农业文明、工业文明两次选择后进行的第三次文明模式选择。人类已走出完全依靠土地资源的农业文明,又即将走出依靠自然资源的工业文明,现在正站在生态文明的门槛上。生态文明社会要通过资源增殖和信息增殖来实现。资源增殖的意义在于建立生态文明的物质基础,途径是发展生态产业并开发节约型替代产品;信息增殖的意义在于建立生态文明的精神基础和管理体系,途径是发展信息产业并提高对生态环境、资源的管理能力,促进社会的全面进步。

因为资源短缺和生态环境容量不足,中国不能再重复西方发达工业国家的老路子,要走跨越式发展的道路,既要利用工业文明的积极性、建设性的成果,又要避免工业文明带来的生态灾难,为我国众多的人口营造最基本的生态环境,以满足人民群众的最基本的生态需求,为地球的可持续存在和全人类的可持续发展做出贡献。在这样的背景下,中国对生态文明观的理论研究和实践经历了艰苦的探索。

农林复合经营为实现生态文明提供了基础条件,在生态文明下农林复合经营将致力于消除农林生产活动对大自然自身稳定与和谐构成的威胁,逐步形成与农林生态相协调的生产生活与消费方式。生态文明是对现有农业文明的超越,它将引导人类对农林生态系统更加深刻的探究,同时将引领农林复合经营走向生态文明。

参考文献

[1] 丁鹏,1983. 对《管子》书中有关农学的研究[J]. 农史研究,1:40-45.
[2] 李文华,1994. 持续发展与资源对策[J]. 自然资源学报. 9(2):97-106.
[3] 陈嵘,1983. 中国森林史料[M]. 北京:中国林业出版社.
[4] 林鸿荣,1992. 隋唐五代林木培育述要[J]. 中国农史,1:63-71.
[5] 梁家勉,1983. 中国梯田的出现及其发展[J]. 农史研究,1:46-56+39.
[6] FAO. 1992. Sustainable Development and the Environment: FAO Policies and Actions.
[7] IUCN, UNEP, WWF. 1980. World Conservation Strategy: Living Resources Conservative for Sustainable Development.
[8] IUCN, UNEP, WWF. 1991. Caring for the Earth.

本章作者:魏国强(中国人民大学)、李文华(中国科学院地理科学与资源研究所)

第五章
生态学原理

农林复合系统是一种人工生态系统，具有生态系统的结构与功能，其自身的发展遵守生态学的基本规律；另一方面，农林复合系统的发展又符合社会、经济学的规律，因此在经营管理中要能动地运用这些规律来对这一复合经营系统进行调控。

随着生态学的发展，人们对生态学基本原理认识的广度和深度日益加强，本章中我们仅结合复合生态系统的基本特点，从 5 个方面，即生态系统、能量与能流、物质与物流、物种的相互作用和生物多样性等几个方面说明生态学基本原理对农林复合系统的作用。

第一节　生态学理论

一、生态系统理论

生态系统就是在一定空间中共同栖居着的所有生物（生物群落）与其环境之间由于不断地进行物质循环和能量流转过程而形成的统一整体，地球上的生态系统多种多样，然而它们都具有一系列共同的特征。

生态系统的组成可分为有生命部分和无生命部分两大类。非生命部分包括：①参加物质循环的无机物质（Inorganic substances）如 C、N、CO_2、H_2O 和各种无机盐类；②联接生物部分和非生物部分的有机化合物（Organic compound）如蛋白质、糖类、脂类、腐殖质等；③气候状况（Climate regime）：太阳辐射能和温度、湿度等物理因素。生命部分根据各自在生态系统中的不同作用划分为三大功能类群：①生产者（Producer）：主要是绿色植物，也包括一些光合细菌，这些生物能固定光能，利用简单的无机物质制造食物，所以又叫自养生物（Autotroph）。它们在生态系统中作用是进行初级生产，即光合作用。太阳辐射只有通过生产者才能源源不断地输入生态系统，成为消费者和还原者唯一的能源。②消费者（Consumer）：属于异养生物（Heterotroph），指的是那些以其他生物或有机质为食物的动物。它们直接或间接以植物为食。根据其食性分为草食动物和肉食动物。③还原者（Decomposer)：属于异养生物，主要是细菌和真菌，也包括某些原生动物及腐食性动物（如食枯木的甲虫、白蚁和某些软体动物等）。它们把已死动植物的有机残体从复杂化合物分解为简单化合物，最终分解为无机物质、释放能为生产者所利用的无机营养物。

生态系统通过物质循环和能量流转过程而在系统的生物组成成分间以及生物组成成分与环境之间建立了不可分割的联系，形成了一个有机的整体，在这个整体中，物质不断地循环，能量不停地流动。它们是生态系统最基本的特征。

农林复合系统是人工生态系统，它也遵循生态系统的基本规律，因而农林复合经营必须以生态系统原理为指导，这就要求：

（1）农林复合系统的生物成分必须与环境条件相适应，生物成分与环境之间必须能进行良好的物质循环和能量流转换。

（2）农林复合系统的各生物成分之间，不是孤立的，而是彼此互相联系的，互相作用的。要弄清生物成分间的相互关系，在向系统中引入或去除某一生物成分之前要弄清这一成分的引入或去除对其他成分以及整个农林复合系统的影响。

（3）必须保证物质循环和能量流转过程的通畅，如果两个过程运转不畅，则农林复合系统作为一个有机整体的统一性，就难以维持，其功能必然受到削弱。相反，如果能采取措施加速或强化这两个过程，则系统的生产力必然增加。关于这一点我们在后面讲述能流、物流原理时还要做进一步的论述。

二、能量与能流原理

所有的生物体都需要物质来构筑其个体和群体，并要靠能量来维持其生命活动。对于生物圈来说，能量来自太阳。太阳光照射到大地上，一方面作为热能，温暖着大地，推动者水分循环，产生空气和水的环流；一方面通过植物利用 CO_2、水和养分产生第一性产品，把能量固定下来，并通过不同方式进行能量的转换，从而保证了生物圈的繁荣，并维系着人类的技术和文明。

在生态系统中，能的存在是多种多样的。有动能，如电磁辐射（光）、分子热运动、电流和物体运动中的能；有势能，如潜藏在化学、物理系统中的能。所有的生命系统，从单一的细胞到复杂的生物群落都是一汇总能量转换器。在各个水平的生物组织中，各种生命过程的存在，即进入生命系统各种活动中的能流途径，是以能量流动的方式进行的。生态系统中能量的流动是严格地遵循热力学第一定律和热力学第二定律的。

热力学第一定律也称能量守恒定律，即"在自然界的一切现象中能量不能创造，也不能消灭，而只能以严格比例由一种形式转变为另一种形式"。

热力学第二定律是指系统中一切过程都伴随着能量的改变，在能量的传递和转化过程中，伴随着一部能量被降解为热而耗散，使自由能减少而使熵（Entoy）增加，一个封闭系统总是倾向于使自由能减少，最后导致一切过程的终止。农林复合系统是一个开放的系统，它不同于封闭的系统，并与外界有物质与能量的交换。因此他可以保持较高的自由能而使熵最小，在合理管理的条件下，有可能达到相对的平衡。热力学第二定律决定了生态系统能量利用的限度。

热力学在生态系统中应用的一个重要结论是：在一个群落中达到某一营养级的能量，只有一部分传递到更高一级的营养级，通常从一个营养级到另一个营养级的能量转化效率不超过10%，所以营养级是有限度的，一般不超过6级。

热力学第二定律还告诉我们，在非生命的自然界中，有一种不必借助于外力的帮助而能自动实现的量化，热力学称之为"自发过程"。例如，热量有自动消耗到周围温度较低的环境中的趋势，而绝不可能逆向运转。能量在生态系统中也是单向流动的，它在食物链的任一营养水平上只能经过一次，在流动过程中的功或热的形式消耗，以不能利用的形式（熵）逐渐分散和消失到周围的环境中，而绝不能逆向进行，除非有系统以外的补充和支持。

生态系统中能量流动的基本规律，对人工复合系统的经营具有重要的指导意义，为提高复合系统的整体效益指明了方向。

(1)生态系统的第一生产力(特别是净生产)决定能流强度，使更多的太阳能在系统中得到固定，是提高农林复合系统生产力的根本途径，这可以通过选择合适的第一性生产者和合理结构来实现。选择合适的第一性生产者意味着选择同化效率高的植物作为农林复合系统的物种组分。然而必须辩证地看待这一要求。首先，大自然要最大量的总生产，而人类则需要最大量的净生产，总生产和净生产并不总能同步增长，同化效率和净生产率要二者兼顾。其次，必须考虑人类健康所要求的食物结构，即蛋白质在人类食物结构中要占有一定的比例，在相同条件下，高蛋白作物如大豆的产量，必然总是比碳水化合物如甘蔗低（根据总卡数），根据联合国教科文组织《生产年鉴报告》(21卷，1996)，甘蔗食用部分最高收获重量可达 $11000kg/hm^2$，最高含有卡数可达 $4070kcal/m^2$（$1cal = 4.1840J$，下同），最大干物质生产可达 $12200\ kcal/m^2$，而大豆则分别只有 $1200kcal/m^2$，$480kcal/m^2$，$1400kcal/m^2$。然而，大豆却向人类提供了比甘蔗高得多的营养物质。合理密植的一个重要指标是叶面积指数，叶面积指数过低或过高都不利于提高农林复合系统的净初级生产力。合理密植对于单作系统与复合系统有不同的含义，前者是指合适的株行距。而后者，不但要求每个组分的植株间有合理的株行距，而且要求组分间有合理的比例关系以及不同组分的株行间有合理的距离。

(2)提高农林复合系统中的能量转化效率，即生态效率。在生产力生态学中，生态效率是通过计算能流过程中各个不同点的能量的比值而得到的，生态效率既有同一营养级之间的，也有不同营养级之间的。提高农林复合系统生态效率的措施可以多种多样。主要的有两条，一是做好相邻两营养级物种的选配，使得高营养级物种尽可能多地利用低一级营养级物种的生产量；二是选择净生产效率高的物种。

(3)农林复合系统是一个开放型的人工生态系统，人们经营农林复合系统时，要从系统中取得食物和各种其他产品，系统自身维持也要消耗一定能量。为了使系统持续发展，除了尽可能地利用太阳能以增加产量外，还必须投入一定数量的人工辅助能。辅助能可以分为：①生物辅助能，如劳力、畜力、有机肥料等；②工业辅助能，如汽油、煤、电等直接形式的能和肥料、农药、农机等农产品生产消耗的能。从生物能和工业能在辅助能中总量所占的比重，因工业发展程度和农业类经营类型而有很大区别。一般在发达国家，工业辅助能所占的比重较高，而发展中国家，生物辅助能所占的比重也比较单一种植型的农业占有较高的比重。

三、物质与物流

生命的维持与发展不仅需要能量，而且还必须有各种物质，包括20余种必要元素，这些物质根据生物的需要可以分为3类：

(1)能量元素(Energy Element)，包括碳、氢、氧、氮，这些元素是构成蛋白质的基本元素，是生命大量需要的物质。

(2)常量营养物质(Macronutrient)，包括钙、镁、磷、硫、钾、钠等，通常将生命需要量较大的元素以及它们的化合物称为常量营养物质。如软体动物和脊椎动物需要大量的钙；镁是叶绿素的必要成分，没有叶绿素光合作用就不能进行；磷是细胞中原生质的重要成分，它参与核苷酸和核酸的组成。

(3)微量营养物质(Micronutrient)，是生命系统活动必需的元素，但需要量极小。虽然需要量很少，但因自然环境中存在的量甚少，所以微量元素是生物生长、发育、繁殖的重要限制因子。在自然条件下，微量元素的缺乏，有时和特殊的地质条件有关，或与人为管理不善而导致的环境恶化有关，重要的微量元素有铁、铜、锌、硼、钼、氯、钒、钴、铝、氟、碘、溴、硒、硅、钛、锡、镓、锶等。

各种化学元素，包括原生质所有必不可少的各种元素，在生物圈里沿着特定途径，从周围环境到生物体，再从生物体回到周围环境。这些元素进入生长着的动植物组织内并完全同化于组织之中，生物死亡后，各种元素又返回环境，在未被其他生物重新利用时，这些元素还将在环境中重新分配，往往还要经过一些复杂的变化和地区的转移。这些程度不同的循环途径称为生物地球化学循环(Biogeochemical Cycle)。通常将那些对生物必不可少的各种元素和无机化合物的运动称为营养物质循环(Nutrient Cycle)。每一个循环都可以分为两个室(Compartment)或库(Pool)：①储存库(Reservoir Pool)，容积大而活动缓慢，一般为非生物的成分；②交换或循环库(Exchange or Cycling Pool)，在生物体和他们周围环境之间进行迅速交换(即来回活动)的较小而更活跃的部分。从整个生物圈的观点出发，生物地化循环分为两个基本类群：①气体型(Gaseous Types)，它的储存器在空气或水圈(海洋)中；②沉积型(Sedimentary Type)，它的储存器在地壳里。

根据物质不灭定律，物质和能量一样，既不能被创造，也不能被消灭，除非物质在系统中被储存起来，或者从储存中移走，否则一个生态系统的物质输入必定等于物质输出。

根据物质在生物圈里具有沿着特定途径，从周围环境到生物体，再从生物体回到周围环境的物质循环规律，充分利用和保护自然的一个重要措施就是使不循环的物质进入循环，并尽可能增加循环利用的中间环节。

多层次利用物质和能量，是自然生态系统的基本功能之一，农林复合经营的一个重要方面就是它比单一的经营能更有效地进行物质、能量的多层次多途径利用，减少营养物质外流。这样，不仅能提高资源的利用率，改善环境质量，而且能获得良好的经济效益。

除了多层次多途径利用物质之外，生态系统物流规律还为提高农林复合经营的效益提供了其他的有利条件。例如，可以采取措施加快微生物的分解过程，促进有机物向无机物的转化，从而提高储存库向绿色植物生产者输送养分的能力，加快营养物质的循环过程。

四、物种相互作用的基本规律

农林复合系统打破了单一的种植结构，形成了农林牧渔紧密结合的新格局和新景观，同时在同一物种内和不同物种间也产生不同的影响。这种影响既可以表现为互补性(Complementality)，又可表现为竞争(Competition)。

互补性包含三个方面的内涵：即时间上的互补、空间上的互补和资源利用方面的互补。

时间的互补反映在不同作物和树木在生长周期上的差别，从而在光照、水分和养分的利用上出现时间差。这种时间上互补性是导致农林复合经营增产的重要因素。一些限制因素如生长季节的限制通过不同作物/树木在时间上的互补得以发挥解决。在农林复合系统中，由于有多年生的木本植物存在，使得这种时间上的互补得以发挥最大的效益。

空间的互补表现在不同高度植物的空间搭配和立体布局，这种空间搭配既包括地上部分，也包括地下部分。这种互补作用，对于干旱和半干旱地区尤为重要。在那里水分经常是植物生长的限制因素。

最后，是资源方面的互补，因为不同的生物对于光照、水分和养分有不同要求。正是由于这种原因，在同一块土地上，农林复合经营可以比单一种植有更大的生物量。

作物混交中的互补作用在农业中是很普遍的，对农林复合经营来说，这种互补关系比作物混交更为复杂。首先，这里的产品要比一般农作物的产品种类要多。其二，这些产品的生产周期变化很大。第三，这些不同成分在管理上有很大差别。特别是多年生的木本植物更是如此。这些树木可以是常绿的，也可能是落叶的，在管理中会出现不同的模式。

竞争是指两个种在所需的环境资源或能量不足的情况下，或因某种必需的环境条件受限制或因空间的不够而发生的相互关系。这种关系从生物的进化和自然的选择方面可能起到推动作用，但从短期来看，对竞争种的个体生长和种群数量的增长往往会有抑制作用。种间的竞争能力决定于种的生态习性、生态幅度。而生长速度、个体大小、抗逆性、叶子和根系的数量分布以及植物的生长习性等也都会影响竞争能力。一般来说，具有相似生态习性的植物种群之间竞争激烈；不同属但生活型相同的植物之间，也常常发生剧烈的竞争。当一个种处于其最适宜生态幅度时，表现最大的竞争能力。根系在竞争中起着重要的作用。不同种的根系当处于同一个土层，而土层中的水分和养分并不太充分时，竞争就很激烈。这时根系发达的种，其竞争能力也较强，具有营养繁殖如葡萄和离子交换能力较强的种类，也具有较强的竞争力。竞争的后果还有赖于竞争植物的遗传因素。来自同一基因型的个体间比来自不同基因型之间的个体间竞争更为激烈。

为了增加生物生产量，需要设法减少竞争性而增加互补性。在复合生态系统中，减少竞争的一个重要方法就是分化生态位，使参与混作的物种在水平布局和垂直层次上(空间)和生长季节上(时间)产生互补，即所谓生态位分化，使不同种类在同一土地单元内共存并保持稳定持久的生产力。

在竞争与互补的综合作用下，不同物种之间，从理论上来说会出现不同的效应。主要表现以下4种类型，即：

（1）双方受益效益型（+，+）：是系统中生物个体间，双方适应性增强的互作关系。其结果表现为双方共益（+，+）或群体增益（Facilitation）。在农林复合系统中真菌与林木根系的共生，固氮菌和豆科植物以及桤木属和沙棘等的共生，在适度结构和配合的条件下，胶-茶相辅相成，互相促进，都是双方受益的典型例子。

（2）双方受损型（-，-）或（-，0）：是生物个体间单方或双方适应性减弱的互作关系，其结果表现为"减效互作"，使系统中的组分或两败俱伤（-，-），或单方受损（-，0）。竞争按其实质又可分为占有型和干扰型。前者是生物种对有限资源，如水分、养分等占有过程的行为机制；后者则主要表现为单方干扰其他物种的生长发育，如寄生作用和产生有毒物质等的阻抑机制。

（3）单方受损型（+，0或+，-）：是一种不对等的互作关系，只有一方从物种混作中受益，这在农林复合系统中的例子很多，如林木对小气候和土壤条件的改善，从而使农作物的生长得到改善。

（4）损益互存型（+，-）：这在植物群落中表现为群体增益间的平衡关系，也许用Conteraction表示更为合适。这种关系在动物与动物之间的捕食关系，或动物与植物间的消费与被消费之间的关系更为典型，在这种关系中，捕食者或消费者是以其他物种的损失或消亡为代价来换取捕食者的生物量的增加和适应性的增强。

上述关系可以用 Lotka-Volterra 方程说明，这一方程仍是以逻辑斯蒂增长模型为基础的。

按逻辑斯蒂增长模型分别描述两个物种的种群增长，则：

$$\frac{dN_1}{dt} = r_1 N_1 \left(\frac{K_1 - N_1}{K_1}\right) \text{ 物种 1 的逻辑斯蒂增长}$$

$$\frac{dN_2}{dt} = r_2 N_2 \left(\frac{K_2 - N_2}{K_2}\right) \text{ 物种 2 的逻辑斯蒂增长}$$

而物种1和物种2是两个竞争的种群，设物种1和2的竞争系数各为α和β（α表示在物种1的环境中，每存在一个物种2的个体，对于物种1种群的效应。β表示在物种2的环境中，每存在一个物种1的个体，对于物种2种群的效应），并假定2种竞争者之间的竞争系数保持稳定，则物种1在竞争中的增长方程为：

$$\frac{dN_1}{dt} = r_1 N_1 \left(\frac{K_1 - N_1 - \alpha N_1}{K_1}\right)$$

物种2在竞争中的增长方程为：

$$\frac{dN_2}{dt} = r_2 N_2 \left(\frac{K_2 - N_2 - \alpha N_2}{K_2}\right)$$

上面的一组公式概括地反映不同物种在群落中种群的增长趋势。但是对于农林复合系统来说，人们不仅需要了解组成系统的各个组分的增长情况，更需要了解系统总统功能的强化或消弱，即需要了解系统的总体效益。

为了反映农林复合经营的效率，Mead 和 Willey 于 1990 年提出用土地等效率（Land Equivalent Ratio）或称土地利用当量法来表示。这是利用统计的方法来计算每一种作物或树木在单一种植情况下,为了获得混种栽培条件下单位面积等值产量所需要的土地面积。一个农林复合系统的土地等效率是其各个组分的土地等效率之和。其计算公式如下:

$$LER = \frac{品种 A 的单位面积间作物产量}{品种 A 的单位面积单作物产量} + \frac{品种 B 的单位面积间作物产量}{品种 B 的单位面积单作物产量}$$

当 LER 大于 1.0 表示农林复合系统具有较高的效率;当 LER 小于 1.0 时表示其效率较低;当 LER = 1.0 时表示其效率与单种相当。

这种计算方法在试图对生产效率方面提供了一个简便的定量方法。但是必须指出的是,在计算中还有一些技术性的问题,有待进一步完善。例如,树木的产品是在不同的时间提供的。另外,在计算系统的效率时,其生态和社会效益也应加以考虑。

五、生物多样性原理

生物多样性(Biodiversity)是指在一定空间范围内植物、动物和微生物以及其从属的生态过程多度和频度,生物多样性还常分为 3 个不同的水平,即基因水平、物种水平和生态系统水平(McNeely et al.,1990;Braatz,1992)。在这里我们着重从物种和生态系统的水平上加以讨论。

一般来讲,生物群落或生态系统的多样性特征包括 4 个方面的内容:

(1)物种种类多样性:又可分为物种丰富性(Species Richness),主要指一个群落中或一定面积上种数的多少。

(2)物种均匀性:具大量个体(或大生物量、生产力等重要指标)的少数普通种或优势种与具有少数个体(具较小重要价值)的稀有种类的结合是一切群落的特征,各个种的数量丰度有很大的差别。不同物种之间所含个体数量的分布情况称为均匀性(Evenness)。

(3)结构多样性:指生态系统的分层性和空间异质性,物种多样性很受营养层次间的功能关系的影响,例如,放牧和捕食的强度大大影响食草动物和捕获物的种群多样性。在演替过程中,物种多样性是否继续增加,决定于生物量增加时潜在生态位是否增加,如果分层现象的效果超过了由于大小和竞争增加产生的反效应,物种多样性随着结构多样性的增加而增加。

(4)生化多样性:在一个生态系统的演替过程中,除了种类多样性、均匀性和成层现象 3 个方面的多样性变化外,还有一个重要倾向就是生化多样性(Biochemical Diversity)的增加。这不仅表现在生物量中有机化合物多样性的增加,而且在群落代谢过程中,向环境中分泌或排出的产物增多,生物间不仅有捕食、寄生、共生等关系,而且可以通过一些由其自身合成的化学物质而互相影响,或称生化交互作用。在生化交互作用中起媒介的主要是次生物质,如人们很早就观察到种植于黑胡桃树下的许多植物会枯萎而死亡;但在一定距离外的这些植物却又能照旧生存。到了 20 世纪 50 年代,实践证明胡桃树冠下的植物是由胡桃枝叶(有的认为是根)的分泌物所杀死的。这种分泌物是一种糖苷,它以无毒的结合形态(糖苷)存在于组织中,当其进入土壤后即被水解和氧化生成真正的毒素——胡桃醌,胡桃醌是一种次生物质。次生物质是相对于基本代谢产物而言的。次生物质和基本代谢物同是生物机体生命活动的产物,但又各有其自身的特点。基本代谢产物是指蛋白质、核酸、脂质和碳水化合物等物质而言。基本代谢及其产物对生物的生长、发育和繁殖都是必不可少的，其代谢途径在各个物种中也大体相同。次生物质则不同，它们对维持机体的基本生命过程无直接关系，并且它们的代谢常随物种而异，故常可用以表达该物种的化学个性。次生物种的种类很多，已知结构的次生物质总数在3万左右，尚待鉴定的可能远超过此数。次生物质在化学结构上的多样性可说是其特征之一。

由于次生物质对产生者本身的生命过程不具重要性，所以某些特定次生物质的形式与消失不会引起直接的结果，但它们对其他的生物却产生了重要的生态学功能。次生物质可以比作是生物相互竞争时的化学武器；可以成为蚂蚁、蜜蜂等社交行为中的化学信息；也是生物建立伙伴关系时的媒介等。由于生物容易通过突变或重组而生成适应环境变化的某种次生物质，所以次生物质也就成了生物生化交互作用中的主要媒介物质。在演替的发展过程中，次生物质对调节和稳定生态系统的生长和组合方面起着十分重要的作用。

多样性的物种本身就是一种资源，自然界高度的生物多样性为人类带来了巨大的财富，可以说，人类今天的文明在很大程度上依赖于生物多样性。然而，由于人类活动对物种生活环境的破坏，地球上的生物多样性正在以惊人的速度减少，很多物种甚至在人类认识它之前就消失了，生物多样性的减少必然将阻碍人类文明的维持与发展，维护生物多样性已成为人类的当务之急。

多样性是资源生态系统特有的可测定的生物学特征，它包括了可更新生物资源所特有的全部特征。现将有关原则和规律归纳如下：

（1）多样性和生态因子稳定性的关系。这种稳定性越大，生态系统的多样性越大；处在稳定环境或仅经历有规律的和可预测的波动的生物群落，显示出最大的物种多样性。如前面提到的珊瑚礁和热带雨林就是这类生物群落的例子。

相反，在自然生态系统中所有人类的活动往往是不可预测的，并几乎总是非周期的，不可避免地导致物种多样性减少。一方面是对不受欢迎的物种有意识地干扰限制，如施用农药、机械砍伐等；还有大量非本意的破坏活动，如污染环境、破坏环境等，同样使许多物种减少，以至灭绝。

（2）时间对物种多样性的影响。这种影响可由一个基本的生态现象——演替来证实。一个生态系统多样性的增加，作为时间的函数，在初始阶段最小，发展到顶级群落时达到最大。这一原则的应用可从人类停止对某一生态系统干扰后观察到，如果人类停止对一片草场的过度放牧，或对清除或火烧的森林重新造林，就可以看到生态系统向物种多样性不断增加的方向发展，逐渐趋向于顶级群落所拥有的最大物种多样性。

（3）一个系统的生物量/生产力之比与它的多样性的比例关系。多样性是生态系统结构复杂程度的量测，或者是生态系统的负熵程度。因此，它明确地与储存生物量中的能量B和单位时间流经生态系统的能量P（生产力）相关联。时间长度可以表示在一定时间内保留在生态系统中有机物质的数量（也就是能量），用下列表示：

$$t = K \frac{B}{P}$$

式中：K是一个常数；比率B/P表示时间的量纲：B，$kcal/hm^2$；P，$kcal/(hm^2 \cdot a)$。

同样，大量能量流往生态系统所需的时间，随多样性的增加而增加。多样性是食物网复杂程度的一个标志。在一个由大量网结组成的食物网中，从生产者到最高捕食者的能流途径十分明显地长于那种从生产者到食草动物的直线型食物链的能流途径，所以我们可以用下面的公式将多样性 $\bar{H}$ 和 B/P 比率联系起来：

$$\bar{H} = K\frac{B}{P}$$

式中：K 为常数。

(4) 多样性从初始阶段到顶级阶段的增加。作为多样性或时间的线性函数，B/P 比率的增长逐步趋向于一个极限值。将上式改写为：

$$\frac{\bar{H}}{K} = \frac{B}{P}$$

所以 B/P 和 $\bar{H}$ 是成比例的。

经验表明这个原则是正确的。一块农田或人工草地的 B/P 比率是低的，而在原始热带森林中达到最大。并且，在生态演替过程中，作为时间的函数，多样性从初始阶段到顶级阶段的增加是伴随着 B/P 比率的增长的。

(5) 多样性最大的生态系统最稳定。对于多样性与稳定性的关系，当前学术界尚存在着争论。一般来说，大多数研究者都认为一个群落的自由平衡能力随着多样性的增加而增长。多样性的增加，使食物网上有更多的环节和更多功能丰富的有机体。生物群落的复杂性越大，所具有的调节能力越大。高多样性伴随着低的消费量（包括物质和能量），因为它是由占据着不同生态位的大量物种所组成的群落。在成熟的和高度多样化生态系统中具有高效率的能量利用，很少形成资源废物，因此，没有大量的剩余物种使食物种群产生大的波动。

多样性低的生态系统，含有生物与种类少，利用 r 型能量策略，当环境条件变化时将经历大的种群波动。由于具有平衡功能的物种稀少或稀有，使得整个群落自动调节平衡机制成为不确定或不可能。

这种复杂性和稳定性的关系可以通过食物网得到非常简单的阐述。假设在一个生态系统中，一个食草动物种群受到同一生态系统中 6 个捕食者的控制；而另一生态系统中的食草动物仅受到一种捕食者的控制。在第一种情况，任何一个捕食者效率的减少，将从其他 5 个捕食者那里得到补偿；而在第二种情况，捕食者的减少将意味着食草动物种群的指数增长，直到其他限制因子发挥作用并引起生态系统的衰退。从第一种情况可以看到，食物网越复杂，生态系统的稳定性越好。

在农田或单一的人工森林群落中，由于生态物种单一，危害作物或树木的害虫缺乏天地敌控制，害虫种群常常爆发性地增长，形成灾害。所以农田等种类单纯的群落是很不稳定的生态系统，要维持产量，只好借助于人工施用农药。害虫与天敌的制约关系，可以一个简单的食物链来表示：庄稼—害虫—天敌。当施用农药时，不仅杀死了害虫，也杀死了害虫的天敌，有时对天敌的杀伤力率更高。因为，第一，害虫的数量要大大超过天敌的数量，有些害虫在环境中容易隐蔽起来，因此害虫活下来的可能性比天敌大。第二，由于生物的富集作用，使得处于食物链中较高位置的种群受到更大毒害。所以在建设人工生态系统时，注意采取间作、混种、轮作和立体农业等措施，增加物种多样性，引进天敌，开展综合的生物防治，是防止虫害、维持生态系统稳定性的重要措施。

(6)多样性大的生态系统利用多样性小的生态系统。通常，可以观察到成熟生态系统（顶级群落）从它周围不成熟的或多样性小的生态系统中转移物质、能量和多样性。一个典型的例子是在热带地区的森林—稀树草原交接带，森林动物主要到邻近的草本植物占优势的开阔地寻找食物。在这种活动中，它们阻止了稀树草原向多样性更高的阶段发展：鸟类移走种子，毁坏幼树，阻止了演替向更高级阶段发展，限制了稀树草原向树木覆盖土地方面转化，使稀树草原保持在不成熟阶段。

在蓝色热带水流和冷水流的不成熟生态系统交汇带的水生环境中可以观察到类似的例子。热带地区的捕食者到具有高生产力的冷水流中寻找食物，使后者的生态系统处在较低级的演替阶段。

以上各条有关食物多样性的原理大都可以应用于农林复合系统。农林复合系统生物多样性要高于单作系统，生物多样性的原理保证了复合系统在稳定性、生产力上要高于单作系统，同时由于农林复合系统改善了生态环境，这有助于与其相邻的生态系统提高生物多样性，我国的农林复合系统通常以名贵稀少的植物作为其组分。例如，林－参复合系统，野生人参已濒临绝迹，通过林－参复合系统这种形式进行人参的人工栽培，帮助保存了人参的基因，因而也为维护物种多样性做出了贡献。

第二节　农林复合系统种间根系相互作用

实践证明，与单作相比，农林复合经营模式有许多优点。复合系统可以达到生物多样性与经济需要相结合的目的（李文华，1994），能最大限度地发挥林业、农业的经济效益与生态效益（黄文丁等，1992），能够提高土地利用效率（刘巽浩，1994），防止水土流失（Horwith，1985）和提高有限资源的利用率（Rao et al.，1987；Ae et al.，1990；Stern，1993；Hauggaard-Nielsen et al.，2001），因而得到了广泛的应用，成为未来农业、林业协调发展的重要方向。农林复合系统中这些优势的发挥，取决于合理的树木和作物的种间配置，而合理的种间配置主要是协调植物种间的相互作用，这个相互作用包括地上部的相互作用和地下部的相互作用。

一、种间关系类型及相互作用分类

农林复合系统中的种间相互作用可以概括为3种：正相互作用、中性作用和负相互作用。正相互作用趋向于促进或增加复合系统内作物的生长或产量，从而加强系统内物种的存活；而负相互作用趋向于抑制或减少系统内作物的生长或产量；中性作用的种间互作介于上述两者之间（孙儒泳，2002；宁小斌，2009）。根据种间关系发生的空间位置，种间相互作用又可分为地上部和地下部两大类。地上部作用主要指：农林复合系统中林木通过改变系统内的小气候（光、温、湿和风速等）来影响林下作物；地下部作用主要指：农林复合系统中林木与作物的种间根系相互作用对土壤水分、养分的竞争和互补利用和化感作用。

地上部与地下部的种间相互作用决定了农林复合系统的资源利用模式，从而决定了复合系统的生产力(刘兴宇，2007)。

二、种间关系与地下部根系竞争

Fricke 在 1904 年第一次发表了植物根系竞争方面的研究结果，他认为根系竞争是陆地植物之间所具有的普遍特征，该观点和结论使人们开始相信植物的根系竞争会影响植物的群落结构和生态系统功能，因为植物的生长和进化由根际(根系)及其地上部的环境因子共同决定。

有关根系竞争的研究近 20 年以来主要集中在以下几方面：①根系竞争与植物多样性；②根系竞争与土壤资源；③根系之间、根系与土壤环境之间的相互作用过程中，根系的信号传递或生化作用(Schenk，2006)。国际上近年来的研究热点是间作条件下植物根系竞争对其根系生长及根系形态变化的影响(Gersani et al.，2001；Falik et al.，2003)，研究重点也已经逐步从地上部植物对光照、热量资源的竞争(Sinoquet and Bonhomme，1992；Keating and Carbeery，1993；Tournebize and Sinoquet，1995；Faurie and Sinoquet，1996)逐步转向地下部根系对水分、养分及生长空间的竞争(Vandermeer，1989；Morris and Garrity，1993a，b；Johansen et al.，1996)。

Maina 等(2002)通过盆栽霍格兰德营养液试验发现，养分浓度对植物地上部生物量影响显著，而对地下部根系生长影响不显著；但当缩减了一半的根系生长空间和养分浓度时，根的生物量开始降低，说明此时植物为了促进根系生长而通过自我调节致使产量下降(O'Brien et al.，2005)；当养分供应不充足时(尤其是养分胁迫条件下)，地下部根系种间竞争强度最大(Pugnaire et al.，2001)；养分供应强度对地下部竞争的影响差异极其显著，养分供应强度越低(养分胁迫越大)则根系竞争强度越大(Peltzer et al.，1998)。根系通过释放根际信号使之具有识别障碍物、其他物种根系的功能(Gersani et al.，2001)，根系遇到根际障碍物时，通常会主动改变其生长方向、生长速率(生长受到抑制甚至停止生长)和根生物量，由此推断，植物根系可能具有导航系统或者相应的导航功能(Falik et al.，2005)。

根系生态学、根系生理学是当今根系研究的主要领域。植物种间地下部根系竞争的主要对象——根际空间和土壤资源(如矿质营养、水分)以及根系在植物水分和养分吸收方面所起到的重要作用，使得根系研究已经成为植物生态、植物营养等多领域的重要研究内容。植物根系主要通过根系截获和质流(氮素的主要运输方式)以及扩散迁移(磷、钾元素的主要运输方式)来吸收水分和矿质养分(Marschner et al.，1986；Donahue et al.，1977；Andrews and Newman，1970；Bray，1954；Nye，1968)，这就造成根际土层中间作植物的氮素耗竭区(大多数植物的主要根系分布于浅层)重叠、交错而形成种间根系竞争。这种地下部的种间相互影响往往比地上部的影响更为重要(Barber，1984)。因此，Ong(1995)认为，对间作条件下植物根系的动态分布以及种间养分、水分竞争的深入研究将极有助于推动田间管理决策的产生。种间根系竞争强度与诸多因素密切相关，包括：作物所处的生育阶段；作物的生长发育特性；复合系统内不同作物的行间距离；复合系统的水肥供应状况；

复合系统内不同作物的种植密度等。竞争能力强的植物根系一般具有扎根更深、侧根及根毛更多、根系分布更广且吸收能力更强、根冠比更大、比根长较小等特点（Li et al.，2011）。

关于农林复合系统中种间根系互作与产量关系的研究近年来越来越多。Imo 等（2000）在温带和半干旱地区的银合欢－玉米复合系统中发现，合欢树根系在地表下 30 cm 处密度最大，与该地区的作物根系基本分布在同一区域，因此树、作物的根系竞争在所难免。Wanvestraut 等（2004）在美洲山核桃树－棉花复合系统的根系分隔处理实验中发现，相对于无根系分隔处理，根系分隔处理拥有更高的土壤含水量，棉花长势良好（包括较高的株高、较大的棉花叶面积以及较大的根生物量），皮棉产量也更高。Gillespie 等（2000）通过连续 10 年的实验观察发现，在黑核桃树－玉米复合系统无根系分隔处理中，靠近树一侧的玉米行减产达 50% 甚至更多，核桃产量也下降 33%。但根系分隔处理中复合系统内各玉米行产量基本相同且与单作产量一致，研究人员认为复合系统中果树与作物之间发生了激烈的根系种间竞争，果树逐渐占据了更多的地下部空间，扩大了自身根系的吸收空间，有利于其作物吸收更多的土壤水分和养分。这种竞争将导致果树和作物的产量都有所下降。这些研究深刻地揭示了农林复合系统中不同物种间根系对营养和土壤水分竞争效应的根系生态学机制。

三、种间关系对地下部根系分布与形态的影响

植物的地上部因为看得见摸得到所以容易观察和研究，而生长在土壤中的根系却大为不同，由于受各种条件的限制，如工作量大、研究方法欠缺等，给根系的观察和研究带来很大困难，所以一直以来植物根系研究相对较少。但自 20 世纪 60 年代以来，随着人们对根系的地下世界了解的深入，根系研究逐渐成为植物生理生态方面的研究热点。

植物根系的主要作用是将植物固定在土壤并从中吸收水分和养分。植物一生中所需要的矿质营养和水分主要通过根系来吸收，其吸收功能几乎全部由细根（直径 <2mm）来完成（王政权等，2008）。根系在土壤中的空间结构、空间分布决定植物获取土壤资源的多寡，根系竞争能力的差异会影响植物对土壤资源的利用并进一步决定其在群落里的丰富度（陈伟等，2004），也决定植物个体间、种群间对土壤资源的竞争能力（骆宗诗等，2010）。复合群体植物根系在土壤空间分布上的差异、根系功能活跃期在时间上的不同、根系形态特征的变化等因素形成了复合系统资源高效利用的互补基础（陈桂平等，2007）。在植物吸收养分的过程中，养分离根越近被吸收的可能性越大。因此，植物对养分的吸收受根系形态特征（如根长、根直径粗细、根表面积、根毛数量等）的影响很明显（张福锁，1993；李春俭，2008）。另外，根系在土壤中的分布状态还受土壤环境条件的影响。根系在土壤中受到地心引力的作用向下扎的同时也向四周扩展，深入和扩展的情况受植物种类和环境条件等多种因素的影响，具体包括：土壤温度与土壤养分浓度、土层深度与土壤通气状况、土壤微生物活动及相邻植物根系的生长情况等。就此，有人将植物根系具有感受外界环境的能力称为自身/非自身识别系统（Gersani et al.，2001；Falik et al.，2003；Gruntman and Novoplansky，2004）。

植物根系对外界环境条件的变化反应非常敏感。土壤逆境胁迫下植物最先感受胁迫的器官就是根系,植物感受这一逆境信号后作出相应的反应,如通过改变根系形态和分布来适应环境胁迫,其中最为直观的适应便是根系形态的变化。农林复合系统中,个体根系的生长很容易受到来自于其他个体的种间相互作用,所以复合群体中不同物种的根系空间分布特征与其单作有着显著的差异(Li et al.,2009)。植物的根系形态往往由环境因素决定,植物通过调节根系形态、生理可塑性来适应土壤环境的变化(如土壤逆境胁迫)。而土壤条件,诸如土壤水分、养分、温度、通气状况等,都能直接或间接地影响植物根系的生长和分布、吸收和代谢功能。根系的大小、在土壤中的分布、功能根的数量及其活性强弱等决定了根系对整株植物所起到的作用(王志芬等,1995)。而根系吸收活力的空间分布范围和单位土体根系活力的高低、变化均能够决定根系吸收活力的大小。因此,自然界的各种植物尽可能发展不同形态和不同分布方式的根系来适应不同的生境,最大程度地利用土壤养分以使自身在植物群落中得以生存。

农林复合系统中的种间相互作用,很大程度上就是指根系的相互作用,而复合系统中根系相互作用的强弱,又往往依赖于不同物种生长发育的相似性程度(Ofori and Stern,1987)。因此,林木与作物之间由于遗传特性而形成的不同的生长方式和根系分布方式,势必影响到二者间相互作用的程度。比如,土壤氮的吸收效率主要取决于植物根系的分布范围和氮素吸收的有效性(Jackson and Caldwell,1996),所以,分布较深较广以及根长密度较大的植物根系将能吸收到更多的土壤氮素(Wiesler and Horst,1994;Oikeh et al.,1999)。

前人对农林复合系统作物根系的生长发育进行了大量研究。樊巍等(1999)对苹果 - 小麦复合系统进行研究后认为,因为间作小麦的根系竞争,间作苹果的根系较单作苹果有所下移;王来等(2011)发现,核桃 - 小麦复合系统中,间作核桃细根根长的垂直分布重心比单作核桃下移了 5.52 cm,水平分布重心比单作核桃向树干基部靠近了 8 cm。而间作小麦根长的分布重心深度比单作小麦上移了 7.58 cm。间作核桃细根的平均根长密度比单作核桃降低了 38%。马长明等(2009)对核桃 - 黄芩复合系统进行研究后认为,间作核桃的根长密度小于单作核桃,垂直方向细根分布下移且水平方向根系伸展的距离也受到抑制。众多研究结果表明,农林复合系统中林木细根的根长密度在水平方向随距树干基部距离的增加呈现出先增加后减少的趋势(云雷等,2010;张劲松等,2002;樊巍等,1999;马长明等,2009)。

Zhang 等(2013,2015)在枣树 - 小麦、幼龄核桃树 - 小麦复合系统中发现,相对单作,间作果树和间作小麦的根长密度受到地下根系竞争的影响而降低。间作果树、小麦的根系趋向于在土壤剖面中分布更浅。果树树龄越大,其降低相应间作小麦根长密度的能力越强;间作果树的根系生长延展至间作小麦的根系区域之下,在土壤剖面各层中的根长密度值较单作果树低。间作小麦的根系在土壤剖面中较单作小麦分布浅,根长密度值也较低。距离果树越近,种间竞争越激烈。种间地下部竞争导致果树和小麦根长密度值在土壤剖面上的下降。

四、种间关系与氮素吸收利用

据联合国粮农组织报道,在 2007—2008 年度间,全球大约施用氮肥 12.8 万 t,氮肥施用使粮食产量大幅度提高的同时氮肥利用效率却在下降(FAO,2008)。对于禾谷类作物而言,平均只有 33%,大部分氮肥以地表径流、淋洗进入地下水、经微生物反硝化或挥发进入大气层等方式损失,成为环境隐患。研究发现,在间套作体系中,植物的根系对于氮素的吸收利用有着一定的互补作用,例如,在小麦/蚕豆间作体系中通过根系分隔和标记 ^{15}N 的盆栽试验研究表明,小麦相对于蚕豆对土壤氮和肥料氮的依赖更强,蚕豆则更多依赖于空气中的氮。在根系完全分隔、尼龙网分隔和根系不分隔处理中小麦对 ^{15}N 的回收率分别为 58%、73% 和 52%,而蚕豆则分别为 30%、20% 和 3%。小麦对肥料氮的竞争促进了蚕豆的固氮作用,在根系完全分隔、尼龙网分隔和根系不分隔时,蚕豆来源于固氮的百分数分别为 58%、80% 和 91%。因此,小麦-蚕豆复合系统中存在对氮的互补利用,该体系中氮营养竞争和促进作用同时存在。在小麦-蚕豆复合系统中应用土壤标记同位素稀释法表明蚕豆固氮向间作小麦发生了转移,转移的量相当于蚕豆吸氮总量的 5%(肖焱波,2005)。豆科-禾本科复合系统中氮素的促进作用机制可能通过生态位理论(Niche Theory)解释:不同作物占据的生态位点不同,将会导致竞争作用的降低。当同一资源成为限制因子时,两种间作作物对该资源在利用时间上有所不同,导致养分吸收峰值在时间上分开,从而保证养分在某一时段不过多地超出养分供应速率,继而降低竞争作用(Willey,1979a,b);由于间作中不同作物根系在土壤下扎的深度不同,因而吸收养分的区域不同,可以分别利用不同层次的土壤养分,从而缓解竞争作用(Vandermeer,1989)。金绍龄等(1999)通过模拟试验证明,在小麦-玉米复合系统中,小麦对氮的竞争力大于玉米,主要是播期效应和密度效应。所以作物种间的氮素竞争力大小除了作物自身的生物遗传特性和生态学特性外,还受诸如播期先后、两种作物共生期的长短、种植密度以及养分供应状况等外界因素的影响。

同位素示踪技术是研究土壤中氮素转化最直接、最有效的方法。同位素示踪法证明,在自然界氮素循环中,不同种类的微生物分别在这个环节的转化中起主导作用。积极调控微生物的活动,发挥微生物的作用,不仅可以丰富生物圈中的氮素资源,而且可促进农业生产的发展。利用同位素研究肥料氮在土壤中的转化以及作物吸收的氮在体内的代谢积累的变化,得出施氮量越大,土壤及植物体内的硝态氮量越高;但随着作物的生长,硝态氮的含量又逐渐减少。过量施氮肥会造成土壤残留的硝态氮过高,不仅会对土壤造成污染,还会通过淋溶作用对地下水造成污染(徐晓荣,2000)。同位素示踪技术在农林复合系统中也得到广泛的使用。Thomas 等(1998)采用 ^{32}P 土壤注射法发现,在施肥条件下姜与臭椿几乎不存在竞争作用。Jose 等(2000b)采用 ^{15}N 同位素标记法对黑胡桃与玉米对氮素的竞争进行研究后指出,由于二者获取养分的时间不一致,对肥料中氮素的竞争很小,并且二者对矿质氮的竞争还取决于水的有效性及对水的竞争。

农林复合系统种间管理的重点内容之一是尽可能地缩小林木与作物之间对资源的竞争,并尽可能使农林对资源的利用最大化。而苹果树、核桃树以及松树等林木通常与棉花、小麦、燕麦、玉米、花生和大豆等作物间作并产生种间养分竞争(Allen et al., 2004a, b; Wanvestraut et al., 2004; Zamora et al., 2006, 2007)。农林复合系统有着较好的环境和经济价值，因为林木的根系能够从深层土壤中吸收到土壤表层渗漏下来的肥料并循环利用这些肥料。因此，林木根系的这一特点有助于提高氮素利用率，并降低了地下水被渗漏肥料污染的风险(Rowe et al., 1999; Allen et al., 2004b)。当前密集的农业生产已经使上述风险成为一个长期的环境问题(Bonilla et al., 1999; Ng et al., 2000)。不断地增施氮肥使农业的投资逐渐加大(Marshall and Bennett, 1998)，渗漏到江河湖泊甚至水井的肥料所引起的不良后果也引起了公众和科学界的持续关注(Marshall and Bennett, 1998; Bonilla et al., 1999; Ng et al., 2000)。而农林复合系统除了被公认可以提高土地利用率外，还非常有助于上述问题的缓解(Rowe et al., 1999; Jose et al., 2000a, 2004; Allen et al., 2004a, b)。

农林复合系统中，氮素通常是土壤中最主要的限制因子。这是因为氮素易于通过挥发、反硝化作用和渗漏等原因而损失。作物收获后被带出农田也会造成农田氮素流失。生育期相同的同一物种对土壤氮素的消耗最大。此外，农林复合群体中的种间竞争比单作更为激烈，因为绝大多数的林木在近地表 30 cm 的范围内有着庞大的吸收根，从而与作物在该区域内竞争水分和养分(Lehmann et al., 1998; Rao et al., 1993)。所以农林复合系统应该设计合理、管理恰当，这样才能使氮素利用率最大化并使种间竞争对作物产量的影响降到最低。

两种作物的种间竞争程度主要依赖于土壤水分和养分的可利用性、根的构型、根深、相邻作物的根系竞争力以及不同生育时期对氮素需求的多寡(Jose et al., 2000a)。林木的根系通常可以吸收到深层的氮素以及作物根系下渗到土壤中的氮素，因此，在这种情况下，林木根系对氮素的吸收具有竞争优势(Williams et al., 1997)。另外，林木和作物对氮素需求的峰值强度也存在几个月左右的差异。林木对氮素的最大需求期通常在春天的叶片形成期，而作物通常是在果实形成期(Allen et al., 2004a)。

张伟等(2014)在枣树-小麦、幼龄核桃树-小麦复合系统连续 2 年的 ^{15}N 示踪法实验中发现，间作体系的 N 吸收量较单作加权平均高的趋势证明果树/小麦复合系统内发生了氮素种间竞争。间作体系的% NDFF(作物吸收氮素来自肥料的比例)均较单作加权平均值高，主要由果树与作物对氮素吸收利用时间生态位的分异造成。种间根系通过对土壤水分的竞争致使土壤氮素较单作加权平均值更多更快的被作物吸收利用，从而减少了间作体系内氮素的矿化程度，最终使间作体系内作物的% NDFF 较单作加权平均值高。间作体系较单作加权平均值的氮素利用效率高，表明间作体系确比单作具有氮素利用的优势。同时，间作果树的氮素利用率低于间作小麦；各系统的氮素利用率最低值均出现在 ^{15}N 施入的 120、200 cm 处，这与小麦根系在深层分布较少有密切关系。

给间作作物施肥的时候，间作林木也可以从这些肥料中受益，因为林木的根系可以拦截和吸收一部分当中的养分，这种间接吸收的养分对林木的生长很重要。例如，施肥量相同的情况下，单作山核桃因为养分缺乏而低产，但在复合系统中山核桃就可以从作物的行边吸收到额外的养分(Arnold and Crocker, 1999)。

农林复合系统中，林木的地上部凋落物和地下部死亡根系的分解，都可以为林下农作物的生长提供养分。凋落物的分解和向土壤的输入对复合系统有很多益处,包括:增加土壤有机物质的含量(Moreno et al.,2007);增加土壤的团聚体大小;增加土壤的稳定性;增加土壤孔性;提高土壤渗透性;降低地表径流和土壤侵蚀;减少土壤水分、养分损失;改善林下层农作物的水分、养分状况(Mapa and Gunasena,1995;Narain et al.,1998);增加土壤微生物和土壤酶活性;加快土壤氮素和磷素的矿化速率,最终有利于林下层农作物的生长(Chander et al.,1998)。

五、种间水分利用研究

水分是作物生长最主要的限制因子,是农林复合系统中林木与作物水分相互作用的直接对象(张劲松等,2003)。在干旱半干旱地区农林水分竞争问题尤为突出(Kowalchuk,1995;Rao et al.,1998;Smith and Jarvis,1998)。系统分析农林复合系统的水分特征,全面了解不同植被组分的水分关系,是发展和完善农林复合经营的前提条件。相关研究认为,复合系统中的树木可以通过降低作物蒸发蒸腾量、根系截流等作用改善土壤水分状况(Richards and Caldwell,1987;Eastam et al.,1998;Caldwell et al.,1998;Deans et al.,1994;Cannell et al.,1996;孟平等,1996)。

李俊祥和宛志沪(2002)在对淮北平原杨-麦复合系统的土壤水分变化研究中发现,冬小麦生长发育的拔节期和灌浆期,杨树的减光照、降温、减风速作用使农田蒸散减弱,从而起到保墒作用。孟平和张劲松(2004)分别对黄淮海平原农区"宽带距多行带"梨-麦复合系统水分效应和对太行山低山丘陵区苹果、小麦复合系统水分生态特征的研究,也都证实复合系统中树木通过降低作物蒸发蒸腾量来改善系统的土壤水分状况。根系可塑性会造成空间上植物根系生态位的分离,不同植物根系生长期的不同也会在时间上造成植物根系生态位的分离,这些都会降低植物根系对共有资源的竞争,增强对共有资源利用的互补,进而提高生产力(Jose et al.,2006)。研究表明,一些复合系统土壤水分利用在时间(Marshall,1983;Schroth,1999;Droppelmann et al.,2000)和空间(Lehmann et al.,1998;Wanvestraut et al.,2004)上都具有互补性,提高了复合系统的土壤水分利用。Wanvestraut等(2004)在美洲山核桃-棉花复合系统中的尼龙板隔离根系试验中发现,山核桃为尽可能地避免与棉花高密度根区的水分竞争而将根系延伸到更深土层,从而利用深层土壤水分,让棉花和核桃树从土壤的不同深度吸水以提高复合系统水分的利用效率,同时,根系隔离处理的土壤含水量比间作处理(未根系隔离)有很大程度提高。袁玉欣等(1999)建议在农林复合系统中,林木最好选择深根性植物以减少和浅根农作物在上层土壤主要根系分布区域的争水争肥。然而,Dwivedi(1992)却指出,即便是深根植物,也只有在水分胁迫时才利用深层水分,非水分胁迫下深根植物的多数吸收根都分布在0~50 cm范围内。

尽管农林复合系统中树木通过各种机制促进系统内土壤水分的利用,但不同植物的根系在利用同一土层资源时,竞争依旧不可避免(Jose et al.,2006)。彭晓邦(2009)在渭北黄土区的八种果-农复合系统中发现,全生育期内各复合系统0~80cm的平均土壤含水量均低于单作,说明果树与作物间存在种间水分竞争。雷钧杰等(2010)在新疆杏-麦复合系统中发现,距离杏树越近,小麦生长空间的土壤水分含量越低,小麦孕穗期前后土壤水分的竞争最激烈。在温带和半干旱热带地区，有研究证明农林复合系统中作物产量下降的主要原因就是树木对土壤有效水分的竞争（Singh et al，1989；Gillespie et al，2000；Mille and Pallardy，2001；Hou et al，2003），同时，树木与作物对水分的竞争随着土壤水分亏缺变得越来越强烈（Nambiar and Sands，1993）。Miller 和 Pallardy（2001）在对枫树–玉米复合系统的研究中发现，枫树对土壤水分的竞争导致玉米产量降低，同时指出土壤水分含量较低时这种水分竞争会变得更加强烈。

六、种间根系化感作用研究

化感作用指自然界中的植物（包括微生物）通过自身的根系分泌、雨雾淋溶、挥发或者残体分解等途径向周围环境释放化学物质，从而抑制（或促进）周围其他植物（或微生物）生长发育（Villagrasa et al.，2009）。化感作用大多都是由植物的次级代谢产物所引起（Leflaive，2007）。

植物根系不断地制造并向根际环境中释放一些分泌物。植物可以感受并且对临近微生物的存在做出改变其根系分泌物的响应，于是有关研究人员推断植物也可以感受到临近植物根系的存在，并通过改变根系的生理和生化功能来做出响应（Balu et al.，2009）。有报道发现，临近植物的出现可以调控拟南芥芥子油苷的分泌，在高种群密度时，芥子油苷分泌量相比种群密度较低时的分泌量显著增加（Wentzell and Kliebenstein，2008）。儿茶酚是已经发现的矢车菊根系分泌的一种化感物质，研究发现矢车菊在入侵地分泌了比原生地高2倍的儿茶酚，并且强烈地抑制了2种入侵地原生物种的生长，说明根系分泌儿茶酚协助了矢车菊的入侵过程（Bais et al.，2003）。植物根系分泌物还是植物识别临近其他植物根系的重要信号物质，植物根据根系分泌物识别出其亲缘植物及不同种植物（Semchenko et al.，2007；Biedrzycki et al.，2010）。根系分泌物同时还对植物的根系构型产生影响，通过用活性炭吸附及外源添加根系分泌物的方法处理拟南芥的根系，发现其根系构型发生了显著地变化，这说明根系分泌物中的次生代谢物质在植物根系构型的发育中具有直接作用（Caffaro et al.，2011）。

核桃树会产生化感物质并抑制其他植物的生长（Willis，2000）。Livesley 等（2000）发现银桦树和番泻树与玉米间作时，种间化感作用导致3种作物的根长密度都有不同程度的降低。Jose 等（2000a）发现，玉米与黑核桃、红橡树（*Quercus rubra*）间作时，种间化感作用使玉米产量分别降低35%和33%。小麦是一种重要的化感植物，它对其他植物的化感抑制作用的例子也非常多：小麦植株的水分提取物处理棉花后，抑制了棉花的种子萌发和幼苗的发育；大田中小麦残渣的水分提取液处理水稻后，明显抑制了水稻的生长；小麦分泌物中的酚酸类物质和有机酸类物质对玉米的萌发和生长具有显著的抑制作用；同时还发现，小麦分泌物能够抑制杂草的生长（Ma，2005）。小麦体内提取出的化感物质主要属于酚酸类、苯并恶嗪酮类和短链的脂肪酸类（Ma，2005）。酚类物质在土壤及生物体系中有非常重要的作用：在根际过程中影响根际养分的有效性；作为植物根系相互作用间的信号物质；作为植物根系与土壤中的根瘤菌及菌根真菌间相互作用的信号物质；有助于抵御土传性病害和土壤病虫害等（Makoi and Ndakidemi，2007）。小麦分泌物中主要的酚酸类物质为对羟基苯甲酸、香草酸、香豆酸、丁香酸、阿魏酸等,其中阿魏酸是酚酸中最重要的一种;在苯并恶嗪酮类分泌物中,DIMBOA 是影响最重要的一种(Wu et al.,2000;Huang et al.,2003)。实验证明,植物的某些次生代谢物是通过 ATPase 运输到体外的,利用特殊的 ATPase 抑制剂如正钒酸钠等化合物,可以抑制一部分酚酸的分泌(Loyola-Vargas et al.,2007)。这也为研究根系分泌物提供了有利的方法。

第三节 农林复合系统对土壤肥力的影响及其综合调控

土壤肥力是指土壤维持植物生长的能力(Abbottand Murphy,2003)。肥沃的土壤具有良好的土壤结构、适宜的土壤过程和健康的生物群落,可为作物提供健康生长所必需的养分水分及其有关环境(Mader et al.,2002)。随着日益增长的粮食需求,提升农田土壤肥力对于保障粮食安全至关重要。衡量土壤肥力的参数很多,其中土壤有机质(碳)、氮水平等是衡量土壤肥力的关键参数,其含量经常与养分供应、土壤保水性以及土壤微生物含量和活性成正相关(Rayand Fred,2004)。农林复合系统将多年生的木本植物和农作物在时间和空间上搭配组合,利用物种之间的冠层结构、根系构型和养分需求量的不同以及地上部或(与)地下部的互作,在生长季内使土壤的化学、物理和生物性质得到改善(Rao et al.,1998),能够有效改善土壤肥力(Lal et al.,2004)。农林复合系统对土壤肥力的影响与物种、土壤、作物特性和土壤微生物群落结构和功能等密切相关。另外,农林复合系统对病虫害的控制也间接影响土壤肥力。

一、农林复合系统中土壤肥力的改变

农林复合系统中存在明显的土壤养分种间竞争作用,但是由于树木能快速地吸收养分,又能通过凋落物返还补充土壤养分,因此对养分的有效性和再循环具有正效应。这种效应主要体现在以下四个方面:土壤养分的竞争和再分布;土壤氮素的补给和转移;土壤养分的流失降低与养分循环的提高;养分有效性的提高。

(一)土壤养分的竞争和再分布

农林复合系统中的树木和农作物对养分的吸收以竞争为主,例如胡桃树-小麦复合系统中,种间相互作用主要表现为地下部分的竞争(Zhang et al.,2014),最终导致土壤养分含量下降,尤其在 1 倍树高以内产生土壤养分亏损(云雷等,2010)。杨树-小麦复合系统中,间作体系的土壤硝态氮和速效磷的含量降低,但小麦的产量和氮磷吸收没有受到明显影响,然而,杨树-玉米复合系统中的土壤硝态氮和速效磷的含量相对于单作要升高,原因可能是间作树木通过对光的竞争,抑制了玉米的生长,使其产量和氮磷吸收量有显著的降低,从而在土壤中残留了较多的养分,但这种光竞争的现象对作物 C3 作物小麦的生长没有显著影响(Dai et al.,2008)。树木对土壤养分的竞争也有有益的一面。如树木的根系能有效地从土壤溶液中吸收无机磷,使土壤颗粒对磷的吸附能力增大,从而增加了土壤磷

的保留量(Carsan et al., 2014)。生长快速的树木吸收并富集了养分,而草本作物将更多的生物量分配到地下,两者通过调整其光合产物的分配来减少生态位的竞争,实现互补共存,使其相比单一草地和农田生态系统具有更高的有机碳储量(平晓燕等,2013)。

虽然农林复合系统对土壤养分有明显的竞争,但树木庞大的根系和枝叶凋落物又将养分返还土壤,使其重新分布。热带地区的可可树或咖啡树与橡胶树的复合系统土壤氮含量升高,主要是因为凋落物在土壤中分解返还了的部分被植物带走的氮素(Asase and Tetteh, 2016)。杨树常与农作物进行复合种植,因为杨树相比于其他的温带阔叶树种,其生长中养分吸收和累积的速率较快,所以通过落叶的形式将养分返回土壤的效率较高,而且杨树枝叶的定期修剪,能缓解郁闭导致的作物减产。枯枝落叶在土壤里分解的过程中会不断得到新鲜有机物的补充,这样有利于维持微生物活性,提高有机碳矿化速率。此外,杨树凋落物和农作物残余混合,会改变各自原有的理化性质,在分解过程中产生交互效应,调节碳的动态及氮的供应(王意锟等,2012)。土壤养分含量的提高能弥补由于遮阴引起的负效应,尤其是农作物与豆科树种(如刺槐或合欢树)复合。例如,非洲常见的刺槐或牛油树与谷子的复合,谷子的产量相比于单作谷子没有明显变化,但是复合系统中的土壤交换性钾、有机碳和pH值都显著高于单作系统(Jonsson et al., 1999)。

(二) 土壤氮素的补给和转移

在农林复合系统中,为土壤提供补给氮素的最重要来源是豆科树种的固氮作用。非洲地区的"肥料树",每年通过固氮形成 60 kg N/hm^2,节省氮肥近75% (Akinnifesi et al., 2010)。如果在农林复合系统中应用固氮树种(如沙棘、刺槐、紫穗槐和柠条等),就可以提高复合系统的生产力。一方面,主要是通过固氮植物自身对氮素的固定,以及富含氮素凋落物和豆科根系残留物的分解向土壤归还氮素,同时随着氮素的归还,微生物的分解过程得到促进,改善了土壤养分状况(宁晓斌,2009;谷瑶等,2015)。另一方面,豆科树木根系会将部分固定的氮转移至农作物。

Munroe 和 Isaac(2014)通过稳定性^{15}N 技术阐明了树木和农作物之间的 3 种氮转移途径:一是有机物如叶片、树枝和根瘤的分解及矿化。Haggar 等(1993)的研究表明,玉米总氮量的10%来自于与其条带间作的刺槐和南洋樱固定氮的转移,其中近75%的氮转移是通过地表落叶等覆盖物的矿化分解而产生的。二是释放和吸收富含氮素的分泌物,通过低分子量复合物介导的氮转移是一种短距离转移方式,豆科植物的根系分泌物往往包含一些氨基酸如甘氨酸、丝氨酸等,它们可以被与之间作的禾本科农作物直接吸收。例如,一个为期10周的温室试验表明,禾本科的草能将22%的南洋樱含氮分泌物吸收(Jalonen et al., 2009)。三是通过菌根网络联系的氮素转移,这是一种直接的氮转移方式。Jalonen 等(2009)用^{15}N 示踪和尼龙网分隔南洋樱和草根系的方法得出通过菌根菌丝传递的氮素占 0.7%~2.5%。

(三) 土壤养分流失的降低与养分循环速率的提高

树木与农作物间作,根系深浅组合使其对养分的利用在空间上互补,提高了整个土体剖面中的养分。例如,间作小麦根系分布在土壤表层,而胡桃树的根系分布于小麦根系下方(Zhang et al.，2014)。树木较深的根系能够减少下层土壤的养分流失。桐农间作中，农作物根系多集中在0~40 cm的土层中，而泡桐的根系密集分布于40 cm以下的非耕作层，其能够获取深层土壤中的养分，以及截留吸收耕层内随雨水下渗的养分(蔡崇法等，2000；赵英等，2006)。同时，树木也能吸收地下深层矿物风化形成的养分，起到"养分泵"的作用(刘兴宇和曾德慧，2007；Sun et al.，2008)。树木通过深根系拦截吸收深层土壤氮素，从而提高氮素的利用，降低土壤硝态氮淋洗(Tully et al.，2012)。被吸收的氮素通过枝叶凋落物和根系周转可被作物再利用，提高了系统的养分利用效率，起到了养分获取的"安全网"作用(刘兴宇和曾德慧，2007)。树根的周转循环使深层土壤中的全氮和有机碳含量分别增加了24.0%~23.3%和28.9%~84.5%(戴晓琴，2006)。温带地区的大部分树种是非豆科，豆科作物是最佳间作物种。豆科作物的残落物分解速率快(如花生的根系)，可以快速地提高土壤肥力，促进树木的生长，进而提高树木能通过枝叶的凋落增加土壤有机质的能力，这种正反馈作用促进了农林复合系统的养分循环(Zeng et al.，2010)。

(四)养分有效性的提高

农林复合系统中树木通过根系的提水作用增加表层土壤的湿度进而提高养分的有效性。在半干旱地区，土壤水分是限制作物产量的重要因素。农林复合系统中树木的林冠可以截留降水，枯枝落叶层可促进降水渗入土层，减少地表径流和土壤冲刷，避免了土壤水分的无效散失，增加了土壤湿度(汪殿蓓等，2002)。树木冠层下方的落叶和庞大的根系能够提高土壤有机质的含量并促进土壤微生物和根系的活动，增加了土壤水分的渗透能力，是裸地面的5倍(Tobella et al.，2014)。赵英(2006)发现南酸枣能够有效缓解间作花生的干旱，可能的原因是南酸枣促进了水分在土壤剖面中的再分配。

农林复合系统也可以通过改善土壤的物理性状提高养分的有效性。在杏树与花生、玉米的复合系统中，土壤容重下降，枯枝落叶等的有效积累提高了土壤腐殖质的含量。有机物质能占据土壤中铁铝氧化物对磷酸根的吸附位点，提高土壤有效磷的含量(孙辉等，2001)。另外，土壤团聚体中黏粒数增加，提高了土壤毛管孔隙度，增加了土壤的蓄水能力(王娇，2014；李永东等，2013)，赵斯等(2010)的结果表明，小黑杨-大豆复合系统使黑土区土壤结构得到改善，提高了土壤速效养分，增加了表层土壤的有机质和碳氮比，可能是由于树木的根系庞大复杂，对土壤的扰动避免了土壤压实，而且衰老的根系降解后会留下土壤空隙，使土壤物理性质发生改变。

二、农林复合系统对土壤有机质的长期影响

土壤有机质的水平是土壤碳输入(来自植物初级生产力)和土壤碳输出(通过分解、挥发和淋洗)的平衡结果(Amundson，2001)。土壤有机质变化非常缓慢，加上土壤空间变异很大，短期内很难发现农林复合系统对于土壤有机质的显著影响。通过总结分析长期定位试验研究结果，发现农林复合系统土壤有机质的有着长期的影响。

(一)农林复合系统对土壤有机质的长期提升作用

长期的农林复合耕作通常会增加土壤有机质的含量。Sharma等(2009)发现大叶相思

能够向土壤大量输入树枝和根系残茬，与高粱、硬皮豆间作可以提高土壤有机质高达162%。农林复合系统增加土壤有机质的程度与物种的组成有关。豆科木本增加有机质的含量高于非豆科木本。例如 Kang 等（1999）发现豆科木本银合欢、南洋樱比山麻杆朱缨花更能够提高土壤有机碳的含量，这主要是由于豆科树木有着更大的生物量，因此有更多的碳输入到土壤中。Beedy 等（2010）发现豆科木本南洋樱与玉米间作不仅提高了土壤有机质（+12%），而且提高了土壤中颗粒态有机质（POM）、有机碳（POM－C）和氮（POM－N）含量达40%、62%和86%。更高的颗粒态有机质含量暗示着更大的有机质增加潜力。

农林复合系统增加土壤有机质也与气候因素有关。一方面，气候条件决定了农林复合系统的植被类型和生产力，影响农林复合系统的碳输入；另一方面，气候因子也通过影响微生物的分解而对农林复合系统的碳输出过程产生影响。热带湿润地区的农林复合系统一般相比温带干旱、半干旱地区更容易增加土壤有机质（Nair et al., 2009），这主要是由于热带湿润地区的气候条件更有利于促进植被的生长进而有更多的土壤碳输入，这一过程通常会超过湿润气候促进微生物分解而导致的土壤碳输出。Isaac 等（2005）通过了分析一个25年的定位试验的有机碳、氮动态，发现农林复合系统增加土壤有机碳主要发生在前15年，之后土壤有机质含量达到平衡状态（表1-12）。

表1-12 长期定位试验下农林复合系统相较于农田单作系统对土壤有机质、有机碳或全氮的影响

持续时间（年）	地区/国家	农林复合系统类型	土壤深度（cm）	长期影响	文献来源
4	中国江苏省	银杏－小麦/大豆复合系统 银杏－油菜/大豆复合系统	0~60	+17.6%~+21.2% SOM +7.2%~+21.1% STN	Wang and Cao, 2011
7	中国河南省	核桃树－小麦/绿豆复合系统	0~50	+1.8% SOC	Lu et al., 2015
10	印度	大叶相思－高粱/硬皮豆复合系统	0~60	+162% SOC +16.8% STN	Sharma et al., 2009
12	印度	印度黄檀－小麦复合系统	0~15	+0.5%~+4.8% SOC -1.4%~+5.8% STN	Chander et al., 1998
14	马拉维	南洋樱－玉米复合系统	0~20	+12% SOM	Beedy et al., 2010
12	尼日利亚	银合欢－玉米/木薯复合系统	0~5	+19.8% SOC	Tian et al., 2005
16	尼日利亚	银合欢－玉米/豇豆复合系统 铁刀木－玉米/豇豆复合系统	0~12	+45%~+58.9% SOC	Diels et al., 2004
11	尼日利亚	山麻杆－玉米/豇豆复合系统 朱缨花－玉米/豇豆复合系统 南洋樱－玉米/豇豆复合系统 银合欢－玉米/豇豆复合系统	0~15	-2.5%~18.3% SOC	Kang et al., 1999
13	加拿大	白杨－玉米/小麦/大豆复合系统	0~40	0	Oelbermann et al., 2006
13	加拿大	白杨树－大麦复合系统 挪威云松－大麦复合系统	0~20	+20.8% SOC +1.5% SOC	Peichl et al., 2006
19	哥斯达黎加	颇派氏刺桐－玉米/菜豆复合系统	0~40	+37.8% SOC	Oelbermann et al., 2006
13	巴西	紫草科－玉米复合系统 含羞草亚科－玉米复合系统	0~60	+24.2%~+42.0% SOC	Sacramento et al., 2013

综上所述，农林复合系统相对于农田单作系统常常会增加土壤有机质的含量，增加的程度与气候因子、地理位置、物种组成、初始土壤肥力以及管理措施有关，而且土壤有机质的累积主要体现在前 10 ~ 15 年。

（二）农林复合系统影响土壤有机质变化的机制

农林复合系统影响土壤有机质的变化主要通过两个途径：一是影响植被的初级生产力，进而影响土壤的碳输入数量，二是影响新输入的植物碳以及原来的土壤有机质的分解速率(Sollins et al., 2007)。与农田单作系统相比，农林复合系统可以通过生态位的补偿作用更高效地获取光热、水和养分等资源，促进植物的生长，进而增加植物凋落物、根茬、根际淀积物等土壤碳输入。其中，植物根系及根际投入的碳是土壤有机碳库的主要碳源。这些碳通过与土壤矿质、土壤生物的相互作用最终形成土壤的稳定碳库。然而，目前对于农林复合系统根系生物量的估计由于方法的不同以及其空间和时间的变异还存在很大的不确定性。当前对于根际淀积碳的量化主要通过同位素标记技术，但是目前大部分研究主要集中于单作体系下几个常见作物以及草地物种，对于农林复合系统下物种相互作用如何影响根际淀积物的数量的研究还很匮乏(Jones et al., 2009)。

除了地下碳输入，一些管理措施也可以直接增加农林复合系统的土壤碳输入，包括：将修剪的树木枝干覆盖在土壤上；在农田作物休耕期，树木可以生长到作物区，增加地上、地下凋落物的投入等；选择生长迅速的豆科树木与农田作物间作可以提高木本植物和农田作物的生物量，这是由于豆科植物可以自身固定大气中的氮，促进自身的生长速率，同时固定的氮可以通过植物植物叶片凋落物、植物根系淀积、或者通过菌丝桥等方式为农田作物供应氮素，进而提高其生物量(Nair et al., 2009; Peoples et al., 1995)。

土壤有机质的分解速率与农林复合系统中物种凋落物的质量密切相关。比如，含有结构复杂的高分子(比如酚类)的凋落物通常分解速率较慢，由于微生物缺少足够碳源，土壤微生物的活性会受到抑制，进而抑制其他混合物种的凋落物的分解。反之，如果凋落物含有更多结构简单、碳/氮比低的分子，会刺激微生物的活性，进而加速其他物种凋落物的分解(Hattenschwiler et al., 2005)。Schroth 等(2002)发现大花可可树与巴西坚果树比桃椰子树含有更高的土壤有机碳含量，主要由于后者比前者的凋落物中含有更多的容易分解的有机物。Diels 等(2004)发现豆科木本植物银合欢与玉米和豇豆组成的农林复合系统虽然向土壤输入大量的凋落物和修剪的枝干，但是土壤有机质的积累很少。这可能是由于豆科树的枝叶以及根系淀积物加速了原来土壤有机质的分解，这一现象被称为激发效应。土壤有机质的分解速率还与土壤分解环境相关。Shi 等(2013)提出农林复合系统可以通过提高深层土壤稳定碳的比例来提高土壤的碳固持。这是因为树木相比农田作物有更深的根系分布，因此树木有更多的根系以及根系淀积物可以输入到土壤深层，由于深层土壤缺氧，土壤微生物活性受到抑制，进而有更多的碳可以稳定到土壤深层。

此外，土壤有机质的分解速率与农林复合系统的管理措施密切相关。一方面，农林复合系统可以通过采用免耕法或者少耕法减少对土壤的扰动，提高植物来源的碳可以更高效地转化成土壤有机碳。Gama-Rodrigues 等(2010)发现在没有土壤扰动的情况下，可可树农林复合体系有高达 92% 的土壤有机碳封存在土壤团聚体里，仅有 8% 的碳与土壤矿物结合,这种土壤团聚体保护的碳被认为是农林复合系统提升土壤有机碳含量的一个重要机制。另一方面,农林复合系统可以减少土壤侵蚀,进而减少土壤肥力的损失(Soto-Pinto et al., 2010)。农林复合系统的树木可以通过根系生长到作物区,来减少作物休耕期土壤的侵蚀(Albrecht and Kandji, 2003)。

三、土壤微生物的养分效应

土壤微生物不仅是土壤有机质分解转化的直接参与者,也是农林复合系统的养分转化的调控者和养分吸收的竞争者,具有极其重要的作用。土壤的微生物量和微生物的多样性在农林复合系统中有明显的提高(Sørensenand Sessitsch, 2007),其中包括了固氮菌和菌根真菌(AMF)(Freitas et al., 2010)。土壤微生物的多样化对农业生态系统的生产力至关重要。树木与间作作物不可避免地存在着养分竞争和促进,这些过程均离不开土壤微生物。

(一)土壤微生物量

土壤微生物的生物量是指土壤中体积小于 $5\mu m^3$ 活微生物的总量,是土壤有机质中最活跃的和最易变化的部分,参与了养分循环和污染物的降解(沈其荣,1991)。土壤微生物量的大小和周转速率(Turnover Rate)是微生物量影响土壤养分有效性的关键因素。农作物产量和吸氮量与土壤微生物氮(MBN)呈正相关(Janaen, 1999)。Tang 等(2014)在鹰嘴豆和小麦的复合系统中,发现间作能显著增加根际的微生物量磷(MBP),可以作为间作促进根际磷养分循环的重要机制。

农田生态系统的耕层土壤中土壤微生物量的变化可以直接或者间接地反映土壤肥力的变化。森林土壤微生物量碳(MBC)比其他有机碳、氮对土壤质量和植被种类的变化表现出更直接、更敏感的反应。Xu 等(2013)通过调查全球的数据表明,被树木覆盖的森林系统的土壤微生物量显著地高于农田生态系统。基于树木的农林复合系统,在不同农作物和持续的植被覆盖的条件下,会预期增加土壤的微生物量(Tian et al., 2013;Belsky et al., 1989)。Chander 等(1998)通过 12 年的研究发现农林复合系统能显著地提高土壤微生物量碳(MBC)和土壤酶活性。Kaur 等(2000)发现与单作相比,农林复合系统中 MBC 和土壤微生物量氮(MBN)分别增加了 42% 和 13%。这种增加作用主要归因于农林复合系统大量的碳释放。Rao 和 Pathak(1996)的研究也获得了相同的结果:MBC 和 MBN 在提供大量碳源的农林复合系统中显著增加(分别增加 10% ~ 60% 和 17% ~ 83%)。在农林复合系统中,凋落物的质量调控土壤微生物量的水平。从根系到土壤的可利用的富碳物质和底物如糖、氨基酸和有机酸对向微生物群落提供能量具有重要的作用(Bowen 和 Rovira, 1991)。Browaldh 等(1997)论证了根系分泌物在维持树木根系大量微生物量的重要性。

农业耕作、换茬等人为活动以及树木的自然落叶过程,使得残落物往往不止一次的进入土壤。残落物在分解过程中不断得到新鲜有机物质的补充,有利于维持微生物的活性,促进土壤微生物量的周转,释放矿质养分。王意锟等(2012)等发现杨树叶 - 小麦秸秆混合残落物比单一残落物的添加,能够更加显著地增加 MBC、MBN,并且将土壤有机碳的矿化提高 40%,增加了对土壤矿质态氮的固持。Achat 等(2010)通过同位素稀释方法,表明森林生态系统中达到80%的MBP的周转时间很短(9天)。Sophn和Chodak(2015)通过培养试验证明了在低磷土壤上，微生物对土壤有机磷的矿化主要受微生物对碳需求的影响。这为理解农林复合系统中微生物量及其周转对磷养分的贡献具有重要的借鉴作用。

(二)微生物群落结构

农林复合系统能够显著地增加土壤微生物的数量，复合系统中物种的分泌物质的差异会导致根际菌群之间的差异(Gomez et al.，2000；Mungai et al.，2005)。郑海金等(2015)研究表明，农林复合系统土壤真菌、细菌和放线菌的数量显著高于裸露荒坡地；土壤微生物的数量以表层最大，随土壤深度的增加而减少；细菌是土壤微生物的重要类群，数量最多；放线菌与真菌数量虽不及细菌，但其绝对数量也较多，对不同农林复合系统下的物质循环、能量流动具有重要的调控作用；同时发现土壤的酸性磷酸酶活性和真菌、放线菌都存在着显著的两两正相关，这对调控土壤中磷养分的循环具有重要的意义。农林复合系统也会影响功能性菌群的活性，孔令刚等(2015)发现和单作的杨树相比，杨树-小麦复合系统根际土壤好气性自生固氮菌、亚硝酸细菌数量最大，杨树-红薯复合系统根际土壤真菌、纤维素分解菌数量最大。杨树与作物在根际环境中吸引微生物的强弱能反映出对养分竞争的能力。叶存旺等(2007)研究发现沙棘-侧柏复合系统土壤中细菌、放线菌数量比纯林显著增多，说明沙棘-侧柏复合系统能有效增加土壤微生物种群数量。廉梅霞等(2006)研究发现，黄土高原大部分农林复合经营田中的微生物数量相比纯农田多，尤其对微生物主要类群来讲，这种优势更为明显。但农林复合经营田中真菌、放线菌与纯农田相比无明显差异，有些甚至还会减少。

(三)生物固氮

超过650种树木具有生物固氮功能，其中515种是豆科，在热带的农林复合系统中大部分的生物固氮树木是豆科(Nair et al.，1998)。树木的生物固氮每年可以为农林复合系统增加10000~100000kg N/hm^2(Nygren et al.，2012)，不仅增加了土壤的供氮能力而且提高了农林复合系统的生产力(Herridge et al.，2008；Isaac et al.，2012)。豆科通过根系的共生，从大气圈转移氮到生物圈。这种生物固定的氮在植物组织(根或者叶的残留物)分解时，可以为农作物提供可利用的氮。豆科农林复合系统会比农民习惯增加更高的产量。对马拉维和赞比亚的农林复合系统研究发现，墨西哥丁香-玉米复合系统比不施肥的情况产量增加42%，和施用92 kg N/hm^{2}的玉米种植体系获得相似的产量。而且墨西哥丁香-玉米复合系统的产量更加稳定(Slishi et al.，2012)。然而，产量的增加并不能作为评价农林复合系统优点的唯一指标。由于快速的氮循环，基于固氮树木的农林复合系统的N_2O的排放量是自然森林生态系统或者农田生态系统的3~7倍(Baggs et al.，2006；Verchot et al.，2006)。因此，在基于豆科树木的农林复合系统中存在着作物产量和环境影响的权衡。

(四)菌根真菌

传统的农业生态系统会降低菌根真菌(AMF)的丰度，导致群落结构向劣质共生菌群转变(Johnson，1993)。农林复合系统会缓解农业耕作制度对AMF的负面影响。寄主植物有更高的生产力和物种丰富度，使得农林复合系统可能具有更高 AMF 的丰富度和更大的生物量（Carvalho et al.，2010）。Burrows 和 Pfleger 等（2002）发现增加物种的多样性会对 AMF 孢子的形成和群落结构带来正效应。在温带和热带条件下，农林复合系统能够显著增加 AMF 的丰度（Lacombe et al.，2009；Prasad and Mertia，2005）。Cardoso 等（2003）通过分析农林复合系统垂直分布的 AMF 孢子的数量发现：树根的深扎增加 AMF 孢子在更深处土壤的分布，整体的孢子数量增加了 12%~21%，底土层菌根侵染几率的提高会改善磷养分的循环，会活化出更多养分供植物利用。但也有研究表明，农林复合系统并影响 AMF 的丰度，尽管系统中的树木能够被菌根侵染。Boddington 和 Dodd（2000）研究发现，和单作的玉米比，粗轴双翼豆-玉米复合系统对 AMF 孢子密度和物种丰度并没有影响。Kumar 等（2007）通过研究 24 个农林复合系统发现，雨季农作物的菌根侵染率显著地高于当地农民习惯种植的农作物。但是在冬季，这种正效应仅在 5 个农林复合系统中被发现，在其他 14 个农林复合系统中并没有观察到差异（Kumar et al.，2007）。这些研究结果的差异表明：种植技术、气候差异，或者树木—农作物组合中的树种的选择都会影响菌根的多样性。

菌根能够调控不同植物间水分和养分的交换和运输。多年生的菌根树种的存在可以增加对底土层土壤养分的挖掘，进而提高 AMF 对磷养分循环的作用（Muleta et al.，2008）。这种 AMF 在垂直生态位上的扩展不仅实现了养分利用在生态位上的互补，同时可以通过 AMF 调控的提水作用实现水分的高效利用（Allen，2007）。在农林复合系统中，菌根参与调节氮从固氮生物到非固氮生物的转移（Jalonen et al.，2009b）。菌根真菌也可以从土壤有机质转移寄主植物所需要的氮（Leigh et al.，2009）。Kähkölä 等（2012）研究发现给可可树苗接种 AMF 使其从 *I. edulis* 落叶和根凋落物里吸取的氮分别提高 0.5% 和 5%。树木作为当季收获农作物菌丝网络的载体（Ingleby et al.，2007），可以为农林复合系统提供丰度更高和多样性更大的 AMF 群落（Bainard et al.，2011）。

四、农林复合系统病害控制

农林业生产长期的单一化种植致使病虫害成为危害粮食安全和森林生产力的最重要因素之一。世界范围内主要农作物因病害、虫害导致的减产幅度能够达到潜在产量的 15%~16% 和 18%（Oerke，2006；Oerkeand Dehne，2004）。20 世纪 80 年代对北美大平原（The Great Plains）西部商业用松柏木材的调查计算表明，每年因根部疾病导致的木材减产达到 2.374 亿 ft^3（$1m^3 = 35.31\ ft^3$）（Smith，1984）。因此，如何克服并降低病虫害对农林业生产造成的危害，实践粮食安全与森林生态系统服务功能的协调统一，一直是广受关注的问题。农林复合系统除了对养分、水分等资源的充分利用外，还能够抑制病虫害，提高系统的生产力，从而间接提高土壤肥力。

（一）农林复合系统病害控制

在农林复合系统中能够抑制病害的机理主要可概括为物理、化学和生物三大效应。物理效应是指通过物理阻隔和改变微生态环境的方法来抑制病害的发生。很多病原菌的孢子靠风传播（Aylor，1990；Bock et al.，2012），田间林木的阻隔作用能够有效限制病菌繁殖体由染病作物向健康作物的传播。在农林复合系统中，印度田菁与玉米行道种植后，由于田间小气候的改善，在树木与玉米交错带区域生长的玉米较单作玉米和间作带中间生长的玉米锈病发生率明显降低(Yamoah，1990)。化学效应主要指植物的化感物质对病原菌的抑制作用。例如在间套作中，水稻分泌的化感物质能够抑制西瓜的枯萎病的发生(Hao et al.，2010)。在林下覆草体系中，在柑橘园中种植的胜红蓟，能够通过释放化感物质到土壤中控制柑橘园中恶性杂草和病害的发生(Kong et al.，2004)。生物效应是指在生物多样性群体中具有抗性特征和抗性基因的植物对病菌的稀释作用，或通过多样化种植改善了植物矿质元素的状况和地下部微生物群落提高植物抗性及降低病原菌的数量来减轻病害。杂交稻与糯稻多样性混合间栽能够将感病优质稻的稻瘟病发病率平均控制在5%以下，对稻瘟病的防效达81.1%~98.6%(Zhu et al.，2000)。在森林多样性体系中，同样具有类似的群体异质效应(Burdon，2001；Han et al.，2000)。农林复合系统中树木归还的养分能被作物所利用(Duarte et al.，2013；Palm，1995)，充足的养分供应能够使作物生长更健康，进而增强作物的抗病性。在苹果园中种植一些麦类作物，能够提高土壤中荧光假单胞杆菌的数量，抑制土壤中的土传病害，提高苹果的出苗率(Gu and Mazzola，2003)。

(二)农林复合系统虫害控制

农林复合系统促进害虫生物控制的机理源于森林生态系统中植物多样性控制虫害的各种机制。农林复合系统可能的虫害抑制机制包括多样性–稳定性机制和联合抗性机制。多样性–稳定性机制指一个群体内物种多样性越丰富，其稳定性越高，越能够抵抗病虫害的侵袭。在农林复合系统中对生态茶园的研究表明，节肢动物群落结构和物种丰富度均优于常规茶园，有利于害虫控制，且生态茶园中多样性的茶园环境、能量和物质流动及物种间的化学信息联系是茶园节肢动物群落多样性得以形成和维持的基础(朱梅等，2009)。联合抗性机制是指在生物多样性体系中，除寄主植物本身的抗性外，寄主植物与邻近物种会整体上表现出对植食性动物的"联合抗性"。在咖啡地里种植其他树木对咖啡树进行遮阴，能够吸引鸟类的到来，降低虫害的发生强度(Perfecto et al.，2004)。在枣园中间种牧草提高了捕食性天敌的种群数量，能有效控制虫害的发生，同时增加了捕食性天敌控制虫的稳定性和可持续性(师光禄等，2006)。在梨园中套种芳香性植物能够减少康斯托克粉蚧并提高其天敌的数量，降低了虫害程度(Wan et al.，2015)。

总之，在自然生态系统和农田生态系统中，植物物种多样性可以通过增加物种间结构、生理或生育期等功能的补偿作用来获取更多植物生长所需要的资源，增加植物生产力，进而最终提升土壤肥力(Fornaraand Tilman，2008；Cong et al.，2015)。西北地区小麦–玉米复合系统就是利用小麦和玉米生育期的不同，避开了作物间养分需求的高峰期，提高了整个作物系统对光资源的截获以及高效利用，并且高效循环前茬作物的养分为后茬作物所利用，最终显著提高间套作系统的产量和养分的利用效率，提高土壤有机质的含量(Zhangand Li，2003；Cong et al.，2015)。与间套作体系相似，农林复合系统利用了作物和树种之间的功能补偿以及养分循环作用高效获取资源，提高了植物生产力，进而增加了枝干、树叶、根茬以及根际分泌物的地下投入。由于作物和树种之间无论在结构、生理还是物种特性等功能方面有更大差异，而且这种差异远大于作物间的差异，农林复合系统对于提高长期土壤肥力具有更大潜力(Kumarand Nair,2011)。因此,我们需要更多更严谨的试验来监测土壤肥力的长期变化和理解土壤肥力变化的潜在机制,使设计最佳的农林复合系统成为可能,最大化地发挥生态系统功能,提高土壤肥力。

参考文献

[1] 沈其荣, 史瑞和, 1991. 土壤预处理对不同起源氮矿化的影响[J]. 南京农业大学学报, 14: 54-58.

[2] 师光禄, 刘素琪, 赵莉蔺, 等, 2006. 间种牧草对枣园捕食性天敌与害虫群落动态的影响[J]. 生态学报, 26: 1422-1430.

[3] 孙辉, 唐亚, 赵其国, 2001. 带状种植系统养分供给与利用研究进展[J]. 中国生态农业学报, 9(2): 85-87.

[4] 孙儒泳, 李庆芬, 牛翠娟, 2002. 基础生态学[M]. 北京: 高等教育出版社.

[5] 孙儒泳, 1987. 动物生态学原理[M]. 北京: 北京师范大学出版社.

[6] 汪殿蓓, 陈飞鹏, 暨淑仪, 等, 2002. 我国农林复合系统的实践与发展优势[J]. 农业现代化研究, 23(6): 418-420.

[7] 王娇, 2014. 辽西北地区典型农林复合模式下土壤特性研究[J]. 防护林科技, 7: 1-5.

[8] 王来, 2011. 核桃-小麦复合系统中细根的分布及形态变异研究[J]. 西北农林科技大学学报(自然科学版), 39(7): 64-70.

[9] 王意锟, 方升佐, 田野, 等, 2012. 残落物添加对农林复合系统土壤有机碳矿化和土壤微生物量的影响[J]. 生态学报, 32: 7239-7246.

[10] 王政权, 郭大立, 2008. 根系生态学[J]. 植物生态学报, 32(6): 1213-1216.

[11] 王志芬, 陈学留, 1995. 冬小麦拔节期根系吸收 32P 的动态及根系活性指标问题[J]. 莱阳农学院学报, 12(2): 89-93.

[12] 肖焱波, 2003. 豆科/禾本科间作体系中养分竞争和氮素转移研究[P]. 北京: 中国农业大学.

[13] 徐晓荣, 李恒辉, 陈良, 2000. 利用 ^{15}N 研究氮肥对土壤及植物内硝酸盐的影响[J]. 核农学报, 14(5): 301-304.

[14] 叶存旺, 翟巧绒, 郭梓娟, 2007. 沙棘-侧柏混交林土壤养分、微生物与酶活性的研究[J]. 西北林学院学报, 22: 1-6.

[15] 袁玉欣, 裴保华, 王九龄, 等, 1999. 国外混农林业系统中林木与农作物的相互关系研究进展[J]. 世界林业研究, 6: 13-17.

[16] 云雷, 毕华兴, 马雯静, 等, 2010. 晋西黄土区核桃花生复合系统核桃根系空间分布特征[J]. 东北林业大学学报, 38(7): 67-70.

[17] 张福锁, 1993. 环境胁迫与植物营养[M]. 北京: 北京农业大学出版社.

[18] 张劲松, 孟平, 尹昌君, 等, 2002. 苹果-小麦复合系统中作物根系时空分布特征[J]. 林业科学研究, 15(5): 537-541.

[19] 张劲松, 孟平, 尹昌君, 2003. 农林复合系统的水分生态特征研究述评[J]. 世界林业研究, 16(1): 10-14.

[20] 张伟, 2014. 南疆果粮间作体系种间根系互作与氮素吸收利用研究[P]. 北京: 中国农业大学.

[21] 章家恩, 廖宗文, 2000. 试论土壤的生态肥力及其培育[J]. 土壤与环境, 9: 253-256.

[22] 赵斯, 赵雨森, 王林, 等, 2010. 东北黑土区农林复合土壤效应[J]. 东北林业大学学报, 38(5): 68-70.

[23] 赵英, 张斌, 王明珠, 2006. 农林复合系统中物种间水肥光竞争机理分析与评价[J]. 生态学报, 26

(6):1792-1801.

[24]郑海金,杨洁,王凌云,等,2015. 农林复合系统对侵蚀红壤酶活性和微生物类群特性的影响[J]. 土壤通报,46:489-494.

[25]朱梅,侯柏华,郭明昉,2009. 节肢动物群落多样性在茶园害虫控制中的作用机制[J]. 安徽农业科学,37:682-684.

[26]Achat D, Morel C, Bakker M, et al, 2010. Assessing turnover of microbial biomass phosphorus: Combination of an isotopic dilution method with a mass balance model[J]. Soil Biology and Biochemistry 42: 2231-2240.

[27]Ae N, Arihara J, OkadaK, et al, 1990. Phosphorus uptake by pigeon pea and its role in cropping systems of the Indian subcontinent[J]. Science, 248: 277-480.

[28]Akinnifesi F K, Ajayi O C, Sileshi G, et al, 2010. Fertiliser trees for sustainable food security in the maize-based production systems of East and Southern Africa. A review[J]. Agronomy for Sustainable Development, 30(3): 615-629.

[29]Albrecht A, Kandji S T, 2003. Carbon sequestration in tropical Agroforestry Systems[J]. Agriculture Ecosystems and Environment, 99: 15-27.

[30]Allen S C, Jose S, Nair PKR, et al, 2004a. Safety-net role of tree roots: evidence from a pecan (*Caryaillinoensis* K. Koch) - cotton (*Gossypium hirsutum* L.) alley cropping system in the southern United States[J]. Forest Ecology and Management, 192: 395-407.

[31]Allen S C, Jose S, Nair PKR, et al, 2004b. Competition for ^{15}N labeled fertilizer in a pecan (*Caryaillinoensis* K. Koch) - cotton (*Gossypium hirsutum* L.) alley cropping system in the southern United States[J]. Plant and Soil, 263: 151-164.

[32]Amundson R, 2001. The carbon budget in soils[J]. Annual Review of Earth and Planetary Sciences, 29: 535-562.

[33]Andrews R E, Newman E I, 1970. Root density and competition for nutrients[J]. Oecologia Plantarum, 5: 319-334.

[34]Asase A, Tetteh D A, 2016. Tree diversity, carbon stocks, and soil nutrients in cocoa-dominated and mixed food crops Agroforestry Systems compared to natural forest in southeast Ghana[J]. Agroecology and Sustainable Food Systems, 40 (1): 96-113.

[35]Aylor D E, 1990. The role of intermittent wind in the dispersal of fungal pathogens[J]. Annual review of phytopathology, 28: 73-92.

[36]Baggs E M, Chebii J, Ndufa J K, 2006. A short-term investigation of trace gas emissions following tillage and no-tillage of agroforestry residues in western Kenya[J]. Soil Tillage Research, 90: 69-76

[37]Bainard L D, Klironomos J N, Gordon A M, 2011. Arbuscular mycorrhizal fungi in tree-based intercropping systems: A review of their abundance and diversity[J]. Pedobiologia International Journal of Soil Biology, 54: 57-61.

[38]Bainard L D, Koch A M, Gordon A M, et al, 2012. Temporal and compositional differences of arbuscular mycorrhizal fungal communities in conventional monocropping and tree-based intercropping systems[J]. Soil Biology and Biochemistry, 45: 172-180.

[39]Bais H P, Vepachedu R, Gilroy S, et al, 2003. Allelopathy and exotic plant invasion: From molecules and genes to species interactions[J]. Science. 301: 1377-1380.

[40]Balu K F, Mancuso S, Volkmann D, et al, 2009. The "root-brain" hypothesis of Charles and Francis Darwin[J]. Plant Signaling and Behavior, 4 (12): 1121-1127.

[41] Bargués Tobella A, Reese H, Almaw A, et al, 2014. The effect of trees on preferential flow and soil infiltrability in an agroforestry parkland in semiarid Burkina Faso[J]. Water Resources Research, 50 (4): 3342 – 3354.

[42] Beedy T L, Snapp S S, Akinnifesi F K, et al, 2010. Impact of Gliricidia sepium intercropping on soil organic matter fractions in a maize – based cropping system[J]. Agriculture Ecosystems and Environment, 138: 139 – 146.

[43] Belsky A, Amundson R G, Duxbury J M, 1989. The effects of trees on their physical, chemical and biological environments in a semi – arid savanna in Kenya[J]. Journal of Applied Ecology, 26: 1005 – 1024

[44] Biedrzycki M L, Jilany T A, Dudley S A, et al, 2010. Root exudates mediate kin recognition in plants[J]. Communicative and Integrative Biology, 3 (1): 1 – 8.

[45] Bock C, Cook A, Parker P, et al, 2012. Short-distance dispersal of splashed bacteria of Xanthomonas citri subsp. citri from canker - infected grapefruit tree canopies in turbulent wind[J]. Plant Pathology, 61: 829 – 836.

[46] Boddington C, Dodd J, 2000. The effect of agricultural practices on the development of indigenous arbuscular mycorrhizal fungi. I. Field studies in an Indonesian ultisol[J]. Plant and Soil, 218: 137 – 144.

[47] Bonilla C A, Munoz J F, Vauclin M, 1999. Opus simulation of water dynamics and nitrate transport in a field plot[J]. Ecological Modelling, 122: 69 – 80.

[48] Bray R H, 1954. A nutrient mobility concept of soil-plant relationships[J]. Soil Science, 78: 9 – 22.

[49] Browaldh M, 1997. Change in soil mineral nitrogen and respiration following tree harvesting from an agrisilvicultural system in Sweden[J]. Agroforestry Systems, 35: 131 – 138.

[50] Burdon R D, 2001. Genetic diversity and disease resistance: Some considerations for research, breeding, and deployment[J]. Canadian Journal of Forest Research, 31: 596 – 606.

[51] Caffaro M M, Vivanco J M, Gutierrez BFH, et al, 2011. The effect of root exudates on root architecture in Arabidopsis thaliana[J]. Plant Growth Regulation. 64: 241 – 249.

[52] Caldwell M M, Dawson T E, Richards J H, 1998. Hydraulic lift consequences of water efflux from the roots of Plant[J]. Oeeologia, 113: 15 – 16.

[53] Cannell MGR, Van N M, Ong C K, 1996. The central agroforestry hypothesis: the tree must acquire resources that the crop would not otherwise acquire[J]. Agroforestry Systems, 34: 27 – 31.

[54] Cardoso I, Boddington C, Janssen B, et al, 2003. Distribution of mycorrhizal fungal spores in soils under agroforestry and monocultural coffee systems in Brazil[J]. Agroforestry Systems, 58: 33 – 43.

[55] Carsan S, Stroebel A, Dawson I, et al, 2014. Can agroforestry option values improve the functioning of drivers of agricultural intensification in Africa? [J]. Current Opinion in Environmental Sustainability, 6: 35 – 40.

[56] Carvalho A, Castro Tavares R, Cardoso I, et al, 2010. Mycorrhizal associations in Agroforestry Systems[J]. Soil Biology and Agriculture in the Tropics, 21: 185 – 208.

[57] Chander K, Goyal S, Nandal D P, et al, 1998. Soil organic matter, microbial biomass and enzyme activities in a tropical agroforestry system[J]. Biology and Fertility of Soils, 27: 168 – 172.

[58] Cong W F, Hoffland E, Li L, et al, 2015. Intercropping enhances soil carbon and nitrogen[J]. Global Change Biology, 21: 1715 – 1726.

[59] Dai X Q, Li P, Guo X Q, et al, 2008. Nitrogen and phosphorus uptake and yield of wheat and maize intercropped with poplar[J]. Arid Land Research and Management, 22: 296 – 309.

[60] Diels J, Vanlauwe B, Van der Meersch MK, et al, 2004. Long-term soil organic carbon dynamics in a sub-

humid tropical climate: ^{13}C data in mixed C3/C4 cropping and modeling with ROTHC[J]. Soil Biology and Biochemistry, 36: 1739 – 1750.

[61] Droppelmann K J, Ephrath J E, Berliner P R, 2000. Tree/crop complementarity in an arid zone runoff agroforestry system in northern Kenya[J]. Agroforestry Systems, 50: 1 – 16.

[62] Duarte E M, Cardoso I M, Stijnen T, et al, 2013. Decomposition and nutrient release in leaves of Atlantic Rainforest tree species used in Agroforestry Systems[J]. Agroforestry Systems, 87: 835 – 847.

[63] Dwivedi A P, 1992. Agroforestry: Principles and practices[M]. New Delhi: Oxford and IBH Publishing.

[64] Eastam J, Rose C W, Cameron D M, et al, 1988. The effect of tree spacing on evaporation from an Agroforestry experiment[J]. Agricultural and Forest Meteorology, 42(4): 355 – 368.

[65] Falik O, Reides P, Gersani M, et al, 2003. Self/non – self discrimination in roots[J]. Journal of Ecology, 91: 525 – 531.

[66] FAO, 1992. Sustainable development and the environment[R].

[67] FAO, 2008. Current world fertilizer trends and outlook to 2011/2012[R].

[68] Faurie O, Sinoquet H, 1996. Radiation interception, partitioning and use in grass-clover mixture[J]. Annals of Botany, 77: 35 – 45.

[69] Fletcher IIIEH, Thetford M, Sharma J, et al, 2012. Effect of root competition and shade on survival and growth of nine woody plant taxa within a pecan [*Carya illinoinensis* (Wangenh.) C. Koch] alley cropping system[J]. Agroforestry Systems, 86: 49 – 60.

[70] Fornara D A, Tilman D, 2008. Plant functional composition influences rates of soil carbon and nitrogen accumulation[J]. Journal of Ecology, 96: 314 – 322.

[71] Freitas ADS, Sampaio EVSB, Santos CERS, et al, 2010. Biological nitrogen fixation in tree legumes of the Brazilian semi – arid caatinga[J]. Journal of Arid Environments, 74: 344 – 349.

[72] Fricke K, 1904. Shade intolerant and shade – tolerant species, a dogma that is not founded in science[J]. Centrablatt für das gesamte Forstwesen, 30: 315 – 325 (in German).

[73] Fukai S, Trenbath B R, 1993. Processes determining intercrop productivity and yields of component crops [J]. Field Crops Research, 34: 239 – 472.

[74] Gama – Rodrigues E F, Nair PKR, Nair VD, et al, 2010. Carbon storage in soil size fractions under two cacao agroforestry systems in Bahia, Brazil[J]. Environmental Management, 45: 274 – 283.

[75] Gao X, Wu M, Xu R N, et al, 2014. Root Interactions in a maize/soybean intercropping system control soybean soil – borne disease, red crown rot[J]. Plos One, 9(5): e95031.

[76] Gersani M, Brown J S, O'Brien E E, et al, 2001. Tragedy of the commons as a result of root competition [J]. Journal of Ecology, 89: 660 – 669.

[77] Gillespie A R, Jose S, Mengel D B, et al, 2000. Defining competition vectors in a temperate alley cropping system in the midwestern USA: 1. Production physiology[J]. Agroforestry Systems, 48: 25 – 40.

[78] Gomez E, Bisaro V, Conti M, 2000. Potential C-source utilization patterns of bacterial communities as influenced by clearing and land use in a vertic soil of Argentina[J]. Applied Soil Ecology, 15: 273 – 281.

[79] Gruntman M, Novoplansky A, 2004. Physiologically mediated self/non-self discrimination in roots[J]. Proceedings of the National Academy of Sciences, 101: 3863 – 3867.

[80] Gu Y H, Mazzola M, 2003. Modification of fluorescent pseudomonad community and control of apple replant disease induced in a wheat cultivar-specific manner[J]. Applied Soil Ecology, 24: 57 – 72.

[81] Haggar J P, Tanner E V J, Beer J W, et al, 1993. Nitrogen dynamics of tropical agroforestry and annual cropping systems[J]. Soil Biology and Biochemistry, 25: 1363 – 1378.

[82] Han Z, Yin T, Li C, Huang M, et al, 2000. Host effect on genetic variation of Marssoninabrunnea pathogenic to poplars[J]. Theoretical and Applied Genetics, 100: 614-620.

[83] Hao W Y, Ren L X, Ran W, et al, 2010. Allelopathic effects of root exudates from watermelon and rice plants on Fusarium oxysporum f. sp. niveum[J]. Plant and Soil, 336: 485-497.

[84] Hattenschwiler S, Tiunov A V, Scheu S, 2005. Biodiversity and litter decomposition interrestrial ecosystems [J]. Annual Review of Ecology Evolution and Systematics, 36: 191-218.

[85] Hauggaard-Nielsen H, Ambus P, Jensen E S, 2001. Temporal and spatial distribution of roots and competition for nitrogen in pea-barley intercrops—a field study employing ^{32}P technique[J]. Plant and Soil, 236: 63-74.

[86] Herridge D F, Peoples M B, Boddey R M, 2008. Global inputs of biological nitrogen fixation in agricultural systems[J]. Plant and Soil, 311: 1-18.

[87] Horwith B, 1985. A role for intercropping in modern agriculture[J]. BioScience, 35: 286-291.

[88] Hou Q J, Brandle J, Hubbard K, et al, 2003, Alteration of soil water content consequent to root-Pruning at a windbreak/crop interface in Nebraska, USA[J]. Agroforestry Systems, 57: 137-147.

[89] Imo M, Timmer V R, 2000. Vector competition analysis of a Leucaena-maize alley cropping system in western Kenya[J]. Forest Ecology and Management, 126: 255-268.

[90] Imo M, 2009. Interactions amongst trees and crops in taungya systems of western Kenya[J]. Agroforestry Systems, 76: 265-273.

[91] Ingleby K, Wilson J, Munro R C, et al, 2007. Mycorrhizas in agroforestry: spread and sharing of arbuscular mycorrhizal fungi between trees and crops: complementary use of molecular and microscopic approaches[J]. Plant and Soil, 294: 125-136.

[92] Isaac M E, Gordon A M, Thevathasan N, et al, 2005. Temporal changes in soil carbon and nitrogen in west African multistrata Agroforestry Systems: A chronosequence of pools and fluxes[J]. Agroforestry Systems, 65: 23-31.

[93] Isaac M E, Hinsinger P, Harmand J M, 2012. Nitrogen and phosphorus economy of a legume tree-cereal intercropping system under controlled conditions[J]. Science Total Environment, 434: 71-78.

[94] Jackson R, Caldwell M, 1996. Integrating resource heterogeneity and plant plasticity: modelling nitrate and phosphate uptake in a patchy soil environment[J]. Journal of Ecology, 84(6): 891-903.

[95] Jactel H, Brockerhoff E G, 2007. Tree diversity reduces herbivory by forest insects[J]. Ecology Letters, 10: 835-848.

[96] Jalonen R, Nygren P, Sierra J, 2009. Transfer of nitrogen from a tropical legume tree to an associated fodder grass via root exudation and common mycelial networks[J]. Plant, Cell and Environment, 32: 1366-1376.

[97] Jamaludheen V, Kumar B M, Wahid PA, et al, 1997. Root distribution pattern of the wild jack tree (ArtocarpushirsutusLamk.) as studied by ^{32}P soil injection method[J]. Agroforestry Systems, 35: 293-336.

[98] Janaen H H, 1990. Deposition of nitrogen into the rhizosphere by wheat roots[J]. Soil Biology and Biochemistry, 22: 115-1160.

[99] Johansen A, Jensen E S, 1996. Transfer of N and P from intact or decomposing roots of pea to barely interconnected by an arbuscular mycorrhizal fungus[J]. Soil Biology and Biochemistry, 28: 73-81.

[100] Johnson N C, 1993. Can fertilization of soil select less mutualistic mycorrhizae? [J]. Ecological Applications, 3: 749-757.

[101] Jones D L, Nguyen C, Finlay R D, 2009. Carbon flow in the rhizosphere: Carbon trading at the soil-root interface[J]. Plant and Soil, 321: 5-33.

[102] Jonsson K, Ong C K, Odongo J C W, 1999. Influence of scattered néré and karité trees on microlimate, soil fertility and millet yield in Burkina Faso[J]. Experimental Agriculture, 35: 39 – 53.

[103] Jose S, Gillespie A R, Pallardy S G, 2004. Interspecifc interactions in temperate agroforestry[J]. Agroforestry Systems, 61: 237 – 255.

[104] Jose S, Gillespie A R, Seifert J R, et al, 2000b. Defining competition vectors in a temperate alley cropping system in the mid-western USA: 3. Competition for nitrogen and litter decomposition dynamics[J]. Agroforestry Systems, 48: 61 – 77.

[105] Jose S, Gillespie A R, Seifert J R, 2000a. Defining competition vectors in a temperate alley cropping system in the midwestern USA: 2. Competition for water[J]. Agroforestry Systems, 48: 41 – 49.

[106] Jose S, Williams R A, Zamora D S, 2006. Belowground ecological interactions in mixed-species forest plantations[J]. Forest Ecology and Management, 233: 231 – 239.

[107] Kähkölö A K, Nygren P, Leblanc H, et al, 2012. Leaf and root litter of a legume tree as nitrogen sources for cacaos with different root colonisation by arbuscular mycorrhizae[J]. Nutrient Cyclingin Agroecosystems, 92: 51 – 65.

[108] Kang B T, Caveness F E, Tian G, et al, 1999. Longterm alley cropping with four hedgerow species on an Alfisol in southwestern Nigeria – effect on crop performance, soil chemical properties and nematode population[J]. Nutrient Cycling in Agroecosystems, 54: 145 – 155.

[109] Kaur B, Gupta S R, Singh G, 2000. Soil carbon, microbial activity and nitrogen availability in Agroforestry Systems on moderately alkaline soils in northern India[J]. Applied Soil Ecology, 15: 283 – 294

[110] Keating B A, Carbeery P S, 1993. Resource capture and use in intercropping: Solar radiation[J]. Field Crops Research, 34: 273 – 301.

[111] Kong C, Liang W, Hu F, et al, 2004. Allelochemicals and their transformations in the Ageratum conyzoides intercropped citrus orchard soils[J]. Plant and Soil, 264: 149 – 157.

[112] Koricheva J, Vehviläinen H, Riihimäki J, et al, 2006. Diversification of tree stands as a means to manage pests and diseases in boreal forests: Myth or reality? [J]. Canadian Journal of Forest Research, 36: 324 – 336.

[113] Kowalchuk T E, Jong E D, 1995. Shelterbelts and their effect on crop yield[J]. Canada Journal of Soil Science, 75: 543 – 550.

[114] Kumar A, Shukla A, Hashmi S, et al, 2007. Effects of trees on colonization of intercrops by vesicular arbuscular mycorrhizae in Agroforestry Systems[J]. Indian Journal Agricultural Science, 77: 291 – 298.

[115] Kumar B M, Nair RPK, 2011. Carbon sequestration potential of Agroforestry Systems: Opportunities and challenges[M]. Dordrecht: Springer Netherlands.

[116] Kurppa M, Leblanc H A, Nygren P, 2010. Detection of nitrogen transfer from N2-fixing shade trees to cacao saplings in ^{15}N labelled soil: ecological and experimental considerations[J]. Agroforestry Systems, 80: 223-239.

[117] Kurz W A, Dymond C C, Stinson G, et al, 2008. Mountain pine beetle and forest carbon feedback to climate change[J]. Nature, 452: 987 – 990.

[118] Lacombe S, Bradley R L, Hamel C, et al, 2009. Do tree-based intercropping systems increase the diversity and stability of soil microbial communities? [J]. Agriculture, Ecosystems and Environment, 131: 25 – 31.

[119] Lacombe S, Bradley R, Hamel C, et al, 2009. Do tree-based intercropping systems increase the diversity and stability of soil microbial communities? [J]. Agriculture, Ecosystems and Environment, 131: 25 – 31.

[120] Lal R, 2004. Soil carbon sequestration impacts on global climate change and food security[J]. Science,

304：1623 – 1627.

[121] Landis D A, Wratten S D, Gurr G M, 2000. Habitat management to conserve natural enemies of arthropod pests in agriculture[J]. Annual Review of Entomology, 45：175 – 201.

[122] Leflaive J, 2007. Algal and cyanobacterial secondary metabolites in freshwaters: a comparison of allelopathic compounds and toxins[J]. Freshwater Biology. 52（2）：199 – 214.

[123] Lehmann J, PeterI, Steglich C, et al, 1998 Below-ground interactions in dryland agroforestry[J]. Forest Ecology and Management, 111：157 – 169.

[124] Leigh J, Hodge A, Fitter A H, 2009. Arbuscular mycorrhizal fungi can transfer substantial amounts of nitrogen to their host plant from organic material[J]. New Phytologist, 181：199 – 207.

[125] Li Q Z, Sun J H, Wei X J, et al, 2011. Overyielding and interspecific interactions mediated by nitrogen fertilization in strip intercropping of maize with faba bean, wheat and barley[J]. Plant and Soil, 339：147 – 161.

[126] Li Y Y, Yu C B, Cheng X, et al, 2009. Intercropping alleviates the inhibitory effect of N fertilization on nodulation and symbiotic N2 fixation of faba bean[J]. Plant and Soil, 323：295 – 308.

[127] Livesley S J, Gregory P J, Buresh R J, 2000. Competition in tree-row Agroforestry Systems. 1. Distribution and dynamics of fine roots length and biomass[J]. Plant and Soil, 227：149 – 161.

[128] Loyola-Vargas V M, Broeckling C D, Badri D, et al, 2007. Effect of transporters on the secretion of phytochemicals by the roots of Arabidopsis thaliana[J]. Planta, 225：301 – 310.

[129] Lu L, Yin S, Liu X, et al, 2013. Fungal networks in yield-invigorating and-debilitating soils induced by prolonged potato monoculture[J]. Soil Biology and Biochemistry, 65：186 – 194.

[130] Lu S, Meng P, Zhang J S, et al, 2015. Changes in soil organic carbon and total nitrogen in croplands converted to walnut-based agroforestry systems and orchards in southeastern Loess Plateau of China[J]. Environmental Monitoring and Assessment, 187：9.

[131] Mader P, Fliessbach A, Dubois D, et al, 2002. Soil fertility and biodiversity in organic farming[J]. Science, 296：1694 – 1697.

[132] Maherali H, Klironomos J N, 2007. Influence of phylogeny on fungal community assembly and ecosystem functioning[J]. Science, 316：1746 – 1748.

[133] Maina G G, Brown J S, Gersani M, 2002. Intra-plant versus inter-plant root competition in beans: Avoidance, resource matching or tragedy of the commons[J]. Plant Ecology, 160：235 – 247.

[134] Makoi JHJR, Ndakidemi P A, 2007. Biological, ecological and agronomic significance of plant phenolic compounds in rhizosphere of the symbiotic legumes[J]. African Journal of Biotechnology, 6：1358 – 1368.

[135] Mapa R B, Gunasena HPM, 1995. Effect of alley cropping on soil aggregate stability of a tropical Alfisol [J]. Agroforestry Systems, 32：237 – 245.

[136] MarshalL B, Willey R W, 1983. Radiation interception and growth in an intercrop of pearl millet/groundnut[J]. Field Crops Research, 7：141 – 160.

[137] Marshall M G, Bennett C F, 1998. Outcomes of nitrogen fertilizer management programs[J]. National Extension Targeted Water Quality Program, 3：1992 – 1995.

[138] Mattson W J, Addy N D, 1975. Phytophagous insects as regulators of forest primary production[J]. Science, 190：515 – 522.

[139] Miller A W, Pallardy S G, 2001. Resource competition across and crop-tree interface in a maize-silver maple temperate alley cropping stand in Missouri[J]. Agroforestry Systems, 53：247 – 259.

[140] Moreno G, Obrador J J, García A, 2007. Impact of evergreen oaks on soil fertility and crop production in

intercropped dehesas[J]. Agriculture, Ecosystems and Environment, 119: 270-280.

[141] Morris R A, Garrity D P, 1993a. Resource capture and utilization in intercropping: Water[J]. Field Crops Research, 34: 303-317.

[142] Morris R A, Garrity D P, 1993b. Resource capture and utilization in intercropping: non-nitrogen nutrient[J]. Field Crops Research, 34: 319-334.

[143] Mungai N W, Motavalli P P, Kremer RJ, et al, 2005. Spatial variation of soil enzyme activities and microbial functional diversity in temperate alley cropping systems[J]. Biology and Fertility of Soils, 42: 129-136.

[144] Munroe J W, Isaac M E, 2014. N2-fixing trees and the transfer of fixed-N for sustainable agroforestry: A review[J]. Agronomy for Sustainable Development, 34 (2. : 417-427.

[145] Nair PKR, Buresh R J, Mugendi D N, et al, 1998. Nutrient cycling in tropical Agroforestry Systems: Myths and science[J]. BocaRaton: CRC Press.

[146] Nair P K R, Kumar B M, Nair V D, 2009. Agroforestry as a strategy for carbonsequestration[J]. Journal of Plant Nutrition and Soil Science, 172: 10-23.

[147] Nambiar EKS, Sands R, 1993, Competition for water and nutrients in forests[J]. CanadiaJournal of Forest Researeh, 23(10): 1955-1968.

[148] Narain P, Singh R K, Sindhwal N S, et al, 1998. Agroforestry for soil and water conservation in the western Himalayan Valley Region of India. Ⅰ. Runoff, soil and nutrient losses[J]. Agroforestry Systems, 39: 175-189.

[149] Ng HYF, Drury C F, Serem V K, et al, 2000. Modeling and testing of the effect of tillage, cropping and water management practices on nitrate leaching in clay loam soil[J]. Agricultural Water Management, 43: 0-131.

[150] Nissen T M, Midmore DJ, Cabrera M L, 1999. Aboveground and belowground competition between intercropped cabbage and young *Eucalyptus torelliana*[J]. Agroforestry Systems, 46: 83-93.

[151] Nygren P, Fernández M P, Harmand J M, et al, 2012. Symbiotic dinitrogen fixation by trees: An underestimated resource in Agroforestry Systems? [J]. Nutrient Cycling in Agroecosystems, 94: 123-160.

[152] O'Brien E E, Gersani M, Brown J S, 2005. Root proliferation and seed yield in response to spatial heterogeneity of below-ground competition[J]. New Phytologist, 168: 401-412.

[153] Oelbermann M, Voroney R P, Thevathasan N V, et al, 2006. Soil carbon dynamics and residue stabilization in a Costa Rican and southern Canadian alley cropping system[J]. Agroforestry Systems, 68: 27-36.

[154] Oerke E C, 2006. Crop losses to pests[J]. The Journal of Agricultural Science, 144: 31-43.

[155] Oerke E C, Dehne H W, 2004. Safeguarding production-losses in major crops and the role of crop protection[J]. Crop Protection, 23: 275-285.

[156] OforiF, Stern W R, 1987. Cereal-legume intercropping systems[J]. Advances in Agronomy, 41: 41-90.

[157] Oikeh S O, King J G, Horst W J, et al, 1999. Growth and distribution of maize roots under nitrogen fertilization in plinthite soil[J]. Field Crop Research, 62: 1-13.

[158] Palm C A, 1995. Contribution of agroforestry trees to nutrient requirements of intercropped plants. Agroforestry: Science, Policy and Practice[M]. Dordrecht: Springer.

[159] Palma JHN, Graves A R, Bunce RGH, et al, 2007. Modeling environmental benefits of silvoarable agroforestry in Europe[J]. Agriculture, Ecosystems and Environment, 119: 320-334

[160] Peichl M, Thevathasan N, Gordon A M, et al, 2006. Carbon sequestration potentials in temperate tree-based intercropping systems, southern Ontario[J], CanadaAgroforestry Systems, 66: 243-257.

[161] Peltzer D A, Wilson S D, Gerry A K, 1998. Competition intensity along a productivity gradient in low-diversity grassland[J]. The American Naturalist, 151: 465-476.

[162] Peoples M B, Herridge D F, Ladha J K, 1995. Biological nitrogent fixation—an efficient source of nitrogen for sustainable agricultural production[J]. Plant and Soil, 174: 3-28.

[163] Perfecto I, Vandermeer J H, Bautista G L, et al, 2004. Greater predation in shaded coffee farms: The role of resident neotropical birds[J]. Ecology, 85: 2677-2681.

[164] Pozo M J, Azcon-Aguilar C, 2007. Unraveling mycorrhiza-induced resistance[J]. Current Opinion in Plant Biology, 10: 393-398.

[165] Prasad R, Mertia R, 2005. Dehydrogenase activity and VAM fungi in treerhizosphere of Agroforestry Systems in Indian arid zone[J]. Agroforestry Forum, 63: 219-223.

[166] Pugnaire F I, Luque M T, 2001. Changes in plants interactions along a gradient of environmental stress[J]. Oikos, 93: 42-49.

[167] Rao DLN, Pathak H, 1996. Ameliorative influence of organic matter on biological activity of salt affected soils[J]. Arid Soil Research and Rehabilitation, 10: 311-319.

[168] Rao M R, Muraya P, Huxley P A, 1993. Observations of sometree root systems in agroforestry intercrop situations, and theirgraphical representation[J]. Experimental Agriculture, 29: 183-194.

[169] Rao M R, Nair PKR, Ong C K, 1998, Biophysical interactions in tropical Agroforestry Systems[J]. Agroforestry Systems, 38: 3-50

[170] Rao M, Nair P, Ong C, 1998. Biophysical interactions in tropical Agroforestry Systems. In: Directions in Tropical Agroforestry Research[M]. Dordrecht: Springer.

[171] Rao M, Singh M, Day R, 2000. Insect pest problems in tropical Agroforestry Systems: Contributory factors and strategies for management[J]. Agroforestry Systems, 50: 243-277.

[172] Rao R, Rego T J, Willey R W, 1987. Response of cereals to nitrogen on monocropped cropping and intercropping with different legumes[J]. Plant and Soil, 101: 167-177.

[173] Ray R W, Fred M, 2004. Significance of Soil Organic Matter to Soil Quality and Health. In "Soil Organic Matter in Sustainable Agriculture"[M]. Boca Raton: CRC Press.

[174] Ren L X, Su S M, Yang X M, et al, 2008. Intercropping with aerobic rice suppressed Fusarium wilt in watermelon[J]. Soil Biology and Biochemistry, 40: 834-844.

[175] Richards J H, Caldwell M M, 1987. Hydraulic lift: substantial nocturnal water transport between soil layers byArtemisia, tridentate roots[J]. Oceologia, 73: 486-589

[176] Rowe E C, HairiahK, Giller K E, et al, 1999. Testing the safety-net role of hedgerow tree roots by ^{15}N placement at different soil depths[J]. Agroforestry Systems, 43: 81-93.

[177] Sacramento JAAS, Araujo ACM, Escobar MEO, et al, 2013. Soil carbon and nitrogen stocks in traditional agricultural and Agroforestry Systems in the semiarid region of Brazil[J]. RevistaBrasileira de Ciencia do Solo, 37: 784-795.

[178] Schroth G D, Angelo S A, Teixeira W G, et al, 2002. Conversion of secondary forest into agroforestry and monoculture plantations in Amazonia: Consequences for biomass, litter and soil carbon stocks after 7 years[J]. Forest Ecology and Management, 163: 131-150.

[179] Schroth G, Sinclair F L, 2003. Trees, crops, and soil fertility: concepts and research methods[M]. Cambridge: CABI Publishing.

[180] Schroth G, 1999. A review of belowground interactions in agroforestry, focussing on mechanismsand management options[J]. Agroforestry Systems, 43: 5-34.

[181] Semchenko M, John E A, Hutchings M J, 2007. Effects of physical connection and genetic identity of neighbouringramets on root-placement patterns in two clonal species[J]. New Phytologist, 176: 644-654.

[182] Sharma K L, Raju K R, Das S K, et al, 2009. Soil Fertility and Quality Assessment under Tree-, Crop-, and Pasture-Based Land-Use Systems in a Rainfed Environment[J]. Communications in Soil Science and Plant Analysis, 40: 1436-1461.

[183] Shi S, Zhang W, Zhang P, et al, 2013. A synthesis of change in deep soil organic carbon stores with afforestation of agricultural soils[J]. Forest Ecology and Management, 296: 53-63.

[184] Sileshi G W, Debusho L K, Akinnifesi F K, 2012. Can integration of legume trees increase yield stability in rainfed maize cropping systems in Southern Africa?[J]. Agronomy Journal, 104: 1392-1398.

[185] Singh R P, Ong C K, Saharan N, 1989. Above and below ground interactions in alleycropping in semi-arid India[J]. Agroforestry Systems, 9: 259-274.

[186] Sinoquet H, Bonhomme R, 1992. Modeling radioactive transfer in mixed and row intercropping systems [J]. Agriculture and Forest Meteorology, 62: 219-240.

[187] Smith D M, Jarvis P G, 1998. Physiological and environmental control of transpiration by trees in Wind breaks[J]. Forestry Ecology and Management, 105: 159-173.

[188] Sollins P, Swanston C. Kramer M, 2007. Stabilization and destabilization of soil organic matter -a new focus[J]. Biogeochemistry, 85: 1-7.

[189] Solomon M, Jay C, Innocenzi P, et al, 2001. Review: natural enemies and biocontrol of pests of strawberry in northern and central Europe[J]. Biocontrol Science and Technology, 11: 165-216.

[190] Sørensen J, Sessitsch A, 2007. Plant-associated bacterial-lifestyle and molecular interactions[M]. Boca Raton: CRC Press.

[191] Soto-Pinto L, Anzueto M, Mendoza J, et al, 2010. Carbon sequestration through agroforestry in indigenous communities of Chiapas, Mexico. [J] Agroforestry Systems, 78: 39-51.

[192] Stern W R, 1993. Nitrogen fixation and transfer in intercrop systems[J]. Field Crops Research, 34: 335-336.

[193] Sun H, Tang Y, Xie J S, 2008. Contour hedgerow intercropping in the mountains of China: A review[J]. Agroforestry Systems, 73: 65-76.

[194] Tang X, Bernard L, Brauman A, et al, 2014. Increase in microbial biomass and phosphorus availability in the rhizosphere of intercropped cereal and legumes under field conditions[J]. Soil Biology and Biochemistry, 75: 86-93.

[195] Thomas J, Kumar B M, Wahid P A, 1998. Root competition for phosphorus between ginger and Ailanthus triphysa in Kerala, India[J]. Agroforestry Systems, 41: 293-305.

[196] Tian G, Kang B T, Kolawole G O, et al, 2005. Long-term effects of fallow systems and lengths on crop production and soil fertility maintenance in West Africa[J]. Nutrient Cycling in Agroecosystems, 71: 139-150.

[197] Tournebize R, Sinoquet H, 1995. Light interception and partition in a shrub/grass mixture[J]. Agricultural and Forest Meteorology, 72: 277-294.

[198] Tully K L, Lawrence D, Scanlon T M, 2012. More trees less loss: Nitrogen leaching losses decrease with increasing biomass in coffee agroforests[J]. Agriculture, Ecosystems and Environment, 161: 137-144.

[199] Tully K L, Lawrence D, Wood S A, 2013. Organically managed coffeeagroforests have larger soil phosphorus but smaller soil nitrogen pools than conventionally managed agroforests[J]. Biogeochemistry, 115: 385-397.

[200] Udawatta R P, Adhikari P, Senaviratne GMMMA, et al, 2015. Variability of soil carbon in row crop watersheds with agroforestry buffers[J]. Agroforestry Systems, 89: 37 - 47.

[201] Van Asten PJA, Wairegi LWI, Mukasa D, et al, 2011. Agronomic and economic benefits of coffee-banana intercropping in Uganda's smallholder farming systems[J]. Agroforestry Systems, 104: 326 - 334.

[202] Vandermeer J H, 1989. The ecology of intercropping[M]. Cambridge: Cambridge University Press.

[203] Vanlauwe B, Diels J, Sanginga N, et al, 2005. Long-term integrated soil fertility management in Southwestern Nigeria: Crop performance and impact on the soil fertility status[J]. Plant and Soil, 273: 337 - 354.

[204] Verchot L V, Hutabarat L, Hairiah K, et al, 2006. Nitrogen availability and soil N_2O emissions following conversion of forests to coffee in southern Sumatra[J]. Global Biogeochemistry Cycles, 20: 1 - 12.

[205] Villagrasa M, Eljarrat E, Barceló D, 2009. Analysis of benzoxazinone derivatives in plant tissues and their degradation products in agricultural soils[J]. Trends in Analytical Chemistry, 28 (9): 1103 - 1114.

[206] Vinita B, Bangarwa K S, 2015. Effect of different aspects of eucalypts (*Eucalyptus tereticornis*) based agroforestry system on soil nutrient status in northern India[J]. International Journal of Tropical Agriculture, 33: 1261 - 1265.

[207] Wan H H, Song B Z, Tang GB, et al, 2015. What are the effects of aromatic plants and meteorological factors on Pseudococcus comstocki and its predators in pear orchards? [J]. Agroforestry Systems, 89: 537 - 547.

[208] Wang B J, Zhang W, Ahanbieke P, et al, 2014. Interspecific interactions alter root length density, root diameter and specific root length in jujube/wheat Agroforestry Systems[J]. Agroforestry Systems, 88: 835 - 850

[209] Wang G, Cao F, 2011. Integrated evaluation of soil fertility in Ginkgo (*Ginkgo biloba* L.) Agroforestry Systems in Jiangsu, China[J]. Agroforestry Systems, 83: 89 - 100.

[210] Wanvestraut R, JoseS, NairPKR, et al, 2004. Competition for water in a pecan-cotton alley cropping system [J]. Agroforestry Systems, 60: 167 - 179.

[211] Wentzell A M, Kliebenstein D J, 2008. Genotype, age, tissue, and environment regulate the structural outcome of glucosinolate activation[J]. Plant Physiology. 147: 415 - 428.

[212] Wiesler F, Horst W J, 1994. Root growth and nitrate utilization of maize cultivars under field conditions [J]. Plant and Soil, 163: 267 - 277.

[213] Willey R W, 1979a. Intercropping-its importance and research needs. Part 1 Competition and yield advantages[J]. Field Crop Abstract, 32: 1 - 10.

[214] Willey R W, 1979b. Intercropping-its importance and research needs. Part 2 Agronomy and research approaches[J]. Field Crop Abstract, 32: 73 - 85.

[215] Williams P A, Gordon A M, GarrettHE, et al, 1997. Agroforestry in North America and its role in farming systems. In: Gordon, A. M, Newman, S. M. (Eds.), Temperate Agroforestry Systems[M]. Wallington: CAB International.

[216] Willis R J, 2000. Juglans spp, juglone and allelopathy[J]. Allelopathy Journal, 7: 1 - 55.

[217] Wu H W, Haig T, Pratley J, et al, 2000. Distribution and exudation of allelochemicals in wheat (Triticum aestivum)[J]. Journal of Chemical Ecology, 26: 2141 - 2154.

[218] Xu X, Thornton P, Post W, 2013. A global analysis of soil microbial biomass carbon, nitrogen and phosphorus in terrestrial ecosystems[J]. Global Ecology and Biogeography, 22: 737 - 749.

[219] Yaling T, Cao F, Wang G, 2013. Soil microbiological properties and enzyme activity in Ginkgo-tea agrofor-

estry compared with monoculture[J]. Agroforestry Systems, 87: 1201 – 1210.

[220] Yamoah C F, 1990. Alley cropping *Sesbania sesban* (L) Merill with food crops in the highland region of Rwanda[J]. Agroforestry Systems, 10: 169 – 181.

[221] Zamora D S, JoseS, Nair PKR, et al, 2006. Interspecific competition in a pecan – cotton alleycropping system in the southern United States: Production physiology[J]. Canadian Journal of Botany, 84: 1686 – 1694.

[222] Zamora D S, JoseS, Nair PKR, 2007. Morphological plasticity of cotton roots in response to interspecific cmpetition with pecan in an alleycropping system in the Southern United States[J]. Agroforestry Systems, 69: 107 – 116.

[223] Zeng D H, Mao R, Chang S X, et al, 2010. Carbon mineralization of tree leaf litter and crop residues from poplar-based Agroforestry Systems in Northeast China: A laboratory study[J]. Applied Soil Ecology, 44: 133 – 137.

[224] Zhang F, Li L, 2003. Using competitive and facilitative interactions in intercropping systems enhances crop productivity and nutrient-use efficiency[J]. Plant and Soil, 248: 305 – 312.

[225] Zhang W, Ahanbieke P, Wang B J, et al, 2013. Root distribution and interactions in jujube tree/wheat agroforestry system[J]. Agroforestry Systems, 87: 929 – 939.

[226] Zhang W, Ahanbieke P, Wang B J, et al, 2014. Temporal and spatial distribution of roots as affected by interspecific interactions in a young walnut/wheat alley cropping system in Northwest China[J]. Agroforestry Systems, 89: 327 – 343.

[227] Zhu Y Y, Chen H R, Fan J H, et al, 2000. Genetic diversity and disease control in rice[J]. Nature, 406: 718 – 722.

本章作者：李文华(中国科学院地理科学与资源研究所)、张福锁(中国农业大学)、李隆(中国农业大学)

第六章
农林复合经营社会经济学原理

农林复合系统不仅是一个生态系统，其发生发展要遵守生态学的规律和原理，而且它也是人类经营的对象，并且关系到生产、分配、交换和消费构成的社会经济生产与再生产过程。因此，对这一系统进行管理时还必须遵守社会经济学规律。同时，生态规律与经济规律之间又相互联系、相互制约，只有当二者协调发展时才能相得益彰。反之，又会形成恶性循环，对持续发展造成威胁。

第一节 经济学理论

从经济学的观点来看，农林复合系统的建立与经营管理，应考虑以下几个方面：

一、增产与增值的原则

要想使农林复合系统维持稳定发展，就必须使其中的经济和生态子系统协调统一发展。这就要求：

一是生态系统自身的稳定性。森林生态系统物种繁多，结构复杂，具有较高的自调节、自组织和自我恢复的能力，是一个稳定性较强的生态系统。而农田生态系统物种单一、结构单一，农作物靠从土壤中吸收养分而生长，但作物收获时，大部分养分被带出系统，能返回的很少，若没有及时的能量输入，就会影响系统的正常功能。农林复合系统把林木（森林）与农田结合起来，使森林的调节功能和防护功能得以充分利用。农田生态系统物种单一、基础脆弱的状况得以改善，使系统获得了持续发展的生物学基础。

二是合理有效的人工调控。具备了这样稳定的生态系统，只是具备了提高经济生产的条件。在此基础上，通过技术系统的投入，使生态子系统的能流、物流转变成经济子系统的产品物流，最后形成价值流。成功的农林复合系统都是利用了生态学上的规律，使系统的循环过程中，能有更多的能量进入产品物流，形成商品价值流。例如，桑基鱼塘中桑叶供给蚕作饲料产出蚕丝，蚕砂投入鱼塘生产出鱼，鱼粪和塘泥又返回给桑树，这样，使食物链的每一级都有商品的生产，提高了能量向商品的转化率，系统的经济效益也在此过程中得到提高。如果这一系统去掉鱼这一环节，当然也可形成物质的循环与能量的转换，但经济效益却大大下降了。

农林复合系统在结构设计时既利用了限制因素原理，即在加强对支配地位的主导因子控制的同时，也对相对薄弱的最小因子进行控制；而且还利用了系统组分的相生相克原理，增加了系统的自我调节能力；并且还利用了长链利用原理，使循环转化环节增多，有利于物质的多次利用，提高系统的生产力。高效、持久、稳定的生态子系统不断增加物质、能量的输出，以满足经济子系统的需要；经济子系统通过经济的、技术的调节控制手段作用于生态子系统，并优化其结构，强化其功能，促进系统的良性循环，提高系统的生产力。生态子系统和经济子系统的协调发展，使得整个系统结构稳定、功能持久，并实现了高的循环转化率，使系统的增产与增值功能获得了有机的统一。

二、供求法则

农林复合系统是一个多样性系统，不仅具有生物多样性特征，而且具有经济多样性特点。因此，这一系统的产出也是多样的。这种多样性的产出系统客观上能够满足人们消费的多样性需要。

但是，供求法则不仅要求满足人们消费的多样性，而且要求在产出的量比关系、时空关系和品种上有一个合理的结构。只有这样，才能使供与求均衡，避免浪费或生产不足。

从供求法则出发，对于农林复合系统的设计和经营，在提高系统物种多样性的同时，要顺应市场需求形成的价格导向，进行不同作物品种的早、中、晚，林木的短、中、长以及上、中、下的时空配置，力争向市场提供丰富多样、适合消费者需要的产品。

三、开放式的复合经营系统

各地区由于社会经济条件和自然条件的差异，在选择复合经营系统的形式、内容和产品结构时都应有所差别，不能强求千篇一律。各地区应该充分考虑本地区的特点，选择1~2种有优势产品作为主导产品，来带动整个地区的复合经营系统。例如，桑葚鱼塘的复合经营系统中，主营桑蚕，也带动了鱼和其他经济作物。这是地域分工和市场经济的必然结果。复合经营系统开放经营的目的有两个方面：一方面满足当地的需要（包括当地城镇人口的需求）；另一方面以自己的优势产品推向外地。那种仅仅为了满足当地的需要自给自足而建立的封闭式的生态循环系统，是无利于复合经营系统走向市场的。没有市场观念的生产经营系统也是缺乏生命力的。只有坚持以市场为导向和遵照地域分工，才能显示出本地区的地位和作用。

四、长期效益和短期效益相结合

所谓长期效益与短期效益是指农林复合系统中各物种市场周期的长、短及在生产周期中所获得效益的时间是有差异的。农作物的生产周期,一般为一年,当然,还有生产周期更短的(如食用菌、蔬菜等)。畜牧业的生产周期差别很大,大牲畜 2~3 年,家畜中羊为 2 年,猪不到 1 年,家禽为几个月。以取毛为对象的羊、兔一年里收获 1~2 次。林木的生产周期长,但效益周期的差别就很大,除用材林外,防护林和经济林虽然周期长,但在几年以后就能年年有效益(防护效益和经济效益)。防护林周期越长,防护效益越大,这种效益体现在被防护的农业和畜牧业的效益之中。

在确定农林复合系统的规模、结构和布局时必须考虑到长期效益作物和短期效益作物的匹配。做到以短养长,长短结合。为解决温饱当然优先发展短平快项目,但也应该积极安排中、长期效益的项目,促使农村经济的持续发展。

五、生态效益与经济效益相结合

生态效益与经济效益是相互制约、相互联系、相互促进的矛盾统一体,只要处理得当,两者协调发展,相得益彰。良好的生态效益是经济效益持续发展的基础,良好的经济效益是良好生态效益的必然结果。完全脱离经济效益的生态工程是不会有什么良好的生态效益,也是没有生命力的。完全脱离甚至以破坏生态效益为代价的经济建设,其效益是不会持久的。

一个地区的生态工程建设与当地的经济条件有密切的关系,优越的经济条件是生态建设的保证,生态环境的改善又将促进经济的发展。比较富裕的北京平谷县大华山镇,近几年来在山上建立水土保持林和水源涵养林,在河石滩上搬走石头、运来客土发展果园,建立了新的生态循环系统,几年后就有了比较稳定的生态环境和较高的经济收益。

在几乎失去生产能力的地区,为了不使环境因人口过多而继续恶化,可以向外地迁移人口,以达到减轻人口对环境的压力,逐步恢复生态环境。例如,甘肃省计划从部分黄土高原地区和陇南地区向河西走廊移民 100 万人口,现已迁移 50 万。广东省也在积极将粤北石灰岩山区人口迁向省内其他地区。山东沂蒙山区的部分乡村、贵州部分石灰岩地区也可以仿效此种做法。

六、风险最小原则

农、林、牧是生物性的物质生产部门,受自然生态环境的影响比较大,例如洪涝灾、干旱、风沙、冰雹、火灾、病虫害等,在田间广阔的地域上进行生产,自然灾害难以避免。然而农林复合系统的各种物种和牲畜,抵御各种自然灾害的能力是不同的,根据当地经常可能出现的自然灾害,合理配置各种作物的比例,有利于减少自然灾害带来的损失。

市场的需求和市场的价格对农、林、牧生产结构的影响也是很大的。因此,农业生产必须采取多元化发展策略,包括产业多样化、产品多样化和结构系列化,并且积极发展加工工业,分散市场风险,只有这样才能在市场竞争中立于不败之地。

第二节 社会学理论

从社会学的观点来看,农林复合系统的建立与经营管理,应考虑以下几个方面:

一、充分利用自然资源和劳动力资源

农林各业及各个物种,在各自的生产过程中,对自然资源的要求是有差别的,人们利用这种差别,在复合系统中各种作物对自然资源的要求都能得到满足,同时又可以使各种作物起到相互促进的作用。河南豫东地区的桐农间作的形式为我们提供了实证。泡桐与小麦间作的争光、争肥矛盾较小:入秋,小麦破土出苗,泡桐开始落叶;初夏,泡桐开花放叶,小麦开始黄熟(表1-13),基本上没有争光问题;小麦根系浅,80%的根系在40cm以上的耕作层,泡桐80%的根系分布在40cm以下的深土层。

表1-13 泡桐、小麦物候对照

物候(月份) 物种	1	2	3	4	5	6	7	8	9	10	11	12
泡桐				0	Y	Y	Y	Y	Y	Y		
小麦	Y	Y	Y	Y	0◎						Y	Y

注:Y. 生长期;0. 花期;◎. 小麦熟黄期

这是人们利用物种对自然资源利用时间和空间的差异来配置它们的组合关系,这既是生态系统的原理,也是充分利用自然资源的原则。过去,人们只重视对自然资源的水平利用,不大注意资源的立体开发利用。随着社会生产力的发展,人们能够加大空间垂直布局的力度,构成各个物种在同一土地上立体的、水平的错落有序的分布。这是合理利用光能、空间和土壤肥力等自然资源的有效措施。

劳动者是农业生产的主体,一切生产活动都是由劳动者进行,充分合理利用劳力资源是一个非常重要的问题。

农业劳动的显著特点是季节性、劳动条件的艰苦性和劳动力质量的差异性。首先,农业生产是经济再生产和自然再生产相交织的过程,许多农作物的生长都受季节的限制,而且饲养业的生产过程也有变化周期,这就对劳力需求有了高峰和低谷,形成农业劳动的季节性。其次,农业生产是在自然条件下进行,风吹、雨淋、日晒,劳动条件比较艰苦。而劳动力又包括不同年龄和性别,他们之间不仅体力强弱、技术高低存在很大的差别,而且在一年内各类劳动能参加体力劳动的时间也很不一致。因此,要充分利用劳动力资源,就必须对农业劳动的特点认识清楚,合理安排农业劳动。

1. 改变农业劳动力的季节需求

在大多数的农林复合系统中,不同的组分需要管理的时间不同,这样,劳动力的需求可以在一年的不同时间得到调配。在农闲时,大量劳动力可以从事多年生植物的管理,如果实的采摘、修枝、薪材收集、收获饲料等。另外,产品的多样性和丰富性,给发展加工

业提供了条件,这样,人们不仅从事生物产品的生产,还从事产品的加工,使产品再度增值,增加经济收入。

许多农村地区贫困的原因是由于农作物生产的季节性而使经济活动也呈现出高度的季节性,一年中有的季节无活可干。农林复合系统的全年劳动需求,为农业劳动者提供了全年的从业机会,避免了劳动力需求的高峰和低谷,而使得农民的经济收入也变成连续性。

2. 改善劳动环境

一般的农业劳动大多都是强体力劳动,而且劳动条件比较艰苦,有些地区劳动场所距离较远,使得许多弱劳动力如妇女、老人等不能发挥作用。改善劳动者的劳动环境,是提高劳动效率的一个重要环节,也是提高经济收入的有力措施。例如庭院经营的发展,使得农村中的许多老人、妇女等弱劳动力可以在庭院中进行力所能及的生产,增加家庭的收入。同时,农林复合系统往往可以创造一个较为舒适的劳动环境,使劳动效率提高,如在单作茶园中采茶,一般日采茶8小时左右,而且日光强烈,采茶工人无处蔽日,在间作茶园中,由于树木遮阴,日采茶可达10~12小时,采茶功效可提高30%~40%,并且采摘的茶叶失水慢、呼吸弱、不易改变,保证了鲜叶品质。在干旱炎热的地区,生长在农田中或草原上的树木为劳动者提供了乘凉避暑的局部环境。

农林复合系统中各组分间有益的相互作用,如树木为各种鸟类提供栖息地,抑制和控制了病虫害,可以不施农药或少施农药,不仅减少了农药对环境的污染,也避免了喷药过程中对人体的伤害。湿地松与茶树的间作就实现了多年不喷药,也没有发生害虫危害,就是一个成功的例证。

3. 提高劳动就业机会

人口的不断增加,人均土地面积逐渐减少,使剩余劳动力的充分利用问题,愈来愈引起人们的关注。我国在实行农业生产责任制后,由于生产积极性空前高涨,劳动力大量剩余,剩余劳动力曾一度涌向城市,给城市造成了很大的压力。解决农村剩余劳动力最好的办法是就地安排。农林复合系统在这方面也是一个较好的解决办法。许多农林复合系统都是劳动密集型的,需要"活劳动"的投入增加,而物化劳动的投入相对降低,这也正符合经济不发达的农村人多而资金不足的需求。

农林复合系统虽然可减少部分劳动投入,如除草、喷药等,但由于作物品种增多,需要管理的项目增加,使得总的劳动力投入增加。海南岛的国营农场,单种橡胶,每公顷地只能安排6~7人(开割前8年仅0.5人),而胶茶群落可增加2.5人,提高就业率1.5倍。此外,庭院复合系统的建立,使得年老和体弱的劳动力在房前屋后就能从事生产经营活动。

4. 提高劳动效率

在农林复合系统中,人的生产活动不仅有益于一种组分,其他组分也直接或间接受益,如对农作物的土地翻耕、浇水和施肥,树木也得到益处。另外,由于多组分结合在一起,各种生产活动可以兼顾,如造林初期和粮食作物的间作、果树幼期的间作都可使在对农作物进行管理的同时对幼苗进行抚育管理。尽管大多数农林复合系统需要的劳动力较单一经营更多,但每个劳动力创造的价值仍多于在单一经营中创造的价值,使劳动效率提高。

二、自力更生和政府的扶持相结合

我国面积辽阔,农林复合系统的推广必须依靠群众的积极参与,并采取短、中、长期利益相结合的自力更生为主的发展道路,增强系统本身的造血功能。另一方面,农林复合系统的建立,单靠生产者本身是很难实现的,这是因为:

(1)收益方面。农林复合系统强调生态与经济的协调发展,而生态效益不是马上就能得到的利益,生产者往往只顾追求眼前的经济利益,而忽略生态效益,使整个系统受到破坏。

(2)资金方面。要建立持续稳定的生态系统,初期的资金及其他物质投入较多,但近期的收益却很少,对于收入低微的生产者来说是很困难的。

(3)技术方面。农林复合系统的建立需要更为复杂的管理知识以及技术措施。

(4)农林复合系统带来的环境效益是多方面的,其范围往往会超出系统所在地的局限,如在小流域治理中常常发生上游治理、下游受益的情况。因此,对治理地区的支持与补助实际上是对他们贡献的应有的补偿。因此,要建立这种持续稳定的生产系统,国家和地方政府在发展初期必须给生产者以资金、技术以及政策方面的支持和优惠。但是,仅有政府政策的支持也是不够的,还必须开展教育和培训,必须有生产者的参与与兴趣。结构类型的选择必须依赖于当地人熟悉的物种及生产结构。采取"长、中、短"相结合方法,使投资者既获得了眼前利益,又保证了长期的生态效益。

建立示范区可谓是一种很有效的办法。通过示范区可以使人们直接看到新系统提供更高生活水平的潜力。中国科学院南方山区科学考察队在江西省建立的红壤丘陵综合开发千烟洲示范区已经显示了巨大的社会效益,带动了红壤丘陵区的开发治理,就是一个很好的例子。

三、发展资源节约型生态系统

由于自然资源的数量和可利用量相对有限,对自然资源的浪费和不合理利用,都将导致或加深资源短缺。因此,优化的生态系统应满足资源节约利用的原则。

(1)发展立体结构。最大程度地利用光、热、水、土地等资源。某一地区的光、热、水、气等资源一般是固定的,发展立体的种植结构(空间上和时间上),可以使这些资源分层利用,提供系统的总产出。

(2)提高循环转化效率。所谓循环转化率是指生态经济系统循环过程中完成转化的物质量(或价值量)总量之间的比例。在一个循环周期中,处于某一级的物质、能量或价值沿食物链、生产链或交换链,依次向较高一级传递和转化。在传递和转化过程中,由于种种原因,并非全部能进入较高一级,其中一部分不能完成转化而重新进入环境,这部分物质、能量越少,系统的循环转化率就越高。由于系统的循环转化过程同时也是生物产品和经济产品的生产、增殖过程;并且循环转化过程中没有向较高一级转化的物质,一旦脱离循环过程进入环境,就成为"废弃物"而难以利用,其中一部分还会污染环境,影响系统的结构和功能。因此，资源节约型系统不仅循环转化率高，而且还意味着废弃物少，对环境的污染轻、损害小。

(3) 增加技术的投入。农林复合系统是一个包括种、养、加工系统的庞大体系，其整体功能和效益的发挥依赖于各种专门技术的投入。先进的技术能使系统的物质组成结构更趋优化，循环转化率更高，系统的效益最佳，保持经济的持续增长，生态系统也得以改善。

第三节　农林复合系统的调控机制

农林复合系统有其自身发展规律，一旦我们认识到这些规律，遵循其特点，进行人工调控，使之能向有利于人类需要的方向发展。

(1) 胜汰原理。系统的资源承载力、环境容纳总量在一定时空范围内是恒定的，但其分布是不均匀的。差异导致竞争，优胜劣汰是自然及人类社会发展的普遍规律；

(2) 拓适原理。任一物种或组分的发展都有其特定的资源生态位和需求生态位。成功的发展必须善于拓展资源生态位和压缩需求生态位，以改造和适应环境。只开拓不适应则缺乏发展的稳度和柔度；只适应不开拓则缺乏发展的速度和力量。

(3) 生克原理。任一系统都有某种利导因子主导其发展，都有某种限制因子抑制其发展；资源的稀缺性导致系统内的竞争和共生机制。这种相生相克作用是提高资源利用效率、增强系统的自身活力、实现持续发展的必要条件，缺乏其中任何一种机制的系统都是没有生命力的系统。

(4) 反馈原理。复合生态系统的发展受两种反馈机制所控制，一是作用和反作用彼此促进、相互放大的正反馈，导致系统的无限制增长或衰退；另一种是作用和反作用彼此抑制、相互抵消的负反馈，使系统维持在稳态附近。正反馈导致发展，负反馈维持稳定。系统发展的初期一般正反馈占优势，晚期负反馈占优势。持续发展的系统中正负反馈机制相互平衡。

(5) 乘补原理。当整体功能失调时系统中某些组分会乘机膨胀为主导组分，使系统歧变；而有些组分则能自动补偿和代替系统的原有功能，使系统趋于稳定。系统调控中要特别注意这种相乘、互补作用。要稳定一个系统时，使补胜于乘，要改变一个系统时，使乘强于补。

(6) 扩颈原理。复合生态系统的发展初期需要开拓和适应环境，速度较慢；继而再适应环境，呈指数式上升；最后受环境容量或瓶颈的限制，速度放慢；最终接近某一阈值水平，系统呈 S 形增长。但人能改造环境，扩展瓶颈，系统又会出现新的 S 形增长，并出现新的限制因子或瓶颈。复合生态系统正是在这种不断逼近和扩展瓶颈的过程中波浪式前进，实现持续发展的。

(7) 循环原理。世间一切产品最终都要变成废物，世间任一"废物"必然是对生物圈中某一生态过程有用的"原料"；人类一切行为最终都要反馈回作用者本身。物质的循环再生和信息的反馈调节是复合生态系统持续发展的根本原因。

(8)多样性及主导性原理。系统必须有优势种或拳头产品为主导，才会有发展的实力；必须有多元化的结构和多样性的产品为基础，才能分散风险，增强稳定性。主导性和多样性的合理匹配是实现持续发展的前提。

(9)生态设计原理。系统演替的目标在于功能的完善，而非结构或组分的增长；系统生产的目的在于对社会的服务功效，而非产品数量或质量。这一生态设计原理是实现持续发展的必由之路。

(10)机巧原理。系统发展的风险和机会是均衡的，大的机会往往伴随着高的风险。要善于抓住一切适宜的机会，可利用一切可以利用甚至对抗性、危害性的力量为系统服务，变害为利；要善于利用中用思想和办好对策避开风险、减缓危机、化险为夷。

生态调控的最终目的，就是要依据上述生态控制论原理去调节系统内部各种不合理的生态关系，提高系统的自我调节能力，在外部投入有限的情况下通过各种技术的、行政的行为诱导手段去实现因地制宜的持续发展。

农林复合系统是一个以自然环境为基底，以生物过程为主线，以人类经营活动为主导的人工生态系统。天时、地利、作物及人组成该复合系统的主要结构，而以人为核心。人通过各种管理经营方式控制作物的生长，获取经济利益，而自然也通过各种生态规律作用于系统，影响着作物的生产力和持续性。人与自然间各种错综复杂的矛盾关系和利害冲突形成农林复合系统的生态动力学机理。

人类文明史就是一部人类为了自身的生存和发展而有意识地适应、改造自然的生态演替史。纯自然生态向农田生态、向集约经营的农业生态、最后向可持续的复合生态的演替过程代表着人类从必然王国向自由王国演替的历史进程(表1-14)。成熟的自然生态系统是经过长期自然选择的结构合理、功能完善、物质能量利用效率高、稳定性强的自组织系统，但其演替目标并不完全符合人类种群的利益。人们感兴趣的只是那些能共人们取用的那部分净生产量的收成。几千年来，人类为满足生存与发展需要，将地球上大部分可耕地改造为单一种植的农田、牧场或经济果木林，由于科学技术和人类认识能力的限制，工业化、城市化时代以前的农业，基本上还是自给自足的封闭式农业，农民有限的生产目标和土地有限的支持能力基本平衡，从而维持了一个持续几千年的低投入低产出的人工生态系统。工业革命以来，特别是20世纪科技的进步，传统农业逐渐被高投入高产出的石油农业所替代，农药、化肥、机械和人工灌溉的大量投入一方面给生产者创造了高的经济效益；另一方面其系统对外部的过分依赖性和内部结构的同质性和生态功能的单一性导致系统的抗干扰能力、生态效率稳定性和多样性都差，系统为维持其高的产出不得不逐年增强其外部投入，处于一种非持续性的状态。

表1-14　不同生态系统演替对策

类型 特征	自然生态系统	传统农田生态系统	集约农业生态系统	持续的农林复合系统
优化对策	最大的稳定	最高的产量	最大的经济效益	可持续的发展
动力学机制	自然、物竞天择	农民、自给自足	企业家、市场导向	可持续发展
调控措施	再生、竞争、共生	轮间作、有机肥、生物防治	化肥、农药、机械	生态工程、有机肥、生物防治

(续)

特征＼类型	自然生态系统	传统农田生态系统	集约农业生态系统	持续的农林复合系统
功能	生产－消费－还原	生产≥维持≥还原	生产≥维持	生产－消费－还原
食物链	网状，以腐食链为主	线状，半封闭	线状，开环	网状，强调腐食链重要性
总生产量/消耗量	接近1	>1	≥1	>1
净生产量	低，以质为主	较高	高	较高，以质量为主
多样性	高	低	最低	高
分层性和空间异质性	组织良好、异质	组织差，同质	组织很差、空间分布规则化	组织良好、异质
生命史	长、复杂	较短、简单	短、简单	较长、复杂
营养物质循环	封闭、土壤有机质高	半封闭、土壤有机质高	开放、土壤有机质低	半封闭、土壤有机质高
内共生	发达	欠发达	不发达	发达
对外部依赖性及人工投入	小	较小	大	较小
物质能量利用效率	高	较低	低	高
受干扰后恢复能力	强	弱	很弱	强
有机体和环境间物质交换率	慢	较快	快	较慢
组合增长型	Logistic 型	Logistic 型	指数型	Logistic 型
稳定性	高	较低	很低	较高

农林复合系统针对集约农业的弊端，将传统农业和现代农业相结合，自然生态与人工生态相结合，充分利用不同类型生态系统间的边缘效应和因子互补原理，努力创造一种生态结构完整、功能协调、过程平稳、生产效率高、系统自我调节能力强、持续稳定的复合生态系统。

这里的"复合"二字不只是农作物和林木的简单加和，而是基于上述生态控制论原理的系统生态关系的综合，包括：不用类型生境的复合，以利于各类生态因子的互补共济；系统内植物、动物、微生物的复合；系统的物理过程、化学过程和生物过程的复合；生产、消费、还原功能的复合；也是系统的社会、经济、生态调控目标的综合。

这里的"生态"包括作物或林木的自然生态、农业、林业的经济生态以及人与自然关系的人类生态3层含义(图1-4)。

其动力学机制既有天时、地利等自然原因，也有技术、经济的人为驱动力，而以后者为主导。马世骏等(1984)称为社会－经济－自然复合生态系统。其结构可以理解为局部地生产环境(包括物理环境和人工环境)、区域生态环境(包括资源供给的源、产品废物的汇以及调节缓冲的库)及经营管理环境(包括技术支持体系、经营管理体制及改善等)。其功能不仅包括产品的生产和维持生产所必需的消费，还有更重要的调节功能，包括环境的持

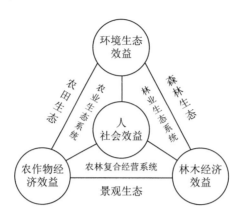

图 1-4 农林复合系统示意

续能力、资源的再生能力、自然缓冲恢复能力以及经营者的明智管理能力。传统的发展观注重的只是农业或林业的有经济价值的产出部分，追求的只是投入产出的短期经济效益。其实，农作物或林木所产生的生物量，除一部分成为人所利用的经济产品外，另一部分是作为维持生态过程，参与生态调节的生态产品，具有重要的生态价值。因此，在农林复合系统的经营管理中，我们必须同时顾及其生产过程的经济和生态效益。并从时、空、量和序4个方面去进行系统调控，促进系统持续稳定的发展。这里的"时间"指兼顾眼前利益和长远利益，不只是考虑作物的生长周期，还要考虑生态系统的演替周期，考虑土地的持续支持能力；"空间"指兼顾局部发展和区域发展的关系，注意本系统与周期系统间的空间布局、边缘效应和生态影响；"量"指注意物质输入输出的平衡、生态因子的平衡、结构的多样性和优势度；"序"指系统的自组织自调节水平、再生、共生、自身能力和可持续性等。

农林复合系统调控的主要目标是系统的环境、经济和社会的可持续性，可以用再生效率 E（物质能量转换的经济和生态效率）、共生能力 S（作物共生，动物植物、微生物共生及因子互补而产生的经济和生态增益）和自生活力 V（作物抗病虫害及物理环境干扰的能力，受干扰后的恢复能力及其经济和生态功能正向演替的持续增长能力）来度量（图1-5）。

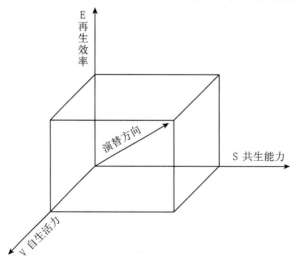

图 1-5 农林复合系统调控

参考文献

[1] 丁鹏, 1983. 对《管子》书中有关农学的研究[J]. 农史研究, (1): 40-45.

[2] 马世骏, 等, 1984. 生态工程[J]. 北京农业科学.

[3] 孙儒泳, 1987. 动物生态学原理[M]. 北京: 北京师范大学出版社.

[4] 李文华, 1994. 持续发展与资源对策[J]. 自然资源学报, 9(2): 97-106.

[5] 陈嵘, 1983. 中国森林史料[M]. 北京: 中国林业出版社.

[6] 林鸿荣, 1992. 隋唐五代林木培育述要[J]. 中国农史, (1): 63-71.

[7] Braatz S, 1992. Conserving Biological Diversity, A strategy for protected areas in the Asia-Pacific region [J]. the world Papers.

[8] FAO, 1992. Sustainable Development and the Environment[J]. FAO Policies and Actions.

[9] McNeely J A, Miller K R et al. 1990. Conserving the World's Biological Diversity[J]. The World Bank.

[10] Mead R and Wiley R W., 1990. The Concept of a land equivalent ratio and advantages in yields from intoropping (Methodology of)[J]. Experimental Agricuture, 16: 217-228.

[11] Odum E P, 1971. Fundamentals of ecology W. B. Saunders[J]. Philadelphia.

[12] Odum H T, 1983. Systems ecology: An introdution[J]. New York, John Wiley & Sons.

[13] Steppler H A, Nair P K R, 1987. Agroforestry a decade of development[J]. ICRAF.

本章作者: 魏国强(中国人民大学)、李文华(中国科学院地理科学与资源研究所)

第二篇
区域篇

第七章 东北地区

第一节 区域概况

一、自然概况

东北地区位于东北亚区域的中心地带，包括黑龙江省、吉林省、辽宁省和内蒙古自治区的东五盟市（赤峰市、兴安盟、通辽市、锡林郭勒盟、呼伦贝尔市），土地总面积145万km^2，约占全国土地面积的15%（周国丽，2013）。地理位置大体在北纬38°40′~53°30′、东经115°05′~135°02′之间，跨越14.8个纬度，19.7个经度（曹伟等，2013）。北部与俄罗斯接壤，东南部与朝鲜半岛相接，南部濒临中国渤海和黄海（李洁，2014），已形成一个完整的地理区域。

东北地区水绕山环、沃野千里，包括"三山两平原一高原"（李洁，2014）。即西部是大兴安岭、北部是小兴安岭、东部是长白山系的高山和丘陵；中部是辽阔的松辽平原和三江平原；西部是呼伦贝尔高原。山地与平原之间是丘陵过渡地带。山地占43.16%，丘陵占26.13%，平原占30.11%（杨育红和阎百兴，2010）。高于1000m以上的中海拔区仅占4.0%，96.0%的面积位于1000m以下的低海拔（王学志，2013）。南面是黄、渤二海，东和北面有鸭绿江、图们江、乌苏里江和黑龙江环绕。

东北地区四季分明。自南向北跨中温带与寒温带，属温带季风性气候。夏季温热多雨，冬季寒冷干燥。自东而西从湿润区、半湿润区过渡到半干旱区。年均降水量300~950mm，时空分布不均匀，东部山区700~950mm，三江平原500~600mm，松嫩平原西部平原区仅300~400mm。降水多集中在七八月，约占全年降水的50%以上，6~9月降水占全年降水的70%以上，且多以集中降雨形式出现。降水的年际变化亦较大，最大与最小年降水量之间可达3倍以上，有明显的丰枯水期交替发生。河流封冻期一般始于10月中旬至11月下旬，解冻期一般在3月中旬至4月中旬，冰厚一般为0.5~1.0m，最厚可达

1.5m。北部的冻土深度为1.7~3.0m，南部为0.9~2.0m（杨育红和阎百兴，2010）。

土壤类型复杂，分布较广的地带性土壤有棕色针叶林土、暗棕壤、棕壤、黑土、黑钙土、栗钙土，非地带性土壤有草甸土、沼泽土、白浆土和盐碱土等。其共同特征是土壤表层腐殖质含量丰富，土壤肥沃，是世界仅有的三大黑土区之一，并且多分布在波状起伏的漫岗漫坡地形（坡度一般在1°~5°），母质以粗粉沙、黏粒为主，具有黄土特性（杨育红和阎百兴，2010）。

二、社会与经济概况

根据全国第六次人口普查数据，东北地区总人口约占全国人口的9.12%，属于以汉族为主的多民族深度融合的区域，在全国占有重要地位。东北三省经济起步较早，为新中国的发展壮大做出过历史性的贡献，有力地支援了全国的经济建设。

东北地区肥沃的黑土地使得黑龙江、吉林、辽宁皆为农业大省，其中黑龙江省粮食总产多年全国第一，吉林省粮食单产多年全国第一，是我国玉米、大豆的主产地和重要粮仓。原油产量占全国2/5，重型卡车占1/2，商品粮占1/3，木材占1/2，汽车占1/4，造船占1/3，钢产量占1/8（王学志，2013）。辽宁省已发现各类矿产110种，铁、菱镁矿、红柱石、金刚石、硼等矿产保有储量居全国之首。吉林省盛产人参、鹿茸及其他药材，有矿产资源137种，储量居全国首位的有9种。黑龙江省土地条件居全国之首，已发现的矿产131种，石油、石墨等10种矿产的储量居全国之首，煤炭储量居东北三省第一位（王学志，2013）。

第二节 类型分布及其特点

一、分类体系

东北区林业的发展一直深受党和国家的高度重视，天然林保护、退耕还林、三北防护林、速生丰产林及野生动植物保护等林业重点工程，基本覆盖了整个东北地区，均取得了可喜的进展，也掀起林业发展的新高潮。人工林面积不断增加，天然林得到休养生息。

东北地区是我国自然资源蕴含量最丰富的地区之一。森林资源主要分布在大小兴安岭和长白山地区，以原始林和天然次生林为主（吕盈，2013）。

黑龙江省是全国最大的林业省份之一。全省森林面积、森林总蓄积量和木材产量均居于全国前列，是国家最重要的国有林区之一。全省树种达100余种，利用价值较高的有30余种。天然林资源是该省森林资源的主体，主要分布在大小兴安岭和长白山脉及完达山。

吉林省全省总面积18.74万km²，占全国面积的2%。森林资源较为丰富，东部的长白山区素有"长白林海"之称，主要分布有红松、水曲柳、黄波罗、胡桃楸等80余种树种，是我国六大林区之一。

辽宁省陆地面积 14.59 万 km^2，占中国陆地面积的 1.5%，陆地面积中，山地面积 8.72 万 km^2，占全省面积的 59.8%。植物区系上处于长白山、华北和内蒙古三大植被分布区的交叉地带，自然植被具有明显的过渡性和混杂性，各植物区的代表树种相互渗透，交错分布（吕盈，2013）。

东北三省是一个历史悠久的传统农业大省，在农林复合经营方面有着广泛而深刻的生产经验。特别是近十几年来，尤其是天然林资源保护工程的全面展开，农林复合经营无论是从规模还是类型上都有长足的发展。林－农们利用林地、林下和林荫等资源从事林下养殖、种植等立体复合生产经营，使农、林、牧各业实现了资源共享、优势互补、循环相生、协调发展。据不完全统计，东北区共有农林复合经营类型有16种，分别是林－农、果－农、林－渔、林－畜、林－禽、林蛙、林－蜂、林－蚕、林－草、林－药、林－果、林－蔬、林－菌、林湿、立体种植、复合景观类型。

截止到 2017 年，辽宁省先后获得国家林业局命名的经济林之乡有 12 个。同时，铁岭市被国家命名为"榛子之都"；铁岭县被命名为"中国榛子产业第一县"；本溪县被命名为全国第一个"中国林业产业示范县"。随着铁岭平榛、丹东板栗、建昌核桃、抚顺平欧杂交榛、朝阳杏枣、桓仁林蛙、西丰梅花鹿、盘锦河蟹等一批名牌产业迅速崛起，带动全省林业产业迅猛发展。实现林下种植、养殖、林产品加工及森林景观利用的全面开发，其中梅花鹿、林蛙、刺五加、辽五味子、林下参、辽细辛、滑子蘑等绿色林下养殖、林下种植产品的产量在全国位居前列，国内市场上规模优势明显，具有较强的市场竞争力。

近年来，黑龙江省森工林区林下经济实现了快速发展。据统计，2012 年林下经济产值实现了 229.4 亿元，是 2000 年的 3.9 倍，年均增长 12%。截至 2012 年，林下经济产值实现了占森工总产值比重的 54.5%，成为森工经济的"半壁江山"。2014 年上半年，森工系统林下经济产值实现 91 亿元，完成了计划的 35%。其中，农业播种面积 598 万亩，完成计划的 97.6%；种植药材 1.1 万 hm^2，完成计划的 97%；栽培黑木耳 14 亿袋，完成计划的 77%；采摘山野菜 2.2 万 t，完成计划的 69%；养殖畜禽 1.6 亿头，完成计划 101%（林文树等，2014）。

吉林省不断加大对林下经济的扶持力度，围绕资源培育、科技研发、新产品开发等相继出台了《吉林省人民政府关于振兴人参产业意见》（吉政发〔2010〕19 号）、《吉林省人民政府关于印发吉林省特色资源产业提升计划（2011—2015 年）的通知》（吉政发〔2011〕21 号）、《吉林省人民政府关于加快发展家养梅花鹿产业的意见》（吉政发〔2011〕37 号）等政策措施，每年安排专项资金近 5000 万元用于支持人参、林蛙、梅花鹿等林下经济发展，发挥了重要的导向和支持作用。2013 年林下经济产值已经达到 312.8 亿元，同比增长 16%，接近 2010 年的 2 倍，占年度林业总产值的 23%（吉林省人民政府办公厅，2012）。人参、林蛙、食用菌、梅花鹿等已成为全省特色资源重点发展产业，发展势头良好，规模不断扩大、产量不断增加、质量效益不断攀升。

随着集体林权制度改革、国有林场改革及国有林区天然林资源保护工程的深入实施，林下经济已经成为东北区林业转型发展、林区二次创业的战略性产业。

东北地区主要的农林复合经营类型及特点如表 2-1 所示。

表 2-1　东北区农林复合经营类型

复合系统	结构类型 (复合类型)	经营方式
林–农复合经营 类型组	林–农型	杨树–土豆、谷子、荞麦、玉米、高粱、花生、豆类 油松–高粱、玉米、谷子、豆类、黍子 樟子松–玉米、高粱、谷子、土豆、豆类 云杉–土豆、玉米、谷子、豆类 落叶松–大豆、玉米、高粱 刺槐–谷子、高粱、黄豆、玉米 乔木柳(灌木柳)–大豆 紫穗槐–玉米、谷子、高粱
	果–农型	沙棘–高粱、谷子、玉米、黄豆、土豆、地瓜 大扁杏–谷子、高粱、玉米、黄豆、花生、黍子 大果榛子–花生 薄皮核桃–红薯、紫薯 枣树–谷子、大豆、花生、西瓜、大葱 山杏–玉米、谷子、高粱、黍子、豆类 苹果–玉米、谷子、高粱、黍子、豆类 桃树–玉米、谷子、高粱、豆类 梨树–玉米、高粱、蓖麻、瓜类、豆类 海棠果–谷子、蓖麻、花生、豆类、瓜类 葡萄–谷子、蓖麻、花生、豆类、瓜类
林–牧(或林下养殖) 复合经营类型组	林–渔型	利用林蛙池养鱼(鲤鱼、草鱼及泥鳅)
	林–畜型	利用林间空地圈养狍子、鹿、野猪、牛、羊
	林–禽型	林蛙池养鹅；林缘或林间空地圈养鸡、鸭、鹅
	林–蛙型	两山夹一沟： 阔叶林(针阔混交林)–灌木–草本植物、枯枝落叶–沟(林蛙池)
	林–蜂型	林–蜜蜂
	林–蚕型	柞树–柞蚕
	林–草型	杨树–烤烟、沙打旺、紫花苜蓿、羊草 大果沙棘–籽粒苋、草木犀、沙打旺、紫花苜蓿 油松–草木犀、紫花苜蓿 班克松–草木犀 侧柏–草木樨 大扁杏–麻黄草、紫花苜蓿 刺槐–沙打旺、紫花苜蓿 樟子松–沙打旺、紫花苜蓿、羊草 紫穗槐–沙打旺、紫花苜蓿 山杏–沙打旺、紫花苜蓿 锦鸡儿–沙打旺、紫花苜蓿 胡枝子–沙打旺、紫花苜蓿 柳树–紫花苜蓿、草苜蓿 云杉–紫花苜蓿 红皮云杉–沙打旺、紫花苜蓿 果树–沙打旺、紫花苜蓿

(续)

复合系统	结构类型 (复合类型)	经营方式
林–经复合经营 类型组	林–药型	杨树–党参、桔梗、板蓝根、金盏菊、防风、苦参、玉竹、细辛、麻黄、甘草、黄芪、枸杞、车前子 针叶树–金盏菊 落叶松–人参、刺五加、细辛、五味子、龙胆草、平贝母、月见草 红松–人参、刺五加、细辛、高山红景天、党参、桔梗、贝母、龙胆草、黄芪、月见草 柞树–细辛、五味子、刺五加、黄芪 天然次生林–人参、细辛、五味子、刺五加、桔梗、龙胆草、黄芪、贝母 油松–黄花菜、桔梗、麻黄、甘草 红松果材林–藿香、沙参 黑果腺肋花楸–黄芩、甘草 樟子松–麻黄、甘草、防风、黄芪、桔梗、枸杞、车前子 沙棘–麻黄 胡枝子–麻黄 红皮云杉–细辛、高山红景天、党参、桔梗、贝母、龙胆草、黄芪、甘草、麻黄、防风、枸杞、车前子 沙松–人参、龙胆草、平贝母、月见草 云杉–人参、防风 长白松–麻黄、甘草、防风、黄芪、桔梗、枸杞、车前子 斑克松–麻黄、甘草、防风、黄芪、桔梗、枸杞、车前子 榆树–麻黄、甘草、防风、黄芪、桔梗、枸杞 阔叶林–人参、充山参、五味子 大枣–丹参 果树–麻黄、甘草、防风、黄芪、桔梗、枸杞 板栗–玉竹 榛子–防风、苦参 大果榛子–黄芩、桔梗 梨树–党参 核桃树–黄芪、党参 山杏–防风 沙果–党参、桔梗、枸杞 山楂–党参 李子–党参、桔梗、枸杞 葡萄–桔梗、枸杞 大扁杏–桔梗、枸杞 苹果–黄芪、桔梗、林下参、五味子、黄芩、赤芍、党参、枸杞
	林–果型	落叶松–红松 柞树–红松 色树–红松 杨树–沙棘 天然林–大果榛子、寒富苹果 樟子松–沙棘、大果沙棘、桑树、毛樱桃 刺槐–沙棘、山杏 红皮云杉–大果沙棘、桑树、毛樱桃 油松–大扁杏、山杏、大枣、樱桃、沙棘 阔叶林–猕猴桃、山葡萄

(续)

复合系统	结构类型 (复合类型)	经营方式
林-经复合经营 类型组	林-蔬型	杨树-南瓜、辣椒 针叶树-南瓜、蕨菜 阔叶林-大叶芹、薇菜、黄瓜香、猴腿 红松-龙牙楤木 天然次生林-大叶芹、龙牙楤木、黄瓜香、蕨菜 落叶松-龙牙楤木 红松果材林-刺嫩芽、东风菜 樟子松-白菜、萝卜、芸豆
	林-菌型	油松-香菇 杨树-平菇、香菇、草菇、木耳、榆黄蘑、鸡腿菇、杏鲍菇 柞树-木耳、牛肝菌、大腿蘑 赤松-血红铆钉菇、松伞蘑 樟子松-平菇、榆黄蘑、香菇、猴头、灵芝 果树-平菇、榆黄蘑 杨树-平菇、榆黄蘑 落叶松-香菇、猴头、灵芝
林-湿复合经营 类型组	林-湿型	林-水稻-河蟹
庭院复合经营 类型组	立体种植型	葡萄、苹果树、李子-红花、枸杞-杜松、桧柏、垂柳-蔬菜
复合景观类型组	梯田 (林-村庄- 农田-水)	林地(落叶松、樟子松、杨树)-农田-乡道-民居-草原 林地(杨树、果树、柳树)-农田-乡道-河流-民居-草原-堤坝-渠道 林家乐(山-农田-河流-民居)

二、类型特点

(一)林-农复合经营

该类型以林为主,粮为辅,粮是为了以短养长,即以粮养林。在营造上适当调整造林株行距,对造林规程稍加改动,以农业上的垄为行距单位,行间间种作物。由于该类型深受广大林业职工的欢迎,并产生了显著的效益,各地不推自广,争相效仿。适用于树木生长前期,林木郁闭度较小,在林地内种植豆类、花生、谷子等矮棵作物,可以提高系统内空气湿度,降低风沙的危害,夏季通过蒸腾作用及林木枝叶的阻挡降低林内温度,起到调节系统温度的作用。并且在对农作物的施肥等管理同时,也加强了对苗木的抚育管理,做到了以耕代抚,可谓一举双得。与此同时,良好的系统环境有利于农作物种子萌动和幼苗生长,有利于土壤内其他微生物的活动,在加大林地植被覆盖度提高林地生态功能的同时提高林地产出经济效益。主要分布黑龙江西部的松嫩平原,包括哈尔滨、齐齐哈尔、绥化、大庆4个地市所辖的30个县(市)、区,581个乡(镇)(王立刚等,2000);吉林西部的松原市前郭县、四平市双辽县等一些县(市)(王宪成,2001);辽宁西部的阜新市太平区、阜新县、盘山县、彰武县、建平县、朝阳县、凌源市以及中部地区的康平、法库等。

(二)果-农复合经营

该类型指利用果树与其他植物互生互利的关系在果树的行间适当地间作,以求土地最佳利用率,获得最大效益的一种农林复合经营方式。此间作类型是以果为主,主要是在幼龄果树期间开展间作,盛果期间作成分要相对减少,以免影响产果量。如辽宁省西部低山丘陵区干旱的立地环境下,果-农复合经营既能减少林木的抚育经费,以短养长,以农促林,又能充分发挥林分的生态功能,能够有效地调节水分,保持水土,降低风速,减轻风沙危害的严重程度,使土壤的物理性质得到有效改善,提高土壤肥力,提高土地资源利用率,提高果树与农作物的品质和产量,实现果-农业的可持续发展。主要分布黑龙江西部的松嫩平原,包括哈尔滨、齐齐哈尔、绥化、大庆4个地市所辖的30个县(市)、区、581个乡(镇)(王立刚等,2000);吉林西部的松原市长岭、前郭县等一些县(市)(王宪成,2001)、通化等;辽宁西部的阜新市太平区、阜新县、盘山县、彰武县、建平县、朝阳县、凌源市等。

(三)林-渔复合经营

森林具有涵养水源、调节径流的作用。利用森林之水养鱼,生产的淡水鱼,安全卫生、味道鲜美,售价看好。这是将森林的生态效益转变为经济效益的优良途径之一。主要分布在辽宁的东部山区、大兴安岭地区、吉林的集安市等。

(四)林-畜复合经营

以前在人工造林中,常见牧羊入林啃食破坏新栽幼苗、幼林,造成"年年造林不见林,年年造林老地方"的现象。现在在"封山禁牧"的号召下,东北区出现了利用林下杂草或林下种草与舍饲圈养相结合的生产模式,以及通过类似的方式实施生态养鹿、野猪、狍子、牛等。主要分布在辽宁西丰县、新宾县、抚顺县;黑龙江加格达奇、牡丹江;吉林桦甸、集安、延吉、松原地区等。

(五)林-禽复合经营

鸡是杂食性家禽,以昆虫、野草(菜)、草籽、树籽、粮食为食。其食物、饮水是否健康卫生,对肉蛋产品品质关系极大。在食品安全越来越受重视的今天,森林具有得天独厚的优势。首先,森林的遮阳、杀菌、净化、放氧及负氧离子产生机制,营造和维持的水清气洁、气候宜人的生态环境,十分有利于鸡的健康生长;第二,森林里的林木种子、草籽、昆虫、野草、溪泉为鸡提供了种类丰富的绿色无害食物和饮水。环境好、饮水好,生产的肉蛋自然好,且饲料、防疫成本降低,森林养鸡的经济效益必然高。但是林下养鸡密度应符合生态容量,最好实行"轮牧轮休",使林下生态条件得到自然恢复。主要分布在辽宁阜新市、朝阳市、抚顺县、辽中县;黑龙江齐齐哈尔、牡丹江地区;吉林桦甸、集安、舒兰、通化等。

(六)林-蛙复合经营

以小流域为单元,水源充足,一年四季有长流水,水质清洁,无污染,森林生长茂密，林下植被覆盖度高的阔叶杂木林或阔叶混交林。采用人工蛙池（为林蛙提供产卵和越冬场所）和投苗（投入种蛙和蛙卵），半自然放养方式来发展，既减少投料成本，也减少劳动力投入。如东北区某些林区森林资源丰富、水源充足，气候等条件很适合林蛙生长，林蛙养殖户承包这些地方进行大量林蛙养殖，能获取可观的经济效益。同时，林业部门也能取得一定的经济收入，而且承包户在承包期间负责森林的防火、防害、制止滥砍滥伐等行为的发生，有效地保护了森林资源。主要分布在辽宁清原、新宾、桓仁、海城、凤城、岫岩；吉林舒兰、桦甸、蛟河、长白、抚松和延吉、通化；黑龙江小兴安岭地区如宁安、尚志、武常、牡丹江等。

（七）林－蜂复合经营

蜜蜂是植物的传粉媒介昆虫，林区养蜂能促进林木授粉，提高果实产量，对环境无害；通过蜂箱在林区的配置、蜂群放养管理，同时实施了林木管护，还能提高森林经营的经济收益。主要分布在黑龙江加格达奇、牡丹江；吉林桦甸、敦化、通化、集安等；辽宁本溪、宽甸、凤城、清原等。

（八）林－蚕复合经营

在辽宁的东部山区红松－柞蚕复合是结合该地区自然环境特点和沙化严重柞蚕场特点，以乡土树种红松、栎类等为主，培育红松果材兼用林，或保留萌生的蒙古栎、麻栎形成针阔混交林，能改善生态环境，维护生态平衡，达到果（红松果）蚕双收的目的。柞蚕场栽植红松将郁闭度控制在0.5左右，可继续放蚕，增加收入，达到以蚕养林的目的。同时，增加柞蚕场物种多样性和自然景观多样性等。实现柞蚕资源的合理保护与利用，促进山区生态环境、经济建设的协调和可持续发展。黑龙江加格达奇、吉林通化等也有此模式。

（九）林－草复合经营

林－草复合经营适宜的树种有樟子松、杨树、红皮云杉等针、阔叶树种，以及果树、经济树种等。除羊草外，还可选择紫花苜蓿等适宜的品种。在林－草复合经营活动中，增加了社会闲散人员劳动就业，改善了当地农民的经济水平。同时，为辽宁、吉林西部地区的沙地治理、建立农林复合经营高效生态经济体系样板等方面做出了重要贡献。主要分布黑龙江西部的松嫩平原，包括哈尔滨、齐齐哈尔、绥化、大庆4个地市所辖的30个县（（市）、区，581个乡（镇）（王立刚等，2000）；吉林西部的前郭县乌兰图嘎（王宪成，2001）、白城、松原；辽宁西部的阜新市太平区、阜新县、盘山县、彰武县、建平县、朝阳县、凌源市等。

（十）林－药复合经营

建立林－药复合经营能够保护濒危稀缺中药资源，加快规范化种植基地的建设和认证，促进中药产业的可持续发展。适合林下生长的药材品种一般是耐阴植物，如林下参、月见草、穿地龙、防风、轮叶党参、板蓝根等。可以在幼林期间作，或者成林后林下栽培；或利用林缘空地，在不破坏林地和原生植被前提下，采取野生保护林－药和人工种植共同发展的方式。具体方法：在疏林地或者林缘地北药生长区域，实施近自然培育，管理起来相对简单，而且效益可观。例如：新植的红松林地和已植的 2~6 年的红松林地(北坡及东西坡坡向，坡度应小于 20°)均适宜套植轮叶党参。林下栽植人参，选树龄在 20 年以上的阔叶杂木林，郁闭度在 0.6~0.8，林地坡度在 25°以下，坡向以东南、北坡、西坡为好；栽植细辛以阔叶林最好，针阔混交林次之，郁闭度 0.5~0.7，坡向以东或西向为好，坡度最好在 15°以内(王强和金鑫，2012)。主要分布在黑龙江齐齐哈尔、大庆、加格达奇、伊春、牡丹江等；辽宁清原、新宾、抚顺、丹东地区、本溪、阜新、朝阳等；吉林桦甸、白城、珲春、通化、集安等。

(十一) 林－果复合经营

林－果复合经营就是充分利用森林生态环境和林地资源，合理栽植高经济收益的果树。但绝大部分森林野果，喜湿润的森林环境，必须有充足的光照，才能获得丰硕的果实，因此，林－果复合经营有一部分绝不能在林下发展。最适宜的方式是在火烧迹地、低价值林地、皆伐迹地或农田地开辟 3~5hm² 以上或更大一些面积的迹地，充分利用周围的森林环境，实施农林复合经营或经济林复合经营类型。如大兴安岭，一是在北部(西林吉、图强、阿木尔、塔河)野生蓝莓分布区，实施野生蓝莓保护经营模式。以保护生态系统为主，适当进行人工补造，少量开展人工栽培。二是在中部(韩家园、十八站、呼中、新林)野生蓝莓中度分布区，实施野生蓝莓集约经营模式，以人工抚育为主，人工补植为辅，适当开展人工栽培。三是南部(加林局、松岭、呼玛)野生蓝莓分布边缘区，实施果园管理经营模式。增设喷灌等设施，以人工栽培为主，人工补植、人工抚育为辅(宋文军和陈静，2012)。辽宁东部山区、吉林通化也有此类型。

(十二) 林－蔬复合经营

在小流域内利用林中空地、溪谷两岸等移栽龙牙楤木、大叶芹、蕨菜等山野菜，也可套种增加林地产出。如辽宁的东部山区典型套种模式是在红松幼林时期套种龙牙楤木。该模式保证了林－农有一定的经济收入。由于龙牙楤木生长快、根蘖能力强，对红松幼苗有适当的遮阴作用和对坡地起到水土保持作用。而对现有的红松林分改建为红松果材林的，可适当降低林分密度(果材兼用林标准密度)，并对保留木进行修枝，改善林下光照条件，进行刺五加、细辛等药材的复合经营(王强和金鑫，2012)。主要分布在辽宁凤城市、清原县、新宾县、宽甸县、本溪、抚顺县、阜新市、盘山县、铁岭县等；黑龙江齐齐哈尔市、加格达奇、牡丹江等；吉林通化、松原、敦化、白城、榆树等。

(十三) 林－菌复合经营

食用菌作为一种传统的林副产品，非常适合林下间种，而且林下间种食用菌，成本低，收益高。如平菇，要求散色光、弱光照、高湿度(子实体生长阶段要求空气相对湿度 85%~90%)的条件下，能使森林生态系统趋于平衡，营养物质良性循环。培养食用菌的废料中，含有较多的蛋白质、氨基酸、碳水化合物、维生素和微量元素等许多有用物质，提高了土壤肥力；同时食用菌在生长过程中放出大量 CO_2，供林木光合作用需要，促进了树木的速生丰产。在资源保护的同时，可将资源优势转化为经济优势和生态优势，以短养长，减少育林成本，经济效益十分显著，是一种良好的立体种植模式。辽宁省的大连地区庄河、盘锦地区大洼林场、营口地区盖州市等地杨树林下栽植食用菌已先后形成规模（张兴芬等，2011）。

大兴安岭地区利用抚育伐剩余物，选择半阴半阳林地及林间空地，在不破坏林地和原生植被的前提下，采取4种栽培模式栽培食用菌：一是林间摆袋模式，适合于黑木耳、菇类。利用林间遮阳保温的特性，在林间摆袋栽培黑木耳、菇类。二是林地撒播模式，适合于平菇、滑子菇、榆黄蘑、鸡腿菇等菇类。利用林内清林剩余物，把其粉碎，加入辅料后进行巴士灭菌，栽培料达到65℃以上时，进行翻堆，7~10天后，铺入林内进行播种、养菌。三是木段（圆盘）栽培模式，适合于段栽黑木耳和松杉灵芝。利用清林采伐下来较粗木段及蒙古栎进行段栽黑木耳，阔叶木段捆成高15cm的圆盘，灭菌后接种松杉灵芝。四是原生态栽培模式，接种松杉灵芝。利用林内伐根、倒木，打眼接种松杉灵芝（宋文军和陈静，2012）。吉林松原、集安、通化等也有林菌型。

(十四) 林 – 湿复合经营

辽宁南部的盘锦市利用其广袤的湿地养殖河蟹。如盘锦市的盘山县国有林场林、稻、蟹混养模式，是该地区河蟹养殖的一大特点，该类模式从2007年开始实施，利用3000亩林木与稻田的间种地养殖河蟹，使林木、稻米、河蟹三丰收。此项产业的实施既解决了职工子女就业难的问题，又保护了生态环境，更提高了经济效益。吉林松原地区充分利用森林、湿地、沙地的林业资源，发展旅游项目，不受林龄限制，可以长期经营。

(十五) 立体种植

立体种植要做到作物的高矮结合，喜光与耐阴搭配，长周期生产项目与短周期生产项目配套，以充分利用自然资源和社会资源，提高土地的综合效益。主要分布在辽宁南部、黑龙江齐齐哈尔、吉林松原等。

(十六) 复合景观

农林复合系统中，由于人类与自然相互矛盾、相互促进所形成的景观比自然景观具有更大的变异性，它既受到自然环境的制约，又受到人类活动和社会经济条件的影响和干预。通过对农林复合系统的景观生态学研究，将有利于了解农林复合景观格局与自然生态过程和社会经济活动之间的关系，对半干旱风沙草原区土地资源合理利用、农林复合经营的景观生态设计、土地利用规划及控制风化、沙化进程具有重要的实际意义。在农林复合经营规划设计方面，除了考虑三大效益（生态、经济、社会）外，还应兼顾景观价值，以便创造一个更宜人、具有美学价值的人居环境，以加速该地区生态文明建设的进程。主要分布在吉林通化、黑龙江齐齐哈尔、辽宁东部山区。

第三节　可持续经营建议

一、主要问题

农林复合经营理念是林下经济产生的科学基础，林下经济是农林复合经营理念的一种具体表现形式。林下经济作为一种新的农业生产方式和和经济现象，在发挥林区优势和潜力，提供丰富的林下经济产品，提高林地附加值和土地利用率，增加林区职工收入，维护林区生态稳定中起到了积极推动作用，但在发展过程中也出现了影响农林复合经营可持续经营的问题。

1. 资源问题

林下经济的资源蕴藏与无限的开发需求之间存在矛盾，目前林区的人们向大自然要菜、要粮、要产品、要效益已成为一种潮流，同时全社会"返璞归真"，追求健康，向往"绿色"的思潮已成为人们追求的时尚。加工业的兴起、市场原料的竞争，使得原本想象为"地大物博、资源丰富"的林产品资源蕴藏量有限，加上由于无度无序开发资源、滥砍乱挖、滥捕乱猎的现象时有发生，使有些珍贵的林下特产物种资源正趋于濒危边缘。20世纪80年代末，龙牙楤木、刺五加、五味子、松茸等已被省政府列为濒危经济植物加以保护。

2. 观念问题

天然林资源保护工程实施后，国家对林业资源保护、资源培育的政策支持与资金扶持力度加大，为加快林下经济发展，2012年8月，国务院颁布了《关于加快林下经济发展的意见》（国办发〔2012〕42号文件），已将林下经济提上具有战略意义重要地位，黑龙江省政府也根据本省的自然资源和地理优势制定了《黑龙江省林下经济发展规划》，规划了2013—2020年全省林下经济发展目标。全省各地林区在调整产业结构、发展林下经济产品资源培育的基地建设上投入较多，并已初具规模，如东宁等各地的黑木耳种植基地、亚布力的三莓种植基地、伊春地区的蓝莓基地等复合经营模式已成为当地致富产业，但仍有些实施企业管理者，科技意识淡漠，忽视科技投入，缺乏系统、科学、严格的管理措施与统筹开发利用的规划，这些都在不同程度上影响到农林复合可持续经营的实施效果。

3. 产业水平低，质量问题

黑龙江省林下经济发展起步较晚，规模较小，同类产品品牌杂乱，规格不一，质量管理混乱，伪劣产品冲击市场、扰乱价格、竞争无序，未全面形成优势产业，行业中至今尚未形成完整的质量监督体系和规范化产品的系列质量标准体系，林产品加工业规模小，分散经营，产出率低，集约化程度低，产品基本以原料形式出售，产品附加值低，产地市场不完善，市场辐射能力弱等这些问题的存在也不同程度地影响着林产品资源开发经营的正常秩序。只有把黑龙江省绿色经济、特色经济搞上去，把产品搞特，把质量搞优，才能在竞争中赢得主动，掌握发展的主动权；促进林产品资源开发经营跨越式发展，创造有利条件。

4. 缺乏整体规划、经营分散问题

林下经济在林业转型过程中引导林区职工致富起到了重要作用，在全省林区发展态势良好，在发展过程中有的地方对林下经济发展没有作为一项重要产业通盘考虑，统筹推进，缺乏整体的布局与规划，基本是以家庭承包经营模式为主，一家一户分散经营，生产过程粗放，大多以采集原料进行出售，没有形成集约化、专业化和产业化的发展格局，龙头拉动作用不强，缺乏行业协会以及专业合作社等规范组织的引领。

5. 政策扶持力度不够问题

林下经济发展涉及多个部门，虽然省委省政府出台了相关政策，由于缺少联动机制，林下经济发展得不到必要的项目和资金扶持，在技术指导、种苗保障、加工销售等相关环节的服务比较薄弱，制约了林下经济的发展。

6. 基础设施条件差的问题

林区普遍存在水、电、路等基础配套不完善，缺少大型水利工程和大型农机设备，农业机械化水平不高，抵御自然灾害能力不强，制约了林下经济发展。

二、可持续经营建议

1. 加快制定相关政策

农林复合经营在提高林地使用率增加森林资源综合利用，解决人多地少、长期收益和短期收益的矛盾，各级政府应加大对农林复合经营的支持，通过积极推广农林复合经营，出台相应的扶持政策，并加大投入，确保农林复合经营健康稳定发展。

2. 因地制宜选择类型，科学规划

该地区农林复合经营类型主要有林粮、林草、林药、林菌、林果、林花、林菜、林禽、林下特种经济动物养殖等类型，在农林复合经营发展过程中各地应根据本地的自然条件，林地承载能力，产业优势度，统筹安排，科学合理布局本地的农林复合经营类型，打破一家一户分散经营的粗放形式，加强龙头企业的引领作用，发挥区域优势，完善产业链条，提高产品质量。

3. 实现标准化、规模化

通过农林复合经营可充分利用林地空间、水分、光能、土壤、气候等资源，提高林地生产力，而农林复合经营可使林地做到一地多用，极大地获得收益。黑龙江省自然条件优越，可充分发展林菌、林菜、林果、林药等种植业，林禽、林畜等养殖业，但在发展过程中应改变传统的粗放型经营，建立标准化经营模式，进行科学管理，规模生产，提高竞争力。

4. 加大科技支撑力度

林业科技工作已初步形成了包括科学研究、科技推广、科技管理等在内的比较完整的林业科技创新体系，为促进黑龙江省林业发展和生态环境建设做出了贡献。但是，长期以来科研重点一直放在以生产木材为主的林木上，对农林复合经营方面研究较少，农林复合经营在黑龙江省大多地区处于传统的粗放经营阶段，在向现代集约救困转换过程中，在根据各地自然条件选择适宜本地农林复合类型中已进行实践，如适用于浅山坡林药间作、林

菜间作、适合于疏林地的林菌结合等类型已在林区得到很好的发展，但对农林复合经营的空间分布格局、如何科学合理地选择物种与物种的组合、农林复合系统种间的相互作用机理等仍缺乏系统定量的研究，理论研究明显落后于实践，不能及时地指导生产实践，为使农林复合经营可持续发展，政府管理部门应加强科研工作，增加科技投入，提高全省林区农林复合经营向更高层次发展。

参考文献

[1] 彩霞，2004. 黑木耳液体深层发酵的研究[P]. 无锡：江南大学.
[2] 陈静，张虹鸥，吴旗韬，2014. 广东山区林下经济发展初探[J]. 林业经济问题，34(3)：268-274.
[3] 陈影，姚方杰，刘桂娟，2010. 黑木耳代用料栽培的注意事项和建议[J]. 中国食用菌，29(2)：55-58.
[4] 程瑶，程鑫，李昕，等，2011. 单片黑木耳栽培管理技术[J]. 中国林副特产，1：43-45.
[5] 傅永春，陆秀新，翁景华，等，1984. 袋栽黑木耳水分管理试验[J]. 食用菌，6：20-21.
[6] 高云虹，高仲山，张淑华，2013. 黑木耳套种糖槭栽培模式试验[J]. 中国食用菌，2：25-27.
[7] 葛菊芬，佘长夫，陈新云，1994. 黑木耳袋料栽培低温出耳技术[J]. 新疆农业科学，2：88-89.
[8] 郭砚翠，刘凤春，王玉文，等，1993. 黑木耳8808菌株生物学特性研究[J]. 生物技术，6：31-33.
[9] 韩增华，张介驰，刘佳宁，等，2012. 不同催耳芽方式对北方黑木耳栽培出耳的影响试验[J]. 食药用菌，6：344-346.
[10] 侯军，杜爱玲，谢庆华，等，2001. 黑木耳98-1生物学特性及栽培技术要点[J]. 河南农业科学，11：21-22.
[11] 胡昭庚，陈志庆，1997. 黑木耳反季节高产栽培法[J]. 农村新技术，11：3-4.
[12] 胡昭庚，郑社会，1996. 桑枝条栽培大光木耳试验[J]. 浙江食用菌，4：9-10.
[13] 花木兰，2002. 黑木耳大袋立体栽培新技术[J]. 农家之友，9：26-27.
[14] 贾身茂，1985. 黑木耳雾化灌溉新技术通过鉴定[J]. 中国食用菌，6：30.
[15] 李芳，2014. 黑龙江省市县林地保护利用现状、存在问题及对策[J]. 防护林科技，11：85-87.
[16] 李红利，黄治民，陈文超，等，2011. 林地黑木耳代料栽培技术要点[J]. 食用菌，1：47-48.
[17] 李家全，2010. 单片小孔木耳栽培技术[J]. 中国农村小康科技，7：51-52.
[18] 李娇，2008. 食用吊瓜袋装黑木耳立体栽培技术[J]. 安徽农学通报，2：78+77.
[19] 李黎，范秀芝，肖扬，等，2010. 中国黑木耳栽培种质生物学特性的遗传多样性分析[C]. 2010年中国菌物学会学术年会.
[20] 李玉，2001. 中国黑木耳[M]. 长春：长春出版社.
[21] 李玉芝，1980. 黑木耳代用培养料[J]. 食用菌，2：26.
[22] 林增元，陈锡恩，2005. 地栽黑木耳高产稳产的几项技术改进[J]. 农业知识，32：28.
[23] 刘存田，李景山，郭金升，等，1996. 六作间混套栽培技术[J]. 作物杂志，6：32.
[24] 刘桂娟，2011. 黑木耳不亲和性因子构成及优良品种选育的研究[P]. 长春：吉林农业大学.
[25] 刘岩岩，张敏，宋莹，2014. 北方林下黑木耳栽培技术[J]. 现代农业科技，2：130-131.
[26] 刘永昶，王德林，于雅华，2002. 地栽黑木耳集中催耳法[J]. 食用菌，1：28.
[27] 刘志友，2002. 单片黑木耳田园化高产栽培技术[J]. 食用菌，6：28-29.
[28] 刘祖同，罗信昌，2002. 食用蕈菌生物技术及应用[M]. 北京：清华大学出版社.
[29] 娄隆后，朱慧真，汤华光，1992. 木耳属种类的初步研究[J]. 中国食用菌，11(4)：30-32.
[30] 娄隆后，1981. 中国黑木耳的老式栽培法[J]. 北京农业大学学报，1：73-76.

[31] 卢其广, 陈蕙英, 童晓利, 1984. 黑木耳木屑栽培试验初报[J]. 食用菌, 2: 12-13.
[32] 鲁长, 于迎春, 曹德强, 等, 2001. 夏季林地木耳开放式栽培新技术[J]. 山东蔬菜, 1: 39-40.
[33] 罗凡, 1996. 反季节栽培黑木耳优质高产技术[J]. 中国土特产, 1: 18.
[34] 毛作全, 张金松, 2000. 黑木耳菌株 M5-1 生物学特性[J]. 食用菌, 2: 9-10.
[35] 聂林富, 2000. 棚式立体吊袋出耳管理技术[J]. 农村科学实验, 12: 19.
[36] 牛福文, 印桂玲, 辛如华, 1989. 黑木耳液体菌种的研究[J]. 食用菌, 4: 7-9.
[37] 潘学仁, 康百航, 1994. 黑龙江省挂袋栽培黑木耳新技术[J]. 中国食用菌, 2: 42-43.
[38] 齐雯, 2012. 黑龙江省林业循环经济发展研究[D]. 哈尔滨: 东北农业大学.
[39] 阮时珍, 李月桂, 1994. 袋栽黑木耳立体栽培高产技术[J]. 农村科技开发, 1: 20-21.
[40] 宋文军, 陈静, 2012. 大兴安岭地区发展林下经济意义与模式探索[J]. 中国林业经济, 6: 34-36.
[41] 申进文, 郭恒, 程雁, 等, 2006. 荫棚层架袋栽黑木耳技术[J]. 食用菌, 6: 40-41.
[42] 覃国权, 2000. 中稻田套种木耳栽培技术[J]. 中国食用菌, 2: 31-32.
[43] 陶梅, 2009. 黑龙江省黑木耳栽培菌株遗传多样性研究[M]. 哈尔滨: 东北林业大学.
[44] 廷斌, 孟祥元, 罗玉玲, 等. 葡萄与黑木耳高效组合栽培技术[J]. 食用菌, 2: 35.
[45] 王波, 2006. 图说黑木耳高效栽培关键技术[M]. 北京: 金盾出版社.
[46] 王惠民, 颜淑婉, 1981. 毛木耳和黑木耳袋式栽培[J]. 福建农业科技, 1: 44-46.
[47] 王立刚, 赵岭, 许成启, 等, 2000. 黑龙江省西部农林复合经营类型、模式及其效益分析[J]. 防护林科技, (3): 32-37.
[48] 王立刚, 赵岭, 2000. 黑龙江省西部农林复合经营类型、模式及其效益分析[J]. 防护林科技, 3: 32-37.
[49] 王树良, 2003. 建国以来黑龙江省森林经营管理的系统分析[P]. 北京: 北京林业大学.
[50] 王毅昌, 2008. 黑龙江省森工林区的内涵特征与发展历程[P]. 哈尔滨: 东北林业大学.
[51] 夏温树, 1979. 提高黑木耳单产的技术[J]. 食用菌, 1: 29-31.
[52] 闫宝松, 关广财, 马凤, 等, 2012. 黑龙江地区优质单片黑木耳栽培技术[J]. 食用菌, 5: 35-36.
[53] 闫宝松, 沈国勇, 黄文瓠, 2003. 黑木耳代用料全光高产栽培技术[J]. 中国林副特产, 4: 18-19.
[54] 严玉顺, 马士杰, 王友贤, 等, 2010. 黑木耳大棚催芽高产栽培[J]. 特种经济动植物, 11: 41-42.
[55] 杨儒钦, 2002. 黑木耳仿生栽培新技术[J]. 中国农村小康科技, 12: 26-27.
[56] 杨淑荣, 傅伟杰, 1996. 黑木耳大棚吊袋栽培技术[J]. 吉林蔬菜, 5: 25-27.
[57] 杨新美, 1996. 食用菌栽培学[M]. 北京: 中国农业出版社.
[58] 姚方杰, 张友民, 陈影, 2010. 我国黑木耳产业发展形势[J]. 北方园艺, 18: 209-211.
[59] 姚占芳, 吴云汉, 1991. 黑木耳的生物学特性及生产性能的研究[J]. 河南农业大学学报, 2: 185-192.
[60] 于立河, 刘成海, 马忠福, 1995. 黑龙江省春季挂袋栽培黑木耳技术[J]. 中国林副特产, 1: 20-21.
[61] 袁兴友, 1988. 黑木耳两步法栽培[J]. 四川农业科技, 2: 28.
[62] 张化僵, 1997. 农林复合经营模式的探讨[J]. 吉林林业科技, 4: 38-39.
[63] 张建军, 1995. 黑木耳反季节栽培技术要点[J]. 食用菌, 1: 30.
[64] 张剑斌, 郝宏, 王淑敏, 1994. 黑木耳室外挂袋栽培技术[J]. 防护林科技, 1: 36-38+40.
[65] 张介驰, 王玉江, 马庆芳, 等, 2004. 黑木耳液体种发酵培养试验[J]. 食用菌, 4: 15.
[66] 张荣江, 1991. 黑木耳层梯式两面出耳栽培技术[J]. 食用菌, 2: 45.
[67] 张硕, 2012. 农林复合生态经济系统研究综述[J]. 安徽农业科学, 40(30): 15033-15035.
[68] 张志光, 张晓元, 刘培田, 等, 1988. 紫木耳的生物学特性[J]. 食用菌, 3: 7.

[69] 赵春英, 2012. 单片黑木耳吊袋栽培技术初探[J]. 农民致富之友, 24: 99.
[70] 赵梓楠, 2010. 998等5个黑木耳菌种生物学特性的研究[C]. 第十二届中国科学技术协会年会.
[71] 周新, 柳华, 1983. 黑木耳喷灌制度的探讨[J]. 喷灌技术, 04: 43-45.
[72] 周云成, 2012. 大棚黑木耳挂袋栽培技术要点[J]. 吉林蔬菜, 8: 30.
[73] 朱玉胜, 2003. 搞好低效林——经营是提高林地生产力的重要途径[J]. 黑龙江科技信息, 9: 24-24.

本章作者：曲艺、范俊岗、刘红民、郑颖、王月婵、董莉莉、刘怡菲（辽宁省林业科学研究院）

第八章
华北地区

第一节　区域概况

一、自然概况

华北地区的行政区划包括北京市、天津市、河北省、山西省。该地区北接内蒙古高原，西临黄土高原，南以秦岭淮河为界，东濒黄、渤二海。大致以≥10℃积温3200℃（西北段为3000℃）等值线、1月平均气温-10℃（西北段为-8℃）等值线为界。该地区西部和北部为山地，东南部为华北平原。华北平原是黄河、淮河、海河三大河系冲积平原，西起太行山，东至渤海黄海。该地区的气候为暖温带半湿润大陆性气候，四季分明，光照充足；冬季寒冷干燥且较长，夏季高温降水相对较多，春秋季较短。但华北平原的热量和雨水明显多于黄土高原。华北的土壤皆为河流冲积黄色旱作类型，是我国小麦的主产区，也是中华民族的发源地之一。

北京位于华北平原北端，总面积16800 km²。从地理位置上看，其西拥太行、北枕燕山、东濒渤海、南向华北大平原，整个地势西北高、东南低，河流纵横，具有得天独厚的地理位置，自古以来这里是沟通我国中原地区和东北、西北地区的交通枢纽。北京的西、北、东北面群山环绕，东南面为开阔的平原。西部山地统称西山，属太行山脉，北部山地统称军都山，属燕山山脉山区面积为10418 km²，约占全市总面积的62%，最高峰为位于西境的东灵山，海拔高度2303m。北京地区属暖温带大陆性季风气候，降水适中，四季分明，无霜期较长，年平均气温在8~12℃。冬季寒冷干燥，时有风沙；夏季潮湿多雨。年均降水量600mm左右，降水季节分配很不均匀，70%的降雨集中在7、8、9三个月。

天津位于华北平原东北部的海河各支流交汇处，东临渤海，北依燕山，介于东经116°43′~118°04′、北纬38°34′~40°15′之间。天津市陆地面积为11916.85 km²，海洋管辖面积为3000 km²。地势以平原和洼地为主，堆积平原区面积达11192.7 km²，约占全市总面积的93%，其中近80%是河网密布的湿地和盐沼。天津地势北高南低，属于由燕山山脉向滨海平原的过渡地带。天津市市域内河流密布、洼淀湿地亦广泛分布。天津地处海河流域下游，是海河五大支流南运河、北运河、子牙河、大清河、永定河的汇合处和入海口，素有"九河下梢"之称。天津市全境属于温带季风气候，主要受季风环流影响，四季分明。天津地区的1月平均气温为-5.4℃到-3.0℃，7月平均气温为25.9~26.7℃，年平均气温为12.3℃，年降雨量为500~700mm，平均无霜期为196~246天。

河北省环抱首都北京，地处东经113°27′~119°50′、北纬36°05′~42°40′之间。总面积187693km^2，省会石家庄市。北距北京283km，东与天津市毗连并紧傍渤海，东南部、南部衔山东、河南两省，西倚太行山与山西省为邻，西北部、北部与内蒙古自治区交界，东北部与辽宁接壤。河北省地势西北高、东南低，由西北向东南倾斜。地貌复杂多样，高原、山地、丘陵、盆地、平原类型齐全，有坝上高原、燕山和太行山山地、河北平原三大地貌单元。坝上高原属蒙古高原一部分，地形南高北低，平均海拔1200~1500m，面积15954 km^2，占全省总面积的8.5%；燕山和太行山山地，包括中山山地区、低山山地区、丘陵地区和山间盆地区4种地貌类型。山地面积90280 km^2，占全省总面积的48.1%；河北平原区是华北大平原的一部分，面积81459 km^2，占全省总面积的43.4%。河北省地处中纬度欧亚大陆东岸，位于我国东部沿海，属于温带湿润半干旱大陆性季风气候，本省大部分地区四季分明，寒暑悬殊，雨量集中，干湿期明显。省内总体气候条件较好，温度适宜，日照充沛，热量丰富，雨热同季，适合多种农作物生长和林-果种植。河北省自古以来气象灾害频繁，主要有旱、涝、大风、冰雹、暴雨、连阴雨、高温、干热风、霜冻、低温冻害及沿海地区的风暴潮，以旱涝为甚。旱灾以春旱最多，有"十年九旱"之说。

山西省地处华北西部的黄土高原东部。山西由东北斜向西南，东西宽约290km，南北长约550km。山西地形较为复杂，境内有山地、丘陵、高原、盆地、台地等多种地貌类型。山区、丘陵占总面积的三分之二以上，大部分在海拔1000~2000m之间。山西省轮廓略呈东北斜向西南的平行四边形，为黄土广泛覆盖的山地高原。高原内部起伏不平，河谷纵横，地貌类型复杂多样，山地、丘陵面积占全省总面积的80.1%，平川、河谷面积占总面积的19.9%。全省大部分地区海拔在1500m以上。山西属温带大陆性季风气候，冬季长而寒冷干燥，夏季短而炎热多雨，春季日温差大，风沙多，秋季短暂，气候温和。年平均气温3~14℃，昼夜温差大，南北温差也大。西部黄河谷地、太原盆地和晋东南的大部分地区，平均温度在8~10℃之间。全省降水受地形影响很大，山区较多，盆地较少。山西有三个多雨区，一是晋东南太行山区和中条山区，二是五台山区，三是吕梁山区。

二、社会与经济概况

北京，中华人民共和国首都、直辖市和国家中心城市，中国的政治中心、文化中心，中国经济、金融的决策和管理中心，中华人民共和国中央人民政府和全国人民代表大会所在地，具有重要的国际影响力，也是世界上最大的城市之一。北京经济发达，电力、热力生产和供应业，汽车制造业，计算机、通信和其他电子设备制造业，医药制造业为北京市的重点行业。北京拥有丰富的旅游资源，旅游业发达。

天津有诸多称谓，包括中国北方经济中心、环渤海地区经济中心、中国北方国际航运中心、中国北方国际物流中心、国际港口城市和生态城市、国际航运融资中心、中国中医药研发中心、亚太区域海洋仪器检测评价中心等。天津地处华北平原北部，因漕运而兴起，历经600多年，造就了天津中西合璧、古今兼容的独特城市风貌。"近代中国看天津"成为世人共识。天津滨海新区被誉为"中国经济第三增长极"。天津主导产业有电子信息、现代医药、石油化工汽车船舶制造业和物流业。

河北省在区位、资源、交通、通信、产业等方面具有许多独特优势。河北是农业大省，近年来农业结构不断优化，畜牧、蔬菜、果品三大优势产业带动作用明显。梨、红枣、板栗、杏扁产量居全国第一位，桃、葡萄、柿子产量居全国第二位，果品和蔬菜总产量均居全国第二位，肉类、禽蛋产量分别居全国第五位和第一位。

山西省煤矿资源种类多，分布广，储量丰富，截至2006年，已探明储量的有62种。煤、铝土、耐火黏土、铁矾土、镓的储量居全国各省份同种煤矿储量的首位，金矿石（含钛矿）、镁盐、芒硝的储量居第二位，钾长石、钛铁、石灰石、长石、石膏、钴、铜等矿藏的储量也居全国各省（区）的前列。煤炭是山西省最重要的矿产，储量丰富，地质储量达8700亿t，2006年保有资源储量为2070.7亿t，占全国探明储量的30%，是我国煤炭储量最大的省份之一，故有"煤乡"之称。

三、林业概况

华北地区地貌类型多样、气候横跨暖温带和中温带两个气候带，因此森林资源非常丰富，森林资源主要分布于西部和北部山区。

北京市的主要森林类型为暖温带落叶阔叶林，主要森林优势树种有橡树、刺槐、黄栌、侧柏、油松、栓皮栎、山杨等。北京市森林资源具有以下特点：①森林资源分布不均衡，全市的森林主要分布于怀柔、密云、延庆、平谷等区县，山区林地面积比重大，平原林地面积比重小；②林种结构的合理性有待提高；③幼龄、中龄林所占比重偏大，近熟林偏少；④树种结构不合理，阔叶树种蓄积量偏大，其中仅山杨和杨树就占到总蓄积量的48%；⑤森林资源质量有待提高，生态服务功能不强。

天津市的主要森林类型以暖温带落叶阔叶林为主，主要优势树种有毛白杨、沙兰杨、柳树、刺槐、臭椿、白蜡等。天津市森林资源具有以下特点：①人工林比重过大，天然林较少；②造林树种较单一，人工纯林比重较大；③珍稀树种较少；④林地生产力不高，林分蓄积量低于全国平均值。

河北省的地貌复杂多样，有坝上高原、燕山太行山地、河北平原三大地貌单元。有温带落叶阔叶林、寒温带针叶林、寒温带针阔混交林等林分类型，主要乔木树种有油松、华北落叶松、白桦、樟子松、山杨、云杉、蒙古栎、榆树、洋槐、杨树、白榆、国槐、桑树、柳树等。全省森林资源的特点为：①森林资源质量差，森林覆盖率处于全国较低的水平，林分平均胸径、平均蓄积量均低于全国平均水平，林龄结构不合理，以幼龄林、中龄林偏多；②成林树种较为单一；③纯林比重相对较大，全省针叶林、阔叶林、针阔混交林的面积比为47:50:3；④造林成活率与保存率偏低；⑤林业病虫害危害近些年较为严重。

山西省的人工林较多，南部、东南部是以次生落叶灌木丛和落叶阔叶林为主的夏绿阔叶混交林，中部以中旱生的落叶灌木丛和针叶林为主，西部与北部是暖温带及温带灌木丛和半干旱草原。全省的森林优势树种以阔叶树种居多，针叶树种所占比例较小，主要优势树种有油松、华北落叶松、栎类、槐树、白桦、加杨、柳树、侧柏等。全省森林资源特点为：①天然林面积较小，分布较为零散；②全省森林覆盖率低于全国水平；③森林资源分布不均衡，呈南高北低的特点；④树种结构单一，以油松、栎类、杨类为主；⑤林种结构比例失调，生态林比重过大，林业产业化水平低；⑥林龄结构不合理，中幼龄林占到乔木林总面积的73%；⑦森林资源质量不高，全省林分平均胸径、平均蓄积量均低于全国平均水平，大径材资源匮乏；⑧全省宜林地面积相对较大，但绝大多数立地条件较差，造林难度较大。

第二节　类型分布及其特点

一、分类体系

华北地区地貌类型多样，气候资源丰富，同时又是农业发展历史非常悠久的地区，因此形成了多种多样的农林复合经营类型。在东部的平原区是农业区，该地区的农林复合经营以林粮间作为主，以杨树、泡桐、枣等乔木与小麦、花生、大豆等农作物及中药材的间作最为常见；西部和北部地区以山地为主，造林树种更为丰富，形成的农林复合经营类型也更为丰富，尤其以经济林与农作物、牧草和中药材的间作较为常见，如在地上丘陵区形成的以板栗、核桃、石榴等果树与绿豆、大豆、小麦、苜蓿、三叶草等的间作。而且在该地区，针对水土流失严重、土层瘠薄等问题，形成了集工程措施及生物措施为一体的山地小流域治理模式，小流域治理因其突出的生态效益及经济效益在华北地区的广大山区得到了大面积的推广，成为山区生态治理的一种典型模式。

华北地区主要的农林复合经营类型及特点主要如表2-2所示。

表2-2　华北地区农林复合经营类型

复合系统	结构类型（复合类型）	经营方式
林-农复合经营类型组	林-农型	桐-粮复合经营 桐-菜复合经营 杨-玉米(谷类、棉花)复合经营 杨-梨-玉米(谷类、棉花)复合经营 桑-玉米(花生、大豆、甘薯)复合经营 杨-桑-玉米(花生、大豆、甘薯)复合经营 花椒-作物复合经营 林-草复合经营 杨-蔬菜(番茄、西瓜、蔬菜、大蒜)复合经营

(续)

复合系统	结构类型 (复合类型)	经营方式
林 – 农复合经营 类型组	果 – 农型	板栗 – 花生(马铃薯、紫薯)复合经营 核桃 – 绿豆复合经营 核桃 – 大豆复合经营 核桃 – 小麦复合经营 石榴 – 小麦复合经营 枣 – 玉米(谷类)复合经营 果树 – 草莓复合经营 苹果 – 农作物复合经营 果树 – 中药材复合经营 梨 – 农作物复合经营
林 – 牧复合经营 类型组	林 – 畜型	杨树 – 羊复合经营
	林 – 禽型	杏树 – 鸡(鸭、鹅)复合经营
	林 – 草型	桃 – 三叶草复合经营 桃 – 苜蓿复合经营 柿 – 三叶草复合经营 桃 – 萱草复合经营
林 – 经复合经营 类型组	林 – 药型	板栗 – 黄芩复合经营 杨树 – 中药材(芍药、桔梗、豪菊、天麻、白术、贝母、板蓝根、茯苓、红花、薄荷、天南星、山药、金银花)复合经营
	林 – 菌型	板栗 – 栗蘑复合经营 油松 – 香菇复合经营
庭院复合经营类型组	立体种植型	林 – 果 – 瓜菜型
	种、养、加工与 能源开发型	林 – 果 – 食用菌型 林 – 果 – 花卉型 林 – 果 – 药材型 禽 – 猪 – 沼 – 蔬菜型 林木果品加工型
复合景观类型组	梯田(林 – 村 庄 – 农田 – 水)	流域综合治理复合经营

二、类型特点

华北地区地形复杂,气候多样性,形成了多种多样的农林复合经营类型。每一种类型都是当地在长期的农林业发展过程中形成的,且具有较好的生态效益和经济效益。按照李文华(2003)的分类,本地主要的农林复合经营类型主要分为林 – 农复合经营,果 – 农复合经营,林 – 畜复合经营,林 – 禽复合经营,林 – 草复合经营,林 – 药复合经营,林 – 菌复合经营,立体种植经营,种、养、加工与能源开发类型和梯田(林 – 村庄 – 农田 – 水)10个类型。具体介绍如下:

(一)林－农复合经营

林－农复合经营中的林以杨、桐、桑为主，由以上乔木形成林带、林网，在林下种植大豆、玉米、小麦、棉花等粮食作物与番茄、西瓜、蔬菜、大蒜等蔬菜，主要包括2种形式：林粮间作和农田林网。

杨树、泡桐不仅具有生长快、分布广、材质好、繁殖容易、经济价值高等优良特性，而且具有树体高大、枝叶稀疏、透光率高等特点，以其与农作物进行间作，形成农林复合系统，既可以改善生态环境条件，促进稳产高产，又可在短期内提供大量商品用材，增加经济效益。因此，杨－农、桐－农复合经营是华北地区优良的农林复合经营类型。杨－农复合经营在华北地区的广大平原地区都有大面积的分布，桐－农复合经营主要分布在河北省的南部平原地区。

(二)果－农复合经营

果－农复合经营主要是以板栗、核桃、石榴、苹果、梨、枣等果树与大豆、玉米、小麦、马铃薯等农作物进行间作，形成的一种农林复合经营类型。华北地区是板栗、核桃、石榴、苹果、桃、杏、梨、枣的果树的主要分布区，同时又是我国重要的粮食产区。人们将果树与农作物进行间作，一方面提高了土地利用效率，另一方面又改善了当地的生态环境，对于当地的经济和社会发展具有重要的生态意义。

平原地区的果－农复合经营，一般是在果园的基础上建立起来的。在果园建立初期，果树树体较小，果树树冠尚未郁闭，在果树之间的空地上栽培农作物，可以提高土地的利用效率，而在果园郁闭之后，一般不再进行间作，所以在平原区果－农复合经营多为短期型的农林复合经营。在山区，果树的栽植一般与坡地的梯田、水平沟等工程措施相结合。由于梯田或水平沟高低错落，果园一般很难郁闭，因此可在林下进行长期的复合经营。平原区的果－农复合经营一般以苹果、梨、桃、葡萄、枣等适宜在平原区生长的果树为主，山地，主要是低山丘陵区，则以板栗、柿子、核桃、山杏等为主。

(三)林－药复合经营

华北地区是黄芩、黄芪、知母、桔梗、柴胡、远志等药用植物的重要产地。在华北地区林－药复合经营也是一种常见的农林复合经营类型。在平原地区，由高大乔木，如杨树等，形成的防护林及速生丰产林下，利用不同生长阶段形成的林下环境和空间，选择适宜的药用植物进行栽培，形成林－药复合经营。一般在林分完全郁闭前，多数的药用植物都能正常生长，郁闭后，林下光照减弱，则栽植耐阴性强的药用植物。王继永(2003)发现，甘草和毛白杨进行间作时，行距大于15m，桔梗和毛白杨间作的最佳行距为10.67m，桔梗产量可以达到$2.19t/hm^2$，是对照的109.5%；天南星和毛白杨间作的最佳行距为6.39m，天南星产量$1.334t/hm^2$，为对照的137.5%。

在华北地区的北部山地，如北京北部山区，人们在林下套种喜湿耐阴的药用植物，形成了山地林－药复合经营类型。栽培的药用植物主要有黄芩、玄参、菊花、决明子、西洋参、金银花、黄姜、薄荷、白术、黄芪、桔梗、党参、白芷、茯苓等。套种之后，由于人为投入增加,林木的生长速度也大大加快,同时由于药用植物特殊的生物学习性,林木病虫害也明显减少,实现了林药相长和林药双赢。延庆县大庄科乡慈母川,在板栗林下套种黄芩,取得良好的经济收益(钟春艳和王敬华,2013)。

(四) 林 – 禽复合经营

林 – 禽复合经营也是华北地区常见的一种农林复合经营类型,这种类型在华北地区的平原区和山区都非常常见。在河北省的平原地区,林下养鸡是一种常见的林 – 禽复合系统。在该系统中,上层的林木可以是用材林,如杨树,也可以是果树,如板栗等。林下养鸡一方面减少了除草剂、杀虫剂、杀菌剂及化肥的使用,减少了环境污染,提高了系统中林产品及禽产品的质量,另一方面,提高了林地的产量,提高了经济效益,同时林下养鸡产生的粪便提高了林地土壤的肥力,促进了杨树的生长,因此,林下养鸡是一种生态、经济和社会效益俱佳的农林复合经营类型。

(五) 林 – 菌复合经营

华北地区食用菌种类丰富,是我国重要的食用菌的主产区。林 – 菌复合经营就是人们利用林荫下空气湿度大、氧气充足,光照强度低、昼夜温差小的特点,以林地废弃枝条或采伐剩余物为基质,加工生产食用菌菌棒,在郁闭的林下种植香菇、栗蘑等食用菌。林地为食用菌的生长创造了良好的环境,而食用菌生产后废弃的菌棒可以用做堆肥的原料,生产有机肥,返还林地,促进林木的生长,形成良性循环。钟春艳(2013)在通州、怀柔、延庆和房山等地试验的板栗林下栽培栗蘑的林 – 菌复合经营,实现了每亩9100元的纯收益,取得了可观的经济效益。河北省宽城县利用林下的遮荫环境,将修剪下来的板栗枝条作为基质栽培栗蘑,每亩可产干栗蘑10余千克,产值3600元。

第三节　可持续经营建议

一、主要问题

林下经济作为一个新兴产业,虽然取得了一定成效,但发展还处于起步阶段,仍存在诸多困难和问题:

1. 社会化服务体系不健全,市场机制不成熟

服务体系不完善,市场信息不畅通,缺乏相应的中介组织机构,造成林地流转困难,产业规模难以扩大。目前,北京市还没有形成完备的服务体系,提供完备的林权流转、森林资产评估、金融、技术等方面的服务,林地流转困难、缺乏规范。同时,林下经济技术推广服务队伍体系缺乏;科研院所的研究成果与农民生产脱节;合作社与协会等社会组织未能充分发挥政策咨询、信息服务、科技推广、行业自律等作用,在科技培训与服务方面未能有效发挥作用。

2. 林农组织化程度低

大部分林农仍以传统的小农生产为主，尚未与合作社、龙头企业等现代农业经营主体建立稳定的联结机制。现有的林业龙头企业数量少、带动农户的程度低，加上林业生产经营投入大、生产周期长、产出不稳定，给农民生计和社会稳定带来挑战。

3. 产业链条短，产品附加值低

大多数林农的林下经济产品是以初级产品的形态，通过田间地头或集贸市场直接出售的，多数没有经过精深加工，造成了产业链条短、产品附加值低的现象。网络营销、电子商务等现代营销方式在林下经济产品销售中所占比重非常低，市场化程度低，尚缺乏成熟的经营模式和先进的经营理念。各种类型的产业协会、专业合作社等组织还不能很好的适应国内市场和国际市场，没有行业协会组织，没有形成订单农业，产品加工、销售的龙头企业带动整个产业链发展的格局尚未形成。产业化经营水平有待提高。

4. 政策扶持力度小，资金投入少

林下经济发展配套政策不完善，深化集体林权制度改革刚刚开始，林权服务组织不健全，难以为林下经济健康持续发展提供政策保障。一是林下经济生产投入仍以农户家庭自我积累为主，没有形成稳定的财政补贴投入机制，导致在扩大产业规模、拉长产业链条方面存在困难，致使林下经济发展缺乏后劲，发展规模较小，难以形成竞争优势，不能满足市场大量稳定的需求。政府对林下经济企业的引导和支持不够，企业等现代经营主体投资不足，真正有实力的大型龙头企业介入较少，带动能力弱，制约了林下经济产业化的进一步发展。二是投入不足，基础设施条件差。北京市林地一般处于山区边远地带，普遍存在水、电、路等基础设施配套不完善等问题。三是缺乏社会力量参与的鼓励政策，难以吸引社会资金。同时，社会资本对林业和农民了解不够，也客观导致社会资本不敢轻易进入林业发展，存在观望态度。

5. 林地经营权使用和流转难

有林地中90%是集体林地，这部分林地使用权基本都在集体，农民只具有股权，没有使用权；集体林权流转的原则和范围、流转方式、流转程序、相关责任等尚不明确，集体林地流转难度较大，社会资本参与林地经营权流转较难。目前，北京市只有少量的林地流转，且多数以承包经营合同的形式进行，缺乏公平、公正、公开规范有序流转。

二、可持续经营建议

农林复合经营作为一种高效的土地利用途径已广泛应用于实践，并取得了良好的综合效益，但是农林复合经营在研究中仍存在许多问题，为了实现农林复合经营的可持续发挥发展，还需要做好以下几个方面的工作。

1. 加强基础理论的系统通过研究

农林复合经营的实质是物种间协调生态关系的构建及管理，需要对农林复合系统中的气象因子、物种关系、化感作用及生物地球化学机理等进行深入研究。但是，目前对于农林复合系统的基础理论研究明显滞后于生产实践。特别是缺乏农林复合系统结构与功能的长期定位研究，如大量研究表明，农林复合经营能够改善土壤肥力和结构等，但这一结论并未得到长期跟踪研究的试验证据。应针对主要的农林复合经营类型,建立生态系统定位站进行长期定位研究,以明晰农林复合系统中物种之间及生物与环境之间长期的互作规律,为农林符合系统的可持续经营提供坚实的理论基础。

同时,农林复合经营是一门边缘性交叉学科,涵盖了林学、农学、畜牧学、草学、渔学等学科,因此研究方式应注重多专业、多学科、多部门间的联合和渗透,以发挥整体研究优势,实现研究、教育、推广、生产一体化,将研究成果更好地应用于农林复合经营的生产(程鹏等,2010)。

2. 加强最优农林复合经营模式的研究

农林复合经营模式是农林复合经营中重要内容之一,但已有的经营模式多以经济效益、小气候影响为主,随着社会的发展,对农林复合经营模式提出了更高的要求,如农林复合经营的碳汇功能、水分利用效率等。如在华北平原区,干旱是影响当地农林业生产的重要因素,多年的地下水超采使得地下形成了规模巨大的漏斗区。相对于农作物,林木的蒸腾作用更强,水的消耗量可能也更大,因此在进行农林复合经营最优模式选择时,需要将经营模式的耗水量作为一个重要的指标加以考虑。再比如,全球变暖是目前人类面临的重要生态环境问题,因为木本植物的生命周期更长,生物量也更大,与一般的农业生态系统相比,农林复合系统在碳汇方面具有明显优势,故农林复合系统的碳汇功能也应该作为最优模式选择的一个重要条件。因此,在未来进行不同区域最优模式选择时应将一些重要的指标纳入进来,进行综合评价,使选择的最优模式更加具有说服力,获取更大的生态、经济和社会效益。

3. 加强配套技术的研究

农林复合系统的优势在于农业系统与林业系统的有机整合,其关键在于复合系统各组成要素(如不同物种、不同工程措施)的合理配置,因此,为了构建一个生态结构合理、生态功能稳定及经济效益和社会效益突出的农林复合系统,不是任何一方面的单个技术能够实现的,需要针对不同的具体生态条件,研究适宜的综合配套技术。如太行山石质山地的综合小流域治理技术就包括小流域治理规划技术、水保持工程建设技术、水保林营造技术、经济林营造技术等,同时要求各项技术之间的相互配套,水土保持工程技术的设计就需要考虑到当地的生态环境条件、气候条件及要营造的经济林类型。这就需要从单项技术研究向组装配套技术研究转变,完善和制定复合经营规范、规程和标准,解决农林复合经营工作中的问题,使复合经营具有科学的理论基础和技术依据(程鹏等,2010)。

4. 将农林复合经营与休闲农业发展相结合

休闲农业与乡村旅游是当今旅游发展方向之一,具有广阔的前景。农林复合经营系统不但是一种重要农林业生产方式,也使一种重要的旅游资源。与一般单纯的农业系统或人工林业系统相比,农林复合系统具有物种丰富、气候宜人、景观独特等优势,可以作为一种重要的休闲农业旅游资源加以开发和利用。游人在农林复合系统中可以欣赏美丽的农林业景观,享受宜人的气候,品尝可口的农林产品,还可以学习丰富的农林业及生态学知识。因此,将农林复合经营与休闲农业的发展相结合,具有突出的经济和社会效益,是实现农林复合经营可持续发展的有效途径。

参考文献

[1] 俊杰,2001. 枣粮间作优化模式初步探讨[J]. 山西林业科技,(4):32-35.

[2] 陈建卓,2005. 太行山石灰岩山地水土保持型生态农业试验研究[J]. 水土保持通报,25(1):82-87.

[3] 陈建卓,田素萍,葛茂杭,1999. 河北省太行山区小流域综合治理模式研究[J]. 水土保持通报,19(4):41-44.

[4] 程鹏,曹福亮,汪贵斌,2010. 农林复合经营的研究进展[J]. 南京林业大学学报(自然科学版),34(3):151-156.

[5] 窦崇财,1999. 天津市大港地区枣粮间作丰产栽培技术[J]. 天津农业科学,(3):29-32.

[6] 高春祥,1994. 枣粮间作模式及效益分析[J]. 河北林业科技,1:35-36.

[7] 高璟,刘丽华,陈建卓,等,2001. 小流域综合治理的防洪减沙效应研究[J]. 水土保持学报,15(3):12-15.

[8] 郭健,2008. 黄土高原枣粮间作模式初探[J]. 林业科技,(4):27-28.

[9] 韩丰年,赵志诚,李敬川,等,1995. 枣粮间作双增产的生态机制[J]. 河北林业科技.

[10] 李秀彬,马志尊,姚孝友,等,2008. 北方土石山区水土保持的主要经验与治理模式[J]. 中国水土保持,(12):57-62.

[11] 李志强,1990. 枣粮间作是一种优化的耕作制度[J]. 现代农业科技,(2):9.

[12] 李志欣,刘进余,刘春田,等,2002. 枣粮间作复合种植对作物生态及产量的动态影响[J]. 河北农业大学学报,25(4):45-49.

[13] 刘进余,1998. 枣粮间作复合系统中农作物产量动态效应的研究[J]. 河北农业技术师范学院学报,12(2):21-25.

[14] 孟平,宋兆民,张劲松,等,1998. 农林复合系统防尘效应的研究[J]. 林业科学,34(2):11-16.

[15] 牛步莲,2000. 枣粮间作模式及配套技术[J]. 山西果树,(4):24-25.

[16] 裴保华,王德义,袁玉欣,等,1998. 杨农长期间作经济效益分析[J]. 林业经济,(增刊):45-52.

[17] 王继永,王文全,刘勇,2003. 林药间作系统对药用植物产量的影响[J]. 北京林业大学学报,25(6):55-59.

[18] 王勇,安桂华,1997. 枣粮间作双丰产优化模式[J]. 山西林业,(12):47.

[19] 同金霞,李新岗,窦春蕊,等,2003. 枣粮间作的生态影响及效益分析[J]. 西北林学院学报,18(1):89~91.

[20] 杨丰年,1995. 新编枣树栽培与病虫害防治[M]. 北京:中国农业出版社.

[21] 钟春艳,王敬华,2013. 北京山区农林复合产业发展模式与对策分析[J]. 农业经济,(10):42-44.

[22] 周怀军,王文风,张景兰,2000. 山区小流域类型划分试验研究[J]. 西北林学院学报,15(2):33-36.

本章作者:许中旗(河北农林大学)

第九章 西北地区

第一节 区域概况

一、自然概况

西北地区的自然区域范围大体上位于大兴安岭－太行山脉一下以西，长城和阿尔金山（昆仑山）一线（北纬36°）以北的广大干旱、半干旱区；行政区域包括陕西省、甘肃省、青海省、山西省、内蒙古自治区、新疆维吾尔自治区、宁夏回族自治区、西藏自治区等省份的全部或部分区域。

西北地区整体位于我国地势的第一、二阶梯上，区内地形以高山、高原、盆地为主。著名高山有昆仑山、阿尔金山、祁连山、天山、阿尔泰山等，著名高原有青藏高原、帕米尔高原、蒙古高原、黄土高原等，著名盆地则有塔里木盆地（第一大盆地）、准噶尔盆地（第二大盆地）、柴达木盆地（海拔最高的盆地）、吐鲁番盆地（海拔最低点）等。区域内高山挺拔、高原辽阔，既有终年白雪皑皑的冰川雪山，也有沃野千里的草原牧场，还有沙砾滚滚的戈壁、沙漠，我国八大沙漠、四大沙地和著名戈壁均位居本区。

受降水的地带性影响，区域植被表现为显著的地带性差异。植被自东向西大体依次为温带森林－森林－草原－草原－荒漠草原－荒漠，农业生产也表现为灌溉农业－半干旱草原牧区－绿洲农业的特征。依据干湿程度随距海远近而出现变化，基本上以贺兰山为界将西北地区划分为内蒙古温带草原地区和西北温带及暖温带荒漠地区。

（1）内蒙古温带草原地区。基本上是一个海拔在1000~1200m的高原，高原面上宽广坦荡，少有绵延的山脉。距海较近，属半干旱气候，年平均降水量在150~450mm，其中夏季降水占60%以上，冬季长而寒冷，可达5~7个月，气温年较差达35~40℃。除了黄河、西辽河等河流流经本地区注入海洋外，广大高原皆属内流区。自然景观以草原为主，气候条件对牧草的生长很有利，草场广布。

(2) 西北温带及暖温带荒漠地区。荒漠地区，地面主要为石质戈壁或沙丘，只生长有极少数的胡杨、芨芨草、骆驼刺等耐旱植物。牲畜以耐渴的骆驼为主。胡杨林耐盐碱、生长快，是西北地区重要造林树种。

二、社会与经济概况

西北地区国土面积约占全国1/3，人口仅占全国1/5，属于地广人稀类型。民族成分以汉族为主，占到2/3，同时也是我国蒙古族、回族、维吾尔族的聚居区，新疆北部有哈萨克族居住。

西北地区是我国重要牧区和(绿洲)灌溉农业区。种植业以旱作为主，灌溉农业突出(新疆为绿洲农业)。一年一熟，南疆(暖温带)两年三熟。西北地区是全国最重要的畜牧业基地(新疆、内蒙古)、最大的长绒棉基地、重要的灌溉农业区(新疆、宁夏、河套)，重要的温带水果产地(新疆)、重要的糖料作物基地(内蒙古、新疆)。

本区的灌溉水源有河水、高山冰雪融水和地下水，灌溉农业主要分布在河套平原、宁夏(银川)平原、河西走廊和荒漠绿洲区域。

(1) 河套平原(银川平原)区域天然降水少，难以满足农作物生长的需要。但由于夏季气温高，在有河水、高山融雪、地下水灌溉的平原地区，小麦、水稻、棉花、瓜果、甜菜都生长良好。内蒙古河套平原、宁夏平原，自古以来被誉为"塞外江南"，有"千里黄河富宁夏"之说。

(2) 河西走廊区域利用祁连山雪水灌溉，是西北重要的粮、棉、瓜果之乡。新疆有大小数千个绿洲，是最重要的农业生产基地。这里夏季高温，光照充分，昼夜温差大，适合多种农作物种植。在水源丰富的地区，人们发展种植业，修建灌渠、坎儿井等水利设施。

(3) 荒漠绿洲区域基于特有的光照条件，长绒棉、甜菜和多种瓜果是新疆的特色农产品。绿洲地区，人们集聚形成了城镇，绿洲不仅是交通的支撑点，同时交通也促进了绿洲的发展和繁荣。

西北地区草场广布、草质优良，内蒙古牧区和新疆牧区是全国重要的畜牧业基地。内蒙古牧区主要集中在贺兰山以东，这里降水较多，地表水资源比较丰富，草场质量较好，优良的畜种有内蒙古的三河马、三河牛等。贺兰山以西气候渐趋干旱，草原产草量减少，限制了畜牧业的发展。新疆主要形成山地牧场，集中在天山、阿尔泰山，夏季牧场在林带以上，冬季牧场在山麓地带。优良畜种有伊犁马、新疆细毛羊等。本区出产的肉、奶、毛、皮及其加工产品，不仅满足当地人民的生活需要，还大量输送到国内其他地区或出口到国外，成为本区重要的经济支柱。

第二节 类型分布及其特点

一、分类体系

我国西部地区生态环境脆弱，自然灾害频繁，加强生态建设已经成为西部开发的重要措施之一。同时西部地区又是我国主要缺粮区和经济欠发达地区，如何协调生态建设与粮食供求、经济增长之间的矛盾将成为西部开发中的重要课题之一（刘友兆，2001）。农林复合系统强调系统中树木与非木本成分间生态与经济相互作用，对保持水土、改善生态环境、提高土地利用率与发展农业生产均有十分重要的意义（李文华，2003）。

农林复合经营在西北地区生态建设中具有重要作用：①可增加土地资源承载力。我国西北地区以全国约1/3的土地承载约20%的人口，表明西部地区土地资源具有进一步开发利用的潜力。水资源短缺及其时空分布不合理、人类对土地资源不合理利用等因素导致西部地区生态环境的恶化，且土地沙化、盐碱化及水土流失等退化现象仍呈增加态势，为控制土地退化，改善生态环境，增加土地资源承载能力，西部地区必须实施退耕还林、还草、还牧及缓坡改梯田为主要措施的生态治理战略，而农林复合经营是实现其战略目标的重要途径。②可有效控制水土流失，提高土地生产力。按照《全国生态环境建设规划》，黄土高原广大地区是农林复合经营重要发展区，陡坡耕地退耕还林还草，实行乔灌草相结合，恢复和增加植被治理水土流失的功能强大，亦可促进林业与牧业协调发展（刘兆普，1996）。陡坡耕地退耕实施林－果、林－草、林－药等农林复合经营类型，控制水土流失，提高土地生产力，促进地区农业与经济可持续发展。③通过调整优化种植结构，有效改善耕地环境质量，我国西北等地进行的大量农田防护林（网）种植试验，建立了以防护林为基础的乔灌草相结合的多林种、多层次、多功能农田综合防护林体系，具有控制风沙、减少蒸发、增加土壤水分等多种作用，促进了农田生态系统良性循环和种植结构的调整与优化（李连国，1997），发挥了西部地区特色经济作物和园艺作物优势，例如果－粮复合系统是一种将高大果树与低矮作物复合而成的多生物种群、多层次、多功能、多效益的农林复合系统，可改善农田生态环境，促进生态平衡，增加农田产出率，提高土地利用效率。

由于西北地区特殊的地理区位，水资源短缺、干旱少雨、风沙干旱严重等问题严重制约了农牧业生产的发展。在数千年的耕作历史中，劳动人民为了同自然灾害作斗争，在生产实践中逐步养成了在耕地、宅旁植树以及套种的好习惯，形成了多种农林（牧）复合经营类型。

根据地理区位、气候和植被组成等特征，我国西北地区的农林复合经营大致可分为四个经营类型区：贺兰山以东草原风沙区、贺兰山以西荒漠绿洲区、黄土高原区和青藏高原区。

我国地域辽阔，各地生态环境及社会经济条件差异较大，各地农林复合系统类型各具特色。特别是我国西北地区生态环境脆弱，水土流失和荒漠化严重，农村经济发展缓慢，且干旱、水土流失、风沙灾害等生态环境问题与贫穷落后等社会经济发展问题在该区互为因果，形成恶性循环。近20多年，特别是"八五"以来，西北地区生产实践及理论研究表明，在该地区因地制宜地建立高效农林复合系统是解决这种恶性循环的有效途径之一（朱清科，1994；李文华，1994）。专家学者对适合于西北地区农林复合系统的分类体系研究进行了长期探索，目前对黄土区的农林复合系统进行了划分较为成熟，王忠林（1989）、王晗生（1994）、朱清科（1995）等曾先后通过深入调查分析研究，就黄土区域农林复合系统分类提出了较为系统的分类方法，能满足本区农林复合系统科研生产实际的需要。广袤的草原风沙区、荒漠绿洲和青藏高原地区在长期的科研和生产实践中也形成了各式各样的农林复合经营类型，这些地区农林复合经营分类一般是参照黄土高原地区和我国东部省份的复合经营模式，同时根据不同地区的气候特征和生产实践需求来进行农林复合经营类型的划分。

西北地区农林复合系统的分类体系是在国内外有关农林复合系统分类体系研究成果的基础上，结合西北地区的自然环境、社会经济、农林复合系统发展现状等具体情况，以及西北地区农林复合系统科研、生产实践及农村经济发展的需要，建立该区域农林复合系统分类原则及其分类指标体系，形成分类体系（表2-3）。

表2-3 西北地区农林复合经营类型

系统生境	复合系统	结构类型（复合类型）	经营方式
草原风沙区	林-农复合经营类型组	林-农型	林-农结合（以农为主、农林并举、以林为主）；绿篱型（以果园、农田、庭院经营为主体）；林-农轮作
		果-农型	果树（苹果、梨、李子和枣树等）；农作物（小麦、豆类、西瓜、甜瓜、马铃薯等）
	林-牧复合经营类型组	林-草型	以林为主（人工林间作、封山育林）；以牧草为主（立体草场，草灌乔结合）；以燃料为主
		林-禽型	林下养鸡、林下养鸭、林下养鹅和林下养特种禽（山鸡、火鸡、珍珠鸡、贵妇鸡等）
		林-草（农）牧型	林-草田复合系统（防风林、阻沙林、疏林-草场和饲料林）
	林-经复合经营类型组	林-药型	林下栽种药材，林可以是用材林（落叶松、杨树、樟子松等），也可以是经济林（苹果、苹果梨、桃、李、葡萄等），药材多为草本药用植物（甘草、桔梗、柴胡、党参、远志、穿心莲、地黄、当归、北沙参等）
		林-果型	以果树为主的林-果（K9、龙冠、锦红、黄太平、伏香梨、晚香梨、绥李、葡萄等）
	庭院复合经营类型组 特种林-农复合经营类型组	特种林-果栽植型	梭梭（红柳）与肉苁蓉复合栽培
		立体种植型	日光温室-猪-沼-菜"四位一体"；坡坎经营
		林木混交型	用材林、经济林混交
		林-药复合型	以林下、林带间种植甘草、柴胡、党参、麻黄等药材进行间作经营
		林-食用菌结合型	以林间空地为载体，经营栽培食用菌

(续)

系统生境	复合系统	结构类型(复合类型)	经营方式
草原风沙区	其他复合经营类型组	牧用林业草库伦型	放牧型、打草型、草林料结合型、乔灌结合治沙型草库伦
		家庭牧场(小草库伦)型	"草、水、林、料、机"五配套,农林-牧副相结合
		农田防护林型	农田防护、丰产兼用;旱作农田防护林网;两行一带林-农间作;草牧场防护林等
		沙地综合开发利用型	治沙造田,沙水林田路统一规划
		沙地生态林业型	商品性畜牧业、生态产业开发与保护性林业结合
		沙地"小生物经济圈"型	以农户为单位,治理沙地、开发丘间低地,发展农牧业
		沙地"生态网"整治型	建立立体防护林网体系,网间种草固沙、围栏放牧或种植粮食
荒漠绿洲区	林-农复合经营类型组	林-农型	桑农、葡萄长廊、杏农、杏树副林带、核桃林带等
		果-农型	以农为主,栽培果树(苹果、棉花、瓜类等)
		农业加工型	农业为主体,发展农副产品加工,主要为棉花加工
	林-牧复合经营类型组	林-草型	薪炭蓄养林、防风阻沙林带(沙枣+苜蓿、散生沙枣+苜蓿、新疆杨+苜蓿、沙枣+天然牧草和沙棘+芦苇等)
		农-牧型	农业发展的同时,带动牧业和养殖业发展(养鸡、养奶牛、养猪等)
	农-林-牧复合经营类型组	"三圈"生态-生产范式	以绿洲为核心,建立、维护和巩固农林-牧三位一体,实现"三圈"(高效绿洲核心圈、林-牧交错圈、草灌封育防护圈)模式,分为"大三圈"范式和"小三圈"范式
	庭院经济复合经营类型组	绿洲庭院经济	家畜、葡萄、用材树、果树、养蚕和蔬菜等6部分构成,发展庭院种植业、养殖业和加工业
	其他复合经营类型组	"红色生态农场"型	开垦荒地,建立生态农场,农田、林带、养殖、生活生产、办公一体化经营
		"葡萄庄园生态农业"型	葡萄种植加工生产,发展果园、菜地和养殖业
		复合林业型	以林业生产为主,生态防护林和经济林相结合
		"四位一体"型	日光温室大棚、沼气池、畜舍、厕所四者相结合

（续）

系统生境	复合系统	结构类型（复合类型）	经营方式
黄土高原区	林-农复合经营类型组	林-农型	林木与农作物结合，有桐粮间作、枣粮间作、杨粮间作、楸粮间作、柿粮间作、杜粮间作、银粮间作、椒粮间作和文冠果-豆类间作等
		果-农型	经济林-果下种粮，有枣、柿子、核桃和银杏等
		农田林网型	林木混交，即农田周边采用用材林与经济林混交、经济林树种之间混交，类型有落叶松与水曲柳，油松与栓皮栎，油松与侧柏，侧柏与白皮松，杨树与刺槐，油松与元宝枫，侧柏与沙棘，紫穗槐，杨树与沙棘等
	林-牧复合经营类型组	林-草型	用材林、经济林与牧草结合，有林-沙打旺、林-红豆草和林-草木犀等
		林-牧型	在一定年龄阶段的人工林下放牧（牛、羊、禽等），放牧人工林主要是刺槐，牧草有紫菀、鹅观草、白草、芒草、委陵菜等，起到以林促牧、以牧促农的作用
		林-禽型	林下养鸡、鸭、鹅和其他特种禽类动物
		林-牧渔型	沟壑打坝拦淤，水面养鱼、林-牧结合
	林-经复合经营类型组	林-果型	以果树为主的林-果（桃、李、杏、核桃、枣等）及其防护林
		林-果-经济作物型	果园或片林下种经济作物，如花生、油菜、魔芋、草莓和黄豆等
		林-蔬型	在林间果园种植蔬菜（黄花菜、马铃薯、辣椒、番茄、萝卜、甘蓝等）
		林-药型	药材有当归、党参、黄芪、甘草、杏仁等，间作形式有粮药间作、果药间作、林-药复合等
	庭院经济复合经营类型组	立体种植型	根据不同植物的生态位不同，实行乔灌草立体复合经营
		农牧庭院兼营型	以家庭为单位实行农、林、牧集约化经营，乔灌草蓄结合
	其他复合经营类型组	风沙治理与沙地植被建设型	"带、网、片"防风固沙植被建设，构成"若干林带分割包围，农田林网纵横交错，片林、草、灌星罗棋布"的防风固沙林体系
		引水拉沙与沙漠农田建设型	利用河流、海子或水库的水源冲沙拉沙，削平沙丘，建设农田
		草滩开发与庄园生态农业型	农牧交错带，"水、田、渠、井、电、林、路、技（农业技术）统一规划，农、林、水、牧结合，集中连片治理开发"
		缓坡丘陵区草地生态农业型	以牧为主、农牧结合的草地生态农业

(续)

系统生境	复合系统	结构类型(复合类型)	经营方式
青藏高原区	林-农复合经营类型组	林-农型	农田林网
		果-农型	果树(毛桃、核桃等);农作物(青稞、豆类等)
	林-牧复合经营类型组	林-牧型	天然草场周边营造防护林
		林-草带型	林-草带状间作,林为(北京杨、藏川杨、竹柳和沙棘等),牧草以豆科牧草为主,有紫花苜蓿、黄花草木樨、红豆草和披碱草等,分为刈草型和放牧型
		护牧林型	人工草场配置防护林带林网,草本为豆科牧草
		林-草轮作型	林业苗圃四周设置林带,苗木出圃后种植豆科牧草或粮食、蔬菜,实行林粮轮作或林菜轮作
	农林-牧复合经营类型组	农-牧结合型	核心农区("以农养牧、以牧促农、农牧并举",秸秆和饲料粮为主要饲料来源;牲畜为肉乳牛、猪和家禽;农作物为青稞、小麦、玉米和薯类);核心牧区(定居或半定居的生产方式,利用天然牧草,实行轮牧);牧区边缘地带(季节性天然草场,"暖季多养备、冷季精养备"季节性放牧)
	林-经复合经营类型组	林-果-草型	山区果园(苹果、毛桃、核桃等),四周营造防护林带,以杨树为主,边行配有柳树或沙棘,实行果草(豆科牧草或草本绿肥)间作,果粮间作或果经间作
	其他复合经营类型组	设施农业型	温室、塑料大棚、地膜覆盖,蔬菜瓜果种植
		立体农业型	高原立体景观农业(高山青稞-中山草场-低山粮食和蔬菜瓜果);农田立体种植,套种或复种经营(粮粮间作、粮菜间作、果粮间作)

二、类型特点

(一) 草原风沙区

草原风沙区位于贺兰山以东,黄土高原以北及大兴安岭以西的广大半干旱地区,范围包括草原、荒漠草原以及东部农耕区与西部草原牧区交接的农牧交错带地区。本区是从半干旱区向干旱区过渡的广阔地带。干湿波动明显,反映了东亚季风气候的独特性。干湿波动幅度大于温度变化幅度。干湿条件成为本区农牧业生产的限制因子。年平均降水量380mm,降水变率在25%以上。植被特点:植被类型取决于本区气候、土壤条件,主要为半湿润-半干旱-干旱条件下森林-林-草原-草原-草甸草原植被景观。随水分带的全面摆动,植被呈现明显的地带摆动现象。土地利用在自然背景下呈现农区、牧区交错分布特点,土地退化严重,表现为土地沙漠化、土地次生盐渍化和草地退化。

由于近几年可利用水资源总量锐减，导致风沙区群众生产生活用水与恢复生态用水之间的矛盾已经变得十分突出。由于气候（降水）呈波动性变化，农牧业结构也呈现波动性交替。农牧业结构与自然结构功能不相匹配，加之人口急剧增长，过垦、过牧、滥樵、滥采，造成自然和人工植被的大量破坏，生态环境严重恶化，人地关系不协调（卢琦，2000）。

严重的干旱、强劲的风力和干热的大气制约着土地生产力和农业植物产量的稳定提高，必须借助于林木的生态保护作用，土地才能免受风蚀和水蚀等的侵害，实现土地肥力的持续发展和农业植物的稳定提高。水是制约本地区农业发展和防沙治沙的最重要因素，合理有效地利用水资源，有效地降低风力的破坏作用，是促进干旱、半干旱地区农业发展的重要技术。农林复合经营按照"综合治理与开发相结合，专题实施与区域经济发展相结合，多专业、多学科相结合，科研与生产相结合"，和"规模推进、配套实施"的方略，形成了以粮食为基础，以发展经济作物和种草为重点，以生态经济型防护林体系建设为骨架，以经济林和畜牧业为主导产业，以综合整治为中心，走高产、优质、高效农业发展的新路子。

目前该地区形成了如下典型农林复合经营类型：农田防护林、固沙－薪炭林、庭院经济林、灌丛草场、高效牧草饲料植物种植、日光温棚、舍饲养殖和"四位一体"生态模式（温学飞，2007）等。在农牧交错带形成了林业、牧业及其他各业的复合系统，其特征是以林业为框架发展草、农、副业，为牧业服务。主要的农－林－牧复合经营类型有：林－牧复合经营、林－草复合经营（以林为主的林－草复合经营、以牧草为主的林－草复合经营和以燃料为主的林－草复合经营）、护牧林、林－草轮作、林－果－草复合经营和林－农复合经营。在科尔沁沙地农牧交错带，干旱、土体沙化、水土流失、沙尘暴等各种自然灾害的频繁发生，该区形成了典型林－牧复合系统包括林－草－牧复合系统、家庭牧场（草库伦）复合系统和庭院复合系统。

（二）荒漠绿洲区

绿洲是干旱区人类活动的主要场所和发展一切事业的依托，也是人类长期改造利用自然环境的产物。在我国，干旱区面积占了国土总面积的1/3左右，绿洲主要分布在新疆、河西走廊、河套平原和柴达木盆地。西北绿洲所在地区同全球其他荒漠绿洲区相比较，其海拔和纬度双双偏高，日照时数多，太阳辐射值高，热量标准至少达到温带水平，一般情况下不会成为农业生产的障碍，水源则堪称得天独厚，因此农业发达，成为我国西北的粮棉瓜果基地。

在大尺度上，基于干旱区地体圈层结构的自然地理地带规律（张新时，2000；慈龙骏，2007），慈龙骏提出以绿洲为核心（即荒漠中农、林、牧等各业生产和生物活动基地）的"三圈"（高效绿洲核心圈、林－牧交错圈、草灌封育防护圈）模式，并最终创建出农－林－牧复合系统、果－草－副复合系统。

居住在绿洲的各族人民，在长期的农业生产实践中，为适应严酷的自然环境，积累了"利用"和"改造"自然的丰富经验，创造性地发展了独具特色的干旱区农业生产方式。在长期的生产实践中新疆荒漠绿洲除了运用传统的农业生产模式外，还形成了典型的农－林复合经营、"红色生态农场"模式和"葡萄庄园生态农业户"模式。以和田绿洲为例，和田绿洲内部农林复合经营主要有：桑-农复合经营、葡萄长廊配置模式、杏-农复合经营、杏树副林带和核桃林带；此外，绿洲边缘分布有薪炭蓄养林以起到防风阻沙作用，在家庭内部农户还形成了家族式、高度集约化的绿洲庭院经济。

新疆天山中段北麓、准噶尔盆地南部的沙湾县亦探索出一套生态农业发展模式。其特点是模式的多样性和集中性。每一种模式又群体规模化，基本上以乡、村为生态建设基本单位，形成一乡一色，一村一品，一区域一优势。不同的模式组成全县范围内的良性生态环境，形成农-林-牧-副-渔综合效应的生态县模式（任继周，2002）。具体类型包括：农-牧复合经营、农-林复合经营、庭院复合系统等。

（三）黄土高原区

我国黄土高原地区人口众多，土地瘠薄，水土流失严重，风沙危害明显，洪涝灾害频繁，生态环境十分脆弱，人口、粮食、环境矛盾非常突出，农、林、牧矛盾也很突出（王义风，1991）。在黄土高原地区进行农林复合经营的研究和推广对解决这些矛盾无疑具有深远的影响（张金屯，1999）。

黄土高原面积广阔，土层深厚，地貌复杂，水土流失严重。严重的水土流失是黄土高原地区乃至黄河流域的头号生态环境问题。农林复合经营对解决黄土高原的水土保持、恢复生态平衡和提高土地利用率都有重要的作用，因此，农林复合经营是作为治理黄土高原的一项主要措施推广应用的。黄土高原区农林复合系统按照气候、降水和系统生境的不同主要分为黄土高原北部长城沿线风沙区和黄土高原丘陵沟壑区两个类型。其特点如下：

1. 黄土高原长城沿线风沙区

本区位于鄂尔多斯地台毛乌素沙漠的南部边缘，横跨晋、陕、蒙、宁、陇等5省份。本区南部为黄土丘陵，地形破碎，沟壑密度在 $2\sim 4km/km^2$；中部为下湿滩地和干旱荒漠滩地，地势比较平缓；北部为毛乌素沙漠与库布齐沙漠，以及鄂尔多斯高原砒砂岩沟谷地貌，遍布风沙丘陵。气候干旱，多风沙，大部分地区多年平均降水量 $250\sim 400mm$，年平均大风日数50多天、沙尘暴日数 $15\sim 25$ 天。由于长期过渡垦殖，植被稀少，冬、春季风蚀作用强烈，土地沙漠化发展加剧。由于水蚀和风蚀交替分布，环境非常恶劣，生态十分脆弱，是黄土高原水土流失治理难度最大的地区（李文华，2003）。此外，由于过度放牧，草地退化严重，畜牧业生产极不稳定，大部分地区农村经济贫困，农、林、牧业发展缓慢。农业经营采用半农半牧方式为主。本区域的农林复合经营主要以风沙治理与沙地植被建设、引水拉沙与沙漠农田建设、草滩开发与庄园生态农业以及缓坡丘陵区草地生态农业为主。

2. 黄土高原丘陵沟壑区

黄土高原丘陵沟壑区北接长城沿线风沙区，西连宁夏、甘肃，东隔黄河与山西省相望，南与黄龙山、桥山林区相连。本区属半干旱大陆性季风气候类型，寒冷、干旱、无霜期短，降水少而集中，且多暴雨，光照充足。由于人为活动频繁，极度开垦，天然植被破坏严重。本区存在的问题是水土流水严重，侵蚀模数为 $10000\sim 30000\ t/(km^2\cdot a)$；植被较少，农、林、牧争地矛盾突出。根据经营目标、组成结构、功能利用的不同，本区农林复合经营类型可以分为林-农复合经营、林-牧复合经营、林-牧-渔复合经营、林-农-牧-庭院复合经营、林(果)-药材复合经营、林(果)-经济作物复合经营、林(果)-蔬菜复合经营、林木混交等九大类型(邹年根,1997;孙飞达,2009)。

黄土丘陵区是世界上水土流失最强烈的地区之一,该区坡耕地是黄泥沙的主要来源地。因此,防止坡地的水土流失是治理黄土丘陵水土流失的关键。黄土高原坡面侵蚀区分布范围广阔,其农林复合经营类型主要为坡面水土保持林建设,具体包括陡坡地水土保持林模式、缓坡地退耕还林(草)模式、梯田地农林复合模式、房前屋后雨水集流庭院经济模式和侵蚀沟水土保持林模式等。

(四) 青藏高原区

青藏高原系指屹立于我国西南边陲海拔 3000 m 以上的高原和河谷山地,是我国三级地貌台阶的最高一级,自然环境独特,生态系统脆弱,生态安全重要。本区自然资源丰富,但经济发展较为落后,生态农业建设任重道远(李文华,2003)。本区植被具有水平地带性与垂直地带性的交叉特点,主要为高原寒漠、草甸、草原、灌丛与森林景观,成为一个特殊的自然区。这种高原特殊的自然生态条件,对于发展生态农业提供了良好的基础:辐射强,日照充足;气温低,日较差大;热量条件差,但有效性较高。由于高原的日照丰富,气温日较差大,太阳辐射强,且光谱成分中紫外线和红外线部分有较大增加,对植物的生长发育有效性较高。另外,由于山体高峻,气候变化剧烈,具有明显的垂直地带性。这种独具特色的高原立体气候,也为发展立体型生态农业提供了条件。

本区农、林、牧业都具有高寒地区的共同特点,主要牲畜、作物和树种对低温与低氧的高原环境均具有很强的适应能力,高产性能也很突出。农业生产的形式以适应低温和低氧环境能力强、高产性能突出的高寒农牧业为主体(李文华,2003)。农业资源开发利用不充分,经营粗放,生产水平低。草畜矛盾日益加剧,牲畜品种退化,生产性能下降。以放牧畜牧业为主,商品经济落后。

青藏高原地域辽阔,气候复杂,生态类型多样,在不同的地区发展生态农业具有不同的思路按照青藏高原的实际情况,其农林复合经营具有多样化,主要类型为林-牧复合经营、林-农复合经营和农-牧复合经营,并伴随设施农业、立体农业和生态农业的发展。

第三节 可持续经营建议

一、主要问题

农林复合经营在西部地区具有广泛的应用前景,研究并推广农林复合经营将促进西部生态环境建设与农业的可持续发展。目前,西北地区农林复合经营发展中主要存在以下问题:

1. 缺少发展规划

与我国大多数地区生态农业建设一样,西部地区农林复合经营建设即使经过各级管理部门立项批准，在研究、建设开始时也仅有一般工作计划，缺乏在深入调研基础上编制而成的能指导建设全过程并预测未来发展的(复合)生态经济发展规划，使建设全过程缺乏系统规划依据，阶段发展衔接不上，平衡失调。

2. 理论研究不够

主要表现为半定量或定性研究较多，定量研究不够系统深入，且研究往往仅限于对不同用地系统的简单比较，着力于生态效益分析而对经济效益与社会效益研究不够，三大效益综合研究更少，至今尚无建立起完整的农林复合经营效益综合评价指标体系与评价方法；

3. 技术不配套

农林复合经营建设涉及农、林、牧、副等多个领域，已有工作对相关技术协调研究不够，取得的成果多属理论描述，未能将农林复合经营有关领域各项实用技术进行组装配套，影响了农林复合经营模式推广应用(刘友兆和陈利根，2001)。

二、可持续经营建设

西北地区森林资源缺乏且分布不均，水资源严重短缺，水土流失和荒漠化加剧，生态环境脆弱，迫切需求把生态环境保护和建设作为西部大开发战略的切入点和根本问题加以研究。制定西北地区农业、林业发展战略对于实施西部大开发战略，提高该地区人民生活水平，有效地配置资源具有重要意义。

(一)对水资源开发利用的建议

西北地区地处我国干旱、半干旱地带，水资源在时空分布上极不均匀，一方面给经济发展带来困难，另一方面生态系统处在极为脆弱的状态。因此，水资源对西北地区经济发展和生态环境安全建设极为重要。

1. 采取强制措施，确保生态用水

生态用水不能通过市场配置，在制定用水分配方案时，明确生态用水比例，并采取政府强制措施，确保生态用水。

2. 以节水为中心进行农田水利建设

农业节水对水资源合理利用有着十分重要的意义。农业是用水大户，占总需水量的90%。各部门需水量通过供水计划，以供定需，使水资源供需平衡。目前农田普遍采用大水漫灌，灌溉定额过高，加之无限度的垦荒、扩大耕地面积，并以大量水源用于洗盐、压碱，造成更大浪费。因此农业节水的潜力很大，建立节水农业体系是解决农业缺水的有效途径。节水的手段，一是通过地表水－地下水联合利用降低地下水位；二是减小灌溉定额以减少田间的无效蒸发；三是进行平原水库改造以减小水库面积并保持或增加有效库容；四是进行渠系改造、整理、衬砌。配合上述措施，采用地膜覆盖和各种先进的节水灌溉方式，完全可以做到节水的同时实现农业的稳产高产。

3. 利用经济杠杆，强化流域水资源管理。

强化流域水资源统一管理，进行水资源总量控制。市场经济条件下的流域水管理，必须体现以水价实现水资源的合理配置。在实施水资源市场管理的同时，要区分农业和工业用水、农村和城市用水，分别制定相应的水资源价格体系。从整体看要尽快制定西北各流域水资源开发规划。

(二) 加强农林复合经营研究与推广的对策

1. 加强规划研究

建设与发展西部地区农林复合经营应在做好自然资源综合考察与农业区划基础上，从国土整治、生态建设与资源综合利用等方面统筹规划，坚持从实际出发，因地制宜，运用系统分析方法进行区划与总体设计，制定全面规划。西北干旱、半干旱地区是我国生态环境建设中防风治沙主要区域，农林复合经营建设应以林－草复合、林－果复合、林－经复合和林－牧复合经营等建设为主要途径，在生态环境治理的同时发挥区域资源优势。如黄土高原区农林复合经营发展方向为陡坡耕地在退耕基础上实行林(灌)－草复合经营，恢复与增加植被，在缓坡耕地实行梯田化过程中运用边界植树、林(灌)－粮复合经营等。黄河中上游区在大面积营造水土保持林、水源涵养林与人工草地的同时，对退耕陡坡耕地采用林－草复合经营、林－药复合经营；缓坡耕地主要实施绿篱间植技术与边界植树技术。在贺兰山以东风沙草原区和广阔的农牧交错带，草库伦和家庭牧场的合理规划和管理关系到整个区域的草场生态安全，要继续加强农林－牧的复合经营技术推广；贺兰山以西的荒漠绿洲区则是需加强节水农业技术的研究和相关农林复合经营的节约化和产业化。

2. 优化设计模式

要研究各种农－林－牧复合系统的生态、经济与社会效益，通过自然科学与社会科学相互渗透和多学科合成形成具有广泛应用前景的综合模式，从山区、丘陵、平原、牧区、水网区和风沙区等各种不同类型生态农业建设中总结规律，寻求不同地区、不同类型农林复合经营结构与功能的优化模式，再用于指导实践，推而广之。

3. 加强技术创新

农林复合经营建技术涉及树种选择、林带设计与造林技术等多方面内容，组织多学科科技人员研究与农林复合经营有关的实用营建技术以及现代科学技术在农林复合经营中应用，如采用生物技术进行种苗繁育，利用信息技术进行农林复合经营的效益评价与决策等，将相关技术组装配套，促进农林复合经营建设与发展。

4. 抓好示范和推广

建立示范基地和推广系统是建设与发展西部地区农林复合经营的重要措施，建设不同层次的示范基地如示范户、示范村、示范乡、示范农场和示范小流域等，推动农林复合经营向广度与深度发展，促进西部大开发。同时实行专业化生产，建立健全与之相配套的多种形式、多层次、多功能协调的社会化服务体系，把产前良种、化肥农药等生产资料供应，产中技术指导，产后加工、销售等有机结合起来，是推动农林复合经营发展的有效措施。

参考文献

[1] 蔡国军，张仁陟，莫保儒，等，2008. 定西安家沟流域3种典型农林复合模式的评价研究[J]. 水土

保持研究，15(5)：120-124.

[2] 陈昌笃，1993. 持续发展与生态学[M]. 北京：中国科学技术出版社.

[3] 陈文业，戚登臣，杨鑫光，等，2007. 安家沟流域土地利用结构优化设计及效益评价[J]. 草业科学，24(3)：18-19.

[4] 成升魁，闵庆文，2002. 西藏农牧业发展若干战略问题探讨[J]. 资源科学，24(5)：1-7.

[5] 慈龙骏，吴波，1997. 中国荒漠化气候类型划分与中国荒漠化潜在发生范围的确定[J]. 中国沙漠，17(2)：107-112.

[6] 慈龙骏，杨晓晖，陈仲新，2002. 未来气候变化对中国荒漠化的潜在影响[J]. 地学前缘，9(2)：287-294.

[7] 慈龙骏，杨晓晖，张新时，2007. 防治荒漠化的"三圈"生态-生产范式机理及其功能[J]. 生态学报，27(4)：1450-1460.

[8] 慈龙骏，1994. 全球变化对我国荒漠化的影响[J]. 自然资源学报，9(4)：289-303.

[9] 慈龙骏，2005. 中国的荒漠化及其防治[M]. 北京：高等教育出版社.

[10] 刁鸣军，1985. 放牧场疏林的营造形式及其效益浅析[J]. 内蒙古林业科技，1：34-37.

[11] 费世民，1993. 农林业系统分类研究综述[J]. 四川林业科技，14(2)：27-32.

[12] 封玲，汪希呈，赖先齐，2012. 干旱区绿洲农业结构调整与生态重建——以新疆玛纳斯河流域为例[J]. 农村经济，8：48-53.

[13] 冯宗炜，王效科，吴刚，等，1992. 农林业系统结构和功能[M]. 北京：中国科学技术出版社.

[14] 傅伯杰，陈利顶，邱扬，等，2002. 黄土丘陵沟壑区土地利用结构与生态过程[M]. 北京：商务印书馆.

[15] 傅伯杰，刘国华，陈利顶，等，2001. 中国生态区划方案[J]. 生态学报，21(1)：1-6.

[16] 高国雄，2000. 毛乌素沙地金鸡滩煤矿区植被破坏现状调查[J]. 西北林学院学报，15(增)：46-49.

[17] 高国雄，2005. 毛乌素沙地能源开发对植被与环境的影响[J]. 水土保持通报，25(3)：1-4.

[18] 高尚武，1984. 治沙造林学[M]. 北京：中国林业出版社.

[19] 郭建华，1994. 草原牧区应发展混草林业[J]. 草业科学，11(1)：67-68.

[20] 郭宇航，高静丽，张国民，等，2011. 科尔沁沙地造林密度与林农农林复合经营问题探讨[J]. 内蒙古林业调查设计，34(5)：55-57.

[21] 贺访印，纪永福，杨自辉，等，2008. 荒漠绿洲边缘土地合理利用与沙产业发展技术体系研究——以民勤绿洲为例[J]. 中国生态农业学报，16(6)：1528-1534.

[22] 贺访印，王继和，高志海，等，2004. 河西荒漠绿洲区草地农业发展技术研究[J]. 草业学报，13(2)：35-42.

[23] 侯庆春，汪有科，杨光，1994. 神府东胜煤田开发区建设对植被影响的调查[J]. 水土保持研究，4：127-137.

[24] 胡颂杰，1995. 西藏农业概论[M]. 成都：四川科学技术出版社.

[25] 胡玉婷，2000. 生态家严是青海大开发的根本[J]. 青海社会科学，4：45-49.

[26] 黄枢，沈国舫，1993. 中国造林技术[M]. 北京：中国林业出版社.

[27] 黄文丁，王汉杰，1992. 农林复合经营技术[M]. 北京：中国林业出版社.

[28] 贾文雄，宋凤兰，2000. 甘肃中部黄土梁状丘陵沟壑区农业生态经济系统的结构和功能分析[J]. 干旱区资源与环境，14(4)：21-25.

[29] 姜风歧，1988. 灌丛在防护林体系中效益评价及其改造利用途径的研究[J]. 生态学杂志，7.

[30] 李连国，李晓燕，1997. 沙漠绿洲农业区建立果粮间作模式体系探讨[J]. 干旱区资源与环境，11

(2)：71-74.

[31] 李荣生，2002. 资源环境约束下的西北农业结构调整与产业化发展对策[J]. 自然资源学报，17(5)：737-742.

[32] 李思恭，唐明鑫，卢开定，1985. 青海省种植业区划[M]. 西宁：青海人民出版社.

[33] 李文华，赖世登，1994. 中国农林复合经营[M]. 北京：科学出版社.

[34] 李文华，刘玉华，狄心志，等，1995. 和田绿洲的混农林业[J]. 干旱区资源与环境，9(4)：209-216.

[35] 李文华，2003. 生态农业——中国可持续农业的理论与实践[M]. 北京：化学工业出版社.

[36] 李文华，2013. 中国当代生态学研究[M]. 北京：科学出版社.

[37] 李延东，魏强，2011. 沙地林果林-果开发综合治理造林模式[J]. 农场实用科技信息，7：53.

[38] 李英能，吴景社，2000. 西部地区节水灌溉发展的前景与展望[J]. 水利水电科技进展，20(5)：6-9.

[39] 李振斌，1994. 青海省区域农业环境问题及其治理对策[J]. 青海环境，2：76-78.

[40] 刘友兆，陈利根，2001. 西部开发中农林复合经营刍议[J]. 中国生态农业学报，9(4)：46-48.

[41] 卢琦，慈龙骏，1996. 农用林业研究的回顾与展望[J]. 世界林业研究，9(2)：39-49.

[42] 卢琦，罗天祥，1994. 农用林业系统的生态学过程(译)[J]. 世界林业研究，7(1)：75-81.

[43] 卢琦，阳含熙，慈龙骏，1997. 农林间作系统辐射传输对作物产量和品质的影响[J]. 生态学报，17(1)：36-44.

[44] 卢琦，赵体顺，师永全，等，1999. 农用林业系统仿真的理论与方法[M]. 北京：中国环境科学出版社.

[45] 卢琦，赵体顺，1993. 当代农用林业进展[J]. 生态经济，2：27-30.

[46] 卢琦，2000. 中国沙情[M]. 北京：开明出版社.

[47] 洛桑灵，智多杰，1996. 青藏高原环境与发展概论[J]. 北京：中国藏学出版社.

[48] 马利强，2004. 农林复合系统可持续经营研究[J]. 北京：北京理工大学出版社.

[49] 马松尧，王刚，2004. 西北地区生态农业体系建设途径探讨[J]. 中国沙漠，24(2)：191-195.

[50] 孟平，张劲松，樊巍，2003. 中国农林复合经营研究[M]. 北京：中国林业出版社.

[51] 莫保儒，彭鸿嘉，蔡国军，等，2004. 定西地区黄土丘陵沟壑区农林复合生态系统复合系统分类研究[J]. 甘肃林业科技，29(2)：7-10.

[52] 祁正贤，1997. 浅谈青海高原的立体农业[J]. 青海科技，4(4)：4-7.

[53] 任继周，侯扶江，张自和，2000. 发展草地农业推进我国西部可持续发展[J]. 地球科学进展，15(1)：19-24.

[54] 任继周，李向林，侯扶江，2002. 草地农业生态学研究进展与发展趋势[J]. 应用生态学报，13(8)：1017-1021.

[55] 任继周，2002. 藏粮于草施行草地农业系统——西部农业结构改革的一种设想[J]. 草业学报，11(1)：1-3.

[56] 石福习，宋长春，赵成章，等，2013. 河西走廊山地-绿洲-荒漠复合农田生态系统服务价值变化及其影响因子[J]. 中国沙漠，33(5)：1598-1604.

[57] 宋西德，刘粉莲，张永，2004. 黄土丘陵沟壑区林农林-农复合生态系统复合系统立体经营模式研究[J]. 西北林学院学报，19(4)：43-46.

[58] 宋西德，罗伟祥，侯琳，等，1999. 黄土丘陵沟壑区农林复合经营经营类型模式研究[J]. 防护林科技，1：23-27.

[59] 宋兆民，孟平，1993. 中国农林业的结构与模式[J]. 世界林业研究，6(5)：77-82.

[60] 孙飞达, 于洪波, 陈文业, 2009. 安家沟流域农林草林-草复合生态系统复合系统类型及模式优化设计[J]. 草业科学, 26(9): 190-194.

[61] 孙颔, 1994. 中国农业自然资源与区域发展[M]. 南京: 江苏科学技术出版社.

[62] 孙鸿良, 2003. 西北地区农牧业发展方向的探讨[J]. 草业学报, 12(4): 1-6.

[63] 孙鸿烈, 郑度, 1998. 青藏高原形成演化与发展[M]. 广州: 广东科技出版社.

[64] 唐麓君, 杨忠岐, 2005. 治沙造林工程学[M]. 北京: 中国林业出版社.

[65] 王晗生, 周泽生, 李立, 1994. 试论黄土高原农林复合经营问题[J]. 水土保持通报, 14(1): 43-48.

[66] 王祺, 王继和, 徐延双, 等, 2004. 干旱荒漠绿洲紫花苜蓿的节水灌溉及水效益分析——以民勤县为例[J]. 中国沙漠, 24(3): 191-195.

[67] 王天津, 1998. 青藏高原人口与环境承载力[M]. 北京: 中国藏学出版社.

[68] 王晓江, 呼和, 段玉玺, 1998. 牧用林业对草地畜牧业持续发展的作用[J]. 资源科学, 20(2): 39-45.

[69] 王晓江, 师东强, 1992. 三种锦鸡儿灌木积沙量的回归分析[J]. 内蒙古林业科技, 2: 14-17.

[70] 王义凤, 1991. 黄土高原地区植被资源及其合理利用[M]. 北京: 中国科学技术出版社.

[71] 王忠林, 王佑民, 1989. 混农林业的防护效益与结构特征研究初报[J]. 陕西林业科技, 2: 23-27.

[72] 魏振铎, 1996. 论草原林业[J]. 林业经济, 5: 39-43.

[73] 温军, 2000. 青藏高原农牧结合的功能、模式与对策[J]. 自然资源学报, 15(1): 56-60.

[74] 温学飞, 马明, 王峰, 等, 2007. 毛乌素沙地草地畜牧业经营模式的开发与示范[J]. 干旱区资源与环境, 21(3): 19023.

[75] 吴发启, 刘秉正, 2003. 黄土高原流域农林复合配置[M]. 郑州: 黄河水利出版社.

[76] 吴晗生, 1993. 黄土高原农林复合经营的经营实践[J]. 当代农林复合经营, 3: 49-54.

[77] 吴精华, 1995. 中国草原退化的分析及其防治对策[J]. 生态经济, 5: 1-6.

[78] 徐受琛, 1984. 北方干旱半农半牧区农业发展策略[J]. 吉林农业大学学报, 6(4): 68-72.

[79] 薛亮, 2002. 中国节水农业理论与实践[M]. 北京: 中国农业出版社.

[80] 杨俊平, 2001. 中国西部地区林业生态建设理论与实践[M]. 北京: 中国林业出版社.

[81] 杨文斌, 卢琦, 吴波, 等, 2007. 杨树固沙林密度、配置与林木生长的关系[J]. 林业科学, 43(8): 54-59.

[82] 杨文斌, 王晶莹, 王晓江, 等, 2005. 科尔沁沙地杨树固沙林密度, 配置与林分生长过程初步研究[J]. 北京林业大学学报, 27(4): 33-38.

[83] 杨文斌, 丁国栋, 2006. 行带式柠条固沙林防风效果的研究[J]. 生态学报, 26(12): 4106-4112.

[84] 杨文斌, 杨红艳, 卢琦, 等, 2008. 低覆盖度灌木群丛的水平配置格局与固沙效果的风洞实验[J]. 生态学报, 28(7): 2998-3007.

[85] 杨文斌, 赵爱国, 王晶莹, 等, 2006. 低覆盖度油蒿群丛的水平配置结构与防风固沙效果研究[J]. 中国沙漠, 26(1): 108-112.

[86] 杨文斌, 郑兵, 2011. 干旱、半干旱区林农林-农(草)复合原理及模式[M]. 北京: 中国林业出版社.

[87] 杨文斌, 2006. 沙漠资源学[M]. 呼和浩特: 内蒙古人民出版社.

[88] 杨文斌, 王晶莹, 2004. 干旱、半干旱区人工林水分利用特征与优化配置结构研究[J]. 林业科学, 40(5): 3-9.

[89] 杨永春, 李吉均, 陈发虎, 等, 2002. 石羊河下游民勤绿洲变化的人文机制研究[J]. 地理研究, 21(4): 449-458.

[90] 杨忠信, 胡宏飞, 2000. 沙漠绿洲科技示范区建设成果报告[J]. 榆林科技, 1: 1-7.
[91] 杨忠信, 张秀华, 尤飞, 等, 1998. 榆林沙区农林复合经营的主要模式[J]. 山西林业科技, 3: 2-5.
[92] 姚顺波, 2005. 我国西北地区生态林业发展政策研究[J]. 中国生态农业学报, 13(1): 170-172.
[93] 张春燕, 2011. 青海省特色农牧经济发展研究[P]. 北京: 中央民族大学.
[94] 张风华, 赖先奇, 2003. 西北干旱区内陆绿洲农业特征及发展认识[J]. 干旱区资源与环境, 17(4): 19-24.
[95] 张金屯, 1999. 农林复合经营及其在黄土高原地区的实践[J]. 河南科学, 17: 80-83.
[96] 张喜民, 侯志研, 陈奇, 等, 2006. 我国农林复合经营研究概况[J]. 粮食作物, 2: 156-157.
[97] 张新时, 1989. 植被的PE(可能蒸散)指标与植被-气候分类(二)——几种主要方法与PEP程序介绍[J]. 植物生态学与地植物学报, 13(3): 197-207.
[98] 张新时, 1994. 毛乌素沙地的生态背景及其草地建设的原则与优化模式[J]. 植物生态学报, 18(1): 1-16.
[99] 张新时, 2000. 草地的生态经济功能及其范式[J]. 科技导报, 8: 3-7.
[100] 张永涛, 申元村, 2000. 柴达木盆地绿洲区划及农业利用评价[J]. 地理科学, 20(4): 314-319.
[101] 郑度, 2006. 中国西北干旱区环境问题与生态建设[J]. 河北师范大学学报(自然科学版), 30(3): 349-252.
[102] 郑元润, 张新时, 1998. 毛乌素沙地高效生态经济复合系统诊断与优化设计[J]. 植物生态学报, 22(3): 262-268.
[103] 朱清科, 肖斌, 1994. 淳化泥河沟流域农林复合生态经济系统优势分析[J]. 西北林学院学报, 9(1): 52-57.
[104] 朱清科, 沈应柏, 朱金兆, 1995. 黄土区农林复合系统分类体系研究[J]. 北京林业大学学报, 21(3): 36-40.
[105] 朱清科, 1996. 黄土塬区梯田坎边附近土壤库水养分特征及影响因素分析[J]. 西北林学院学报, 11(4): 33-37.
[106] 朱廷曜, 孔繁智, 朱劲伟, 等, 1989. 白音他拉疏林草场气象效应的初步分析[J]. 生态学报, 11(1): 1-6.
[107] 祝廷成, 李志坚, 张为政, 2003. 东北平原引草入田、粮草轮作的初步研究[J]. 草业学报, 12(3): 34-43.
[108] 祝志勇, 2002. 概述我国农林复合经营的历史与现状[J]. 江苏林业科技, 29(3): 34-37.
[109] 邹厚远, 2000. 陕北黄土高原植被区划及与林草林-草建设的关系[J]. 水土保持研究, 7(2): 96-10.
[110] 邹年根, 罗伟祥, 1997. 黄土高原造林学[M]. 北京: 中国林业出版社.

本章作者: 唐夫凯、周金星、杨文斌、卢琦(中国林业科学研究院荒漠化研究所)

第十章
华东地区

第一节　区域概况

一、自然概况

华东地区地处北纬23°~35°，东经113°~121°，包括山东、江苏、浙江、台湾、福建和上海5省1市。华东地区地形以丘陵、盆地、平原为主，属亚热带湿润性季风气候和温带季风气候，气候以淮河为分界线，淮河以北为温带季风气候，以南为亚热带季风气候，雨量集中于夏季，冬季北部常有大雪。华东地区年平均降水量为13~18℃，年平均气温为15~18℃，水资源丰富，水系有黄河、淮河、长江、钱塘江四大水系，京杭大运河贯通四大水系。此外还有太湖、洪泽湖等主要湖泊。华东地区动植物资源丰富，生物资源种类多、数量大。主要农作物为水稻、小麦、玉米、棉花、大豆、油菜等。

华东地区气候类型丰富，地形地貌呈现多样性。江苏属亚热带和暖温带地区，是全国地势最低的一个省份，低山丘陵集中在北部和西南部，年平均气温为13~16℃，年降水量724~1210mm，经济作物有棉花、花生、油菜、黄麻、蚕桑等，该省为全国重要的产棉区和桑蚕基地之一；浙江省属亚热带季风气候，西南部为平均海拔800m的山区，中部以丘陵为主，大小盆地错落分布于丘陵山地之间，东北部为冲积平原，该省年平均气温15~18℃，年平均降水量1000~2000mm，该省森林覆盖率达59.4%，树种资源丰富，素有"东南植物宝库"之称；上海属亚热带湿润季风气候，年平均气温16.5℃，年均降水量1200mm，全年无霜期241天；福建地跨中亚热带和南亚热带2个自然地理带，其中大部分属中亚热带，境内峰岭耸峙，丘陵连绵，河谷、盆地穿插其间，山地、丘陵占该省总面积的80%以上，素有"八山一水一分田"之称，该省年平均气温17~21℃，年平均降水量在1000mm以上，无霜期240~330天，该省是全国重点林区之一，森林资源十分丰富，森林覆盖率达62.96%，居全国首位，海洋资源十分丰富；山东属暖温带季风气候，中部山地突起，西南、西北低洼平坦，东部缓丘起伏，形成以山地丘陵为骨架、平原盆地交错环列其间的地形大势，该省年平均气温11~15℃，年平均降水量500~850mm，无霜期180~220天，该省是中国重要的农产区，素有"粮棉油之库，水果水产之乡"之称；台湾省属热带和亚热带气候，受海洋暖湿气流影响，终年气候宜人，年平均气温北部为21℃，南部为28℃；台湾省降雨量充沛，年平均降水2510mm，为世界平均水平的3.44倍。

二、社会与经济概况

山东是中国的经济大省、人口第二大省、中国温带水果之乡。山东农业历史悠久，耕地率属全国最高省份，是中国的农业大省，农业增加值长期稳居中国各省份第一位。山东不仅栽培植物、饲养畜禽品种资源丰富，而且可资利用的野生动植物资源也很丰富。山东省的粮食产量较高，粮食作物种植分夏、秋两季。夏粮主要是冬小麦，秋粮主要是玉米、地瓜、大豆、水稻、谷子、高粱和小杂粮。其中小麦、玉米、地瓜是山东的三大主要粮食作物。山东是儒家文化发源地，儒家思想的创立人孔子、孟子，以及墨家思想的创始人墨子、军事家吴起等，均出生于鲁国。

江苏辖江临海，扼淮控湖，经济繁荣，教育发达，文化昌盛。地跨长江、淮河南北，京杭大运河从中穿过，拥有吴、金陵、淮扬、中原四大多元文化。江苏是中国吴文化的发祥地，早在数十万年前南京一带就已经是人类聚居之地。6000多年前，南京和太湖附近出现了原始村落，开始了原始农业生产。3000多年前，江苏青铜器的冶炼和锻造，已达到很高的技术水平。

浙江是中国经济最活跃的省份之一，在充分发挥国有经济主导作用的前提下，以民营经济的发展带动经济的起飞，形成了具有鲜明特色的"浙江经济"。浙江是吴越文化、江南文化的发源地，是中国古代文明的发祥地之一。早在5万年前的旧石器时代，就有原始人类"建德人"活动，境内有距今7000年的河姆渡文化、距今6000年的马家浜文化和距今5000年的良渚文化，是典型的山水江南、鱼米之乡，被称为"丝绸之府""鱼米之乡"。浙江是中国高产综合性农业区，茶叶、蚕丝、柑橘、海鲜和竹制产品等在中国占有重要地位。浙江一个渔业大省，渔业由传统生产型，过渡到捕捞、养殖，加工一体化，内外贸全面发展的产业化经营。石浦渔港、沈家门渔港是中国最早四大中心渔港中占两席，海洋捕捞量居中国之首。杭嘉湖平原是中国三大淡水养鱼中心之一。

台湾经济和科技、社会发展和生活水平较高，公民素养根基深厚，第二次现代化指数已达发达水平，制造业和尖端科技产业发达，经济发展以高科技产业与服务业为中心，并朝文化产业及旅游业发展。台湾农业占GDP的比重为2%左右，只有25%的土地适于耕种，但农业生产效率很高。台湾出口高质量的猪肉、蔬菜、糖、甘蔗、茶叶、大米和热带及亚热带水果。台湾渔业发达，出口多种海产品，如鳗鱼、金枪鱼、虾和深海鱼类。台湾是保存中华传统文化较为完整的地区，传统文化和现代生活细致衔接、紧密结合，蓬勃饱满的文化软实力闻名遐迩。

上海是中国的经济、交通、科技、工业、金融、贸易、会展和航运中心。GDP总量居中国城市之首。上海港货物吞吐量和集装箱吞吐量均居世界第一，是一个良好的滨江滨海国际性港口。上海是中国的历史文化名城，拥有深厚的近代城市文化底蕴和众多历史古迹，江南的吴越传统文化与各地移民带入的多样文化相融合，形成了特有的海派文化。

第二节 类型分布及其特点

一、分类体系

山东省气候为暖温带季风类型，有良好的水热条件和多种地貌类型，适合发展农林复合经营，根据经营方式和对象的不同，包括林－粮、林－草、林－药、林－菌、林－禽、林－畜等复合经营类型。其中，林－粮复合经营规模最大，近 13.33 万 hm^2。经过多年探索和发展，山东省目前比较成功的农林复合经营类型有：①林－粮复合经营。速生丰产用材林一般成材周期 5~8 年左右，林地郁闭之前在林下种植小麦、棉花、花生、大豆、绿豆、豌豆、红薯等低秆小杂粮和经济作物，林木生长不受任何影响，且农作物长势和产量较正常种植没有减少。②林－禽复合经营。充分利用林下空间，以及郁闭林下昆虫和杂草多的特点，在林中形成一个简单的"林－草－虫－禽－林"生态循环食物链，不仅降低了饲养成本，而且提升了林下产品质量。③林－畜(草)复合经营。在林地内种植牧草或保留自然生长的杂草，林下放养或圈养牛、羊、猪、兔等家畜，此模式优势在于：牲畜可以林下牧草或杂草为饲料，其粪便能够补充林地肥力，促进林木生长。④林－药复合经营。林下种植比较耐阴的中药材，能为中药材提供贴近自然的空间环境，不仅提高了土地利用效率，也可以通过对中药材松土、浇水等田间管理，起到抚育森林的作用。⑤林－菌复合经营。充分利用林下空气湿度大、氧气充足、光照强度低、昼夜温差小等特点和利用食用菌生长耐阴、喜潮的特点，以麦秸、玉米秸等农作物废料为主要原料，在郁闭林下培育食用菌的种植模式。⑥特种种植养殖。利用林下空间环境，种植或养殖具有特殊用途和价值的物种，以提高林地利用效率和经济效益的经营模式。

江苏省充分发挥农林业资源优势，大力发展农林复合经营，取得了明显成效。目前主要的农林复合经营类型有 5 种：①林－禽复合经营。在林下放养或圈养鸡、鸭、鹅等禽类。每亩可投放 60~100 只，林下的草木、昆虫可补充鸡鸭鹅的饲料，鸡鸭鹅的粪便经过处理可做林地的肥料。②林－畜复合经营。在林地下放养生猪、梅花鹿、肉兔、羊等畜类。这种模式主要在平原地势平坦的用材林地中进行，山地不宜发展。③林－菜复合经营。根据林间光照程度和蔬菜的喜光性选择种类，也可根据二者的生长季节差异选择品种。冬春季在林下种植大蒜、圆葱等，夏秋季在林下套种冬瓜和南瓜等，效益可观。④林－粮复合经营。在林下种植大豆、棉花、绿豆等低秆作物。⑤其他类型。在林间空地上间种较为耐阴的白芍、板蓝根、桔梗等药材，或双孢菇、平菇、金针菇等食用菌。

浙江省作为"长三角"的重要组成部分，经济社会发展已进入工业化后期发展阶段，经济社会与生态环境协调发展、经济转型升级等问题成为发展中的焦点。在此背景下，林业在经济社会中的地位与责任凸显。浙江省委、省政府按照中央关于建设生态文明的要求，为进一步加强现代林业和生态省建设，结合浙江省实际，作出了推进生态文明和"森林浙江"建设的重大战略部署，把"森林浙江"建设摆到更加突出的位置。浙江"七山一水两分田"，农林复合经营类型丰富多样，既包括全国较普遍的林-禽复合经营、林-菌复合经营、林-畜复合经营，又存在具有浙江省林业特色的林-茶复合经营、"一竹三笋"等。从经营面积上看，一竹三笋、林-茶复合经营、林-粮复合经营的经营面积均超过10万亩，成为主要的经营类型。

福建是我国南方重点林区之一，气候温和，雨量充沛，自然条件优越，森林资源和旅游资源丰富。农林复合经营主要类型有：①林-粮复合经营：包括小麦、薏米、豌豆、马铃薯、大豆、绿豆、甘薯等；②林-菜复合经营：如黄花菜、蕨菜、紫背天葵、马齿苋、鱼腥草、苦菜、薇菜、酸浆草、黄瓜、丝瓜、草莓等；③林-药复合经营：包括太子参、金线莲、灵芝、田七、金银花等；④林-菌复合经营：如竹荪、草菇、香菇、白木耳、黑木耳、松根菇、红菇等；⑤林-草复合经营：如苜蓿草、狼尾草、园叶决明等；⑥牧畜林下放养：如牛、羊、鸡、鸭、鹅、蜜蜂等；⑦湿地红树林下养殖：如棘胸蛙、跳跳鱼等。

上海虽然农林复合经营面积占比还不高，但已在市郊区县均有布局，成效不俗，发展态势良好。农林复合经营包括在林下养殖鸡、鸭、鹅、鸽子、天鹅、孔雀、狗獾、珍禽、宠物犬等；在林下种植蔬菜、果品、食用菌、金银花、铃木、苗木等；由于农林复合经营主要是劳动密集型产业，随着其经营规模的逐步扩大，农林复合经营逐步成长为吸纳农民就业的一个渠道。

台湾在1975年颁布新的林业政策，强调培育森林资源，发挥公益效能，不以开发森林的财政收入为目的，明确林业经营应以防止天然灾害、保育山区的自然资源、营造良好的生态环境为重点，现基本上对森林只进行维护性的极少量砍伐，对改变用途（如种果）的皆伐面积不得超过 $3hm^2$，还应在办理环境影响评价后方能砍伐。全岛保护区都已建立基本生态资料库，开展长期科研调查研究，并提供教学参观。近30年来，台湾林业政策演变呈现出从以生产木材的单一目标演变到多元利用的多目标经营管理；从重视森林资源的物质功能演变到重视社会功能；从林业（企业化）的经营形态演变到森林生态经营形态；从自给自足及盈余缴纳国库的会计制度演变到一切由国家负担的公务预算。

我国华东地区常见的农林复合经营类型及其特点如表2-4所示。

表2-4 华东地区农林复合经营类型

复合系统	结构类型(复合类型)	经营方式
林-农复合经营类型组	林-农型	桐-农复合经营 杨-农复合经营 杉-农复合经营
	果-农型	枣-农复合经营 梨-农复合经营
	农田防护林	农田防护林

(续)

复合系统	结构类型(复合类型)	经营方式
林–牧复合经营类型组	林–渔型	池杉–鱼–鹅复合经营 杨树–鱼复合经营
	林–畜型	林–牛复合经营 林–羊复合经营 林–兔复合经营 林–猪复合经营 林–梅花鹿复合经营
	林–禽型	林–鸡复合经营 林–鸭复合经营 林–鹅复合经营
	林–草型	林–紫花苜蓿复合经营 林–白三叶复合经营 林–黑麦草复合经营
林–经复合经营类型组	林–药型	板栗–桔梗复合经营 核桃–桔梗复合经营 油茶–瓜蒌复合经营 松–夏枯草复合经营 意杨–益母草(百合)复合经营 杉木–天麻复合经营
	林–蔬型	杨树–棉花复合经营 杨树–豆类复合经营 板栗–豆类复合经营 柑橘–豆类复合经营
	林–茶型	湿地松–茶树复合经营 泡桐–茶树复合经营 香椿–茶树复合经营 乌桕–茶树复合经营 杜仲–茶树复合经营 橡胶–茶树复合经营 黄樟–茶树复合经营 油桐–茶树复合经营 板栗–茶树复合经营 银杏–茶树复合经营 银杏–茶树复合经营 柿树–茶树复合经营 山楂–茶树复合经营 香蕉–茶树复合经营 葡萄–茶树复合经营
	林–菌型	林–平菇复合经营 林–香菇复合经营 林–草菇复合经营 林–木耳复合经营

(续)

复合系统	结构类型(复合类型)	经营方式
	林-苗(花)型	林-菊花复合经营 林-芍药复合经营 林-玉簪复合经营 林-萱草复合经营 林-万年青复合经营 林-吉祥草复合经营 林-一叶兰复合经营
林-湿复合经营类型组	林-湿型	桑基鱼塘 里下河沟垛生态系统
庭院复合经营类型组	立体种植型	庭院果树立体种植
	种、养、加工与能源开发型	竹藤草芒编织 竹笋采集加工 野生资源采集加工 松脂采集加工
复合景观类型组	梯田(林-村庄-农田-水)	云和梯田
其他复合经营类型	林-昆(虫)型	林-蚕复合经营 林-蜂复合经营 林-蝉复合经营

二、类型特点

(一) 林-农复合经营组

1. 林-农复合经营

林-农复合经营是一种最为常见的林-农结合的农林复合经营形式，如亚热带丘陵地区传统的桐(油桐)-农复合经营、杨-农复合经营、杉-农复合经营等。

桐-农复合经营是把农作物与泡桐按照一定的排列方式种植于同一土地单元，从而形成长期共存互助的农林复合系统。它是目前我国推广面积最大的农林复合经营类型之一，常见的有：泡桐-小麦+棉花(玉米)、泡桐-小麦+大豆(花生)、泡桐-小麦+蔬菜、泡桐-小麦+大蒜、泡桐-薄荷、泡桐-蔬菜等。在广大平原地区实行农桐复合经营，既能改善生态条件，促进农业稳产高产，又能解决农区木材缺乏问题。农桐复合系统实质上是以泡桐林带为上层、农作物为下层组成的人工栽培群落。在这一群落中，泡桐和农作物构成了一个人工复合系统，系统中的光照、水分、温度、物质交换和养分循环等都产生了新的变化，这种变化反过来对农作物和泡桐生长又产生新的影响。

杨-农复合经营可以充分合理地利用自然资源，提高单位土地面积的生物产量和经济效益，突破了传统杨树速生丰产林的单一生产方式，提高了土地、空间、光能的利用率。它对充分合理利用好杨树丰产林间土地资源提供一条良好的途径。杨树丰产林间种大豆是一种惯用的杨-农复合经营方式，但连年重复间种大豆，易造成大豆重茬、产量下降、效益降低。杨农间作系统中以杨、麦间作较普遍，管理也比较简单，只须按一般农作物田间管理进行。即农田进行秋耕细耙，小麦播种前施肥，小麦返青期追施尿素。在杨树栽植后的第二年每株以追化肥 0.5kg 为宜，结合麦田管理进行浇水。南方多在水网地区进行杨农间作。主要间作形式有两种，一是在田埂上栽杨树，使需水量大的杨树有良好的生长条件，在田埂上单行栽植又不影响稻、麦生长。二是在杨树林内间作农作物，作物种类颇多，有油菜、玉米、芝麻、豆类和瓜类等。

  杉 – 农复合经营是产杉区的传统习惯，群众有着丰富的间作经验，已形成独特的栽培制度。立地条件不同，间作的作物种类也不同。较干旱瘠薄的林地应间种耐干旱瘠薄的作物，如豆类与绿肥植物。而在肥沃湿润的土壤上，可间种需水肥较高的作物，如旱禾、麦子。林地位置的远近，投入劳力的多少，技术力量的强弱，也都和作物种类的选择有关。在较远的山地，劳力缺、交通不方便，应间种花工少、易于管理的作物如豆类、白薯等，在较近便的地方，可多间种些花劳力较多、技术性较强的作物，如蔬菜、烟草等。杉 – 农复合经营与世界上广泛采用的塔翁雅系统有着密切的关系。塔翁雅早在 1856 年开始在缅甸应用，用于控制轮垦与大规模地种植柚木。它是农民于森林皆伐地段将种植粮食作物与栽植树苗结合在一起，随后在对作物中耕除草的同时，对树苗进行了抚育，数年后，当树木荫蔽农地，作物无法生长时，农民就搬家去别的林地，开始新一轮耕作。通过轮垦，改良土壤和培育森林，塔翁雅的利用是很有必要的。林业工作者将塔翁雅很快传播到印度、东非和中美洲各地，它使林地能多目标利用，而且它是对不同的社会 – 经济因素的反应，比如由于农村土地缺乏、劳力过多和生活水平低，而采用该系统。应用该系统可满足农民在造林初期对粮食与其他农产品的需求以及促进人工林的建立，并可节省林地管理费用。

  2. 果 – 农复合经营

  果树结果多数比较晚，为了充分利用环境资源，特别是在幼龄果园，需要实行果园间作或套种。果树树体高大，根系较深，能够占据地面上层空间和利用深层的土壤营养与水分；农作物相对矮小，可以利用近地面空间和浅层土壤营养与水分。果园间作是以自然仿生学、生态经济学原理为依据，将高大果树与低矮作物互补搭配而组建的具有多生物种群、多层次结构、多功能、多效益的人工生态群落。通过果园间作能够提高光能利用率和土地利用率。果 – 农复合经营在枣树、核桃、板栗、梨树等果园采用较多，经营方式多种多样。

  枣 – 农复合经营是一种常见的农林复合经营形式，发展枣 – 农复合经营投入少、见效快、效益高，是优化农业种植结构、提高经济收入的重要途径之一。枣树发芽与开花在果树中是最晚的，通常在气温 ≥14 ~ 16℃ 时开始萌芽，19 ~ 20℃ 时现蕾，20 ~ 22℃ 时开花，秋季气温降至 15℃ 时就开始落叶。由于枣树发芽放叶晚（5 月中下旬），有利于小麦生长；而且它落叶早（一般在 10 月中下旬）有利于秋作物成熟。枣树树冠扩展缓慢，枝疏叶小，透光好，因而在整个生长期都适宜于农作物间作。比如小麦，在灌浆期至成熟前要求光强较高，光照度一般为 2 万 ~ 3 万 lx，而枣树树冠下光照日平均可达 2 万 lx 以上，因此能满足小麦的需要。枣树与各种农作物的物候期的交错，还可以在生长季节避免互相争水、争肥的矛盾。枣树开花座果正需肥时，小麦、油菜已经成熟，春玉米和谷子还在苗期。枣树果实生长发育需水肥的时期，春玉米和谷子也需水肥，但此时已进入雨季，争水肥的矛盾也可避免。如果种植玉米、谷子，争水肥的矛盾就更小。一般枣树呈单行栽植，株距4~6m，行距8~10m。常见有：枣-小麦+玉米、枣-小麦+花生(大豆)、枣-棉花、枣-玉米(高粱)、枣-谷子复合经营等。

3. 农田防护林

在我国三北和沿海的平原农区，已广泛地营造了农田防护林网，在较大范围内形成了农林复合系统，有效地改善了农田小气候，抗御风沙、台风、干热风、寒露风等自然灾害；同时，还可提供木材、薪材以及经济林产品。

农田防护林是为改善农田小气候和保证农作物丰产、稳产而营造的防护林。由于呈带状，又称农田防护林带；林带相互衔接组成网状，也称农田林网。在林带影响下，其周围一定范围内形成特殊的小气候环境，能降低风速，调节温度，增加大气湿度和土壤湿度，拦截地表径流，调节地下水位。

农田防护林是防护林体系的主要林种之一，是指将一定宽度、结构、走向、间距的林带栽植在农田田块四周，通过林带对气流、温度、水分、土壤等环境因子的影响，来改善农田小气候，减轻和防御各种农业自然灾害，创造有利于农作物生长发育的环境，以保证农业生产稳产、高产，并能对人民生活提供多种效益的一种人工林。

农田防护林宜与农田基本建设同时规划，以求一致。平原农区的田块多为长方形或正方形，道路则和排灌渠与农田相结合而设置。据此，林带宜栽植在呈网状分布的渠边、路边和田边的空隙地上，构成纵横连亘的农田林网。每块农田都由四条林带所围绕，以降低或防御来自任何方向的害风。

农田防护林因带距大小而有不同，而带距又受树种、高生长和害风的制约。一般土壤疏松且风蚀严重的农田，或受台风袭击的耕地，主带距可为150m，副带距约300m，网格约4.5hm^2。有一般风害的壤土或砂壤土农区，主带距可为200~250m，副带距可为400m左右，网格约8~10hm^2。风害不大的水网区或灌溉区，主带距可为250m，副带距400~500m，网格约10~15hm^2。因高生长和害风情况而有不同。

农田防护林宜选择高生长迅速、抗性强、防护作用及经济价值和收益都较大的乡土树种，或符合上述条件而经过引种试验、证实适生于当地的外来树种。可采取树种混交，如针、阔叶树种混交，常绿与落叶树种混交，乔木与灌木树种混交，经济树与用材树混交等。采用带状、块状或行状混交方式。造林密度一般根据各树种的生长情况，及其所需的正常营养面积而定。如单行林带的乔木，初植株距2m。双行林带株行距3m×1m或4m×1m。3行或3行以上林带株行距2m×2m或3m×2m。视当地的气候、土壤等环境条件和树种生物学特性而异。

农田防护林在新植林带内需除草、灌水和适当施肥。幼林带郁闭后进行必要的抚育。但修枝不可过度，应使枝下高约占全树高的1/4，成年林带树木的枝下高不宜超过4~5m。间伐要注意去劣存优、去弱留强、去小留大的原则，勿使林木突然过稀。幼林带发现缺株或濒于死亡的受害木时应及时补植。

(二) 林-牧复合经营类型组

1. 林-渔复合经营

林-渔复合经营是利用池塘空间，形成水、陆、空立体生产模式，实行生态养殖，提高渔业生产经济效益、环境效益的一种养殖方式，也是促进农业增效、农民增收的重要措施之一。林-渔复合经营有2种形式，一种是在待开发的湖滩地上开沟作垄，垄面栽树，沟内养鱼、虾、蟹和种植水生作物；另一种是在正规鱼池四周的堤岸上布置林带，以提高资源利用率。主要造林树种可选择杨树、池杉，鱼可选择鲫鱼、草鱼等，虾可选择龙虾，蟹可选择河蟹。常见配置模式及适生条件：池杉-鱼-鹅、杨树-鱼等类型，立体生态模式形成"滩地植树、树下种草、水中养鱼（禽粪喂鱼）、水面养鹅"的生态种植养殖链。

林-渔复合经营由于饲养的鱼种类、养鱼的方式以及沟面宽度的不同，综合收益变化较大。山东东平县创新林-渔复合经营类型，在台面上种植杨树，既能充分利用空间，而且可以净化水质，落叶可以被部分草鱼食用，鱼池养鱼效益可观，鱼粪又被树根吸收，达到了互相利用、相互促进的效果。

2. 林-畜复合经营

林-畜复合经营是在林下养兔、羊、猪、梅花鹿等，也可以看成林-草复合经营的延伸，既林下种草发展养殖业，同时养殖牲畜所产生的粪便为树木提供大量的有机肥料，促进树木生长。林木根系发达，吸收肥水的能力强，如单纯发展林业，其生产周期的后4年将面临着土壤肥力大幅下降的趋势。林下养殖产生的大量牲畜禽粪便与其吃剩的草渣、树叶混合，促使两者快速分解，起到快速补充土壤养分的效果，宜于树下吸收，促进林木生产，解决了因土壤肥力下降而影响林木重茬种植的问题。同时，养殖场内外大量植树造林或在林场中直接建养殖场、树林能营造一个空气清新的小环境，尤其是在炎热盛夏，能减少阳光直射，为畜禽遮阳纳凉，降低舍内外温度，保持适宜的生长环境。此外，畜禽生长吸收氧气，呼出二氧化碳；树木生长则是吸收二氧化碳，呼出氧气，在植物光合作用下，二氧化碳和氧气相互转化利用，互成优势，相互促进。

林地养畜有2种模式：一是放牧，即林间种植牧草可发展奶牛、肉用羊、肉兔等养殖业。速生杨树的叶子、种植的牧草及树下可食用的杂草都可用来饲喂牛、羊、兔等。林地养殖解决了农区养羊、养牛的无运动场的矛盾，有利于家畜的生长、繁育；同时为畜群提供了优越的生活环境，有利于防疫。二是舍饲饲养家畜如林地养殖肉猪，由于林地有树冠遮荫，夏季温度比外界气温平均低 $2\sim3℃$，比普通封闭畜舍平均低 $4\sim8℃$，更适宜家畜的生长。

中龄林、造林密度小、林下活动空间大的林地可以散养或圈养兔、羊、猪、梅花鹿等；新造林地禁放羊或放牛，以免伤害幼树，在林木成长为中龄林以后，可在林下适度放养猪、羊等家畜。这种模式主要在平原区地势平坦的用材林地中进行，山地不宜发展。常见的养殖模式有：

（1）林下养兔模式。该模式适宜于 $4m×7m$ 株行距林地，一般是先林后牧，也可林-牧统筹、合理安排。

（2）林下养羊模式。该模式适宜于 $3m×3m×10m$ 株行距林地。多属于林-牧统筹兼顾、科学合理安排。饲养方式实行圈养与放牧相结合。

（3）林下养牛模式。该模式适宜于 $3m×3m×10m$ 株行距林地。一般先牧后林（即先建设，后植树），林-牧统筹安排。饲养方式主要实行圈养。

（4）林下养猪模式。该模式适宜于 $4m×8m$ 株行距林地，小型育肥猪舍或简易育肥小区多见于先林后牧；大型猪场或规范化养殖小区多见于先牧后林，林－牧统筹安排。

（5）林下特种动物养殖模式。该模式适宜于 4m×7m 株行距林地，一般是先林后牧。饲养方式主要为棚舍笼饲。目前多见于貂、狐狸等皮毛动物。

3. 林－禽复合经营

在郁闭度 0.7 左右的林下，已不适合种植农作物，可饲养鸡、鸭、鹅等家禽，自然放养、圈养和棚养均可。发展林下养殖禽类，可充分利用林间闲置空间，放养的家禽能消灭林地表层害虫，粪便可作为林木的天然有机肥料增加地力，有利于林木的生长，形成科学合理的生态链，同时放养禽类肉质好、无污染、价格高，属于绿色无公害禽产品。这种模式主要适用于平原地区。

林－禽复合系统的基本结构是"林果业＋家禽业"。通常是在丘陵山区，在山坡地发展林果业或林草业，在林地中或果园里建立禽舍，将家禽粪便直接排放林地或果园，从而形成了"林－果（草）、家禽养殖单元"相互联系的立体生态农业体系。牧草种在林间，利用林间空地生长，一方面可以保持水土，另一方面还可以减少杂树、杂草的生长。为避免牧草种植过程中受野草侵害，选择在林木落叶季节进行秋播牧草。家禽在林间轮放或圈养，用刈割牧草来饲喂，家禽在林间放养过程中，采食牧草的同时也将粪便施到了林间，这样就有利于牧草与林间苗木的生长。

4. 林－草复合经营

林－草复合经营是通过人为的调控、筛选，针对适宜新造林地等适宜的立地条件、造林树种特性、种植密度、排列形式等，选择适宜的优良牧草于林下科学地进行播种，使林草有机结合，利用时间、空间差异，各得其所，使生态效益和经济效益达到最佳。在林草复合经营中，一般要求在郁闭度 0.8 以下的林地中，要求树木树冠紧束、胁地范围小、且树体高大通直、深根性，水平根不发达，抗风、抗病力强等特点，牧草要选择适应性强、耐阴、耐割的优质高产牧草，特别是优质的豆科牧草更适于进行林－草结合种植，如紫花苜蓿、白三叶、黑麦草等，年收 3~4 茬。林－草复合经营类型有如下 3 种：①地段式：林木与牧草地分地块种植，互为镶嵌。②兼顾式：林木与草地按相应的比重，利用空间差，种植在同一地块上，如疏林－草地。③侧重式：或以林木为主，在林下种植牧草，或以牧草为主，在草地上种植部分树木。如草地树丛、牧草的防风林网、林带等。

(三)林－经复合经营类型组

1. 林－药复合经营

林－药复合经营是在未郁闭的用材林、经济林、竹林等林内行间种植较耐阴的药用植物，是在林下培育、经营植物药材的一种利用方式。一般根据当地技术条件和市场需求，在林间空地上间种白芍、金银花、丹参、沙参、党参、柴胡、人参、刺五茄、甘草、黄芩、黄精、七叶一枝花、桔梗、五味子、板蓝根、铁皮石斛、三七、田七、朱砂根、贝母、玉竹、玄参、半夏、草珊瑚、金银花、金线莲、杭白菊、何首乌、绞股蓝以及霍山石斛等药材。在林下种植药材，不仅使林下资源得到充分利用，而且药材生长好质量优。常见的林－药复合经营有板栗－桔梗、核桃－桔梗、油茶－瓜蒌、松－夏枯草、意杨－益母草（百合）、杉木－天麻复合经营等。杨树－百合复合经营适于平原地区发展，百合在林分郁闭后间种；板栗-桔梗、油茶-瓜蒌、松-夏枯草复合经营适于低山丘陵地区发展。

2. 林-蔬复合经营

林-蔬复合经营是根据林木与作物的生物学特性和经营水平的不同，在用材林、经济林下的行间进行林-蔬复合经营，在株行距较大、郁闭度小的林下，种植一定的蔬菜作物，以短养长、增加林-农经济收入，改良林地土壤。造林树种可选杨树、板栗、柑橘等；林下作物可选小薯类、豆类等低秆作物，其中豆类耐阴、有根瘤菌，能为林木提供氮素，效果最好。常见的林-蔬复合经营有杨树-豆类、板栗-豆类、柑橘-豆类复合经营等。杨树-豆类复合经营适于长江流域平原杨树适生区域推广。板栗（油茶）-薯类复合经营、板栗-豆类复合经营、柑橘-豆类复合经营适于在大别山南麓以及长江流域低山丘陵地区推广应用。

在幼年树林下种植番薯、西瓜、马铃薯、花生、青菜、萝卜等传统蔬菜，看起来很普通，而在森林食品、高山蔬菜越唱越响的今天，人们已在重新认识它们的价值。这些一、二年生蔬菜，种植后几个月就可收获，这一特性使它很灵活地合理利用幼年树林的光照和土地空间，并有改善土壤理化性能和林间小气候的作用，对其上的幼年树生长十分有利。该模式虽然直接的经济效益相对较低，但操作比较简单，山区人都熟悉这类作物的种植技术，很容易获得成功。

3. 林-茶复合经营

林-茶复合经营即在林下种植茶叶，在空间上，上下配置；在时间上，既有先后又有交叉的发育次序；在产业结构上，林、茶业合理布局；在生物物种上互利共生，充分利用了自然资源，使系统高效率地输出多种产品，提高了土地利用率和生物能的利用效率。众多研究表明，林-茶复合经营往往不仅创造适宜茶树和树木生长的环境，还能有效提高茶叶的产量和质量，同时也为南方一些地区的低产林改造提供了一种可行的选择。

4. 林-菌复合经营

林-菌复合经营即利用林荫下空气湿度大、氧气充足、光照强度低、昼夜温差小的特点，不占用耕地，充分利用现有林地资源，以林地废弃枝条为部分营养来源，在郁闭的林下种植食用菌，发展名贵食用菌人工和半人工栽培模式。一般在林木定植4~5年郁闭后进行林下栽培，主要造林树种有杨树、松树和栎类等，林下食用菌有平菇、香菇、草菇、木耳等。栽培形式有林间覆土畦栽食用菌、林间地表地栽食用菌、林间立体栽植食用菌等。由于真菌具有特殊的并近乎苛刻的生活特点，限定了其生活的地区。食用菌林地野外栽培主要是采用人工接种，培养大量菌丝体；菌丝体成熟后返回到林地等适宜食用菌生长发育的地方。郁闭度0.6~0.9的林下环境基本上能够满足食用菌出菇环节对温度、湿度高低变化及光照强度、CO_2浓度的要求。林内修剪的枝条（特别是板栗、榛子等果树枝、壳斗科、杨柳科、桑科、榛科、桤木科植物的枝条）是优质而便捷的培养基原料。

5. 林-苗（花）复合经营

林-苗（花）复合经营主要是指根据树种搭配多样化和土地产出效益最大化原理，充分利用林下的遮阴效果，在造林主要树种的林间套种、间作市场前景好、经济价值高、见效周期短的园林绿化苗木或1~2年生种植用苗木花卉等，按照林分稀疏程度可大致分成两种类型：对于稀疏林地可以培育木本花卉苗，间距大时还可培育喜光的观赏花木；而对于种植密度较大的林地或果园，多以种植草本花卉为主，如宿根花卉。宿根花卉为多年生草本花卉，一般耐寒性较强，可以露地过冬。其中又可分为两类：一类是菊花、芍药、玉簪、萱草等，以宿根越冬，而地上部分茎叶每年冬季全部枯死，翌年春季又从根部萌发出新的茎叶，生长开花；另一类是万年青、吉祥草、一叶兰等，地上部分全年保持常绿。

(四) 林-湿复合经营类型组

1. 桑基鱼塘

桑基鱼塘是为充分利用土地而创造的一种挖深鱼塘、垫高基田、塘基植桑、塘内养鱼的高效人工生态系统。桑基鱼塘是池中养鱼、池埂种桑的一种综合养鱼方式。桑基鱼塘的发展，既促进了种桑、养蚕及养鱼事业的发展，又带动了缫丝等加工工业的前进，逐渐发展成一种完整的、科学化的人工生态系统。

位于浙江省湖州市南浔区西部的湖州桑基鱼塘系统，现存有 6 万亩($1hm^2 = 15$ 亩)桑地和 15 万亩鱼塘，是中国传统桑基鱼塘系统最集中、最大、保留最完整的区域。湖州桑基鱼塘系统形成起源于春秋战国时期。千百年来，区域内劳动人民发明和发展了"塘基上种桑、桑叶喂蚕、蚕沙养鱼、鱼粪肥塘、塘泥壅桑"的桑基鱼塘生态模式，最终形成了种桑和养鱼相辅相成、桑地和池塘相连相倚的江南水乡典型的桑基鱼塘生态农业景观，并形成了丰富多彩的蚕桑文化。

湖州桑基鱼塘系统是一种具有独特创造性的洼地利用方式和生态循环经济模式。其最独特的生态价值实现了对生态环境的"零"污染。整个生态系统中，鱼塘肥厚的淤泥挖运到四周塘基上作为桑树肥料，由于塘基有一定的坡度，桑地土壤中多余的营养元素随着雨水冲刷又源源流入鱼塘，养蚕过程中的蚕蛹和蚕沙作为鱼饲料和肥料，生态系统中的多余营养物质和废弃物周而复始地在系统内进行循环利用，没有给系统外的生态环境造成污染，对保护太湖及周边的生态环境及经济的可持续发展，发挥了重要的作用。

2. 沟垛系统

里下河地区地势低洼，地下水位高，湖荡相连，人工水网稠密，曾是江苏省淡水沼泽湿地最集中分布的区域，现有湿地以湖泊湿地、少量沼泽湿地，及围垦利用湖泊、沼泽后形成的人工养殖场、沟渠湿地为主，是江苏省重要的农业种植和养殖区。新中国成立前，洪、涝、渍害交错，人民生活十分困苦。新中国成立后，经过兴修水利，农业生产条件和防御自然灾害能力大大提升。

在里下河地区湖荡滩地开发过程中，广大干群实行林-农、林渔、林-牧、林副相结合的综合开发形式，形成了多种适合当地的农林复合经营类型。里下河湿地资源开发利用中采用的"滩地上开沟作垛，垛面栽树，林下间作农作物，沟内养鱼和种植水生作物"林-农-牧-渔复合经营，是国际上农林复合经营的成功范例，无论在生产实践和科学研究等方面都处于国际领先水平。

里下河地区林-农-牧-渔复合经营以兴化市李中水上森林最具代表性。水上森林位于里下河地区的兴化市西北部，离兴化城 20km，创建于 1982—1984 年，原为沼泽芦苇滩地。由于水资源退化，芦苇滩地长期裸露，致使柴草产量低，经济效益差，加上人为到滩地上割草，改变了原先在水中割草的习性，破坏了自然植被，导致了芦苇滩地中各种鸟类和鱼类及自然植被减少。1982年，在江苏省林业局、南京林产工业学院（现为南京林业大学）的指导下，将滩地改造，按垛沟比将滩地抬高挖成条田，在树种选择上，根据树种的生物学和生态学特性，从湖北省武汉市东湖风景区引种耐水树种池杉，在条田上栽植，并在林下间种农作物，河沟养殖，形成了里下河水上森林农林复合经营。创建以来水上森林林木郁郁葱葱，野花遍地飘香，湖水涟漪荡漾，水生动物及各种鸟类众多，展现了水上森林林中有水、水中有林、水里有鱼、林中有鸟自然风光，由于独特的自然资源得到了很好的保护，带动了兴化旅游业的发展。2006年9月，兴化市政府成立里下河市级以李中森林公园为主的沼泽湿地自然保护区，对保护沼泽湿地生态系统及生物多样性，发挥湿地生态功能的，促进了周边环境改善和经济可持续发展，具有十分重要意义。

（五）庭院复合经营类型组

1. 立体种植

庭院果树立体种植是农村庭院经济的重要组成之一。农村面积较大的庭院用来栽植果树，不仅能美化居住环境，推动社会主义新农村建设，还能生产优质果品，增加农户经济收入。农村庭院常用果树树种有石榴、杏、枣、木瓜、柿、梨、葡萄、猕猴桃等。庭院果树要求早结果，果实品质高，经济寿命长。庭院栽培果树丰产优质的有利因素：一是肥水充足，农村家家户户都会有人、畜、禽粪便和垃圾等有机肥料，有人居住必有水源。二是劳动充沛，男女老少都可以参加管理。三是管理方便，看守果子方便，饭前茶余的时间都可管树。

庭院果树立体种植模式：幼年果树有：①果间果：果树行间、株间种草莓；②果间菜：果树行间、株间种矮秆蔬菜；③果间苗：果树行间、株间种果树苗、小绿化苗及花卉苗；④果间药：果树行间种经济价值高的药材，如枸杞。成年果树有：①果间药：行间种耐阴的药材，如明党参、川芎；②果间菌：行间种食用菌。

2. 种、养、加工与能源开发

华东地区种、养、加工与能源开发型主要有竹藤草芒编织、竹笋采集加工、野生资源采集加工、松脂采集加工等。

（1）竹藤草芒编织。竹藤草芒是自然植被的重要组成部分，不但具有绿化荒山、保持水土、固碳释氧的功能，而且它的采集、加工、利用与产品经营已成为一项富民产业。竹编是我国传统的手工工艺。在全国各地均有分布，其中浙江、四川、台湾、广西等地分布较为集中，品种丰富，形式多样；广西竹藤草芒编制产业已走出国门，闻名于世，成为博白、浦北、兴安、岑溪、宾阳、灵山、都安等县域经济的重要支柱产业。随着我国国际地位提高，国际贸易的扩大，竹编产品进入了国际市场，国家由对外贸易部门负责组织竹编产品的生产、收购、外销，为我国竹编工业打下了良好的基础。经过几十年的发展，特别是改革开放以来，竹编产品国际市场需求量大量增加，单一以竹子为原料的编织产品难以满足市场的需求，藤编、芒编、草编等新的产业模式应运而生，近几年来已发展到利用水葫芦、芭蕉树皮、玉米衣以及竹藤草芒木布与金属混合编制的综合利用。

竹藤草芒作为集生态效益、经济效益、社会效益于一体的重要资源，在改善生态、消除贫困和能源替代等方面发挥着越来越重要的作用。经过多年的发展，竹藤草芒编织产业已从自产自销发展成走向世界的创汇产业；从传统的日常生产、生活用品，发展到现代的家庭、办公、宾馆、旅游、礼品；从过去的分散经营发展到现在的产业集群。

(2) 竹笋采集加工。竹笋是传统的森林蔬菜之一，富含糖、蛋白质、纤维素、矿物元素和维生素等多种营养成分，味道鲜美，营养丰富，历来受人们的喜爱。近年来还发现竹笋具有减肥、防肠癌、降血脂、抗衰老等多种保健功能，是一种新型的保健食品。竹笋及其制品是竹林资源开发中的第二大类产品，其加工与贸易历史悠久。随着人们生活消费水平的提高，市场需求不断增加，竹笋的生产、加工与贸易已成为振兴山区经济、带领农民脱贫致富奔小康的重要经济支柱。

我国的笋用竹主要分布在福建、江苏、浙江、四川、重庆、云南、广西、湖南、贵州、湖北、海南、台湾、安徽、陕西、河南、广东等17个省份。可食用笋的竹种至少在200种以上，按地下茎类型可分为散生竹、丛生竹和混生竹，优良散生笋用竹有毛竹、早竹、雷竹、哺鸡竹、淡竹、水竹、黄甜竹等；优良丛生笋用竹有绿竹、麻竹、吊丝球竹、版纳甜竹、龙竹等；优良混生笋用竹有筇竹等。当前开发利用较多的优良笋用竹种有30多种。

竹笋加工产品主要有水煮笋、调味笋、羊尾笋、盐渍笋等各种保鲜笋；绿笋干、天目笋干、发酵笋干、玉兰片、盐笋干等特色笋干。竹笋加工产品中，目前生产量最大的是水煮笋，其加工工艺技术成熟，生产设备齐全。其次是绿笋干和发酵笋干。天目笋干、羊尾笋等传统特色笋干加工限于一定范围。调味笋这些年发展很快，无论是生产厂家还是产量，在竹笋加工中所占比例都越来越大。

(3) 野生资源采集加工。我国劳动人民在长期的生活实践中，对野生资源的开发利用由来已久。山野菜产品主要有蕨菜、刺嫩芽、黄瓜香、猴腿菜、四叶菜、竹笋、荠荠菜、荨麻菜、黄花菜、柳蒿芽、车前菜、苋菜、滑子蘑、平菇、香菇、金针菇等。另外，还有一些脱水产品如蕨菜干、苔干菜、香菇、姬菇、榆黄蘑、榛蘑、银耳、木耳等，脱水产品大多采用自然干燥和热风干燥方法进行。我国野生菌资源丰富，虽然目前野生菌市场仍不成熟，但作为产业开发已显现出巨大潜力。

(4) 松脂采集加工。松脂主要是松树或松类树干分泌出的树脂，松树经过采割可以收集松脂。松脂经过加工可以得到松香和松节油，它们都是重要的化工原料。松香、松节油及其所含各成分均可以经过化学反应，制成一系列再加工产品或深加工产品。中国是世界最大的松香类产品出口国家，松香和松节油等林产品产量均居世界第一，目前中国生产的松香、松节油及其深加工产品，有一半的产量需要国际市场来消化。松香及其深加工产品主要应用于油漆、油墨、涂料、胶粘剂、道路表面、造纸等行业。

(六) 复合景观类型组

梯田是在坡地上分段沿等高线建造的阶梯式农田，是治理坡耕地水土流失的有效措施，蓄水、保土、增产作用十分显著。梯田的通风透光条件较好，有利于作物生长和营养物质的积累。按田面坡度不同而有水平梯田、坡式梯田、复式梯田等。梯田的宽度根据地面坡度大小、土层厚薄、耕作方式、劳力多少和经济条件而定，和灌排系统、交通道路统一规划。修筑梯田时宜保留表土，梯田修成后，配合深翻、增施有机肥料、种植适当的先锋作物等农业耕作措施，以加速土壤熟化，提高土壤肥力。中国至少在秦汉时期就开始有梯田。水稻的种植需要大面积的水塘，而中国东南省份却多丘陵而少适于种植水稻的平原地形，为了解决粮食问题，移民至此的农民构筑了梯田，用一道道的堤坝涵养水源，使在丘陵地带大面积种植水稻成为可能，解决了当地的粮食问题。但是梯田的种植对于人力的消耗相比平原要高出很多，而产量没有任何优势，而且对于丘陵地带的植被破坏很严重，所以这一耕作方式逐渐被淘汰，只作为一种旅游资源继续存在。

云和梯田是华东地区最大的梯田群，具有体量大、震撼力强、四季景观独特等特点，被称为"中国最美梯田"。云和梯田包含梯田、云海、山村、竹海、溪流、瀑布、雾凇等自然景观。梯田以水田、树木、竹林调节气候，保持四季的气温与湿度，建立起一个自我循环的生态环境，具有固化山体植被、保护水土流失之功能。农民们主要种植水稻、油菜、小麦等，春季播种水稻的种子，夏季收获。一般农民们需经历播种、育秧、移栽、农田管理、收获等过程。

(七) 林-昆(虫)复合经营组

林-昆(虫)复合经营是利用丰富的植物资源养殖蚕、蝉、蜂等昆虫。我国是世界上最早发现蚕丝并进行利用的国家，也是最早开展栽桑养蚕的国家，至今有5500年的历史。世界所有桑蚕都是从我国直接或间接引进的。种桑养蚕在我国不仅历史悠久，而且生机勃勃，产茧量和产丝量目前占世界的80%左右。种桑养蚕作为我国的一项传统产业，其投资少、见效快、周期短、收入高、收效长，已为蚕区的蚕农们所公认。近年来，蚕茧价格相当看好，大大地激发了华东地区农民养蚕的积极性，很多地方的桑园面积都以前所未有的速度猛增。

金蝉具有高蛋白、高营养、纯天然、无公害、纯绿色等特点，既为传统的一道药膳上品，也是我国一味常用中药材。金蝉的寄主树资源十分广泛。据调查有140余种，其中喜食树种主要有杨、柳、榆、悬铃木等树木，还有大量的果树如苹果、梨、山楂、桃等，人工养殖无需特别喂养，即可正常生长。

林下养蜂不占用土地，茂密的林木为蜜蜂生活提供了舒适的环境，可谓一举多得。在槐树、枣树林及柑橘、枇杷、桃、梨、茶园中养蜂既可以为蜂提供蜜源，又可以利用蜜蜂为果树传授花粉，从而提高坐果率，提高单位面积产量。通常一群蜜蜂大约需要2~4亩蜜源植物，养蜂前，一定要调查清楚蜜源植物的种类、面积、花期等情况；同时还要了解清楚各种蜜源植物的开花期，以及历年放蜂产蜜的情况。放蜂地点应选在距离主要蜜源植物2km内的地点。蜂场离蜜源植物越近越好。蜂场附近要有清洁的水源，如湖泊、小溪、水渠等，以保证蜜蜂采水和养蜂人员生活用水。蜂场应选在地势平坦、干燥，向阳，东南方开阔，没有障碍物。西北面最好有小山坡或房屋、篱笆的位置。

第三节 可持续经营建议

一、农林复合经营方面

(一)农林复合经营的理论与技术研究

农林复合经营作为生态农业的一种形式,其研究在理论上要以生态学、生态经济学原理为基础,根据生物与环境的协同进化原理、整体性原理、边际效应原理、地域性原理及限制因子原理,因时因地制宜,研究出合理布局、立体间套、用养结合、互生共利的最优模式。在配套技术方面通过研究各模式内生物间、生物与非生物相互作用来探讨最适的管理技术,从而提供各模式相应简明实用、合理先进、简化高效的技术体系。同时也要注重长期性和动态性。由于林木生长周期长,各物种均存在物候期,并有一定的差异性,因此,长期性和动态性研究工作对全面揭示林–农复合系统功能特征及其影响机制很重要。

(二)农林复合可持续经营关键问题研究

以可持续经营、环境友好、高效生产为目标,重点研究农林复合经营过程中高价值经济植物品种筛选、配置模式优化、高效可持续经营和产品质量提升技术,光能、水分、养分的竞争及环境因子调控,有害生物预警及生态控制,生态环境及生物多样性保持,地力提升与维护等共性关键技术;围绕生态健康、循环发展和提质增效目标,重点研究农林复合经营过程中畜(禽)养殖密度控制及产品品质提升技术、疫病实时监控和综合防治技术、粪便的无害化处理及养分生态循环利用技术、生态健康养殖评价技术、产品贮藏保鲜及保持生态原味的绿色加工等关键技术,为农林复合经营可持续发展提供技术支撑。

(三)农林复合经营战略新兴产业核心技术研发

以挖掘一批栽培适应性广、观赏价值高、市场潜力大、种质资源丰富的华东地区珍稀野生花卉资源,实现林下规模种植和高效栽培为目标,重点集成野生花卉资源的观赏潜力评估、优良种质筛选与扩繁、林下高效栽培技术,攻克其生态适应性、快速繁殖、配植模式等关键技术,进行产业化示范。以提高林下昆虫资源培育与利用技术,提供绿色昆虫产品为目标,重点集成特色工业原料昆虫、食用昆虫、观赏昆虫(蝴蝶)等林下昆虫资源规模化养殖关键技术、昆虫与寄主植物高效培育利用技术、病虫害防治技术、循环利用生态经济模式、产品深加工利用等关键技术,建立森林昆虫资源培育与利用生态经济种植模式。

(四)农林复合经营产品质量安全控制关键技术研究

以保障农林复合产品绿色、安全、优质、高营养为目标,重点研究林下种养绿色产品的产地环境安全控制,产地环境和产品质量标准及其快速检测,生产过程有害物质监控及其溯源系统等共性关键技术,制订从种养、采集、储存到粗加工产业链的质量安全体系和标准化生产技术，深入开展农药残留、兽药残留以及各类有毒有害物质在林产品中的残留限量研究，加快动植物安全生产技术、林产品质量安全检测技术、检验检测仪器的研制开发，加强林产品质量安全的风险评估研究，为促进相关产业健康发展，保障人们身心健康提供技术支撑。

二、政策建议方面

(一) 因地制宜，合理发展农林复合经营

我国各地自然环境、资源分布、经济发展水平不同，发展农林复合经营要因地制宜，统筹规划，合理布局，突出特色。在充分调查研究的基础上，根据本地实际情况科学的制定发展规划，尤其是要坚持生态优先，科学利用并严格保护森林资源，确保产业发展与生态建设良性互动，绝不能因发展经济而牺牲生态。强化政府对农林复合经营的政策引导，提倡产业化经营，通过深入实施林改和土地流转，支持有基础、有能力的林-农发展规模化经营；引导农民开展合作经营，提高经营的组织化水平、抗风险能力和市场竞争力，通过合作社与市场对接，解决农林复合经营产品的市场销售问题；通过培育壮大龙头企业，实现产品精深加工，提高附加值；出台农林复合经营发展优惠政策，尤其是对典型企业、大户、专业组织、示范基地等在技术和资金上给予重点扶持。

(二) 完善产业信息渠道，构建产业服务体系

进一步完善产业信息渠道，通过新闻媒体、宣传手册、技术培训等多种形式，大力宣传发展农林复合经营的重大意义、政策措施和实用技术，充分调动农民发展的积极性，形成全面推动农林复合经营的浓厚氛围。建立健全完善的市场物流和信息网络化体系，提高市场组织化程度，建立信息发布平台，完善各种咨询渠道，及时提供政策法律、市场信息，促进产品畅销，为相关产业发展创造良好条件。同时，建立完善的经济发展的产前、产中、产后技术和市场服务体系。通过组建专业的行业协会或农民林业专业合作社，为农民提供全方位的科技服务与技术培训，帮助解决资金、技术、生产、销售等问题，形成与农林复合种植养殖业集约化、规模化、产业化发展相适应的完善的配套服务平台体系。

(三) 完善技术推广服务，优化产业人才结构

完善科技服务体系，加快农林复合经营技术成果的推广与应用。鼓励高等院校、科研院所科技人员深入基层开展科普，建立科研院所、地方林技推广站、林-农大户的推广体系；加快农林复合经营科技宣传力度，通过科技交流、科技下乡、技术培训等活动，广播电视、宣传手册等多种媒体和方式，普及相关知识；大力推广农林复合新技术、新品种、新模式，建立若干特色科普基地，发挥龙头企业、专业合作社的宣传示范，提高公众认知水平。通过项目培养、学术研讨、科技交流等多种形式，形成一支涉及育种、栽培、管理等多学科、服务于农林复合经营发展需要的科技人才，为产业的发展提供科技人才保障，通过组织实施国家重大专项和行业科技计划项目，建立从中央到地方上下贯通的科学技术协作网络；通过技术培训等手段，培养一批技术专家和农民技术员，充实到农林复合经营

产业基地，保障农林复合经营种植养殖产品生产的科技含量。

(四) 加强示范基地建设，示范带动产业发展

立足各地实际，选择适宜发展的模式，抓好典型示范带动，提高林农发展农林复合经营的积极性。首先应培育一批竞争力、带动力强的龙头企业，积极推进龙头企业科技创新和技术改造，建设一批标准化生产示范基地、栽培技术试验示范基地，为林农和企业提供技术、管理以及经营模式等方面的示范样板；其次，鼓励龙头企业通过建立标准化生产基地，大力推广"公司+合作社+基地+农户"的市场化运作方式，积极培育一批典型企业和大户，努力营造企业带大户、大户带小户，千家万户共同参与的发展局面，通过发展订单生产等多种形式与农民确立稳定的产销关系，保障林－农产品的市场销售，使农民从产业化经营中得到更多的实惠；再次，扶持发展一批农村专业合作经济组织和行业协会等中介服务组织，充分发挥林－农专业合作经济组织在政策传递、科技服务、信息沟通、产品流通等方面的作用，全面提高相关产业的组织化程度和产业化经营水平。

(五) 强化深加工与质量监管，确保质量安全

加大农林复合经营产品采集加工新技术、新工艺研究，研发新型高效加工技术、林产品功效成分开发、副产物利用和高附加值产品研制，延长农林复合经营产品产业链，提升产业素质和产品附加值，增加农民收入。打造一批龙头企业，树立品牌意识，实施品牌战略，打造一批名牌产品，加大宣传推介力度，提高市场竞争力。加强产品质量监管，充分利用林产品绿色、环保的特性，制订从种植、采集、储存到粗加工全产业链的质量安全体系和标准化生产技术，要强化标准化建设，做好农林复合经营产品产地认证，提升产品安全质量。

参考文献

[1] 柏方敏，2011. 大力发展林下经济充分发挥公益林的经济效益[J]. 林业与生态，8：17－18.
[2] 包维楷，陈庆恒，1998. 中国的红豆杉资源及其开发研究现状与发展对策[J]. 自然资源学报，10：375－380.
[3] 蔡清楼，陈玲芳，2010. 草珊瑚的应用开发及市场前景探析[J]. 海峡药学，22(10)：36－38.
[4] 蔡清楼，陈玲芳，2010. 将乐县种植开发草珊瑚可行性分析[J]. 现代农业科技，20：158－159.
[5] 曾觉民，1993. 西南山区的农用林业类型及其评价[J]. 生态经济，6：30－37.
[6] 陈静，叶晔，2009. 农林复合经营与林业可持续发展[J]. 内蒙古林业调查设计，5：84.
[7] 陈乐蓓，2008. 不同经营模式杨树人工林生态系统生物量与碳储量的研究[P]. 南京：南京林业大学.
[8] 陈婷婷，2013. 苏北杨树林下复合经营最优模式选择与优化研究[P]. 南京：南京林业大学.
[9] 程鹏，曹福亮，汪贵斌，2010. 农林复合经营的研究进展[J]. 南京林业大学学报(自然科学版)，34(3)：151－156.
[10] 崔时典，2007. 林下围网养殖土鸡技术[J]. 现代农业科技，21(2)：17－18.
[11] 丁国龙，谭著明，申爱荣，2013. 林下经济的主要模式及优劣分析[J]. 湖南林业科技，2(40)：52－55.
[12] 方建民，刘洪剑，2010. 农林复合系统机理研究文献综述[J]. 安徽林业，Z1：87.

[13] 费世民, 1993. 农林业系统分类研究综述[J]. 四川林业科技, 14(2): 27-31.
[14] 冯宗炜, 吴刚, 王效科, 等, 1992. 农林业系统结构和功能——黄淮海平原豫北地区研究[M]. 北京: 中国科学技术出版社.
[15] 福建省明溪县林业局, 2003. 培育南方红豆杉资源发展高新技术产业[J]. 中国林业, 11(B): 37.
[16] 高景文, 张琳凯, 张广明, 等, 2002. 大兴安岭林下植物资源的开发利用[J]. 内蒙古科技与经济, 4: 95+112.
[17] 郭文福, 贾宏炎, 2006. 降香黄檀在广西南亚热带地区的引种[J]. 福建林业科技, 33(4): 152-155.
[18] 国家林业局, 2013. 林下经济发展政策汇编[M]. 北京: 中国林业出版社.
[19] 国家林业局, 2013. 全国林下经济实践百例[M]. 北京: 中国林业出版社.
[20] 韩定启, 范亦, 1989. 林-草药牧人工生态系统的研究[J]. 林业科技通讯, 5: 17-21.
[21] 韩杏容, 黄易, 夏自谦, 2011. 林下经济建设项目可持续性评价研究——以贵州省桐梓县为例[J]. 林业经济, 4: 85-90.
[22] 黄宝龙, 黄文丁, 1991. 农林复合经营生态体系的研究[J]. 生态学杂志, 10(3): 27-40.
[23] 黄恒, 2011. 林下经济发展存在的问题及对策[J]. 现代农业, 10: 56-57.
[24] 黄培忠, 1995. 热带、南亚热带地区珍稀濒危树种引种保存研究[J]. 林业科学研究, 8(2): 193-198.
[25] 黄泉生, 2006. 降香黄檀引种试验初报[J]. 热带林业, 34(3): 33+36.
[26] 黄世恒, 2014. 林下种植——林阴下的生态种植模式[J]. 农村新技术, 2: 4-6.
[27] 黄枢, 沈国舫, 1993. 中国造林技术[M]. 北京: 中国林业出版社.
[28] 黄文丁, 1992. 农林复合技术[M]. 北京: 中国林业出版社.
[29] 黄永标, 梁开智, 1998. 广西马山县古零石灰岩山区林业综合开发[J]. 广西林业科学, 27(4): 213-1217.
[30] 集体林权制度改革监测项目组, 2014. 林下经济发展现状及问题研究——基于70个样本县的实地调研[J]. 林业经济, (2): 11-14.
[31] 贾忠奎, 2011. 林下经济复合经营实用技术[M]. 北京: 中国林业出版社.
[32] 姜志林, 1998. 农林复合经营技术——我国农林复合经营的兴起[J]. 林业科技开发, 3: 54-56.
[33] 蒋卫民, 屈艳, 蒋钰渝, 2011. 走特色化规模化林下经济发展之路——六万林场八角林下发展种养见闻[J]. 广西林业, 7: 10-13.
[34] 柯长青, 2001. 苏北里下河地区湿地资源的可持续利用研究[J]. 中国人口·资源与环境, 11(5): 38.
[35] 李春平, 吴斌, 张宇清, 2010. 山东郓城农田防护林杨树器官含碳率分析[J]. 北京林业大学学报, 32(2): 74-78.
[36] 李春志, 2011. 安阳市退耕还林工程区林下经济模式推广[J]. 湖北林业科技, 169(3): 73-74.
[37] 李东, 2006. 云南省红豆杉资源及可持续利用对策[J]. 西南林学院学报, 19(2): 78-85.
[38] 李凤辉, 2009. 茶园套种降香黄檀效应的初步研究[J]. 福建林业科技, 6: 274-276.
[39] 李建华, 李春静, 彭世揆, 2007. 杨树人工林生物量估计方法与应用[J]. 南京林业大学学报(自然科学版), 31(4): 37-40.
[40] 李金海, 胡俊, 袁定昌, 2008. 发展林下经济加快首都新农村建设步伐——关于发展城郊型林下经济的探讨[J]. 林业经济, 7: 20-23.
[41] 李莉, 2014. 辽东山区林下经济发展模式及规划措施[J]. 辽宁林业科技, 2: 29-30.
[42] 李娅, 陈波, 2013. 我国林下经济发展主要模式探析[J]. 中国林业经济, 3: 36-38.

[43] 李寅恭, 1919. 森林与农业之关系[J]. 科学, 4(1): 43-47.
[44] 连大鹏, 2011. 杉木人工林不同郁闭度对其林下套种南方红豆杉生长的影响[J]. 林业勘察设计, 1: 150.
[45] 连华萍, 2013. 科学经营推动三明竹产业快速发展[J]. 福建林业, 5: 26-28.
[46] 林伯颜, 1996. 里下河地区林-农复合生态经济系统[J]. 林业科技开发, 1: 43-45.
[47] 林开敏, 俞新妥, 洪伟, 2001. 杉木人工林林下植物对土壤肥力的影响[J]. 林业科学, 37(S1): 94-98.
[48] 林万昕, 2004. 国外科技产业化的重要启示[J]. 引进与咨询, 3: 34-36.
[49] 林跃上, 2013. 杉木林冠下草珊瑚人工种植技术[J]. 江西林业科技, 5: 25-26.
[50] 凌振宇, 1993. 扬州里下河地区人工林复合生态经营系统的建设[J]. 林业科技开发, 4: 12-13.
[51] 刘俊杰, 张晖, 陈思焜, 2014. 农户参与林业复合经营的影响因素分析——以黄渤海地区江苏丰县为例[J]. 江苏农业科技, 10(42): 410-412.
[52] 刘钦, 2002. 茶园套种板栗效应研究[J]. 林业勘察设计, 4: 88-89.
[53] 刘盛全, 2000. 不同栽植密度对意杨人工林木材性质的影响[J]. 安徽农业大学学报, 27(4): 374-379.
[54] 刘颖, 李培娟, 杨飞燕, 等, 2014. 可持续发展性林下养殖经济效益和生态效益的分析研究[J]. 当代畜牧, 6: 8-9.
[55] 刘振廷, 2012. 杨树团状造林及农复合经营[M]. 北京: 金盾出版社.
[56] 卢江婷, 尉明, 2008. 浅谈幼林的抚育管护[J]. 陕西林业, 4: 38.
[57] 罗金丁, 2011. 集体林权制度改革后发展林下经济探析——以广西田林县为例[J]. 中共桂林市委党校学报, 11(2): 19-22.
[58] 毛凯, 蒲朝龙, 任伯文, 1995. 桤柏混交幼林间种草木樨生态经济效益分析[J]. 草业科学, 49(1): 49-50.
[59] 孟平, 宋兆民, 张劲松, 等, 1996. 农林复合系统水分效应研究[J]. 林业科学研究, 9(5): 443-448.
[60] 孟平, 张劲松, 樊巍, 2003. 中国农林复合经营研究[M]. 北京: 中国林业出版社.
[61] 倪竞德, 高悦, 孙体如, 等, 2014. 泗阳县林下种植主要模式及其发展潜力初步分析[J]. 江苏林业科技, 1(41): 37-40.
[62] 倪竞德, 张敏, 韩杰锋, 2012. 关于泗阳县发展林-药经济的几点思考[J]. 江苏林业科技, 3(39): 55-57.
[63] 欧黎明, 2014. 铁观音茶园套种绿化苗木效果研究[J]. 现代农业科技, 23: 169-170+173.
[64] 潘标志, 2007. 福建省南方红豆杉产业发展对策研究[J]. 福建林业科技, 31(2): 101-103.
[65] 齐岩, 吴保国, 2011. 碳汇林业的木材收益与碳汇收益评价的实证分析[J]. 中国社会科学院研究生院学报, 4: 60-64.
[66] 邱生荣, 朱朝枝, 2009. 明溪红豆杉产业现状与对策的研究[J]. 产业与科技, 6: 20-23.
[67] 沈忠明, 2010. 林下养殖模式及实践形式研究[J]. 江苏农业科学, 40(2): 339-341.
[68] 石利平, 2011. 邯郸市林下经济现状分析及发展对策[J]. 河北林业科技, 4: 66-67.
[69] 石洲岑, 1991. 里下河地区湖荡资源开发与滞涝[J]. 治淮, 1: 12-13.
[70] 市村贵弥, 1994. 多目的林业生产活动: 促进地区发展的混牧林[J]. 北方林业, 46(1): 16-19.
[71] 斯金平, 王良衍, 朱玉球, 2007. 草珊瑚[J]. 浙江林业, 5: 18.
[72] 宋兆民, 孟平, 1998. 中国农林业的结构与模式[J]. 世界林业研究, 5: 77-82.
[73] 孙国光, 朱瑞, 从云凌, 等, 2013. 林下经济经营模式的建立及推广应用——以江苏泗阳县为例[J]. 林

业经济，3：80－82＋115.

[74] 谭外球，王荣富，闫晓明，等，2014. 我国农牧生态系统碳循环研究进展[J]. 江苏农业科学，42(2)：307－309.

[75] 童婷婷，周玉新，唐罗忠，2013. 农林复合经营经济效益评价研究现状与展望[J]. 世界林业研究，26(5)：16.

[76] 王建江，杨永辉，1996. 太行山干旱区林－草复合系统效益分析[J]. 生态农业研究，4(1)：62－64.

[77] 王丽，陈胜利，王彬，等，2010. 关于苏北沿海林地立体生态开发模式的思考[J]. 现代农业科技，9：229－230.

[78] 王丽贞，2013. 三明市林下经济产业蓬勃发展[J]. 福建林业，5：24－26.

[79] 王卫斌，2003. 中国的红木树种及其可持续发展对策研究[J]. 福建林业科技，30(4)：108－111.

[80] 王小玲，沈月琴，朱臻，2013. 考虑碳汇收益的林地期望值最大化及其敏感性分析[J]. 南京林业大学学报(自然科学版)，37(4)：143－148.

[81] 王艳秋，翟海光，李挺，2005. 林间养禽技术要点[J]. 家禽科学，11：15－17.

[82] 吴建军，严力蛟，李全胜，1994. 发展中国家农林系统的研究与实践[J]. 农村生态环境，10(2)：221－225.

[83] 吴建军，严力蛟，李全胜，1996. 桔园间作牧草的生态效益及其管理技术[J]. 农村生态环境，12(2)：54－57.

[84] 吴启进，陶宇航，2006. 林下种草牧鸡是生产有机肉鸡的最佳方式[J]. 中国家禽，28(4)：29－31.

[85] 郗正林，2008. 林间养鸡技术结构及效果评价[J]. 当代畜牧，12：6－8.

[86] 袭福庚，方嘉兴，1996. 农林复合经营系统及其实践[J]. 林业科学研究，9(3)：318－322.

[87] 谢德体，2011. 发展林下经济要重视林地生态环境保护[J]. 中国产业，4：26.

[88] 谢勇，2001. 杨树人工林林－农间作经济效益初探[J]. 华东森林地理，15(3)：19－21.

[89] 熊文愈，薛建辉，1991. 江苏省里下河滩地开发利用模式的综合评价[J]. 南京林业大学学报，15(3)：1－5.

[90] 徐增让，高利伟，王灵恩，2002. 畜粪能源利用对草地生态系统碳汇的影响[J]. 资源科学，34(6)：1062－1069.

[91] 徐振球，2010. 江苏省泗阳县杨树复合经营模式分析及对策研究[D]. 扬州：扬州大学.

[92] 薛建辉，徐友新，1998. 湿度农林复合经营类型与技术[J]. 林业科技开发，4：56－58.

[93] 姚姜铭，黄毅翠，冷冰，等，2014. 浅谈我国农林复合经营模式及研究进展[J]. 绿色科技，5：104－106.

[94] 叶水西，2008. 降香黄檀扦插育苗技术初步研究[J]. 安徽农学通报，14(9)：128－129.

[95] 余劲松，2012. 宿松县林下经济发展模式及措施[J]. 现代农业科技，12：162－164.

[96] 翟明普，2011. 关于林下经济若干问题的思考[J]. 林产工业，38(3)：47－49.

[97] 詹旋常，2008. 生态公益林下套种草珊瑚影响因素初步分析[J]. 林业勘察设计(福建)，2：179-182.

[98] 战臣祥，袁俊云，申鹏，等，2011. 山东省临沂市林下经济现状与可持续生态发展研究[J]. 江苏林业科技，38(2)：49－53.

[99] 张东升，于小飞，2011. 基于生态经济学的林下经济探究[J]. 林产工业，38(3)：50－52.

[100] 张贵友，王丽娟，王殿有，等，2008. 白山市林下参产业发展现状及发展潜力分析[J]. 特种经济动植物，11：36－37.

[101] 张久海，安树青，李国旗，等，1999. 林－农生态复合系统研究评述[J]. 中国草地，4：52－60.

[102] 张秀萍，2008. 红豆杉资源的发展现状及开发对策[J]. 内蒙古林业调查设计，6：77－78.

[103] 张长青, 谷文白, 王华, 等, 2013. 泗阳县林下经济发展现状、问题及对策建议[J]. 安徽农学通报, 19(8): 10, 52.

[104] 张正跃, 1987. 林-农人工复合生态经济系统类型的初探——荡滩沼泽地的一种新型生态经营[J]. 农村生态环境, 4: 44-46.

[105] 赵联远, 徐志平, 户南平, 等, 1992. 滩地开发不同农林复合经营模式的效益分析[J]. 江苏林业科技, 4: 14-16.

[106] 赵兴征, 卢剑波, 田小明, 2005. 竹林-鸡农林系统模式效益探析[J]. 中国生态农业学报, 13(2): 164-166.

[107] 赵运林, 1994. 林-农复合系统的原理、特点及其类型[J]. 生态科学, 1: 116-124.

[108] 郑万均, 1983. 中国树木志[M]. 北京: 中国林业出版社.

[109] 周铁烽, 2001. 中国热带主要经济林树种栽培技术[M]. 北京: 中国林业出版社.

[110] 周学军, 马廷贵, 唐建宁, 2011. 宁夏林下经济发展现状与对策[J]. 宁夏农林科技, 52(5): 15-16.

[111] 周元春, 2005. 林渔复合经营效益高[J]. 渔业致富指南, 15: 22.

[112] 朱积, 余南, 1997. 亚热带珍稀濒危树种引种迁地保存的初步研究[J]. 中南林学院学报, 17(2): 59-66.

[113] 朱清科, 沈应柏, 朱金兆, 1999. 黄土区农林复合系统分类体系研究[J]. 北京林业大学学报, 21(3): 36-40.

[114] 朱玉芳, 2012. 黄河下游滩地林鸡复合经营模式经济效益研究[J]. 中国农学通报, 28(3): 70-73.

[115] Costanza R, d'Arge R, de Groot R, et al, 1997. The value of the world's ecosystem services and nature [J]. Nature, 387: 253-260.

[116] Daly H E, Joshua F, 2004. Ecological ecolomics: Principles and applications[M]. Washington, DC: Island Press.

[117] Gracia A, 2007. Impact of evergreen oaks on soil fertility and crop production in intercroppeddehesas[J]. Agriculture Ecosystems and Environment, 119: 270-280.

[118] Izac A M N, Sanchez P A, 2001. Towards a natural resource management paradigm for international agriculture: The example of agroforestry research[J]. Agricultural Systems, 69: 5-25.

[119] Millennium Ecosystem Assessment, 2005. Ecosystems and human well-being: Synthesis[M]. Washington, DC: Island Press.

[120] Norberg J, 1999. Linking nature's services to ecosystems: Some general ecological concepts[J]. Ecological Economics, 29: 183-202.

[121] Pandey D N, 2002. Carbon sequestration in agroforestry systems[J]. Climate Policy, 2: 367-377.

[122] Schoeneberger M M, 2009. Agroforestry: Working tree for sequestering carbon in agricultural lands[J]. Agroforestry Systems, 75: 27-37.

[123] Schuma G E, Janzen H H, Herrick J E, 2002. Soil carbon dynamics and potential Carbon sequestration by rangelands[J]. Environmental Pollution, 116(3): 391-396.

[124] Zou X M, Sanford R L, 1990. Agroforestry systems in China: Asurvey and classification[J]. Agroforestry Systems, 11: 85-94.

本章作者: 王斌(中国林业科学研究院亚热带林业研究所)

第十一章
华中地区

第一节 区域概况

一、自然概况

华中地区包括河南、湖北、湖南、江西和安徽五省，位于中国中部，从北向南依次有海河、黄河、淮河、长江等几大水系，同时又包括亚热带、暖温带等不同的气候类型，是我国重要的粮食生产基地。

河南省山地丘陵面积7.4万 km^2，占全省总面积的44.3%；平原和盆地面积9.3万 km^2，占总面积的55.7%。复杂多样的土地类型为农、林、牧、渔业的综合发展提供了有利的条件。河南横跨黄河、淮河、海河、长江四大水系。河南境内1500多条河流纵横交织，流域面积100km^2以上的河流有493条。全省水资源总量413亿 m^3，水资源人均占有量440m^3。全省修建水库2347座，总库容270亿 m^3。河南属暖温带－亚热带、湿润－半湿润季风气候。一般特点是冬季寒冷雨雪少，春季干旱风沙多，夏季炎热雨丰沛，秋季晴和日照足。全省年平均气温一般在12~16℃之间，大体东高西低，南高北低，山地与平原间差异比较明显。河南是人口大省、全国重要的农业和粮食生产大省。

湖北省国土面积18.59万 km^2，正处于中国地势第二级阶梯向第三级阶梯过渡地带，地貌类型多样，山地、丘陵、岗地和平原兼备。山地约占全省总面积55.5%，丘陵和岗地占24.5%，平原湖区占20%。全省地势呈三面高起、中间低平、向南敞开、北有缺口的不完整盆地区域。年均降水量在800~1600 mm之间，由于受地形影响，神农架南部等地为全省多雨中心，江汉平原在梅雨期长的年份常发生洪涝灾害。鄂西北山区昼夜温差较大，年平均气温在15~22℃之间。湖北的农业以耕作业为主，粮食生产居首要地位，是中国重要的粮、棉、油、猪生产基地。

湖南省为大陆性亚热带季风湿润气候，光、热、水资源丰富，冬寒冷而夏酷热，春温多变，秋温陡降，春夏多雨，秋冬干旱。年日照时数为 1300~1800 h，年平均温度在 16~18℃之间。湖南冬季处在冬季风控制下，而东南西三面环山，向北敞开的地貌特性，有利于冷空气的长驱直入，故 1 月平均温度多在 4~7℃之间，湖南无霜期长达 260~310 天，大部分地区都在 280~300 天之间。年平均降水量在 1200~1700 mm 之间，雨量充沛，为我国雨水较多的省份之一。湖南省植物种类多样，群种丰富，是中国植物资源丰富的省份之一。主要树种有马尾松、杉、樟、檫、栲、青山栎、枫香以及竹类，此外有银杏、水杉、珙桐、黄杉、杜仲、伯乐树等 60 多种珍贵树种。

江西省地处东南偏中部长江中下游南岸，境内除北部较为平坦外，东西南部三面环山，中部丘陵起伏，成为一个整体向鄱阳湖倾斜而往北开口的巨大盆地。江西全省种子植物约有 4000 余种，蕨类植物约有 470 种，苔藓类植物约有 100 种以上。江西境内的鄱阳湖平原地区是中国重要的商品粮基地，江西是中华人民共和国成立以来两个从未间断向国家贡献粮食的省份之一。江西历史上一直是稻米的主要产区，并盛产柑橘（以南丰蜜橘著称）、脐橙、茶叶、毛竹和杉木等。江西是中国优质农产品输出基地和有机食品生产基地等。丰城市、南昌县、鄱阳县三县是全国粮食产量百强县。

安徽省位于中国东南部，是华东地区跨江近海的内陆省份，境内山河秀丽、人文荟萃、稻香鱼肥、江河密布。五大淡水湖中的巢湖横卧江淮，素为长江下游、淮河两岸的"鱼米之乡"。地貌以平原、丘陵和低山为主，平原与丘陵、低山相间排列，地形地貌呈现多样性。长江和淮河自西向东横贯全境，全省大致可分为五个自然区域：淮北平原、江淮丘陵、皖西大别山区、沿江平原和皖南山区。平原面积占全省总面积的 31.3%（包括 5.8% 的圩区），丘陵占 29.5%，山区占 31.2%，湖沼洼地占 8.0%。安徽地处暖温带与亚热带过渡地区，气候温暖湿润，四季分明。气温一般南高于北，全省年平均气温在 14~17℃之间，10℃以上活动积温为 4620~5300℃。无霜期约为 200~250 天。农业生产形势良好。

二、林业概况

河南省地处中原，交通发达，土壤、气候等自然条件较好，适宜多种林木生长（李立伟，2007）。近年来，森林及林业建设一直保持良好的发展势头，森林资源持续增长，资源保护不断加强，林业产业初具规模，科教兴林成效明显，机构队伍保持稳定。

湖北省位于我国中部，长江中游，处于我国地势由第二级阶梯向第三级阶梯过渡地带，地貌类型多样，其中山地占 56%，丘陵和岗地占 24%，平原湖区占 20%。湖北植被具有南北过渡特征，是我国生物资源较为丰富的地区之一，神农架被誉为"华中林海"和"天然动植物园"。湖北多样的自然环境孕育着较为丰富的森林资源，其森林资源对于湖北省乃至长江流域经济、社会的可持续发展和生态环境的改善、保护具有极其重要的作用和意义。

湖南省是我国重点林区省，设置的中央驻湘林业机构有国家油茶研究开发中心、国家油茶科技工程技术研究中心、国家南方森林航空消防护林站、国家武装警察部队森林部队、国家濒危物种进出口管理办公室长沙办事处、亚欧水资源研究利用中心等，是全国国有林场改革、造林补贴、森林抚育、湿地保护、种苗补贴、国家木材战略储备生产基地等试点省。近年来，油茶、毛竹、种苗花卉、生态休闲旅游、家具产业成为投资热点，有力地推动林业产业持续发展。

江西省是我国南方重点林业省，中华人民共和国成立以来，林业建设取得了令人瞩目的成就。特别是1989年以来，生态建设日益受到重视，生态优先的原则逐步得到确立，在省委、省政府的领导下，全省先后组织实施了"灭荒"造林、"在山上再造一个江西"和"跨世纪绿色工程"等林业发展战略，极大地推动了林业的发展，初步扭转了森林资源持续下降的局面，实现了森林面积、蓄积量的双增长，生态状况得到明显改善。林业建设主要成就包括：①林业生态建设成效显著。为了加快生态建设步伐，保护和培育森林资源，先后实施了以改善生态状况、扩大森林资源为主要目标的林业重点生态工程建设，如长江防护林工程、珠江防护林工程、退耕还林工程、野生动植物保护及自然保护区建设工程等。与此同时，在不同地域的典型森林生态类型区、珍贵野生动植物繁殖区以及其他天然林区，建立了各类自然保护区、保护小区和森林公园，与大面积的面上造林绿化相配套，点面结合，相互补充，基本构建了我省森林生态体系建设框架。②林业产业逐步壮大。在狠抓森林生态体系建设的同时，全省先后启动实施了世行贷款项目造林、速生丰产林基地、油茶丰产林基地、毛竹丰产林基地等一批集约经营的商品林业建设项目，兴办了一批以森林资源为依托的林产工业企业，林业生产的基地化、规模化、产业化程度逐步提高，林业产业正朝着产供销、贸工林一体化方向发展。③林业支撑体系建设不断完善。一是加强了林木种苗基地建设。新建了一大批林木良种基地、采种基地和重点示范苗圃，提高了造林绿化的良种使用率。二是林业"三防"（即森林防火、病虫害防治、防止乱砍滥伐和乱捕滥猎）体系建设初见成效。森林公安、木材检查站等林业执法体系初步完善，有效地保护了森林资源的安全。三是进一步重视和加强了林业科技推广工作。完善了各级林业科研院（所）、技术推广站及基层林业工作站的基础设施建设，初步形成了省、市、县、乡四级林业科技推广体系。

安徽全省林业改革与发展成效显著：①林业改革成效显著。自2006年开展集体林权制度改革以来，全省通过改革，林地的生产潜力得到挖掘，价值不断提升，林农的主体地位得到确立。积极探索国有林场改革措施。力争将国有林场、苗圃职工统一进入当地城镇居民社会保障范围，实现应保尽保。按照公益林的比重，力争将全省国有林场分类为生态公益型林场和商品经营型林场，相应调整经营管理机制。林业融资体系改革为林业建设提供了有力保障。积极探索"林业专业合作组织＋担保机构"信贷管理模式与林－农小额信用贷款的结合，支持重点林业县创造条件组建村镇银行、农村资金互助社和贷款公司等新型农村林业金融机构，促进林区形成多种金融机构参与和合作的贷款市场体系。②林业生态体系日趋完备。一是造林绿化工程建设稳步推进，二是森林资源和生物多样性保护取得新进展。全省通过实施野生动植物及自然保护区建设、森林防火以及林业有害生物防治等基础设施建设工程，使全省自然保护区建设能力得到较大发展，维护了自然生态环境；森林防火设施水平得到较大提高，未发生较大面积的森林火灾；进一步遏制了以松材线虫病等危险性林业有害生物的发生，使全省森林资源得到有效保护。③林业产业发展迅猛。目前，林业产业初步形成了以市场需求为导向、基地建设为基础、精深加工为带动、多主体共同发展的新格局。一是经济林产品的种植与采集业成为林业第一产业的亮点。④林业支撑保障体系进一步加强,基层林业工作站、木材检查站等基层林业机构得到稳步发展,森林资源监督体系建设取得重大突破;全省森林防火应急管理不断完善,森林火灾综合防控能力显著提高,年均森林火灾受害率控制在 0.5‰ 以内;林业有害生物防治工作取得显著成效,主要森林病虫害控制成灾率控制在 6‰ 以下,尤其是松材线虫病得到有效遏制,确保了九华山、黄山等风景名胜区松林资源的安全;林业立法不断完善,执法体系逐步加强,林业案件查处率大幅提高。

第二节　类型分布及其特点

一、分类体系

我国华中地区地处热带、亚热带地区,受东南季风之惠,水热条件丰富,生物循环活跃、动植物资源丰富多样,自然条件较为优越,加上较多的山、丘、岗等土地资源,和比较紧张的人地关系,从客观和主观两个方面促进了该区农林复合系统的发展(陈长青,2005)。江淮地区的茶-农复合经营、桑-农复合经营以及水网地区别具一格的林-农复合经营,不仅使低洼湿地和海涂荒地得到改良,而且还保证了现有良田的高产稳产,最大限度地开发了生物资源和环境资源的潜力,取得了巨大的经济效益、社会效益和生态效益。红壤地区的农林复合经营的典型案例有中国科学院红壤生态实验站在江西余江设计的是"顶林、腰果、谷农、塘鱼"模式,以及中国科学院千烟州实验站在江西泰和设计的红壤丘陵综合开发治理开发模式"丘上林草丘间塘,河谷滩地果鱼粮,畜牧水产相促进,加工流通两兴旺",使林、果、牧、农、副、渔各业土地结构趋于合理。

我国华中地区常见的农林复合经营类型及其特点如表 2-5 所示。

表 2-5　华中地区农林复合经营类型

复合系统	结构类型 (复合类型)	经营方式
林-农复合经营 类型组	林-农型	杨树-水稻复合经营 杨树-冬小麦/夏玉米复合经营 杨树-油菜-大豆复合经营 刺槐-小麦-大豆复合经营
	果-农型	柑橘-花生复合经营,柑橘-红薯复合经营,李树-马铃薯-绿豆复合经营,梨树-小麦复合经营,梨树-大豆复合经营,枣树-花生复合经营
林-牧复合经营 类型组	林-渔型	梨树-甲鱼复合经营
	林-畜型	杨树-牛复合经营,杨树-猪复合经营
	林-禽型	杨树-白鹅复合经营,杨树-草鸡复合经营,杨树-肉鹅复合经营
	林-草型	杨树-多花黑麦草复合经营,杨树-紫花苜蓿复合经营

(续)

复合系统	结构类型(复合类型)	经营方式
林-经复合经营类型组	林-药型	杨树-葫芦巴复合经营，林-黄连复合经营，林-魔芋复合经营，林-天麻复合经营，林-三七复合经营，林-白术复合经营，林-桔梗复合经营，林-玫瑰茄复合经营，林-苡米复合经营，林-紫苏复合经营
	林-果型	梨树-葡萄复合经营，杨树-柑橘复合经营
	林-蔬型	杨树-大蒜复合经营、枣树-土豆复合经营、枣树-白菜复合经营
	林-菌型	林-竹荪复合经营，林-香菇复合经营，林-木耳复合经营，林-茯苓复合经营，杨树-平菇复合经营
	林-茶型	柑橘-茶叶复合经营，茶树-红薯复合经营
庭院复合经营类型组	立体种植型	李树-白芷复合经营，葡萄-白术复合经营，樱桃-马铃复合经营
	种、养、加工与能源开发型	葡萄-紫穗槐-羊复合经营，葡萄-苜蓿-鸡复合经营
复合景观类型组	梯田（林-村庄-农田-水）	崇义客家梯田

二、类型特点

根据农林复合经营的经营目标、组成和功能的不同，可将其分为四大类，即：林-农复合经营、林-牧（渔）复合经营、林-农-牧（渔）复合经营和特种农林复合经营（余晓章，2003）。具体来看，华中地区农林复合经营主要包括以下几种类型：

（一）林-农复合经营

林-农复合经营根据种植结构的不同，或以林为主，或以农为主，或农林并举，既增加了经济收入，又提高了林地的生产力。采用的树种主要是杉类、栎类、杨树、杜仲、核桃、油桐、香椿、桑树、苹果、梨、桃等，林下因地制宜间种低杆的农作物或经济作物，如水稻、小麦、豆类、西瓜、花生、马铃薯等。绿篱型主要起保护、美化的作用，兼具一定的经济收益。绿篱植物一般具有适应性强、萌蘖力强、耐修剪、适宜密植、易繁殖、抗性强等特点，如在果园、瓜园周围种植火棘、枸骨、枸橘、蔷薇等。农田林网型主要起防风固沙、涵养水源、改善农区生态环境、保障农业生产的作用，而且能带来木材和林副产品（饲料、果树、中药材、工业原料等）的直接经济效益（胡荟群，2011）。

在林中新造林地块幼苗的行距间隔的土地上种植农作物、牧草，是农林复合经营的传统类型。这种复合类型适应于树木生长前期，这时林木郁闭度较小，适当间作可增加粮食、牧草大丰收，又保护林木生长，减少水土流失。并且在对农作物的施肥等管理同时，也加强了对苗木的抚育管理，做到了以耕代抚，可谓一举双得。另外，在林中冠下套种森林野菜，保持森林野菜的清脆、嫩绿、可口等自然品质，提高了森林的经济效益与生态效益（陈静和叶晔，2009）。

实施农林复合经营后，一方面通过禽类粪便、农作物秸秆以及菌棒废料的就地还田，起到改善土壤结构和提高土壤肥力的作用；另一方面，该区人口密度大，消费力强，而复合经营产出的生态畜禽类、食用菌类等产品能满足人们的部分需求(肖正东等，2011)。包括林–粮、林–油、林–菜复合经营等，在林地里种植小麦、黄豆、油菜、花生等中耕类型的粮油作物，既可以为林木提供侧方庇荫，又通过对作物的中耕、除草、施肥代替林木抚育，在收获农作物增加经济收入的同时，还可将稻秆等剩余物铺于林地或埋入土壤增加林地土壤肥力(刘晓蔚，2012)。

(二) 林–果复合经营

林–果复合经营既能提高土地资源利用率，又能调节生态环境，起到御寒防风的作用(祝志勇，2002)。华中地区林–果复合经营的特点如下：①组分简单。农作物基本上以水稻和花生为主，果树基本上是以大宗果品为主。如在江西省的赣县、余江和桃江县果树基本上以柑橘树为主，其比例不小于70%；这样在果品上市时，因质低而价廉。②传统种植。以果树为例，一是果树优质品种推广面积有限；二是种植果树品种不能和当地自然环境条件相吻合。③投入不足。在农户调查时发现，在化肥的使用上，施肥技术、施肥时间和施肥量的还存在诸多问题。有的果农，不论果树大小，施肥量上无大的差别，一般情况下是每株果树 0.5 kg 化肥，重氮肥轻磷钾肥，少或不用微肥。④短期行为。因农村人口的变化，导致土地调整。在调整过程中有可能出现刚挂果的果园易换主人的现象，如果补偿问题得不到妥善解决，原主人就会把果树砍掉，这样也会影响农林复合系统的稳定性。⑤独立经营。一家一户经营，自产自销，缺乏信息，不能形成联合，严重影响作物的合理布局和优良品种的种植。市场是农林复合系统的指示针。由于农业生产过程包括生产、流通、交换诸多环节，农产品品质的好坏，数量的多少，最终都要接受市场的挑战，优胜劣汰是客观规律。只有那些质优的农产品受市场的青睐，这样便于流通，促进农林复合系统的发展，否则成为农林复合系统发展的阻碍。⑥未形成链条。只注重生产，不注重加工和产品的流通增值，阻碍了优良果作产业基地的建设和加工企业的形成，造成农民收入增加缓慢，农村的落后面貌改变缓慢，农业的发展缓慢(陈长青，2005)。

(三) 林–茶复合经营

林–茶复合经营，即在茶园中种植树木，利用茶树喜湿耐阴、植株为灌木或小乔木根系较浅等特点，合理选择不同高度树冠和根系深浅的植物，组成两层林冠及地被层形成人工复合生态茶园系统(刘建军等，2011)。林–茶复合经营是茶树的生态要求。因茶树是耐阴性树种，过强的光照会导致茶树代谢功能减慢，呈现光休眠状态，光合速率降低，从而影响茶叶品质(李凤辉，2009)。在林下种植茶叶，以改善茶园光照条件，并有防风、降温和增湿的功效，对提高茶叶品质和产量有益。在华中地区，用于林–茶复合经营的树种主要有湿地松、橡胶、云南樟、泡桐和旱冬瓜等(祝志勇，2002)。同时，林–茶复合经营也要求林、茶生态位的分化，使林木能与茶树长期共存、共生互利，并且要求间作的林木与茶树没有主要的共同病虫害(杨和健，2007)。

(四) 林–药复合经营

林–药复合经营指在已郁闭成林的林冠下土地上，种植各种药用植物，一般分布在中高山区,树种和药材宜选择耐阴、耐寒、抗病虫害的种类,为兼顾药材的生长,还要选择干性强、主根发达、枝叶稀疏的树种。由于用根药材收获时不可避免地要对林木根系造成伤害,因此要选择以地上部分入药为主的药材种类;如果选择以根系入药为主的药材种类,就要选择浅根性药材,并在栽植时距树干有合适的距离。南方可种植元胡、白术、延胡索、麦冬、半夏、浙贝、前胡、铁皮石斛、白花前胡、(徽)白术、(贡)菊花、山茱萸、祁术、祁门贝母等药用植物,也可以在林下种植灵芝、紫芝、石耳、七叶一枝花、仙茅、盘龙参、滴水珠和石斛等。树木既可以选择用材树种,如杉木、马尾松林、枫香等,也可以选择经济树种,如板栗、梨、李、桃、柿等(杨和健,2007)。林下种植药材,既有利于保持水土、改良土壤、提高土地利用率,又能获得较好的经济效益(王国英等,2006;陈静和叶晔,2009),刺激种植户的积极性。

(五)林-草复合经营

林-草复合经营,改善了草地生态环境,林茂草丰,有利于畜群生长发育。林木下种草放牧,增加林地有机质含量,又促进了林木生长(李文华和赖世登,1994)。林分对牲畜的防风御寒暑起到了有效的屏障作用。据研究,环境温度对畜禽生长及发育影响很大,畜禽在适宜温度条件下热量消耗最小,生产效率和饲料利用率都较高,相反温度偏离适宜温度,由于热量平衡破坏,给畜禽健康和生产力都带来不利影响。林木的屏障作用有利于畜禽生长发育(杨修,1996)。

(六)林-畜(禽)复合经营

在林下可规模圈养或放养肉牛、奶牛、肉兔或野兔等,林-畜复合经营是林下养殖的重要模式。饲草、饲料充足,养殖技术成熟,产值和效益都高,有很大的开发前景(王志强和信洪发,2010)。华中地区的一般林区中,林下的草资源极为丰富,而且林中空间范围较大,为发展畜牧业提供了较为有利的优越条件。因此,应充分开发利用林下草资源,大力发展以养殖牛、羊为主的养殖业以保护和培育森林为前提,通过适当发展养殖业,可收到较好的经济效益林-禽复合经营主要适用于平原地区,林下养殖鸡鸭鹅等家禽既可吃昆虫,又可食野草,而且自由活动空间大养殖的家禽体形健壮肉美蛋香营养丰富,绿色无公害,深受消费者喜爱同时,家禽吃害虫,可减轻林木病虫害发生;家禽产粪肥地,促进林木生长,形成科学合理的生态链(陈静,2009;王小纪和杨莉,2004)。在郁闭的林分条件下,每年可饲养 1~2 茬家禽,技术简单、市场发展潜力大、受众多、经济效益可观。该模式下养殖的家禽体型健壮、肉美蛋香、营养丰富,绿色无公害,深受人们喜爱。从生态角度来讲,家禽吃害虫,可减轻林木病虫害发生,家禽的排泄物促进林木生长,形成科学合理的生态链(陈静和叶晔,2009)。

(七)林-牧(渔)复合经营

林-牧(渔)复合经营是指在同一经营单位的土地上将林业与牧业或渔业相结合的经营模式。在华中地区,常见的形式有林-牧复合经营、牧场饲料绿篱型、林-渔复合经营等。林-牧复合经营是在牧场或生产牧草的草场上间作某些用材或经济林木。牧场饲料绿篱型是指在牧场周围营造绿篱，一方面起到围栏和防护作用，另一方面大部分绿篱树木还可以提供一定数量的饲料。林-渔复合经营是在鱼池周围种植林木，即起护堤作用，同时又可为鱼类提供部分饲料。林中空间范围较大，冬暖夏凉，草叶鲜嫩，活动空间大，虫类资源也十分丰富，适于养殖牲畜家禽等，禽畜留下的粪便也利于提高土壤肥力，促进林木生长。以保护和培育森林为前提，通过适当发展养殖业，可收到较好的经济效益，林-牧（渔）复合经营是促进和发展生产及增加收入的一个重要途径，在全国各地均得到了积极的应用。养殖的家禽体形健壮、肉美蛋香、营养丰富，绿色无公害，深受消费者喜爱。多数林区内都有林中的河流、水坑、水塘等，一般水质均较好，可用网箱或铁丝网进行截流大范围养鱼，经济效益很好（胡荟群，2011）。

第三节　可持续经营建议

应针对华中地区农林复合经营存在的问题，采取切实可行的对策，逐一解决，使其向良性、有序、规模、效益的方向发展。

1. 抓好科学规划，促进可持续发展

发展农林复合经营，要坚持规划先行，充分发挥规划的先导作用、主导作用和统筹作用（郭宏伟和江机生，2011）。各级政府根据各地自然条件、林地资源及农村发展水平等实际情况，以市场为导向，积极协调林业、农业等部门编制农林复合经营发展规划，并出台相关扶持政策，既为当地农民选出收益相对较高、风险相对较小的复合模式，又为复合经营提供良好的发展环境；同时要注重复合经营的可持续发展。即在森林资源可持续利用基础上，根据不同时期的林分状况及林下生境来及时调整林分结构或复合模式类型，做到相互促进，持续经营。

2. 加大政策扶持，强化典型带动

各级政府统一规划，合理发展，积极获取市场最新需求信息，增强预见性，避免盲目性，合理安排和及时调整生产布局。发展多种经济林，实现产品多样化，增强抵御市场价格波动冲击的能力，稳定农民收入。规划设计从点、线、面一体，体现系统方法原则、群众参与原则、因地制宜原则。完善生产责任制，恢复粮食化肥等优惠供应政策和配套措施，实行谁种林木谁收益，坚持责、权、利落实，地方政府适当提取部分效益用于技术、市场信息服务，提高农业服务部门和农民的积极性。特别重要的是国家应该及早制定退耕还林的支撑政策：一是财税部门就尽快出台统一规范的退耕还林税收减免政策；二是政府配套建立退耕还林专项基金，加大投入，保证退耕还林农户的生活与生产需求（黄闰泉等，2000）。

充分利用政府职能，搭建好企业、农民与科研院校等单位的合作平台，推进科技协作，提升生产水平；协调金融机构探索出台林权抵押贷款联户联保信用贷款等方式，拓展投融资渠道；引导农民成立专业合作组织，提高农民组织化程度；搜集国内外新技术和产品市场需求等信息，利用网络电视广播和报纸等传播媒体及时向农户和企业发布，降低市场风险；高度重视典型示范带动作用，不断发现典型、培育典型、总结典型、推广典型，坚持以典型示范、以典型引路、以典型推动(郭宏伟和江机生,2011)。通过政府引导、专业合作社和企业带动、农民参与,加大政策扶持力度,强化科技应用,着力建设一批规模大、潜力大、影响大、带动能力强的农林复合经营基地,实现规模化生产、集约化经营、产业化发展,充分发挥其典型示范作用。

3. 拓展产业化链条,营造发展空间

一方面,各级党委政府要紧紧围绕产业化经营精心培育名牌产品和龙头企业,积极推进林业产业化经营和区域化协作,放手发展一批覆盖面广、功能完善、规范高效的产业中介组织和经纪人队伍,跑信息、跑服务,拓宽销售渠道,降低农民营销风险,实现一、二、三产业良性互动,推动林业产业优化升级;另一方面,加大招商引资力度,实施外引内联,结合项目建设,搞好二、三产业发展,发展精深加工,提高资源利用率和产品附加值,坚持以市场为导向,以效益为核心,走公司+基地+农户、贸工林一体化,产加销一条龙,集约化、规模化经营的新路子。打造品牌,开拓市场、增强竞争力,加快形成以资源培育为基础,以精深加工为带动,以科技进步为支撑的林业产业化发展新路子(郭俊强等,2005)。

农业产业化是以市场为导向,实行农业生产、加工、销售一体化经营。对三峡库区而言,应该以国内外市场为导向,立足于库区资源,确立主导产业和产品,优化资源配置,对库区内农业支柱产业实行区域化布局、专业化分工、规模化生产、一体化经营、企业化管理、社会化服务,获得最高经济效益、生态效益、社会效益,实现农业资本的自我积累、自我发展、自我调控的良性循环。依托库区丰富的物种资源及优越的光、热、水、气资源,通过农、林、牧产品的优化,政府统一规划,龙头企业组织,形成商品基地化生产、收购、销售的经济共同体,立足于国内市场,争取突破发达国家的"绿色贸易壁垒",开拓国际市场(黄闰泉等,2000)。

4. 开展深入系统研究,加大技术培训

农林复合经营的研究在理论上要以生态学、生态经济学原理为基础,根据生物与环境的协同进化原理、整体性原理、边际效应原理、地域性原理及限制因子原理,因时因地制宜,研究出合理布局、立体间套、种养结合、互生共利的最优模式。在配套技术方面通过研究各模式内生物间、生物与非生物间相互作用来探讨最适合的管理技术,从而提供各模式相应简明实用、先进合理、简化高效的技术体系(Fang S et al.,2005)。同时也要注重长期性和动态性。由于林木生长周期长,各物种均存在物候期,并有一定的差异性。因此,长期性和动态性研究工作对全面揭示农林复合系统功能特征及其影响机制很重要。另外,为企业、专业合作社技术骨干和示范户等定期组织开展农林复合经营实用技术培训,邀请农、林、牧等部门专家就经营关键技术进行现场授课和操作示范;成立林、农业等方面的技术服务组,分片包户定期下乡进行复合经营实用技术培训,提供全方位技术指导服务,解决农民生产过程中的技术难题,提高农民的经营技术及管理水平。

5. 改造传统模式,推广优化模式

对传统经营模式进行改良研究的同时,各级农业、林业推广部门应积极推广和引进成功经营模式,提高当地经营水平;水保部门应加强水土保持工程技术的推广。如:果树–农作物–生物埂(或生物带)复合经营能更好实现坡地生态持续和经济持续的有机结合,达到防止水土流失、提高坡地土地生产力和产品多样化、高产出的目的，是现阶段生产力下实现坡地生态经济系统协调发展的有效途径（黄闰泉等，2000）。

6. 优化施肥技术，保护生态环境

施肥是与产量、品质、成本、土壤培肥、污染等问题密切相关的复合系统物质调控的重要措施，而生态平衡施肥则是以实现经济效益、生态效益和社会效益的综合效益最佳为目标，以"通用施肥模型"为理论基础，以实用和高新技术优化组装的技术体系为手段的平衡施肥方法（侯彦林，2000）。20世纪80年代以来，我国农业施肥主要依靠化肥特别是氮肥。江西省的农田中有70%的氮素、80%的磷素和60%的钾素、约100%的林地、70%的园地由化肥提供（何园球，1998）。因此，通过提高化肥投入质量，减少投入数量；系统外养分加入到农林复合系统内部，实现养分再循环的途径，达到"生态平衡施肥"之目的。

农林复合经营作为一种高效的、可持续发展的土地利用和综合生产途径，已引起相关部门的普遍重视，并受到广大农民的欢迎。因此，应在已有复合经营的基础上，在各个区域内大力发展农林复合经营，实现不砍树也能致富，做到生态与经济、兴林与富民、保护与利用有机统一。总之，发展农林复合经营，意义重大、影响深远、前景广阔，必将成为农村经济发展的新的经济增长点。

7. 多方筹集资金，推动基础建设

农林复合经营属于资金和劳动力密集型的产业，需要生产周转资金和基础建设投入。通过财政投入、金融扶持、社会参与等多方筹集资金，建立多元投入机制，为农林复合经营的发展提供资金保障。对政府部门来说，一方面根据编制的发展规划，按照分类、分级、突出重点、按需投入的原则将基础设施建设纳入公共财政体系中，并做好基础设施建设完成投入运营后的维护保养和管理工作，以保障基础设施的可持续利用；另一方面，从政策上保障农林复合经营者可以以林木或林下产业资产作抵押向银行申请贷款，同时鼓励有关金融机构适当放宽对个人发展农林复合经营的贷款条件，扩大面向林农的小额信贷和联保贷款，从而调动各类经济主体发展农林复合经营的积极性。

8. 重视科技投入，培养技术人才

针对鄂西三峡库区现有农林复合经营管理水平低、品种单一、相对分散等不利情况，加大科技投入，对农林复合经营植物材料进行优化选择和试点研究，组建结构上稳定、经济上合理、技术上可行，适宜功能区及不同需求的林－农复合优化模式；研究提早收获新品种新技术和产品潜在价值的开发利用，提高总体效益。加强现代生物技术的应用，提高产品技术含量，注意长短效益的有机结合。加快技术指导，举办培训班，培养大批基层技术人员，提高农民经营和管理水平，特别是早期农林间作和经营方法，协调农林关系，达到农林并举（黄闰泉等，2000）。大力引进林业、复合农业等专业的科研技术人才，加大对乡镇一级的农技人员的培训工作，切实加强和完善现有的农技推广服务网络，提高农业技术推广服务人员的科技文化水平和素质，努力建设一支科研能力强、技术水平高、服务态度好的复合技术推广队伍，为本地农户发展杨树复合经营提供强有力的技术支撑（徐振球，2010）。

9. 完善市场流通网络，打造信息服务平台

加强建设和完善市场流通网络，积极引导各乡镇场、种养大户、农业龙头企业、农民

专业合作经济组织、农民经纪人、行业协会、农产品产销协会组成大型、多级信息服务网络体系,加强其组织化信息化功能,及时为种养大户、农产品加工企业提供准确的市场供求信息,保证服务质量和服务效果,切实为他们解决好林产品及间作农产品的销路问题(徐振球,2010)。

农林复合经营实践遍布世界各地,类型繁多,在对自然资源的充分利用和提高生物多样性,增加生态系统稳定性方面发挥了巨大的作用,并取得了较好的效益。农林复合经营系统作为生态农业的一种形式,未来对其研究在理论上要以生态学、生态经济学原理为基础,根据生物与环境的协同进化原理、整体性原理、边际效应原理、种群演替原理、地域性原理及限制因子原理,因时因地制宜,合理布局、立体间套、用养结合、互生共利发展农林复合业。在结构优化方面要按系统思想、理论,运用线性规划、模糊聚类、多目标、交互对策式、仿真动力学等现代数学和先进的计算机工具,进行农林系统工程研究,建立农、林、牧、副、渔结构模型群,为农林管理部门提供数量化支持和远景展望(王玲玲和何丙辉,2002)。

10. 加强合作,共同开发

一是加强与有关院校和科研单位协作,共同开发产品,发展地方加工业,转资源优势为商品优势。白果的贮藏保鲜、银杏叶的总黄酮提取和柑橘的深加工(橙汁)技术更有待于深入的研究。二是加强国际合作,争取技术、资金和人才的引进,积极主动向有关国际组织争取援助。

11. 正确引导,强化服务,走林业可持续发展之路

正确引导,强化服务,保持林业政策的连续性,走林业可持续发展之路。乡镇党委、政府要正确引导农民,科学利用各类土地资源,宜农则农,宜林则林,宜养则养,不荒废每一寸土地,提高土地利用率,增加农民收入。对刁难种植大户者,乡镇党委、政府要保护林业承包户的合法权益,打击不法分子。要加快林业产权改革步伐,对在产权改革中出现的新情况、新问题,要给予高度重视,正确引导,搞好服务,坚决制止产权改革中出现"前分后毁"林木的现象,着力解决好既兼顾群众利益,又保护林木正常生长的问题,使林业沿着持续健康快速发展的道路前进(郭俊强等,2005)。

参考文献

[1]蔡晓明,2000. 生态系统生态学[M]. 北京:科学出版社.
[2]曹件生,徐小静,周顺元,2012. 4种经济林复合经营模式及其经济效益分析[J]. 林木花卉,5:227-230.
[3]陈静,叶晔,2009. 农林复合经营与林业可持续发展[J]. 内蒙古林业调查设计,32(5):84-87.
[4]陈静,2009. 试论农林复合经营在林业发展中的地位与作用[J]. 河北林业科技,6:30-32.
[5]陈亮,1991. 试论我国茶园间作的类型和利弊[J]. 茶叶,4:1-4.
[6]陈为民,2007. 茶-杉复合系统的效益分析[J]. 安徽农学通报,13(7):88-89.
[7]陈长青,2005. 红壤区农林复合系统分析与评价[D]. 南京:南京农业大学.
[8]陈宗懋,2000. 中国茶叶大辞典[M]. 北京:中国轻工业出版社.
[9]程鹏,曹福亮,汪贵斌,2010. 农林复合经营的研究进展[J]. 南京林业大学学报(自然科学版),34(3):151-156.

[10] 程鹏,黄荣来,傅军,等,2003. 现代林业生态工程建设理论与实践[M]. 合肥:安徽科学技术出版社.

[11] 程鹏,罗宁,余本付,等,2008. 安徽省不同区域造林树种选择及栽培技术[M]. 北京:中国林业出版社.

[12] 崔光教,王德大,杜松柏,2005. 茶杉混交林效果和造林关键技术研究[J]. 林业实用技术,1:4-6.

[13] 丁瑞兴,黄晓澜,周亚军,1992. 茶园间植乌桕的气候生态效应[J]. 应用生态学报,3(2):131-137.

[14] 定明谦,白应统,定光凯,2005. 庆阳退耕还林林-药复合模式模式初探[J]. 甘肃林业科技,30(2):69-72.

[15] 董成森,肖润林,彭晚霞,等,2006. 亚热带红壤丘陵茶区茶-杉复合系统生态经济效应探析[J]. 中国生态农业学报,14(2):198-202.

[16] 方升佐,黄宝龙,徐锡增,2005. 高效杨树人工林复合经营体系的构建与应用[J]. 西南林学院学报,4:36-41.

[17] 房用,慕宗昭,鳌兆忠,等,2006. 林-药复合模式及其前景[J]. 山东林业科技,3:60+101.

[18] 费颖新,2004. 间作树木对茶园生态环境及茶叶品质影响的研究[P]. 南京:南京林业大学.

[19] 高健,黄大国,2002. 影响滩地杨树净光合速率的生理生态因子研究[J]. 中南林学院学报,22(2):40-43.

[20] 郭宏伟,江机生,2011. 林下经济——充满生机和活力的朝阳产业[J]. 林业经济,9:6-9.

[21] 郭俊强,李淑芳,李桂芹,2005. 关于漯河市农林复合经营状况的调查报告[J]. 河南科技学院学报(自然科学版),33(1):50-53.

[22] 韩宝瑜,2005. 三类典型茶园昆虫和螨类群落组成和动态的差异[J]. 茶叶科学,25(4):249-254.

[23] 韩冰冰,肖正东,傅松玲,等,2014. 不同密度杨农复合系统碳贮量研究[J]. 安徽农业大学学报,1:130-135.

[24] 何圆球,1998. 红壤农业生态系统养分循环、平衡和调控研究[J]. 土壤学报,35(4):502-509.

[25] 侯彦林,2000. "生态平衡施肥"的理论基础和技术体系[J]. 生态学报,20(4):653-658.

[26] 胡荟群,2011. 农林复合经营的发展概况及类型研究[J]. 安徽农学通报,17(18):10,31.

[27] 黄大国,江文奇,2013. 安徽丘陵地区经果林复合经营模式的效益分析——以枞阳县大山村为例[J]. 经济林研究,1:129-133.

[28] 黄国勤,2007. 农业可持续发展导论[M]. 北京:中国农业出版社.

[29] 黄国勤,2012. 农业现代化概论[M]. 北京:中国农业出版社.

[30] 黄闰泉,王定济,刘贵开,2000. 鄂西三峡库区农林复合经营可持续发展对策[J]. 林业科技通讯,1:25-28.

[31] 黄晓澜,丁瑞兴,1989. 皖南茶柏复合系统的土壤肥力特性[J]. 茶叶科学,2:109-116.

[32] 季琳琳,佘诚棋,肖正东,等,2013. 油茶-茶复合模式对茶树光合特性的影响[J]. 经济林研究,31(1):39-43.

[33] 姜洪喜,2012. 农林复合经营模式的探讨[J]. 民营科技,3:120.

[34] 蒋建平,1990. 泡桐栽培学[M]. 北京:中国林业出版社.

[35] 李凤辉,2009. 茶园套种降香黄檀效应的初步研究[J]. 福建林业科技,36(2):273-277.

[36] 李宏开,1997. 林业基础与实用技术[M]. 合肥:安徽教育出版社.

[37] 李建挺,杨国阁,2008. 退耕还林地间作药材应注意的关键问题[J]. 河南林业科技,28(3):5.

[38] 李立伟,2007. 农林复合经营与河南平原林业可持续发展[J]. 防护林科技,79(4):86-87,94.

[39] 李玲琴, 2007. 浅谈生态茶园的建立[J]. 茶世界, 3: 36-39.

[40] 李庆逵, 朱兆良, 于天仁, 1998. 中国农业持续发展中的肥料问题[M]. 南昌: 江西科学技术出版社.

[41] 李瑞盟, 韦彦, 刘朝霞, 2012. 关于广西发展林下经济的思考[J]. 广西财经学院学报, 25(1): 21-25.

[42] 李文华, 赖世登, 1994. 中国农林复合经营[M]. 北京: 科学出版社.

[43] 李孝金, 董兴娥, 2011. 林茶复合经营理论基础与应用技术[J]. 现代农业科技, 7: 219-221.

[44] 李孝良, 2010. 安徽省沿淮地区农林复合经营模式的研究[J]. 安徽农学通报, 11: 219-220+274.

[45] 廖灵芝, 李显华, 2012. 林下经济发展的制约因素及对策建议[J]. 中国林业经济, 1: 10-12.

[46] 林文国, 2013. 我国林-药经济发展现状[J]. 林业建设, 3: 27-30.

[47] 凌云强, 2004. 低效茶园的成因与改造措施[J]. 茶业通报, 26(2): 73-74.

[48] 刘步瑶, 1996. 发展丘陵地区果茶生态种植模式[J]. 茶业通报, 18(2): 26-28.

[49] 刘步瑶, 1998. 皖南丘陵茶果间作型复合系统的研究[J]. 茶业通报, 1: 13-15.

[50] 刘道蛟, 苏明生, 孙卫东, 2006. 安化县林-药产业现状及发展对策[J]. 湖南林业科技, 33(01): 77-79.

[51] 刘广阔, 2009. 杨树农林复合经营效益分析[J]. 安徽林业, 4: 64-65.

[52] 刘桂华, 李宏开, 1996. 柏茶间作立体经营模式的生态学基础[J]. 安徽农业科学, 24(2): 145-148.

[53] 刘桂华, 赵慧文, 1996. 湿地松茶树间作生态效应研究[J]. 安徽农业大学学报, 23(2): 181-185.

[54] 刘建军, 袁丁, 刘佳, 等, 2011. 间作对茶园生态及茶叶品质、产量影响研究进展[J]. 中国茶叶, 4: 16-18.

[55] 刘兰玉, 束庆龙, 刘洪剑, 等, 2006. 板栗膏药病无公害防治技术[J]. 经济林研究, 2: 51-54.

[56] 刘晓蔚, 2012. 桉树人工林复合经营模式综合效益评价体系构建及综合效益评价[D]. 南宁: 广西大学.

[57] 刘秀清, 2008. 栗茶间作模式对土壤酶活性和土壤养分含量的影响[D]. 合肥: 安徽农业大学.

[58] 罗双林, 2004. 红壤丘陵区混农林-经营模式数据库的建立及其应用[P]. 武汉: 华中农业大学.

[59] 吕俊强, 钟章成, 1998. 重庆三峡库区农林复合经营可持续发展研究[J]. 重庆环境科学, 20(6): 1-4.

[60] 吕士行, 方升佐, 徐锡增, 1997. 杨树定向培育技术[M]. 北京: 中国林业出版社.

[61] 马增旺, 赵广智, 邢存旺, 2012. 山区发展林下药材的前景、问题与对策[J]. 林业实用技术, 11: 87-88.

[62] 孟平, 张劲松, 樊巍, 等, 2004. 农林复合系统研究[M]. 北京: 科学出版社.

[63] 明平生, 2003. 茶林间作对茶园生态的影响[J]. 茶叶通讯, 4: 26-29.

[64] 潘新建, 2000. 杉茶复合经营效应的研究[J]. 江苏林业科技, 27(5): 12-15.

[65] 齐金根, 1987. 主要气候、土壤因素对兰考泡桐生长影响的初步研究[J]. 植物生态学与地植物学学报, 11(1): 10-19.

[66] 饶军, 袁风辉, 李江, 2000. 复合生态茶园建设及其效益评价[J]. 江西林业科技, 1: 35-38.

[67] 沙颂阳, 罗治建, 万开元, 等, 2008. 幼龄杨树与不同农作物农林复合模式经营年限探讨[J]. 福建林业科技, 04: 185-189.

[68] 沈朝栋, 黄寿波, 2001. 中国栽培茶树的生态条件及地理分布规律（英文）[J]. 浙江大学学报(农业与生命科学版), 27(4): 381-384.

[69] 舒庆龄, 赵和涛, 1990. 不同茶园生态环境对茶树生育及茶叶品质的影响[J]. 生态学杂志, 9(2):

13-17.
- [70] 孙光新,1995. 试论立体林业及其发展模式[J]. 安徽林业科技,2:2-6.
- [71] 唐光旭,黄世贤,李燕山,1997. 桐农间作得推广[J]. 经济林研究,4:74.
- [72] 唐荣南,1988. 我国茶园的生态问题与生态建设[J]. 中国茶叶,6:4-5.
- [73] 唐荣南,1998. 林茶复合经营类型与技术[J]. 林业科技开发,6:54-57.
- [74] 万福绪,陈平,2003. 桐粮间作人工生态系统的研究进展[J]. 南京林业大学学报(自然科学版),5:88-92.
- [75] 汪德玉,2006. 李茶混交模式效益研究[J]. 安徽农业科学,34(15):3648-3649.
- [76] 汪殿蓓,陈飞鹏,暨淑仪,等,2002. 我国农林复合系统的实践与发展优势[J]. 农业现代化研究,6:418-420+460.
- [77] 王广钦,徐文波,沈石英,等,1983. 农桐间作与作物产量[J]. 河南农学院学报,1:29-37.
- [78] 王国华,1999. 茶林间作一举多得[J]. 农村经济与技术,4:35-36.
- [79] 王国英,叶文国,梁国新,2006. 高效复合林业经营类型探讨[J]. 华东森林经理,20(1):12-14.
- [80] 王焕良,王月华,谷振宾,2011. 做好林下经济发展这篇大文章[J]. 林业经济,1:30-35.
- [81] 王建荣,郭丹英,2010. 话说中国茶[M]. 北京:中国农业出版社.
- [82] 王玲玲,何丙辉,2002. 农林复合经营实践与研究进展[J]. 贵州大学学报(农业与生物科学版),21(6):448-452.
- [83] 王陆军,肖正东,曹效珍,等,2013. 杨-农复合系统土壤养分分布特征[J]. 安徽农业大学学报,5:716-720.
- [84] 王蒙,2013. 林-农复合系统生态经济效益分析[D]. 武汉:华中农业大学.
- [85] 王小纪,杨莉,2004. 人工林高效复合经营几种模式[J]. 陕西林业,4:36-37.
- [86] 王志强,信洪发,2010. 林地复合经营的几种模式[J]. 农家之友,11:40.
- [87] 魏浙杭,1995. 油茶林套种效益分析[J]. 浙江林业科技,15(2):36-37+49.
- [88] 吴刚,杨修,1998. 桐粮间作林带的配置方式与农作物产量关系的研究[J]. 生态学报,2:57-60.
- [89] 吴天荣,张自力,1996. 林茶间作的经济效益[J]. 林业科技通讯,8:34-35.
- [90] 肖润林,王久荣,陈正法,等,2004. 亚热带丘陵山地茶园面临的生态问题与对策[J]. 农业现代化研究,25(5):360-363.
- [91] 肖润林,王久荣,彭佩钦,等,2005. 长江流域丘陵茶园的生态问题研究[J]. 农业环境科学学报,24(3):585-589.
- [92] 肖正东,程鹏,马永春,等,2011. 不同种植模式下茶树光合特性、茶芽性状及茶叶化学成分的比较[J]. 南京林业大学学报(自然科学版),35(2):15-19.
- [93] 肖正东,佘诚棋,2013. 安徽不同区域农林复合经营发展现状与对策[J]. 安徽林业科技,39(2):43-47.
- [94] 谢勇,2001. 杨树人工林林-农间作经济效益初探[J]. 华东森林经理,15(3):19-21.
- [95] 徐红梅,孙拥康,汤景明,等,2014. 江汉平原典型杨-农复合经营模式及效益分析[J]. 湖北林业科技,5:1-3,19.
- [96] 徐红梅,汤景明,鲁黎,2013. 杨树农林复合经营研究进展[J]. 湖北林业科技,6:45-48,52.
- [97] 徐克定,王宏树,1987. 茶园间种乌桕林有利于红茶品质的调查研究[J]. 茶业通报,4:34-35.
- [98] 徐振球,2010. 江苏省泗阳县杨树复合经营模式分析及对策研究[D]. 扬州:扬州大学.
- [99] 严志方,1985. 试论茶园间作[J]. 中国茶叶,2:36-37.
- [100] 杨和健,2007. 黄山市农林复合经营模式研究[J]. 安徽农学通报,13(16):176-177.
- [101] 杨红强,邹松涛,张晓辛,2013. 江苏省生态型农林复合经营选择模式研究[J]. 安徽农业科学,11:

4877 - 4880.

[102] 杨清平, 2002. 茶林复合生态园效益分析[J]. 林业科技, 27(3): 58 - 59.

[103] 杨修, 1996. 农林复合经营在农村可持续发展中的地位和作用[J]. 农村生态环境, 12(1): 37 - 41.

[104] 余立华, 刘桂华, 陈四进, 等, 2006. 栗茶间作模式下茶树根系的基础特性[J]. 经济林研究, 24(3): 6 - 10.

[105] 余立华, 2007. 栗茶复合系统生态学基础及效益研究[D]. 合肥: 安徽农业大学.

[106] 余晓章, 2003. 农林复合模式研究与进展[J]. 四川林勘设计, 3: 7 - 10.

[107] 余振忠, 2007. 山阳县退耕还林工程林 - 药复合模式模式效益研究[P]. 杨凌: 西北农林科技大学.

[108] 袁炳和, 1982. 江苏省茶树栽培的气候分区[J]. 南京师大学报(自然科学版), 4: 97 - 104.

[109] 张洁, 刘桂华, 2005. 板栗茶树间作模式的生态学基础[J]. 经济林研究, 23(3): 1 - 4.

[110] 张平, 2008. 中国茶叶国际贸易的双品牌竞争战略研究[D]. 无锡: 江南大学.

[111] 章铁, 刘秀清, 2007. 栗茶间作模式对茶树光合特性的影响[J]. 安徽农业大学学报, 34(2): 244 - 247.

[112] 周志翔, 1995. 茶间作下的光照条件与茶树生理生态研究综述[J]. 生态学杂志, 14(3): 59 - 63.

[113] 朱海燕, 刘忠德, 王长荣, 等, 2005. 茶柿间作系统中茶树根际微环境的研究[J]. 西南师范大学学报(自然科学版), 30(4): 715 - 718.

[114] 朱培林, 王玉, 易文红, 等, 2007. 油茶林套种中药材品种及其种植技术[J]. 江西林业科技, 4: 62 - 64.

[115] 朱玉芳, 黄春晖, 2011. 黄河下游滩地林鹅复合经营模式经济效益研究[J]. 河南农业科学, 40(9): 127 - 129 + 160.

[116] 祝志勇, 2002. 概述我国农林复合经营的历史与现状[J]. 江苏林业科技, 29(3): 34 - 37.

[117] Fang S, Xu X, Yu X, et al, 2005. Polar in wetland agroforestry: A case study of ecological benefits, site productivityandeconomics[J]. Wetlands Ecology and Management, 13: 93 - 104.

本章作者: 黄国勤、杨滨娟、马艳芹、王礼献、孙丹平(江西农业大学生态科学研究中心)

第十二章 华南地区

第一节 区域概况

一、自然概况

华南地区属于区域划分，主要是指中国南部地区，华南地区一般包含广西壮族自治区、广东省、海南省以及香港、澳门两特区。按照气候划分华南地区又包含了热带、（南）亚热带两个气候区，其中热带地区主要包括海南及南海岛屿，（南）亚热带地区主要为广东、广西两省份及香港、澳门两特区。

华南地区最冷月平均气温≥10℃，极端最低气温≥-4℃，日平均气温≥10℃的天数在300天以上。多数地方年降水量为1400~2000mm，是一个高温多雨、四季常绿的热带-南亚热带区域。该地区总体气候特征：夏季太阳高度角大，气温较高，从热海洋吹来的东南季风带来丰沛的降水。最冷的月份平均温度在18℃以下，0℃以上，冬季较温和，因为本地纬度较低，受黑潮影响，离冬季季候风源地远，地形起伏使冬季季候风受削弱。但我国台湾北部与日本群岛南部因季风过海，削弱了冬季季候风的强度，故冬季气候比起相同纬度的沿海城市显得特别温和多雨的型态。

华南地区地形复杂，有山地、丘陵、平原等地形交错存在，但海拔不高；该区由于剧烈的气候特点，使地表侵蚀切割强烈，丘陵广布。在长期高温多雨的气候条件下，丘陵台地上发育有深厚的红色风化壳。在迅速的生物积累过程的同时，还进行着强烈的脱硅富铝化过程，成为我国砖红壤、赤红壤集中分布区域。

二、林业概况

华南地区植物生长茂盛，种类繁多，有热带雨林、季雨林和南亚热带季风常绿阔叶林等地带性植被，现状植被多为热带灌丛、亚热带草坡和小片的次生林，壳斗科、樟科、山茶科、木兰科和金缕梅科等是常绿阔叶林中的主要树种。热带性森林动物丰富多样，有许多典型的东洋界动物种类。全区自然面貌的热带 – 南亚热带特征突出。

海南岛是我国重要热带地区，处在北回归线附近，有独特的热带山地雨林和季雨林生态系统，植被类型复杂，野生动植物十分丰富。海南岛有野生植物4200多种，其中针、阔叶树种1400种，乔木800多种，用材树种458种，特有珍稀名贵树种45种，药用植物2500多种，占全国乔灌木植物种类的28.6%；有昆虫4000多种；有陆栖脊椎动物561种，其中两栖类37种，爬行类104种，鸟类344种（占全国的26%），兽类82种（占全国的19%）。在兽类中，21种为海南所特有。已被列入国家I级保护的野生动物主要有海南坡鹿、黑冠长臂猿、云豹、孔雀雉、巨蜥、蟒等14种。黑冠长臂猿，是世界上四大类人猿之一，仅见于海南岛和西双版纳。据最新的全省蝴蝶普查，发现蝴蝶有11科554种，其中23个为新种，53个为我国分布新记录种。因此，海南岛是我国最重要的热带动植物物种基因库。

广西地跨北热带、南亚热带与中亚热带，自然生态环境优越，多样复杂，滋生和蕴藏着种类众多、组成复杂的野生动植物资源。森林类群多样，伴随而生的东洋界、东南亚大陆热带、亚热带树栖特有动物等，以及珍稀植物，种类多，分布广。此外，北部也出现有不少古北界的种类动植物。广西植物资源丰富，已知有289科1670多属6000多种。其中，乔木、亚乔木有120科480多属1800多种。国家公布珍稀濒危保护植物389种，广西占有113种。其中：一级保护野生植物全国8种，广西有3种；二级保护野生植物全国有143种，广西有47种；三级保护野生植物全国有222种，广西有63种。仅中国才有的珍稀植物资源，被誉为"植物大熊猫"的银杉属古老植物，最早发现于广西。还有龙州舰木玉、资源冷杉、那坡擎天树、猫儿山华南铁杉、十万大山华南坡垒、广西杪椤、金花茶等。有经济价值的昆虫资源产物有紫胶、五倍子、蜂蜜、白蜡虫、虫茶等。野生经济植物和特种用途的树木、灌木、草本等各类繁多，从林中采割流出液体和从树叶、种籽加工提炼的有松脂、安息香、栲胶、橡胶、茴香油、肉桂油、白兰花油、茶油、柠橡油、棒油、山苍子油等，还有用菌丝培植大量香菇、木耳等。

广东省林地主要分布在北部、西北部、东北部山区；其次为珠江三角洲地区和西翼地区，东一地区林地面积最少。全省共有野生维管束植物280科1645属7055种，分别占全国总数的76.9%、51.7%和26.0%。另有栽培植物633种，分隶于111科361属。此外，还有真菌1959种，其中食用菌185种，药用真菌97种。植物种类中，属于国家一级保护野生植物的有杪椤和银杉2种，属于二级和三级保护的有白豆杉、水杉、野荔枝和观光木等24种及广东松、长苞铁杉、野龙眼和见血封喉等41种，还有省级保护的红豆杉和三尖杉等12种。在植被类型中，有属于地带性植被的北热带季雨林、南亚热带季风常绿阔叶林、中亚热带典型常绿阔叶林和沿海的热带红树林，还有非纬度地带性的常绿 – 落叶阔叶混交林、常绿针 – 阔叶混交林、常绿针叶林、竹林、灌丛和草坡，以及水稻、甘蔗和茶园等栽培植被。香蕉、荔枝、龙眼和菠萝是岭南四大名果，经济价值可观。省内动物种类多样。陆生脊椎动物就有829种；其中兽类124种、鸟类510种、爬行类145种、两栖类50种，分别占全国的30%、43.4%、46%和25.5%。此外，还有淡水水生动物的鱼类281

种、底栖动物181种和浮游动物256种，以及种类更多的昆虫类动物。动物种类中，被列入国家一级保护的有华南虎、云豹、熊猴和中华白海豚等22种，被列入国家二级保护的有金猫、水鹿、穿山甲、猕猴和白鹇（省鸟）等95种。

第二节　类型分布及其特点

一、分类体系

华南地区适宜各类需要量大的作物生长。由于本区气候湿润，物产特别丰富。粮食作物、饲料作物、油料作物等得到极大推广；加之本区物产丰富，家禽养殖业也相当繁荣。此外，由于降水丰富，河源众多，水产养殖业也很发达。充分利用丰富的热量和水分资源，发展热带作物，合理利用和保护热带性植物和动物资源，是华南地区自然资源开发利用的突出问题和必要途径。

因此，在华南热带、（南）亚热带发展农林产业必须充分考虑地区的气候、地形等环境条件。而华南地区高温、高湿，动植物种类多样性造就了生态系统的多样性。如何充分挖掘生态系统内在和外在资源的发展潜力，就必须把农林产业充分地与生态系统，特别是把系统内生态位、食物链的交互作用以及人工参与等有机结合，合理进行多层次群落复合种养殖，开发多种类多层次经营模式。因此，根据不同地区特有环境与生物资源，有序地探索和发展农林复合经营，延长农业产业链、增强农村经济实体和农业生态系统抗损能力、提高农村农民收入具有重要意义表2-6。

表2-6　华南地区农林复合经营类型

复合系统	结构类型（复合类型）	经营方式
林-农复合经营类型组	林-农型	橡胶-胡椒复合经营 橡胶-香蕉复合经营 橡胶-菠萝复合经营 槟榔-胡椒复合经营，槟榔-菠萝复合经营，桑树-蔬菜复合经营
	果-农型	椰子-西瓜复合经营，椰子-菠萝复合经营，果树-蔬菜复合经营，果树-西瓜复合经营
林-牧复合经营类型组	林-禽型	林-鸡复合经营，林-野海鸭复合经营，林-鹅复合经营
	林-畜型	林-黑猪复合经营，林-牛复合经营，林-羊复合经营，林-梅花鹿复合经营
	林-渔型	林-蛙复合经营，林-蛇复合经营，林-果子狸复合经营，林-龟复合经营
	林-昆型	林-蜂
林-经复合经营类型组	林-菌型	林-高温型功类复合经营、林-红锥菌复合经营、林-平菇复合经营、林-金福菇复合经营
	林-药型	林-南药复合经营，林-白芍复合经营，林-金银花复合经营，林-八角复合经营
	林-花型	林-灌木复合经营，林-草本花卉复合经营，林-金茶壶复合经营，林-罗汉松复合经营

二、区域特点

(一)海南省

作为全热带地区的海南省农林复合经营类型较多,效益也比较高,主要的类型组包括林-农复合经营、林-牧复合经营和林-经复合经营三大类别。各类型组在地域分布上也有重点和差别,这与各地域的气候、地形和传统主要经营作物相关。

1. 林-农复合经营类型组

主要是槟榔园间种、椰子园间种和橡胶园间种三大种类。椰子、橡胶、槟榔等园内透光度大,植株间闲置大量的空旷土地,为间作物提供了有力的条件。根据主、间作物的生物学特性、立地条件、当地农民的经营习惯,主要有椰子-杂粮作物(花生、番薯等)复合、椰子-牧草复合、椰子-蔬菜复合、椰子-果树类(菠萝)复合、椰子-可可复合、椰子-胡椒复合、椰子-咖啡复合、椰子-益智复合、椰子-香蕉益智、椰子-糯香茶益智、橡胶-胡椒益智、橡胶-咖啡益智、槟榔-香草兰益智、槟榔-胡椒益智、槟榔-糯香茶益智等,以及椰子-咖啡-木瓜-菠萝复合、椰子-胡椒-可可-菠萝复合等多种作物多层经营模式。其中槟榔园和椰子园间种主要集中在海南东部沿海的文昌市、琼海市和万宁市三个地区;橡胶园间种模式在全岛均有分布。一方面东部沿海地区台风多而强,土壤肥力较差,传统上以棕榈科植物(槟榔和椰子)经营为主;另一方面这几个市县是海南主要华侨地区,也是经济发展较快地区,为了提高经济收入当地人较早就开始利用有限土地进行间作,以提高土地效益和合理利用环境资源,因此,在80年代末90年代初就开始利用槟榔和椰子园间种价值较高的香料植物——胡椒。天然橡胶作为我国战略物资、热带阔叶林,在海南全岛各市县均有种植。为了提高胶园土地利用率、提高胶园经济价值,在经过不断的探索和实践后广大农户总结出主要的胶园林下种植类型,即橡胶-香蕉复合经营和橡胶-菠萝复合经营,东部地区增加了效益较好的橡胶-胡椒复合经营。

2. 林-牧复合经营类型组

随着海南"无规定疫病区""生态省""健康岛"的建设与影响愈来愈大,在消费中人们对于产品越来越趋向于优质化,对海南文昌鸡、屯昌黑猪、琼中蜂蜜等品牌产品的需求也在大幅度增加,有利于发展林下养殖。林下养殖的禽畜品质好,风味佳,符合人们对生态食品的需求,同时养殖类产生的粪便散落林间可作为树木的基肥,促进树木生长,形成了以牧促林、以林护牧的多级能量利用的良性生态循环。

3. 林-经复合经营类型组

早在20世纪五六十年代,海南省就开始摸索林下种植瓜菜、木薯、花生等经济作物,七八十年代,大面积地推广了胶-茶复合经营,还根据当地环境条件间作了咖啡、白藤等作物;90年代以来,又发展了林-药复合经营,以及套种甘蔗、木薯等作物。但在过去很长一段时间里由于价格持续低迷,疏于管理,使得一些林下经济作物没有发展起来。目前技术相对成熟和市场比较稳定的林下经济作物主要集中在花卉、南药和菌类等经济价值较高的作物上。当前,发展林下经济价值较高的作物种类,主要有林-药复合经营(以南药为主)、林-花复合经营(耐阴花卉为主)、林-茶复合经营和林-菌复合经营(中高温型菌种为主)。

(二)广西壮族自治区

广西高度重视农林复合经营对农民增收的作用,经过多年的发展,目前全区已初步形成了"三大复合经营类型、三大产业、八大模式"的格局。三大复合经营类型是指林－农复合经营类型组、林－牧复合经营类型组、林－经复合经营类型组;三大产业是指林下种植产业、林下养殖、林下产品加工;八大模式是指林(果)－农复合经营、林－菌复合经营、林－药复合经营、林－花复合经营、林－禽复合经营、林－畜复合经营、林－蜂复合经营、林下加工类型。

(三)广东省

广东省林下经济发展已形成"四大产业",即林下种植产业、林下养殖、林下产品加工、林下旅游,带动了一批种养殖极大的发展,也培植了一批优秀的龙头企业。这对推动林下经济的发展有着重要的意义。广东省农林复合经营类型分类多样。其中,种养结合、水陆交互作用显著的基塘系统,具备多种生态经济功能,是水网地区重要的生态农业模式和生态景观,是广东省林下经济的一大特色,曾被联合国粮农组织肯定并向全世界推广。

第三节 可持续经营建议

1. 加强最优模式及其配套技术体系的研究

农林复合经营追求高效地经济、社会和生态效益。其目的在于使产品多样化,既能提高单位面积上增加收益,同时又保护农业生产赖以生存的生态环境不至于恶化。农林复合系统作为一种土地利用系统,不可避免地与农村社会经济发展密切相联系,由于各地的自然、社会、经济条件存在一定的差异,因此它与文化习俗和耕作制度发生相互作用。对农林复合系统研究时,应根据不同地区的特点,采取不同的模式、措施和方法,要根据生物与环境的协同进化原理、整体性原理、边际效应原理、地域性原理及限制因子原理,因时因地制宜,研究出合理布局、立体间套、用养结合、互生共利的最优模式。在配套技术方面通过研究各模式内生物间、生物与非生物间相互作用来探讨最适的管理技术,从而提供各模式相应简明实用、合理先进、简化高效的技术体系。

2. 转变研究方式和改进研究手段

农林复合系统是复合的人工生态系统,它改变了常规农业经营对象的单一性,系统中的组分之间有物质与能量交换,经营时不仅要充分考虑系统内各组分在功能上和数量上的相互依存和相互制约的关系,而且要注意其组分之间的动态联系,从空间和时间上结合起来,通过调整系统的组成和时间结构提高作物的生产力,发展经济,提高人民的生活水平。知识经济使得世界科技面貌和生产技术发生了根本性的变化,农林复合系统是涵盖了农、林、畜、牧、草、渔等多种产业的多组分、多层次、多生物种群、多功能、多指标的开放式人工生态系统,其研究内容十分广泛。因此应注重多专业、多学科、多部门间的联合和渗透，以发挥整体研究优势，实现研究、教育、推广、生产一体化，将研究成果更好地应用于农林复合经营的生产，同时需要注重试验研究和模拟研究相结合。

3. 广泛开展农林复合经营应用技术的研究

农林复合系统有多种组成成分，在空间和时序安排上需要精心配置，因此在管理上需要更细致和更高的技术，同时作为一个整体，经营目标不仅是注意各个组成成分，更要注重系统的整体效益，把生态效益和经济效益有效地联系起来。因此需要从单项技术研究向组装配套技术研究转变，完善和制定复合经营规范规程和标准，探索经营的最优模式，解决农林复合经营工作中的问题，使复合经营具有科学的理论基础和技术依据。此外，需要深入研究农林复合可持续经营的立地生产力、基础理论、病虫害综合防治等关键问题，增强农林复合经营发展的科技支撑力，实现从短期经营向可持续经营转变。

4. 依靠技术创新，促进产业升级

农林复合经营作为一种有效地可持续发展的土地利用和综合生产的方式，已引起世界各地普遍重视，并取得了令人瞩目的成就，在生产过程中起到重要作用。农林复合经营类型繁多，在对自然资源的充分利用和提高生物多样性，增加生态系统稳定性方面发挥了巨大的作用，并取得了较好地生态效益。作为可持续的土地利用方式，农林复合经营既可增加短期收益，也可带来长期效益。因此，进一步将农林复合经营在技术上量化、优化、物化、简化和等级化，既节约劳力、资金的支出，又可以较少地投入，却能取得较多的产出，做到长短结合，以短养长，以副养林，建立适应新形势的新型农林复合经营的科技创新体系，依靠科技创新，使得当地自然资源和社会资源得到充分地利用和养护，以谋求巨大而持续的经济、生态和社会效益。

参考文献

[1] 曹建华, 梁玉斯, 蒋菊生, 2008. 胶-农复合系统对橡胶园小环境的影响[J]. 热带农业科学, 28(1): 1-8, 14.

[2] 程汉亭, 沈奕德, 范志伟, 等, 2014. 橡胶-益智复合系统综合评价研究[J]. 热带农业科学, 34(10): 7-11.

[3] 冯美利, 刘立云, 曾鹏, 2007. 椰园复合经营模式及效益分析[J]. 现代农业科技, 11: 45-46.

[4] 何舒, 罗志文, 华敏, 等, 2012. 幼龄胶园间作台农16号菠萝研究初报[J]. 广东农业科学, 13: 44-50.

[5] 黄永平, 1998. 把松脂加工办成广西大产业[J]. 中国林业经济, 5: 8-9+14.

[6] 黎华寿, 1999. 珠江三角洲农业与农业生态现状及发展态势[J]. 农业现代化研究, 20: 43-46.

[7] 黎华寿, 骆世明, 1992. 茂名市典型基塘系统生态经济分析[J]. 农村生态环境, 8(3): 41-45.

[8] 黎华寿, 骆世明, 聂呈荣, 2005. 广东顺德现代集约型基塘系统的构建与调控[J]. 生态学杂志, 24(1): 108-112.

[9] 李瑞盟, 韦彦, 刘朝霞, 2012. 关于广西发展林下经济的思考[J]. 广西财经学院学报, 1: 21-25.

[10] 李维锐, 赵国祥, 张洪波, 2009. 应用生物多样性理论构建新型胶园复合系统的思考[J]. 热带农业科学, 29(5): 57-61.

[11] 李学俊, 2009. 云南橡胶树新植园间作菠萝的技术要点[J]. 中国热带农业, 4: 55-57.

[12] 廖兰, 李艾徽, 2014. 桂林市雁山区农作物间套种发展现状及对策[J]. 现代农业科技, 1: 96-97.

[13] 林位夫, 周钟毓, 黄守锋, 1999. 我国胶园间作的回顾与展望[J]. 生态学杂志, 18(1): 43-52.

[14] 林位夫, 曾宪海, 谢贵水, 等, 2011. 关于橡胶园间作的思考与实践[J]. 产业发展, 4(41): 11 – 15.
[15] 林位夫, 曾宪海, 谢贵水, 等, 2011. 关于橡胶园间作的思考与实践[J]. 中国热带农业, 4(41): 11 – 15.
[16] 刘汉民, 2013. 浅谈广西林下经济发展成功模式及案例[J]. 中国科技博览, 33: 188 – 188.
[17] 刘汉民, 2013. 浅谈广西林下经济发展成功模式及案例[J]. 中国科技博览, 33: 188 – 188.
[18] 聂呈荣, 骆世明, 章家恩, 等, 2003. 现代集约农业下基塘系统的退化与生态恢复[J]. 生态学报, 9: 1851 – 1860.
[19] 聂呈荣, 黎华寿, 2001. 基塘系统: 现状、问题与前景[J]. 佛山科学技术学院学报(自然科学版), 19(1): 49 – 53.
[20] 潘秀湖, 2012. 广西林下经济发展前景探析[J]. 农业与技术, 9: 120 – 121.
[21] 彭斌, 2014. 集体林改背景下的广西林下经济发展模式研究[D]. 北京: 北京林业大学.
[22] 丘丹苗, 李伟建, 王雪梅, 2013. 广东蕉岭林下经济现状与发展思路[J]. 中国林业经济, 6(3): 44 – 46.
[23] 任小平, 2012. 林下养蜂好处多[J]. 中国蜂业, 11: 46 – 46.
[24] 汤志华, 刘晓华, 2012. 广西发展林下经济的模式、问题与对策[J]. 广西社会科学, 11: 27 – 30.
[25] 王德建, 徐琪, 刘元昌, 1997. 草基 – 鱼塘生态系统的能量转化与养分循环研究[J]. 应用生态学报, 8(4): 426 – 430.
[26] 王世敏, 施守蓉, 1988. 成龄橡胶园作益智试验[J]. 热带作物研究, 32(2): 23 – 27.
[27] 韦立权, 2012. 广西林下经济发展现状与对策分析[J]. 广西林业科学, 3: 260 – 264.
[28] 吴志祥, 谢贵水, 陶忠良, 等, 2009. 幼龄胶园间种香蕉光合及水分生理生态特性[J]. 热带农业工程, 33(5): 55 – 58.
[29] 杨建峰, 袁祖超, 袁李志刚, 等, 2014. 胡椒园间作槟榔优势及适宜种植密度研究[J]. 热带作物学报, 35(11): 2129 – 2133.
[30] 余玉珠, 胡礼伟, 顾克潇, 等, 2012. 广西国有钦廉林场食用菌林下栽培技术[J]. 现代农业科技, 2: 127 – 131.
[31] 鱼欢, 邓文明, 邬华松, 等, 2010. 海南省立体农业的发展与思考[J]. 热带农业科学, 30(10): 61 – 65.
[32] 鱼欢, 邬华松, 闫林, 等, 2010. 胡椒栽培模式研究综述[J]. 热带农业科学, 30(3): 56 – 61.
[33] 张立方, 2014. 广东大埔县林下经济发展问题及相应措施[J]. 中国园艺文摘, 3: 65 – 66 + 73.
[34] 张永北, 冀春花, 曹启民, 等, 2012. 开割胶园节水灌溉胶 – 菌间作高产模式[J]. 热带农业科学, 32(6): 15 – 24.
[35] 赵维峰, 杨文秀, 杨发军, 等, 2010. 橡胶幼龄林下间作菠萝对水土流失的影响[J]. 热带农业科学, 30(12): 7 – 9.
[36] 赵玉环, 2001. 社会经济发展对珠江三角洲基塘系统的影响[J]. 仲恺农业技术学院学报, 14(3): 28 – 33.
[37] 赵玉环, 黎华寿, 聂呈荣, 2001. 珠江三角洲基塘系统几种典型模式的生态经济分析[J]. 华南农业大学学报, 22(4): 1 – 4.
[38] 钟功甫, 王增骐, 吴厚水, 等, 1987. 珠江三角洲基塘系统研究[M]. 北京: 科学出版社.
[39] 周再知, 郑海水, 1997. 橡胶与砂仁间作复合系统营养元素循环的研究[J]. 林业科学研究, 10(5): 464 – 471.
[40] 周再知, 郑海水, 杨曾奖, 等, 1994. 橡胶与砂仁间作小气候特点初探[J]. 生态学, 13(1): 27

-31.

[41] 周政华,2006. 果园种草-养鸡农牧结合模式研究[J]. 广西园艺,17(1):3-4.

[42] 邹杰,兰张丽,覃惠莉,2013. 广西柳州市林下经济发展模式及对策研究[J]. 绿色科技,1:104-106.

[43] 祖超,邬华松,杨建峰,等,2012. 海南胡椒复合栽培模式 swot 分析[J]. 热带农业科学,32(10):84-90.

本章作者:冀春花、蒋菊生(海南省农垦科学院)

第十三章 西南地区

第一节 区域概况

一、自然概况

西南地区包括重庆市、四川省、贵州省、云南省、西藏自治区共五个省份。

重庆简称"渝"或"巴",地跨东经105°11′~110°11′、北纬28°10′~32°13′之间的青藏高原与长江中下游平原的过渡地带。重庆市地貌特征分为西部低山丘陵区、中部平行岭谷区和北、东、南部中低山区,其中,中低山占57.1%,丘陵占38.4%,故有"山城"之称。平均海拔为400m,最高海拔2796.8m,最低海拔73.1m。地势从南北两面向长江河谷倾斜,起伏较大,多呈现"一山一岭""一山一槽二岭"的形貌。地质多为"喀斯特地貌"构造,因而溶洞、温泉、峡谷、关隘多。

四川省简称"川"或"蜀",地处长江上游。地理坐标:东经92°21′~108°12′、北纬26°03′~34°19′。全省地貌东西差异大,地形复杂多样,以山地、高原、丘陵为主,平原比重较小。四川位于我国大陆地势三大阶梯中的第一级和第二级,即处于第一级青藏高原和第二级长江中下游平原的过渡带,高低悬殊、西高东低的特点特别明显。西部为高原、山地,海拔多在4000m以上;东部为盆地、丘陵,海拔多在1000~3000m之间。全省可分为四川盆地、川西北高原和川西南山地三大部分。

贵州省简称"黔"或"贵",位于中国西南的东南部,地理位置:东经103°36′~109°35′、北纬24°37′~29°13′。全省东西长约595km,南北相距约509km,总面积176167km²,占全国国土面积的1.8%。贵州位于云贵高原,境内地势西高东低,自中部向北、东、南三面倾斜,平均海拔1100m左右。最高海拔2900.6m,位于赫章县珠市乡韭菜坪;最低海拔147.8m,位于黔东南州黎平县地坪乡水口河出省界处。贵州高原山地居多,素有"八山一水一分田"之说,地貌可概括分为高原山地、丘陵和盆地3种基本类型,其中92.5%的面积为山地和丘陵。喀斯特（出露）面积109084 km²，占全省国土总面积的61.9%。

云南省简称"滇"或"云"，地理坐标：东经97°31′~106°11′、北纬21°8′~29°15′。全省东西最大横距864.9km，南北最大纵距990km，总面积39.41万km²，占全国国土面积的4.1%。云南属山地高原地形，山地高原约占全省国土总面积的94%。东部为滇东、滇中高原，是云贵高原的组成部分，平均海拔2000m左右，表现为起伏和缓的低山和浑圆丘陵，发育着各种类型的岩溶（喀斯特）地貌；西部高山峡谷相间，地势险峻，山岭和峡谷相对高差超过1000m。全省海拔高低相差很大，海拔最高点海拔6740m，在滇藏交界处德钦县境内怒山山脉的梅里雪山主峰卡瓦格博峰；最低点海拔76.4m，在河口县境内南溪河与红河交汇的中越界河处。全省地势呈现西北高、东南低，自北向南呈阶梯状逐级下降。

西藏自治区简称"藏"，位于青藏高原西南部，地处东经78°25′~99°06′、北纬26°50′~36°53′之间，东西最长达2000多km，南北最宽900多km，全区面积122.84万km²，约占全国总面积的1/8。西藏平均海拔在4000m以上，素有"世界屋脊"之称。全自治区地形地貌复杂多样，可分为四个地带：①藏北高原，位于喀喇昆仑山脉、唐古拉山脉和冈底斯-念青唐古拉山脉之间，平均海拔4500m以上，为一系列浑圆而平缓的山丘，其间夹着许多盆地，低处长年积水成湖，是西藏主要的牧业区。②藏南谷地，海拔平均在3500m左右，在雅鲁藏布江及其支流流经的地方，地形平坦，土质肥沃，是西藏主要的农业区。③藏东高山峡谷，即藏东南横断山脉、三江流域地区，为一系列由东西走向逐渐转为南北走向的高山深谷，北部海拔5200m左右，山顶平缓，南部海拔4000m左右，山势较陡峻，山顶与谷底落差可达2500m。④喜马拉雅山地，分布在我国与印度、尼泊尔、不丹、锡金等接壤的地区，由几条大致东西走向的山脉构成，平均海拔6000m左右，是世界上最高的山脉。

二、林业概况

重庆市森林植被丰富，属亚热带常绿阔叶林区，主要类型有：亚热带常绿阔叶林，落叶阔叶林、常绿落叶阔叶混交林、暖性针叶林和温带暗针叶林。森林以马尾松为主，依次为栎类、柏木、杉木。重庆市的高等植物有5000余种，隶属于300科1300属。其中属于国家一级保护植物的有伯乐树、银杉、秃杉、珙桐等10种，二级保护野生植物有45种。

四川省森林资源分布不均，资源富集量按川西高山高原区、盆周山区、川西南山区、盆中丘陵区依次递减。四川湿地资源丰富，湿地总面积占土地总面积的3.6%。全省植被类型繁多，具有明显的水平-垂直分布特点。由东南至西北随着海拔的升高，依次出现常绿阔叶林（包括常绿落叶阔叶林）、亚高山针叶林（包括针阔混交林）、高山高原草甸和灌丛草甸。此外，四川是全国乃至全世界极其珍贵的生物基因库之一，有高等植物近1万种，约占全国总数的1/3，居全国第二位，其中，松、杉、柏类植物87种居全国之首。四川列入国家珍稀濒危保护植物的有84种，占全国的21.6%。属国家重点保护的野生植物63种，包括国家一级保护野生植物苏铁、银杏、红豆杉、珙桐等18种、二级保护野生植物49种。

贵州植物种类丰富，植被类型较多。地带性植被是亚热带常绿阔叶林。自然植被可分为针叶林、阔叶林、竹林、灌丛及灌草丛、沼泽植被及水生植被5类。针叶林是贵州现存植被中分布最广、经济价值最高的植被类型，以杉木林、马尾松林、云南松林、柏木林等为主；阔叶林以壳斗科、樟科、木兰科、山茶科植物等为主构成。多种森林植被破坏后发育形成的灌丛及灌草丛分布最为普遍。贵州生物种类繁多，区系成分复杂。全省维管束植物（不含苔藓植物）共有269科1655属6255种（变种），其中有银杉、珙桐、红豆杉等14种属国家一级保护野生植物，桫椤、秃杉、连香树等57种属国家二级保护野生植物。植物区系以热带及亚热带性质的地理成分占明显优势，如泛热带分布、热带亚洲分布、旧世界热带分布等地理成分占较大比重，温带性质的地理成分也不同程度存在。

云南植被的水平地带是热带雨林、季风雨林地带、亚热带南部季风常绿阔叶林地带和亚热带北部半湿润常绿阔叶林带。云南植被的垂直分布大致可分为：①亚热带山地植被垂直带，海拔由低到高依次是半湿润常绿阔叶林、湿性常绿阔叶林、云南铁杉林及常绿针阔叶混交林、云-冷杉林、高山灌丛和高山草甸。②热带山地植被垂直带，由海拔最低开始，植被垂直带的顺序是热带湿润雨林、热带季节雨林、山地雨林、山地季风常绿阔叶林、苔藓常绿阔叶林和山顶苔藓矮林。云南是全国植物种类最多的省份，被誉为"植物王国"。热带、亚热带、温带、寒温带等植物类型都有分布，古老的、衍生的、外来的植物种类和类群很多。在全国3万种高等植物中，云南占60%以上，列入国家一、二、三级重点保护和发展的树种有150多种。云南树种繁多，类型多样，优良、速生、珍贵树种多，药用植物、香料植物、观赏植物等品种在全省范围内均有分布。

西藏的植被地带可分为两大植被地区：西南季风山地森林植被地区与高原高寒草甸、草原、荒漠植被地区。其下再按水热条件所决定的植被，分为若干个纬度地带与高原地带：①热带、亚热带西南季风山地森林植被地区，主要包括：喜马拉雅南侧热带山地森林地带和藏东南亚热带山地针叶林地带。②青藏高原高寒草甸、草原、荒漠植被地区，主要包括：那曲高寒草甸、灌丛高原地带、雅鲁藏布江谷地灌丛草原高原地带、羌塘高寒草原高原地带、阿里西部荒漠高原地带、藏西北高寒荒漠高原地带。西藏植物区系丰富，森林类型复杂多样。有高等植物6400多种，其中：苔藓植物700余种，维管束植物（蕨类和种子植物）5700余种。还有藻类植物2376种，真菌878种。有300余种植物被列入《国家重点保护野生植物名录》和《濒危野生动植物种国际贸易公约》（CITES）附录。

第二节 类型分布及其特点

一、分类体系

西南地区农林复合经营类型较丰富，常见的农林复合经营类型及其特点如表2-7所示。

表 2-7　西南地区农林复合经营类型

复合系统	结构类型 (复合类型)	经营方式
林–农复合经营类型组	林–农型	橡胶(紫胶寄主)–玉米(甘薯、高粱、旱谷、花生)复合经营 云南石梓–旱谷复合经营 旱冬瓜–旱谷(荞麦、豆类)复合经营 马尾松、杉木(幼林)–玉米(花生、土豆、绿豆、红薯、旱谷)复合经营 林–油菜(花生、芝麻)复合经营 蓝莓–红薯复合经营 油茶–豆类(花生)复合经营 杨树+柳树–农作物复合经营 核桃–花生、豆类复合经营 花椒–红薯(大豆、花生)复合经营
	果–农型	桃子–黄豆(花生、红薯)复合经营 樱桃–蔬菜(白菜、青菜、茄子等)复合经营 苹果(板栗)–玉米复合经营 金银花–玉米等复合经营 竹–小麦(玉米、油菜等)复合经营 苹果(梨、桃、花红、柿、枇杷等)–烤烟复合经营 杧果(番石榴、柑橘等)–芭蕉芋–蔬菜复合经营 杧果(橡胶)–小饭豆复合经营梨(李、桃、石榴等落叶果树)–小麦(蚕豆、豌豆、油菜等小春作物)复合经营 荔枝–水稻复合经营
林–牧复合经营类型组	林–渔型	竹–鱼复合经营 竹–禽–鱼复合经营 桑–蚕、鱼复合经营 红椿、喜树、桉树–鱼、蛙复合经营
	林–畜型	阔叶林(天然林)–牛(马、猪)复合经营 杉木(柏木)–羊复合经营 灌木林–羊复合经营
	林–禽型	马尾松–鸡(鹅)复合经营 桉树–鸡复合经营 板栗–鸡(鸭)复合经营 蓝莓–鸡复合经营
	林–草型	香樟(杨树)–三叶草+黑麦草复合经营 板栗–黑麦草复合经营 杨梅–紫花苜蓿复合经营 核桃–菊苣+白三叶+黑麦草复合经营 花椒–皇竹草(串叶松香草)复合经营 杉木–黑麦草+白三叶+绒茅草复合经营 酸角–木豆(印楝)–牧草复合经营 旱冬瓜(柏木)–皇竹草复合经营杨树(柳树)–沙棘–紫花苜蓿(垂穗披叶草、红豆草等)复合经营

(续)

复合系统	结构类型 (复合类型)	经营方式
林–经复合经营 类型组	林–药型	杜仲–白术(紫苏)复合经营 核桃(黄柏、杜仲)–头花蓼复合经营 核桃–金银花复合经营(韩杏容，2011) 马尾松(杉木)–钩藤复合经营 青枫(半枫荷、枫香)–石斛复合经营 杉木(桦木、果、杂木林)–天麻复合经营 杉木–太子参复合经营 柏木–淫羊藿复合经营 蓝莓–板蓝根复合经营 油茶–太子参(头花蓼、射干、百合)复合经营 马尾松–茯苓复合经营 红豆杉–独角莲复合经营 林–黄连复合经营 西南桤木–草果复合经营 竹–半夏(茯苓、石菖蒲等)复合经营 杨树–牡丹(芍药)复合经营
	林–果型	橡胶–菠萝(柠檬、橙、香蕉)复合经营 橡胶(杧果)–咖啡复合经营 天然林–砂仁复合经营 油棕–香荚兰复合经营
	林–蔬型	杜仲–辣椒复合经营 马尾松–折耳根复合经营 杉木(幼林)–蔬菜(白菜、辣椒、茄子等)复合经营 旱冬瓜–楤木复合经营 林–青刺尖(蕨菜、灰灰菜等)复合经营
	林–茶型	板栗–茶复合经营 马尾松–茶复合经营 杜仲–茶复合经营 橡胶–茶复合经营 黄樟(桤木、桦木)–茶复合经营 木姜子–茶复合经营 杨梅(杧果)–茶复合经营 蓝桉–茶复合经营 杉木(橡胶、竹子、花椒)–油茶(砂仁)复合经营
	林–菌型	杉木(阔叶混交林)–竹荪(木耳、银耳、香菇) 杂木混交林–松茸、葱菌、块菌等复合经营 慈竹(楠竹、毛竹、麻竹)–竹荪、平菇、黑木耳等复合经营
	其他类型	林–花卉复合经营 橡胶林–蜜蜂复合经营紫胶寄主(思茅黄檀、钝叶黄檀、合欢、火绳树等)–紫胶虫复合经营 白蜡树(女贞)–白蜡虫复合经营 盐肤木–角倍蚜复合经营 水稻–鱼复合经营

(续)

复合系统	结构类型 (复合类型)	经营方式
林-湿复合经营类型组	林-湿型	柳树(梧桐)-河-荷花(藕)复合经营
庭院复合经营类型组	种、养、加工 与能源开发型	林-草-鹅-沼复合经营 畜(禽)-沼-藻-畜(禽)复合经营 石榴等-蔬菜等-禽(畜)-藕-鱼复合经营 林-蓝莓-蓝莓产品(鲜果、冻果和蓝莓汁、蓝莓原浆、果浆以及蓝莓酒等)加工复合经营 竹-笋-笋产品加工复合经营 竹-竹筷、造纸复合经营 竹-竹编(睡席、茶盒、椅子、箩筐、竹篮等)复合经营
复合景观类型组	梯田(林-村庄-农田-水)	滇楸(香椿)-农宅-作物(豆类、小麦、油菜、马铃薯)复合经营

二、类型特点

西南地区农林复合经营的类型主要有林-药复合经营、林-农复合经营、林-蔬复合经营、林-草复合经营、林-畜复合经营、林-禽复合经营、林-茶复合经营、林(竹)-菌复合经营等,以及集游乐、观光,果园、菜地采摘为一体的庭院经济(农家乐)。不同农林复合经营类型随着自然条件的差异,有着不同的分布和特点。

(一)林-药复合经营

本区域内的西藏、贵州、云南、四川和重庆5省份,除西藏属高原气候区外,其余各区为亚热带气候类型区。由于得天独厚的气候条件,孕育了丰富的植物资源,全国维管束植物种类排名前四的依次是云南、四川、广东和贵州,本区占了3个,是全国植物资源最丰富的区域。其中的药用植物,不仅种类多,而且品质高、药效好。云南有药用植物6157种,四川5000余种(王玲,2013),贵州3924种。该区内有著名的冬虫夏草、贝母、三七、天麻、灵芝、红景天等名贵藏药,以及一枝黄花、人参、大黄、牛膝、知母、茯苓、荆芥、金银花等苗药(邱德文,2006),还有历史悠久名(成)药——云南白药等。林-药复合经营在区内广泛分布,但因林木及药用植物的生物生态学特性,不同区域的林-药复合系统的组成有所不同。

云南是我国植被最丰富的省份,境内地形复杂,气候、土壤类型多样,以热带、亚热带气候为主,也有温带、寒温带类型,在不同的气候条件下,涌现出不同的林下药材种植模式。曾觉民等(2001)根据水、热变化规律和数量差异,考虑到农业生产的内容和措施,将云南省分为7个林-农复合系统。其中林-药复合经营类型见表2-8。

表 2-8 云南不同区域林–药复合经营类型(曾觉民,2001)

分区	区域	气候类型	上层树种	药用植物
冷温性湿润林–农复合系统	海拔较高的滇西北及滇西的山区,海拔2400 m以上	亚高山寒温带和温带气候	针阔混交林,或温凉性针叶林(铁杉林、华山松林、高山栎林)	党参、臭参、红豆杉、山崳菜、岩白菜、太子参等
温凉性湿润林–农复合系统	滇中部高原,滇西北、滇西及滇东北等山区,海拔2200~2400(2600)m	山地温带、暖温带	常绿栎类林(元江栲林、高山栲林)、松栎混交林,或云南松、华山松纯林	党参、臭参、沙参、人参、山药、山茶等
温性湿润林–农复合系统	滇东北、滇东南、滇西和滇中的局部较湿润地区,海拔1600(1800)~2000(2200)m	湿润的亚热带气候	松林、阔叶林、竹林等疏(伐)林	红豆杉、党参、臭参、茯苓、灵芝、天麻等
暖温性半湿润林–农复合系统	滇中、滇东南、滇西等山区,海拔1600~2000(2200)m	亚热带半湿润类型	云南松中幼林,直杆桉人工林,黑荆树林	三七、红豆杉等
暖热性湿润林–农复合系统	在滇南、滇西南和滇东南的低山宽谷山区,海拔1200(1400)~1800(1600)m	南亚热带季风气候,是亚热带向热带的过渡型	常绿阔叶林或杧果、柑橘、荔枝等果树或竹类等	砂仁、重楼等
热性湿润林–农复合系统	在滇南、滇西南及滇东南的边缘地带,海拔1000m以下	北缘热带类型	果树:柚子、橘子、杧果、香蕉、荔枝、菠萝蜜等;经济林木:橡胶、咖啡、茶叶、紫胶和木本药材类	草果、千年健、砂仁、金鸡纳等
热性半干旱林–农复合系统	河谷地貌。如金沙江河谷、滇西怒江河谷、澜沧江河谷、滇南红河河谷、南盘江河谷,以海拔在800~1000m以下更为典型	干热河谷	赤桉、相思类、酸角、荔枝、龙眼等	—

贵州是中国四大中药材产区之一,全省有药用植物3924种,享誉国内外的"地道药材"有32种,其中天麻、杜仲、黄连、吴萸、石斛是贵州五大名药。林下种植的药材较多,主要有太子参、天麻、金银花、白术、石斛、头花蓼、虎耳草、茯苓、半夏、钩藤、党参、何首乌、艾纳香等。典型模式主要有大方、德江仿野生林下种植天麻、刺梨;施秉、黄平的林下种植太子参;剑河针叶林下种植钩藤;贞丰、关岭、安龙林下种植金银花等等。而且在林–药复合经营过程中,不断积累经验,依托自身的条件优势,着力打造特色优势产业,贵州许多林下经济产品在国内享有较高声誉,如大方和德江的天麻等均获得国家地理标志认证保护。罗甸艾纳香、赤水金钗石斛、贞丰砂仁、遵义杜仲、剑河钩藤、威宁党参等均成为当地农林复合经营的优势产品。

在四川、重庆,林下种植的中药材主要有金银花、沙参、黄连、天麻、贝母等50余种,各地因地制宜选择适合的种植材料。如四川荥经县从2006年以来,在21个乡镇进行天麻仿野生种植(王玲,2013);重庆市在城郊林间空地上半野化栽培较为耐阴的白芍、柴胡、防风、黄芩、金银花、西洋参等药材(万小军,2010);云阳清水土家族乡以林下种植天麻、三七、牡丹为主,并树立了以天麻为主的品牌(王彪,2010);合川区林下种植金银花、荷香等(周丽萍,2012)。

据初步统计,西藏有药用植物1000余种,其中冬虫夏草、贝母、三七、天麻、灵芝等为畅销国内外的名贵中药材,还有许多有待进一步开发的抗癌药用植物:海南粗榧、红豆杉、鬼臼、八角莲、软紫草、野百合等等(宫照红,2001)。近些年来,为加大林下产品的开发力度,合理利用林下资源,有关部门经过不断探索和努力,现已基本形成林芝、工布江达、米林、波密、察隅、昌都、芒康等县以松茸、天麻、灵芝等为主的林下资源生产、采集、加工基地,使林区群众在增收致富的路上实现了从砍树吃饭到合理开发林下产品的华美转身(麦正伟,2014)。

(二)林(果)–农(蔬)复合经营

林–农、林–蔬、果–农和果蔬复合经营是农林复合经营中较为传统的类型,西南地区内各省份在农业生产实践中探索出许多农林复合经营类型。主要利用未成林造林地间种农作物和蔬菜,如在松、杉幼林中间作玉米、花生、土豆、豆类、红薯、油菜、旱稻,辣椒、鱼腥草、白菜等青菜类;退耕还林的新造林地内套种矮秆作物;云南橡胶(紫胶寄主)林下种玉米、甘薯、高粱、花生等,漾濞县的核桃林下,间作玉米、萝卜、豆类和蔬菜等(赖兴会,1999);西藏的"一江两河"地区,在杨、柳等的林间空地套种菠菜、藏葱、藏萝卜等蔬菜或青稞等农作物,以及从1951年开始营建的农田草地防护林网等。随着食品安全意识的增强,森林–蔬菜备受青睐,林下种植楤木、青刺尖(扁核木嫩芽)、椿芽(香椿嫩芽)等,以及林下采集的蕨菜、灰灰菜、野苋菜、荠菜等不仅是寻常百姓家食用,而且登上了饭店、宾馆的餐桌。

果树种植密度较小,株间间距大,在建园初期均进行农作物和各类蔬菜的间作,不仅充分利用土地资源,增加收入,还可起到以耕代抚的作用,降低果园管理成本。待果园挂果到郁闭,逐渐减少间作面积。但在梨、李、桃、樱桃、石榴、板栗等落叶果园林下种植小麦、油菜、蚕豆、白菜、萝卜等冬季作物和蔬菜的模式在云南、贵州、四川、重庆随处可见,西藏日喀则地区也有该模式,而且在云南南部,落叶果园下种植小春作物小饭豆是一种沿袭至今的传统的复合经营模式。

(三)林–草复合经营

林–草复合经营实为林–草–畜(禽)复合经营,其中的畜、禽可分为放养和圈养。在新造林地,尤其是退耕还林工程实施的造林初期,区内普遍的做法是在退耕还林的前1~3年,有针对性地种植三叶草、黑麦草、菊苣等牧草,刈割饲养牛、羊、猪、鸡、鸭、鹅、火鸡等;3~4年后在林下散养禽类。或在疏林下种草放养畜、禽,并根据载畜(禽)量进行轮牧,使林下土壤和草被得到较好的恢复。

(四)林–禽(畜)复合经营

西南地区林(竹)下养殖的禽、畜种类主要有鸡、鸭、鹅、猪、牛、羊、兔、鹿、竹鼠、青蛙、蛇等,养殖最多的是鸡、鸭、鹅、猪、牛、羊等常见种类,但各地根据当地的禽、畜种类不同,特别是一些极具地域特色、营养价值高的地方禽、畜品种的饲养,而形成了各自的林下养殖特色。在贵州典型模式有从江、麻江林下养殖香猪；江口、思南松林下养殖野猪；长顺松林下养殖绿壳蛋鸡（通过了有机认证）；锦屏、紫云、三都等马尾松林下养殖土鸡、药鸡；清镇、岑巩竹林下养殖竹鼠等（唐荣逸，2014）。云南宣威在林下养殖鸡、野鸡、梅花鹿、野猪、牛、羊等。重庆云阳花椒林下养殖本地土鸡；四川利用林下资源放养（圈养）生态鸡等家禽外，还养孔雀、鹧鸪等观赏鸟（王玲，2013）。

(五) 林-菌复合经营

由于得天独厚的气候条件，西南地区内的野生食用菌种类繁多，林-菌复合经营是该区不可忽视的一种农林复合经营类型。在云南仅楚雄州南华县野生菌种类就达290多种，现已建成为云南最大的野生菌、食用菌交易市场，其中交易量较大的有松茸、牛肝菌、葱菌、块菌等。该县的五街镇由于独特的土壤、杂木混交林以及较好的气候和植被条件，为以松茸为主的野生食用菌的生长繁育提供了适宜的环境，是云南省主要的松茸产区之一，2002年，云南省林业厅、国家林业局濒危物种进出口管理办公室驻昆明办事处正式命名五街镇为"松茸之乡"（李娅，2013）；除野生菌采摘外，云南还在郁闭或快郁闭林分下栽培黑木耳、香菇、平菇等食用菌，退耕还林林地内栽培蘑菇、木耳等（杨忠兴，2008）。四川北部、西北和西南部地处温带湿润气候，昼夜温差大，林下光照强度低，非常适合食用菌类生长，如松茸、鸡㙡、双孢菇、花菇、竹荪等天然食用菌。重庆在麻竹及郁闭较好林下种竹荪、双孢菇、鸡腿菇、平菇、香菇等食用菌（吕玉奎，2013）。贵州在林下种植香菇、松木菌、平菇、竹荪、木耳等。西藏的野生菌种类也很丰富，有松茸等可食用菌415种，还有灵芝等药用菌238种，主要分布在芒康、左贡、波密、米林、亚东、聂拉木、洛扎、错那等13个县，每年6~8月，正值当地的雨季，在这些地区的农贸市场和各乡镇、公路旁到处都可以看到农牧民兜售从山上采摘或自己种植松茸、香菇、青岗菌、木耳、羊肚菌等食用菌，以及灵芝等药用菌的场景。

(六) 林-茶复合经营

西南地区是全国四大茶区之一的"西南茶区"，又称"高原茶区"，是中国最古老的茶区，主要包括云南、贵州、四川、重庆四省份以及西藏中南部，茶叶品质资源丰富，主要以普洱、绿茶、红茶为主。区内有许多家喻户晓的名茶，如云南普洱、滇红茶、下关沱茶、大白茶、花茶，贵州的湄潭翠芽、兰馨雀舌、都匀毛尖、凤冈锌硒茶、石阡苔茶，四川工夫红茶、峨眉茶、红碎茶、竹叶青，西藏的藏茶等。在长期的经营中，逐步形成多种多样的林-茶复合经营类型。

(七) 庭院复合经营

该类型是在林下发展具有休闲观光功能、生态保护功能、经济发展功能的新型的农林复合经营类型。其分布特点主要是约在以大中城市为中心的"1小时经济圈"内，主要经营绿化苗木、花卉、果园和蔬菜。或依山傍水，或花海连天，或瓜果飘香，各具特色。如贵阳东面的永乐乡，以种植各种果树、蔬菜为主，其产品除直接销售外，接待游客入园采摘水果、蔬菜，品农家饭菜是一大经济来源。从4月的樱桃，6~7月的杨梅，一直到10月的晚熟桃,均可前往,尽享田园之乐。

(八)其他类型

1. 林-昆复合经营

除林内养蜂外,本区还有经济价值高,且需专属寄主植物的昆虫——紫胶虫、白蜡虫、角倍蚜或倍蛋蚜。紫胶虫南亚热带特有昆虫,在世界上主要分布于东南亚、印度及斯里兰卡,中国分布于云南、西藏、贵州、四川、广东、广西、福建、湖南、台湾等省份,紫胶虫寄主植物的种类多达320余种,其中野生数量较多,产胶量较大,生产上常用的有钝叶黄檀、南岭黄檀、木豆、山合欢、大叶千斤拔等30余种。紫胶生产主要在云南,四川盆地南部地区也有生产。白蜡虫的分泌物即为白蜡,为中国特产。中国放养蜡虫,始于9世纪前,四川、云南、湖南、广西、江苏、浙江、贵州均有养殖。其寄主植物为白蜡树、女贞。角倍蚜或倍蛋蚜角倍蚜或倍蛋蚜雌虫寄生于漆树科植物盐肤木,及其同属其他植物的嫩叶或叶柄,刺伤而生成一种囊状聚生物虫瘿,即为五倍子,又名百虫仓。在贵州、四川等地有生产。

2. 水稻-鱼复合经营

水稻-鱼复合经营是贵州黔东南苗族侗族自治州特有的复合经营类型,当地苗族在水稻田里养鱼有着上千年的历史,每年三四月份将鱼苗放入稻田后,不需添加任何饲料和不作一切病疫的预防,鱼苗在短短的4~5个月中,通过吸食稻田里的微生物和稻花、稻谷等。秋收时节,"稻香鱼儿肥"。稻田养鱼可消灭水田中的钉螺、摇蚊幼虫等越冬害虫,清除杂草、疏松土壤,节省土地、能源、肥料和农药,充分利用水资源,提高稻谷品质,促进稻谷高产,从而实现鱼、稻的双丰收。

第三节　可持续经营建议

西南5省份有着得天独厚的气候条件和最为丰富的植物资源,为农林复合经营创造了有利的条件,而且在长期的生产实践中,因地制宜,总结出了许多各具特色的农林复合经营类型,为区内农林复合经营的集约化、规模化、标准化和产业化发展的规划与决策提供借鉴和参考。结合区内农林复合经营的特点,农林复合的持续经营还应做好以下工作:

1. 科学规划,合理布局

根据区域自然条件和产品优势,结合国家特色农产品区域布局,制定专项规划,分区域确定农林复合经营的重点产业和目标。把农林复合经营与森林资源培育、天然林保护、重点防护林体系建设、退耕还林、野生动植物保护及自然保护区建设等生态建设工程紧密结合,根据当地自然条件和市场需求等情况,充分发挥农民主体作用,尊重农民意愿,突出当地特色,合理确定农林复合经营的发展方向和模式,同时要充分考虑当地生态承载能力,适量、适度、合理发展,逐步形成"一县一业,一村一品"的发展格局。

2. 推进示范基地建设,壮大农林复合经营规模

要做强区域农林复合经营,首先需要壮大农林复合经营规模,一方面要不断拓宽农林复合的经营领域，与区域内本土的特色产业，如生态旅游、茶产业、中药材、野生菌、花卉业、畜禽业、精品水果以及有机蔬菜等结合，创新农林复合经营的发展模式，逐步将其壮大成为农林复合经营的主导产业；另一方面，积极引进和培育龙头企业，大力推广"龙头企业+专业合作组织+基地+农户"运作模式，因地制宜发展品牌产品，加大产品营销和品牌宣传力度，形成一批各具特色的农林复合经营示范基地。通过典型示范，推广先进实用技术和发展模式，辐射带动广大农民积极发展农林复合经营。推动龙头企业集群发展，增强区域经济发展实力。不断顺应林下经济发展新趋势，进一步做好基地规划、品种选择、市场建设等方面的工作，加强和规范基地建设、运行管理，提高发展质量和水平。

3. 加大技术研发力度，外引内联培养人才

农林复合经营涉及农林专业技术、低碳技术、绿色技术、生态产业链技术等不同领域。从生产角度来看，主要包括良种选育技术、栽培管理技术、间作套种技术、病虫防治技术等；从管理角度来看，主要包括模式组合技术、产品追溯技术、产业链接技术以及产品保鲜技术等；从市场角度来看，主要包括市场营销技术、需求预测技术以及广告宣传策略等（汪磊，2013）。其中，农林复合经营的关键技术是生产层面的技术创新，需要结合区域内农林复合经营的具体实际，加大研发经费投入，重点突破制约其发展的关键环节，引导生产要素向林下经济聚集，通过实施深加工技术提高林下产品的附加值（李娅，2013）。加强农民、企业与科研院所的合作，提高科技支撑水平，加快良种选育、病虫害防治、森林防火、林产品加工、储藏保鲜等先进实用技术的转化和科技成果推广。另一方面，要积极开展龙头企业负责人、职工和林-农的技能培训，通过内部培养和外部引进人才，提高农林复合的经营水平，保证产品质量。

4. 完善基础设施配套，有效规避各类风险

本区域属我国经济欠发达地区，贫困县较多，水、电、路等基础实施差，尤其在一些较偏远的山区乡、村，农民生活依然是靠山吃山，做饭、取暖等仍然依赖木材，林下经济发展受限，生态环境的保护不能更好地落实，因此，必须加大林下经济相关基础设施的投入力度。要加大林下经济相关基础设施的投入力度，将其纳入各地基础设施建设规划并优先安排，结合新农村建设有关要求，加快道路、水利、通信、电力等基础设施建设，切实解决农民发展林下经济基础设施薄弱的难题。优化发展林下经济所需的信息流-资金流-物流体系，包括打造克服时空限制的林下产品电子商务交易平台，从而增强林下产品打入省内外市场的纵向一体化能力。通过建立政府、企业、科研院校、农户之间的交流机制避免信息的不对称，有效规避项目选择、技术等风险。

5. 加大政府扶持和资金投入力度

为扶持林下经济发展，国家在林木良种补贴中启动了林下种植草本中药材补贴试点。各省份根据中央资金安排规模和本省份林下中药材发展现状，确定林下草本中药材补贴试点，如四川都江堰市、安县、宜宾县、苍溪县、汶川县，贵州凤冈县、大方县、赫章县、麻江县、锦屏县、黎平县为国家首批林下草本中药材补贴试点。为提高林地综合经营效益，促进农村发展和农民增收，各省份正加快建立以市场投入为主、各级政府补助为辅的林下经济发展投入机制。各级财政部门特别是各县整合发展改革、农业、林业、水利、畜牧、扶贫、科技、移民等相关专项资金，重点扶持林下经济，由于区内经济落后，农民生

活贫困，农民自主投入的能力弱，希望国家能将更多林下产品有特色的县（市）纳入试点，扶持林下经济的发展，在积极争取中央财政资金投入的基础上，吸引社会投资，鼓励符合条件的龙头企业申请国家相关扶持资金，逐步形成农民、企业和社会为主体的多元化林产业投入格局。

6. 加强野生植物的引种驯化研究，保护野生资源

区内林下资源十分丰富，但对林下资源的采摘与利用必须适度、合理。由于过度的、掠夺性的采集，会对野生资源造成极大的破坏，甚至灭绝，如四川峨眉山，由于对野生药材无节制的采卖，使一些濒危种群几近灭绝。据不完全统计，峨眉山已绝灭的药用植物为麻黄、暗紫贝母、金丝绦马尾杉和冬虫夏草；列入中国生物多样性国情报告濒危植物种类名录中峨眉山药用植物有17种，且多为药用价值特殊、生态环境要求苛刻、民间习用但尚未开发（宋良科，2003），或尚未解决栽培技术的种群。另外，区内的云南是野生菌的王国，分布有松茸、竹荪、块菌、牛肝菌、香菌、鸡枞、干巴菌、羊肚菌等众多的珍贵野生食用菌，但营养价值和药用价值极高的松茸，对生长环境要求极为苛刻。因此，应集多方力量，加强对野生资源，尤其是珍稀药用植物资源的引种驯化研究，通过人工种植，扩大其种群数量，以缓解需求增加对野生资源的压力，保护野生植物资源；对目前尚未解决人工栽培的种类，要切实做好野生资源的保护和保育工作，加大宣传力度，规范采摘行为，增强行业自律，实现野生珍稀资源的永续利用。

参考文献

[1] 安和平，周家维，徐联英，2001. 杜仲林不同混农林经营模式对土壤的影响及效益评价[J]. 贵州林业科技，29(1)：41-45.

[2] 曾觉民，刘锦荣，李昆，等，2001. 云南山区林－农结合模式的探讨[J]. 云南林业科技，3：1-10.

[3] 陈波，李雄光，李娅，2013. 云南省林下经济主要发展模式探析——基于对云南省典型案例的调查研究[J]. 林业经济问题，6：510-518.

[4] 陈俊华，龚固堂，朱志芳，等，2013. 川中丘陵区柏木林下养鸡的生态经济效益分析[J]. 生态与农村环境学报，29（2）：214-219.

[5] 宫照红，2001. 开发西藏林区林下资源促进森工企业经济发展[J]. 林业科技管理，1：37-39.

[6] 韩青，王启贵，郑群，等，2013. 重庆市两翼地区林下经济科技支撑战略研究[J]. 饲料博览，7：62-64.

[7] 韩杏容，黄易，夏自谦，2011. 林下经济建设项目可持续性评价研究——以贵州省桐梓县为例[J]. 林业经济，4：85-90.

[8] 环绍军，2012. 昆明市西山区森林生态旅游深度开发探讨[J]. 安徽农业科学，40(4)：2137-2139.

[9] 姜汉侨，1980. 云南植被分布的特点及其地带性规律[J]. 云南植物研究，2(1)：22-32.

[10] 赖庆奎，晏青华，2011. 澜沧江流域主要混农林业类型及其评价[J]. 西南林业大学学报，31(2)：38-43.

[11] 赖兴会，1999. 云南混农林业的类型和分区[J]. 云南林业调查规划设计，24(1)：15-18.

[12] 李荣，杨婧，丁成俊，2014. 基于SWOT分析的普洱市林下经济发展研究[J]. 中国林业经济，1：41-44.

[13] 李娅，陈波，2013. 云南省林下经济典型案例研究[J]. 林业经济，3：67-71.

[14] 李娅，韩长志，2012. 云南省核桃产业发展现状及对策分析[J]. 经济林研究，4：162-167.

[15] 梁武, 张德亮, 朱克西, 2014. 云南省林下经济发展分析——基于野生菌产业的研究[J]. 商场现代化, 30: 137-138.
[16] 廖德平, 龙启德, 1991. 贵州林业土壤[J]. 贵州林业科技, 25(4): 1-66.
[17] 刘国枝, 2014. 南涧县林下经济发展现状及对策[J]. 绿色科技, 3: 15-16.
[18] 刘斯, 于克信, 2010. 云南中药产业竞争力提升策略研究[J]. 现代商贸工业, 7: 13-15.
[19] 吕星, 金亚玲, 王志和, 2007. 林下资源与山区农户生计关系案例分析[J]. 林业经济, 8: 74-75+80.
[20] 吕玉奎, 邓安桂林, 2013. 麻竹林下套种竹荪高产栽培技术[J]. 重庆林业科技, 2: 33-35.
[21] 欧品军, 2013. 麻江县林下经济现状及发展对策[J]. 产业观察, 20: 11+21.
[22] 邱德文, 杜江, 2006. 中华本草·苗药卷[M]. 贵阳: 贵州科学技术出版社.
[23] 宋良科, 张富贵, 2003. 峨眉山濒危药用植物资源的初步研究[J]. 中国野生植物资源, 22(3): 21-23.
[24] 宋志勇, 杨鸿培, 2014. 西双版纳州林下经济调查分析[J]. 安徽农业科学, 7: 2011-2013.
[25] 唐荣逸, 2014. 贵州省林下经济现状及对策分析[J]. 中国西部科技, 13(5): 76-77, 79.
[26] 万小军, 孔霞, 吴雅丽, 等, 2010. 发展林下经济走可持续"森林重庆"之路[J]. 南方农业, 11: 15-17.
[27] 汪磊, 2013. 贵州林下经济特征分析与发展对策研究[J]. 贵州大学学报(社会科学版), 31(6): 28-32.
[28] 王彪, 袁瑛, 2010. 重庆民族地区特色经济发展研究[J]. 商业经济, 10: 70-71.
[29] 王晨, 张忠元, 张珵, 等, 2013. 四川中药资源可持续发展的策略探讨[J]. 中国药业, 16: 8-9.
[30] 王玲, 2013. 四川省林下经济发展现状与对策建议[J]. 四川林业科技, 34(4): 96-99.
[31] 吴鹏飞, 朱波, 2008. 重庆市生物多样性与生境敏感性评价[J]. 西南农业学报, 21(2): 301-304.
[32] 夏建国, 邓良基, 张丽萍, 等, 2002. 四川土壤系统分类初步研究[J]. 四川农业大学学报, 20(2): 75-80.
[33] 熊文愈, 姜志林, 黄宝龙, 等, 1994. 中国农林复合经营[M]. 南京: 江苏科学出版社.
[34] 杨红艳, 张俊波, 2012. 云南省林下经济现状与发展[J]. 云南林业, 5: 48-51.
[35] 杨静, 2010. 云南中药产业对东盟贸易的专利战略初探[J]. 云南财经大学学报, 6: 140-147.
[36] 杨焰平, 何天喜, 李维锐, 2008. 云南橡胶园间作中药材资源调查分析[J]. 热带农业科技, 31(4): 1-6.
[37] 杨宇华, 施庭有, 白永顺, 等, 2007. 楚雄州林下生物资源利用的山林承包管理模式探讨[J]. 林业调查规划, 3: 87-89.
[38] 杨忠兴, 2008. 农林复合经营在云南省退耕还林工程中的应用[J]. 林业调查规划, 33(4): 120-124.
[39] 虞光复, 陈永森, 1998. 论云南土壤的地理分布规律[J]. 云南大学学报(自然科学版), 20(1): 55-58.
[40] 张新时, 1978. 西藏植被的高原地带性[J]. 植物学报, 20(2): 140-149.
[41] 赵春丽, 2014. 浅谈墨江县林下经济发展现状及发展模式[J]. 农民致富之友, 4: 120-122.
[42] 周乐福, 1983. 云南土壤分布的特点及地带性规律[J]. 山地研究, 1(4): 31-37.
[43] 周丽萍, 张晶, 2012. 重庆市合川区林下经济发展思路[J]. 畜禽业, 282: 65-67.

本章作者: 丁访军(贵州省林业科学研究院)

第三篇
类型篇

第十四章
农林复合系统分类

科学的分类是生产和科研发展到一定阶段的必然产物；反过来，科学的分类又会促进生产和学科的发展与进步。农林复合系统是一个多组分、多功能、多目标的综合性农业经营体系。近年来，农林复合经营得到了广泛的应用，新的类型和模式不断涌现。特别是在我国多样的自然、社会、经济、文化的背景下，形成了不同的类型和模式。在这种情况下，如果不建立统一的分类体系，人们很难在如此纷繁的类型中进行分析、对比、借鉴和推广。因此，农林复合系统分类是对农林复合系统进一步研究和实践的最基本也是最重要的问题之一。为寻求各模式间横向比较的可比性、统一性，就必须将系统进行科学的分类。

第一节 研究与实践现状

农林复合经营的生产实践活动在世界发展中具有较长的历史，形成了多种类型。亚洲农业生产历史久远，农林复合经营生产也较早兴起，比较典型的类型有南亚塔亚系统和柚木－水稻－烟草复合系统。非洲的农业生产和气候等条件也有利于农林复合系统的发展，主要类型有农林轮作系统、庭院农林复合系统、塔翁雅系统、带状混作系统和林－牧复合系统等。美洲在农林复合经营方面的类型主要是林－牧复合系统、乔木与经济作物或灌木混作等。欧洲的农林复合经营较为简单，分布地域有限，主要在地中海地区。大洋洲农林复合系统研究起步较晚，目前在加紧研究和推广，主要有林－牧复合系统和防护林两种类型(Odum，1969；Altieri，1987；Kiley，1981；Marten，1988)。

农林复合经营虽然具有较长的实践历史，但农林复合系统分类研究却只有数十年。国际上，许多知名的农林复合经营研究专家在农林复合系统分类发表过许多重要见解。Vergara(1981)根据系统组分的配置方法、时空排列和系统组分所占比例将农林复合系统分为轮作系统和复合系统，Torres(1983)根据系统中各生物种群的混种方式、树木的作用、系统各组分间的关系及其配置结构进行分类。国际复合农林业专家Nair(1985)系统地总结了世界各地农林复合模式，首次系统提出了产业组合、系统的时空结构、组分功能、生态环境适应性、社会经济和管理水平 5 方面分类指标和 23 个类型组(表 3-1)。Nair(1989)又根据 ICRAF 于 1982—1987 年所进行的全球不同生态类型区现存地 2000 多种农林复合模式及 20 种栽培技术与方法的调查资料,提出了适合于发展中国家的农林复合系统分类方法。

表 3-1　Nair(1985)总结的农林复合系统分类体系

产业组合	系统的时空结构	组分功能	生态环境适应性	社会经济和管理水平
可分为农－林系统、林－牧系统、农－林－牧系统以及多树种多用途园林,如林－蜂系统、林－渔系统等	按空间排列可分成密集混种型(如庭院复合经营)、稀疏混种型(如大多数林－牧复合经营型)、带块混种型、边界种植型(如田边、坡地水平栽植等)。按时间结构可分为轮种、间种、套种以及复合时态结构等类型	系统组分功能包括生产功能和保护功能两大类。生产功能又区分为粮食、木材、饲料、燃料、医药和其他产品等;保护功能又进一步划分为防风、防沙、水土保持、水源涵养、土壤改良作用以及遮阴作用等	按生态环境适应性划分气候区,在气候区内又按地貌或具有重要意义的主导因子进行进一步划分	按系统社会经济因素,可分为高投入型、中投入型和低投入型三大类。按照价值/效益比,又分为商业型、效益补贴型和多效兼备型等

我国学者根据本国的具体情况,曾提出不同的分类方法进行系统分类。其中常见的是将实践中存在的农林复合系统组分按照产业部门,分为农业、林业、草业和渔业等,产业的结合构成复合系统的一级分类单位,然后依系统内的不同物种组合划分成不同的类型。熊文愈(1985)将农林复合系统归纳为林－农、林－牧、林－渔、林－农－渔、林－副等 5 大类;黄宝龙等(1991)以江苏省里下河地区为例,提出林－渔－农、林－农、林－渔、林－渔－牧、林－水生作物－渔、林－食用菌等六大系统,并对农林复合系统的生产力、生态效应、经济效果进行分析;宋兆民等(1993)将中国农林业划分为农－林间作、林－牧业经营、农－林－牧经营、农－林－渔经营和多用途森林经营等 5 种系统类型;裘福庚等(1996)将我国农林复合系统划分为农－林、林－农、林－牧、农－林－渔、林－特和地域性农－林等 6 种复合型;竺肇华等(1997)将我国农林复合经营分为林－农、林－牧、农－林－牧 3 类结合型和特种农林复合经营型,在此基础上划分出 16 个类型。

上述方法强调主要组分的组合,比较简单,不能很好地反映系统的结构和功能,于是有学者在此基础又提出按结构与功能分类的方法。

冯宗炜(1992)以豫北平原农林复合系统为依据,提出了四级分类系统。其第一级单位是按农林复合系统的垂直结构,将该区农林复合系统分成双层结构和多层结构两大类型。其次按农林复合经营目的和木本植物与农作物的配置方式作为次级分类单位,然后按树木种类进行第三级分类,最后按农作物种类进行第四级分类(表 3-2)。这种分类方法的突出优点是反映了农林复合系统的结构特征,较好地说明农林复合系统中各组分间的生物学、生态学和经济学上的相互关系,基本上反映了农林复合系统的本质。并且,这种分类方法与我国传统的农林业习惯的称谓相吻合,有利于人们的理解和应用。但由于豫北平原地区农林复合系统类型所反映的区域和内容的局限性无法对全国丰富的类型加以概括,同时,同一种物种组合可以有不同的结构。例如,同是林－粮复合经营类型也存在双层结构和多层结构的空间配置模式,这反映出我国农林复合系统的多样性和复杂性。

表 3-2　豫北平原地区农林业系统类型

一级分类单元	二级分类单元	三级分类单元	四级分类单元
双层结构	农田防护林	沙兰杨农田防护林 意大利杨农田防护林 毛白杨农田防护林 泡桐农田防护林 白榆农田防护林	
	林 – 粮复合经营	(泡)桐 – 粮复合经营 (旱)柳 – 粮复合经营	按农作物种类及其组合划分
	果 – 粮复合经营	苹(果) – 粮复合经营 枣(树) – 粮复合经营 桃(树) – 粮复合经营	
多层结构	林 – 果 – 农间作	(山)楂 – 粮复合经营 (泡)桐 – (石)榴 – 粮复合经营 (泡)桐 – 桃(树) – 粮复合经营 (泡)桐 – 桃 – (山)楂 – 粮复合经营	

孙述涛(1995)认为，组分分类法和结构分类法都存在一个共同的问题是不便于应用，特别是在对系统进行技术效果评价、效益评价以及系统模式优化时，难以进行横向比较。在农林复合系统分类研究上，他认为不应由组分 – 结构 – 功能的顺序，而应循着功能 – 结构 – 组分的顺序研究分类，因此提出了按功能分类的方法。他的分类体系共 3 级分类，一级分类单元按系统的主要功能分为生产型(A 型)、保护型(B 型)、公益型(C 型)、复合型(D 型)四类系统；二级分类单元在上一级每类系统中按结构再分为 3 种类型，即空间搭配型(S 型)、水平镶嵌型(H 型)、时间连续型(T 型)；三级分类单元再按组分确定具体的栽培模式。功能分类法可以直接从分类结果上了解系统的结构、功能特点以及其功能目标，它较好地反映了系统的结构与功能的关系以及主要组成成分间的有机结合方式。

我国地域辽阔，各地自然条件及社会经济条件差异较大，典型性地区农林复合系统类型及模式尤具特色，上述 3 类分类没有考虑气候带和各地社会、经济的巨大差异。在总结国内外有关农林复合系统分类体系研究成果的基础上，朱清科等(1999)结合我国黄土区的农林复合系统的特点，提出了黄土区农林复合系统分类原则及分类体系。根据分类原则和黄土区农林复合系统情况及分类目的，他将黄土区农林复合系统划分为复合系统、结构类型、复合模式和栽培经营方式 4 个等级分类单元。陈长青等(2005)根据中国红壤区的自然、生态和农林复合系统发展现状等方面，对红壤区农林复合系统进行分类。他根据温度和无霜期、坡度和海拔高度、复合度和结构类型等将红壤坡地农林复合系统分为五级结构，它综合分析了县级复合农业生态类型、地貌单元复合农业生态类型和农户复合农业生态类型三大类。

目前，农林复合系统的分类体系多种多样，并无公认的统一标准和体系。分类的指标由采用单一因子、单层次、少目标，逐渐向多指标、多层次、多目标发展。本章拟以前人的工作为基础，结合我国的具体情况对农林复合系统的分类体系加以系统阐述。

第二节 我国农林复合经营分类

一、分类体系

所谓分类，实质上是对实体(或属性)集合按其属性(或实体)特征所反映的相似关系把它们分成组，使组内的成分尽量相似，而不同组的成分尽量相异。分类常会因分类主体的知识结构和对分类客体的认识水平有差别而不同。农林复合系统是一个多组分、多层次、多生物种群、多目标、多功能，并具有一定的时空配置及结构的综合性开放式巨型生态经济系统，对这样的生态经济系统应综合多种分类方法的优点反映出它的时空环境、生物群落和人工管理的特征，这样才能从总体上加以区分。本书的分类遵循以下3个原则：

第一，农林复合系统的分类和其他科学的分类一样要充分反映系统的本质特征及其内在联系。农林复合系统是人工生态系统，因此其分类既要考虑自然因素又要反映社会经济因素。

第二，农林复合系统在空间上属于不同的等级，在时间上具有不同的耦合。所以，在分类时应把这些复合系统按一定的顺序，逐级排列，弄清楚系统内部一般的时空框架。

第三，生态系统是农林复合经营的基础和核心，分类以生态系统在组成、结构和功能方面的基本特征为依据，并参考系统中对农业生产有主要贡献的因素。

基于上述原则和我国农林复合的实际情况，可以形成表3-3所示的中国农林复合系统分类体系。此分类提出3级分类单位和对农林复合系统内部分析的一般时空结构模式。3级分类单位从高级到低级依次是农林复合系统、农林复合经营类型组和农林复合经营类型，各级单位的具体内容和复合系统的时空结构将在后文阐述。

表3-3 我国农林复合经营分类体系

系统	类型组	类型	结构
农林复合经营	林业种植复合经营类型组	林–粮复合经营类型 林–菜复合经营类型 林–果复合经营类型 林–菌复合经营类型 林–茶复合经营类型 林–药复合经营类型 林–竹复合经营类型 林–草复合经营类型 林–花复合经营类型	(一)垂直结构 (1)单层结构 (2)双层结构 (3)多层结构 (二)水平结构 (1)带状间种 (2)团状混交 (3)均匀混交 (4)景观布局式 (5)水陆交互式 (6)等高带式 (7)镶嵌式
	林业养殖复合经营类型组	林–畜复合经营类型 林–禽复合经营类型 林–渔复合经营类型 林–昆复合经营类型	(三)时间结构 (1)轮作

(续)

系统	类型组	类型	结构
农林复合经营	林业景观复合经营类型组	林–湿复合经营类型 林–游复合经营类型	(2)替代式 (3)连续间作 (4)短期间作 (5)间断间作 (6)套种 (7)复合搭配式
	林业综合复合经营类型组	林–果–粮复合经营类型 林–果–草复合经营类型 林–粮–药复合经营类型 林–粮–畜复合经营类型 林–粮–渔复合经营类型 林–草–畜复合经营类型 林–湿–渔复合经营类型 林–果–游复合经营类型 其他复杂综合复合经营类型	
	庭院复合系统类型组	立体种植型 种养结合型 种养加工结合型 种养加工与能源开发结合型	
	区域景观复合类型组	生态县型 农田林网型 小流域复合型	

二、分类单元

1. 农林复合系统

系统是分类的最高级单位，它是按照农林复合系统与其他生态系统有区别的内涵进行划分的，也是本分类的对象集合体。农林复合系统又和其他生态系统具有相似的情况，其边界和规模是由经营目的确定的，它可以从农民小范围的家庭院落，大到在田间经营的人工生态系统，甚至是包括由多个异质生态系统构成的景观地域，如以区域为单位的农田防护林体系等。

2. 农林复合经营类型组

农林复合经营打破传统的单一经营对象的部门分割，表现为多对象、多目标、多产品的复合系统。空间等级差异和农业大部门复合，对系统的结构与功能、经营方向和措施都会带来显著的影响。第二级分类单位农林复合经营类型组，一方面依据空间尺度范围的差异，分成大尺度的区域、中尺度的田园和小尺度的庭院三个层次，其中田园尺度占主要；另一方面可考虑田园中林业与农业中种植、养殖和景观三大部门的复合。包括林业种植复合经营类型组、林业养殖复合经营类型组、林业景观复合经营类型组、林业综合复合经营类型组、庭院复合系统类型组和区域生态复合类型组等组合。

3. 农林复合经营类型

农林复合经营类型是分类系统的第三级分类单位，主要依据具体生产部门的结合进行划分，具体生产部门主要包括林木、粮食、水果、草类、鱼类、禽类、牲畜、蔬菜、茶类等。庭院复合系统类型组与区域景观复合类型组分别根据家庭农业生产方式和农业空间形态划分不同类型，前者主要包括立体种植型、种养结合型、种养加工结合型、种养加工与能源开发结合型，后者以生态县型、农田林网型、小流域复合型为代表。在田园中，林木与具体生产部门组成，形成各具特色的农林复合经营类型24种。

三、农林复合经营的结构

在深入的研究工作中，农林复合经营还可按复合系统的结构进一步划分农林复合经营的典型模式，构成下一级分类单位。农林复合系统的结构是物种在空间和时间上的组合形式，它是天然生态系统结构的一种模仿和创造，比单一农业或单一林业的人工生态系统结构更为复杂，对土地的利用也就更加充分和合理。下面从空间和时间两个维度来阐述：

(一) 空间结构

空间结构是各物种在农林复合经营模式内的空间分布，即物种的互相搭配、密度和所处的空间位置。空间结构又分为垂直结构和水平结构。

1. 垂直结构

垂直结构又称立体层次结构，它包括地上空间、地下土壤和水域的水体层次。一般说来，垂直高度越大，空间容量越大，层次越多，资源利用率就越高。但垂直空间的利用并非是无限度的，它受到生物因子、环境因子和社会因子等的共同制约。

我国农林复合系统的垂直结构可分为以下3种类型：

(1) 单层结构。它是农林复合系统物种空间结构的一种最古老的形式，这种结构目前存在不多，仅在一些边远的少数民族聚居地区保留着这种农作形式，如林-粮轮作（图3-1），即在同一块土地上农业和林业交替经营。先是将一片森林采伐，利用肥沃的森林土壤栽培作物，几年后地力衰退而弃耕，在弃耕地上造林（一般是速生树种），10年左右林木达到工艺成熟再次伐木农作，以此循环不止。近年来，西南和东北地区的林-药轮作也属此类。他们在采伐迹地上栽培人参（长白山等地）或栽培黄连（四川山区），待药材收获后再造林。这样的农林复合系统，在一定的时间来看，群体的结构是单层的。但不同的时期构成的物种不同，而这些不同物种又结合成一个相互联系的复合系统。

图3-1 单层次结构

(2) 双层结构。它是农林复合系统中最常见的一种垂直结构。例如华北地区的桐粮间作（图3-2），即在农田中均匀地种植泡桐，几年后树冠相接，形成上层林冠，林冠下播种农作物，从纵切面看，成为两个十分整齐的层片。大多数的枣-粮复合经营、胶茶间作亦属此类。

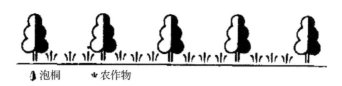

图3-2 双层次结构

(3)多层结构。分为2种类型,一是平原地区多物种的复合系统如水陆交互系统(图3-3)和多物种组成的庭院复合经营(图3-4)等;二是丘陵和山地依地形和海拔高度进行带状多层次布局,这在以小流域为单元的农林复合系统的立体布局中最为典型(图3-5)。

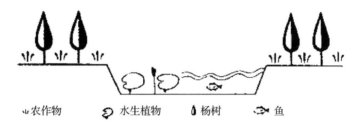

图3-3 平原洼地多层次结构

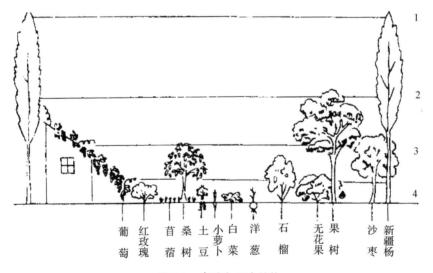

图3-4 庭院多层次结构

2. 水平结构

水平结构是指农林复合经营模式的生物平面布局,主要可以分为以下几种形式:

(1)带状间作。如林农间作、果农间作多采用这种带状间作结构形式(图3-6)。

(2)团状混交。或称为丛状混交,海南岛的胶茶间作常采用团状混交形式(图3-7)。

(3)均匀混交。华北地区的桐粮间作时有时把树木均匀种植在田间(图3-8),泡桐的种植密度有两种类型,以粮为主时,泡桐的密度为稀疏型,以桐材为主则采用密集型。

图 3-5　丘陵三地多层次结构

（4）水路交互式。这种间作形式有两种类型，一是珠江三角洲的桑基鱼塘复合系统，二是太湖流域的沟垛相连的林－农－水生作物－鱼复合系统（图 3-9）。

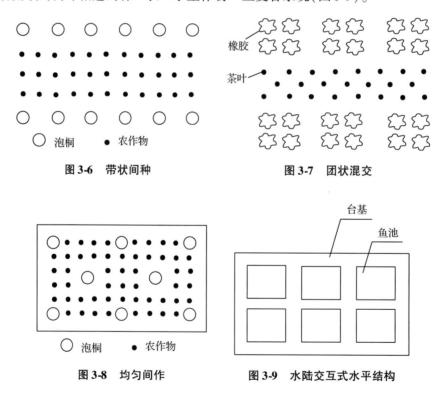

（5）景观布局式。小流域、生态村和生态县的农林复合系统的水平配置多呈景观式结构。

（6）等高带混交种植。在丘陵山地农作为防止水土流失，常依等高线带状种植，它有 3 种基本形式：坡地林农（草）带状混交种植（图 3-10）；坡地梯田，田埂种植柿树、桑树等经济林木，田面种植农作物(图3-11)；丘陵山地立体带状种植，山体上部造林(水源涵养林)，中部种草和果树等，下部为农田(图3-12)。

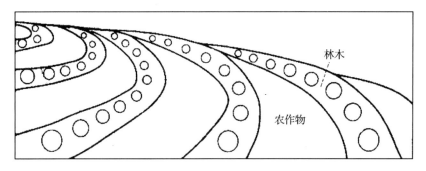

图3-10 坡地林农(草)带状混交种植

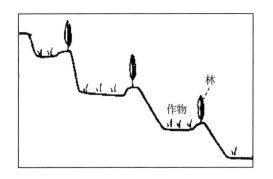

图3-11 梯田带状混交种植

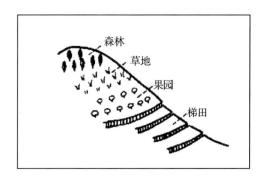

图3-12 山体等高带混交种植

(7)镶嵌式混交。或称斑块混交，如千烟洲试验区，林、果、草、农田和鱼池(山塘)各成斑块状而组成农林－牧渔复合系统(图3-13)。

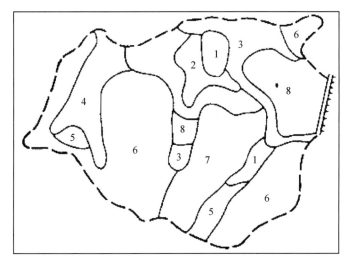

图3-13 镶嵌式混交种植
1. 水稻田 2. 旱坡地 3. 草甸 4. 人工草地 5. 人工灌丛
6. 针叶林 7. 针阔混交林 8. 山塘(鱼池)

(二) 时间结构

在我国农林复合系统中林-草作物种植安排在时间序列上主要有7种形式：

(1) 轮作。如上述提到的林-粮轮作和林-药轮作等，在采伐迹地上种植粮食作物或药材，几年后再人工造林，当10~20年后森林采伐，又在迹地上农作，如此循环种植（图3-14）。

(2) 连续间作。如胶-茶间作，在橡胶林行间种植茶叶，两者多年长期共存（图3-15）。

(3) 短期间作。如杉-粮复合经营，多在杉木幼林期实行杉-粮间种，待杉林郁闭后停止农作(3-16)。

(4) 替代间作。杉木栽培区的另外一种间作形式（图3-17），即先农作2~3年再营造杉木林，然后在杉木行间栽植油桐，头2~3年经营作物，而后以经营油桐为主，7~8年后杉木郁闭成林，油桐产量下降而被淘汰而成为杉木纯林，又称之为景观替代。南方的水果园经营也常用此法，如福建省在种植荔枝时，在行间种上香蕉和柑橘，前期经营香蕉，中期经营柑橘，后期经营荔枝。

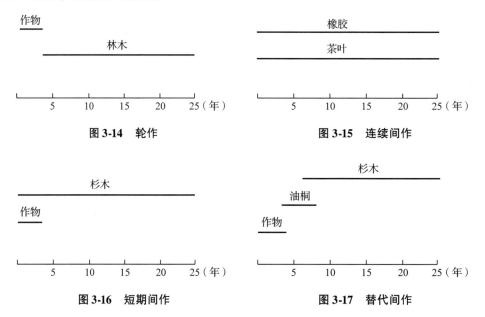

图3-14 轮作　　　　　　　　图3-15 连续间作

图3-16 短期间作　　　　　　图3-17 替代间作

(5) 间断间作。在我国东北地区，农作物一年一熟，农林复合经营的时间结构多为间断式的，如辽西地区的玉米5月下旬播种，9月中旬成熟并收获(3-18)，其他时间农田都是空闲的。

(6) 套种。在河北省农作物2年三熟地区，采用小麦、玉米套种可1年两收（图3-19）。

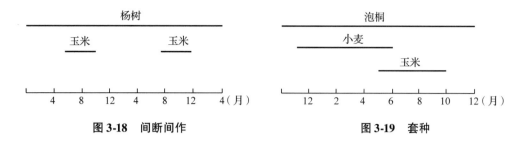

图 3-18 间断间作   图 3-19 套种

（7）复合搭配。在我国一年两熟区，为了提高农作物复种指数则采用此法（图 3-20），如在顶凌播种春小麦时留出西瓜种植行，4 月中下旬套种西瓜，6 月上旬小麦收获后种上秋玉米，西瓜成熟后种白菜，这样一年可四熟。

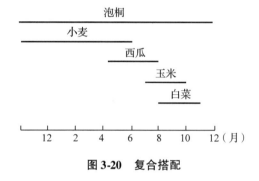

图 3-20 复合搭配

参考文献

［1］熊文愈，1985. 农林复合系统的类型和效益［C］. 农林复合系统学术讨论会论文集.
［2］黄宝龙，黄文丁，1991. 农林复合经营生态体系的研究［J］. 生态学杂志，10（3）：27－32.
［3］宋兆民，孟平，1993. 中国农林业的结构与模式［J］. 世界林业研究，5：77－82.
［4］裘福庚，方嘉兴，1996. 农林复合系统及其实践［J］. 林业科学研究，3：318－322.
［5］竺肇华，陈炳浩，1997. 山区综合开发农林复合经营的模式与布局［J］. 世界林业研究，S：60－65.
［6］冯宗炜，王效科，吴刚，等，1992. 农林业系统结构和功能——黄淮海平原豫北地区研究［M］. 北京：中国科学技术出版社.
［7］孙述涛，1995. 农林复合系统分类及命名［J］. 南京林业大学学报，19（4）：75－79.
［8］朱清科，沈应柏，朱金兆，1999. 黄土区农林复合系统分类体系研究［J］. 北京林业大学学报，21（3）：36－40.
［9］陈长青，何园球，卞新民，2005. 东南部红壤区农林复合系统分类体系研究［J］. 中国农学通报，21（9）：385－388.
［10］Odum E P, 1969. The strategy of ecosystem development［J］. Science, 1969, 164（3877）：262－270.
［11］Altieri M A, Altieri M A, Altieri M A, et al, 1987. Agroecology：The scientific basis of alternative agriculture［J］. Agroecology the Scientific Basis of Alternative Agriculture.
［12］Kiley-Worthington M, 1981. Ecological agriculture：What it is and how it works［J］. Agriculture and Environment, 6（4）：349－381.
［13］Marten, Gerald G, 1988. Productivity, stability, sustainability, equitability and autonomy as properties for agroecosystem assessment［J］. Agricultural Systems, 26（4）：291－316.

［14］King K F S, 1979. Agroforestry and the utilisation of fragile ecosystems［J］. Forest Ecology and Management, 2: 161 – 168.

［15］Combe J, Budowski G, 1979. Classification of agro-forestry techniques［J］. Journal of the Japanese Forestry Society, 63.

［16］Grainger A, 1980. The development of tree crops and agroforestry systems［J］. International Tree Crops Journal, 1: 3 – 4.

［17］Nair PKR, 1985. Classification of agroforestry systems.［J］Agroforestry Systems, 3: 97 – 128.

［18］Nair PKR, 1989. Agroforestry systems in the tropics［M］. Netherlands: Kluwer Academic Publishers.

［19］Sinclair F L, 1999. A general classification of agroforestry practice［J］. Agroforestry Systems, 46: 161 – 180.

本章作者：顾兴国（浙江省农业科学院）、李文华（中国科学院地理科学与资源研究所）

第十五章
林－粮复合系统

人类经过长期的生产实践活动，为了解决人多地少的矛盾以及实现对土地的集约化经营，最后选择了林－粮复合的土地经营方式，林－粮复合系统具备突出的生态功能、经济功能和社会功能。它利用农林业各自的优势，达到取长补短、增产增值的目的，同时又能发展经济和改善生态环境。农林复合经营能较好解决农、林业单一产业效益低下、生产周期长和市场适应性差等方面的问题，并具有较好的生态效益。随着林－粮复合经营活动取得一定成就，林－粮复合系统得到社会的普遍重视，在各地政府、主管部门、科研人员和农林业从业者等多方面的推动下，林－粮复合系统在得以迅速发展，成为与传统林业和现代农业并存的林业发展形式和当代林业发展的主流形式，因而对农业复合生态系统的多功能效益的综合评价也变得非常重要。

第一节 概 况

一、总体概况

林－粮复合经营是我国土地耕作制度的一项有深远意义的重要改革。在一个多山少林和多人口少耕地的农业大国，既要抓草本粮油，也要木本粮油果。林－粮复合经营，则是上述两者的最佳结合。近些年来，在三分之一的国土上出现了日趋严重的荒漠化和水土流失。如何在遏制生态环境进一步恶化的形势下，使当前农业继续得到稳步发展，实行林－粮复合经营制，不仅是根治荒漠化和水土流失的重大举措，而且是继续抓粮抓增收两不放松的根本途径。林－粮复合系统是运用生态学、经济学的理论与方法，在一定的时间和空间上充分利用林地或其他的环境生态资源（光、热、水、气、肥），使林－粮业实行多层次的有机结合而建立的以林为主的多成分、多层次、多序列、多功能的一种复合生态经济系统（李宏开，1997）。农林复合经营体系包含多种复合系统，其中林－粮复合经营类型组种类居多。我国是农业产业大国，实行林－粮复合经营有利于改善林业与农业争地问题，解决林业农业单一种植的弊端，提高光能利用率和土地资源利用率。

林-粮复合经营，经过合理规划和布局后，利用行间、株间空隙土地，种植符合其生长条件的农作物、蔬菜等，以耕代抚，疏松土壤，消除杂草。林业生产周期较长，农作物周期短，农作物可以根据其生命周期进行轮作、间套作，这样不仅可以合理利用土地，实现近期得利、长期得林、远近结合、以长补短的目的，提高林-粮收入，还可减轻水土流失。林-粮复合系统作为一种新型的人工复合系统，是一个统一的有机整体，在空间上是多层次的立体结构，在时间上是合理套种农作物和经济林带，更有效地提高光能和土地资源利用率，充分发挥土地生产潜力，比单一经营更能有效地改善生态环境，增加植物种类，减少病虫害，实现生态系统的良性循环，同时提供更多产品种类，满足社会多方面的要求。

林业生产周期较长，林-粮复合经营可以以短养长，以农促林，作物生长中光照、土壤养分、温度、水分等方面互相竞争，而且林作物可以为农作物提供一定的保温作用，一般夜间温度可以比农作物单作高一点，但是林、农作物间的光能利用，养分循环比较复杂，需要经过长期持续地定位实验才能分清，其设计方案种植类型等也较复杂，空间布局与时间序列相结合，多层次、多种群组成生态系统，形成了抗逆性和稳定性较强的生态-经济-技术复合体自然群落结构需要在科学的实验和实践经验的基础上选址选方案，选种选苗，这样才能达到复合经营的正盈利效果，使经营者在投资前期就可以获得一定的收益，即林-粮复合系统具有系统性、整体性、竞争性、复杂性、稳定性、集约性、高效性、可盈利性和可持续性（方升佐等，2005）。

在林中新造林地块幼苗的行距间隔的土地上种植农作物、牧草，是林-粮复合经营的传统模式。这种模式适应于树木生长前期，这时林木郁闭度较小，适当间作可增加粮食、牧草大丰收，又保护林木生长，减少水土流失。在对农作物的施肥等管理同时，也加强了对苗木的抚育管理，做到了以耕代抚，可谓一举双得。另外，在林中冠下套种森林野菜，保持森林野菜的清脆、嫩绿、可口等自然品质，提高了森林的经济效益与生态效益（陈静等，2009）。实施林-粮复合经营后，一方面通过禽类粪便、农作物秸秆以及菌棒废料的就地还田，起到改善土壤结构和提高土壤肥力的作用；另一方面该区人口密度大，消费力强，而复合经营产出的生态畜禽类、食用菌类等产品能满足人们的部分需求（肖正东等，2011）。林-粮复合经营包括林-粮、林-油、林-菜等模式，在林地里种植小麦、黄豆、油菜、花生等中耕类型的粮油作物，既可以为林木提供侧方庇荫，又通过对作物的中耕、除草、施肥代替林木抚育，在收获农作物增加经济收入的同时，还可将稻秆等剩余物铺于林地或埋入土壤增加林地土壤肥力（刘晓蔚，2012）。

二、发展历史

林-粮复合经营在我国有悠久的历史，至今已延续了几千年，从远古时代的刀耕火种时期已经开始。新中国成立后，农林复合经营有了更大的发展。我国农林复合经营的发展大致可以分为三个阶段（吴晶晶，2013）。

1. 原始农业时期的农林复合经营阶段

林-粮复合经营的原始形式一般指原始农业时期的"刀耕火种、游耕轮作"的农林复合经营形式,这种经营方式在新石器时代非常盛行,已经延续了几千年。直到现在这种原始的农林复合经营方式还存在于中国西南地区人少林多的边远闭塞山区(刘俊杰等,2005)。

2. 以传统经验为基础的农林复合经营阶段

从奴隶制发展开始,定居种植和土地私有化后的自给自足小农生产方式是传统农林复合模式的写照。古时人们通过实践的不断总结,得到了很多的农林复合经验,如北魏的《齐民要术》中记载了桑豆间作的经验;唐代《四时纂要》揭示了应根据树木的种间关系选择适宜的配置组合;明朝《种桂》中提出桂树种植初期杂植作物;清代初的《农书》记载了一个集合农业、林业、渔业和牲畜的立体种植模式。在我国北方历来就有柿-粮复合经营、枣-粮复合经营和栗-粮复合经营的传统农林复合经营方式。早在400多年前珠江三角洲低洼渍地已有桑基鱼塘复合系统土地利用的农林复合经营方式(刘俊杰等,2005),这个阶段一直延续到20世纪50年代。在这个漫长的实践过程中,我国劳动人民创造出了许多农业复合系统类型,以农为主的复合系统得到不断的充实和发展。

3. 以先进科学技术设计为标志的现代农林复合经营阶段

20世纪50年代开始,我国发展的商品经济把农林复合经营发展推到了现代农林复合经营的阶段。在当今的市场经济条件下,随着农业产业结构的调整,农林复合经营的发展取得了更大的进步。现代农林复合经营是在保护生态环境的同时追求合理利用自然资源,开拓开发资源,从而获得资源永续的利用。具体是以经济学理论和生态学理论为理论基础,采取科学的手段来调整农村产业结构,形成一个包含农、林、牧、副、渔等多种产业的多组分、多层次、多生物种群、多功能、多指标的综合性开放式人工生态经济大系统(王玲玲等,2002),在自然资源和社会资源得到充分的利用和养护的基础上,争取获得持续的经济功能效益、生态功能效益和社会功能效益。

三、效益分析

林-粮复合经营具有多方面的生态、经济、社会和文化价值,具体包括:

(1)通过合理设计栽培后改变了树木与农作物原有的通风结构,加大了气流的摩擦力,消耗了风的动能,因而降低了风速,减轻了风灾对农作物的危害,具有防风害作用。桐-粮复合经营地里(泡桐种植间距4m×25 m为宜),东西行向的可降低风速54%,南北行向的可降低风速48%,杨-粮复合经营平均可降低风速58%。

(2)林-粮复合经营还具有抗干热风作用,桐-粮复合经营可以降低温度0.4~2.3℃,提高相对湿度7%~10%,减少蒸发量34%,杨-粮复合经营可以降低温度1~2℃,提高相对湿度6%~11%。

(3)林-粮复合经营能充分利用光热水资源,有利全面利用土壤养分。一般农作物的吸收根多集中于土壤表层0~40 cm土层中,以5~30 cm最多,杨树为深根性树种,稠密的吸收根集中在30~120 cm深的土层中,侧根斜下生长,泡桐亦属深根性树种,吸收根80%~90%密集于40 cm以下的非耕作层中,在林、粮间相互争夺养分的矛盾较小,因而,树木与农作物,可吸收不同层次、不同部位和不同种类的养分,树木行间耕作层的养分,主要被农作物吸收利用,深层和渗漏到耕作层以下的养分被树木所吸收利用,并能转换为地下水径流中有可能流失的养分被吸收利用,尤其是树木能够吸收利用土壤中许多难溶性的矿物质元素。

(4) 林、粮互补有良好的经济效益，不仅能提高农作物抵御旱、涝、风、雹等自然灾害的能力，在林-粮复合系统内，由于立体分布，叶量多，光合作用强，吸收二氧化碳也多，从而能显著地增加生物产量，而且林、粮优势互补互利，具有双向的增产与保产作用。

四、现实意义

综合众多学者的研究成果，发展林-粮复合经营的现实意义主要有：

1. 提高林业农业产业互助优势

一个优化的复合结构模式必须使系统各种群具有广泛的生态位分化，在结构设计时，要充分减少种群复合经营的负互作，提高正互作，并从时、空、量、序4个方面进行系统调控，促进模式优化与系统的持续稳定(汪殿蓓等，2002)。林-粮复合系统有助于减轻林业产业的压力，优化环境。就我国华中区而言，林业由于经营周期长，抚育成本高，连续投资几十年甚至上百年后才可有直接经济效益，加上我国很多贫困地区交通闭塞，教育落后，林业发展经济效益市场化薄弱，经济利益偏低，若想发展林业，全靠"政府输血"，对市场应变力极差，造成林业的停滞甚至减退的局势。另外，我国农村一般集约化程度低，青壮年劳动力严重缺乏，未能形成经济林业发展全民致富之路。林-粮复合经营可以促进农业林业产业化单一发展的弊端，二者结合，以短养长，以林护农，只要形成正规的技术指导以及政策扶持，并将产生良好的经济生态效益，提高农、林产业互助优势。农产品加工业、林业木材输出业均衡发展，合理利用，实现高效可持续的利用模式。如全国产粮大省河南省是我国重要的粮棉油生产基地，平原地区土地总面积978.45万 hm^2，占全省土地总面积的58.59%。历史上，这里干旱、风沙、洪涝等自然灾害发生频繁，危害严重，20世纪70年代以来，随着农林复合经营的迅速崛起，在田间种植泡桐、杉木、杨树等，以构成坚实的农田防护林网，打破了单一的种植业格局，形成了农、林紧密结合的耕作制度和立体种植结构，在多年传统经营单一农作物的辽阔平原出现了农林结合的新景观，显著地改善了平原地区农业生产条件，促进了河南农业持续稳定的发展，以农田林网、农林间作作为主体的农林复合系统，已成为河南平原地区农业生产的生态屏障和农村的支柱性产业。河南农田林网宏大的规模，显著的效益引起了国内外的广泛关注，先后吸引多个国家和地区的代表团及国内大量考察团前往河南实地参观考察(李立伟，2007)。

2. 发展林-粮复合经营在森林保护和生态环境保护方面占有主体作用

发展林-粮复合经营可以有效利用经济林和作物的相互优势，可以提高土地利用率，增加了物种数量，符合生态系统特定的物质循环、能量流动、信息传递以及节约资源，提高生物多样性，从而有利于减少病虫害侵蚀。主要是为了固持农田地埂，减少耕地土壤侵蚀，充分利用土地资源，实行多物种共栖、多层次配置、多时序组合、物质多级循环利用的高效生态系统。林-粮复合经营，相对于单一种植模式，有力地促进林业发展方式的转变，有效地缓解土地利用矛盾，提高光能利用率，也进一步巩固集体林权改革成果，实现生态得保护、农民得实惠的双赢目标。生产实践中，生产者可以充分利用自然、经济、社会的某些有利因子，选择生物组分来构建生产系统。如考虑土地缺乏肥力，选用豆科树种与农作物搭配，可以固氮改善地力；选择运用好树的数量、质量和布局方式，可尽量减少因为林-粮复合经营造成的负面效益。

一方面，将水稻、小麦、玉米、大豆、花生、甘薯、芝麻、绿豆、油菜和各种蔬菜等种植于林下，由于对农作物的管理比对林木的管理更精细、投入更大，因此种植作物的山地更容易熟化、肥沃，有利于片林、林带或林网中的木本林作物的生长（杨红强等，2013）。另一方面，森林在涵养水源、保持水土、防风护沙、调节气候等方面都起着非常重要的作用。在不适合发展单纯种植业的地区比如盐碱地、荒漠地可以进行林下套种农作物，形成良性的循环经济。森林的落叶分解后可提高土壤肥力和增加土壤有机质含量，并增大土壤团聚体大小、稳定性和孔隙度，提高土壤渗透性，减少土壤水分和养分的流失，从而改善林下层农作物的生长环境，将具有生态保护价值的林木种植于田间四周或田埂，形成农田林网，可以降低大风对稻、麦等主要经济作物的不利影响，并且林木的小环境改善功能，不仅有利于农作物的稳产、高产，还对改善农作物品质起到了重要作用。

3. 发展林-粮复合经营有利于解决农民就业和增加农民收入

林-粮复合经营与工业及其他高新技术产业有所不同，是一项劳动密集型的事业，具有集约性的特点，要求投入密集的劳动力。因此，有利于安排农村的剩余劳动力，增加就业机会。另外，农林复合经营不但能够增加短期收入，而且还可增加长期收入，因此，这种经营有利于调动农民的积极性，增加农民收入（余晓章，2003），是一个可循环的产业群，可以吸纳大量的农村劳动力。通过合理规范的市场运作，在解决农民就业的同时也可以推进农民职工化和市民化的进程。另外，可以提供多种经济资源，带动加工业、手工业以及旅游服务业的发展，加快农村经济结构优势，与传统的农业生产模式相比具有很大的优势。林-粮复合经营有力地促进林业发展方式的转变，有效地缓解土地利用矛盾，也进一步巩固集体林权改革成果，实现生态得保护、农民得实惠的双赢目标（程鹏等，2008）。

第二节 类型分布及其特点

林-粮复合经营是一种最常见的农林复合经营形式，根据种植结构的不同，或以林为主，或以农为主，或农林并举，既增加了经济收入，又提高了林地的生产力。采用的树种主要是杉类、栎类、杨树、杜仲、核桃、油桐、香椿、桑树、苹果、梨、桃等，林下因地制宜间种低秆的农作物或经济作物，如水稻、小麦、豆类、西瓜、花生、马铃薯等。绿篱型主要起保护、美化的作用，兼具一定的经济收益。绿篱植物一般具有适应性强、萌蘖力强、耐修剪、适宜密植、易繁殖、抗性强等特点，如在果园、瓜园周围种植火棘、枸骨、枸橘、蔷薇等。农田林网型主要起防风固沙、涵养水源、改善农区生态环境、保障农业生产的作用，而且能带来木材和林副产品（饲料、果树、中药材、工业原料等）的直接经济效益（胡荟群，2011）。

一、类型特点

1. 桐-粮复合系统

根据经营目的的不同可把桐-粮复合系统结构分为以农为主复合经营结构、以桐为主复合经营结构和桐农并重复合经营结构 3 类：一是以桐为主的桐 – 农复合经营，即在点播桐树的同时全面垦复，种上经营粗放的花生、生姜、生烟、豆类等农作物；二是在平地旱土以农为主的桐 – 农复合经营，即在旱地或间栽植 150~450 株/hm² 的小密度的桐，地表种植农作物，20~25 年后，砍伐用于培植业用材出售，或自己栽种食用菌，重新种上桐，这样周而复始，循环利用；三是桐农并重的间作模式。

2. 杨 – 粮复合系统

随着农业产业结构的调整，进行杨树行间种养复合经营已成为农业发展的重要方向。在一年生、二年生林下套种蔬菜、经济作物，如雪菜、小麦、蚕豆等，农民获得较大收益。随树冠长大，4~7 年间在林间套种耐阴植物如平菇，不但有利于树冠作荫，而且有利于平菇的生长，农民栽种杨树 7~8 年的收益逐渐增加，10 年效益最佳。在杨树行间经营不同种类的种养复合模式，"长短结合，以短养长"，不但可以大大提高土地资源的利用率，保持生物的多样性，减少水土流失量，提高土壤的肥力，改善杨树林间的生态环境，而且还可以满足当地的物质、资源的自给程度，提高当地的就业水平，增加农民的收入，对于加快当地小康社会建设步伐具有重要的意义（徐振球，2010）。杨 – 粮复合经营常见模式主要有：杨树 – 棉花、杨树 – 小麦、杨树 – 油菜、杨树 – 花生、杨树 – 水稻、杨树 – 大豆、杨树 – 绿豆、杨树 – 豌豆、杨树 – 蚕豆、杨树 – 西瓜、杨树 – 黄麻、杨树 – 玉米、杨树 – 薯类、杨树 – 南瓜、杨树 – 冬瓜、杨树 – 玉米 – 南瓜、杨树 – 玉米 – 西瓜、杨树 – 大豆 – 小麦、杨树 – 红薯 – 油菜复合等。杨 – 麦复合经营的农作物应尽可能采用冬小麦，而且杨 – 麦复合经营在华中区也较普遍，管理也比较简单，只需按一般农作物田间管理进行。

3. 枣 – 粮复合系统

枣 – 粮复合经营是把多年生的枣树与 1 年生的农作物共生在一起的一种种植形式，能够充分利用自然资源，挖掘增产潜力，改良生态环境，防御自然灾害，提高作物（果品）产量，增加经济收入（高春祥，1994）。枣 – 粮复合经营是我国劳动人民的创举，是一种提高土地、日光和空气等自然资源利用率，增加农田单位面积产量、产值的先进农作制度，也是重要的林 – 粮复合经营模式，农民将枣 – 粮复合经营称之为"地上是粮仓，树上是银行"（郭健，2008）。枣 – 粮复合经营是把农作物与枣树按照一定的排列方式种植于同一土地单元，从而形成长期共生互助的枣 – 粮复合系统（刘进余，1998）。农林复合经营成功与否的主要问题在于林木与农作物之间的肥水和光照的利用和竞争问题。枣与农作物在生物学及生态学上的差异使得它们对肥水和光照的利用在空间上能够相互错开，实现了生态位的有效分离，从而能够形成稳定的农林符合生态系统，实现增产和增收，从而为枣 – 粮复合经营创造了必要的条件（同金霞等，2003）。

二、分布特点

1. 桐 – 粮复合系统

泡桐在我国分布达 23 个省份（蒋建平，1990）。华中区泡桐分布种类：河南、湖北、安徽等省主要有兰考泡桐。河南中部和东部和安徽西北部，是兰考泡桐的集中分布区。楸叶泡桐分布于河南省，河南省西北部的丘陵、浅山区分布较多。毛泡桐在河南安徽、江西都有栽培,光泡桐与毛泡桐伴生,但栽培较少。川泡桐集中分布于鄂西海拔 2400 m 也有分布。南方泡桐在长江以南分布。江西省由台湾泡桐分布,多野生,少栽培,生于海拔 200~1500 m 的山坡灌丛、疏林及荒地。山明泡桐分布于河南西南部的南阳、南漳、宜城和松滋等县市。不同种类的泡桐生长速度有较大差异,其中以分布在长江以北的兰考泡桐生长最快,楸叶桐次之,毛泡桐、光泡桐生长较慢。分布在长江以南的白花泡桐生长最快,台湾泡桐等生长较差。

2. 杨－粮复合系统

我国幅员辽阔,立地条件类型复杂,杨树种类、品系繁多,生态特性多样,因此杨树的分布非常广泛,在东北、华北、西北、华中、华南地区都有栽培。杨－粮复合系统分布广泛,北至松嫩平原,南到长江中下游地区,东起沿海,西至新疆都有栽培。其中主要分布区是黄淮海平原,涉及河北、河南、山东、江苏、安徽等部分地区。其次有山西省的雁北平原、汾河平原、晋东南地区;陕西省的关中平原、汉中盆地及黄土高原的部分地区;宁夏、甘肃、青海、内蒙古的河沿地带;四川的成都平原也有较多的分布。此外,湖北、湖南、浙江、新疆等地也有少量分布。

3. 枣－粮复合系统

枣树栽培范围广,适应性强,从东经 75°~125° 至北纬 19°~43°,均有枣树分布,从丘陵到平原均有枣树生长。河北、山东、河南、陕西、山西的黄河故道地区,人们常以枣－粮复合经营的形式营造防风林网防风固沙,保护农作物,兼收枣－粮之利。在一些环境条件恶劣的地区(如陕北黄土高原地带、大荔县的沙苑一带),枣树的长势明显强于其他树种,在防风固沙、改变产地自然条件、提高农作物产值和效益方面发挥着很大的作用(同金霞等,2003)。

第三节 典型模式:桐－粮复合系统

一、系统概述

泡桐原产我国,是我国著名的速生优质用材树种,有"一年一根杆,三年一把伞,五年可锯板"之说。一般说来,7~8 年即可成材,12~15 年可生产大径材,其生长快、分布广、材质好、繁殖容易等优良特性,泡桐的材质轻而韧、纹理通直、不翘裂变形、隔潮耐腐、防火、声学性能好、易干燥和加工,是建筑、家具、乐器、科学仪器、航空、造船、造纸等方面的好材料,用途十分广泛,经济价值高,不仅畅销国内,而且是我国传统的出口物资。泡桐的叶、花、果既可做药用,又是很好的饲料和肥料。泡桐具有独特的生物学特性,能进入农田,与农作物间作,形成我国独具特色的华北平原农区桐－粮复合经营,既能改善生态环境条件,保证农业稳产高产,又能在短期内提供大量的商品用材,增加经济收益。因此,大力发展桐农间作具有重要的理论意义和生产应用价值。

泡桐属有 9 种 4 变种。这 9 种分别是十白花泡桐、楸叶泡桐、鄂川泡桐、山明泡桐、兰考泡桐、毛泡桐、南方泡桐、台湾泡桐、川泡桐；4个变种为成都泡桐、黄花毛泡桐、亮叶毛泡桐、光泡桐(蒋建平，1990)。

泡桐对温度的适应性大，可耐38℃以上的高温，在绝对最低气温-20℃之内不会受冻害，但各个种的耐寒性差异较大。毛泡桐、光泡桐、楸叶桐耐寒性较强，兰考泡桐次之。研究表明，在水平与垂直空间及时间序列上巧妙安排农作物与泡桐的关系，能取得比较好的经济效益但是并非所有的桐-粮复合经营类型都能促进作物增加产量，而是必须达到一定的程度才能有增产效果(姜志林等，1991)。吴刚等(1998)在河南封丘县省展开试验，以桐-粮复合系统为例，研究了林带的不同配置结构、林带冠覆盖率及小麦产量之间的关系。结果表明，当林带冠覆盖率小于28%时，小麦增产；当林带冠覆盖率大于28%时，小麦减产，且随间作年的增长而减产趋势越加明显；林带冠覆盖率为14%时，小麦产量最高。此外，调整林木株行距可以使田间遮阴达到合理的水平，使得小麦增产。王广钦等(1983)认为桐-粮复合系统中泡桐已成林时，行距在50 m以上小麦增产5.6%，行距在30~50 m时增产3%，行距小于20 m时，小麦减产4.6%。

二、组成结构

根据经营目的不同可把桐-粮复合系统结构分为以农为主复合经营结构、以桐为主复合经营结构和桐农并重复合经营结构3类：

(1)以桐为主的桐-粮复合经营，适宜在沿河两岸的沙荒地及人少地多的地区营造泡桐丰产林，株行距5m×5 m或5m×6 m，每公顷390或330株，在点播桐树的同时全面垦复，种上经营粗放的花生、生姜、生烟、豆类、薯类等农作物；3年后，就停止间种；在桐树下的行间套种杉木，再等3~5年把油桐树间伐掉用以栽木耳等食用菌，菜类如喜阴作物金针菇；过20年后把杉树砍掉又重新清山种植桐。

(2)在平地旱土以农为主的桐-粮复合经营，适宜在风沙危害轻、地下水位在2.5m以下的农田。只栽少量泡桐，株距5~6 m，行距30~50 m，每公顷30~45株，即在旱地或间栽植150~450株/hm²的小密度的桐，地表种植农作物，20~25年后，砍伐用于培植业用材出售，或自己栽种食用菌，重新种上桐，这样周而复始，循环利用。

(3)桐农并重的桐-粮复合经营。适宜在风沙危害较重的农区或地下水位3 m以下的低产田，以株距5~6 m、行距10 m，每公顷165~195株为宜。目的是防风固沙。总体而言，桐-粮复合系统中，泡桐种植间距4m×25 m为宜，适宜的桐-粮复合系统的结构如图3-21所示。

三、效益分析

通过人工设计栽培种植农作物和桐树苗木，形成一个优化的桐-粮复合系统，能够充分形成桐、粮互作优势。合理的桐-粮复合经营能够改善农田生产条件，提高粮食产量和生产一定量的优质桐树木材，这样可以带动相应的副产品加工业的发展，产生较好的经济效益。另外，副产品加工过程一切林木的掉落物均可以有效利用作为作物生长的肥料，节

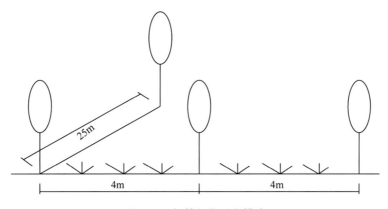

图 3-21 桐粮间作适宜模式

省了化肥使用，从而形成潜在的经济效益。通过桐-粮复合经营产生的经济效益然后投资一部分到农林复合系统中，从而实现投资小成本到回收大效益的目的。另外，在复合系统进行过程中，形成复层植被，还能产生良好的生态效益。例如，有利于改善复合系统的小气候，改善生态环境，提高了生态系统的生物多样性，抑制杂草的生长、防治病虫害，树木的枝叶作为绿肥可以改良土壤的肥力状况和理化性质，更深的根系系统可以提高物质的循环利用率、降低营养元素的淋溶控制土壤侵蚀；复合系统形成复层植被，有效提高土地利用率缓解林、农争地问题，另外，由于林木的生长根系较深，能够固持水土，控制土壤侵蚀，有效拦蓄降水和营养物质。此外，桐-粮复合系统本身就是一个空间结构较强的分层结构，在荒山野岭或者普通农耕区种植，均能有效改善生态环境，改善自然景观。

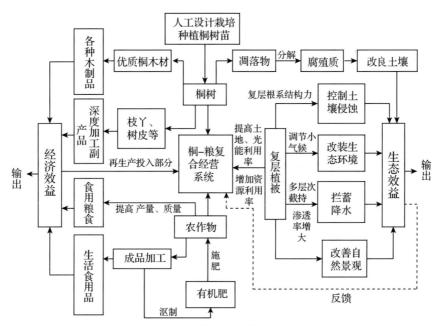

图 3-22 桐-粮复合经营的效益分析

（一）生态效益

泡桐可在低丘地上与农作物进行复合经营，也可用作四旁树，对农作物具有一定的保护作用；速生林是重要的碳汇，在支撑工业发展中具有重要作用；泡桐病虫危害较少，生长迅速，常作为庭荫树种和滞尘树种，可改善生态环境。合理的桐粮复合经营结构能够充分利用林农互作优势，产生了良好的生态环境效益。主要表现在以下几个方面：提高桐木和农产品质量；提高系统的稳定性和抵御和减轻自然灾害；提高土壤肥力；提高各种资源利用率；改善生态环境。

1. 提高桐木和农产品质量和产量

研究表明，并非所有的林–粮复合经营结构都能起到增加林、农产品质量和产量的效果，研究间作林带的配置方式与农作物产量关系，在桐–粮复合系统中，小麦产量同间作年限成负相关，同林带带宽呈正相关；林带冠层覆盖率在28%以下时，小麦产量有所提高，且当覆盖率低于14%时，小麦产量高于对照纯农地且随年份增长逐渐增加，覆盖率范围为14%~28%之间时，系统内小麦产量高于对照，但随年份增长而降低；当覆盖率28%在以上时，小麦产量减低(吴刚等，1998)。因此，合理的配置才能有效利用资源，达到良好的优化产品质量提高产量的效果，但是在相同条件下，由于小气候条件的改变，与单农经营相比，桐粮复合经营的桐木和农作物品质和产量均能大大提高。

2. 提高了系统的稳定性，抵御和减轻自然灾害

桐树引入农田系统，增加了生物系统物种多样性，加上复合系统内部的调控，以及耕作中对农作物的防病治虫，桐木还可引来益鸟捕捉害虫，使食物链和能量通道的多样性也得以提高。所以，系统的反馈调节能力加强，从而提高其稳定性和抗逆能力。

桐–粮复合经营，可以增加土壤覆盖度，减少地表蒸发，防止返盐；以耕代扶，疏松了土壤，减少了病虫草害。同时也改善了小气候条件。桐–粮复合经营下由于林木的存在降低了风度，近地面空气流动的速度和强度均受到一定影响，从而引起林地内林下小环境空气温度、湿度、水分等的变化，对系统中空气的温度、湿度起到改善作用(黄大国等，2013)。据涡阳县和河南农业大学及中国林业科学研究院的观测，桐农间作对改善行间小气候有明显的作用(姜志林等，1991)(表3-4)。

表3-4　桐–粮复合经营的小气候效益

地点	降低风速(%)	冬季提高温度(℃)	夏季降温(℃)	提高相对温度(℃)	减少蒸发(%)	土壤耕层增加含水量(%)	小麦增产(%)
涡阳县	25~38	0.1~0.6	0.3~1.1	5.6	24	1~3	10左右
河南农业大学	40~50	—	0.4~1.0	7~10	34	7~10	5~11
中国林业科学研究院	21~52	0.1~0.4	0.2~1.2	9.7	23	—	12.7

3. 提高土壤肥力

泡桐的吸收根主要分布在40~200 cm的土层中。桐–粮复合经营相互争夺养分的矛盾较小。泡桐与粮食作物可吸收不同层次、不同部位和不同种类的养分，泡桐行间耕作层的养分主要被农作物吸收利用，深层和渗漏到耕作层以下的养分被树木所吸收利用，并能转换为地下水径流中有可能流失的养分被吸收利用。尤其是泡桐能够吸收利用土壤中部分难溶性的矿物质元素。所以，桐粮间作不但达到了充分利用养分，同时树木落下的枯枝烂

叶，经腐烂后又可转化为肥料，被自身和农作物再利用。在桐粮间作地内由于立体分布，叶量多，光合作用强，吸收二氧化碳也多，从而能显著地增加种植区的生物产量（张翠翠等，2013）。

桐叶肥田，建立良性生态循环。泡桐叶含有较高的氮、钾素，落叶肥田对于保持土壤养分形成合理群体结构，建立良性生态循环有着深远的意义。据测定：泡桐叶的含氮量为2.8%~3.0%，钾为0.41%也比较高，一般8~10年泡桐可产鲜叶200斤（1斤=500g）左右，折合干叶56斤，相当于26.6斤豆饼（含氮量为6.5%）。豆类作物中的根瘤菌能固定空气中的氮素，但对钾肥吸收较多，而泡桐根系不含有根瘤菌，不能固定空气中的氮，但对钾肥吸收比较少，所以泡桐与豆科植物间作，在养料方面起了调剂作用。据测定，泡桐叶、花含乙醚提取物分别为11.35%、4.65%，葡萄糖分别为3.76%、3.99%，可溶性糖分别为4.89%、10.58%，多数糖类为1.75%、8.15%，含氮量为3.0%、2.59%，是猪、羊、兔的好饲料。古书《博物志》中，曾有"桐花、叶饲猪，极能肥大，且易养"的记述（魏鉴章，1982）。

4. 提高资源利用率

能够提高光能利用率。由于植物在系统发育过程中所形成的固有的遗传性，在光能利用上表现在光合作用的饱和点、补偿点及光周期有所差别。如泡桐-麦复合经营中，泡桐属于强喜光树种，其光合作用的饱和光强为6万~6.5万 lx，补偿点为3万 lx。一般夏季太阳光强可达7万~8万 lx。多数作物中属于喜光植物，其中小麦、谷子光合作用的饱和点为2万~3万 lx，补偿点为200 lx。因此，在泡桐稀植的情况下，不但能满足小麦光合作用的补偿点，而且能满足其饱和点。

提高植物的第一生产力和生物能的利用效率。桐-粮复合经营可以合理利用土地资源，解决农林争地的矛盾，提高了土地的利用率。空间上，实现层次配置；时间上，既有先后又有交叉的发育次序；产业结构上，桐、粮、副诸产业合理布局；生物物种上互利共生，充分利用了地上和地下的各种自然资源和社会资源，使系统高效率地输出多种和多级产品。

5. 改善生态环境

桐-粮复合经营与农田林网一起，形成了农田综合防护林体系，进一步改善了作物生长环境，使农业生产有了更大的保证，也为地区生态平衡做出了贡献。桐-粮复合系统有利于改善农村和农田生态环境，促进农业的高产、优质和稳产。众多的研究表明，桐-粮复合系统可降低农田的风速、减少土壤水分蒸发、提高空气湿度、缓和干热风等极端气候条件，同时可以防风固沙、改良土壤、减少水土流失，从而为农业的持续发展创造良好的生态环境。

桐-粮复合经营还能改善农田生态环境，截苗降水，减轻地表土壤水分蒸发，有利于农作物生长。据在重庆市云阳县新华村的调查，2007年遭伏旱，坡耕地净作的甘薯被烈日曝晒，苕苗几乎晒死，亩产仅370 kg，而同一时期与桐粮间作栽培的甘薯，有桐树遮阴，未受烈日曝晒，生长较正常，亩产达842 kg，比净作高出131%。由此说明，在干旱恶劣的气候条件下，桐树对甘薯的生长还起了保护作用（王槐清，2009）。

(二)社会经济效益

1. 潜在的社会经济效益

桐油是化工、军工、渔业、医药和民间不可缺少的重要物资,也是我国传统出口商品,在国际市场有极大声誉。发展桐-粮复合经营能一定程度上改善资源紧缺现象,为社会提供优质木材的同时,提高了土地利用率,扩大了耕地面积,缓解了耕地紧张问题,生产的多种经济作物产品,不仅满足了人们的多种需求,而且还繁荣了地区经济,安排部分农村剩余劳动力;加强了生态系统的自我调节能力,为地区经济发展带来了相对稳定的生态环境系统。桐-粮复合经营可一地多用、一年多收,它既能充分利用资源,桐植入农田,扩大了林木种植面积,由于农田立地条件较好,泡桐生长快,成材早,经济效益高,能够缓解木材供需矛盾,也能在相应的时间内收获多种质优的桐、农产品。桐木生长周期长,而农作物和畜牧生产的周期较短,桐-粮结合能够通过以短养长取得近期经济收益,弥补林业生产周期长、资金周转难等不足。桐-粮复合经营能充分利用林木和农作物的生长特性,生产周期中短结合,以短养长,以长促短;在不同周期中均有产品输出,使长短期经济效益互补,保证了生产的持续、稳定发展。

2. 实际的社会经济效益

通过合理的桐-粮复合经营,能够从增加桐树和农作物产品的产量和质量,进而增加综合产值。另外,桐油是很好的工业用油,它们具有不透水、不透气、不传电、抗酸碱、防腐蚀、耐冷热等特性,因此在工业上广泛用于制漆、塑料、电器、人造橡胶、人造皮革,带动相关产业的发展。油桐是我国传统的出口商品,占世界总产量的70%;泡桐是高大乔木,材质优良,轻而韧,具有很强的防潮隔热性能,耐酸耐腐,导音性好,不翘不裂,不被虫蛀,不易脱胶,纹理美观,油漆染色良好,易于加工,便于雕刻,在工农业上用途广泛。在工业和国防方面,可利用制作胶合板、航空模型、车船衬板、空运水运设备,还可制作各种乐器、雕刻手工艺品、家具、电线压板和优质纸张等;建筑上做梁、檩、门、窗和房间隔板等;农业上制作水车、渡槽、抬扛等,泡桐叶、花可作猪、羊饲料。在园林上,是良好的绿化和行道树种。因此,相对于单一桐林和单一农作物种植,其社会经济效益明显提高(表3-5)。桐-粮复合经营可产生可观的经济效益,如集约培育的泡桐8~10年可主伐,树高可达10 m以上,胸径可达30 cm以上,单株材各可达0.459 m^3,按每公顷825株计算,则蓄积量可达378.75 m^3/hm^2,出材约267 m^3,按每方木材1000元计,则每公顷产值可达26.7万元左右。王槐清(2009)对重庆市云阳县桐-粮复合经营模式进行了效益分析,并从桐-粮复合经营与纯桐林种植产量与产值的比较(表3-5)中得出,

表3-5 桐-粮复合经营与纯桐林种植产量与产值比较

调查地点	桐-粮复合经营									纯桐林		
	面积 (hm²)	株数 (株)	油桐		小麦		甘蔗		产值 合计 (元/ hm²)	株数 (株)	产量 (kg/ hm²)	产值 (元/ hm²)
			产量 (kg/ hm²)	产值 (元/ hm²)	产量 (kg/ hm²)	产值 (元/ hm²)	产量 (kg/ hm²)	产值 (元/ hm²)				
千丘乡千丘村	255	570	5550	6660	2310	3225	30000	18000	27885	960	11835	14190
江口镇新华村	120	600	5850	7020	2400	3360	22500	13500	23880	1020	12375	14850
龙角乡张家村	75	630	5910	7080	2565	3585	21750	13050	23715	1050	12150	14580

桐－粮复合经营，每公顷种桐树 570~630 株，纯桐林每公顷种桐树 960~1050 株，纯桐林桐籽单产虽然比桐粮间作高 1 倍以上，主要原因是纯桐林总株数比桐粮间作多 390~420 株/hm^2，但是就其总体经济效益而言，桐粮间作比纯桐林最高效益多 913 元。因此，桐－粮复合经营生产具有适用推广价值。

四、现状与问题

目前桐－粮复合经营的普及与推广在逐渐扩大，科学研究也在不断完善，合理的设计与配置方案和经验已经相当成熟，只是仍然存在多种现实问题。主要表现在以下几个方面：

1. 作物之间生长互相影响

由于泡桐与作物争水，加重了当地的干旱因素，特别是在旱年，土壤水分可能上升为限制粮食产量的主导因子，但只要加强农田基本建设和提高对作物的管理水平，桐与粮争水的矛盾可以得到一定的缓解，况且桐－粮复合经营所形成的农田小气候，还可以提高空气湿度和土壤水分；由于空间结构的不同，泡桐与农作物复合经营时生长较高，当种植不合理时容易争夺农作物的光照，阻碍其生长，为了桐、粮双丰收，要根据经营的目的和要求，当地自然条件以及经营对象的特性，按空间位置和季节时序合理组合，桐木宜选择窄冠桐栽培，农作物品种宜选择耐阴性强、生育期短的品种；此外，由于泡桐和油桐等生长过程根系生长旺盛，容易与农作物争夺土壤养分，还须补充充足的物质能源，增施肥料，才能保证土地资源的持续利用。

2. 经营管理较松懈

桐－粮复合经营是一个集约化的土地利用方式，经营管理较为复杂，因此导致农民在一些经营管理方面比较松懈。目前，经营管理水平低主要表现在四个方面：一是大量采用低干苗木造林，二是不注意人工接干，三是没有适时修枝；四是丛枝病严重。导致低干矮冠树多，不但影响农作物光照条件，而且也影响材质和出材率。根据长期观察资料，随着泡桐树龄的增长，树冠的扩展，泡桐的遮阴面积增大，将会影响泡桐下农作物，特别是喜光作物玉米和棉花的光照状况。另外，桐粮间作也会产生病虫害，进而影响作物的生长和农户收益。因此，如何合理地控制农田泡桐密度、品种选育、定期整枝、适时轮伐、合理组合泡桐下的农作物种植模式、控制病虫害等田间经营管理问题仍然是一个基础问题。

3. 系统稳定性较差

桐－粮复合经营有许多模式类型，且经营过程呈动态变化，其人工群落的稳定性较差，抵抗外界灾害的能力太低。农民因其信息、技术等自身局限性，在选择复合经营模式时往往盲目跟风，完全照搬照抄成功地区的经验，难以做到科学、合理、高效。特别是一些地区平原绿化树种单一，病虫害严重，甚至密度过密或间伐过稀，大大降低系统稳定性。应加强多树种、多层次与农作物间作，调整树种结构，提高生物群落的稳定性。需要政府来组织多方面的专家对现有林地资源，对既符合当地气候土壤等自然条件又有巨大市场潜力的多种复合模式进行可行性论证和可持续评估，指导农民根据林地条件不同时期林相结构来动态地调整复合模式和经营措施，以实现从短期经营向可持续经营转变。应迅速培育出抗病、速生、干性好、透光率较高的泡桐新品种，提高系统稳定性，以适应农桐复合经营发展的需要。

第四节 典型模式：杨－粮复合系统

一、系统概述

杨－粮复合经营是农林复合经营的重要组成成分，它有广义和狭义之分。广义的杨－粮复合系统包括农田防护林、典型的小带距杨－粮复合系统和在幼龄杨树速生丰产林内种植农作物等，即涵盖了以农为主、林－粮并重和以林为主3种形式；狭义的杨－粮复合系统则仅指农作物与小带距形状配置杨树所构成的复合系统，其林木的行距小于农田防护林，大于片林，通常在10～60 m的范围内。杨－粮复合经营与杨树农田防护林具有显著的区别：首先，在指导思想上杨－粮复合经营是为了充分利用自然资源，在保证粮食生产的前提下生产一定数量林产品，并改善生态环境，作物和杨树均是经营的主体；其次，在经营方式上采用集约栽培，以较高的投入获得更高的产出；第三，在栽培上将杨树与农作物以适中距离配置，适当加大生态界面，使群体关系保持适度紧张。

我国杨－粮复合经营历史悠久，积累了丰富的经验。现代的发展大约始于20世纪60年代，80年代逐渐形成规模，90年代开始向大规模发展。

杨树是世界中纬度平原地区栽培面积最大、木材产量最高的速生用材树种之一（徐红梅等，2013）。我国的杨树种类多，在各地均有分布，不但高生长很快，而且自然整枝良好，枝下干高。因此，杨树不但可以用作防护林带、行道树，还用作速生丰产林，能产生巨大的经济生态效益。杨树放叶早，落叶晚，喜生湿润肥沃深厚的沙壤土，又因树下光照状况好，在田间实行杨－粮间作，可以满足杨树的肥料需求，当杨树与农作物间作时，有利于农作物的生长与发育。杨树有着发达的根系，而且根系大多集中分布在土层30 cm以下至1.5 m之间。而农作物诸如小麦、玉米、豆类等的根系多集中分布在地表30 cm之内。因此，在杨－粮复合经营时，树木与农作物能较好地利用土壤不同层次中的水分与养分，两者能较好地在同一土地上生长。由于杨树吸收根总量的84%集中在土层40～100 cm处，而大多数农作物吸收根的74%～85%集中于土层的20～40 cm处，因而它比较适合进行间作和农林复合经营（谢勇，2001），杨－粮复合经营可以更好地发挥互作优势。

在生产实践中，杨－粮复合经营常见类型主要有：杨树－棉花、杨树－小麦、杨树－油菜、杨树－花生、杨树－水稻、杨树－大豆、杨树－绿豆、杨树－豌豆、杨树－蚕豆、杨树－西瓜、杨树－黄麻、杨树－玉米、杨树－薯类、杨树－南瓜、杨树－冬瓜、杨树＋玉米＋南瓜、杨树－玉米－西瓜、杨树－大豆－小麦、杨树－红薯－油菜等。杨－麦复合经营的农作物应尽可能采用冬小麦，而且杨－麦复合经营在华中区也较普遍，管理也比较简单，只需按一般农作物田间管理进行。即农田进行秋耕细耙、小麦播种前施肥、小麦返青期追施尿素。在杨树栽植后的第二年每株以追化肥0.5 kg为宜，结合麦田管理进行浇水。麦、杨对生态条件的需求,从各自生育特点来看,在时间上存在着峰谷互补关系,因为冬小麦的生长盛期与杨树的年生长旺期错开,相互之间矛盾很小。杨树与豆类间作效果也很好,与棉花间作则效果较差。因此,应尽可能在头几年间作棉花,避免随杨树郁闭度增大时光照量减少的不良影响。另外,要改进小麦栽培技术,筛选耐晚播、早成熟、抗倒伏品种,加强科学管理,在小麦播种前看墒浇地,适时下种,小麦灌浆进行根外喷磷促进早熟。

沙颂阳等(2008)对湖北省杨–粮复合经营研究表明,杨树生长的第三年林木郁闭度大,不再适合进行复合经营。韩冰冰等(2014)在皖北地区不同栽植密度的杨树与小麦、大豆等农作物复合的对比试验,对杨树材积生长量、碳贮量、固碳量及林下作物经济效益等方面综合评价。结果表明,杨树碳贮量、固碳量及材积生长量之间具有紧密的相关性。杨树总碳贮量增多,并不意味着单株林木的碳贮量也增大。在试验密度范围内(4 m×6 m、3 m×8 m 和 2 m×6 m),以杨树株行距为 3 m × 8 m 的模式综合效益最高,其单株杨树碳贮量较其他 3 种模式均有较大提升(韩冰冰等,2014)。方升佐等(1998)利用林木生长的边行优势原理,设计了双行大间距的杨–粮复合经营新模式,以提高单位面积生产力并延长农作物的间作年限,其配置模式为(3×3)cm×20 cm,(3×3)cm×30 cm,(3×3)cm×40 cm,(4×4)cm×20 cm,(4×4)cm×30 cm 和(4×4)×40 cm,6 年的研究结果认为,(3×3)cm×20 cm 的配置模式生物生产力、光能利用率和经济效益均最高(Fang S et al.,2005;吕士行等,1997)。徐红梅等(2014)通过连续 3 年试验监测,对江汉平原 5 种典型杨–粮复合经营类型(杨树–玉米,杨树–大豆,杨树–西瓜–小麦,杨树–棉花–小麦和杨树–玉米–小麦)及效益进行了分析。结果表明:杨树幼林–粮复合经营不仅能促进杨树生长,还可以获得明显经济效益。杨–粮复合经营能不同程度提高综合经济效益。无论从总投入、总产出、产投比还是总收益看,5 种典型杨–粮复合经营类型的综合经济效益均优于未间作林分。不同间作模式收益及影响杨树生长有差异,综合效益较好的模式有杨树–西瓜–小麦、杨树–棉花–小麦、杨树–玉米–小麦,说明杨–粮复合经营会有效改善田间小气候和农业生态环境,促进农业高产、稳定。

二、组成结构

1. 杨–粮复合经营的农作物配置

小麦是杨–粮复合经营最主要的农作物,杨麦间作是成功的间作模式(图 3-6)。这主要是由于它们生长发育的物候期在时间上相互交错,峰谷互补。在华北地区小麦 4 月上旬拔节,5 月中旬至 6 月中旬灌浆黄熟,而杨树则在 4 月下旬展叶,5 月中旬以后才达到最大遮阴,5 月中旬至 6 月中旬大约有 1 个月的共生期。此期间既存在杨树遮阴的负面影响,也存在着遮阴缓解或解除小麦的"午休"现象,并具有灌浆、黄熟期间防止干热风危害的正效应。株行距设置合适的杨–粮复合系统中,小麦不但利用自然资源,还提高了生物生产力。此外,杨树与小麦的栽培区域存在着广泛的重叠,因此它们的间作面积最广。

除了小麦以外,玉米、大豆、花生、油菜、棉花也是杨–粮(农)间作的常用作物。其中豆科作物间作效果好,这是由于它们具有一定的耐阴性,本身具有根瘤,不但能缓解与林木对氮素的竞争，而且可以为林木提供氮素，它们与杨树存在一定程度的优势互补的作用。有的地区采用单一豆科作物与杨树单季间作，有的采用豆科作物与小麦实行轮作的双季间作方式，尤其以后者效果更佳。玉米、棉花是强喜光作物，不耐遮阴，接近树行处减产明显，若株行距过小则减产严重，始于大株行距间作，行距以 30~60 m 为宜。

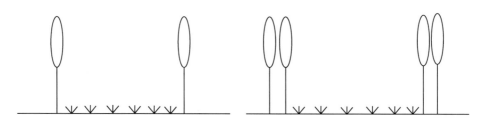

图 3-23　杨 – 粮复合经营模式

2. 杨 – 粮复合经营中林木株行距的配置

杨 – 粮复合经营中杨树以行、带状配置为主，为了减少遮阴，树行均为南北方向设置。各地因自然条件、经营目的和杨树种类、品系的不同，杨树株行距存在着多种多样的配置方式，概括起来有 15 种主要栽培模式（表 3-6）。

表 3-6　杨 – 粮复合经营中杨树株行距的配置方式

行式	株距	行距	间伐情况	说明
单行	小株距	小行距	不间伐 间伐	以林为主，生产小径材，间作年限 3 年 农林并重，生产中、小径材，全轮伐期均可间作
		中行距	不间伐 间伐	以生产小径材为主，间作年限≤7 年 农林并重，生产中、小径材，全轮伐期均可间作
		大行距	不间伐	农林并重，生产中、小径材，全轮伐期均可间作
	大株距	小行距	不间伐 间伐	以林为主，生产中径材，间作期 4~5 年 农林并重，生产中、大径材，全轮伐期均可间作
		中行距	不间伐 间伐	农林并重，生产中、大径材，全轮伐期均可间作 以农为主，生产中、大径材，全轮伐期均可间作
		大行距	不间伐	以农为主，生产中、大径材，全轮伐期均可间作
大小行	小株距	小行距	不间伐 间伐	以林为主，生产小径材，间作年限 3 年 农林并重，生产中、小径材和苗木，全轮伐期均可间作
		中行距	不间伐 间伐	农林并重，生产中、小径材，间作年限≤7 年 以农为主，生产中、大径材，全轮伐期均可间作
		大行距	不间伐	以农为主，生产中、大径材，全轮伐期均可间作

注：1. 小株距：株距 2~3m；大株距：株距多为 4~5m，少量有 6m 的。
　　2. 小行距：行距≤10m，常用 5m、7m、8m、10m；中行距：行距为 10~30m，常用 15m、20m、25m、30m；大行距：行距为 30~60m，常用 30m、40m、50m、60m。
　　3. 大小行是指由 2 行林木组成小行（双行），双行与双行之间距离加大构成大行，农作物间作于大行之间，小行的行距通常与株距相同或略大于株距

3. 杨 – 粮复合经营的优化模式

农田光照条件是确定株行距的最重要的依据。杨 – 粮复合经营实现可持续发展的条件是保证间作农作物不减产，保证农作物不减产的最低光照阈值是林木的最大遮阴程度不超

过15%，或至少保证8小时的光照时间。以河北农业大学对华北地区保证农作物不减产的最小株行距的研究为基础，通过对各种栽培模式的综合分析，总结出两个优化模式。

模式1：株距3~4 m，行距：10 m，间作3~4年后隔行间伐，出售绿化大苗，行距变成20m。再经3~4年进行第二次隔行间伐，可出中径材，行距变成40 m。以后继续间作，直到轮伐期满，进行主伐更新，生产大径材。

模式2：株距：3~4 m，行距：15 m，间作4~5年后隔行间伐，生产中径材，行距变成30m。再间作4~5年进行第二次隔行间伐，行距变成60 m。以后继续间作，继续间作到轮伐期满，进行主伐更新，生产大径材。

这两种模式均可以保证在农作物不减产的前提下生产出更多的木材，尤其是可以培养出大径材。这是在华北地区的依据下得出的优化模式，也可以作为其他地区的参考。

三、效益分析

（一）生态效益

1. 提高光能利用率

树行南北走向的杨－粮复合系统中，树行间中心点的光强日变化曲线呈单峰型，9：30~15：30为高峰期，光强与自然光强接近，9：30以前15：30以后光强迅速下降。株行距选择合适可使农作物的光能利用率得到提高或至少不减少。即使在农作物光能利用率略有下降的情况下，农作物加林木的总光能利用率仍可得到提高。表3-7是4年生杨－粮复合系统的光能利用率。从中可以看出田间各点光能利用率的加权平均值，小麦比对照提高10.89%、大豆和玉米对照基本持平，加上杨树的光能利用则杨－麦、杨－大豆和杨－玉米分别为对照的135.32%、148.51%和127.62%。

表3-7 杨－粮复合经营的光能利用率(%)

作物种类	东林冠下	行中	西林冠下	加权平均	对照	741杨	间作/对照
小麦	3.43	3.19	2.95	3.19	2.93	1.55	135.32
大豆	2.05	2.16	1.60	1.99	2.02	2.02	148.51
玉米	3.82	4.23	3.63	3.89	3.91	2.02	127.62

2. 调节温度

杨－粮复合系统内的温度特征与农田林网相近似，由于行距小，林木温度的调节作用更强，因此温度特征更明显。间作田内气温日变化进程与对照农田形式大体相似，但变化幅度变小，曲线趋缓。白天间作田内气温比对照低，夜间相反。不同结构间作田的日最高温度比对照低0.4~3.4℃，平均降低1.3℃，可缓解夏季高温的影响。夜间最低温度比对照高0.1~1.1℃，平均提高0.6℃。因此杨－粮复合系统的气温日较差小，一般可减少0.6~4.3℃。据测定，间作田地表温度比对照低0.4~6.8℃；日最高地表温度可降低19.5℃，日最低温度可提高0.2~2.5℃，日较差比对照减少1.3~12.3℃，缓和低温变化的作用比气温更显著。

3. 增湿作用

据在河北省定州市和大名县等地的杨－粮复合系统的观测，绝对湿度日均值为16.1~

23.5 hPa，平均 19.4 hPa，对照田 13.7～21.9 hPa，平均 17.8 hPa，间作田比对照平均高 1.4 hPa，最大可达 2.4 hPa。相对湿度均值比对照平均高出 5%，最高达 13%，增湿效果非常明显。在特别干燥的情况下，这种增湿作用就更明显。定州市 5 年生杨－粮复合系统（株行距 3 m×2 m×18 m）中 5 月下旬间作田与对照的瞬间最大相对湿度差平均为 15%，12：00～16：00 干热风期间最大差值可达 32%，从而使间作田内小麦免遭干热风的危害。

4. 防风作用

杨－粮复合系统的林木密度比农田林网大，因此降低风速的作用更明显。通过长期系统的测定得知，间作田风速仅为对照田的 13%～55%；防风效能[防风效能(%) = (对照风速 - 间作田风速) ×100/对照风速]为 45%～87%，平均为 57%，杨－粮复合经营降低风速的效果是十分明显的。

黄淮海平原是我国小麦的主产区，该区每年 5 月中旬至 6 月上旬小麦灌浆、乳熟期间经常发生干热风危害，造成小麦减产。杨－粮复合系统内的温度明显降低，相对湿度增加，风速下降，因此当非间作田发生干热风危害时，间作田内的小麦则可以顺利地完成灌浆、乳熟，从而保证了小麦的高产。表 4 表明，在干热风日不同模式间作田可降低日平均温度 0.3～1.0℃，平均降低 0.6℃。最高温度降低 0.1～1.0℃，平均降低 0.5℃；提高日平均相对湿度 2%～13%，平均提高 5%。提高日最低相对湿度 1%～13%，平均提高 5%；间作田与对照田的瞬时温度差高达 22%，相对湿度＜30%的持续时间，间作田为 2.2 h，对照田为 6.7 h，减少 4.5 h；减小日平均风速 1.8～6.9 km/h，平均减小 3.7 km/h。减少日最大风速 3.3～16.9 km/h，平均减小 10.0 km/h（表 3-8）。

表 3-8　干热风日的温湿风比较

时间测点	日均温（℃）			日均湿（%）			日均风速（km/h）			最高温度（℃）			最低湿度（%）			最大风速（km/h）		
	间作	对照	差值	间作	对照	差值	间作	对照	差值	间作	对照	差值	间作	对照	差值	间作	对照	差值
94-05-31 钮店	30.0	30.5	-0.5	38	36	2	5.0	6.8	-1.8	32.8	33.8	-1.0	31	28	3	7.5	11.4	-3.9
96-05-19 钮店	21.2	22.2	-1.0	64	51	13	1.0	5.7	-4.7	30.0	29.6	-0.4	36	23	13	5.0	17.1	-12.1
96-06-12 黄甘固	27.6	27.9	-0.3	46	40	6	2.2	9.1	-6.9	39.5	39.6	-0.1	15	12	3	6.3	23.2	-16.9
97-05-23 黄甘固	—	21.2	—	65	60	5	2.9	6.9	-4.0	—	30.4	—	26	20	6	7.0	17.4	-10.4
97-05-30 樊村	—	19.8	—	71	67	4	1.8	4.3	-2.5	—	30.6	—	31	27	4	3.8	12.0	-8.2
97-06-01 沙改站	—	21.4	—	48	44	3	4.5	8.8	-4.3	—	32.1	—	17	16	1	11.0	26.2	-15.2
97-06-02 沙改站	—	22.0	—	58	54	2	2.0	3.9	-1.9	—	32.9	—	28	22	6	7.9	11.2	-3.3

(二)社会经济效益

杨－粮复合经营不仅改善环境，带来多种生态效益，同时产生的经济效益也是相当可观的。杨树幼林期间进行林－粮复合经营，林木生长加快，成材期缩短，林木增长效益明显；同时农作物的收益增加林地早期收益，而且省去了林地管理过程中除草、施肥等费用投入，以短养长，取得了短期效益和林木生长的双赢。

1. 提高农作物产量

各地区不同栽培模式、不同间作年限的杨－粮复合经营田农作物产量存在着很大的差异。在河北省魏县5年生中林46杨间作田（株行距3 m×2 m×30 m）中对农作物产量的空间分布进行了测定（表3-9），可以看出农作物的产量呈拱形曲线特征，距树行越近产量下降越明显。

表3-9　中林46杨间作田内农作物产量的空间分布（kg/hm²）

距间作地西侧树行的距离（m）	2	5	9	13	17	21	25	28	平均	对照
小麦	3324.7	4557.2	6133.6	5746.6	6235.8	5144.7	4800.8	3413.8	4907.2	5837.9
玉米	2367.0	2677.5	2715.0	3084.0	3139.5	4365.0	2749.5	2314.5	2926.5	7293.0

表3-10是对河北省定州市钮店和西市邑的杨－粮复合系统（株行距3 m×2 m×18 m）产量进行逐年跟踪测定的结果。结果表明，间作作物特别是小麦产量基本呈现低－高－低的过程。原因是两方面的，由于初植林木较小，其防护和改善环境作用较小，农作物的产量不会很高；随着林木生长、对环境改善能力增加，产量会在一定时期随着林木的生长而提高；另一方面，随着林木逐渐生长其遮阴作用和与农作物争夺水肥的矛盾也逐渐增加，"胁地"的负作用相对变大，当这种负作用高于其正效应时，农作物的产量就开始下降，于是就呈现低－高－低的现象。

表3-10　杨－粮复合经营农作物产量动态变化

间作时间（年）	作物产量（kg/hm²）				总产量	
	小麦		玉米或花生			
	产量	相对产量（%）	产量	相对产量（%）	产量	相对产量（%）
2	3361.0	0.85	6316.3	1.08	9677.3	0.96
3	4495.0	1.04	5373.3	0.91	9868.3	0.98
4	5960.7	1.32	2943.2	0.92	8903.9	1.12
5	7478.9	1.13	1819.5	0.86	9298.4	0.99
6	4775.3	1.27	2721.6	0.79	7496.9	1.03
7	4534.3	0.86	1377.9	0.55	5912.2	0.70
8	2741.4	0.59	892.8	0.44	3634.2	0.51
9	2313.6	0.50	1651.0	0.55	3964.6	0.52

根据裴保华等（1998）的研究，从小麦产量的角度出发，行距18 m左右的间作模式，最佳间作年限是3~7年。同时，农林复合经营对秋作物的负面影响更大，也相对较早，间作年限每进行一年，秋作物的产量就下降8.6%，而间作的1~4年对产量的影响不大。

从农作物总产量的角度出发，在该行距下间作6~8年是比较合理的。另一方面，对于毛白杨来说，第7~10年时正处于速生期，树高15 m左右，胸径15 cm左右，还没有成材。这时如果为不影响作物产量而对其间伐，在经济上是很不合算的。所以，如果推迟2~3年再进行间伐，就可以得到中径材，这时间伐会得到较高的经济效益。因此，为了保证农作物不减产，同时兼顾木材生产，对林木应及时、适时进行间伐。

2. 促进林木生长

研究表明,平原农区实行杨-粮复合经营是培养杨树大径材的有效途径。即使是在立地条件相对较差的河滩地、沙荒地和次耕地,只要采用间作的形式,就可以保证杨树的快速生长。在定州市钮店试区的河滩地生长的幼林情况如表3-11所示。结果表明,毛白杨幼林在间作条件下生长良好。

表3-11 毛白杨幼林生长情况(株行距 3 m×2 m×18 m)

间作时间 (年)	树高 (m)	胸径 (cm)	单株材积 (m^3)	单位面积蓄积量 (m^3/hm^2)
1	2.50	2.00	0.001	0.13
2	4.59	4.92	0.005	1.63
3	6.02	7.27	0.011	3.73
4	6.97	9.74	0.026	8.63
5	9.23	9.23	0.039	12.86
6	10.96	10.96	0.064	21.20
7	13.09	13.09	0.097	32.40

在大名试区荒沙地的毛白杨中龄林-成林生长情况如表3-12所示。由此说明,在该立地上毛白杨不仅没有形成通常的"小老树",而且生长依然旺盛,14年生时平均单株材积已在 0.6 m^3 上。

表3-12 毛白杨成林的生长情况(4 m×13 m)

间作时间 (年)	树高 (m)	胸径 (cm)	单株材积 (m^3)	单位面积蓄积量 (m^3/hm^2)
10	16.46	24.12	0.305	25.39
11	17.19	26.88	0.384	31.99
12	17.40	28.99	0.461	38.38
13	18.74	30.77	0.552	45.97
14	19.53	31.96	0.616	51.30

与相同立地的片林相比,间作条件下毛白杨的生长要好得多,如间作11年的毛白杨比相同立地条件下的纯林平均单株材积提高30.3%~137.7%(表3-13)。表3-13说明,间作条件下毛白杨的平均单株比纯林状态下的生长量提高30%以上,甚至1倍以上。

中林-46杨属于黑杨派,生长速度比较快,特别是在杨-粮复合经营下更是如此。测定结果见表3-14,从表中可以看出,中林-46杨在复合经营下,生长非常迅速,在复合经营的7年间,高生长平均达2.3 m,胸径生长达2.6 cm。

表 3-13　间作与纯林条件下毛白杨的生长比较(11 年生)

形式	株行距 (m×m)	树高(m) 总量	树高(m) 相对(%)	胸径(cm) 总量	胸径(cm) 相对(%)	单株材积(m^3) 总量	单株材积(m^3) 相对(%)	单位面积蓄积量(m^3/hm^2) 总量	单位面积蓄积量(m^3/hm^2) 相对(%)
纯林	4×7	13.18	100	19.24	100	0.162	100	57.696	100
间作1	3×20	14.08	106.8	21.98	114.2	0.223	137.8	37.090	64.3
间作2	3×6×18	16.75	127.1	20.10	104.5	0.210	130.3	58.444	101.3
间作3	4×30	17.19	130.4	26.88	139.7	0.384	237.7	31.992	55.4

注：纯林是大名卫东林场；间作1是定州试区刘驼庄；间作2是定州试区西市邑；间作3是大名试区西村。其中大名西村的间作3地块与大名卫东林场相连。

表 3-14　中林-46 杨生长情况(株行距 3m×2m×28m)

间作时间	1	2	3	4	5	6	7
树高(m)	3.5	5.4	8.7	12.9	16.4	18.6	19.2
胸径(cm)	2.17	4.67	9.07	12.52	15.70	18.00	20.30
单株材积逐年总生长量(m^3)	0.000807	0.004604	0.022659	0.059136	0.109402	0.152221	0.205927
单株材积连年生长量(m^3)	0.000807	0.003797	0.018055	0.036476	0.048437	0052188	0.053706
单位面积蓄积量(m^3/hm^2)	0.1763	1.0231	5.0353	13.1413	24.3116	33.8269	45.7616

3. 提高经济效益

以裴保华等(1998)对河北省杨-粮复合系统的研究为例，分析其经济效益。河北省杨-粮复合系统主要分布在古河道等沙荒地、风沙土次耕地上。土质以沙土为主，养分含量较低。这些土地如果不进行杨-粮复合经营(如平整土地和打井灌溉等)，产量低而不稳，甚至不能耕种。对照农田有两种情况，第一种(对照1)是将风沙危害严重的次耕地按照世行国家造林项目林地基本建设投入指标，进行农田基本建设，并实行集约经营的农田；第二种(对照2)是原有的沙荒或风沙次耕地，不进行农田基本建设，没有灌溉条件，实行粗放经营，每年只种一季花生的农田。在测定林-粮复合经营田农作物产量同时，也测定对照1农田农作物的产量。按经济效益评价指标，结果表明，林-粮复合经营整个系统在一个轮伐期结束时的各项经济指标比对照1和对照2都高。

杨-粮复合系统的产出投入比率是对照1的108.57%，是对照2的1.60倍，投资收益率是对照1的1.2倍，是对照2的3.86倍，两项指标都优于纯农业经营系统。以净将来值表示净经济效益，林-粮复合系统在一个轮伐期内比对照1增收10963元/hm^2，比对照2增收76979元/hm^2。

林-粮复合系统在一定生长阶段(中龄到成熟龄)由于林木遮阴和对水肥的争夺等，会降低农作物产量。在中龄期末(林龄10年)间伐1/2可缓解林-粮间的矛盾。在一个轮伐期内林-粮复合系统与对照2相比，农作物平均产量降低25.3%，3.53×$10^4 hm^2$。林-粮复合系统的产量比对照2却提高5.1倍，2.0×$10^4 hm^2$。可见林-粮复合经营是开发利用沙荒、扩大耕地面积的一种好措施。

四、现状与问题

杨-粮复合经营具有突出的生态效益和社会经济效益,因此发展良好。但是,也存在一些问题需要解决。

(1) 各地杨-粮复合经营的株行距普遍偏小,密度过大,林木遮阴严重,造成作物减产。同时影响林木的生长,使林木严重偏冠。新建杨-粮复合经营应因地制宜设置林木的株行距。建议采用株距3~4 m、行距30~60 m的配置,这样可以实现长期间作,农作物不减产,同时促进林木生物生长。对于目前正在经营的过密的杨-粮复合系统,可通过间伐调整株行距,实现合理密度。

(2) 配置合理的杨-粮复合经营可以保证粮食丰收,但是,林木遮阴造成近树行局部减产是一种客观存在。可以通过及时对林木进行修枝加以调节。修枝应注意及时和适度,每次修去1~2层枝,使上部保留4~3层枝即可。此外,在林木胁地严重的范围内,可以通过改变间作作物种类予以调节。目前许多地方正在探索在胁地范围内栽植耐阴的经济作物,如青刀豆、胡萝卜、草莓、药材等,经济效益非常显著。

(3) 现在栽植的杨树中有的树冠较大,根系较浅,遮阴严重。需要通过试验筛选出窄冠速生的优良品种代替大冠品种。目前正在试验推广的窄冠毛白杨就是一个很有发展前途的树种。

(4) 杨树木材商品转化程度不高,木材价格偏低,影响杨-粮复合系统经济效益的提高。应通过农村经济结构调整,提高杨树木材商品转化率,实现栽培—加工—商品—市场系列体系,使杨树木材得到充分利用,从而推动杨-粮复合经营实现可持续发展。

第五节 典型模式:枣-粮复合系统

一、系统概述

枣树是我国的特产果树之一,已有3000年以上的栽培历史。由于枣的适应能力强,其分布范围非常广泛,华北地区的各个省份都有枣的大面积分布。河北省有沧州金丝小枣、赞皇大枣、阜平大枣、行唐大枣等品种,山西则有吕梁木枣、板枣、骏枣、相枣、壶瓶枣、临猗梨枣、官滩枣、油枣、平陆屯屯、郎枣等著名品种。

枣-粮复合经营是我国劳动人民的创举,是一种提高土地、日光和空气等自然资源利用率,增加农田单位面积产量、产值的先进农作制度,也是重要的林-粮复合经营模式,农民将枣-粮复合经营称之为"地上是粮仓,树上是银行"(郭健,2008)。枣-粮复合经营是把农作物与枣树按照一定的排列方式种植于同一土地单元,从而形成长期共生互助的枣-粮复合系统(刘进余,1998)。农林间作模式成功与否的主要问题在于林木与农作物之间的肥水和光照的利用和竞争问题。枣与农作物在生物学及生态学上的差异使得它们对肥水和光照的利用在空间上能够相互错开,实现了生态位的有效分离,从而能够形成稳定的农林复合生态系统,实现增产和增收,从而为枣-粮复合经营创造了必要的条件(同金霞等,2003)。

1. 枣、粮物候期交错,养分光照竞争弱

枣树与农作物,如冬小麦、夏玉米、谷子和大豆在物候期上都能适当错开,避免了对光照、养分的强烈竞争。根据同金霞等(2003)的研究,枣树萌芽较晚,北方枣区一般在4月中旬发芽、长叶,这正好为间作地内小麦返青期生长提供了充足的条件。4月上旬林内的积光量可以达到对照地的82%,完全可以满足冬小麦返青阶段对光照的需求;4月下旬至5月中旬,小麦历经拔节、抽穗、开花3个时期,是养分吸收的高峰期,从拔节到开花,氮、磷、钾吸收量分别达到总吸收量的72%、93%和100%,之后对养分吸收减少,而这时枣树则逐渐进入生长的高峰期,对养分元素,如钾的吸收达到一个高峰。至6月上旬,枣树进入花期,叶片中氮、磷、钾的水平均处于高峰期,分别为640、320和3600 mg/L。而之后的一段时间,谷子、花生、春玉米等作物尚处于苗期,植株小,需肥量也小(图3-24)。7~8月,谷子、玉米、大豆等作物需肥水较多,同期内枣树根系生长进入高峰期,果实生长也需大量营养,但一般年份已进入雨季,农民一般会在这时对农作物进行施肥,这样又可使枣树与农作物之间的肥水矛盾得到缓解。

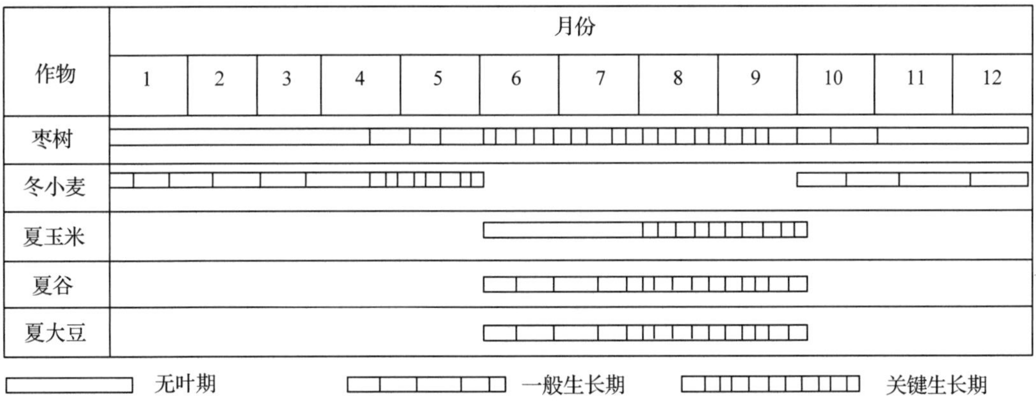

图3-24 枣树与农作物物候图谱(同金霞等,2003)

2. 枣、粮根系在空间上分布差异,竞争较弱

枣树是深根性植物,主根可达2 m左右,根系的垂直和水平分布区仅限于树冠下10~90 cm的土层和树冠半径4.5 m的范围内,根系发育较弱且分布稀疏。而农作物根系分布较浅,一般在40 cm的表层土内,因此能合理利用土壤中的水分养分,枣-粮争水争肥的矛盾不突出,农作物胁地现象不严重。

3. 枣树树冠稀疏,透光良好

与杨树等树种相比,枣树的树冠稀疏,透光良好,对林下作物的影响较小。枣树的结果枝,俗称枣吊,是脱落性枝,10月底就会脱落。此时,树冠仅存二次枝、枣头和少量的骨干枝,对树冠下、侧方的光照影响极小,日积光量相当于全光照积光量的82%~97%。同时,枣树叶片展开后,单叶面积较小,全树叶片也较稀疏,因此,故树冠下侧方不会形成强烈的遮阴。据同金霞等(2003)的研究，枣吊生长高峰期，树冠下方日积光量为全光照的76%；枣头生长高峰期，树冠下日积光量相当于全光照的39%；枣树花期和枣果采收后，冠下日积光量分别相当于全光照的65%和73%。枣树对光照的影响相对较小，再加上合理的株行距设计，枣树与作物之间对于光照的竞争可以得到很好的缓解。

4. 枣树树冠低矮，遮阴范围小

与其他高大乔木相比，枣树树高较低，一般4.5~5.5m，高的可以达到6~8m左右。由于树冠比较低矮，所以它影响的空间范围也较小，对间作物的不良影响也较小。据调查，离金丝小枣主干4 m左右远的范围内，光照强度随远离主干的距离加大而逐渐接近自然光强(指同时刻的对照地光强)，距主干4 m以外开始达到对照地的光强(杨丰年，1995)。

枣-粮复合经营改变了枣树和作物原有的单一种植结构，使枣与粮左右相隔，上下搭配，构成了新的立体生态环境。该生态环境中的各种气象因子也相继发生了显著变化，形成了有利于枣树和作物生长发育的小气候。枣树与作物也在这种新型的立体生态环境中建立起"枣护粮"和"粮促枣"的互惠关系，促进了枣-粮双丰收。大量研究表明，枣-粮复合经营可以达到明显的增收效果，实现经济效益的提升。枣-粮复合经营模式的增产机制主要有以下几个方面：

首先，枣树对农作物的影响。枣-粮复合系统中枣树对农作物的生长具有促进作用。枣-粮复合经营中形成的枣树林带，具有明显的降低风速、增加空气湿度、减少极端温度灾害的作用，可改善系统内的小气候；枣树通过蒸腾作用，降低地下水位，防治沥涝及盐渍化的发生；枣树形成的凋落物具有培肥土壤的作用，可以提高农田土壤肥力，这些均有利于农作物生长。

其次，枣-粮复合系统中，作物的管理有利于促进枣树的生长。农作物的病虫害防治也利于枣树害虫的控制。枣-粮复合系统中的枣树与作物有一些共同的虫害。如绿盲蝽象即危害芝麻、棉花，也危害枣树；红蜘蛛危害小麦，也危害枣树；蛴螬、地老虎、金针虫和蝼蛄是枣树和作物共同的地下害虫。因此，对农作物的害虫进行防治可明显减少枣树的虫害。农作物的土、水、肥管理有利于枣树生长。一般来讲，枣树抗旱，耐瘠薄，抗逆性强，管理相对简单，而对农作物的管理强度要高很多，对于农作物要进行灌溉、施肥、中耕除草、病虫害防治等活动，而这些活动同样对于枣树的生长也会产生明显的促进作用。据调查，由于对间作地内的作物实行土、水、肥综合管理，因而同时给枣树的生长发育创造了较好的条件，可使枣树增产30%~50%。

二、组成结构

枣-粮复合经营类型主要分为3种：以枣为主、以粮为辅的复合经营模式，以粮为主、以枣为辅的复合经营模式和枣-粮兼顾的复合经营模式(图3-25)。

1. 以枣为主、以粮为辅的复合经营模式

适用于地多人少的地区。枣树株行距4 m×6 m，枣树密度为555 株/hm²，间作物为一季小麦。每公顷土地中，枣树占地面积约6480 m²，粮食作物占地面积约3520 m²，枣树占地面积大于粮食作物占地面积(窦崇财,1999)。或采用双行带状型间作模式,即宽窄行,株距4 m,窄行距4 m,宽行距10 m,密度360株/hm²。

2. 以粮为主、以枣为辅的复合经营模式

适用于人多地少的地区。枣树株行距4 m×15 m,枣树密度为165株/hm²,间作物为冬小麦-大豆、谷类或夏玉米两茬。每公顷土地中,枣树占地面积2640 m²,粮食作物占地面积7360 m²,枣树占地小于粮食作物占地面积。或采用株距4 m、窄行距4 m、宽行距18 m的双行带状型间作模式,密度225株/hm²。

图3-25 枣-粮复合经营模式

3. 枣-粮兼顾模式

这种复合经营模式适用于人口土地均衡的地区。枣树株行距4 m×8 m,枣树密度315株/hm²,间作物为冬小麦-大豆两茬。每公顷土地中,枣树占地面积约5040 m²,粮食作物占地面积约4960 m²,枣-粮占地基本持平。或采用株距4 m、窄行距4 m、宽行距12 m的双行带状型间作模式,密度315株/hm²,这种间作模式,可获枣-粮双丰收(牛步莲,2000)。

高春祥对枣(金丝小枣)-粮复合经营进行了分析,认为枣-粮最佳复合经营模式为采用南北行向,株距3~4 m,行距13~16 m,每公顷210株为宜。间作物配兰以高矮秆搭配,3层楼式栽培为佳(高春祥,1994)。

王勇等(1997)通过研究发现,在土壤、水、肥条件相同时,行距为13.8m的间作地,东西行向比南北行向的冬小麦产量低7%~15.7%,夏玉米产量低30%左右,红枣产量也低10%~15%。为了避免或减轻枣树遮光引起的减产,在优化间作模式中,枣树应以南北行向为主体,在常有风害的地方,可每隔100~200 m加设一些与主体行向相垂直的间隔行,以提高树行的防风效应。

就行距来看,在我国北方,行距15~20m,株距3~4m,是最优模式的枣树布局格式。如果行距小于15m,行间直射光照射的时间和光量就大大减少,会造成间作作物较大减产;但当大于20m时,直射光照射的时间和光量的增加都不太明显。枣树株距则以小枣品种3m、大枣品种4m为宜,这种株距既能满足枣树发育所需要的空间,而且能获得较高的红枣产量。利用这种"双丰产"优化布局,收入平均为18000元/hm²,比同一地区的纯粮田高出2倍。

枣树树高也是影响枣-粮复合经营行间光照的重要因素。研究表明,行距15 m时,树高在 6m 的基础上，不论是增高 1m 还是降低 1m，都会对行间的作物产生明显影响。从试验资料分析，如果要获得同等的光照条件，树高每增高或降低 1m，行距就得相应加宽或缩减 3.5~5.5m。从枣－粮复合经营总的经济效益分析，树高 5m、干高 1.4m 为宜，这样既可使间作枣树达到较高密度，提高红枣收益，又可增进树体的透光性能，不影响冠下土地利用，而且还可提高枣树内膛及下层结果能力(王勇，1997)。

三、效益分析

(一) 生态效益

1. 减少风害

由于枣－粮复合经营改变了群落结构，使下垫面的粗糙度明显增加，气流(风)经过时，所受摩擦力增加，同时，枣－粮复合经营改变了枣树和作物原有的通风结构，增加了间作地内的乱流，消耗了风的动能。因此，枣－粮复合经营可明显降低近地面处的风速，减少风害。据测定，在枣－粮复合经营地内，大风穿过第 2 行枣树时，风速就可降为原来风速的 51%，防风效果非常明显。据山东省无棣县的研究，行距 9~15m 的大面积枣－粮复合经营地，风速降低 59.95%。一般情况，枣－粮复合经营可降低风速 30% 以上。卜俊杰等(2001)则发现，带距 10~15m、株距 3m 的枣－粮复合系统内风速可降低 31%~38%。

2. 减免干热风害。

河北省中南部地区，每年 5 月底到 6 月初常出现高温、低湿、风大的干热风天气，干热风导致的减产可达到 10%~30%，甚至是 30% 以上。枣－粮复合系统中，林内风速和气温明显下降，相对湿度则明显提高，破坏了干热风形成的条件，有效减少了干热风的危害。据测定，6 月上旬，间作地比对照地气温低 0.1~0.5℃，而空气相对湿度提高 6%~8.2%(同金霞等，2003)。另据李志强的研究，在株行距为 4m×20m、树龄为 20 年的枣－粮复合经营区域内，夏季中午可降温 2~4℃。由于土壤蒸发和作物蒸腾的水汽能长时间停滞在林带之中，故可使空气相对湿度提高 10%，土壤湿度提高 2%~13%，蒸发量减少 10% 以上。空气相对湿度可提高 2%~10%，温度降低 1.9~4.8℃(卜俊杰，2001)。

3. 充分利用光能

枣树不仅树冠较小，枝叶稀疏，遮阴面小，而且发芽晚，落叶早(衡水地区分别在 4 月 20 日左右和 10 月下旬)，生长期只有 200 天左右，所以与农作物之间矛盾较小，尤其是夏收作物。据观察，5 月上旬小麦秀齐穗时，枣芽才 1~2 mm 长，不影响小麦对光的需求，到 5 月下旬，枣树叶幕刚刚形成，小麦已开始进入腊熟期，不仅对小麦光照影响不大，而且可以减轻干热风对小麦的危害。

4. 提高地温，防止冻害

枣－粮复合系统中，枣树就是冬春季节小麦的天然防风屏障。在枣树的防护下，间作地内的气温比空旷地高 0.5~1.4℃，小麦可免受或减轻冻害，使地面温度平均降低 2.3~3.6℃，耕作层 0~2 cm 内土壤温度提高 3.2%(卜俊杰，2001)。

5. 防止沥涝和盐渍化

在河北省，由于枣树有耐盐碱的特性，枣－粮复合经营多分布于沿海地区的盐碱地，盐碱地的土质黏重，通透性差，自然排水能力低，在多雨年份，易形成沥涝灾害，影响作物的产量。然而，在枣-粮复合经营地内，土壤中的水分被枣树通过强烈的蒸腾作用而散失，降低了洪涝灾害，减轻了农作物的受害程度。另外，枣树还可以防止土壤的盐渍化。枣树的枯枝落叶不仅可以提高土坡肥力，而且腐烂过程中产生的有机酸还可中和土壤中的盐碱。据调查，枣-粮复合经营的农田与一般大田比，地下水位可降低0.2~0.5 m，20 cm上层的含盐量可减少四分之一（李志强，1990）。

6. 提高土壤肥力

枣树的叶子和根都含有一定的养分，脱落入土或残留土中，经腐烂分解可改良土壤，培肥地力。据测定，干枣叶含氮480 μg/g，含五氧化二磷64 μg/g，含氧化钾3000 μg/g；树根含氮1.24%，含五氧化二磷0.12%，含氧化钾0.16%。枣树的结果枝为脱落性枝，一棵成年枣树每年可脱落枣吊、枣叶10 kg（干重）左右，枣树的根每年又有一定数量自然更新。这些自然脱落的枝叶和根可改良土壤，培肥地力，促进作物生长（韩丰年等，1995）。

（二）社会经济效益

枣-粮复合经营改变了单一农作物的平面配置而成为乔木与农作物相结合的立体种植，在这新的枣-粮复合系统中，枣树形成的林带，对系统内的湿度、温度产生一系列的影响，形成有利于农作物生长的小环境，促进了农作物产量的提高。而农作物的高强度管理也促进了枣树的生长，有利于提高枣树的产量。因此，枣农复合系统与单纯的枣园以及农田相比，其经济效益有明显提高。

李志欣等（2002）研究发现，枣-粮复合系统中存在明显的增产区和减产区，表现出离树越近产量越低，随着离树距离的增加，作物产量相应提高。同时，枣树对光饱和点低的作物影响轻，对光饱和点高的作物影响重。冬小麦和夏大豆的增产和减产分界线在距枣树主干2 m左右，2 m以内区域减产，距树干2 m以外区域表现增产，减产面积占总面积的26.7%，增产面积占总面积的73.3%。冬小麦和夏大豆平均产量有所提高，分别较对照增产9.3%和5.9%。而夏玉米和夏谷增产、减产分界线在距树干4 m左右，减产面积占总面积的53.3%，增产面积占总面积的46.7%，减产面积超过了增产面积，造成减产，夏玉米减产4.8%，夏谷减产5.2%。

刘进余等（1998）发现，枣-粮复合经营综合效益较对照显著提高，每公顷效益达33364.5~34326.0元，较对照的12863.3~14464.4元增加18900.1~21462.7元，枣-粮复合经营综合效益较对照提高了1.307~1.668倍。从全年作物总产量来看，枣-粮复合经营区冬小麦和夏玉米产量为10215 kg/hm^2，较对照增产226.5 kg/hm^2，增产率2.3%。枣-粮复合经营区冬小麦和夏谷产量达到9862.5 kg/hm^2，较对照增产190.5 kg/hm^2，增产率2%，差异不显著。枣-粮复合经营区冬小麦和大豆产量7246.5 kg/hm^2，较对照增产556.5 kg/hm^2，增产率8.3%。高春祥（1994）通过对比也发现，枣-粮复合经营区收入是非间作区的3倍。

卜俊杰等（2001）对比了枣-粮复合经营的优化模式与一般模式的经济效益的差异。研究发现，优化模式（枣带走向以南北为宜，带距10~15 m，株距3 m）比一般模式（枣树株行距4 m×20 m)产值增加46.89%。枣树5年生时,优化模式的总产值比一般模式增加39.70%;枣树10年生时,前者比后者增加38.00%;枣树15年生时,前者比后者增加48.50%;枣树20年生时,前者比后者增加56.90%。该优化模式也适合在盐碱严重地区推广应用。

四、现状与问题

1. 基础研究有待加强

枣-粮复合系统实现可持续发展的关键是构建枣与农作物之间和谐的生态关系,主要是它们对水、肥、光照等自然资源的利用如何实现在空间及时间上合理分化,这就需要对枣及不同的农作物对各种自然资源的利用规律有深刻的了解和认识,而相关的研究还有待加强。由于这方面的基础研究不足,使得构建的枣-粮复合系统存在明显水、肥、光照及生长空间的竞争,一方面影响了系统的稳定性,另一方面,也使得系统的整体功能低下,枣与农作物的产量都处于较低水平。

2. 模式不尽合理

近年来,人们提出了不同的枣-粮复合经营模式。实践证明,有些枣-粮复合经营模式不尽合理。如一些枣-粮复合系统盲目追求种高产作物,如小麦、玉米等。有研究发现,一些小麦品种和枣树在生育期上存在明显矛盾。这些小麦品种的返青、拔节、扬花、灌浆的时间和枣树的萌动、萌发、长枝、开花、坐果存在明显的重合,对小麦产量的追求使得小麦与枣争肥争水的现象严重,明显影响了枣的产量,这说明这种栽培模式存在一定的问题。同时,也有研究表明,小麦等作物的种植使得系统中的昆虫多样性有明显下降,对枣树的授粉过程受到一定程度的影响。

3. 管理水平有待提高

枣树与其他经济树种相比,管理相对简单,导致人们对枣-粮复合系统的管理不够重视,管理相对粗放,影响了枣-粮复合系统的产量。如枣园土壤管理粗放,枣树匍匐根系较多,有水平分布的特性。但人们在枣园管理中,对枣树根系很少进行有针对性的管理,使得枣树根系放任生长,和间作物之间争水争肥矛盾加深。同时,多年来有些地区存在枣树只种不管的现象,尤其是对枣树的树形放任生长,不进行合理地整形修剪,导致枣树树形紊乱,通风透光差,不但影响间作物的生长和生产,也影响了枣树的自身生长发育,导致枣果产量不高,质量下降,商品价值降低。

4. 劳动力缺乏

随着社会经济的发展,农民就业渠道日益多样化,劳动力不足的矛盾日益突出。相对于外出打工,枣-粮复合经营的效益相对较低,多数农户的年轻人都在外地打工,多数被调查农户的年轻人都在外地或城里打工,枣树栽培和管理都以老年人为主;而且枣-粮复合经营树栽培的技术要求和劳动强度都比较高,年轻人不愿继续从事这些工作。由于以上原因,导致了劳动力的流失,是枣-粮复合经营这种优良的林-粮复合经营模式的发展受到了一定的影响。

参考文献

[1] 卜俊杰,张进宝,何利平,等,2001. 枣-粮复合经营优化模式初步探讨[J]. 山西林业科技,(4):32-35.

[2] 陈静,叶晔,2009. 农林复合经营与林业可持续发展[J]. 内蒙古林业调查设计,32(5):84-87.

[3] 程鹏,罗宁,余本付,等,2008. 安徽省不同区域造林树种选择及栽培技术[M]. 北京:中国林业出版社.

[4] 窦崇财,1999. 天津市大港地区枣-粮复合经营丰产栽培技术[J]. 天津农业科学,5(3):29-32.

[5] 方升佐,黄宝龙,徐锡增,2005. 高效杨树人工林复合经营体系的构建与应用[J]. 西南林学院学报,25(4):36-41.

[6] 方升佐,余相,吕士行,等,1998. 杨粮间作新模式的生产力及其经济效益的研究[M]. 北京:中国林业出版社.

[7] 高春祥,1994. 枣-粮复合经营模式及效益分析[J]. 河北林业科技,(4):35-36.

[8] 郭健,2008. 黄土高原枣-粮复合经营模式初探[J]. 林业科技,(4):27-28.

[9] 郭树华,安淑萍,陈志刚,等,1995. 林农间作模式经济效益评价初探[J]. 林业经济,(1):56-66.

[10] 韩冰冰,肖正东,傅松玲,等,2014. 不同密度杨农复合系统碳贮量研究[J]. 安徽农业大学学报,41(1):130-135.

[11] 韩丰年,赵志诚,李敬川,等,1995. 枣-粮复合经营双增产的生态机制[J]. 河北林业科技,(1):42-45,47.

[12] 胡荟群,2011. 农林复合经营的发展概况及类型研究[J]. 安徽农学通报,17(18):10,31.

[13] 黄大国,江文奇,2013. 安徽丘陵地区经果林复合经营模式的效益分析——以枞阳县大山村为例[J]. 经济林研究,31(1):129-133.

[14] 蒋建平,1990. 泡桐栽培学[M]. 北京:中国林业出版社.

[15] 姜志林,高丽春,方越井,等,1991. 安徽涡阳县桐农间作类型及其效益分析[J]. 生态学杂志,10(3):24-28,42.

[16] 李芳东,傅大立,王保平,1998,农桐间作复合系统研究进展[J]. 北京林业大学学报,20(3):134-140.

[17] 李宏开,1997. 林业基础与实用技术[M]. 合肥:安徽教育出版社.

[18] 李立伟,2007. 农林复合经营与河南平原林业可持续发展[J]. 防护林科技,79(4):86-87,94.

[19] 李文华,赖世登,1994. 中国农林复合经营[M]. 北京:科学出版社.

[20] 李志强,1990. 枣-粮复合经营是一种优化的耕作制度[J]. 现代农业科技,(2):9.

[21] 李志欣,刘进余,刘春田,等,2002. 枣-粮复合经营复合种植对作物生态及产量的动态影响[J]. 河北农业大学学报,25(4):45-49.

[22] 刘进根,1987. 主要气候、土壤因素对兰考泡桐生长影响的初步研究[J]. 植物生态学与地植物学学报,11(1):10-19.

[23] 刘进余,1998. 枣-粮复合经营复合系统中农作物产量动态效应的研究[J]. 河北农业技术师范学院学报,12(2):21-25.

[24] 刘俊杰,陈瑶,2005. 农林复合经营的研究进展[J]. 内蒙古林业调查设计,28(2):30-35.

[25] 刘晓蔚,2012. 桉树人工林复合经营模式综合效益评价体系构建及综合效益评价[P]. 南宁:广西大学.

[26] 吕士行,方升佐,徐锡增,1997. 杨树定向培育技术[M]. 北京:中国林业出版社.

[27] 孟平,宋兆民,张劲松,等,1998. 农林复合系统防尘效应的研究[J]. 林业科学,34(2):11-16.

[28] 牛步莲,2000. 枣-粮复合经营模式及配套技术[J]. 山西果树,(4):24-25.

[29] 裴保华, 袁玉欣, 王颖, 等, 1998. 模拟林木遮光对小麦生育和产量的影响[J]. 河北农业大学学报, 21(1): 1-5.

[30] 齐金根, 1987. 主要气候、土壤因素对兰考泡桐生长影响的初步研究[J]. 植物生态学与地植物学学报, 11(1): 10-19.

[31] 沙颂阳, 罗治建, 万开元, 等, 2008. 幼龄杨树与不同农作物农林复合模式经营年限探讨[J]. 福建林业科技, 35(4): 185-189.

[32] 沈立新, 起自富, 白如礼, 等, 1999. 云南省怒江峡谷区桐农复合经营模式效益分析[J]. 生态农业研究, 7(1): 77-78.

[33] 唐光旭, 黄世贤, 李燕山, 1997. 桐农间作值得推广[J]. 经济林研究, 15(4): 74.

[34] 同金霞, 李新岗, 窦春蕊, 等, 2003. 枣-粮复合经营的生态影响及效益分析[J]. 西北林学院学报, 18(1): 89-91.

[35] 万福绪, 陈平, 2003. 桐粮间作人工生态系统的研究进展[J]. 南京林业大学学报(自然科学版), 27(5): 88-92.

[36] 汪殿蓓, 陈飞鹏, 暨淑仪, 等, 2002. 我国农林复合系统的实践与发展优势[J]. 农业现代化研究, 23(6): 418-420+460.

[37] 王广钦, 徐文波, 沈石英, 等, 1983. 农桐间作与作物产量[J]. 河南农学院学报, 1: 29-37.

[38] 王槐清, 2009. 重庆市云阳县桐粮间作模式及效益分析[J]. 中国西部科技, 8(18): 1-2.

[39] 王焕良, 王月华, 谷振宾, 2011. 做好林下经济发展这篇大文章[J]. 林业经济, (1): 30-35.

[40] 王玲玲, 何丙辉, 2002. 农林复合经营实践与研究进展[J]. 贵州大学学报(农业与生物科学版), 21(6): 448-452.

[41] 王陆军, 肖正东, 曹效珍, 等, 2013. 杨-农复合系统土壤养分分布特征[J]. 安徽农业大学学报, 40(5): 716-720.

[42] 王勇, 安桂华, 1997. 枣-粮复合经营双丰产优化模式[J]. 山西林业, (12): 47.

[43] 魏鉴章, 1982. 论桐农间作的经济效益——兼论桐农间作群体结构问题[J]. 农业技术经济, (3): 39-43.

[44] 吴刚, 杨修, 1998. 桐粮间作林带的配置方式与农作物产量关系的研究[J]. 生态学报, 18(2): 57-60.

[45] 吴晶晶, 2013. 农林复合系统多功能性分析及评价研究[P]. 南京: 南京林业大学.

[46] 吴运英, 熊勤学, 1991. 桐麦间作地能量平衡和水分利用状况及其与产量的关系[J]. 林业科学, 27(4): 410-415.

[47] 肖正东, 程鹏, 马永春, 等, 2011. 不同种植模式下茶树光合特性、茶芽性状及茶叶化学成分的比较[J]. 南京林业大学学报(自然科学版), 35(2): 15-19.

[48] 谢勇, 2001. 杨树人工林林农间作经济效益初探[J]. 华东森林经理, 15(3): 19-21.

[49] 徐红梅, 汤景明, 鲁黎, 2013. 杨树农林复合经营研究进展[J]. 湖北林业科技, 42(6): 45-48+52.

[50] 徐红梅, 孙拥康, 汤景明, 等, 2014. 江汉平原典型杨-农复合经营模式及效益分析[J]. 湖北林业科技, 43(5): 1-3+19.

[51] 徐锡增, 1998. 杨树定向培育技术[M]. 北京: 中国林业出版社.

[52] 徐振球, 1998. 江苏省泗阳县杨树复合经营模式分析及对策研究[P]. 扬州: 扬州大学.

[53] 杨红强, 邹松涛, 张晓辛, 2013. 江苏省生态型农林复合经营选择模式研究[J]. 安徽农业科学, 41(11): 4877-4880.

[54] 杨丰年, 1995. 新编枣树栽培与病虫害防治[M]. 北京: 中国农业出版社.

[55] 余晓章, 2003. 农林复合模式研究与进展[J]. 四川林勘设计, 3: 7-10.

[56] 袁玉欣,王颖,李际泉,等,2001.杨粮间作行距对小麦生长及产量的影响[J].中国生态农业学报,9(2):88-91.

[57] 张翠翠,冯林剑,常介田,2013.黄淮海平原桐粮间作模式的生态效应分析[J].西南农业学报,26(3):932-935.

[58] 张尔俊,1990.立体农业致富之路[J].中国农垦,1:28.

[59] Fang S, Xu X, Yu X, et al, 2005. Polar in wetland agroforestry: A case study of ecological benefits, site productivity andeconomics[J]. Wetlands Ecology and Management, 13: 93-104.

本章作者：黄国勤、杨滨娟、马艳芹、王礼献、孙丹平(江西农业大学生态科学研究中心)

第十六章
林-牧复合系统

林-牧复合系统是指林业、牧业与其他行业的复合系统，其特征是以林业为框架，发展草、农、副业，为牧业服务。林-牧复合经营也是农林复合经营的一个子分支，关于林-牧复合的起源和发展大多数也来自于农林复合经营。林-牧系统是同时经营林业和牧业，进行木材和畜禽生产的一种土地利用方式。该系统属农业复合生态系统的一大类，作为一种传统的农林复合经营模式在世界范围内有着广泛的应用，像欧洲、北美、澳大利亚、新西兰及北非地区的林-牧复合系统已成为当地农业经济的支柱。近些年来，随着我国西部开发、生态环境建设和林、牧业发展的需要，林-牧复合系统在我国也日益受到重视，国家在实施退耕还林（草）工程中规定，林下不准间种农作物、蔬菜，只能间种牧草、中药材。如何选好退耕还林模式，在确保生态目标实现的同时，解决好农民的收入问题，真正做到退得下，稳得住，能致富，不反弹，就成了一个大问题。单一实施林-草间作或经济林林下牧草栽培，虽有显著的生态效益，但直接经济效益欠佳，因此农民不乐意接受，从一定程度上影响到这些技术的推广。如果能引入草食性畜禽，以草养畜，以粪肥树，形成良性循环，不但可以保证生态效益，同时可以产生较大的经济效益，又可保证林地的养分平衡。因此，在广大退耕还林工程区实行林-牧复合经营，发展草食性畜禽，延长产业链条，发挥最大的生态经济和社会效益将成为一种重要的经营模式。

第一节 概 况

一、总体概况

近些年来，国内外对于林-牧复合系统的研究多集中在系统各组分之间的关系、系统效益及其优化设计等几个方面，系统组分之间关系的研究主要集中在牧草对林分的影响、林分对牧草的影响和牲畜对林分的影响。系统效益主要是对林-牧复合经营的生态、经济和社会效益的研究。

(一)林下草本植物对林木的影响研究

林下草本植物对上木的生长、更新所产生的影响一直是研究者们关心的问题,这是决定某种林-牧复合系统能否存在的关键因素。到目前为止,各种研究结果对于林下草本的存在是否对上木生长造成影响,并没有十分肯定的答案。总的来说是积极影响大于消极影响。林下草本对上木的影响也是促进和竞争两个方面的。具体表现:在新造幼林中,林下草本可能对某些目的树种生长所需的营养和生长空间有竞争作用从而影响其生长;另一方面,林下草本的存在间接保护了上木种子,从而促进其更新。在趋于郁闭或郁闭的林分以及老龄林分中,林下草本的不利竞争明显减弱,或不存在不利的竞争影响。在营养方面,由于林下草本的存在在短期内可能对上木造成营养竞争,但是由于林下草本能起到养分"库源"的作用,能够以凋落物等多种形式把养分回归森林系统,在养分方面起到积极作用。

在幼林地或疏林地种植牧草(特别是豆科牧草),能显著地促进林分的生长,提高郁闭度,缩短郁闭时间,增加乔木的总根量和根系总长度,提高林地的生产力(程洪,1997)。落叶松间作沙打旺后较纯林树高增加9.1%,地径增加11.2%,冠幅增加5.3%,单株落叶松根幅比纯林增加15.9%,总根量增加12%,根系总长度增加75.3%。梨园间作和覆草的试验表明(刘建泉,2000),间作或覆草处理由于改善了空气、土壤的温度和湿度以及改变了树体的日照时间、太阳辐射量,而使梨树干径、树高、冠幅、新梢平均长度、新梢个数等生长指标大幅度提高,从而促进梨树的生长发育,同时还可改善光照,避免发生日灼。Mead等(1993)研究了辐射松与牧草间作时两者之间的关系,其中4个试区是辐射松的组培无性系,1个试区是实生苗,两个生长季后牧草引起辐射松高度和直径的生长明显减少,牧草和不同类型树木的生长或营养不存在统计上的交互作用,因而表明辐射松的特有育种不能帮助克服来自牧草的竞争。但也有研究表明林下草本会对上木产生一定的消极影响。20世纪90年代初,在希腊北部开展的幼期林-牧复合系统实验,在洋桐槭和欧洲赤松林下间作多年生黑麦草和白三叶草,结果表明,树木对草本植物产量的影响随着植物的种类或间距的不同而变化,但差距并不明显,试验人员认为草本植物与树木竞争水肥,导致树木生长差异(Bendfeldt et al.,2003)。林下草本对上木的树高、每公顷的总材积及干形影响在众多的研究中已有基本一致的看法,即:在林分郁闭前,清除杂草可以明显影响以上几个指标。在林分郁闭后,各树种对除去林下草本的反应并不一致,有报道称除杂有明显收效,也有报道称上木对此措施无任何反应。此外,林下草本的存在或多或少会影响到上木的更新,但这种影响可以分为积极的和消极的。1年生的草本,因为生长周期只有1年,通常认为对上木更新没有构成障碍。虽然一些草本的存在在几年内的确减缓了实生苗的生长速度,但对它的更新和生存并不造成威胁。但林下草本对上木更新的影响不能认为仅仅是两者之间单纯的作用与反作用的关系,它的影响力度与生境的其他因子诸如温度、湿度的综合作用有关。

(二)林木对林下草本植物的影响研究

一方面,林分上木通常因为冠形、冠层结构的差异或树种的组分不同以及林分密度的大小而对林下植被的生长、分布有着较大的影响(Alaback,1982)。Mathew 等(1992)研究了印度南部湿润地区 4 个多用途树种对 4 种饲料作物的影响,试验表明树冠形成后饲料作物的生长和产量受树种组成的负影响非常显著。刘淑玲等(1997)在天然草牧场栽种乔木防护林后,发现草种资源发生变化,优质牧草的种类增加,同时有林草场的牧草产量比天然草场的牧草产量提高了 55.49%。上木的冠型、树种的组分、密度的改变都会引起林下植被的改变,上木对林下植被的作用机制实质上是通过控制光照为主的环境因子的变化来影响林下植被的发育。

  印度学者也在积极探索适合其地形、气候条件的林-牧复合系统,1980 年在 Dehradun 地区的河谷林地引种龙须和金须茅,跟进开展了 14 年的观察实验,其河谷林地的主要树种为金合欢、从林茶、紫花羊蹄甲和银合欢,实验结果肯定了林-草间作模式对土坡的改良作用,并指出,各树种的树冠面积不一,影响林下植物群落的组成(Vishwanatham et al.,1999)。此外,林分中的上木还可以通过改变林分内的温湿度等环境条件来影响林下植被的生长(Holah et al.,1993)。Belsky 等在肯尼亚研究了孤立的合欢和猴面包树成熟立木对树冠下草本层生产力的影响,指出在干旱稀树草原区树下草本层的生产力较空旷地区高 95%,而在湿润的稀树草原区林下草本层生产力仅比空旷地高 52%(合欢树下)和 18%(猴面包树下)。树冠下草本层生产力提高,则是树冠降低草地温度、减少蒸散量所致(Belsky,1993)。林地内林分密度的改变将影响到林下植被种类、数量和生物量的分布。密度过大的林分还会影响单位面积林下植被的生物量、平均高、植被总盖度以及生活力的大小(林开敏等,1996)。Ahuja 对干旱区林地表层的饲草总产量与立木的平均株数之间的关系进行了研究,指出总降雨量及降雨模式因立木的密度的不同而对饲草的总产量有明显影响(Ahuja et al.,1985)。另一方面,不同的上木组分由于树种不同,其提供的凋落物的数量、凋落物所含营养元素成分以及腐殖质不同,加上树干产生的径流量和径流所含的元素也由于树种不同而不同,从而对立木周围的林地土壤养分、pH 值产生本质的影响,因而有可能改变林下植被的生长。

(三)放牧对林地的影响研究

  合理的林下放牧和养殖有助于林地小环境的稳定。虽然放牧家畜对林木幼苗有一定的破坏作用(陈忠东,2003),但是适度放牧和保护性放牧可促进苗木的生长(Karl,1993),不但不会显著影响树冠生长(Krzica et al.,2003),还有利于树冠生长扩展(Sharrow et al.,1992),同时还可以促进林木抽叶生长(章伟权等,1998);另外,适度的放牧还可以有效增加林下物种的总数,提高林下物种丰富度(Krzica et al.,2003);但是林下放牧和养殖对林木直径和树高生长的影响,却存在不同的观点。Sharrow 等(1992)研究表明,在放牧 10 年绵羊的花旗松林下,花旗松幼树与没有放羊的林地幼树相比,树高增加 6%,胸径增加 22%,其原因被认为是,放牧绵羊可控制林下草本植物的生长,避免林下草本植物与用材树种的幼树争夺营养空间,从而可以促进幼树的生长。Karl(1993)在花旗松和美国黄松的混交林中进行的放牛研究表明,重复放牧可以控制竞争性植被对资源的消耗,促进林木种苗的生长。但 Shaw(1992)关于放牛对太平洋柳和小柳实生树的影响结果表明,春、秋季放牛以及保护性放牛都会减少两种树中高度 <50cm 的个体数,而提高树高为 51~150cm

的树木的存活数量。陈忠东(2003)的研究认为,放牧家畜(如牛、羊等)能够使树高不超过 2m 的幼树受到伤害,而引起幼树伤害的主要原因为家畜的啃食和践踏,同时,他还认为当落叶松幼林平均高度为 2m 时可进行适度放牧,而人工林平均高度在 3m 以下时不能放牧。

Krzica 等(2003)认为,相比较不放牧的林地,长时间(10 年)放牛不会显著影响白杨的冠层覆盖,同时还可以使林下物种的数量得到增加,从而提高了林下的物种丰富度。Couto(1994)对在新栽培的桉树人工林中进行放牧的研究发现,在桉树人工林中放牧牛羊不会影响桉树成活和生长。Stoiculesscu 等(1991)关于放牛对无梗花栎林稳定性影响的研究结果表明,放牛 10 年的树木当年平均生长量为对照区生长量的 96.7%~100%,其差异没有达到统计学上的显著水平。Silva Pando(1992)的研究表明,在松树和桉树林内放牧山羊、绵羊、奶牛、马以及猪,并不影响木材的生产;同时由于家畜取食林下植物的缘故,放牧能够降低发生森林火灾的可能性。Sharrow 等(1992)对针叶树-羊复合系统进行的研究发现,从花旗松造林后的第 4 年开始,到第 10 年进行第一次疏伐时结束,在林下进行了 6 年时间的放羊,对林木的粗生长和树高生长没有显著的影响。邰胜萍等(2004)的研究发现,在花椒树的林下养鸡,林木的高度生长和直径生长都优于对照,分别比对照的林木树高增加 31cm(3 年苗),地径增加 0.22cm。在林下放牧和养殖,畜禽的啃食和践踏能够导致林下植被的机械损伤。Cole(1995)进行的模拟试验显示,美国 5 个地区同海拔和地形的 18 种植物,对践踏的响应程度虽因种而异,但所有物种的相对盖度随践踏增强而逐渐下降,而且践踏后 1 年仍有 14 个物种未能恢复。Sharrow 等(1992)的研究表明,放羊可控制林下植物的生长,与没有放羊的对照林地相比,它能有效减少林下桉树的数量,减少幅度达到 26%。但是,也有研究表明林下畜禽的存在不会显著影响林下植物群落。李永宏等(1997)的研究表明:放牧可促进根茎植物根茎上枝条的萌发,使其产生较多的枝条,同时使根茎节间变短;而对于丛生禾草,放牧可使植丛的丛幅变小,每丛的枝条数下降,但可使植丛密度增大;同时使一些植物的生长型由直立变为匍匐,植株变矮,以适应放牧。

二、发展历史

林-牧复合系统的思想自古有之,并且至今仍在为许多国家使用。李寅恭(1919)提出了在畜场植树之观点,后来又提出了混牧林概念(李寅恭,1930),对我国西北部发展林-牧提出了有益的见解,指出"牧不害林,林牧互益"。长期以来,林-牧复合系统的研究在理论上未得到足够的重视,1978 年国际农林研究委员会(ICRAF)的成立,标志着农林业研究开始进入到自觉地以农林业系统这一概念出发开展广泛的研究阶段(吴建军等,1994;闻大中,1988),林-牧复合系统的系统研究工作也从此开始。它的发展大致可分为 3 个阶段(表 3-15)。

ICRAF 于 1982—1987 年在发展中国家对已经存在的农林复合系统类型和模式进行了广泛的调查,在此基础上,将农林复合系统分为农林系统、林-牧系统、农-林-牧系统和其他特殊系统。但邹晓敏等(1990)在农林业系统分类中,按照中国农林业系统首次出现林-草业、农林-草业系统,把林业和草业结合了起来。

表 3-15 林－牧复合系统的发展阶段

时间	阶段	特点	实例
1978 年以前	萌芽期	传统的农林、林－牧思想的具体体现，对于系统的研究停留在表面的观察	1919 年李寅恭提出在畜场栽树
1978—1988	诞生期	主要集中在对传统农林业（包括林－牧业）的摸底调查上，林－牧复合系统的结构设计、物种配合、效益等方面的研究	1982 年 ICRAF 发起一次全球性的农林系统调查（谢京湘等，1988）印度尼西亚 PICOP 计划。里下河地区农林复合经营计划（黄宝龙，1988）
1988 年以后	成熟期	在系统的整体优化设计、系统内物种在水分、营养、时空等生态位上关系、饲料树种的选择、木本饲料的加工工艺以及放牧对系统的影响等诸多方面都有了进一步的发展，但在我国许多研究仍集中在对系统的效益的研究上	对叶营养成分动态的研究（Verma K S，1989）、放牧对林地稳定性的影响（Stoiculescu C D，1991）、对土壤的影响（Bezkorowajny P G，1993）、林分与牧草的相互影响（Mead D J，Canterbury，1993）、林－草对氮的竞争（以及对林－牧系统的评价（Garrison M，1992）；毛凯（1995）刘玉西（1995）、李绍密（1992）、吴建军（1996）等对系统生态经济效益的研究；孟平和宋兆民（1996）等对系统蒸散耗水及系统的水效应研究

　　熊文愈（1988）认为林下种植牧草，或原有草地上栽植树木都属于林－牧复合系统。因此林－牧复合系统一般有以下三方面的理解：①林－牧复合系统是为实现一定的经济、生态目的而建成的，其目标是提高土地、空间、能量和水肥的利用率，增加土地边际生产力，在单位面积土地上获得最大的生态、经济和社会效益；②林－牧复合系统是在同一土地经营单位上将林业、草业和牧业组合在一起的复合系统，这种复合系统利用林业、草业、牧业之间以及它们与环境之间的竞争和适应关系，创造出比纯林或纯草经营较高的生产力；③林－牧复合系统是一种土地利用的特殊技术和经营体系，在实际生产中因地制宜，并将林－牧复合系统纳入农林复合系统的大体系中，以求达到最高的综合效益。对于林－牧复合系统的概念，不同学者有不同看法，裘福庚和方嘉兴（1996）认为林－牧复合系统是以牧为主，林木和牧草共生共荣的系统，借林木保持水土及改善牲畜生境，提高生产力水平；也有许多地方采割林木枝条作为家畜饲料。张久海（1999）等将林－牧复合系统归纳为两类：一类是林－牧型由饲料树组成，包括树篱系统，其幼嫩枝叶可被牲畜直接采食或采割后做饲料。在这种类型中林下很少或没有草本植被，其最大的特征是乔木或灌木由饲料树种组成，林木是饲料的主要提供者。一类是林－草－牧型指乔木或灌木下长有牧草（天然或栽培），牧草可采收后喂养牲畜或直接放牧。国际农林业研究委员会（ICRAF）将林－牧复合系统分为三部分：长有专为采收饲料用的树木的林－牧复合系统、由饲料树组成的树篱系统和长有乔木或灌木的草地系统（吴建军等，1994；闻大中，1988）。

第二节 类型分布及其特点

一、类型与分布

林－牧复合经营主要有林－草－牧复合系统、林－草复合系统等类型。林－草－牧复合系统是一种立体经营模式，将林业、牧草种植和畜牧 3 种不同农业类型结合在同一或相邻的空间内紧密结合的经营方法。它可以根据不同规模尺度和地域分为牧区林－草－牧复合系统、家庭牧场复合系统，多分布于北方牧区。在 ICARF 的分类中，它属于复合农林业系统的一大类，主要包括"蛋白质库"（长有专为采收饲料用的树木系统），由饲料树组成的树篱和长有乔、灌木的草地系统（樊巍，2000）。草原学把它划归为林－草型草地（赵粉侠和李根前，1996）。

林－草复合系统是指由多年生木本植物（乔木、灌木、果木和竹类等）和草（牧草、药草和草本农作物等）在空间上有机结合（长期或短期）形成的复合多物种、多层次、多时序和多产业的人工经营植被生态系统，其范畴包括林－草间作，牧场防护林、饲料林、果树和经济林培育中的生草栽培等。这是我国干旱、半干旱地区农林复合的主要模式之一。林－草复合系统能够充分利用自然资源，提高初级产品的转化率和利用率，发挥复合系统的生态效益，在实现可持续发展方面有巨大的潜力。根据不同地区经济社会生态可持续发展需求和自然环境要素，林－草复合系统主要分布于我国的西北、华南和西南三大区域。华南地区典型代表为热带地区的桉、胶、茶－草复合系统，西北及北方地区广泛分布的林（果树）与棉花、牧草复合系统和生态固沙防护林等体系，西南主要为退耕还林区果树、竹、桤木与草复合系统，而其他地区也存在林－草复合系统，但规模相对较小。

二、特点

牧区的林－草－牧复合系统特点是规模大，一般为几十公顷至几百公顷，它的主要目的是防风固沙、改善生态环境，提高系统的初级和次级生产力，生态功能突出，家庭牧场相比规模较小，一般只有几公顷到几十公顷，但生态经济效益更高。在草场实行家庭承包责任制后，这种模式以一家一户为单位，把林、草、牧、副业等有机结合发展建立起来，更能合理分配草场空间资源减轻过载、过牧的压力。

农区的林－草－牧复合系统一般为几公顷，与单一的种植和饲养方式相比，这种模式有较多优势：林果、牧草和畜禽三个环节互相支持和利用，降低了各环节原料成本，提高了经营效益；各环节互相利用时减少了废物排放和对环境的污染；有利于生产高品质和绿色无公害农畜产品；提高了水土保持能力，改善小气候。

林－牧复合经营可以在多层次上利用光能，生产多种产品，增加收入，缓解林－牧矛盾，同时还可以提高土壤有机质，改良土壤结构，给林木提供氮素营养，为林业健康稳定的发展创造条件。

第三节 典型模式：林-草-牧复合系统

一、系统概述

林-草-牧复合系统中的林木是主要的第一生产者，也是人工生态系统中的主要建群种，林地环境的主要建构者。而牧草通过保持水土、改良土壤、改善林地内微生态环境来促进林木的增长，并为家禽提供食料。家禽可以捕食林地中的害虫，其排泄物留在林地中可作为肥料还田。家禽的进入，利用生物防治的办法来对付林地内的虫害，减少了化学杀虫剂的施用。复合系统中的各个物种间相互作用，以及系统内部的调节可以减少外界的干扰，特别是化学药品的施用，由此可以减少购买能值投入，提高利润率。任何一个农业生产系统是一个由生物群落和物理环境相互作用的统一体，具有自我维持和调节控制的功能，发展持续林业要按照自然规律建设稳定的林业生态系统，不断提高生态系统生产力（李双喜，2009）。

二、组成结构

以科尔沁沙地林-草-牧复合系统、榆林风沙滩的林-牧复合系统和家庭牧场复合系统为例，其构成由以下几个部分组成（李文华和赖世登，1994）。

(一)沙地的林-草-牧复合系统
1. 防风林带

以防风固沙、改善小气候条件、保护天然草场或人工草场为主要目的而经营的防护林网。中国科学院沈阳应用生态研究所在内蒙古翁牛特旗东部乌兰敖部地区营造的防护林网是为改善天然草场、发展人工草场而设计的。网格大小一般为500m×500m，种植精饲料或青贮饲料，即粮食作物(玉米、大豆、高粱)，主带距一般不超过树高的20倍，发展果树时主带距在树高的10～15倍之间。

2. 固沙林及阻沙林带

在缓平的流动或半流动沙地，通过人工播种或飞播，播种灌木(狭叶锦鸡儿、差不嘎蒿)及草本植物等，形成灌-草复合系统。在草原边缘沙丘前沿营造较宽的阻沙林带，以防止流沙侵入草原造成危害。此类地区以恢复人工植被和固沙为主，在一定时期严禁樵采和放牧，最好实行围栏封育，以达到固沙和改善生态环境的目的。

3. 疏林草场

疏林草场是干旱半干旱风沙草原地区主要类型之一，也是主要的天然牧场。在广大的沙沼地、甸子或河岸阶地稀疏残存的柳、榆、杨树林，防护其周围的牧草。

4. 饲料林

主要选择对牲畜适口性好的乔灌木树种如沙枣、刺槐、榆树、柳树、胡枝子、山杏。这些树种叶量大，含粗蛋白多，适应性强。林下则为多种草本植物。

(二) 榆林风沙滩的林 – 牧复合系统

陕北榆林北部风沙滩地林 – 牧复合经营建设走"以灌溉农业为基础，以综合防护林体系为骨架，以生态经济型农牧业为主导产业"的林 – 牧高效复合经营新路子。在水平分布格局上又按渠、堤、田、林网的规划网络结构和镶嵌结构及其各组分的垂直结构，分双项、多项组合和时序上的多级利用。如桑海则示范点就是以农田灌溉渠道为单元，林、沙、田、水、路、宅、养殖圈舍统一规划，农、林、牧、副有机组合成农田 – 林网 – 水利工程体系。能灌溉的水地上建设东西走向和南北走向林带，东西走向林带南边设渠、北边设路，南北走向林带，渠路分设林带两侧，共同组成大小不同的网格十多个，实现道路与林带、水渠结合，粮、草、林等综合布局。在渠、塘边和林下种草放养家禽获得经济收入和生态防护效益，村宅庭院、养殖圈舍四旁栽植用材林、经济林等也能获得较可观的经济收入，林网内方田间通过开发水资源，打灌溉多管井和深井，配套灌溉机械，建设高产水浇地，使人均水浇地达到 0.4 hm^2，同时采取垫土改良，增施有机肥、压青、秸秆还田、种植豆科牧草、粮草轮作等措施培肥地力，改善农作物生长条件，提高产量质量。

通过综合规划，配套实施，从而把排灌、交通、耕作、绿化和防护等多功能结合起来，充分发挥了水土资源，气候资源和生物资源潜力，提高了沙地的综合生产力。同时，在提高粮食单产的基础上，调整种植结构，减少粮食作物播种面积，增加优质高效高产牧草及瓜果、蔬菜等饲草饲料和经济作物播种面积，变二元种植结构为三元或多元复合种植结构，既为舍饲养殖畜牧业发展奠定了物质基础，又增加了农牧民的经济收入。

(三) 家庭牧场复合系统

牧区实行草畜双承包责任制后，原来集体的草场和牲畜均已归户经营。分草场和牲畜时，条件都一样，而后来一些特殊富裕的牧户突出地发展起来，即家庭牧场。饲养方式由自由放牧、散牧向半舍饲、舍饲转化。家庭牧场一般在草场周围营造防护林，场内打机井，修建永久性水渠，除保护天然牧草外，在家庭牧场还种植青贮玉米和豆科饲料，同时引进果树和蔬菜等，彻底改变原来的养畜方式，形成田园式的林 – 牧复合系统模式如图 3-26。

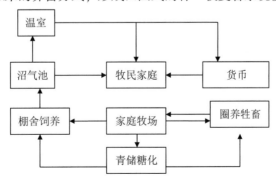

图 3-26　家庭牧场的生产结构

三、效益分析

(一) 生态效益

1. 调节小气候

由于林木的引入,改变了草地下垫面的性质,必然引起草地微气候的改变,已有大量的研究证实了树木在有效防护区内降低风速、减少蒸发、提高空气湿度、稳定温度等方面的作用。研究者在西弗吉尼亚观测了刺槐和牧草复合系统土壤水分、光合有效辐射(PAR)、红光/远红光比率、土壤表面温度等微气候效应,结果表明,林木可以减少草地系统光合有效辐射、土壤温度的极端分布,为牧草生长创造一个良好的小气候。对热带、亚热带地区经济林、果园生草覆盖栽培的大量研究也证明了林-草复合系统在改善小气候、调节温度、湿度、减缓果园高温干旱胁迫,从而促进经济林和果树生长的作用(周志翔,1997)。研究表明,由胡颓子及榆树组成的2~3行牧场防护林网与空旷地相比之下,平均减少风速61%,进而提高了空气温度、土壤温度和空气湿度,同时增加了积雪及土壤水分析。Mcnuaghton K G(1985)综述了防护林带因对湍流交换的影响,分析了林带附近的CO_2浓度、空气湿度、温度、空气饱和差及蒸发等小气候要素的诬陷变化特征。也有研究表明林-草复合经营可以使夏季地温降低0.5℃左右,1月地温提高0.2℃左右。

2. 保持水土

林-草-牧复合系统能逐层截留降水;草本植物能迅速覆盖地面,减轻雨滴动能;牧草根系密集,能够固结土壤,并通过植株和根系的腐解提供有机质和营养元素,豆科牧草还有固氮作用,从而改善土壤结构,增强土壤渗透性和蓄水、保水能力,达到保持水土、改良土壤、保持和提高土壤肥力的作用。邓玉林等(2003)的研究表明,果-草复合系统较单一果园0~3 cm土层土壤毛管孔隙度、毛管贮水量、饱和含水量和土层贮水量增加9.9%、7.2%、10.4%和300 t/hm^2,土壤有机质、全N和有效P分别增加2.028%、0.036%和3.27 mg/kg。孟平等(2003)对太行山区果-草复合系统土壤养分效应的研究表明,复合系统0~50 cm土层有机质含量较对照提高30.10%,有效N提高32%,而有效K降低2.6%。

在林-牧复合系统中,乔木或灌木的枯枝落叶和草本植物的有机碎屑可为土壤提供大量有机质,增加土壤肥力,间作地上层土壤氮素含量较高,有机质含量多,覆盖度大,使地面增温较差,硝化作用相应低些,因此土壤中有机氮素的分解少,保留的氮相应增加。有机质和氮素的提高,对牧草的生长以及土壤结构的改善均有着重要意义。陈凯等的研究(1994)表明,栽植香根草柑橘园与对照相比,土壤pH值上升0.65,土壤有机质、全氮、水解氮、速效磷和速效钾的含量分别增加44.7%、53.7%、36.2%、34.3%、212.5%,Ca、Mg、Fe、Mn、Zn、B等元素也明显提高,土壤中氨基酸含量也有所增加;豆科牧草由于根瘤菌的固氮,具有良好的增肥改土作用。王建江等(1996)通过对0~30cm耕作层土壤分析表明,弃耕地连续3年种植豆科牧草后,土壤中的有机质增加0.09%~0.13%,全氮含量增加0.02%~0.52%,速效磷增加12~20mg/kg。林-草复合经营虽能提高土壤氮、磷的含量,但诸文献都报道了复合经营使土壤钾含量下降。河北坝上杨树-豆科牧草复合经营后提高了土壤中全氮、全磷、速效氮、速效磷的含量,但全钾、速效钾的含量却有所下降(戴玉玮等,1997)。

3. 提高生物多样性

多元的组分、较为复杂的系统结构和良好的生态环境可以有效地提高林-草-牧复合系统的生物多样性。王海霞等(2003)研究了松嫩草原区农-牧-林复合系统中大型土壤动物分布情况,结果表明,杨-羊-草复合系统个体数最多,是玉米田的近3倍。师光禄等(2002)的研究也表明保留杂草带(相当于间作)的枣树林节肢动物总物种数(月平均)为89113,而清耕对照仅为4210。刘德广等(2001)对荔枝-牧草复合系统、吴建军等(1996)对柑橘-牧草复合系统、孔健等对苹果-紫花苜蓿复合系统的研究都表明:复合系统节肢动物丰富度、多样性指数、均匀性指数和天敌数量都明显大于清耕对照。国外在生草果园天敌种类、数量方面的研究结果也表明生草增加了果园的生物多样性,增加了天敌数量。

(二)社会经济效益

有学者在报道榆林风沙区牧场防护林经济效益时指出:林网保护下的牲畜生病率为1%~6%,而无林草地平均高达16.2%;绵羊的产羔率达30%,产毛量增加10%~11%,重量增加13%~15%;如果每只羊平均增重1kg,每千克肉按10元计算,则整个榆林风沙区营造草牧场防护林后增收1412万元。"草牧场防护林营建技术"的研究结果表明,在试验示范区内各种类型草牧场防护林庇护下,草牧场鲜草平均增产29.1%,干草平均增产21.4%,相当于载畜量增加20%~30%。Grado等(2001)对南密西西比火炬松放牧系统分析的结果表明,和纯火炬松商业栽培相比,林-牧复合经营具有较高的土地期望值。CLasno T R (1999)对南方松林-牧复合系统的分析结果表明,林-牧复合系统的内部收益率较开阔牧场提高7.3%,认为林-牧复合经营是一种成熟人工林适合的经营方式。刘蝴蝶等(2003)对苹果生草栽培的经济效益研究表明,生草栽培可使单位面积经济收益提高15.17%~36.22%。有学者在苹果园生草栽培的基础上,利用刈割牧草养羊,延长了产业链条,使经济效益大幅度提高。

四、现状与问题

(一)研究问题

林-草-牧复合系统的研究主要集中在系统效益的评价和模式构建技术方面,而对系统各组分之间内在生态学关系及过程研究不够。今后的工作应集中在以下几个方面:

(1)加强林-草-牧系统物质循环与能量流动研究,特别是要深入研究林木、草本、牲畜三组分之间物质和能量的转化、利用效率;

(2)深入开展林-草-牧复合系统养分和水分竞争的研究,探索品种控制竞争技术,筛选低竞争品种;

(3)加强林-草-牧复合系统生态、经济效益定量评价研究,建立林-草-牧复合系统的优化模式。

(二) 实际管理中的问题

林-草-牧复合经营中出现的矛盾仍然是世界性问题，也将是今后在林牧交错区发展林业必须优先关注的问题。大多数发展中国家，尤其是那些特别贫穷的地区，林、牧矛盾十分尖锐。在这些地区过分强调放牧对森林的毁灭性危害，主张对森林实行彻底保护的办法是行不通的，而应采取林牧协调发展的道路。其实，过去曾为解决该问题作了多种尝试，导致收效甚微的重要原因就是没有充分考虑社会经济的发展水平，片面强调森林发展或牧业需要，忽略了均衡有关各方（如商业利益集团、林区居民、环境保护组织、牧民等）及不同层次（国家、社会、经营者）的利益，结果出现行而不力、禁而不止的现象。这就意味着不能孤立地考察林、牧关系，必须把它置于更广阔的视野之中。而且，应当与当地居民的生活和生存结合起来，满足他们的各种需要是森林的第一责任，即作为社会可持续的一个有机组成部分。否则，森林的保护与发展就失去了广泛的社会基础，其目标也是不可能实现的。事实上，影响林、牧关系的许多因素来自外部，如基本建设、商业政策、经济状况、民族观念等。历史事实和大量的研究表明，只要牲畜数量保持在林地可承受的限度之内，那么放牧对植被的压力和森林群落的自我恢复能力之间，就能维持一种平衡。因此，尽管会随时间而有兴衰，但森林总能自然恢复，这是由于森林具有强大的生命力并且拥有复杂的物种构成。北非的一些试验项目表明（Karmouni，1997），通过改进相关政策法规、管理方式和技术三个方面，林、牧矛盾可得以缓解，退化森林得以恢复且不影响牲畜生产。

第四节 典型模式：草库伦复合系统

一、系统概述

草库伦是作为防止草场退化、恢复草地生产力的一种保护措施和手段，用于草地建设。草库伦是草场围栏的一种形式，蒙古语，意为"草圈子"（胡珉等，2008）。修建草库伦既可充分发挥草场的生产潜力，提高产草量，又能防止超载过牧，使草场资源得以永续利用。由此可见，草库伦是建设基本草牧场的初级阶段，而基本草牧场是草库伦发展的高级阶段（杨文斌，2011）。

鄂尔多斯草原是草库伦的故乡，它发源于乌审旗。1958年开始推广乌审旗围建草库伦的经验，并在牧区得到了大面积推广。十一届三中全会以后，伊盟盟委、行署在贯彻"以林-牧为主，多种经营"的生产方针中，结合伊盟的实际，提出了"三种五小"的战略决策（3种即种草、种树、种柠条，五小即小草库伦、小水利、小流域治理、小果树园林、小农机具）。这使得草库伦得到蓬勃发展，产业结构和畜牧业内部结构都发生了变化，农林-牧副结合，草灌乔结合，种养加结合，长远利益和当前利益结合，通过配套草库伦建设，为发展"两高一优"畜牧业、牧民率先达小康，加快地方民族经济发展起到了积极的推动作用。

二、组成结构

(一) 草库伦的类型

草库伦的形式和种类是多种多样的。按利用方式和建设内容来划分，大体可以归纳有以下 4 种(杨文斌，2011)。

1. 放牧型草库伦

这种类型的草库伦分布普遍、数量多、面积大。通常多设置在淖尔(湖泊)四周的下湿滩、退化滩地草场或巴拉尔草场(沙丘间低地)，围圈封禁，进行建设和利用。放牧草库伦主要是用来放牧，但在高草、地势平坦地段也打一部分草，打草后还可以放牧。它具有投资少、收效快的优点，是良好的冬春抗灾保畜基地。

2. 打草型草库伦

这种类型的草库伦，主要设置在地势平坦、开阔的低湿滩地，丘间低地或耕翻种植过的下湿地。这种草库伦一般属于根茎禾草草场或牧草植株高大的草场。打草草库伦包括经过培育的天然打草场和人工建立的打草场。这种草库伦以打草为主，但地势不平或草低之处，以及打草后的草茬也用于冬春放牧。这种草库伦的特点是产草量高，便于机械作业，易管理和利用。例如，乌审旗牧场在大斯库封育了 1200 多亩(以芦苇为主)，每年打草 40 多万 kg，平均每亩产草 350kg。

3. 草－林－料结合型草库伦

这种类型的草库伦一般多设置在地势平坦、水分土壤条件好又不易沙化的沙丘丘间低地上。其特点是生产效益高。但因投资大，建设速度较慢，又不适应大群放牧，所以应当根据当地具体情况适当发展。

4. 乔－灌－草结合型的治沙草库伦

这种类型的草库伦就是将大面积的流动沙丘、半固定沙丘围圈起来，在库伦内种植乔(木)、灌(木)和草，进行综合治理后形成的。它是把治沙和草原建设结合起来的一种草库伦。这种草库伦的好处是防风固沙，恢复植被，解决用材，多种经营。在树木成林、沙地植被恢复之后，则成为冬暖夏凉的牧场。

(二) 草库伦的规模

一个草库伦的大小，既要考虑当时生产的需要，又要考虑将来划区轮牧和实现机械化的要求，同时也取决于草库伦的类型、建设面积等因素，即草库伦的规模大小是相对的，要根据具体条件而定。

小型草库伦：一般从几十亩、几百亩到 1000 亩以内。这种草库伦经济价值较大，见效快，便于因地制宜分散建设。

中型草库伦：一般是 1000 ~ 5000 亩。这种草库伦可刈可牧，或刈牧兼用，可以进行草、水、林、料综合建设，适于当时合作化集体生产发展的水平。相对围篱用材比小型草库伦少，相对投资也比较少。

大型草库伦：一般为5000~10000亩。这种草库伦在建设上便于大兵团作战，集中力量打歼灭战，同时也便于大中划小，实现划区轮牧。

在兴建草库伦过程中，应该既考虑便于经营管理和合理使用，又考虑将来实现划区轮牧的需要，在规模上，坚持大、中、小型相结合，以中、小型为主的原则，并提倡牧业社建设中、小型草库伦。草库伦的建设形状不一，有长方形、正方形、近圆形，这完全取决于当地自然条件、地貌类型、土地权属等因素，开始时多为不规则形状。建设过程中再按照统一规划进行整修，逐步建设成长方形或正方形，以便于机械化作业、划区轮牧以及采取其他综合性技术措施进行建设。

三、效益分析

(一) 生态效益

通过草库伦建设，植被得到恢复，有效地控制了水土流失。退化、沙化土地的植物生长发育能力大大提高，草场植物群落结构得到改善，植被覆盖度增加。同时改善了土壤的养分和水分状况，提高了土壤肥力，降低了风速，防止了风沙危害，使生态环境得到改善，从而改变了牧区传统靠天养畜的生产方式，提高了牧民的收入。把草牧场圈起来，首先起到保护作用。其次，便于合理规划，全面安排，利于落实牧区以牧为主、农林-牧结合、因地制宜、全面发展的生产建设方针，同时有利于落实和固定草场使用权，以便更好地调动广大群众保护和建设草地的积极性，做到谁建设，谁保护，谁使用。星罗棋布的林网化草库伦的建立，起到改造大自然的作用。

1. 提供了饲草饲料基地

要稳定、优质、高产地发展社会主义畜牧业，必须要有充足的饲草饲料。乌审旗牧民创建草库伦，大搞草水林料综合建设，采取各种技术措施，提高草场的产草量，作为冬春缺草季节的抗灾基地，正是抓住了畜牧业生产这一主要矛盾和关键问题。这对广大牧区来讲，具有普遍意义。在解决冬春季节缺草问题上，草库伦确实起着重要作用。

2. 提高了牲畜质量

乌审旗的实践证明，人民群众依靠自己的力量，完全能够改变这种状况。由于草库伦建设的大发展为牲畜质量的提高创造了日益增多的物质基础，乌审旗的牲畜改良工作得到了较大发展。

3. 为发展大畜创造了条件

地处毛乌素沙地腹部的乌审旗，无论是沙丘间低地草场、滩地草场，还是固定沙地或半固定沙地草场，牧草都很矮，大畜草场比较缺乏。草库伦的建设使牧草得到了保护，有了更新和生长的可能，草的高度显著增加，为发展大畜创造了有利条件。

(二) 社会经济效益

由于植被得到保护，牧草生长茂盛，且由单一劣质牧草向多样性优质牧草转变，草群结构改善，使牧草产量成倍增加，提高了草地产出率，加之灌溉饲草料基地开发，实现了"三料"自给和"五多"，即"粮多、草多、林多、畜多、钱多"，牧民称草库伦是"小康库伦""致富库伦"。在草库伦建设中，涌现出了许多典型户，如汶公梁小流域牧民额尔德尼，将自己承包的 153hm² 草场全部围封起来，因地制宜植树种草，恢复植被，在原有 3.3hm² 灌溉饲草料基地基础上，新开发 13.3hm² 灌溉饲草料基地，全部种植优质牧草和饲料玉米，同时把原来饲养的细毛羊全部调整为优质白绒山羊，实施大规模的舍饲圈养，年创收十多万元。

乌审旗的畜牧业属草原畜牧业，饲草主要来源于天然草场，主要的生产方式是放牧。由于牧区十年九旱，旱灾造成植株枯死，牧草生长不良。加之牧民为了眼前利益，单纯追求牲畜头数，导致超载过牧，使本来脆弱的草场不堪重负，产草量降低、毒草增多，草场退化、沙化，牲畜常常处在"夏饱、秋肥、冬瘦、春死"的恶性循环中，畜牧业发展极不稳定。通过草库伦建设，饲草料得到解决，缓解了草场压力，使草场得到了休养生息。同时，牧草由单一劣质向多样优质转变，牧草产量成倍增加，草场产出率提高，促进了畜种改良，加快了畜群周转，提高了出栏率，提高了商品率，从而使畜牧业得以稳步发展。通过草库伦建设，不断深化了建设养畜的内涵，加快了牧区科普工作向深层次发展和推动了本地区的经济发展。

四、现状与发展趋势

草库伦从新中国成立初期到现在，70多年来经历了一个由初级到高级、由单纯封育到建设多种形式的基本草场的动态发展过程。从草库伦建设目标看，由解决冬春饲草过渡到季节轮牧，直到现在实施的划区轮牧。从草库伦建设类型看，由放牧草库伦、打草场库伦、草林料结合草库伦、乔灌草结合治沙草库伦 4 种类型的基础上，逐渐增添了目前普遍推广的高标准"草、水、林、料、机"五配套草库伦和轮牧草库伦两个类型。从草库伦建设规模看，逐渐转变为现在的建设以小型畜群草库伦为主，逐步向集约化经营、划区轮牧发展。因此，围封草库伦已不仅仅是一项预防性设施，而成为保护草原、管理草原、建设草原、合理利用和扩大草场的积极措施，成为治理生态恶化草场和建设高产、稳产、基本草场的好形式。

(一) 草、水、林、料、机五配套草库伦

这种类型的草库伦是在家庭草库伦(畜群草库伦)的基础上，经过调整、充实、提高，而发展起来的一种新型草库伦建设模式，即高效益家庭牧场经营形式。

(二) 治沙种草草库伦新模式

多年来，广大牧民在防沙、治沙、建设草原上下了不少工夫，坚持不断总结创新，创造性地摸索出许多治理风沙、建设草原的有效方法和技术措施，进一步提高了草库伦建设的质量和效益。

1. 设置沙障，建立灌草型人工草地

这种治理建设方法所采用的沙障类型一般是低立式方格死沙障(机械沙障)和活沙障两种。设置沙障所用材料是沙生灌木沙柳、沙蒿枝条。设置沙障后栽植补种的是羊柴、柠条、沙打旺、紫穗槐等饲用价值高、耐沙、多年生的灌木和牧草品种。实施地段一般选择在公路、湖泊、水库、工矿基地、村镇周边以及流沙危害严重的重点工程建设的地区。

2. 带网片结合建立羊柴、柠条人工灌木割草地

通过多年开展草库伦建设、治理风沙、建设草原的生产实践,特别是在坚持以灌为主、建设灌木草场的过程中,逐渐探索出利用豆科饲用灌木羊柴、柠条建立人工灌木割草地的成功做法和经验。建设人工灌木割草地,一方面要强调坚持"因地制宜、适地适灌、因害设防、注重效益"的原则,另一方面还要考虑畜牧业生产实际,符合适应性强、饲用价值大、饲草产量高的要求。乌审旗在实践中选用了适宜于当地生长的优良饲用灌木羊柴、柠条,作为建立灌木割草地的主要灌木种进行推广种植。

3. 人工灌木割草地的刈割利用

羊柴、柠条适当进行平茬刈割,越生长越旺盛。乌审旗牧民从恢复草原植被、解决牲畜饲草料出发,在灌木割草地管理利用上实行了"促(促进生长)、控(控制枝条木质化)、平(平茬刈割复壮)、加(加工利用)"的做法,抓住这几个关键技术措施,积极调控人工灌木割草地,以实现生长旺盛、稳定高产、持续利用的目的。具体方法是:在灌木栽种后或刈割后的营养生长期严格封闭1~2年,促进其充分生长发育。当灌木的地上部分生长到一定高度时(羊柴、柠条达到1.2m左右),应适时进行控制枝条木质化,否则饲用适口性就会降低,调控的措施就是及时进行平茬刈割。平茬不仅获取饲草,而且使植株复壮,平茬间隔期羊柴一般为1~2年,柠条为2~3年,平茬刈割采取隔带轮替平茬方式。适时平茬可以控制枝条木质化程度的加强,同时也可促进其根系和茎的再分枝,增加新的幼嫩枝叶,提高牲畜可食利用率和产草量。

4. 乔灌草结合建立疏林-草复合系统

生产实践证明,在围栏库伦内实行乔灌草结合,以灌草为主,建立疏林半人工草地的这种模式取得了显著成效。这种类型的草地是减少乔木种植、增加灌草种植面积、形成灌草为主体的治理风沙、建设草原的配置结构体系,并作为当前改良建设草地的主要形式推广应用。

近年来,有的牧户采取杨柳乔木灌木化利用方式的技术,促进牲畜可食饲料增加,提高防风固沙性能。具体做法是,实行乔木短栽造林、平茬复壮作业,2~3年平茬一次,大力发展多功能饲料林。

乔-灌-草结合建立的疏林-草复合系统,整体上属于"乔成带、灌成网、牧草覆盖"植被建设形式,防风固沙性能好,植被恢复快,产草量高(包括树枝树叶饲料),是一种新型的以林育草、冬暖夏凉、立体结构的生态草牧场。采用这种乔灌草结合的治沙育草技术建成的草库伦,一般为刈牧兼用型草库伦,夏秋季打贮草,割草后到冬春实行放牧利用。牲畜利用后的粗硬树枝条以及沙柳平茬枝条可用作林产品加工原料,发挥多方面的综合效益。

第五节 典型模式：荒漠绿洲"三圈"复合生态系统

基于干旱地区地体圈层结构的自然地理地带规律（张新时，2000；慈龙骏，2007），中国荒漠化防治专家慈龙骏提出以绿洲为核心（即荒漠中农、林、牧等各业生产和生物活动基地），建立、维护、巩固三位一体，适度扩大稳定性高产、高效绿洲的原理和方法，遵循水分平衡等 5 项基本原则，实现"三圈"（高效绿洲核心圈、林－牧交错圈、草灌封育防护圈）模式，并最终创建出农－林－牧、果－草－副复合系统。

一、"大三圈"范式

"大三圈"是大尺度的荒漠化防护圈，是从全国的尺度上安排、解决土地沙化、沙尘暴和生态生产建设的宏观格局，主要由荒漠、草原和农牧交错带 3 部分组成。

(一) 干旱荒漠圈
西北和北方的干旱荒漠地带是该范式的最外圈，包括从新疆、甘肃河西走廊到内蒙古西部和蒙古国交界的沙漠戈壁、准噶尔沙漠、巴丹吉林沙漠、腾格里沙漠和库布其沙漠等及其周边地区，该区域内沙漠的沙物质在大风的作用下，为沙尘暴的发生提供了充足的沙源；同时沙漠与绿洲间的植被带（胡杨、梭梭、怪柳等）被破坏后的沙化土地、沙漠边缘和绿洲开垦的农田，在冬春季节处于无覆被的状态，也已成为沙尘天气或沙尘暴的重要沙源和风沙危害（张新时，1994；慈龙骏，2005）。因此，该区域的荒漠化防治的重点是保护天然植被，合理利用土地，沿各级河流、各类道路及水文网系统及有灌溉条件的地带大力营造人工林和防护林网（多带式窄林带），与沙漠（沙地）相邻地段利用冬季闲水和夏季洪水灌溉营造防沙灌草带和防沙林带。

(二) 草原圈
中间的过渡圈是北方的温带草原地带，我国六大草原省份中有五个省份在沙区，占全国草地面积的 57.2%（杨忠信，2000）；全国沙区草地面积主要集中于内蒙古、新疆、青海、甘肃四省份，占沙区草地面积的 94%，其中退化草地约占草原总面积的 70%~80%。草原沙化是草原退化的一种重要类型，提供的沙尘物质是大范围沙尘暴的重要沙源。因此减少草原放牧的压力，通过人工种草改游牧为舍饲养畜，恢复与提高天然草原覆盖度有助于防风固沙，遏制土地荒漠化的扩展。

(三) 农牧交错带圈
该范式的内圈是农牧交错带或森林－草原过渡带，现代的农牧交错带大致位于东北西南向对角线的轴线两侧，年降水量在 400~450mm 之间。由于它的过渡性特点，生态系统不稳定，在自然和人为因素的双重压力下，生态系统以旱化的正反馈为主，系统的不稳定性和脆弱性不断增大,以"沙化"日趋严重。如多伦、张北的丘陵山地在连年旱灾的背景下,滥开垦、过度放牧、肆意樵采严重地破坏了生态环境;呼伦贝尔草甸草原的厚层黑土在滥垦与过牧后,在风的扰动下形成大面积黑风暴,破坏力极大。因此,这些地区急需加大力度退牧还草,进而实行"人工种草,舍饲养畜",并落实退耕还林(草)政策,增加林、草覆被,以控制土地沙化,改善人民生活。

二、"小三圈"范式

"小三圈"是区域性荒漠化防治和农牧业可持续发展的设计格局,"小三圈"寓于"大三圈"之中。一个地理单元、流域或一个绿洲的荒漠化防治、生态建设都可以按不同的地理地带性和防护目标来构建"小三圈"(慈龙骏,2007)。

三、鄂尔多斯"三圈"生态–生产范式

(一) 组成概述

鄂尔多斯高原沙地、草地属温带草原或森林–草原性的半干旱气候,是一个构造隆起剥蚀的地块,其海拔高度一般在1200~1550m,由西北向东南微斜;在高压西风带与蒙古西伯利亚反气旋高压中心向东南季风作用区的过渡带,形成该地一系列的地理地带特征(高国雄,2005;张新时,1994)。

鄂尔多斯沙地的自然景观结构与农–林–牧复合系统的综合格局因地质地貌与地下水的分布而呈圈层性的配置格局,是沙地最显著和本质性的特征(张新时,1994)。在此基础上,"三圈"范式的结构是在第一圈防护带的保护下,以软梁与中低沙丘为第二圈的复合农林–牧(草)复合系统,形成若干个以滩地绿洲(第三圈)为核心的优质高产农林–草生产圈层,它们有秩序地分布在干旱、半干旱生态系统的大背景上,其比例大致为3:6:1(图3-27)。各类土地合理的分配比例应根据规划人工草地、饲料地、半人工草地与天然草地的均衡载畜量和合理放牧强度与适当的畜群数量,以及农作物与林地、果园等的适当搭配进行确定,但必须以不超过环境(水分、生物生产力)负荷量并留有余地为原则。其发展方向应逐步扩大舍饲养畜、育肥群与综合农林–牧系统的产业化,以促进鄂尔多斯沙地生态与经济整体上正负反馈相结合,产生新的动态平衡。

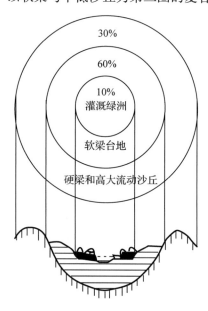

图3-27 鄂尔多斯沙地景观格局与"三圈"范式

(二)"三圈"生态-生产范式特征

1. 第一圈：硬梁地与高大的流动沙丘群，以恢复和保育天然灌(草)地，形成保护带和水源地

该圈位于沙地的外缘，占总面积的30%左右。硬梁坡地上的针茅草原由于过度放牧而退化，生产力降低，应人工辅助建立灌木带(柠条、沙棘等)，在较湿润的东部，则可种植油松带，在草层恢复后可有节制地分区轻度轮牧。高的流动沙丘可播种白沙蒿等先锋植物，使逐步演替为半固定沙丘。在水分条件较好处则可采用前挡后拉的措施，在垂直主风向的沙地前沿，播种草和小灌木，在沙丘的下部种植灌木带网，以逐渐削平沙丘，改变地形，有利于种植(慈龙骏，2007)。

2. 第二圈：非灌溉或半人工"灌草林果"

该圈位于滩地绿洲周围的软梁台地与低矮沙丘带，约占全区总面积的60%，地貌与景观类型多样，目前缺乏灌溉设施，不宜强度农业开发，而应以保护、防风治沙、水土保持为主，适度人工种草、舍饲养畜与径流园林业等为发展方向。

在地形较平坦与土壤深厚的软梁台地可开发为半人工草地。建立柠条或沙柳的灌木带(2行)，在带间(约20~40m)播种草木樨、沙打旺、苜蓿或荞麦等，形成非灌溉的半人工2年生或多年生草地。如地形条件许可，在上坡方位可建立径流集水区以向草地补充水分，保证较高的产草量。在地形起伏不平的软梁地则可大量种植水平带状和有间隔的灌木带。

在有径流集水条件与土壤深厚的软梁台地与水分条件良好的低矮沙丘可建立局部的径流果园、葡萄园与团块状树林，需采用各种集水技术。

大片的油蒿群落被用作天然放牧场，多因过度放牧而衰退，应进行人工种草，恢复草场以发展舍饲养畜。

总之，在软梁台地与低矮沙丘上建立植被时，应特别注意种植的密度和保持足够的间距，以保证水分不致被过度消耗。

3. 第三圈：高产农牧业绿洲核心圈

滩地绿洲所占面积不过10%，但它是本地区农牧业精华所在的核心区。薄层覆沙(厚度在30~40cm以下)和地下水位适中(50cm以下)的滩地是发展农林-草复合系统的最适宜类型，多已被开垦为历史悠久的农业绿洲。绿洲具劳力相对集中，交通运输与电力方便的优点，可进行高投入与高产出的复合农林-牧工副业，综合经营和采用各种现代化技术：温棚、地膜、高效有机肥与化肥、太阳能、风力发电等。

参考文献

[1] 白昌军，刘国道，何华玄，等，2003. 海南半干旱地区芒果间作柱花草及作物效益初探[J]. 草地学报，11(4)：352-357.

[2] 蔡倩，杜国栋，吕德国，等，2010. 科尔沁沙地南部果-草(粮)间作模式对土壤微生物和酶的影响[J]. 干旱区农业研究，28(4)：217-222.

[3] 陈凯，胡国谦，饶辉茂，等，1994. 红壤坡地柑橘园栽培香根草的生态效应[J]. 生态学报，1994，

14(3):249-253.

[4] 陈思婷,覃伟权,刘立云,等,2008. 椰园养鸡对椰园生态及其经济效益的影响[J]. 中国农学通报,24(12):480-484.

[5] 陈耀邦,1998. 第11届世界林业大会文献选编[M]. 北京:中国环境科学出版社.

[6] 程洪,1997. 香根草生长特性研究[J]. 当代复合农林业,(4):60-62.

[7] 储向前,2011. 林下经济中森林旅游业的生态文化建设[J]. 生态文化,(3):6-8.

[8] 戴玉玮,阎伟波,石才,1997. 草牧场防护林立体开发模式经济效益研究[J]. 防护林科技,(3):7-10.

[9] 邓玉林,陈治谏,刘绍权,等,2003. 果牧结合生态农业模式的综合效益试验研究[J]. 水土保持学报,17(2):24-27.

[10] 段舜山,莲昆生,王晓明,等,2002. 鹤山赤红壤坡地幼龄果园间作牧草的水土保持效应[J]. 草业科学,19(6):122-127.

[11] 樊巍,李芳东,孟平,2000. 河南平原复合农林业研究[J]. 郑州:黄河水利出版社,5-100.

[12] 高峻,张劲松,孟平,2007. 黄土丘陵沟壑区杏树-黄芪复合系统土壤水分效应研究[J]. 农业工程学报,23(11):84-88.

[13] 顾永芬,陶宇航,吴启进,2004. 林下种草放牧养鸡效果分析[J]. 中国草食动物,24(2):20-21.

[14] 韩定启,范亦,1989. 林草药牧人工生态系统的研究[J]. 林业科技讯,(5):17-19.

[15] 胡举伟,朱文旭,张会慧,等,2013. 桑树/苜蓿间作对其生长及土地和光资源利用能力的影响[J]. 草地学报,21(3):494-500.

[16] 黄宝龙,1998. 江苏省里下河地区人工林复合经营系统. 林农复合生态系统学术讨论会论文集[J]. 长春:东北林业大学出版社,6-25.

[17] 李绍密,陈青,裴大凤,等,1992. 经济林间作牧草的效益研究[J]. 草业科学,9(1):23-25.

[18] 李双喜,2009. 上海崇明地区"林-草-禽"林牧复合生态系统研究[J]. 南京,南京林业大学.

[19] 李薇,2009. 林下草地放牧养鸡对林草的影响[J]. 现代农业科技,(11):215-217.

[20] 李伟才,习金根,雷新涛,2005. AP番荔枝园生草栽培效应研究[J]. 中国南方果树,34(5):302-312.

[21] 李寅恭,1933. 对西北发展林牧之拟议[J]. 科学的中国,1(11).

[22] 李寅恭,1930. 混牧林[J]. 中央大学农学院旬刊,(46).

[23] 李寅恭,1919. 森林与农业之关系[J]. 科学,4(1):43-47.

[24] 李永宏,汪诗平,1997. 草原植物对家畜放牧的营养繁殖对策初探. 草原生态系统研究(第5集)[J]. 北京:科学出版社,23-31.

[25] 林开敏,余新妥,何智英,等,1996. 不同密度杉木林分生物量结构与土壤肥力差异研究[J]. 林业科学,32(2):105-112.

[26] 刘闯,胡庭兴,李强,等,2008. 巨桉林草间作模式中牧草光合生理生态适应性研究[J]. 草业学报,17(1):58-65.

[27] 刘德广,熊锦君,谭炳林,等,2001. 荔枝—牧草复合系统节肢动物群落多样性与稳定性分析[J]. 生态报,21(10):1596-1601.

[28] 刘蝴蝶,郝淑英,曹琴,等,2003. 生草覆盖对果园土壤养分、果实产量及品质的影响[J]. 土壤通报,34(3):184-186.

[29] 刘建泉,丁国民,马世贵,等,2000. 梨园间作和覆草对梨树生长的影响[J]. 甘肃林业科技,25(3):50-52.

[30] 刘龙, 李月霖, 宁中华, 2010. 平原林地放养鸡对生态环境的影响[J]. 中国家禽, 32(17): 60 – 61.

[31] 刘殊, 廖镜思, 1996. 果园生草对龙眼果园微生态气候和光合作用的影响[J]. 福建农业大学学报, 25(1): 24 – 28.

[32] 刘淑玲, 吴德东, 孙晓晖, 1997. 等. 草牧场防护林对幼羊生长的影响[J]. 防护林科技, (2): 9 – 10.

[33] 刘兴宇, 曾德慧, 2007. 农林复合系统种间关系研究进展[J]. 生态学杂志, 26(9): 1464 – 1470.

[34] 刘玉西, 1995. 川中丘陵高效林草复合系统的建立与效益研究[J]. 四川林业科技, 16(3): 63 – 68.

[35] 罗新平, 等, 1999. 论干旱区森林可持续经营中的林牧关系[J]. 世界林业研究, 6(3): 30 – 33.

[36] 毛凯, 蒲朝龙, 任伯文, 1995. 桤柏混交幼林间种草木樨生态经济效益分析[J]. 草业科学, 49(1): 49 – 50.

[37] 毛璐, 曾德慧, 2009. 农林复合系统植物竞争研究进展 中国生态农业学报, 17(2): 379 – 386.

[38] 孟平, 宋兆民, 张劲松, 等, 1996. 农林复合系统水分效应研究[J]. 林业科学研究, 9(5): 443 – 448.

[39] 孟平, 张劲松, 尹昌君, 等, 2003. 太行山丘陵区果2草复合系统生态经济效益的研究[J]. 中国生态农业学报, 11(2): 111 – 114.

[40] 孟庆岩, 王兆骞, 姜曙千, 1999. 我国热带地区胶 – 茶 – 鸡农林复合系统能流分析[J]. 应用生态学报, (2): 193 – 195.

[41] 彭鸿嘉, 莫保儒, 蔡国军, 等, 2004. 甘肃中部黄土丘陵沟壑区农林复合生态系统综合效益评价[J]. 干旱区地理, 27(3): 367 – 372.

[42] 秦树高, 吴斌, 2010. 林草复合系统地上部分种间互作关系研究进展[J]. 生态学报, 30(13): 3616 – 3627.

[43] 裘福庚, 方嘉兴, 1996. 农林复合系统及其实践[J]. 林业科学研究, 9(6): 318 – 322.

[44] 师光禄, 曹挥, 戈峰, 等, 2002. 不同类型枣园节肢动物群落营养层及优势功能集团的组成与多样性时序动态[J]. 林业科学, 38 (6): 79 – 85.

[45] 孙建昌, 2004. 林草结合可持续复合经营技术研究[J]. 贵州林业科技, 32(4).

[46] 孙祥, 1995. 关于林草间作的研究[J]. 林业科技通讯, (1): 20 – 30.

[47] 邰胜萍, 陶宇航, 2004. 林下草地放牧养鸡的生态观察[J]. 贵州畜牧兽医, 38(3): 37.

[48] 王斌瑞, 孙立达, 1987. 西吉黄土丘陵区落叶松与沙打旺间作试验研究[J]. 林业科技通讯, (1): 4 – 8.

[49] 王海霞, 殷秀琴, 周道玮, 2003. 松嫩草原区农牧林复合系统大型土壤动物生态学研究[J]. 草业学报, 12 (4): 84 – 89.

[50] 王华, 王辉, 赵青云, 等, 2013. 槟榔不同株行距间作香草兰对土壤养分和微生物的影响[J]. 植物营养与肥料学报, 19(4): 988 – 994.

[51] 王建江, 杨永辉, 1996. 太行山干旱区林草复合生态系统效益分析[J]. 生态农业研究, 4(1): 62 – 64.

[52] 王启亮, 潘自舒, 刘冠江, 2004. 金顶谢花酥梨果草间作增效试验[J]. 河南农业科学, (9): 59 – 60.

[53] 王秋杰, 1998. 农林牧复合生态经济系统在我国农业可持续发展中的地位与作用[J]. 生态农业研究, (6)1: 52 – 56.

[54] 王晓江, 呼和, 段玉玺, 等, 1998. 牧用林业对草地畜牧业持续发展的作用[J]. 资源科学, 20 (2): 39 – 45.

[55] 王英俊,李同川,张道勇,等,2013. 间作白三叶对苹果/白三叶复合系统土壤团聚体及团聚体碳含量的影响[J]. 草地学报,21(3):485-496.

[56] 闻大中,1988. 农林业系统:古老的实践,新兴的研究领域[J]. 生态学进展,5(2):85-91.

[57] 吴红英,孔云,姚允聪,等,2010. 间作芳香植物对沙地梨园土壤微生物数量与土壤养分的影响[J]. 中国农业科学,3(1):140-150.

[58] 吴建军,李全胜,严力蛟,1998. 柑橘园套种及其效益分析[J]. 生态农业究,6(2):48-50.

[59] 吴建军,李全胜,严力蛟,1996. 幼龄桔园间作牧草的土壤生态效应及其对桔树生长的影响[J]. 生态学杂志,15(4):10-14.

[60] 吴建军,严力蛟,李全胜,1994. 发展中国家农林系统的研究与实践[J]. 农村生态环境,10(2):221-225.

[61] 吴建军,严力蛟,李全胜,1996. 桔园间作牧草的生态效益及其管理技术[J]. 农村生态环境,12(2):54-57.

[62] 谢京湘,于汝元,胡涌,1988. 农林复合生态系统研究概述[J]. 北京林业大学学报,10(1):104-108.

[63] 熊文愈,1988. 林农复合生态系统的类型和效益. 林农复合生态系统学术讨论会论文集[J]. 哈尔滨:东北林业大学出版社,1-5.

[64] 徐明岗,文石林,高菊生,2001. 红壤丘陵区不同种草模式的水土保持效果与生态环境效应[J]. 水土保持学报,15(1):78-80.

[65] 许明宪,1998. 干旱地区果树栽培技术[J]. 北京:金盾出版社,167-171.

[66] 尹家锋,朱世清,杨佐琴,等,1994. 林草间种对保持水土效益的研究[J]. 林业科技,19(2):17-18.

[67] 余来文,孟鹰,2011. 基于生态经济学理念的循环经济实践模式研究[J]. 现代管理科学,(9):68-70.

[68] 云雷,毕华兴,田晓玲,等,2010. 晋西黄土区林草复合界面雨后土壤水分空间变异规律研究生态环境学报,19(4):938-944.

[69] 张久海,安树青,李国旗,等,1999. 林牧复合生态系统研究述评[J]. 中国草地,(4):52-64.

[70] 张卫健,谭淑豪,冯金侠,1998. 南方集约农区农牧结合对农业可持续发展的作用[J]. 地域研究与开发,7(2):24-27.

[71] 章家恩,段舜山,骆世明,等,2000. 赤红壤坡地幼龄果园间种不同牧草的生态环境效应[J]. 土壤与环境,9(1):42-44.

[72] 章伟权,刘立云,陈思玲,等,1998. 椰园养鸡对椰园生态及其经济效益的影响[J]. 热带作物科技,4:330-335.

[73] 赵粉侠,李根前,1996. 林草复合生态系统研究现状[J]. 西北林学院学报,11(4):81-86.

[74] 周政华,2006. 果园种草—养鸡农牧结合模式研究[J]. 广西园艺,17(1):3-4.

[75] 周志翔,李国怀,徐永荣,1997. 果园生态栽培及其生理生态效应研究进展[J]. 生态学杂志,16(1):45-52.

[76] Ahuja L D, Sharma S K, Verma C M, 1985. Contribution of grass component (groundstory) in afforested areas in arid regions[J]. Ind. Forest., 111(7):542-547.

[77] Alaback P. B., 1982. Dynamics of understory biorrmss in Sitka spruce - western hemlock forests of southeastAlaska[J]. Ecology, 63:1932-1948.

[78] Belsky A. J, 1993. Comparative effects of island trees on theundercanopy environments high and low rainfall savannas[J]. J. Appl. Ecol., 30(1):143-155.

[79] Bendfeldt E S, Feldhake C M, 2003. Burger. Establishing trees in an Appalachian silvopasture: response to shelters, grass control, mulch and fertilization[J]. Forest Policy and Economics, (8): 261-275.

[80] Bezkorowajnyj P G, 1993. 林牧系统中牛的踩踏对土壤紧实度的影响[J]. Agroforestry System, 21(1): 1-10.

[81] Caccia F D, Ballare C L, 1998. Effects of tree cover, understory vegetation, and litter on regeneration of Douglasfir(Pseudotsuga menziesii) in southwestern Argentina[J]. Can. J. For. Res., 28(5): 683-692.

[82] Clason T R, 1999. Silvopastoral practices sustain timber and forage production in commercial loblolly pine plantations of northwest Louisiana, USA[J]. Agroforestry Systems, 44: 293-303.

[83] Clason T R, 1995. Economic implication of silvipastures on southern Pine plantations[J]. Agroforetry Systems, 29(3): 227-238.

[84] Clint on P W, 1994. Copetition for nit rogen betw een Pinusradiata and pasture I. Recovery of 15N after onegrowing season[J]. Can. J. For. Res, 24(5): 882-888.

[85] Cole D N, 1995. Experimental trampling of vegetation I. relationship between trampling intensity and vegetation response[J]. Appl. Ecol., 32: 203-214.

[86] Couto L, 1994/1995. Cattle and sheep in eucalypt plantations: Asilvopatoralalternative in Minas Greais, Braxil[J]. Agroforetry Systems, 28(2): 173-185.

[87] Danangou catchment of the Loess Plateau[J]. China, Environment Geology, 41: 113-12.

[88] Delgado M E, 2012. Canters FM. Modeling the impacts of agroforestry systems on the spatial patterns of soil erosion risk in three catchments of Claveria. the Philippines[J]. Agroforestery Systems, 85: 411-423.

[89] Feldhake C K, 2001. Microclimate of a natural pasture under planted Robinia pseudo oacaciain central Appalachia, West Viginia[J]. Agroforestery Systems, 53(3): 297-303.

[90] Feldhake C M, 2001. Misroclimate of a natural pasture under planted Robinia pseudoacacia in central Appalachia, West Virginia[J]. Agroforestry Systems, 53: 297-303

[91] Garrison M, 1992. 厄尔多瓜中部高地松林中林牧系统的评价[J]. Agroforestry System, 18(1): 1-16.

[92] Grado S C, Hovermale C H, Stlouis D G, 2001. A financial analysis of a silvopasture in southern Mississippi[J]. Agroforestry Systems, 53: 313-322.

[93] Holah J C, Wilson M V, Hansan E M, 1993. Efects of a native forest pathogen, *Phellinus weirii*, on Donglas-fir forest composition in western oregon[J]. Can. J. For. Res., 23: 2473-2480.

[94] Karki U, Goodman M S, 2013. Microclimateic differences between young long leaf – pine silvopasture and open-pasture Agroforestery Systems, 87: 303-310.

[95] Karl M G, Doescher P S, 1993. Regulating competition on conifer plantations with prescribed cattle grazing [J]. Foretry Science, 39(3): 405-418.

[96] Krzica M, Newmanb R F, Broersma K, 2003. Plant species diversity and soil quality in harvested and grazed boreal aspen stands of northeastern British Columbia[J]. Forest Ecology and Management, 18(2), 315-325.

[97] Mathew T, 1992. Comparative performance of four multipurpose trees associated with four grass species in the humid region of southern India[J]. Agroforestery Systems, 17(3): 205-218.

[98] Mead D J, Canterbury, 1993. 亚温润温带环境中辐射松与牧草间相互影响的研究：头两年的情况[J]. N. Z. For., 38(1): 26-31.

[99] Perry M E L, Schacht WH, Ruark G A, Brandle J R, 2009. Tree canopy effect on grass and grass/legume mistures in eastern Nebraska[J]. Agroforestery Systems, 77: 23-25.

[100] Pollock K M, Donald J M, Mckenzie B A, 2009. Soil moisture and water use by pastures and sivopa stures in a subhumid temperate climate in New Zealand[J]. Agroforestery Systems, 75: 223-238.

[101] Rivest D, Cogliastero A, Brandley R L, et al, 2010. Intercropping hybrid popular with soybean increase soil microbial biomass, mineral N supply and tree growth[J]. Agroforstry Systems, 80: 33-40.

[102] Sandra R D, Kathleen K T, 2012. The effect of fire onmicrobiat biomass: A meta-analysis of fieild studies[J]. Biogeochemisttry, 109(1): 49-61.

[103] Sharrow S H, Leininger W C, Osman K A, 1992. Sheep grazing effects on coastal Douglas-fir forest growth: A ten-year perspective[J]. Forest. Ecol. Manage, 50: 75-84.

[104] Shaw N L, 1992. Recruitment and Growth of Pacific Willow and Sandbar Willow Seedlings in response to Season and Intensity of Cattle Grazing. Proceedings Symposium on Ecology and Management of Riparian Shrub Communities. Intermountain Research Station[J]. Report INT289. USDA, 130-137.

[105] Silva-pando F J, Gonazlez-Hernandez M P, Pozados-Lorenzo M J, 2002. Pasture production in a silvopastoral system in relation with microclimate variables in the Atlantic coast of Spain[J]. Agroforesty Systems, 56(3): 201-211.

[106] Stoiculescu C D, 1991. The effect of Grazing on the stability of Quercus sessiliflora[J]. Rev. Padur., 106(4): 186-189.

[107] Stoiculescu C D, 1991. 放牧对无梗花栎林稳定性的影响[J]. Rev. Padur., 106(4): 186-189.

[108] Tang G B, Song B Z, Zhao L L, et al, 2013. Repellent and attractive effects of herbs on insects in pear orchards intercropped with aromatic plants[J]. Agroforestery Systems, 87: 273-285.

[109] Verma K S, 1989. 喜马拉雅西部农用林业树种叶营养成分动态[J]. Indian J. For., 12(2): 96-100.

本章作者：卢琦、唐夫凯、周金星、杨文斌（中国林业科学研究院荒漠化研究所）

第十七章
林－菌复合系统

第一节 概 况

中国的农业起源于森林，食用菌也同样如此，从来就是以菌、林交融的形式发展至今。我国是世界上栽培食用菌最早的国家，早在唐代就有史料的记载。公元7世纪唐苏敬的《唐木草注》载："楮耳人常食，槐耳疗痔，煮浆粥安诸木上，以草覆之，即生菌尔"。种木耳所用的原料为林下倒木，这是最早介绍木耳人工栽培的资料。唐代韩鄂的《四时纂要》卷中的《种菌子》："取烂杨木及叶于地埋之，常以柑浇，令湿，两三日即生"。把"菌子"的种植、管理作了初步的描述。笔者在浙江庆元考查香菇历史的过程中，也体会到菇农当时在深山老林中栽培香菇艰辛。可见，众多的林业复合模式中菌林复合模式在我国更具悠久的历史。

林－菌复合经营是以林为主充分利用林下空间来发展食用菌的一项措施，它可充分利用空间生长季节、土壤养分，提高土地利用率，增加单位面积的经济收入。林－菌复合经营是稳菌增收的重要模式，在山地实行林－菌复合经营，有利于扩大食用菌种植面积，提高耕地复种指数，很好地解决了经营林业效益周期长的问题，提高了温光水土资源利用率和经营林业地的单位产出效益，促进了林－菌复合系统协调发展；同时有利于培肥土壤，增加土壤植被覆盖，有利于减少水土流失，构建了稳定的林－菌复合系统，实现林地生物多样性，对保护大别山地区生态环境、促进资源节约、环境友好和林业可持续有着极其重要意义。

从全国林－菌复合经营的现状来看，产业发展已具雏形，且发展品种较为丰富，我国幅员辽阔，地形复杂，气候多样，是各种食用菌的良好生长地，蕴藏着丰富的食用菌资源。全国现已发展的林－菌复合经营的菌类品种达44个。主要为松茸、牛肝菌、松乳菇、羊肚菌、竹荪、木耳、香菇、鸡腿菇、双孢菇、平菇等。

第二节 类型分布及其特点

一、类型

林-菌复合系统的类型，按栽培的菌类品种主要有林-香菇复合经营、林-木耳复合经营、林-猴头菌复合经营等。

按栽培方式分：

（1）林间覆土畦栽食用菌。所谓畦栽是指选取林间空地挖成一定长和宽的畦坑，然后再进行播种栽培的方法。适合畦栽的食用菌有平菇、鸡腿菇、姬松茸等。

（2）林间地表地栽食用菌。所谓地栽食用菌，即是将菌袋放在林间地表面上让其生长子实体的方法。适合地栽的食用菌有香菇、黑木耳、黄背木耳等。

（3）林间立体栽培食用菌。立体栽培主要是采取利用林地空间，挂袋出菇出耳的栽培方法。适合立体栽培的食用菌有黑木耳、黄背木耳、猴头等。

二、分布

香菇栽培源自浙江龙泉、庆元景宁3县。香菇分布区：福建寿宁、福建建瓯、浙江龙泉、浙江庆元、浙江磐安、河南泌阳、河南西峡、辽宁建平、湖北随州、河北遵化等县市。代料栽培技术的推广，也主要集中在浙江、福建较为贫困的山区，这两地的香菇总产约为6.3万t，占我国香菇总产量的85%左右，占世界的63%，是香菇的主要产区。由于南方主要产区林木资源锐减，使香菇1995年起逐渐向北方地区转移。如河南的泌阳、西峡、内乡、鲁山、卢氏，辽宁的新宾、清原、宽甸等发展都很快，尤其是河南的泌阳、西峡规模较大。全国除西藏以外，均有香菇栽培。林下反季节春耳的栽培，主要分布于黑龙江、吉林、福建、台湾、湖北、广东、广西、四川、贵州、云南等地。平菇分布区：河南周口、河北冀州、江苏射阳、山东聊城等。金针菇分布区：河北灵寿、浙江江山、河南汤阴等。银耳分布区：福建古田、屏南等。鸡腿菇分布区：河北石家庄、山东莘县等。滑菇分布：河北平泉、辽宁朝阳市、清原等。猴头菇分布：浙江常山、黑龙江海林等。

目前，山东、河北、北京、黑龙江、四川、河南等20个省份均已有林-菌复合经营政策出台，政府对于林农给予一定的政策补助。同时，各地区还形成了一些独特的林-菌复合经营形式。

例如，笋竹林-食用菌复合系统主要分布竹林生长地区如山西、江苏、浙江、福建等地。在笋竹林基地中，利用竹林遮阴环境为姬松茸提供了良好的生长环境，利用香菇废菌料作为姬松茸的栽培基质，利用生产姬松茸后的基质废料作为竹林生产的有机肥来提高笋竹产量。在香菇生产中，利用竹子搭建香菇生产大棚，同时利用香菇菌棒废料改善笋竹基地土壤结构，提高土壤肥力，进一步提高笋竹林效益，形成了笋竹林-食用菌复合系统。

香榧-香菇复合系统主要分布在江苏南部、浙江、福建北部、江西北部、安徽南部，西至湖南西南部及贵州松桃等地。香菇生产是"短、平、快"的增收项目，但其发展需要依靠丰富的森林资源和密集的劳动力。从长远来看，香菇生产的原材料将面临紧缺的局面。而香榧是最具发展潜力的名特优林产品，生态效益、经济效益俱佳。香榧产业是生态型、长期性产业，产业一旦投产，其盛产期可持续上百年，发展香榧产业是林区农民持续增收的有力保证。林农根据自身的经济条件，适当选择种植香菇和香榧规模，做到"以短养长"，解决了眼前与长远利益的矛盾。同时，也可利用香菇废菌棒作为香榧的有机肥，来提升香榧的品质，从而使香菇和香榧产业协调发展。选择管理看护方便、地势平坦、水源充足、3年生以上的人工林地进行栽培生产。林地栽培食用菌应选择抗逆性强，适应性广的中、高温型高产菌株。

第三节　典型模式：林-人工栽培食用菌复合系统

一、系统概述

林-菌复合系统是以林木为主、菌物为辅的生态系统。由于真菌与植物的密切联系，在自然界中，无论人工林还是天然林，菌类资源都十分丰富。绝大部分食用菌及药用菌都属于担子菌和子囊菌，最初都生长于森林中。森林内丰富的地物资源、荫蔽潮湿的环境为菌物生长提供了最佳的温度、湿度、光照、营养等条件。通常选择成龄林下郁闭湿润的空地进行食用菌栽培。目前可用于林下人工栽培的食用菌主要为腐生菌。腐生型真菌通过分解植物掉落物或动物遗尸体等获取能量。代料栽培通常可选择森林木材等产品的角料或农作物产品废料，如木屑、麦糠、稻草、玉米梗等制作菇料。段木栽培可就地砍伐林中木材作耳树。根据当地森林条件，可栽培平菇、香菇、杏鲍菇、茶树菇、黑木耳、银耳、鸡腿菇、金针菇、竹荪、猴头菇、灵芝等。栽培方式因不同菌种而异。如平菇：可采用23cm宽、40cm长的栽培袋进行代料栽培，在林下空地县平铺排放，在堆高4~5层，栽培袋两头出菇；香菇：用20cm宽、80cm长的栽培袋进行代料栽培，在林下空隙地搭建低架，立式排放，脱袋转色后出菇；灵芝：用17cm宽、33cm长的栽培袋进行代料栽培，在林地两排作4~5层排放，栽培袋一头出菇。为了保温保湿，可在排放食用菌栽培袋上方搭拱棚、覆盖薄膜，并以草帘等遮荫、保温（屠六邦，1999）。栽培食用菌的菌糠残渣最后可作肥料施在林木下，促进林木生长。在适合黑木耳栽培的林木资源丰富的地区也可在林间空地进行黑木耳的段木栽培。

北方地区如山东、江苏北部、河南等地常见的模式有杨树-平菇、杨树-香菇等栽培模式（刘春艳，2014；陈婷婷，2013；张俐俐，2013）。四川、浙江等竹林资源较多的地区有竹林-竹荪的栽培模式（丁振才和孙金元，1995）。也可以因地制宜在果树下栽培食用菌，如桑树、梨树、柿子树等（李建挺和杨国阁，2008；孙孝龙等，2010；陈世昌等，2012）。

(一)毛竹林中栽培竹荪

我国是世界上竹子资源最丰富的国家之一(肖丽霞等,2005),拥有330多万 hm^2 纯竹林,其中70%为毛竹林(屠六邦,1999)。毛竹林郁闭度较高,地表阴湿,十分符合菌类喜荫喜湿的生态习性(罗凡,1997)。在毛竹林中,可以以竹笋加工废料笋壳为菌类生长基质,进行食用菌栽培。同时,套种菌类的废弃物——菌糠,营养丰富,将其埋入土中可提高竹林土壤肥力,提高竹笋、竹材产量,减少化肥等的使用,降低污染(宋瑞生等,2014),形成"以竹养菌,以菌促竹"的复合经营体系(付立忠等,2013)。在毛竹林中栽培食用菌,不但可以有效利用其生态环境,同时可以改良毛竹林的生态环境,且获得可观的经济效益。

毛竹林的郁闭度可达85%(屠六邦,1999),可栽培平菇、香菇、金针菇、猴头菇、灵芝等,而其中最适宜栽培的食用菌,首数竹荪(屠六邦,1999)。竹荪属(*Dictyophora*)隶属担子菌亚门腹菌纲鬼笔目鬼笔科,其子实体以味道鲜美、营养丰富而被誉为"菌中珍品",自古就被列为"草八珍"之一。在我国常见的食用竹荪有长裙竹荪、短裙竹荪、黄裙竹荪、皱盖竹荪、红托竹荪、棘托竹荪(戴玉成等,2010;暴增海和马桂珍,1994)。竹荪为腐生型真菌,野生竹荪数量有限,其菌丝多生长在竹鞭或枯竹根上。在竹林中,采用菟边栽培和林地空地挖穴、开沟等方式栽培培养好的竹荪菌种;栽培料可采用枯竹枝、枯竹叶、竹子加工品下脚料、稻草、玉米芯、甘蔗渣等。其最适栽培季节为9~10月,翌年4~6月出荪。

四川省气候温和,降雨充沛,湿度较大,适宜竹类生长。长宁县为四川毛竹的主产县之一(刘云,2003)。四川长宁县从1989年开始推广长裙竹荪栽培,现已成为国内最大的长裙竹荪产地。据统计,1998年全县共栽培竹荪28.8万 m^2,年产值达2300万元。

(二)重庆万州老林村林下黑木耳的段木栽培

重庆万州老林村是国家级贫困区,但该村森林资源丰富,特别是适宜木耳段木栽培的壳斗科青冈树资源十分丰富(王正春等,2013)。青冈树段木栽培黑木耳技术简单,市场需求量大,每千克干品价格可达200元以上,经济效益高。万州区老林村将耳场选择在林缘地块和林间空地上,即竹林边、黄葛树下及周边、青冈栎林旁、柏木林间空地等,每个耳场面积300~700 m^2(王正春等,2013)。在深秋选择树龄4~8年、胸径8~12cm的青冈栎树砍伐,剃掉不能做段木的细枝,在通风向阳的地方,将段木按三角形或"井"字形堆叠,堆高1m左右,并用枝叶或草帘遮盖,以防阳光直射导致树皮脱落。段木经一段时间的晾晒和石灰消毒后,即可接种。接种前,在段木上打直径1.6cm、深1.5~2cm的孔,接种一般在3~5月进行。接种后,将段木按"井"字形堆码在向阳、避风干燥的地方。菌丝生长一个月左右后,选择向阳、潮湿、地面有段草、有适当遮蔽物的地方进行挖沟,散堆排场。耳目空穴处有小耳基出现时,表明菌丝已深入段木深处,可起架,即将耳桩人字形立起。起架后定期补水、喷水。带黑木耳耳片充分展开、成熟即可采收。2009年,重庆"两翼"地区农户大力发展林下经济,帮促农户"万元"增收。2011年,在政府帮助下,老林村开展黑木耳青冈椴木栽培,建立示范基地,开拓了一条老林村贫困农户脱贫致富的道路

（王正春等，2013）。

二、组成结构

林–人工栽培食用菌复合系统的结构组成较为简单。林下食用菌栽培通常选择郁闭度合适的森林，在林间空地挖穴开沟，将栽培料装袋后，按照相关菌类生长需要，将菌袋平铺排放，或4~5层堆叠排放，或搭低架立式排放（图3-28）。根据各类菌的生长习性等不同情况，可在排放的食用菌袋上方搭建拱棚，覆盖薄膜、草帘等以达到遮荫、保温、保湿的效果（图3-28）。

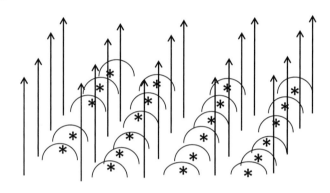

图3-28　林下人工栽培食用菌示意
（↑表示树木；＊为菌袋；拱形半圆为所搭拱棚）

三、效益分析

（一）生态效益

生态系统是一个稳定的开放系统，包括生产者、消费者、分解者及光、热、水、土等自然环境。在林菌复合经营系统中，绿色植物进行光合作用，将无机物转化为有机物，是生态系统的生态者；森林中的动物则是分解者，靠现成有机物维持生命；森林总的细菌和真菌则扮演着分解者的角色，它们可将动植物遗体等有机物转化为可被绿色植物利用的无机物，促进碳、氮、磷、钾等营养物质的循环。林菌复合经营系统，将生态系统的分解者——食用菌接种在林内，参与生态系统的分解过程，加速营养物质的循环。同时，林下掉落物或森林木材等产品加工的角料还可以作为栽培食用菌的代料，节约资源，而大量的菌糠残渣可以作为有机肥施在林内，有利于林木的生长（屠六邦，1999）。

（二）社会经济效益

林–人工栽培食用菌复合系统具有生产周期短、投资风险低、收益好见效快的特点，目前在我国得到大力地推广（陈婷婷，2013）。该系统不但有利于增加农户收入，创造就业机会，而且对维护社会安定、创建社会主义新农村有着十分重要的作用，社会效益显著。

首先，林－人工栽培食用菌复合系统输出各类生态无污染的食用菌、木材产品，可满足社会需求。其次，林下复合经营需要经营管理，在采收、加工、运输等各环节都需要投入密集劳动力，因此可增加就业机会，有利于安排农村剩余劳动力(陈婷婷，2013)。另外，在推广林－人工栽培食用菌复合经营模式的过程中，可培养一大批农林科技工作者，长期实践更可以使他们熟练掌握林菌复合经营技术，弥补了技术人员缺乏这一缺陷。林菌复合经营科为当地培育地方产业，推动区域经济发展，为当地政府和国家增加税收。

据统计，双孢菇、平菇、香菇、滑菇等人工栽培食用菌的国际贸易额约270亿~300亿美元，灵芝、冬虫夏草等药用菌的国际贸易额约70亿~80亿美元(霍建国，2013)。

四、现状与问题

1. 发展资金少，产业化水平低，缺乏模式优化研究

由于林菌复合经营多在农村等偏远地区，经济落后，缺乏资金和技术支撑。且很多林菌复合经营的产业化刚刚起步，规模小，产业化水平低，经营机制不灵活。同时，不少地区采用的林菌模式缺乏优化，目前缺少相关技术研究人员对最优模式的研究和推广。

2. 缺乏品牌意识

目前缺少林菌复合经营产品的市场营销中心，经营林菌产业的农户多是自产自销，产地市场、外省市场、出口市场等体系分散、比例不当，同时生产标准化及质量把控环节缺少监管，缺乏品牌文化。

第四节　典型模式：林－野生菌复合系统

一、系统概述

林－野生菌复合经营主要是针对不能进行人工栽培的野生菌食用菌进行林下人工促繁保育，如松茸、美味牛肝菌、干巴菌、松乳菇、多汁乳菇、正红菇、青头菌、虎掌菌、块菌等(陈波等，2013；杨祝良，2002)。这类野生菌多为外生菌根菌。外生菌根菌是森林微生物群落的一个重要部分，它们与森林中的植物特别是木本植物根部形成互惠互利的共生菌根，影响植物生长，对森林生态系统的稳定有重要的调节作用(O'Hanlon, 2012; Koide 等，2007; Wang 等，2012; Smith & Read, 2010)。目前这类野生食用菌的市场来源主要靠林农手工采集，然而，目前在利益的驱使下，野生菌资源的过度采集现象频繁(陈波等，2013)。由于外生菌根菌与林木的密切关系，对其多样性和多度的过度破坏可能会影响森林林木的生长及森林生态系统的稳定(林晓民等，2005; Wang & Qiu, 2006; Brundrett, 2009)。如我国南方林区中盛产正红菇，在民间可用于妇女产后滋补，由于其经济价值较高，一度造成掠夺性采集，致使该种红菇越来越少(屠六邦和肖慈英，1998)。因此，合理

的林下野生菌人工促繁保育措施十分必要，其不但可以提高野生菌的产量，增加当地农民的收入，同时保证了野生菌生态环境不受破坏，保障了野生菌资源的持续开发利用。目前，林下人工促繁保育措施主要包括封山育菌、调整覆盖物厚度和林分郁闭度、施用清沼液、合理采收、留种促繁等方法（何俊等，2009）。

（一）野生干巴菌的林下人工促繁保育

干巴菌为担子菌亚门层菌纲非褶菌目革菌科革菌属的大型真菌，是云南省的地方性食用菌。目前云南省市场常见的干巴菌有 6 种：莲座革菌、干巴菌、橙黄革菌、淡褐革菌、日本革菌、掌状革菌（桂明英等，2005）。干巴菌子实体多丛生，珊瑚状分支，主要分布于滇中高原的云南松林、含有云南松的针阔混交林、思茅松林、滇油杉林或杉木林中。主产于昆明、楚雄、玉溪、曲靖、思茅、保山、大理、丽江。干巴菌营养丰富，鲜子实体含粗蛋白质 19.2%，粗脂肪 7.9%，灰分 16.1%，总糖 15.8%，并含有 16 种氨基酸及多种人体必需的营养元素。该菌以其丰富的营养和独特的清香气味而备受云南各地人们的喜爱。近年来价格不断上涨，2005 年 30 元/kg，2006 年 50 元/kg，2007 年涨至 100 元/kg，2008 年达 200 元/kg，而目前干巴菌的市场平均价格以达到 500 元/kg。然而，干巴菌为典型的非菌根菌，目前还不能实现人工栽培，其市场主要来源为野生资源采集，市场干巴菌处于供不应求的状态。然而，在高额利润的驱使下，野生干巴菌的盲目乱采情况严重，采摘过程中破坏野生干巴菌生长环境的现象较为普遍，且很多干巴菌子实体尚处于幼龄时期就被采集。这些不合理的采集现象严重影响了干巴菌的生长和繁殖，导致其产量和质量呈逐年下降的趋势，后果令人堪忧（何俊等，2009）。

在中国科学院昆明植物研究所山地生态中心（CMES）的项目资助下，何俊等（2009）对野生菌的综合管理进行了研究，发明了野生干巴菌的人工促繁和保育方法。野生干巴菌的促繁保育方法包括在生产野生干巴菌的山林内选择适宜的土层厚度和坡向，设置栅栏并在干巴菌生长季节建立管护棚进行封山育菌、调整覆盖物厚度和林分郁闭度、施用清沼液、采用刀割出方式进行采收、留种促繁（每 20 m^2 或每个菌塘至少留一个开伞的老熟子实体）步骤（何俊等，2009）。

何俊等（2009）研究选择野生干巴菌产量较多且品质较好的森林开展野生干巴菌人工促繁与保育技术措施的实施。地点选择了森林覆盖率47%、林下资源丰富、野生干巴菌生长和集中的林区。设置栅栏、封山育菌。研究结果显示，在土层厚度≥50 cm 的半阳坡产野生干巴菌的地块，设置栅栏、封山育菌、调整覆盖物厚度、林分郁闭度、在干巴菌生长季节建立管护棚进行看护等人工促繁和保育措施，野生干巴菌的产值比未采取人工管护时的产量和产值分别增长了198%、315%。覆盖物厚度 2~4 cm、林分郁闭度 0.6 的环境条件下，干巴菌的产量最高。同一菌塘的野生干巴菌，传统采收方式（扒开子实体周围的腐殖质和枯枝落叶，用手轻轻地从地面拔出子实体，然后盖回腐殖质和枯枝落叶），每年采收 3 次；在采取人工管护措施的基础上，再进行施用清沼液，当干巴菌子实体长到高 8 cm、直径 12 cm 时，采用刀割的方式采收（扒开子实体周围的枯枝落叶，不拔出子实体，用锋利的刀在子实体基部土面以上留 1 cm 左右割断采收，然后再盖回枯枝落叶），每年可采收野生干巴菌达6次，比仅采取人工管护措施的产量和产值又分别增长了4倍多。

(二) 楚雄南华县松茸的保育促繁

楚雄州被誉为"野生菌王国"，该地区的林菌模式最具代表性。楚雄南华县地处云南中部，自古是川、黔、滇通往我国滇西、缅甸、印度等地区和国家的咽喉要塞，被誉为"九府通衢"。全县总面积约2300 km²，山区面积占96%，总人口23.6万，少数民族占总人口的40%，农业人口约占总人口的94%，是一个典型的贫困山区农业县。南华县海拔900~2900 m，森林覆盖率达65%，较大的海拔跨度造成了较为多样的气候类型，加之丰富的森林资源，该县的野生菌资源十分丰富，有"野生菌王国"之称（刘之学和自正权，2011）。据统计，南华县境内已知野生食用菌种类达290多种，约占全国野生菌930多种的31.2%，占云南670余种的43.3%，资源年蕴藏储量1万t。松茸、干巴菌、块菌、鸡油菌、虎掌菌、鸡枞羊肚菌等著名且经济价值较高的野生菌在南华均有较高产量，尤其是松茸（杨玉华，2011）。该县适宜松茸生长的林地面积达70万亩，且以"生长周期长，产量高，质量好"著称，有"松茸之乡"美誉（刘之学和自正权，2011）。自20世纪80年代野生菌产业兴起，该县凭借自身丰富的野生菌资源，尤其是松茸，走上致富之路（杨玉华，2011）。为了松茸产业的可持续健康发展，南华县作为"松茸保育促繁综合技术推广"项目的试点县之一，对松茸生产全面实施了封育管护。

南华县成立松茸生产建设领导小组，对全县松茸山实行封育管护，制定松茸地标和宣传牌，并派专人守护保育松茸（王裕康，2005）。采用封山育茸、承包管理的方法，走"封山育菌"与"封山育林"相结合的路子，最大程度地保护松茸赖以生存的森林环境。对松茸山区进行全面封禁，不准在松茸产区放牧砍柴，同时推广沼气建池，解决农民燃料问题。采用竹编、树叶等覆盖物对松茸进行伪装保护，减少鸟类、病虫害造成的损失。对松茸生长及松茸林内气候、树种、病虫害等进行定位观测，同时定期开展松茸保育综合技术培训和宣传，提高承包者的科学育茸水平。松茸采集实行分时限、分片区采集，做到采集量小于生长量，只采收可供商业性收购的成熟茸，严禁采收6cm以下未成熟童茸和开伞茸。采收从松茸子实体基部轻轻挖取，防止破坏地表下生长松茸的菌塘。采收后用竹筐或藤篮盛放，严禁用不透气器物盛放。

在项目的带动下，南华县松茸产量开始上升。2003年，全县松茸产量达163.7t，实现产值4911万元，比2002年增加50t，1500多万元（王裕康，2005）。同时，采用封山育菌的措施，还增加了其他野生菌如牛肝菌等的产量（王裕康，2005）。2011年，全县野生菌集散交易量5456.7t（县内产量3470t），交易额2.83597亿元（产值1.9841025亿元），其中全县松茸交易量245.4t，交易额5783.3万元；牛肝菌交易量2316t，交易额5042.55万元；葱菌交易量641.7t，交易额3030.35万元；块菌55.9t，交易额1022.5万元；其他杂菌1721.5t，交易额6.55325亿元；干片交易量476.2t，交易额6948.5万元（陈波等，2013）。依托该县的野生菌产业，大部分农户生活步入小康水平（杨玉华，2011）。

二、组成结构

林下野生菌人工促繁保育主要是因地制宜地设置栅栏、封山育菌,同时建立管护棚对野生菌采收进行监管(图3-29)。

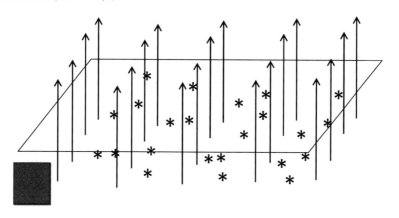

图 3-29　野生菌林下促繁保育

(↑为林中乔木;*为野生菌;虚线框为设立的栅栏;图左下方的灰色框为设立的管护棚)

三、效益分析

(一)生态效益

林-野生菌复合经营系统不仅有效地保护了野生菌资源,也保护了野生菌赖以生存的森林环境。同时,野生菌的促繁保育措施使人民群众意识到保护森林资源对保护野生菌的重要性,生态环境的好坏直接影响到野生菌的产量和资源的可持续利用(屈春霞等,2010)。云南省南华县对松茸采取划区定点、封山育菌、科学防害、保湿促繁、技术培训等促繁保育措施后,其森林生态系统效益得到了明显提高,野生菌产量也得到了明显提高(王裕康,2005)。同时采用封山育菌等野生菌的促繁保育措施,也减少了人为对森林的不利干扰,使森林植被、土壤及水源等都受到了较好地保护。

(二)社会经济效益

野生食用菌味道鲜美、纯净无污染、经济价值高等特点。林下野生菌具有生长周期短、易采摘、回报快、收益高的特点。林-野生菌复合经营,可提高野生菌产量,增加农民收入,创造就业机会,对建设新农村有十分重要的作用。

据统计,2005年,我国松茸、牛肝菌、块菌等主要野生菌出口达4600t,出口额达9300万美元。我国出口野生菌的主产地主要集中在云南、四川、西藏、吉林四省份,其中云南省是我国野生菌出口最主要的省份,2006年云南省鲜松茸出口占全国80%以上,牛肝菌干片占全国58%以上,块菌占全国45%以上(霍建国,2013)。2012年,云南省食用菌总产量50万t,其中松茸3000t,出口1200t,创汇1亿美元;牛肝菌10万t,出口3.5万t,创汇1.3亿美元(陈波等,2013)。

在每年野生菌出菇季节,采集出售野生食用菌可为野生菌资源丰富地区的农户创造一笔可观的收入,增加农民收入(杨玉华,2011)。同时,林-野生菌复合经营的看护、采收都需要密集劳动力,因此可增加就业机会,有利于安排农村剩余劳动力。

另外,在宣传推广野生菌保育促繁的过程中,可培养一批专业技术人员,弥补了技术人员匮乏的缺陷。林-野生菌复合经营可为当地培育地方产业,推动地区经济发展,为地方政府和国家增加税收。

四、现状与问题

1. 野生菌产业存在野生菌资源的不合理开采利用现象

大型真菌靠产生子实体传播其生殖孢子。腐生类真菌靠分解有机质获取能量,其通常对基质和生长环境有一定要求,且常常要与其他腐生型真菌竞争食物,一旦食物源消耗完毕,则需迁移至新环境中。若没有新的食物源补充,腐生型真菌在森林里的出菇时间一般约10年。但大部分腐生型食用菌可进行人工栽培。而外生菌根菌,由于可从森林植物根部获取源源不断的碳水化合物,有稳定的能量来源,其可保持几十年内每年都产生大量子实体(杨雪飞和杨永平,2011),但难以实现人工栽培。

由于大部分野生菌都是外生菌根菌,如松茸、牛肝菌、干巴菌等,经济价值很高,由于不能人工栽培,市场野生菌的主要来源是靠林农传统的自然采摘。Norvell等(1995)通过10年的监测发现,合理采集并未对鸡油菌产量产生显著影响。杨雪飞等(2011)认为,几十年的合理采集不会对外生菌根菌产生影响,但商业化的密集采集造成的过大的采集压力以及对子实体幼体的过多采集(如松茸)会影响菌物的种群数量和生产力,很可能会影响子实体孢子的正常散播,影响菌类的繁殖或遗传多样性。

就云南省野生菌市场而言,在利益的驱使下,野生菌的过度、过早采摘,使野生菌资源遭受了很多不应有的破坏。采集野生菌的幼体会导致资源浪费,而过度采集子实体会导致野生菌的孢子无法正常散播,影响自然种群的更新。以松茸为例,历年来,云南松茸出口创汇累计达10亿美元,为云南省的经济发展做出了重要贡献。但由于人们普遍缺乏对野生菌资源可持续经营的科学、系统的认识,政府也没有明确、有效的政策实施,云南省对野生菌的开发利用已对野生菌资源造成了很多破坏,目前形势严峻。如云南省一直是世界最大的松茸产区之一,但由于对松茸的过度、过早的不合理的采摘,云南松茸主产区的生长的松茸量正在以每年5%的速率递减。2000年,我国将松茸列为国家二级濒危保护物种,并对松茸出口进行濒危物种进出口管理(霍建国,2013)。如若没有对松茸资源的开发利用进行科学有效的管理经营,长此以往,云南松茸资源可能面临枯竭。其他野生菌资源也面临同样的问题。

2. 野生菌产品以初级原料为主,缺乏深加工,品种单一,科技含量低,市场竞争力不强,缺乏现代营销理念,处于野生菌产业链最下端

对野生菌的加工工艺落后,野生菌产业主要以简单供货为主,我们的出口产品通常只

是整个产业链的最初级原料菇。以美味牛肝菌为例，目前主要以干品、盐渍和速冻产品为主，干品和速冻品出口主要以工业用大包装为主，进口单位需重新分级，挑选加工成小包装商品才能上市销售。盐渍品进口后，需要经过脱盐、去杂质、调味、装罐、杀菌等一系列加工工艺程序后才能成新加工罐头出售。我们的出口价格只是最终出口商品价格的20%，甚至10%。野生菌企业以中小企业为主，缺乏有实力、有品牌、懂得现代营销理念的大企业(霍建国，2013)。

3. 野生菌的人工栽培难以实现，对野生菌的促繁保育措施研究少，且未得到广泛推广

很多野生菌属于外生菌根菌，难以进行人工栽培，只能依靠人工促繁和保育进行增产。但目前对野生菌的人工促繁和保育方面的研究较少，该方法也并未得到大规模推广，大部分林农仍采用最传统的采摘方式。在利益的驱使下，产量和品质难以保障。

4. 缺乏知名品牌

由于很多野生菌产业缺乏知名品牌，野生菌交易中存在以次充好的现象。如南华县五街镇的松茸品质较好，然而缺乏知名品牌，其他地方的松茸打着"五街镇"的名义以次充好，给五街镇造成了不好的影响(陈波等，2013)。

5. 野生菌开发品种单一

如云南已知有野生食用菌600多种，但市场常见的主要种类只有松茸、牛肝菌、羊肚菌、块菌等，而目前已商业化的野生食用菌种类只有近40种，还不到目前已知食用菌资源的5%，仍有95%的野生食用菌资源待开发，市场潜力巨大(霍建国，2013)。

6. 野生菌食品安全意识淡薄

野生菌本是天然无污染的，但由于在野生菌采集、收购、贩运、加工过程中缺乏安全意识，导致2002年2例云南鲜松茸农残超标事件发生。2006年，日本实施"肯定列表"制度后，中国产松茸有3例被日本厚生省检出乙草胺超标，导致中国松茸及制品被实施"命令检查"，中国松茸产业遭受重创。

参考文献

[1] 曹旭东，2006. 实行林–菌互作促进农民增收[J]. 甘肃林业，6：19–20.
[2] 陈波，李雄光，李娅，2013. 云南省林下经济主要发展模式探析——基于对云南省典型案例的调查研究[J]. 林业经济问题，6：510–518.
[3] 陈科灶，2010. 林业多元立体生态开发与林下经济发展[J]. 林产工业，6：50–53.
[4] 陈满玉，2013. 福建省林下经济可持续发展研究[D]. 福州：福建农林大学.
[5] 陈婷婷，贾卫国，陈大胜，2012. 固碳林生态效益补偿的税收政策研究[J]. 生态经济，7：62–65.
[6] 陈婷婷，2013. 苏北杨树林下复合经营最优模式选择与优化研究[D]. 南京：南京林业大学.
[7] 陈为，张良，路飞等，2014. 我国林药、林–菌产业发展效益分析[J]. 林业建设，5：26–28.
[8] 程鹏，曹福亮，汪贵斌，2010. 农林复合经营的研究进展[J]. 南京林业大学学报(自然科学版)，3：151–156.
[9] 杜砚明，2013. 新乡县林下经济发展研究[D]. 北京：中国农业科学院.
[10] 范婕妤，张颖，2014. 北京市林下经济发展的成本效益及敏感性因素分析——以林–菌项目为例[J]. 安徽农业科学，15：4854–4858.

[11] 高岩, 翟文元, 郝克嘉, 等, 2009. 杨树速生丰产林不同间作模式经济效益分析[J]. 河北林果研究, 3: 232-236.

[12] 高岩, 2009. 杨树速生丰产林不同间作模式经济效益分析[P]. 济南: 山东农业大学.

[13] 弓明钦, 陈羽, 王凤珍, 等, 1998. 国际热带林-菌根研究及进展[J]. 热带林业, 1: 1-11.

[14] 弓明钦, 1998. 我国热带林-菌根研究[J]. 热带林业, 2: 57-64.

[15] 何晋浙, 孙培龙, 朱建标, 等, 1999. 香菇营养成分的分析[J]. 食品研究与开发, 20(6): 44-46.

[16] 何荫丽, 2013. 山海关区大球盖菇林-菌复合经营栽培技术[J]. 河北农业, 7: 24-25.

[17] 赫尚丽, 张良, 路飞等, 2014. 我国林药、林菌的发展现状及建议[J]. 林业建设, 5: 12-15.

[18] 姜洪喜, 2012. 农林复合经营模式的探讨[J]. 民营科技, 3: 120.

[19] 姜洪兴, 左振海, 2013. 浅析隆化县"林菌"种植模式的可行性分析研究[J]. 科技视界, 3: 181.

[20] 姜洋, 仲维维, 王倩, 等, 2012. 关于我国林下经济作物认证问题的研究——以黑龙江省伊春林菌代表产品黑木耳为例[J]. 林业经济, 4: 93-96.

[21] 孔令刚, 王迎, 宋承东, 等, 2013. 杨树速生丰产林林菌复合高效栽培模式[J]. 林业实用技术, 9: 60-62.

[22] 李秉鸿, 1998. 新药依普林菌素抗皮蝇效果好[J]. 畜牧兽医科技信息, 13: 9.

[23] 李传华, 曲明清, 曹晖, 等, 2013. 中国食用菌普通名名录[J]. 食用菌学报, 20(3): 50-72.

[24] 李春宇, 2012. 农林复合模式的探讨[J]. 科技创新与应用, 15: 243.

[25] 李红利, 黄治民, 陈文超, 等, 2011. 林地黑木耳代料栽培要点[J]. 食用菌, 1: 47-48.

[26] 李蕊, 2013. 北京沟域典型农林复合经营经济效益分析[J]. 林业经济, 5: 125-128.

[27] 李若林, 刘锡山, 钟海涛, 等, 2008. 丽林菌业向集团化发展的建议[J]. 中国商界, 12: 77.

[28] 李玉, 2001. 中国黑木耳[M]. 长春: 吉林科技出版社.

[29] 李振华, 2011. 发展林菌循环经济生态产业互补双赢[J]. 浙江林业, 5: 30-31.

[30] 刘广阔, 2009. 杨树农林复合经营效益分析[J]. 安徽林业, 4: 64-65.

[31] 刘瑞梅, 玉珏, 2012. 林菌套作高产高效栽培技术探讨[J]. 北京农业, 33: 91-92.

[32] 刘四围, 利霞, 2012. 退耕还林工程林菌复合经营模式及其效果分析[J]. 现代农村科技, 4: 40-41.

[33] 刘延春, 2006. 生态效益林业理论及其发展战略研究[M]. 北京: 中国林业出版社.

[34] 刘叶高, 叶伟建, 2004. 缓和林菌矛盾之我见[J]. 三明农业科技, 1: 31-32.

[35] 刘宇, 耿小丽, 王守现, 等, 2006. 林地食用菌栽培技术[J]. 蔬菜, 6: 15-16.

[36] 娄安如, 1995. 农林复合系统简介[J]. 生物学通讯, 30(5): 9-10.

[37] 路飞, 陈为, 张良, 等, 2014. 全国林药、林菌发展区划布局研究[J]. 林业建设, 5: 20-25.

[38] 路飞, 尚丽, 陈为, 等, 2014. 全国林药、林菌的发展意义及发展条件分析[J]. 林业建设, 4: 17-20.

[39] 罗信昌, 陈士瑜, 2010. 中国菇业大典[M]. 北京: 清华大学出版社.

[40] 罗彦卿, 王艳, 黄萍, 等, 2013. 与林下经济发展相关的林产化工研究述评[J]. 林业经济问题, 1: 92-96.

[41] 骆世明, 2013. 农业生态学的国外发展及其启示[J]. 中国生态农业学报, 1: 14-22.

[42] 马中举, 张中用, 秦绪勇, 2011. 5小城镇市政广场景观规划设计探析——以宁强县市政广场为例[J]. 林业实用技术, 12: 48-49.

[43] 毛松, 2006. 齐河县叫响"林菌复合经营"模式[J]. 农业知识, 20: 22.

[44] 潘力, 2012. 吉林省黑木耳产业发展问题研究[D]. 长春: 吉林农业大学.

[45] 彭彪, 胡宗庆, 许木正, 等, 2001. 解决福建山区林菌矛盾的措施及对策[J]. 林业勘察设计, 2:

58-60.

[46] 任海涛,2009. 杨树林复合经营生态环效益分析[J]. 安徽林业,2：61-62.

[47] 尚瑛,杨鹏鸣,2011. 3种间作方式对林地土壤及作物产量的影响[J]. 现代农业科技,1：222-224.

[48] 宋秀红,侯桂森,任中兴,等,2010. 北方速生林下香菇栽培对林分生长量的影响[J]. 北方园艺,05：184.

[49] 唐玉琴,李长田,赵义涛,2008. 食用菌生产技术[M]. 北京：化学工业出版社.

[50] 屠六邦,1999. 农林复合经营技术——林菌复合经营类型与技术[J]. 林业科技开发,01：54-55.

[51] 王根轩,1992. 探索生物间相互作用规律的生态场理论[J]. 大自然探索,11(3)：52-56.

[52] 王红霞,崔志勇,于先泉,2011. 有机黑木耳林下地摆栽培的优势与关键技术[J]. 内蒙古农业科技,1：105-106.

[53] 王虎,夏自谦,2010. 基于区位商法的北京市林下经济产业布局研究[J]. 四川林勘设计,1：27-30.

[54] 王虎,2011. 北京市区域林下经济复合度评估研究[D]. 北京：北京林业大学.

[55] 王学众,邵维仙,于桂凤,等,2007. 林下食用菌生产中常见杂菌及其防治技术[J]. 林业实用技术,06：35-36.

[56] 韦强,邓德江,2008. 林地食用菌季节性高效生产试验示范项目综述[J]. 北京农业,6(18)：116-120.

[57] 隗合亮,李孟媛,郑法鑫,等,2011. 北京山区林地食用菌栽培方法与发展前景分析[J]. 中国园艺文摘,7：124-125.

[58] 翁翊,2012. 浙江省主要林下经济模式及关键技术研究[D]. 杭州：浙江农林大学.

[59] 吴克甸,吴学谦,周知群,等,1994. 香菇新菌株241-1的选育研究[J]. 浙江食用菌：13-16.

[60] 吴学谦,吴庆其,1996. 代料花菇菌株品比试验[J]. 食用菌：9-10.

[61] 武惠肖,2008. 林-菌复合经营地林下生态因子变化规律探索与研究[J]. 河北农业科学,05：23-25.

[62] 武金钟,武婉华,1993. "三棚"培育花菇技术[J]. 中国食用菌,12(2)：33-34.

[63] 邢燕,2010. 林菌生态反季节间作高产技术[J]. 农业知识,05：33.

[64] 熊继安,卢宏达,2000. 香菇多糖注射液对反复呼吸道感染患者免疫功能的影响[J]. 药物流行病学杂志,9(3)：126-127.

[65] 严泽湘,刘建先,2003. 香菇的无公害生产[J]. 农村实用科技,11：11-12.

[66] 姚方杰,边银丙,2011. 图说黑木耳栽培关键技术[M]. 北京：中国农业出版社.

[67] 于成功,徐肇敏,祝其凯,等,1999. 猴头菌对实验大鼠胃粘膜保护作用的研究[J]. 胃肠医学,(4)：93-96.

[68] 于小飞,吴文玉,张东升,等,2010. 林下经济产业现状及发展重点分析[J]. 林产工业,4：57-59+62.

[69] 张国强,赵庆阳,朱建光,2005. "林-菌-气"能源生态模式技术[J]. 可再生能源,3：49-50.

[70] 张兴芬,刘毅,尹杰,等,2011. 辽宁省林菌复合经营发展趋势与思路[J]. 防护林科技,06：92-93.

[71] 张绪东,包海花,念红,等,1999. 猴头菇浓缩液对小鼠运动性疲劳的影响[J]. 牡丹江医学院学报,20(1)：1-2.

[72] 张志玲,王迎,李宁,等,2013. 杨树速生丰产林林菌复合高效栽培模式研究[J]. 山东林业科技,5：35-37+67.

[73] 赵庆阳, 朱建光, 2004. "林-菌-气"能源生态模式技术[J]. 河南农业, 9: 17.
[74] 钟春艳, 王敬华, 2013. 北京山区农林复合产业发展模式与对策分析[J]. 农业经济, 10: 42-44.
[75] Hobbs C, 2000. Medicinal values of *Lentinusedodes* (Berk.) Sing. (Agaricomycetideae). A literature review [J]. International Journal of Medicinal Mushrooms, 2(4): 287-297.

本章作者：李玉、李长田(吉林农业大学)，许建初、郭佳玉(中科院昆明植物研究所)

第十八章
林-茶复合系统

第一节 概 况

茶树原产于中国，人工栽培茶树已有3000多年的历史。茶树是一种多年生的叶用、木本常绿植物，属于山茶目山茶科山茶属茶种。茶树起源距今有6000万~7000万年历史，人类5000年前发现和利用茶，3000多年前开始栽培茶树，全世界山茶科的植物共有23属380多种，中国有15属260多种。中国是茶的故乡，茶之为饮，发乎神农氏。早在唐代，饮茶之风遍及大江南北，甚至远播青藏高原，并且出现了"茶道"一词。茶文化在中国可谓是历史悠久。

茶树在中国的分布非常广阔，范围在北纬18°~38°，东经94°~122°；地跨中热带、边缘热带、南亚热带、中亚热带、北亚热带和暖温带。中国的西南地区为茶树原产地，古茶树主要分布在云南、贵州和四川，这里是世界上最早发现、利用和栽培茶树的地方，同时又是世界上最早发现野生茶树和现存野生大茶树最多、最集中的地方。在垂直分布上，海拔高可达2600m的高山，低至仅距海平面几米的矮丘。在不同地区，生长着不同类型和不同品种的茶树，从而决定着茶叶的品质及其适制性和适应性。中国茶区主要分布在秦岭以南的20个省份，结合地带、气候、土壤特点，可划分为4个茶区。

一、西南茶区

位于中国西南部，包括云南、贵州、四川3省以及西藏东南部，是中国最古老的茶区。茶树品种资源丰富，生产红茶、绿茶、沱茶、紧压茶(砖茶)和普洱茶等。云贵高原为茶树原产地中心，地形复杂，有些同纬度地区海拔高低悬殊，气候差别很大，大部分地区均属亚热带季风气候，冬不寒冷，夏不炎热，土壤状况也较为适合茶树生长。

二、华南茶区

位于中国南部，包括广东、广西、福建、台湾、海南等省份，为中国最适宜茶树生长的地区。有乔木、小乔木、灌木等各种类型的茶树品种，茶资源极为丰富，生产红茶、乌龙茶、花茶、白茶和六堡茶等。除闽北、粤北和桂北等少数地区外，年平均气温19~22℃，最低月（1月）平均气温7~14℃，茶年生长期10个月以上，年降水量是中国茶区之最，一般为1200~2000mm，其中中国台湾雨量特别充沛，年降水量常超过2000mm。

三、江南茶区

位于中国长江中、下游南部，包括浙江、湖南、江西等省份和皖南、苏南、鄂南等地，为中国茶叶主要产区，年产量大约占全国总产量的2/3。生产的主要茶类有绿茶、红茶、黑茶、花茶以及品质各异的特种名茶，诸如西湖龙井、黄山毛峰、洞庭碧螺春、君山银针、庐山云雾等。茶园主要分布在丘陵地带，少数在海拔较高的山区。这些地区气候四季分明，年平均气温为15~18℃，冬季气温一般在-8℃。年降水量1400~1600mm，春夏季雨水最多，占全年降水量的60%~80%，秋季干旱。

四、江北茶区

位于长江中、下游北岸，包括河南、陕西、甘肃、山东等省份和皖北、苏北、鄂北等地。江北茶区主要生产绿茶。茶区年平均气温为15~16℃，冬季绝对最低气温一般为-10℃左右。年降水量较少，为700~1000mm，且分布不匀，常使茶树受旱。但少数山区，有良好的微域气候，故茶的质量亦不亚于其他茶区。

第二节　类型分布及其特点

一、用材树种与茶树复合型

1. 湿地松与茶树复合

湿地松在茶园中株行距为7.5m×7.5m，栽植密度为180~225株/hm²。该类型在江苏省应用较多。

2. 泡桐与茶树复合

泡桐生长快，材质好，经济价值高，与茶树间作有2种配置方式：一种是一次定植，株行距10m×10m；另一种是株行距5m×5m，5年后间伐，保留1/2。该类型在江苏、安徽、湖北等省应用较广。

3. 香椿与茶树复合

香椿适应性强，生长速度快，无病虫危害，材、菜兼用，与茶树间作密度为150~450株/hm²。该类型在陕西省茶区较为常见。

二、经济树种与茶树复合型

1. 乌桕与茶树复合

乌桕为重要的工业油料树种,在茶园里栽植株行距 6m×8m,密度为 210 株/hm^2。该类型在皖南和浙江有悠久历史。

2. 杜仲与茶树复合

杜仲有极高的药用价值,树形高大,树冠稀疏,与茶树间作可有效地为茶树提供遮阴庇护。在茶园里栽植株行距(2.5~3.0)m×(3~5)m。该类型在贵州、四川、湖南、江苏等地均有推广。

3. 橡胶与茶树复合

橡胶-茶复合经营在我国南方植胶区有较大面积推广应用。主要用 2 种配置方式:一种是橡胶树宽窄行,宽行距 16m,窄行距 4m,两行为一列,株距 4m,密度为 400 株/hm^2;另一种是单列宽行,株行距 2m×(12~15)m。橡胶与茶树复合能相互促进,使系统内的生物生产力保持稳定。

4. 黄樟与茶树复合

黄樟与茶树复合经营在滇西南西双版纳和思茅茶区较为普遍,是一种传统经营方式,中外驰名的"普洱茶"多出产在樟茶复合园中。黄樟在茶园中有 2 种配置方式:一种是条行形,株行距 7m×8m;另一种是网格形,每 1 个网格面积为 667~2000m^2。

5. 油桐与茶树复合

秦岭、巴山等茶区和安徽、福建等省份应用较多,具有 2 种方式:一种是在普通茶园中按(4~5)m×(5~6)m 的株行距,移植或直播油桐,密度为 300~400 株/hm^2;另一种在梯田的梯坎上种植油桐,梯面上种植茶树,油桐可护坡、保持水土和改善茶园生境,且具有较高的经济效益。

三、果树与茶树复合型

1. 板栗与茶树复合

板栗与茶树间作在苏南茶区有悠久历史,蜚声中外的"碧螺春"茶就出产在栗茶复合园中。我国板栗栽培区的秦岭北麓、滇北、闽、赣、湘等茶区都有应用。板栗在茶园中的株行距 7m×8m,密度 120~180 株/hm^2。

2. 银杏与茶树复合

银杏是我国特有珍贵树种,集果、材、药用于一身。近年来随着银杏的迅速发展,银杏与茶树间作应运而生,江苏、山东、浙江等地茶区均有大面积应用。银杏株行距 6m×9m,一般栽植 3~4 年生嫁接良种苗。

3. 柿树与茶树复合

柿树与茶树复合经营在福建、江西等省茶区有应用,柿树在茶园中的栽植方式因地而行,地形比较平缓的株行距 7m×8m;梯田茶园隔梯栽植,株距 6~7m。柿树适应性强,病虫害少，收益期长。

4. 山楂与茶树复合

山楂是落叶乔木，结果早，栽后3~4年就可结果，10年左右进入盛果期。山楂与茶树间作是陕南秦巴山区试验成功的复合类型。当地多在梯式茶园中栽植，一梯一行，株距4m。

5. 香蕉与茶树复合

香蕉喜湿热气候，在土层深、土质疏松、排水良好的地里生长旺盛。香蕉栽植株行距为(1.5~2.0)m×(2.5~3.0)m，在广东、福建等地应用较多。

6. 葡萄与茶树复合

葡萄种植要求海拔高度一般在400~600m之间。喜光、喜暖温、对土壤的适应性较强。葡萄株行距为12m×12m，棚架距地面高度3.5~4.0m。在行间种植茶树可改良土壤，促进葡萄生长结果。

近年来，果树与茶树复合经营类型越来越多，诸如杨梅、柑橘、梨树、荔枝、杧果等果树与茶树间作方式。

四、低产林分内的林-茶复合经营类型

低产林分内的林-茶复合经营，是常熟市虞山林场多年研究取得的成果。该类型通过对现有的某些低产林分内林木进行带状或片状间伐后，在间伐带、片内种植茶树。与单作茶园相比，复合经营茶园内辐射强度较弱，温度较高，温差较小，病虫害轻，茶树生长旺盛，茶叶质量好。几年的实践证明，东西向设置的茶带更利于林木对茶树的遮阴，特别是能有效地减弱中午强太阳辐射对茶树的不良影响。对于平均树高为5~6m的马尾松为主的林分而言，茶带宽度4m，保留林带5~6m为最佳规格；树高较高的林分，种茶带和保留可适当加宽。在虞山林场低产林分内进行林-茶复合经营技术研究结果表明，林-茶复合经营的第3年末，不但能收回全部成本，且盈利4976.25元/hm²，第4年末，每公顷产值达31685.25元，为原低产林分的56.3倍，投入产出比为1:3.58。

第三节 茶园-苗木复合系统

一、系统概述

绿化苗木主要是指用于绿化建设的花草树木。道路两侧绿化带建设、公园和居住小区绿化、环境治理等各项基础设施建设中都需要进行绿化工程建设，随着城市建设和乡村绿化建设的进行，对绿化苗木的需求量不断提高，对绿化苗木的种类和质量要求也不断提升，这对绿化苗木的生产经营提出了更高的要求。近年来，随着南方速生树种和林下多种经营的推广，宜林山地逐渐被利用，绿化苗木的经营空间逐渐被压缩，难以确保绿化苗木

生产的质与量。

我国作为世界主要茶叶出产国，科技人员对茶叶单一物种种植经营而带来的问题进行套种模式研究（周铁烽，2001；叶水西，2008；郭文福和贾宏炎，2006）。茶园套种是一个重要的研究方向，套种不同的经济作物能够提高土地的利用效率和生态效益（黄培忠，1995；朱积和余南，1997；黄永标和梁开智，1998），套种绿肥等作物更能改良土壤理化性质（王卫斌，2003；黄泉生，2006），也能带来一定的经济收益（李凤辉，2009）。

二、组成结构

（一）时间结构

生态系统中，种群之间在时间上的关系包括重叠、部分重叠和交错几种。重叠关系说明种群彼此对环境资源的要求和需要是同步进行的，往往存在不同程度的竞争。部分重叠和交错说明种群之间对环境资源的要求和需要在时间上存在协调性、互补性。乌桕和茶树套种，在时间关系上是部分重叠的。乌桕属落叶乔木，春末展叶、深秋落叶，而茶树属常绿灌木，四季几乎都能进行光合作用。这种时间上的关系，对茶树的春季生长几乎没有影响，而在夏季由于乌桕树冠的遮阴，又有利于茶树的生长和茶叶品质的提高。因此，在柏茶复合模式茶园中，乌桕和茶树这两个主要种群间具有合理的时间关系，这为复合茶园在时间上充分、协调地利用光能等资源打下基础。

（二）空间结构

纯茶园中，地上及地下部分空间结构简单，均为单层。而复合茶园中，从地上部分看，乌桕高大喜光，茶树矮小耐阴，形成了水平上镶嵌、垂直上分层的合理空间结构。对地下根系的调查测定结果表明，茶树的吸收根系主要密集在 $0 \sim 20cm$ 的土层中，约占总吸收根系的 60%，而乌桕的吸收根系则主要密集在 $20 \sim 60cm$ 的土层中，约占总吸收根的 $75\% \sim 80\%$。从水平上看，茶树的根系主要分布在 $60 \sim 65cm$ 的幅度内，乌桕则主要分布在 $130cm$ 的水平范围内。由此可见，与地上部分相类似，复合茶园地下部分亦呈分层和镶嵌的合理结构。复合茶园主要种群在空间上的关系是互补的，这对充分利用光照、土壤等环境资源十分有利，也是很多农林复合系统优越于单一农、林生态系统的主要方面之一。

三、效益分析

（一）生态效益

茶叶种植户受经济利益的驱使，均采用矮化种植、全面清理杂草等措施，近年来茶园集中地区的水土流失现象非常严重，森林植被和生物多样性遭到严重破坏。套种绿化苗木为林农增加了经济收益，也带动了周边农户的种植，同时茶园套种绿化苗木的措施，对保持水土、改善土壤物理环境也有一定的作用（欧黎明，2014）。

茶树是耐阴树种，光照过强会引起茶树代谢机能减缓，出现光休眠，降低光合效率，影响茶叶品质。茶园套种因降香黄檀树冠（3 年生冠幅达 $13 \sim 16m$）的遮蔽作用，光照强度明显减弱，不容易使茶叶变老，上层降香黄檀的调节作用，有利于茶树生长发育对光度的要求。温度直接影响茶树新梢生长，20~30℃是茶树生长的适宜温度（刘钦，2002）。茶园套种降香黄檀后具良好的温、湿度调节效应，茶园的小生态环境能得到改善。经观测，早、晚时段（8:00前，16:00后）套种茶园比单作茶园气温高，而相对湿度反而低，从不同套种密度观察情况看，随套种密度增大这种调节作用趋势越明显；而在太阳光直射和地面散射的10:00~16:00时段因降香黄檀树冠阻挡及树体的蒸腾和林内空气湍流活动影响，平均气温和相对度分别比单作茶园降低1~3℃和提高1%~5%，茶园温、湿度这种变化趋势与套种密度大小呈正相关，相对套种密度增大，遮荫面积大，调节效应更明显。采取套种可使幼龄茶树避免夏季高温的伤害，同时减缓茶园地温剧烈变化，这种调节作用对茶树生长有利，有利于创造适宜茶树生长的茶园小气候环境。

(二) 社会经济效益

在茶园台面或梯壁植株生长整齐一致，观赏性好，丰富了茶园景观。茶园套种绿化苗木技术现已广泛应用于标准化生态茶园和观光生态农业建设中，充分利用丘陵山地资源，增加农村劳动力的就业机会，促进农民增收。同时，采用豆科牧草搭配少量禾本科牧草，即在茶园或树冠外可种之处套种平托花生、白三叶等豆科牧草，梯壁以平托花生、爬地木兰护坡，混播白三叶、百喜草，并根据不同牧草的生长习性进行周年搭配，做到周年保持覆盖、周年常绿，提高茶园整体效能。

茶园套种的绿化苗木，有一部分在套种2年后，树冠、地径、树高能够达到出圃销售的标准，种植2年收益率达到85%~150%，因此按照市场价格，出圃苗木的收益在1倍左右，不仅为林农带来直接的经济效益，同时也能带动尚未发展茶园套种绿化苗木农户的积极性。通过调查，调查地点周围3个村在2014年新增茶园套种绿化苗木的面积达到310hm^2，社会效益良好（欧黎明，2014）。

据有关研究表明，套种茶园的生态环境条件有利于茶树氨基酸和咖啡碱的合成与积累，叶片的叶绿素含量显著提高，而茶多酚含量有所降低，使酚氨比下降，从而改善茶叶的品质。但套种茶园的生态环境条件直接影响茶树的生长发育和茶叶产量，并与套种密度有较大关系。随着套种密度增大，茶叶年产量增值呈现一定下降现象。经对茶园套种不同密度降香黄檀和同期单作茶园产量及品质进行初步调查统计表明，总体上，套种茶园的茶树较单作茶园发芽早且整齐，芽叶持嫩性强，头轮和第2轮新梢开采早，中高档茶比例提高。经产量测定统计，套种茶园的2年生、3年生春、夏、暑、秋、冬茶叶产量均比单作茶园高，但增产幅度有明显差别，其中300株/hm^2、450株/hm^2、600株/hm^2、750株/hm^{2}套种密度的2年生茶青年总产量依次提高358kg/hm^2、345kg/hm^2、264kg/hm^2、176kg/hm^2，增产率分别达106%、102%、78%、52%，3年生茶青年总产量依次提高1250kg/hm^2、1170kg/hm^2、925kg/hm^2、817kg/hm^2，增产率分别达235%、220%、174%、154%。随着幼树不断增大，必然引起胁地效应，为避免降香黄檀长大后过度遮荫以及根系对茶园水肥的竞争更趋激烈，考虑到茶园套种对茶叶产量提高和品质改善及单位面积降香黄檀成材后产生的效益，认为套种密度不宜超过750株/hm^2，以450~600株/hm^{2}比较合适。若以450株/hm^{2}套种密度计算，按茶青年平均收购价格15元/kg估算，2年生和3

年生茶园可增加短期经济收益分别达 5175 元/hm² 和 17550 元/hm²，有效提高了茶叶产量和单位面积产值。另据收购茶青的茶叶加工厂反馈，套种茶园的茶叶加工制成的茶叶品质较单作茶园同品种铁观音提高了一个档次，口感好，色香味俱佳，茶叶产品价值更高。可以预测，随着降香黄檀和茶树的优势互补，长短结合，降香黄檀成材后，长远的经济收益和单位面积产值更加可观(李凤辉，2009)。

四、现状与问题

茶叶是江西的传统优势产业，是茶区农民增收、农村经济发展的重要支柱性产业。江西山地资源丰富，全省有宜茶荒坡、荒山面积 170 万 hm²，发展茶叶产业潜力巨大。近年来，在江西省委、省政府一系列茶叶产业发展方针和扶持政策指引下，全省茶叶产业呈现出"规模扩大、质量提高、特色明显、区域优化"的良好发展态势，逐步形成了赣东北、赣西北、赣中和赣南等四大优势产区，"庐山云雾""婺源大鄣山""浮瑶仙芝""遂川狗牯脑"等"江西绿茶"品牌效应逐步显现。虽然近年来江西茶产业发展态势良好，但与全国其他产茶大省份相比，还存在不小的差距。通过调查研究发现，全省茶叶生产发展虽然非常迅速，并集中形成了一些优势产区，但依旧存在很多的问题：如茶园单产水平不高、组织化水平低、品种搭配不合理、市场体系不完善、出口问题较多等，尤其是茶叶生产过程中的质量安全问题堪忧，防治环境污染的措施、制度不健全，生产企业的质量安全生产知识普及率较低，很多生产大户都不知道标准茶园选择的标准；大部分的生产大户不知道无公害、绿色和有机茶园在施肥、用药方面的区别等。

在用现有造林地采挖绿化用树苗主要问题是采挖后改变初植密度和合理的林分结构。现阶段营造的人工林是根据《造林技术规程》中规定的造林初植密度营造的，初植密度一般每公顷确定在 2500~3300 株，在采挖绿化用树苗之后，造成人工更新密度下降达不到规程规定的要求，采挖后林分的抚育间伐效益降低了，因此，在造林时套种绿化苗木提高造林初植密度，可以利用有限的土地资源，创造更多的经济效益。

最近几年市场上绿化、美化环境所需的绿化大苗主要是云杉、樟子松、水曲柳、白桦及椴树等，而这些树种大部分是在东北地区采伐后迹地更新的主要树种。过去人工更新的初植密度一般在每公顷 2500~3300 株，当林分郁闭后，保存率一般在 2100~2800 株之间，在达到透光抚育标准进行间伐时，每公顷只能伐除 800~1000 株。而此时的林分平均胸径一般在 6~8cm，采伐木价格低且已达到了规程规定的经营密度，经过 5~7 年的间伐间隔期后，林分已进入了中龄阶段，因此在林分幼龄阶段几乎没有经济效益可言。

造林地内套种绿化用苗木，提高初植密度，可以使林分在幼龄阶段充分发挥最大的效益。主要做法：通过选择地势平坦、土壤肥沃、交通运输条件好的采伐迹地，在人工更新时，对造林株行距进行调整，把过去株距 1.5m、行距 2m、每公顷 3333 株缩短为株距 1m、行距 1.5m、每公顷 6666 株，株距间隔一株套种一株市场销路看好的云杉、樟子松、水曲柳、白桦等树种，10 年左右的时间，当苗高已达到 2m 时，可将套种的绿化大苗全部挖出销售，按每株价值 50~70 元计算，每公顷可挖出 3333 株，获利 23 万元以上，而此时在林地上每公顷仍然保留有 3333 株树木。当采挖后 5~7 年后，林木仍处于幼龄阶段，林分经过透光通风，扩大了营养面积，保留木的高生长和径生长也加快，林分蓄积量增大，此时进行透光抚育，每公顷可采伐 800~1000 株树木，林分按平均胸径 10cm 计算，可采伐林木蓄积量 45m³，每立方米按 300 元计算，可获利 13500 元。比单纯造林多增加收入 20 多万元，而且不增加幼林抚育成本。

由此可见，利用人工更新套种绿化苗木合理提高造林密度，合理利用有限的林地创造出最大的经济效益。既适合了市场的需求，又能在林分幼龄阶段增加了经济收入，一改过去森林经营周期长、见效慢的格局，此种做法值得推广。

参考文献

[1] 郭文福，贾宏炎，2006. 降香黄檀在广西南亚热带地区的引种[J]. 福建林业科技，33(4)：152-155.

[2] 黄培忠，1995. 热带、南亚热带地区珍稀濒危树种引种保存研究[J]. 林业科学研究，8(2)：193-198.

[3] 黄泉生，2006. 降香黄檀引种试验初报[J]. 热带林业，34(3)：36, 33.

[4] 黄永标，梁开智，1998. 广西马山县古零石灰岩山区林业综合开发[J]. 广西林业科学，27(4)：213-1217.

[5] 李凤辉，2009. 茶园套种降香黄檀效应的初步研究[J]. 福建林业科技，(6)：274-276.

[6] 刘钦，2002. 茶园套种板栗效应研究[J]. 林业勘察设计，(4)：88-89.

[7] 欧黎明，2014. 铁观音茶园套种绿化苗木效果研究[J]. 现代农业科技，(23)：169, 170, 173.

[8] 王卫斌，2003. 中国的红木树种及其可持续发展对策研究[J]. 福建林业科技，30(4)：108-111.

[9] 叶水西，2008. 降香黄檀扦插育苗技术初步研究[J]. 安徽农学通报，14(9)：128-129.

[10] 周铁烽，2001. 中国热带主要经济林树种栽培技术[M]. 北京：中国林业出版社.

[11] 朱积，余南，1997. 亚热带珍稀濒危树种引种迁地保存的初步研究[J]. 中南林学院学报，17(2)：59-66.

本章作者：王斌（中国林业科学研究院亚热带林业研究所），吴南生、叶红莲（江西农业大学）

第十九章
林-药复合系统

第一节 概 况

近年来,在人口老龄化、全球医疗体制改革、保健养生以及"回归自然"的世界潮流影响下,传统医药在世界上的应用范围和使用率不断提高,在国际市场的空间不断扩大,在世界范围内显示了良好的发展机遇和非常广阔的发展前景。随着中医药经济的蓬勃发展、植物药需求高速增长,我国中药材资源日益紧缺,同时,过度无序开采和生态环境的恶化,也导致中药材资源质量性紧缺,野生资源逐年减少。我国目前处于濒危状态的近3000种植物中,用于中药或具有药用价值的约占60%~70%;400余种常用中药材每年有20%出现短缺。由于野生资源无法恢复,种质资源正在迅速减少甚至消失,优良种质在退化,制约了我国中药产业的可持续发展。此外,我国中药材的供求矛盾日益突出,药材原料严重缺乏将直接影响中药产业的发展。

既要保护好我国现有的森林资源不被破坏,又要保证中药材的自主供应,林-药复合经营便就此产生。林-药复合经营是根据植物分布规律和林、药共生状况,按照植物生态学原理,合理而充分地利用水、肥、气、热等因子,建立乔灌搭配、乔草搭配、灌草搭配,形成林业立体种植模式,既能增加植被、减少水土流失、改善生态环境,又能提高土地的产出能力,可在较短时间内获得良好的经济效益和生态效益(余振忠,2007;房用等,2006)。由于山区林地生态环境良好,林下间作药材可实现野生、半野生栽培,有利于提高药材品质、增强林地水土保持能力和增加生物多样性等多种优势(马增旺,2012);开展林-药复合经营符合当前生态建设需要和森林资源经营管护的需要(李建挺,2008),也有利于促进退耕还林、集体林权制度改革等林业政策的实施。

林地土质肥沃,水源充沛,空气湿润,适宜种植药材。药材一般有耐阴的特性,而林木又是天然的庇荫物,有利于药材的生长。我国南方各地有大面积的原始林和新荫蔽的人工林。这些地区不适合间作粮食,但却适合种植药材,如沙仁、沙参、黄连等非在比较荫蔽的树下生长不可,茯苓只有在马尾松林内才能繁殖,天麻、黄连、党参等可以在高寒的山林中间种。林下间种中药材,可提高林地的利用率,有利于解决林、药等争地的矛盾,缓解占用基本农田问题,促进多种经营的发展。实行林下间种中药材,不仅提高土地的利用率,还可通过对农作物的管理,如松土、除草、浇水、实施等措施,起到抚育幼林、促进林木生长、增加收益的作用。同时,疏密有间的树林为林下提供了贴近自然的生活空间,夏能遮阴,冬能保暖,适合多种中药材生长。

林–药复合经营的选择应根据林分的环境特点,充分利用林下的土地和光热资源,以种间搭配合理为主要原则,着重考虑搭配植物的生态习性和生长周期、林分的光照条件、地上和地下空间分配等因素,合理安排药材的种植期以降低树木和药材的竞争强度;同时要注意保护林地的生态功能,尤其是自然植被的水土保持和生物多样性保护等生态功能,尽量减缓对原有土壤和植被的扰动强度。

根据生物群落的共生互利性、遵循生态经济学原则,运用物种共存、物质多级循环利用等功能、原理和优化技术,模拟不同类型生物种群的共存功能,在一定的生态空间上合理调控生物种群结构,设计出多种类型的林–药复合经营模式,是立体林业常用方法。

第二节 类型分布及其特点

林–药复合经营能实现对自然资源的充分吸收和转化(孙光新,1995)。传统单一造林模式不仅不能充分利用土地,而且对太阳光能、大气降雨、空气中 CO_2 等自然资源的拦截和利用率很低,导致涉林土地经营产出效率长期低下。而林–药间作能够在单位面积的土地上,把不同的生物种群按照生态学原理,合理地组合成能充分利用土地、光能、空气、水肥和热量等自然资源的立体种植群体模式,让所经营的生物群体有足够的资源转化空间,使投入的能量和物质尽可能多地转化为经济产品,从而大幅度地提高土地经济效益(定明谦等,2005)。林–药复合经营有利于生物多样性发展。而传统单一的造林模式,物种单一,密集集中,直接影响生物物种繁衍,影响森林生物多样性的群落发展。

例如,杉木–黄连林–药复合系统,是根据杉木和黄连二者的生长发育特点,以适宜的栽植密度,采用相应的栽培管理措施构成的人工复合系统。通过系统的合理结构,对光、热、水等能量的再分配,既满足耐寒、喜湿、半阴性植物黄连的生长发育要求,又使杉木速生,形成协调的系统结构。所以,林–药复合系统内部,能够通过调节、自控及良性循环,与系统外部协调地进行物质和能量的调控交换(图3-30)。

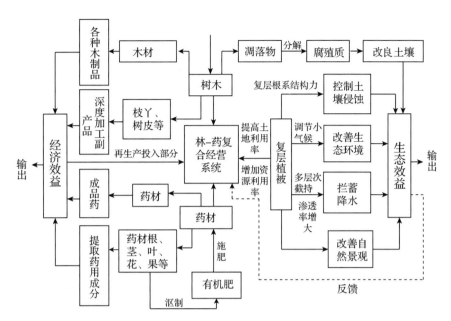

图 3-30　林-药复合经营良性循环模式

第三节　典型模式：铁皮石斛林下经济系统

一、系统概述

铁皮石斛（*Dendrobium officinale* Kimura et Migo.）是我国传统名贵中药材，具有益胃生津、滋阴清热等独特的功效。早在秦汉时期，《神农本草经》就记载铁皮石斛"主伤中、除痹、下气、补五脏虚劳羸瘦、强阴、久服厚肠胃"；1000多年前的《道藏》将铁皮石斛列为"中华九大仙草"之首；李时珍在《本草纲目》中评价铁皮石斛"强阴益精，厚肠胃，补内绝不足，平胃气，长肌肉，益智除惊，轻身延年"；民间称其为救命仙草，国际药用植物界称为"药界大熊猫"。现代药理研究证明，铁皮石斛具有增强免疫力、消除肿瘤、抑制癌症等作用，对咽喉疾病、肠胃疾病、白内障、心血管疾病、糖尿病、肿瘤均具有显著疗效，2010年版《中国药典》特将铁皮石斛从石斛类药材中划出，单独收载。

20世纪90年代以前，铁皮石斛主要依靠野生资源，采自热带、亚热带原始森林悬崖或树干。由于毁灭性采挖与生存环境的破坏，野生资源基本枯竭，1987年国务院将其列为国家重点保护植物。为了实现铁皮石斛资源的可持续利用，国家有关部门与产区政府对大力推进铁皮石斛产业快速有序发展已经成为共识，国家科技部、发改委、工信部、农业部等均对铁皮石斛产业给予了大力支持。20世纪末科技人员先后突破了种子生产、组织培养和设施栽培等人工栽培关键技术，并迅速推广应用，种植面积出现了"井喷式"的增长，铁皮石斛颗粒、铁皮石斛含片、铁皮石斛明目片等80多个药品与保健品得以研发、生产，形成了科研、种植、加工、生产、销售系列产业链，产业特色和市场优势明显。

设施栽培受土地资源限制，存在投入大、产品质量不能满足消费者更高要求等问题，铁皮石斛活树附生、崖壁附生等近野生栽培技术应运而生。把铁皮石斛栽培的场所从农田回归至森林，充分利用活树、崖壁等林地资源和林荫空间，构建稳定良性循环的生态系统，1亩林产出数万元的经济效益，从根本上解决铁皮石斛产业升级与可持续发展中土地资源限制、投入大、药材功效不如野生等问题，实现生态与经济效益双丰收。

二、组成结构

(一) 乔木 – 铁皮石斛复合系统

森林乔木 – 铁皮石斛复合系统是以自然生长的乔木作为载体，利用树木枝叶遮阴，将铁皮石斛附生于树干、树枝、树杈上，定时喷水(雾)，构建铁皮石斛与林木和谐生长的生态系统，从根本上解决设施栽培土地资源限制、投入大、药材功效不如野生等问题的一种栽培方法。

1. 栽培环境与树种

常绿阔叶林、常绿落叶阔叶林、针叶林(松树、杉木、水杉等)、针阔混交林等森林生态中针叶与阔叶、常绿与落叶、光皮与糙皮的乔木均可，香樟、杨梅、木荷、枫杨、黄檀木、枫香、梨、板栗、松树、红豆杉、杉木、柏木上都能很好地生长，毛竹上也能生长，但树皮易自然脱落的树种上不宜栽种。自然遮阴度一般在50%~60%，光照一般为漫射光、散射光，光照过强过弱均影响产量与产品的品质。

2. 栽培时间与方法

在浙江地区，宜在3~4月栽培，迟至5月下旬，广西、广东、云南等地可提早至最低气温达10℃时进行种植。栽培前，清除林下的杂草和灌木；间伐劣势木；清除枯枝、细枝、过密枝、藤蔓和树干的苔藓、地衣植物等，将林分的透光度调整至40%~50%。

栽植用苗为1年生或2年生苗，栽培时，在树干上间隔35cm种植一圈(层距)，每圈用无纺布或稻草自上而下呈螺旋状缠绕，在树干上按3~5株1丛，丛距8cm左右。捆绑时，只可绑其靠近茎基的根系，露出茎基，以利于发芽，但也不能太靠近茎基，否则影响植株固定与直立，直至影响生长。

(二) 梨树 – 铁皮石斛复合系统

梨树 – 铁皮石斛复合系统是以果园中的梨树作为载体，利用梨树枝叶遮阴，将铁皮石斛附生于树干、树枝、树杈上，定时喷水(雾)，构建铁皮石斛与梨园和谐生长的生态系统，经营管理比森林乔木 – 铁皮石斛复合系统方便，生产药材质量与森林近野生栽培类似。栽培环境调控、种植方法与时间均与森林乔木 – 铁皮石斛复合系统相同。

(三) 森林悬崖 – 铁皮石斛复合系统

森林悬崖 – 铁皮石斛复合系统就是以森林生态环境为基础，利用森林环境，将铁皮石斛附生于悬崖上，定时喷水(雾)，构建铁皮石斛与森林和谐生长的生态系统。栽培铁皮石斛的悬崖应避免正午阳光曝晒。

第四节 典型模式：北五味子复合经营模式

一、系统概述

北五味子是东北林区特有的地道药材，是著名中草药，驰名中外，也是我国目前中药生产的四大品种之一。随着人们生活水平的不断提高和保健意识的不断增强，市场需求量越来越大，由于野生资源的严重破坏，供需矛盾日渐突出，价格猛增。北五味子是治疗神经衰弱、神经官能症、肝炎的良药，由于其药理作用日益被人们发现，加速了其产品开发进程，现已研制开发出五味子醇、护肝片、五味子饮料等产品，由于原料不足，产品开发受到限制。近年来，北五味子的食、药用价值逐渐受到重视，由于货源供不应求，大力发展北五味子在林区成为共识。

黑龙江省是全国最大的国有林区，过去一直以砍伐木材为生，现在实施天然林资源保护工程，树木不再被砍伐，人们必然要转向林副特产资源的开发利用。北五味子是一项有开发利用价值的经济植物资源，林区有丰富的劳动力，利用荒山荒地和退耕还林地发展北五味子，快速缓解市场供需矛盾，为林区下岗职工提供了就业的机会，增加了经济收入，因此北五味子复合经营项目是农业经济结构战略性调整和林区退耕还林的好项目。同时野生群丛改造还保护了野生资源、维护了大自然的生态平衡，增加了经济效益，并为合理利用自然资源、实现可持续利用打下坚实的基础。黑龙江省因气候特点，夏季日照长，昼夜温差大，北五味子的有效成分含量高、质量好，是世界任何国家都无法比拟的，具有很强的国际竞争力。

二、主要类型

黑龙江省是全国北五味子主要产区之一，主要分布在张广才岭、老爷岭、完达山和大小兴安岭山区，资源比较丰富，蕴藏量较大，畅销国内外市场。

1. 野生群丛改造利用

北五味子野生分布很多，常成片分布，成丛生长。在分布区内北五味子的枝蔓密集，交叉重叠，形成杂乱无章的树冠，光照及通风不良，造成结实率低下，大小年现象严重，有时在一片北五味子生长密集地区产量极少甚至绝产。在进行改造时主要技术是调整林地的郁闭度，使其能充分接受光照，并将杂乱无章的枝蔓理顺，人工进行搭架，通过人的力量充分发挥林地生产力，提高北五味子产量。

2. 北五味子人工园

北五味子经过引种驯化进行人工栽培，其栽培模式为裸地单面架式，这种栽培方式可满足其生长过程中对光的需要，在栽培过程中主要管理措施为植株的病虫害防治、控制基生枝生长及调整植株营养分布，合理进行修剪，此外还应重视种植人工园因农药物漂移对其影响。

第五节　典型模式：草珊瑚林下套种模式

一、系统概述

草珊瑚的套种主要以杉木和马尾松林为主，包括少量的针阔混交林。从树种特性看，杉木和马尾松都喜光，适宜在温暖湿润的环境下，杉木适宜肥沃的土壤，马尾松在肥沃的土壤上能培育大径材，马尾松根系发达，杉木成年后根系深入生长，都能够充分利用地下土壤的营养，而草珊瑚喜阴凉、浅根系的特性正好相反，可以利用林下的空间和土壤表层的营养，能降低水土流失所造成的地力下降问题，改善小气候以及改善景观格局。在单位面积上，种植当年草珊瑚生物量的累积主要来自于叶，逐渐到3年生及3年以上的草珊瑚生物量的累积主要来自于枝干。叶生物量与郁闭度的相关性高于枝干与郁闭度的相关性，叶的生长和光照强度即郁闭度有关系，所以灌龄较低的草珊瑚生物量一定要严格控制林分郁闭度，枝的生长与土壤肥力、坡位的相关性高于叶，枝干的生物量增加主要是从土壤中摄取养分，所以灌龄较高的草珊瑚生物量高低与立地质量密切相关，人工种植草珊瑚一般2~3年后收割，所以，套种前要做好林地的选择。首先是立地质量，土壤肥沃程度、土壤类型、土壤厚度不仅要适于草珊瑚的生长，还要尽量选择最优的，利于草珊瑚生长量最大；其次是郁闭度，草珊瑚耐阴，郁闭度以0.6~0.8最适宜草珊瑚生长，郁闭度过低尽量不套种，郁闭度过高可以进行适当间伐；最后是坡向和坡位，坡向的选择尽量以阴坡、半阴坡为主，与郁闭度一样，是对光照的选择，坡位一般从上到下，由于水土流失的原因，下坡位的土壤条件会好于中上坡位，所以尽量选择中下坡位种植，与立地质量一样，是对土壤的选择，但是通过实际调查发现，为了集约经营，一般会按照郁闭度选择比较适合的相邻的小班，坡向和坡位也会选择方便操作和种植管理的比较平缓的地区，那么在经营管理中，就应该针对条件较差的土壤适当增加施肥量。

二、效益分析

(一)生态效益

林下种植作为发展林下经济的主要经营模式之一，对林下植物的生物多样性均会产生影响。首先，在林下种植前为了清理和平整林地，需要对林下植被进行砍刈，林下灌木层物种首当其冲被大规模清除，灌木层物种数显著下降；其次，为了保证所种植物的产出，在经营管理手段上会采取不同程度的除草、收获等经营管理手段，草本层的物种多样性受到人为逆向干扰影响，物种丰富度及多样性指数均有所下降，而均匀度指数上升，这是由于林下偶见种或数量较少的关键种被清除消失，大量均匀分布的是一些耐胁迫的菊科、禾本科和豆科植物，草本层物种多样性降低。在种植草珊瑚过程中，林农为了保证其产量，会对草珊瑚周围的植物进行频度较高的清理，这虽然保证了草珊瑚的产量，但却抑制了其周围植物的生长。此外，草珊瑚的收获周期一般为3年，林地在频繁的收获和重新整地等高强度的人为干扰下，不但对植物生长产生影响，甚至可能进一步影响森林生态系统的水土保持功能，最终不利于森林本身生态系统的可持续发展。但是，利用林下套种草珊瑚，有利于涵养水源和保持水土；选用优良种源，能提高单位面积产量，增加经济收入，对加快森林资源培育、林业产业结构的调整都起到积极作用；同时，草珊瑚株形美观、果实（鲜红色）能美化环境，增加森林景观效果，有利于促进地区旅游事业的发展。因此，项目的建设具有良好的生态效益。

（二）社会经济效益

林下套种草珊瑚的投入少，一次种植，多次产出，第三年后每2年每亩可采收草珊瑚鲜品350kg，经济效益显著。林下套种的经济效益促进了林农营林护林的积极性。而且，通过基地示范带动作用，能带动地方特色资源产业化发展，有利于农村产业结构调整，并实现林农脱贫致富奔小康的目标。

第六节　典型模式：红豆杉林下套种栽培模式

一、系统概述

红豆杉（*Taxus mairei*）又名紫杉叶、赤柏松，属红豆杉科红豆杉属针叶常绿乔木，喜湿润凉爽的气候环境，适生于湿润疏松排水良好的酸性至微酸性土壤，属半耐阴树种。结红樱桃大的奇特红豆果，是第四世纪冰川后遗留下来的世界珍稀濒危树种，现全世界分布极少。我国的云南、四川、安徽、东北等地区均有发现，已列为国家一级保护野生植物，是我国一级珍稀保护树种。在我国，红豆杉包括东北红豆杉、南方红豆杉、云南红豆杉和西藏红豆杉等4类。其中，南方红豆杉地域适应性较强，自陕西以南各地均可种植，是全国种植数量较多的品种。其木材细密，颜色红艳，坚韧耐用，为珍贵的绿化用材树种，特别是含独特抗癌成分"紫杉醇"而尤其珍贵。它具有特殊抗癌机理，能与微管蛋白结合，并促进其聚合、抑制癌细胞有丝分裂，阻止癌细胞的增殖。紫杉醇不仅对卵巢癌、乳腺癌、肺癌有较好的作用，而且对治疗其他疾病也有一定潜力。如今紫杉醇成为当今世界广谱性最好、活性最强的抗癌物，是继阿霉素及顺铂后最热点的抗癌新药，被国际上普遍认为是当前最有效的抗癌药物，目前世界销量第一。

红豆杉植物对生长环境（温度、光照、湿度、土壤）要求较高，近年来，通过反复的摸索和试验，在造林技术方面也取得了重大突破，采取大田移植和林下套种遮阴处理等方法，有效地达到造林期长、缓苗期短的高效速生丰产林的目的。红豆杉苗喜湿喜阴，人工栽培一般多选荫坡、半荫坡或混交林套种，土壤以沙质或半沙质为佳，有水源和排水良好的保护地栽培，全年均可人工培育苗木和移栽，每亩可植红豆杉幼苗2000株左右，造林地须作水平带状或穴状整地，亦可与其他较大混交林栽培或人工栽培遮阴保湿，成活率可达95%以上，3年生红豆杉树高1.18m，冠幅0.73m，年均新梢生长高46cm，最高可达62cm，达到中速树种生长水平。

二、效益分析

(一) 生态效益

林下套种红豆杉可大大促进当地农业生产结构调整和当前退耕还林政策的落实。通过对红豆杉的培育和开发利用，既保护了国家珍稀树种，又提高了当地森林覆盖率，对优化生态环境具有十分重要的意义。同时，工业化提取紫杉醇的过程中，由于采用清洁纯化技术生产，不产生"三废"污染，不会对生态环境产生任何影响，极大地改善当地的生态环境，促进生态农业、高效农业的可持续发展。

(二) 社会经济效益

林下套种红豆杉带来了广泛的社会经济效益。逐渐成为拉动地区经济增长的支柱产业，帮助农民增效增收、脱贫致富和增加就业机会，带动了当地科技水平和相关行业的共同发展，还可为国家和地方财政作出重大贡献。同时，对我国医疗卫生事业、提高人民健康水平和生活质量起到了十分积极的作用。采用林地套种红豆杉苗不仅可节省大量土地及遮阳网等设施，而且还显著提高林地单位面积的综合经济效益。

参考文献

[1] 郭英英，诸燕，斯金平，等，2014. 铁皮石斛附生树种对多糖含量的影响[J]. 中国中药杂志，39 (21)：4222-4224.

[2] 斯金平，董洪秀，廖新艳，等，2014. 一种铁皮石斛立体栽培方法的研究[J]. 中国中药杂志，39 (23)：4576-4579.

[3] 斯金平，何伯伟，俞巧仙，等，2013. 铁皮石斛良种选育进展与对策[J]. 中国中药杂志，4：475-480.

[4] 斯金平，俞巧仙，宋仙水，等，2013. 铁皮石斛人工栽培模式[J]. 中国中药杂志，4：481-484.

[5] 斯金平，俞巧仙，宋仙水，等，2014. 铁皮石斛优质高效栽培技术[M]. 北京：中国农业出版社.

[6] 斯金平，俞巧仙，叶智根，2012. 仙草之首铁皮石斛养生治病[M]. 北京：化工出版社.

[7] 吴韵琴，斯金平，2010. 铁皮石斛产业现状及可持续发展的探讨[J]. 中国中药杂志，15：2033-2037.

本章作者：黄璐琦(中国中医科学院)，黄国勤(江西农业大学)，斯金平(浙江农林大学)，杨洪斌(瑞丽市石斛国家林木种质资源库)，申世斌、胡伟(黑龙江省林业科学院)，黄安胜、王强强(福建农林大学)，林群(中国林科院)

第二十章 林-昆复合系统

第一节 概况

昆虫是自然界中最大的生物类群,已知的昆虫种类约有180万种,约占全部定名生物种类的70%。昆虫种类繁多,种群数量巨大,是世界上未被充分开发利用的最大的生物资源,随着对昆虫研究和利用的不断深入,形成了一门以昆虫利用及其产业化为特征的学科——资源昆虫学。

资源昆虫是指昆虫体(食用、药用、观赏等)、昆虫产物(分泌物、排泄物等)、昆虫行为(授粉、寄生和捕食等)、昆虫细胞及其细胞内活性物质、昆虫的结构和功能等可作为资源直接或间接为人类所利用,具有重大经济价值,种群数量具有资源特征或具有某种重要的科学价值的一类昆虫(陈晓鸣等,2009)。

资源昆虫在工业原料、药物、食物、饲用、天敌、授粉、环保、观赏等方面被人类广泛利用,具有重大的经济价值和广阔的应用前景。我国在绢丝昆虫和蜜蜂方面形成了一个巨大的产业,为人们所熟知。以蜜蜂为例,我国养蜂历史悠久,蜜源植物丰富,现拥有895万群蜂,居世界第一位。同时,我国也是世界蜂产品生产和出口大国,蜂产品年产量及出口量长期位居世界前列。其中,我国蜂王浆年产量占世界总产量的90%以上,蜂蜜、蜂花粉、蜂胶的年出口量也占据了世界总产量的一半以上,其他资源昆虫所具有的巨大的经济价值和开发潜能则不为人所熟知,如:在紫胶虫的利用方面,云南、四川、贵州、广西、广东、海南等地都已经形成了一定规模的产量,可以生产5000t的紫胶,带动相关产业的产值在20个亿/年以上;在云南、四川、湖南、陕西等省份可以生产白蜡500t以上、五倍子5000t以上,可以带动相关产业的产值在10亿~15亿元;可以生产胭脂虫500~800t,从中提取的红色素200t,带动相关产业的产值超过10亿元;目前国内蝴蝶年需求量达8000万头,带动相关产业的产值超过20亿元,但人工养殖蝴蝶的年产量仅为300万~350万头,难以支撑国内现有的12个蝴蝶生态主题公园运转。药用昆虫及其昆虫保健食品的市场巨大,仅是蟑螂、蚂蚁等昆虫为原料的药材和野生冬虫夏草等药用昆虫的产值就在数百亿元/年，是一个产业前景巨大的行业。大力开发利用昆虫资源，可以带动我国与昆虫相关的科研、养殖、医药、食品和化工等相关产业的发展，有利于我国农业产业结构调整和升级，扩大就业，以及保护环境，变害为益，改善环境和维持生态平衡。

第二节 类型分布及其特点

一、类型

(一) 林-蜂复合系统

林-蜂复合系统根据我国不同地理气候区域及植被特征，可以初步划分为蜂产品型林-蜂复合系统和授粉型林-蜂复合系统。蜂产品型林-蜂复合系统主要应用在我国以林木为主要蜜粉源植物的区域，这些地区的主要蜜粉源植物以龙眼、荔枝、椴树等高大乔木为主，也是发展这些地区林下经济的主要方式。授粉型林-蜂复合系统主要应用在我国以果树、矮乔木、设施园艺为主要蜜粉源植物的区域。发展此区域的林-蜂复合系统主要以为果树、设施园艺授粉为主，这些地区林下经济的主体是苹果树、梨树、桃树等果树。

(二) 林-紫胶复合系统

用于紫胶生产的常见的6种紫胶虫，这6种紫胶虫均以相似的形式构成林农复合系统。从水平分布区的气候带划分来看，可以分成3个类型：紫胶蚧、信德紫胶虫和尼泊尔紫胶虫的分布区属于热带季风气候，中华紫胶虫和普萨紫胶虫的分布区属于热带北缘，云南紫胶虫的分布区属于南亚热带。但从20世纪80年代以来，将信德紫胶虫、紫胶蚧、中华紫胶虫等热带紫胶虫种引进中国后，经过多年的驯化培育，这些虫种已经适应当地的气候类型，并且生产的紫胶无论是产量和质量都基本达到原产区指标，并且种群能良好繁衍，达到大面积生产紫胶的水平。

因此，在中国，特别是云南立体气候比较明显的地区，紫胶虫的水平分布区，在气候带划分上也形成了小规模的3种气候带类型。分别是分布于南亚热带的云南紫胶虫、分布于热带北缘的中华紫胶虫、分布于干热河谷区的紫胶蚧和信德紫胶虫。

(三) 林-白蜡复合系统

林-白蜡复合系统可分为2种模式：一种是以白蜡虫培育为主的林-白蜡复合系统，另一种是以虫白蜡生产为主的林-白蜡复合系统。

以白蜡虫培育为主的林-白蜡复合系统中，白蜡虫、寄主植物和环境三要素中的环境（生物和非生物）因素最为重要（陈晓鸣等，2007）。其经济效益主要取决于种虫的质量，而种虫产量主要取决于生产技术中的天敌防治技术，所以在白蜡虫培育生产模式中，天敌是影响种虫生产的最关键因素。

以虫白蜡生产为主的林-白蜡复合系统目的是产蜡，在白蜡虫、寄主植物和环境三要素中，白蜡虫种虫的质量是最重要的因素。在这个模式中，影响白蜡生产的最关键因素是种虫运输技术。

（四）林-胭脂虫复合系统

胭脂虫为专性寄生昆虫，只寄生于掌形仙人掌植株上，其经营模式包括野外仙人掌纯林、温室大棚培育仙人掌，以及与其他农作物混作的复合系统。

二、分布

（一）林-蜂复合系统

蜂产品型林-蜂复合系统占用土地面积极为有限，茂密的林木可为蜜蜂生活提供舒适的环境，可谓一举多得。主要应用在我国广东、广西、海南、福建及东三省等山区林地，在龙眼、荔枝、椴树、柑橘、枇杷、桃、梨、茶园中养蜂，果树可以为蜜蜂提供丰富的蜜源，蜜蜂也能为果树传授花粉，从而提高坐果率，提高单位面积产量。

授粉型林-蜂复合系统是以果树授粉为基础，通过蜜蜂授粉，提高果树的果实坐果率，改进果树果实品质和口感。主要应用在我国山西、山东、陕西、甘肃、新疆等大面积的果树种植区，也包括北京、山东等设施果树种植区。在苹果、梨、桃、巴达木等果园中养蜂，蜜蜂授粉可以带来明显的收益，同时降低人工劳动强度，降低人工劳动成本（陈宝新等，2014）。

（二）林-紫胶复合系统

用于紫胶生产的常见的6种紫胶虫主要分布于南亚和东南亚，地跨南亚热带地区、热带北缘及干热河谷区。中华紫胶虫主要分布在东南亚，在泰国分布最为广泛。紫胶蚧主要分布于南亚，其中印度分布最为广泛，其次为巴基斯坦、尼泊尔、孟加拉国、斯里兰卡、吴丹等国家，1985年中国引进该虫后有一定面积的分布。尼泊尔紫胶虫主要分布在南亚的印度北部地区、尼泊尔，在东南亚的缅甸、老挝也有部分分布。普萨紫胶虫主要分布于南亚的印度东部地区，在东南亚的缅甸、老挝也有部分分布（陈又清等，2007；陈晓鸣等，2008）。信德紫胶虫主要分布于南亚的巴基斯坦，1980年中国引进后有一面积的分布。云南紫胶虫主要分布于中国，目前该紫胶虫种是中国紫胶生产的主要虫种，其详细的分布信息如下：云南紫胶虫主要分布于怒江流域及支流、澜沧江流域及支流、红河流域及支流及伊洛瓦底江流域支流河谷两岸。主要包括分布在滇中的澜沧江、把边江、阿墨江、漾濞河、礼社河，滇西的大盈江、龙川江上游，怒江在云南省的下部，滇东的南溪河、盘龙河等，海拔高度在1000~1500m之间的山间盆地、低山丘陵及中山的南坡，大约包括墨江、普洱、景东、景谷、云县、凤庆、临沧、施甸、漾濞、开远、文山、龙陵、昌宁、镇康（陈又清等，2007）。这些地区是云南紫胶虫主要的自然分布区。分布在大盈江、龙川江、怒江、澜沧江、把边江、阿墨江、藤条江、红河、枯柯河、南朋河等海拔低于800m的峡谷两岸谷坡，大约包括环境干热的保山市隆阳区（潞江坝）、昌宁（枯柯坝、湾典坝）、龙陵（勐糯坝）、双江、耿马等地，在气候较阴凉的阴坡有云南紫胶虫自然分布（陈又清等，

2007)。在国境附近的大盈江、龙川江、怒江、澜沧江、红河、李仙江,海拔高度在500~800m的宽谷盆地上,大约包括环境湿热的景洪(大勐龙、勐仑、橄榄坝)、瑞丽、盈江、耿马(孟定)、潞西市部分地段,在植被破坏后林地开阔地段偶有云南紫胶虫分布(陈又清等,2007)。

(三)林-白蜡复合系统

白蜡虫培育集中分布在我国的以下四个区域(王自力等,2003;陈晓鸣,2011):

(1)云贵高原山地地带。云南省昭通地区和贵州省毕节地区、安顺以西一带。

(2)横断山脉谷地地带。四川省西昌地区和凉山州一带。

(3)川陕山地地带。四川省北部地区的南江、广元、旺苍和陕西的宁强、镇巴、南郑、西乡等地。

(4)黔东台坡地与平坝地带。贵州省贵阳以东的遵义市湄潭、思南、麻江等县。

其中,以前两个区域培育的白蜡虫较好,产虫区位于北纬26°~29°之间,1200~2200m海拔的高山区,大致年均温12~17℃,年降雨量700~1200mm,相对湿度60%~80%,年日照时数1800~2200h,全年冬、春季日照时数长而且温暖干燥,特别适宜白蜡虫生长发育和生存繁衍。近年来,白蜡虫种虫生产主要集中在云南昭通、贵州毕节和四川西昌地区。

白蜡虫生产分布中心区在云、贵、川三省峡谷地带和川、陕大巴山浅山丘陵以及武陵山与湘赣交界幕阜山和湘西一带(王辅,1978;王自力等,2011)。产蜡区主要集中在1000m以下的低海拔和丘陵地区,且多属于400m左右的丘陵或平原地区。产蜡区大致年均温16~18℃(特别是在白蜡虫雄虫生长泌蜡期5~8月平均适宜温度18~25℃,一般没有灾害性的大风等灾变性天气,将有利于初孵化的幼虫活动和定叶、定杆),年降雨量1000~1500mm,年日照时数1000~1500h,相对湿度90%以上的地区,有助于白蜡虫的寄主植物进行光合作用、积累营养。这些因素都对白蜡虫的生长、发育和泌蜡非常有益。主要产蜡的地区有四川峨眉、南充,湖南芷江等。其中,四川省的白蜡产区包括两个区域:一是岷江下游一带,如峨眉、乐山、夹江、洪雅等县,这是全国最大最好的产蜡区域;二是嘉陵江中下游的南部、营山、蓬安、广安等县。目前,白蜡虫生产主要集中在四川峨眉、湖南芷江等地区。

第三节 典型模式:林-蜂复合系统

一、系统概述

作为林-昆复合系统的典型代表,林-蜂复合系统具有显著的发展优势。

(1)林-蜂复合经营与林下种植模式相比,不会出现其他林下种植模式出现的间作、排列及水肥光照竞争的问题,不必考虑空间交错及生态位分离的困扰。可以充分保障林地的水肥光照的充足供给，保障林地尤其是经济型林地的生长。打破常规林下经济发展过程中出现的物候期、水肥、光照、根系、透光等诸多顾虑。林下蜜蜂饲养不与林地争夺水肥光照，仅需占用林地间空地即可。

（2）林-蜂复合经营与林下养殖模式相比，不会出现畜禽养殖量增大，畜禽粪便对水、环境的污染，畜禽粪便的无害化处理，畜产品加工剩余产品的处理，畜禽饲料的饲喂、对环境的污染等。林下蜜蜂饲养几乎不产生废弃物，对环境彻底无害，流蜜期间，蜜蜂采集自然界蜂蜜、花粉，无需进行饲料饲喂。非流蜜期，蜜蜂可以使用贮存在蜂箱内的蜂蜜或花粉维持生存，同时蜜蜂群体将会适当缩小，以维持群体生存。或是人为饲喂白糖、花粉等，此类饲料对环境几乎不产生任何污染。同时，蜜蜂采集的蜂蜜和花粉也不存在后续加工问题，采集既可食用，完全免除了加工过程及加工产生废弃物的问题。

（3）林-蜂复合经营与其他林下经济模式相比，经济价值产出更高。蜜蜂蜂群可以生产蜂蜜、花粉或蜂胶，蜂产品市场巨大。

（4）林-蜂复合经营与其他林下经济模式相比，生态价值更高。我国自南向北共跨越5个气候带，四季均有花开，转地蜂农可常年转地开展林下经营。我国主要的蜜源植物有荔枝、龙眼、洋槐、椴树等。丰富的蜜粉源植物为我国养蜂业的发展提供了优越的自然条件。蜂业是一个发展潜力巨大的低碳、高效、生态产业，在生态农业建设中发挥着重要作用。蜜蜂可以依靠自身的内在潜质保持自身的健康福利，远离化肥、农药的使用。养蜂所需的一些器具可经再生木质资源制造而成。蜜蜂通过消耗生态系统内可再生的蜜粉资源来完成自身的生产活动。生态环境的治理及修护与蜂业紧密相关。一方面人工造林、退耕还林、生态林补偿、矿山修复等大型生态修复工程需要很大比例的蜜粉源植物，它们能提高森林覆盖率，提供多样的林下经济产品和碳汇产品，为蜂业生产提供丰富的蜜粉资源；另一方面蜜蜂被誉为"农业之翼"，蜜蜂授粉有利于维持植物的生存、繁衍和多样性，从而维持自然生态平衡。

二、效益分析

（一）生态效益

林-蜂复合经营具有明显的生态环境效益。蜜蜂的生态价值一方面表现在蜂产品本身，另一方面表现在蜜蜂授粉对维持植物生态平衡的重要作用。蜜蜂传粉和授粉对于保护植物的多样性和改善生态环境有着不可替代的重要作用。世界上已知有16万种由昆虫授粉的显花植物，其中依靠蜜蜂授粉的占85%。蜜蜂授粉能够帮助植物顺利繁育，增加种子数量和活力，从而修复植被，改善生态环境。受经济发展和自然环境变化的影响，自然界中野生授粉昆虫数量大大减少，蜜蜂传粉和授粉对保护生态环境的重要作用更加突出。

我国植被资源丰富，但由于人类的生产活动致使环境污染、生态环境恶化，蜜蜂数量锐减，显著影响了植被的繁殖力，造成一些植被数量锐减甚至灭绝。世界上有蜜蜂2.5万~3万种，我国拥有属于蜜蜂总科的昆虫3000余种，对于维护我国植物多样性意义重大。蜜蜂与被子植物关系密切，被子植物为蜜蜂提供了蛋白质、能量等食物来源和赖以生存的自然环境，而蜜蜂为被子植物传粉促进了被子植物的生殖繁衍。蜜蜂与植物在亿万年的历史进化过程中形成了相互依存、协同发展的共生关系(李位三,2013)。

人类利用的植物有1330余种,其中1000种植物必须经蜜蜂传粉才可受精结实、不断繁衍。据初步调查,现被蜜蜂利用的蜜粉源植物有14317种,分属于141科864属。依靠蜜蜂授粉的显花植物在长期的协同进化过程中,每种植物与少数几种(甚至单一种)传粉昆虫形成了极强的互惠关系,蜜蜂作为传粉昆虫中的优势种,成为最理想的授粉昆虫。在人们的传统观念中,蜜蜂的最大贡献就是生产蜂产品。然而,蜜蜂更重要的价值是为植物传粉,保持植物的多样性、维持生态平衡,这一点往往被人们忽视(王凤鹤等,2015)。2004年 Nature 杂志报告"如果没有蜜蜂和蜜蜂的授粉,整个生态系统将会崩溃"。法国《科学与生活》杂志报道:由于蜜蜂的减少,会诱发生态剧变。澳大利亚科技人员研究结果发现,由于授粉蜜蜂的减少,植物的繁殖力明显降低。英国原有24种熊蜂,已有3种绝灭,严重影响农作物的授粉结实。2006年美国出现史无前例的因蜂群衰竭失调(CCD)引起的蜂群丢失现象后,美国国会经听证拨巨资对蜜蜂进行研究和保护。可见,蜜蜂在自然生态系统的作用是不容忽视的。蜜蜂的减少,会诱发生态剧变,也会严重威胁人类的生存。在自然生态系统中,绿色植物是生产者,通过光合作用将无机物生产成有机物,并放出氧气,为人类提供食物和氧气。绿色植物根系发达,有很好的水土保持作用,是生态系统中的核心。蜜蜂为绿色植物授粉,使之能受精结实,不断繁衍、兴旺发达,并促进植物遗传多样性的形成和发展,因此蜜蜂在生态系统中起着十分重要的作用。蜜蜂作为生态环境植被修复因子不仅成本低,而且效果显著,且不会对环境造成二次污染,还能保持植物的多样性,维持生态平衡。蜜蜂对珍稀植物的保护、生态系统的恢复以及高原荒漠地区的开发利用也具有重要作用,其生物修复作用不可替代,具有广阔的运用前景。

(二)社会经济效益

蜜蜂是一种有益的社会性昆虫,具有巨大的经济价值、社会价值。中国是世界养蜂大国,蜜蜂遗传资源丰富,多年来蜂群数量和蜂产品产量居世界首位。发展养蜂业不仅能够为市场提供大量营养丰富的滋补保健蜂产品、增加农民收入、促进人们身体健康,而且对提高农作物产量、改善产品品质和维护生态平衡具有十分重要的作用。

我国的蜂群数量从中华人民共和国成立时期的50万蜂群发展到2011年的894.7万群。据统计,我国蜂王浆年产量在3000t左右,占世界蜂王浆总产量的90%。蜂花粉年产量在4000~5000t,毛胶年产量在400t左右。同时实践证明,利用蜜蜂授粉可使水稻增产5%,棉花增产12%,油菜增产18%,使部分果蔬作物产量显著增长,同时还能有效提高农产品的品质,并大幅减少化学坐果激素的使用。蜜蜂授粉是一项高效的农业增产提质措施,每年我国蜜蜂授粉促进农作物增产产值超过500亿元。蜜蜂为农作物授粉增产的潜力巨大(席桂萍,2014)。

蜜蜂是人类的健康之友,蜜蜂生产的蜂蜜、蜂王浆、蜂花粉、蜂胶、蜂毒等蜂产品不仅是医药、食品工业的原料,也是天然保健品,对提高人类的生活质量和健康水平有重要的意义。发展养蜂业不与种植业争地、争肥、争水,也不与养殖业争饲料,具有投资小、见效快、用工省、无污染、回报率高的特点,是许多地区特别是经济落后山区农户利用本地资源脱贫致富的有效途径。蜂业生产有助于提高食品安全性。蜜蜂授粉可取代人工辅助授粉，减少农药、化肥的使用而达到增产增收的效果，从而提高农产品安全水平。蜜蜂授粉还可以大幅度减轻农民授粉劳动强度，提升劳动效率。养蜂生产为人类提供的蜂产品具有天然、低碳、无公害的优势，是大自然赐给人类绝好的生态产品，能够满足人们对食品质量安全的要求和对健康环保产品的需求。农村剩余劳动力的就业问题事关社会稳定和经济发展。蜜蜂产业是劳动强度不大的手工行业，生产成本和技术要求低，不论男女均可参与，农民只需购买少量蜂群就可进行生产，特别是为留守家乡的老弱病残者或者妇女提供了就业机会，使他们在家门口就可获得一份轻松的工作，是山区或者贫困地区农民就业增收很好的选择。另一方面，全国各地加大了蜂业科技的推广力度，蜂农的综合素质不断得到提高，农民就业渠道得到拓宽，实现了蜂产业的提质增效和农民的就业致富。

三、现状与问题

1. 养蜂条件优越，蜜粉源植物丰富

我国国土面积辽阔，横跨五大气候带，为养蜂生产提供了优越的自然条件，蜂农可自南向北实现常年采蜜，且我国共拥有七大蜜粉源基地，为养蜂生产提供了丰富的蜜粉源植物保障。我国的主要蜜源如刺槐、紫云英、油菜、荔枝、龙眼等，均分布广阔且花期长，可以生产大量商品蜜，蜂农收益有了自然条件的保障。

2. 我国养蜂历史悠久，蜂农经验丰富

养蜂业是我国传统优势产业，养蜂基础雄厚。据联合国粮农组织统计，我国目前共拥有895万群蜂，居世界首位，我国也是世界第一蜂产品生产及出口国，出口的蜂产品在国际市场上拥有重要地位。同时我国养蜂历史悠久，拥有一批经验丰富的蜂农，并形成了利于生产实践的养蜂路线，有利于养蜂技术的传承与推广。

3. 劳动力成本低，消费市场庞大

养蜂业不仅对技术要求较高，且转地蜂农由于饲养规模较大并长期在外生产，需要雇佣工人协助完成生产，在国外养蜂业的雇工成本相对较高，而我国由于低廉的劳动力成本，有利于转地蜂农节约雇工费用，提高养蜂业经济价值。同时我国拥有全球最庞大的消费市场，市场需求大，有利于养蜂业的发展。

4. 组织化程度低，区域发展不平衡

目前我国各地虽成立了不少大大小小的蜂业合作社及协会，但大多只是蜂农联合起来的互助团体，没有自主经营权，没有法人地位，在推动地方蜂业发展作用不大，且我国蜂产业发展存在明显的地域性，浙江、四川等蜂业强省的经济效益明显高于其他省份，区域发展不平衡，导致很多平均数字未能体现出我国真正的水平。

5. 科研能力不足，技术推广困难

我国虽是传统蜂业大国，但在蜂业技术研究方面与国际先进水平还存在一定差距，缺乏世界领先技术，在依靠科技发展蜂业方面贡献不大，而且由于我国蜂农普遍文化程度不高，年龄较大，在技术应用方面较为保守，缺乏对新技术的接受能力，使得我国蜂业技术推广困难。

6. 机械化程度低，生产效率不高

对于平均收入不高的我国蜂农而言，价格昂贵的先进蜂机具应用率低，而由于我国人工成本较低，我国蜂产业仍以人工劳动为主，与国外蜂业发达国家普遍使用机械化生产相比，我国蜂产业机械化程度低，蜂农生产效率不高，在一定程度上也影响到蜂农收益。

7. 蜂农老龄化严重，年轻人不愿意养蜂

我国养蜂业已面临严重的老龄化问题，本次调查可以看出，蜂农平均年龄达51岁，40岁以下的蜂农仅占17%，30岁以下仅占3%，由于蜂农收入普遍仅为中等水平，且体力劳动大，较辛苦，年轻人大多不愿意养蜂，如果这种情况继续下去，未来20~30年之后，我国将无人养蜂。

8. 缺少统一的行业标准

目前我国还未有一个关于养蜂生产的全国性统一标准，农业部与原卫生部出台的标准各有不同，这给蜂产品检验检疫工作造成了困惑，没有一个统一的权威标准可供参考，同时对指导蜂农生产也造成了困难。

9. 蜂业受病虫害、气候等外界因素影响大

我国蜂业易遭受到气候、病虫害等自然灾害的影响，干旱、洪水、冰雹等天气均会影响到蜂农收益，同时我国养蜂业主要病虫害包括蜂螨、囊状有虫病、爬蜂病等，一旦出现病虫害，将影响蜂产品产量、质量，甚至毁灭蜂群，给蜂农造成较大损失，而为了防治病虫害，滥用抗生素的行为时有发生，造成蜜蜂农药中毒、蜂产品抗生素超标等一系列连锁反应。

10. 大量蜜粉源植物被砍伐

我国虽拥有丰富的蜜粉源植物，但每年却有大量树木遭砍伐，以我国每年消耗一次性筷子450亿双推算，约需耗费木材166万m^2，需要砍伐大约2500万棵大树，森林面积将减少200万m^2，这也意味着我国蜜粉源植物在逐年减少，必须采取措施保护植被，解除这一将从根本上威胁蜂产业的因素。

11. 环境污染威胁蜂群

近年来已发生多起因工业污染及水污染导致蜂群损失的事故，环境问题正威胁着中国养蜂业的发展，加上有关部门未引起足够重视，对于环境污染造成蜂群损失的问题，尚未建立起相关赔偿机制，蜂农只能自掏腰包弥补损失，这既威胁到我国蜂群的生存环境，也使蜂农损失加重。

12. 糖价及燃油费上涨影响养蜂收益

白糖是我国养蜂业的主要饲料，据本次调查，蜂农的白糖支出占总成本的50%以上，而近年来糖价的上涨，成为养蜂成本上升的最直接原因，一旦遭遇减产或销量受阻，糖价上涨必将影响到蜂农收入。同样运输费是转地蜂农的主要开支之一，而燃油费的上涨也必将提高蜂农成本，影响蜂农收益（陈玛琳等，2014）。

四、可持续经营建议

林-蜂复合经营作为一种高效的土地利用途径已广泛应用于实践，并取得了良好的综合效益，但是林-蜂复合经营在研究中仍存在许多问题，为了实现农林复合经营的可持续发展，还需要做好以下几个方面的工作。

1. 研发先进适用的林－蜂复合经营技术

加快林－蜂复合经营的授粉技术的研究与推广普及。加强养蜂技术的研发，加大对新型养蜂机具、新蜂药、新技术、新产品等研发的支持，促进养蜂业的健康发展，组织相关科研力量专门开展授粉蜜蜂饲养管理技术、蜂种培育、病虫害防治、授粉机具等方面的研发。提高蜂农的蜜蜂授粉技术管理水平，加强蜂农与科研院校的联系，以举办现场会、培训班等形式，多渠道、多形式、多层次地培训蜂农，切实提高蜂农的蜜蜂授粉管理技术水平。在理论上，加大蜜蜂授粉的生态效应评价及其对农作物增产的机理研究力度，加强蜜蜂授粉农产品质量安全的研究，挖掘蜜蜂授粉技术对主要粮食和经济作物的最大增产潜力。

2. 建设林－蜂复合经营技术配套服务体系

促进蜂业与种植业的有机融合，及时有效地把先进适用的蜜蜂农林授粉技术在种植业中进行推广普及，需要不断完善蜜蜂授粉技术应用的配套服务体系。强化技术应用服务体系建设，制定科学、翔实的应用技术标准，从源头上把握授粉蜂群质量关，指导做好授粉蜂品种的选择、授粉蜂的饲养管理和发展规模等。以各地养蜂协会和蜂业专业合作社为依托，建立专门的蜜蜂授粉中介服务机构，提高从业人员技术水平，完善蜜蜂授粉咨询服务体系，为加强授粉业与种植业之间的沟通融合搭好桥梁。加强蜜蜂授粉供需信息平台建设，促进供需有效对接，密切关注蜜蜂授粉与高效生态农业发展出现的新情况、新问题，及时采取应对措施，推进二者互促共进、持续健康发展。

3. 推进林－蜂复合经营技术与高效生态农业互动发展

制定林蜂授粉的保护政策。将蜜蜂授粉列入农产品安全生产体系和标准化农业生产中，禁止农户在授粉蜜源开花期施用有毒农药，禁止使用激素蘸花等；加快推行农药喷洒事先告知制度，探索建立种植农户和蜂农间的信息沟通渠道和机制。推动出台蜜源植物保护利用政策，探索大田作物有偿授粉机制，协调有关部门在植树造林、退耕还林还草项目中支持蜜源植物种植，为二者的互促共进实施财政扶持政策。在当前蜂农和种植户对蜜蜂授粉均不十分积极的现实情况下，对提供蜜蜂授粉尤其是提供公益性较强的大田作物授粉的蜂农，以及广泛采用蜜蜂授粉技术的种植户两者均给予政策扶持和资金补贴，把对蜜蜂授粉的口头重视转化为实际行动支持。把完善蜜蜂授粉农产品识别体系建设和农产品优质优价体系建设纳入到食品安全管理范围之内，从而提升授粉农产品的市场竞争力，推动蜜蜂授粉与高效生态农业的互惠发展。

4. 加强蜜蜂多样性的保护体系建设

全世界各地的证据都表明，由蜜蜂授粉的农作物产量连年下降，并且越来越变化无常，在耕作集约化程度最高的地区尤其如此。对于那些在大片农田里种植的作物来说，传粉昆虫的数量严重不足。如果再对农作物频繁地施用杀虫剂，对农业生产至关重要的传粉昆虫更无法生存。

第四节 典型模式：林-紫胶复合系统

一、系统概述

紫胶虫是一种介壳虫，属半翅目。紫胶虫生活在寄主植物上，吸取植物汁液，通过腺体分泌出一种纯天然的树脂——紫胶。紫胶作为一种纯天然的化工原材料，具有重要的经济价值（陈晓鸣等，2008）。紫胶生产系统由紫胶虫、紫胶虫寄主植物、空间位置以及空间内配置的其他物种组成。从世界范围上讲，投入紫胶生产的紫胶虫种有十余种，寄主植物300多种，涉及南亚和东南亚国家山林和农林复合系统（陈玉德等，1994；陈又清等，2007；陈晓鸣，2008）。紫胶生产系统的结构不仅仅影响紫胶的产量，还与区域内经济社会发展、农业生态系统安全、流域生态安全密切相关。紫胶资源作为重要的自然资源，遵循自然资源在保护和可持续利用方面的相关理论和准则（蔡运龙，2000；封志明，2004；王连生，2004）。

二、效益分析

1. 保持水土功能

紫胶生产主要在大江大河沿岸及干热河谷地区大量种植寄主植物。发展紫胶产业对恢复生态环境、贫困地区脱贫致富具有十分重要意义。我国紫胶虫物种多样性、丰富的气候资源和寄主植物为发展不同模式紫胶生产提供了十分优越的条件。在云南省对不同气候类型的区域发展紫胶时，可以找到适合该地区气候和群落的紫胶虫和寄主植物，也能找到紫胶适合发展的"虫树组合"和紫胶生产模式。

紫胶寄主植物都有速生、萌发快等特点，在紫胶生产过程中，收胶砍伐紫胶虫寄主植物枝条不会导致寄主植物死亡，破坏紫胶生态林生态效益，却能产生经济效益。紫胶园建设采用乔灌寄主植物混交，长短结合，有利于紫胶生态林经济效益可持续发挥。紫胶寄主林和其他森林类型一样，有浓密的林冠，地表也有一定的草本植物覆盖，在降雨时可层层阻挡雨滴对地表的直接打击，并增加降雨在林冠到地表的空间层内的滞留时间。

2. 改良土壤功能

以紫胶蚧寄主林地为对象，对紫胶虫寄主植物改良土壤的能力也进行了相关的研究（表3-17），不同地类之间随着集约经营强度的提高和林地郁闭度的增加，土壤养分流失量有明显减少的趋势。以有机质和N、P、K等大量元素为例，坡耕地土壤养分流失量是梯耕地的1.5~2.0倍，是有林地的8.0~10.0倍。

表 3-17　紫胶林地内外土壤养分流失量

养分种类	林地 A	采伐迹地 B	梯耕地 D	坡地 C
有机质(kg)	18.27	54.94	112.28	168.73
全氮(kg)	0.92	2.62	5.56	8.58
全磷(kg)	0.56	1.65	5.07	6.78
全钾(kg)	3.71	10.42	16.86	30.96
速效氮(g)	59.67	170.6915	416.2555	562.8269
速效磷(g)	18.24	52.13739	147.5941	227.4743
速效钾(g)	124.38	341.7001	714.5941	915.3975
有效钙(g)	1907.106	5682.701	7225.588	11895.76
有效镁(g)	67.329	199.1986	823.6219	718.4001
有效铁(g)	29.679	85.96713	206.0224	280.6429
有效硼(g)	0.036	0.077139	0.261996	0.318852
有效铜(g)	1.0323	2.989565	4.979795	7.76936
有效锰(g)	17.4045	52.29853	131.9094	187.0731
有效钼(g)	0.021	0.059997	0.168426	0.212568
有效锌(g)	0.5307	1.724485	2.990497	4.240732

此外,杂草、灌木的作用明显地小于紫胶寄主林木(表3-18)。随着土层的加深,有机质、全 N 和速效 N、P、K 以及有效 Ca、Mg、Fe、B、Mn、Zn 等养分元素含量有递减的趋势;P、K 总含量在剖面上下分布较为均匀,而 Mo、Cu 等养分元素含量则有增加的趋势。不同坡位上的土壤比较,相同土层内 K、Cu、Mn、Zn 等养分元素含量表现为坡中部高于坡下部,其余养分元素则是坡中部低于坡下部。

表 3-18　不同坡位土壤养分含量的比较

养分种类	坡中部(cm)			坡下部(cm)		
	0~25	25~50	75~100	0~25	25~50	75~100
pH	4.73	4.29	4.36	4.92	4.82	4.70
有机质(%)	4.70	3.39	2.33	6.50	6.10	5.42
全氮(%)	0.30	0.23	0.19	0.27	0.26	0.24
全磷(%)	0.13	0.09	0.08	0.18	0.20	0.18
全钾(%)	1.40	1.39	1.82	1.29	1.32	1.31
速效氮(mg/L)	170.14	147.78	95.82	186.33	168.47	136.68
速效磷(mg/L)	10.44	5.05	1.72	39.22	44.74	32.04
速效钾(mg/L)	63.56	78.44	43.75	123.85	64.06	73.98
有效钙(mg/L)	375.94	123.08	16.26	1481.23	1291.15	894.51
有效镁(mg/L)	224.65	52.82	8.24	552.77	485.63	402.16
有效铁(mg/L)	65.36	43.98	26.81	70.85	72.12	75.74
有效硼(mg/L)	0.08	0.06	0.02	0.09	0.08	0.06
有效铜(mg/L)	2.43	2.47	1.78	1.80	1.98	2.33
有效锰(mg/L)	44.22	34.43	28.38	29.31	23.81	27.85
有效钼(mg/L)	0.20	0.22	0.32	0.10	0.12	0.12
有效锌(mg/L)	1.47	1.01	0.97	2.22	2.02	1.85

紫胶寄主林地内外土壤剖面养分元素含量对比，K 和 Mo 的含量随着土层深度加大有上升的趋势，其他养分元素含量则随着土层深度加大有下降趋势。林地内外的相同土层比较，全 N、速效 P 和有效 Cu、Mn、Zn 等养分元素含量表现为林外高于林内，有机质、全 P 和有效 Ca、Mg、Fe、B 等养分的含量表现为林内高于林外（表 3-19）。从以上的测定结果分析，可能由于 N、P、Cu、Mn、Zn 等是久树、苏门答腊金合欢等寄主树生长发育比较需要的养分元素，所以造林后林地土壤中出现比林外含量少的现象，也预示了在紫胶寄主林内需要通过施肥进行补充。而其余养分元素虽然也为寄主树所需要，一般情况下土壤中含量可以满足这种需要，不必另行施肥补充。另外，由于寄主植物和林下地被层植物的作用，可促进土壤养分的转化，具体表现为土壤剖面上养分活化比率的增加。

表 3-19　紫胶林地内外土壤养分含量的比较

养分种类	林内（cm）			林外（cm）		
	0~25	25~50	75~100	0~25	25~50	75~100
pH	5.08	4.74	4.79	4.92	4.39	4.49
有机质(%)	5.27	4.14	2.49	4.70	2.62	1.14
全氮(%)	0.22	0.18	0.15	0.31	0.23	0.16
全磷(%)	0.13	0.13	0.11	0.10	0.07	0.06
全钾(%)	0.65	0.70	0.90	1.68	1.76	1.88
速效氮(mg/L)	186.33	144.48	101.55	170.26	88.16	109.87
速效磷(mg/L)	5.94	4.73	1.14	7.85	3.44	4.42
速效钾(mg/L)	84.71	49.59	44.29	169.84	58.44	28.79
有效钙(mg/L)	3363.36	2421.40	1679.14	562.13	125.80	30.65
有效镁(mg/L)	1225.89	1021.10	741.68	318.62	79.76	39.63
有效铁(mg/L)	87.05	91.52	64.20	52.38	36.83	14.86
有效硼(mg/L)	0.11	0.08	0.05	0.07	0.08	0.05
有效铜(mg/L)	1.61	1.83	1.43	2.66	2.75	1.57
有效锰(mg/L)	26.97	19.34	16.01	40.36	29.11	19.13
有效钼(mg/L)	0.04	0.08	0.11	0.17	0.17	0.23
有效锌(mg/L)	1.54	0.86	0.69	1.89	0.80	1.01

根据挖取土壤剖面观察，在宜林荒坡地营造紫胶寄主林后，由于寄主树根系生长比草本植物更广、更深，而且比较粗壮，生物量更大，根系死亡后在深层土壤剖面上形成许许多多的可以蓄水的孔穴、管道。而且，由于林冠和地被物的阻拦作用，雨水有较充足的时间渗入深层土壤，使之落到地面时更不容易形成地表径流，从而改善土壤的水分状况。

土样测定结果表明，在荒坡地土壤剖面上雨季表层土壤湿度最大，心土层（25~75cm）土壤湿度随土壤深度的增加依次递减，到母岩层湿度又有所回升。在紫胶寄主林地，随着林地郁闭度的增加，表层土壤湿度逐渐降低，心土层的土壤湿度则逐渐增加，母岩层的湿度又相对降低。这说明由于营造了寄主树，土壤中、深层的水分状况有所改善，植物根系也主要分布于这些地方，更增加了对土壤水分的有效利用（表 3-20）。

表 3-20 雨季紫胶林内外土壤剖面上湿度分布状况

土层(cm)	土壤含水量(%)			
	对照	林间空地	幼林	成林
0~25	33.3	30.0	27.0	21.4
25~50	24.4	27.8	30.0	27.5
50~75	18.9	25.0	24.4	24.4
75~100	25.0	31.3	18.8	22.2

水分是林地土壤的主要肥力因子之一。土壤水分状况的好坏，直接影响寄主植物根须的生长和在整个土壤剖面上的分布状况。倘若林地的土壤水分状况比较好，而且在地块各部分和垂直层面上都分布均匀，那么植物根系就会生长良好，并在土壤剖面上呈现出均匀分布的趋势。对绿春试验点紫胶寄主林内外土壤剖面根系的调查说明，荒坡地与紫胶林地比较，土壤剖面各部分的水分含量极不均匀。从表土层至母岩层土壤水分含量逐渐降低，相应地根系分布也出现同样的趋势；但在紫胶寄主树林内，植物根系发达，土壤剖面上下根系分布比较均匀，土壤水分的变化也比较小，说明营造紫胶寄主林后，当地的荒坡地土壤肥力得到了一定提高（表 3-21）。

表 3-21 紫胶林内外土壤剖面须根分布状况

土层(cm)	成林		幼林		林间空地		荒山	
	细根	粗根	细根	粗根	细根	粗根	细根	粗根
0~10	31	3	12	1	22	1	65	7
10~20	39	5	26	3	26	5	43	6
20~30	30	4	24	4	18	3	33	5
30~40	38	6	17	2	10	2	30	4
40~60	36	3	12	2	21	6	16	4

参考文献

[1] 蔡运龙, 2000. 自然资源学原理[M]. 北京：科学出版社.
[2] 陈宝新, 李海军, 2014. 新疆库尔勒香梨授粉情况分析[J]. 蜜蜂杂志, 8: 28-30.
[3] 陈玛琳, 赵芝俊, 席桂萍, 2014. 中国蜂产业发展现状及前景分析[J]. 浙江农业学报, 3: 825-829.
[4] 陈晓鸣, 陈又清, 张弘, 等, 2008. 紫胶虫培育与紫胶加工[M]. 北京：中国林业出版社.
[5] 陈晓鸣, 冯颖, 2009. 资源昆虫学概论[M]. 北京：科学出版社.
[6] 陈晓鸣, 王自力, 陈勇, 等, 2007. 环境因子对白蜡虫泌蜡的影响[J]. 生态学报, 27(1): 103-112.
[7] 陈晓鸣, 王自力, 陈勇, 等, 2007. 影响白蜡虫泌蜡主要气候因子及白蜡虫生态适应性分析[J]. 昆虫学报, 50(2): 136-143.
[8] 陈晓鸣, 2011. 白蜡虫自然种群生态学[M]. 北京：科学出版社.
[9] 陈又清, 王绍云, 2007. 胶蚧属昆虫的自然分布扩散及地理起源(半翅目：胶蚧科)[J]. 昆虫分类学报, 29(2): 107-115.
[10] 陈又清, 王绍云, 2007. 云南紫胶虫的地理分布及生态因子的作用[J]. 昆虫学报, 50(5): 521-527.
[11] 陈又清, 姚万军, 2007. 世界紫胶资源现状与利用[J]. 世界林业研究, 20(1): 61-65.

[12] 陈玉德, 侯开卫, 1994. 我国紫胶虫寄主植物研究概况与进展[J]. 林业科学, 30(1): 69-73.

[13] 封志明, 2004. 资源科学导论[M]. 北京: 科学出版社.

[14] 管致和, 尤子平, 周尧, 1980. 昆虫学通论[M]. 北京: 中国农业出版社.

[15] 李位三, 2013. 生态农业与蜜蜂生态位的独特作用[J]. 蜜蜂杂志, 11: 9-11.

[16] 廖定熹, 1944. 白蜡虫之研究[J]. 科学, 27: 7-8.

[17] 孟平, 张劲松, 樊巍, 2003. 中国复合农林业研究[M]. 北京: 中国林业出版社.

[18] 尚玉昌, 2001. 普通生态学(第二版)[M]. 北京: 北京大学出版社.

[19] 沈国舫, 翟明普, 2013. 森林培育学(第2版)[M]. 北京: 中国林业出版社.

[20] 王凤鹤, 徐希莲, 王欢, 2015. 论养蜂产业在国民经济建设中的作用[J]. 蜜蜂杂志, 5: 40-43.

[21] 王辅, 1978. 白蜡虫的养殖利用[M]. 成都: 四川人民出版社.

[22] 王连生, 2004. 自然资源价值论及其应用[M]. 北京: 化学工业出版社.

[23] 王自力, 陈晓鸣, 王绍云, 等, 2003. 白蜡虫孤雌生殖的研究[J]. 林业科学研究, 16(4): 386-390.

[24] 王自力, 陈勇, 陈晓鸣, 等, 2008. 白蜡虫寄生蜂对颜色的选择性及活动规律[J]. 动物学研究, 29(6): 661-666.

[25] 王自力, 陈勇, 陈晓鸣, 等, 2011. 白蜡虫及其3种优势寄生蜂的时空生态位[J]. 生态学报, 31(4): 0914-0922.

[26] 席桂萍, 2014. 中国养蜂业国内支持政策研究[D]. 北京: 中国农业科学院.

[27] 张长海, 刘化琴, 1997. 中国白蜡虫及白蜡生产技术[M]. 北京: 中国林业出版社.

[28] 庄馥萃, 1995. 世界胭脂虫业再度兴起[J]. 昆虫知识, 32(6): 372-373.

[29] 邹树文, 1981. 中国昆虫学史[M]. 北京: 科学出版社.

[30] Anand N, 1983. The market for annato and other natural colouring materials, whith special reference to the United Kingdom[J]. Tropical Development and Research Institute UK, 177: 20-31.

[31] Chen Y Q, Li Q, Chen Y L, et al, 2010. Lac-production, arthropod biodiversity and abundance, and pesticide use in Yunnan Province, China[J]. Tropical Ecology, 51(2): 255-263.

[32] Constantinou C, Cloudsley-Thompson J L, 1986. Supercooling in the various instars of the mealworm beetle Tenebrio molitor L[J]. Journal of Natural History, 20(3): 649-651.

[33] Lotto G D, 1974. On the status and identity of the cochineal insects (Homoptera: Coccoidea: Dactylopiidae)[J]. Journal of the Entomological Society of Southern Africa, 37(1): 167-193.

本章作者：陈晓鸣(中国林业科学研究院资源昆虫研究所), 石巍(中国农业科学院蜜蜂研究所), 陈又清、杨子祥、王自力、张忠和(中国林业科学研究院资源昆虫研究所)

第二十一章 林-湿复合系统

第一节 概况

湿地广泛分布于世界各地，是地球上最富生物多样性的生态景观和人类最重要的生存环境之一。湿地处于大气系统、陆地系统与水体系统的界面，在水分、养分、有机物、沉积物、污染物的运移中处重要地位，具有"生命的摇篮""地球之肾""物种基因库"等美誉。自1971年《关于特别是作为水禽栖息地的国际重要湿地公约》（简称《湿地公约》）缔结以来，国际社会越来越意识到加强湿地保护与生态恢复、促进湿地持续合理利用的重要性和迫切性，对湿地的关注也从最初仅强调湿地作为水禽栖息地的功能，拓展到湿地生态系统保护和合理利用的各个方面，其中湿地生态系统管理成为国际社会关注的热点。

我国湿地主要分布在长江三角洲、长江中下游几大湖区、珠江三角洲、三江平原及沿海滩涂等地。多数湿地已被开发利用，主要被开发为稻田，现为粮食、经济作物、鱼类产品及蚕桑的主要产区。还有部分湿地尚未开发利用。这些地区的劳动人民在开发利用湿地的过程中，形成了类型多样的林-湿复合系统，并积累了丰富的经验。

第二节 类型分布及其特点

我国的林-湿复合系统按照类型及分布状况，可以划分为主要分布于珠江三角洲和长江三角洲的基塘复合系统、主要分布于长江中下游几大湖区的沟垛复合系统，以及主要分布三江平原的稻-苇/菇-鱼复合系统等。

一、基塘复合系统

基塘是广东的名称，"基"是指与鱼塘夹杂存在的旱地；太湖流域的圩塘系统则历史更悠久,"圩"也是指与鱼塘夹杂存在的旱地。远在 900 多年前,即 9 世纪时,珠江三角洲低洼渍水地面积分布很广,当地经常受到水淹为患。人们因势利导,把一些低洼地索性挖深成塘(池)养鱼,把挖出来的泥土在塘的四周筑堤(基)保护鱼塘,虽然基面有时种些果树等,但和养鱼没有直接的关系。直到明末清初,才出现基面种桑与鱼塘联系生产的桑基鱼塘,以后相继出现蔗基鱼塘、果基鱼塘、花基鱼塘、菜基鱼塘等,这些基塘类别统称基塘复合系统。目前各种基塘主要分布于珠江三角洲及其附近西、北、东三江下游一带低洼渍水地。该地区大致位于北回归线以南,气候湿热,年平均温度 22℃,年降雨量 1600mm,相对湿度 75%~85%,冬季温暖,多数年份极端低温,为 2℃ 以上,年霜日 2~3 天。作物可全年生长,气候适宜于栽桑养蚕、养鱼和甘蔗、香蕉、荔枝等生长。加以珠江三角洲人口稠密、劳力资源丰富,种桑养蚕、种甘蔗、香蕉和养鱼都积累了丰富的经验,各种农产品产量较高。该地区桑树发芽较早,生长快,年可采桑养蚕 7~9 次,桑蚕的产量比太湖流域高,桑叶产量可达 $30t/hm^2$,产茧 $1500~000kg/hm^2$,曾经是我国三大蚕丝产区之一。该地区甘蔗、香蕉等经济作物生长也比较好,甘蔗产量可达 $60t/hm^2$,香蕉可达 $12.5~15.0t/hm^2$。鱼塘水温夏季一般为 30℃ 左右、冬季为 15~20℃,全年可养鱼,年可捕鱼 4~6 次,年产量 $3.0t/hm^2$。

(一) 桑基鱼塘复合系统

桑基鱼塘是基塘复合系统最重要的类型。最早出现在珠江三角洲北部南海县(现为南海市)的九江、两樵、大同一带,以九江圩为中心。因九江靠近西江,沿岸有鱼苗,为鱼塘提供了鱼苗的来源。但最初淡水养殖和蚕桑业各自发展,彼此没有联系,直到 400 多年前,珠江三角洲农民发现蚕沙可作鱼的饲料,每 8kg 蚕沙可养活 1kg 鲩鱼后,本来是废物的蚕沙,便成为联系淡水养殖业和蚕桑业的桥梁。蚕沙愈多、鱼愈多,因而桑基与鱼塘联系起来生产,逐渐便形成一个新的水陆相互作用的人工生态系统,桑基鱼塘就是这样产生起来的。蚕沙被用作鱼的饲料,是产生基地系统的转折点,是基塘系统历史上重要的一页。

桑基鱼塘在南海县形成以后,逐渐向珠江三角洲各地推广,邻近南海县的顺德、番禺、三水、鹤山、高明、新会、中山等县(现已合并为区或市)逐渐发展起来,其中以紧靠南海县的九江圩发展最快。顺德县地处珠江三角洲的中部,水运发达,容奇是广东生丝出口最大集散地,境内茧栈最集中,加以县内洼地广阔,这都成为顺德发展桑基鱼塘的有利条件。由于珠江三角洲的蚕丝业中心逐渐从南海县转移到顺德县,因而桑基鱼塘面积亦逐渐增大,其后顺德发展为珠江三角洲桑基鱼塘最集中的地区。

桑基鱼塘以结构完整、部门协调、生物与环境相适应、经济效益和生态效益高为特征。该系统以桑为基础,桑叶养蚕,蚕沙、蚕蛹喂鱼,塘泥肥基,形成一个良性的循环:桑多、蚕多、蚕沙多、鱼多、塘泥肥,泥肥则返回基面,又促进桑多(王增骐等,1986;钟功甫等,1987;李文华和赖世登,1994)。

(二) 蔗基鱼塘复合系统

自 1963 年广东在顺德县建立现代化糖厂以后,需要大量甘蔗,大部分甘蔗种在鱼塘四周，逐渐形成蔗基鱼塘。当时蚕桑业不景气，种桑面积减少，部分桑基被蔗基取代，部分桑基鱼塘变成蔗基鱼塘。

蔗基鱼塘结构比较简单，嫩蔗叶可以喂鱼，塘泥肥蔗，仍有一定水陆相互作用。塘泥含大量水分，对甘蔗生长作用很大，可以起催根作用，使甘蔗发育生长快，对蔗基起明显作用。有的农民在蔗基养猪，以嫩蔗叶、蔗尾、蔗头喂猪，猪粪尿肥塘。这样蔗、猪、鱼联系生产，也是一个良好的水陆相互作用，经济效益也很高（李文华和赖世登，1994）。

（三）果基鱼塘复合系统

塘基的果品种类很多，有香蕉、大蕉、柑橘、木瓜、杧果、荔枝等，其中以香蕉、大蕉构成的蕉基鱼塘最普遍，经济效益较显著，生态效益也好。塘泥使香蕉、大蕉生长茂盛、结果多。一般旱地种的香蕉结果只有一串蕉，而基面种的有2串，多的达4串，因此产量一般比较高。旱地种的香蕉的蕉叶可喂鱼。而蕉茎可医治鲩鱼的肠胃病。蕉树下结合养鸡（鸭、鹅），则生态循环好，经济效益较高。鸡或鸭在蕉树下因有荫蔽作用，又有宽阔的运动场地，还能获得小虫、杂草吃，因而鸡或鸭生长特别快，而蕉树方面既获得鸡（鸭）粪便补充肥力，又得到鸡（鸭）在蕉树下找寻小虫时起到的松土作用，因而蕉树生长特别旺盛。鱼塘方面，可以从浮于水面的鸭群中获得大量鸭粪。每逢暴雨，蕉树下以及蕉行间的鸡（鸭）粪和部分表土、有机物、营养物质等随地表径流流入鱼塘，既可肥塘，又可促进塘鱼生长，一般塘鱼可增产10%以上。塘泥肥，有机质增多，上基后又促进蕉树的生长。如果是蕉、鸡（鸭）、鱼三者形成大小循环，三者都可获得高产（李文华和赖世登，1994）。

（四）花基鱼塘复合系统

花的品种多，花基鱼塘比蔗基鱼塘、蕉基鱼塘更为复杂。华南主要花卉有茉莉、白兰、菊花、兰花以及各种柑橘等。有盆栽和基面种植2种，都和鱼塘有密切关系，需要塘泥培育，塘水浇淋。塘泥物理性能好：黏土占70%~80%，砂土占20%~30%，团粒结构优良，淋水时不会溶化，又不易板结，有良好的保土、保肥、透气性能；化学性能也较好：pH值为7左右，N、P、K含量丰富，有机质含量达10%以上。因此，塘泥能促进花卉的根系发育，每立方米干泥重约1350~1500kg，可提供200盆花的花泥。

花基对鱼塘的作用主要是花盆的残肥和花盆内的杂草。暴雨或用塘水淋花后，花基和一些残肥随流水回到鱼塘，增加了塘水的肥力；花基使塘面开朗，阳光充足，利于增加溶氧；花基和花盆之间生长的杂草，又是鱼塘重要的青饲料。然而，花基鱼塘的系统结构没有桑基鱼塘、蔗基鱼塘和花基鱼塘那么完整。这是因为，花基鱼塘一部分塘泥作为副产品输出，随花盆输向市场，不能再回到鱼塘，使花基鱼塘系统内的塘泥逐年减少，系统物质平衡遭到破坏，需向其他基塘类型的鱼塘取泥（钟功甫等，1993）。这说明花基鱼塘收入虽比上述基塘类型高，但其水陆相互作用的优越性远不及其他基塘类型。

（五）杂基鱼塘复合系统

基上种植的作物多种多样，以象草、蔬菜、花生、豆类、玉米、薯类等混种较为普遍，但数量都不大，商品性生产少，主要充作塘鱼和基面禽畜的饲料，部分送到市场上有的基上以象草居多,有的以蔬菜、瓜类、花生或豆类为主,各基不一。杂基鱼塘分布零散,但水陆相互作用仍然较好,其基面杂作往往与饲养家禽、家畜结合。前者供给后者饲料,禽畜粪便肥基肥塘,因而基面作物、禽、畜和塘鱼相互促进,共同发展。

二、沟垛复合系统

20世纪80年代初开始,江苏里下河地区滩地开发利用,实行水土分治,开沟筑垛,垛沟养鱼,垛面造林,林下早期间作,林木郁闭时放牧,形成沟垛复合系统的雏形,提高了土地和自然资源利用率及生物生产力,满足了农村经济发展的需要。后经过科研、生产、管理部门的不断总结、改造和推广,林-农-牧-渔复合经营的种类不断增多,规模效益不断提高,使滩地开发利用逐步走上高效益、科学化的道路,得到国内外农林业科学工作者的关注和赞赏(李文华和赖世登,1994)。

里下河滩地开发利用中采用的复合经营类型主要有双项结合类型,如林-农、林-渔、林-牧、林-食用菌复合经营;3项结合类型,如林-农-渔、林-牧-渔复合经营以及多项结合类型,包括林-农-牧-渔复合经营。

(一)林-农复合经营

在滩地开挖宽窄、深浅不等的沟渠与外河相通,以降低地下水位。这些沟渠把滩地分割成一定面积的格状田,田内进行整地、除草,待土壤熟化后造林,林下种植农作物。间作年限取决于林木行距大小。主栽树种包括池杉、水杉、杨树等。林下间作的夏熟作物主要有油菜、小麦、蚕豆、豌豆、西瓜等,秋熟作物主要有黄豆、生姜、芋头、棉花、水稻、甘蔗、薄荷、蔬菜(大白菜),其中以油菜-西瓜-大白菜的经济收益较高,其次为油菜-芋头、油菜-生姜和油菜-黄豆。可根据当地地面高差、地下水位高低及土壤特性选择适宜的组合类型。

林-农复合经营可分为以林为主型和以农为主型2种。以林为主型的林分密度通常为1650株/hm^2,林下间作年限多为5~6年。以农为主型林木以带状栽植,沿圩堤、沟渠边种植,圩内种植农作物,林木带间距20~60m,农作物产量较稳定,且边际土地利用率高。

(二)林-渔复合经营

主要有以林为主型和以渔为主型2种。在以林为主的林-渔复合经营类型中,开沟筑垛,垛面造林、垛沟养鱼,垛面宽10~40m,垛沟宽10~40m,沟深1.5~2m。沟宽>20m时,可采用精养方式,单位水面面积鱼产量较高,但初期投资规模较大,投资回收期较长,可在资金来源充足的条件下采用。以渔为主的林-渔复合经营中,通常在现存的鱼池周围或池埂上栽植1~5行林木,树种以池杉、杨树为主。池梗边种植黑麦草等鱼饲草,下塘喂鱼。该系统中都实行鱼池精养方式,投入大,但收益高。

(三)林-牧复合经营

在实行早期间作的林分内,随着林分年龄增大,林分趋于郁闭,间作物产量明显下降。林下停止间作后，适度放牧可抑制杂草滋生，减轻与林木的竞争，同时可取得经济效益，林下放养家畜包括奶牛、山羊等，家禽包括鹅、鸭等。

(四) 林 – 食用菌复合经营

在林分郁闭度大于 0.7 后，可栽培耐阴喜湿的平菇、蘑菇、木耳等食用菌。通常在林内行间筑一条宽 1m、长 10m 的菇床，在床中央开出深 20cm、宽 15cm 的沟，并下料接种，培育菇类。林 – 食用菌复合经营，可有效地清除林内杂草，疏松土壤，增加有机质含量，从而有利于林木生长。

(五) 林 – 农 – 渔复合经营

里下河滩地开发利用中主要采用林 – 农 – 渔复合经营形式。通过开沟筑垛，垛面可比原来增加高度 50~80cm，适于树木和农作物生长。林木株行距为 $4m \times 1.5m$、$2m \times 3m$、$3m \times 4m$ 等。选用树种和间作物种类与林农复合型相似。林下可间作农作物 5~10 年。垛沟宽度为 10~40m，可实行粗养、半精养或精养 3 种形式。主要养殖白鲢、草鱼、鳊鱼、鲫鱼、鲤鱼、虾等。该类型可充分利用地面和水面资源，兼顾经济效益和生态效益。

(六) 林 – 牧 – 渔复合经营

在上述林 – 农 – 渔复合系统中，间作停止后，林下放牧，包括山羊、奶牛，沟面增加放养鹅、鸭等家禽，从而构成林 – 牧 – 渔复合型。若林分郁闭后栽培食用菌，沟面继续养鱼，则构成了林 – 食用菌 – 渔复合经营类型，提高了系统效益的稳定性。

(七) 林 – 农 – 牧 – 渔复合经营

这种类型的垛面和垛沟宽度都较大，沟面宽度、深度均达到精养鱼池标准。林下间作各类农作物，以小麦、大麦、油菜、黄豆为主。沟边种植黑麦草、黄花苜蓿等鱼饲草，可收割后直接下塘喂鱼，间作物及副产品如麦麸、豆饼、菜子饼等混合饲料养鱼，大麦用于喂猪，猪粪下塘肥水，增加水体中浮游生物量，不断提供饵料。猪舍筑于垛面，猪粪亦可生产沼气，作燃料或居民照明能源。沼气和柴油掺混后可发电供照明，亦作为鱼塘增氧机动力来源，在缺电少电地区尤为重要。塘泥每年清挖一次直接施于垛田，提高土壤肥力。该系统实现物质多级循环利用，提高了能量利用率和转换效率，并增加了产品种类和产量，经济效益较高。

(八) 林 – 农 – 牧 – 渔 – 副复合经营

林 – 农 – 牧 – 渔复合系统中的各项产品主要用于系统内的消耗和直接向市场出售。若该系统中的各项产品就地加工后再利用或销售，构成了林 – 农 – 牧 – 渔 – 副复合系统。副业主要包括以下几个方面：间伐材和主伐木材加工成板材、包装箱等产品，食用菌、草莓等加工成罐头，沟边、鱼池边种植的紫穗槐用作编织原料，加工成篮子、花篮、包装筐箱等。油菜籽和黄豆用于生产食油及豆制品，鱼类加工成罐头。

三、稻-苇/菇-鱼复合系统

三江平原是我国最大的淡水沼泽湿地分布区，也是世界著名淡水沼泽湿地分布区。众多国际公约与双边公约涉及三江平原的多个自然保护区，多个国际涉禽保护网络涉及三江平原的许多保护区，其中三江、洪河以及兴凯湖三个自然保护区还是《国际重要湿地名录》的成员。

根据生物物种共生原理和边缘效应原理，在沼泽区边缘，尤其是芦苇沼泽区的边缘，可建立稻-苇-鱼复合系统。利用生物种群之间存在的互惠互利关系，既能够有效利用空间，促进物质的循环利用，达到增产增收的目的，又能保护湿地生态环境，实现生态系统的良性循环。

三江平原以低产苇田改造为主的稻-苇-鱼复合系统，由稻田亚系统、苇田亚系统和池塘亚系统组成。系统内水资源按照鱼池→稻田→苇田的方式进行综合利用，苇田排水进入渠道后还可灌溉下游稻田。同时，系统还利用沼泽的潮湿环境以泥炭和薹草、小叶章为基料栽培食用菌，栽培后的废料作鱼饵料和肥料，塘泥可作肥料。

此外，三江平原地区还逐渐发展建立了稻-菇-鱼复合系统，即进行以垄作水稻为主体、食用菌（平菇）为支柱、鱼为从属的农林复合经营。相比单一平作水稻，垄作"稻-菇-鱼复合系统"的经济效益十分显著。

第三节 典型模式：桑基鱼塘复合系统

一、系统概述

桑基鱼塘复合系统是一种挖深鱼塘、垫高基田、塘基植桑、塘内养鱼的高效人工生态系统。早在9世纪太湖流域就形成了桑基鱼塘复合系统，14世纪得到迅速发展，其典型分布区在浙江湖州菱湖、江苏吴县东山，其次是德清、长兴、桐乡、江苏无锡、吴江等地。明代，珠江三角洲的桑基鱼塘复合系统也迅速发展。17世纪90年代，广东的生丝大量出口，因而刺激了蚕桑生产，形成了桑基鱼塘复合系统的大发展期。至20世纪初，桑基鱼塘复合系统面积已超过200万亩。

桑基鱼塘复合系统是一种具有独特创造性的洼地利用方式和生态循环经济模式。系统内多余的营养物质和废弃物周而复始地在系统内进行循环利用，实现了对生态环境的"零"污染。浙江省湖州市南浔区西部是桑基鱼塘复合系统最集中、最大、保留最完整的区域，现有6万亩桑地和15万亩鱼塘。"塘基上种桑、桑叶喂蚕、蚕沙养鱼、鱼粪肥塘、塘泥壅桑"的生态型复合经营模式"湖州桑基鱼塘复合系统"，2017年12月入选了全球重要农业文化遗产（GIAHS）。

山东省夏津县古桑树栽培历史悠久，当地著名的腾龙桑、卧龙桑等古树已有1000多年的栽培历史，其他古树的历史亦多达几百年。明嘉靖（1522—1566）《夏津县志》就有夏津县生产桑葚的记载。20世纪20年代，夏津县桑树种植面积曾经达到8万亩。现存古树2万多株，面积约6000亩。近几年又新增1万余亩。

夏津县黄河故道内的古桑树群农业系统，既是黄河流域农桑文化的代表和中国农桑文明的发展，也是千百年来夏津人民防风固沙工程的重大成就，是人与自然和谐共荣的珍贵遗产。

古桑树群为当地百姓重要收入源，以桑为主要收入的家庭有3000多户，全县约3万人参与桑树育苗、栽培、深加工等与桑有关的产业，直接经济效益2亿元。古桑树群主要农产品为桑葚，株产果实均在400kg左右，在当地农民收入结构中占有很大比重。夏津年产椹果14000t，其中古桑葚年产7500t，鲜果销售量3000t左右，主要销往北京、石家庄、济南、青岛等地。干桑葚产量在1500t左右，主要销往药材市场和出口韩国；另外还年产桑葚果酒8000t；加上桑叶茶、古桑树群乡村旅游等。在夏津古桑树保护区内桑葚业产值达到该地区人均收入的25%，在核心地区，桑葚业产值达到人均收入的56%。

二、组成结构

桑基鱼塘系统由基和塘两部分构成，基面是陆地生态系统，具有作物的初级生产力，鱼塘是淡水生态系统，既具有初级生产力（浮游植物），也有次级生产力（鱼）。其典型模式是在基面种桑，在塘中养鱼，用桑叶育蚕、蚕沙喂鱼，实现种桑、育蚕、养鱼等多种生产环节的有机结合，形成富有特色的生产链。这种既植桑又养鱼、种养结合的复合经营模式，突破了传统农业种植与养殖的分离性和单一性，体现了明显的生产多样性特征。它既增加了收入来源和渠道，促进农业生产的稳定性，又实现了各生产环节的互惠互利，提高资源的利用率。

桑基鱼塘系统通过桑叶、蚕沙、塘泥之间的物质循环和能量流动联成一个完整的农业生态系统。该系统由桑基种桑、养蚕的陆地生态系统和鱼塘里的水生生态系统构成一个水陆资源相互作用的人工生态系统，具有适合农生物生长发育的多层次的生态空间。其立体空间自上而下可分成3个生态系统共6个生态层次（陆地生态系统－水陆过渡生态系统－淡水生态系统），各层次之间的联系十分密切，使这个系统的能量交换和物质循环能持续进行，使循环经久不衰。

桑基鱼塘还有其他一些生产形式，如在桑地套种或间种象草、大豆、蔬菜、花卉等，在桑林内养鸡、养兔；在水中养鸭，或在水面养殖水浮莲、水葫芦、水花生、绿萍等水生植物，利用水浮莲、象草等养猪，从而实现农、渔、畜牧相结合的立体生产。

在桑基鱼塘生态系统中，桑树扮演了生产者的角色。利用生物互生互养的原理的田塘生态系统，塘养鱼，塘基面上种桑，利用桑叶养蚕，再用蚕沙喂鱼，含有鱼屎的塘泥作肥料还塘基，形成一个闭合的生态链环，称为"桑基鱼塘型"。在这个食物链中，桑树是生产者，蚕是一级消费者，鱼是二级消费者，鱼塘中的微生物则是分解者，物质在其中周而复始地循环，生生不息，废物得到全面的利用。这个模型充分利用当地自然资源，利用动物、植物、微生物之间相互依存关系，实行无废物生产，提供尽可能多的清洁产品，既有效地利用机械设备、化肥、农药,又尽量减少其污染影响,也充分吸收传统农业的经验,力争实现绿色植被最大、生物产量最高、光合作用最合理、经济效益最好、生态平衡最佳等目标。

三、效益分析

桑基鱼塘内部的良性循环与相互促进,使系统内各个生产环节,种桑、养蚕、缫丝、养鱼以及间种和轮种的蔬菜、花生、玉米等都能带来更可观的经济收益。以桑、茧生产为例,1978年广东顺德的桑地平均产叶28500kg/hm^2,高出日本及太湖流域近1倍,蚕茧产量1350 kg/hm^2,相当于日本及太湖流域的4倍。

桑基鱼塘的经济效益十分显著,《广东新语》中"计一亩之地,月可得叶500斤,蚕食之得丝4斤,家有10亩之地,以桑与蚕,亦可充八口之食";"左手数鱼,右手数钱";"一船生丝出,一船白银归"。道光《龙江志略》曰"顺德地方足食有方——皆仰人家之种桑、养蚕、养猪和养鱼";"盖树桑养鱼,其利过于种禾数倍"等相关文献记叙也印证了这一事实。

伴随着经济的发展,养蚕的收益越来越低,"桑基鱼塘"的经营又出现了新的形式。例如,广东中山市成功改良了传统"桑基鱼塘"的生态链:不用桑叶养蚕,直接用桑叶养石螺和"四大家鱼",养肥了的石螺和"四大家鱼"又是甲鱼的饲料,而鱼塘里的水、塘泥又是桑树最好的肥料。桑、"四大家鱼"、螺、甲鱼、泥,如此循环,组成一个高效的生态系统。

在改良版的"桑基鱼塘"模式中,桑有着重要地位。桑叶摘取后,桑枝加工成工艺品,用于酒店会所和居家装饰。每一棵桑树可以收成约7条枝,每条桑枝售价高峰时达2元/枝,低峰时为1.1元/枝。这个模式的另一主要产品就是甲鱼。这种"桑基鱼塘"养出来的绿色甲鱼一上市就受到欢迎,售价达340元/kg,比市面售价高出1倍。

参考文献

[1]李文华,赖世登,1994. 中国农林复合经营[M]. 北京:科学出版社.

[2]王增骐,1986. 珠江三角洲桑基鱼塘生态系统中浮游生物与鲢、鳙生产关系的研究[J]. 热带地理,6(1):1-12.

[3]钟功甫,丁汉增,王增骐,等,1987. 珠江三角洲基塘系统研究[M]. 北京:科学出版社.

[4]钟功甫,王增骐,吴厚水,1993. 基塘系统的水陆交互作用[M]. 北京:科学出版社.

[5]钟功甫,1980. 珠江三角洲的桑基鱼塘—水陆相互作用的生态系统[J]. 地理学报,35(3):200-211.

[6]钟功甫,1982. 珠江三角洲桑基鱼塘若干问题研究[J]. 生态学杂志,1:10-13.

[7]钟功甫,1984. 对珠江三角洲桑基鱼塘的再认识[J]. 热带地理,3(4):129-135.

[8]钟功甫,1985. 珠江三角洲桑基鱼塘与蔗基鱼塘[J]. 地理学报,24(3):257-274.

> 本章作者:李文华(中国科学院地理科学与资源研究所),黄先智、秦俭、向仲怀(西南大学),王斌(中国林业科学研究院亚热带林业研究所),杨加猛、董博(南京林业大学)

第二十二章 竹林复合系统

第一节 概 况

竹子集经济、生态和社会效益于一体，是森林资源的重要组成部分，具有繁殖容易、生长快、利用领域广、一次造林科学经营可永续利用等特点，被国际社会誉为21世纪最有发展前景的植物类型。

我国竹林栽培历史悠久，长期以来，各地都很注重竹林的集约经营，综合发展。中国的竹类中有较高材用价值的估计超过100种，如毛竹（*Phyllostachys pubescens*）、淡竹（*Ph. glauca*）、五月季竹（*Ph. bambusoides*）、刚竹（*Ph. viridis*）、青皮竹（*Bambusa textilis*）、撑篙竹（*B. pervariabilis*）、慈竹（*Neosinocalamus affinis*）等；30多种为可作蔬菜的笋用竹种，主要有毛竹（*Ph. pubescens*）、早竹（*Ph. praecox*）、哺鸡竹类、麻竹、绿竹（*B. oldhami*）、吊丝球竹（*N. beecheyanus*）等。还有许多可供观赏或多种用途兼备的竹种。这些竹类植物总的可分成散生、丛生、混生三大类。竹产业已成为区域农村社会经济发展的支柱产业和农民家庭经济收入的重要来源，与森林食品业、花卉业和森林旅游业构成了中国现代林业的四大朝阳产业。

长期以来，毛竹林的经营以生产竹材、竹笋为主，经济效益多数处于低水平状态。在一些竹产区的商品竹林经营过程中，由于过于片面地追求经济利益的最大化，实施了一些不利于竹林生态系统稳定的人工干扰措施，致使竹林生态系统脆弱，离地生产力日渐衰退，生态环境恶化，竹林产品产量和质量下降，已影响到竹业的可持续经营和竹–农增收。特别是从20世纪80年代起各地对毛竹林采用全面垦复去"三头"（石头、柴根、竹蔸）办法，林地基本上都进行了"大扫除"，林种单一，物种单一，树冠层单一，带来了经济产出单一，生态链变得脆弱，有的竹林虫病发生频率，严重程度都比过去提高，有的林地山坡还因过于光净出现水土流失，竹林环境没有得到很好利用，地力浪费，这些并不符合环境保护和可持续发展原则（陈建寅，2001）。为此，必须更新竹林经营观念。针对竹林空间资源利用低的问题，选择适宜的经济植物进行竹林复合经营，是提高竹林经济产出和改善生态环境、维护生态系统稳定的有效途径。

竹林复合经营是以竹子为主体的农林业复合经营形式，通过在竹林内或竹林间，养育竹笋，种植作物、蔬菜、果类、茶桑或其他树木，以求充分利用时空、改善生境、取得较多农竹产品的经营活动。这种经营方式，是我国南方常见的一种农林业复合经营形式，也是一种传统的作业方法。

我国竹林复合经营有悠久历史，特别是对新造竹林和村舍前后竹林，劳动人民创造了不少竹与木、竹与草、竹与绿肥作物、竹与茶、竹与药材、竹与家禽等好模式，既利用了竹林独特环境，又增加了收入，有的还改善了林地肥力。

竹林复合经营的主体是竹林。这种林分，常由若干竹子母株地下茎上发生的许多不同年龄的立竹所组成。养竹育笋，护笋保竹，二者互为条件，不可分割，和其他的农林复合经营有显著的不同。再加上林内或林间种植作物、蔬菜、果、茶、桑等，在经营技术上复杂得多。竹林复合经营群落均为异龄林，其更新的方法，大都采用择伐作业法，即伐去老竹，掘除衰退的鞭根选留健壮新竹，充分利用母竹强大的地下茎系统，进行无性更新。如管理得当，这些竹林林分，可以保持永续经营。竹林复合经营除部分为天然林外，基本上都是人工群落，并能较长期地处于稳定的顶极状态。从竹子到竹林内或竹林间引用作物的选种、经营、管理等，都比较严格地受到人为的控制。大都以生产食用笋为主，兼顾其他。也有农竹并重的，而利用竹林以保护农作物生产的也屡见不鲜。

为探索提高毛竹林群体效益的途径，王进荣（1992）在溧水县秋湖林场，利用毛竹林的生态环境进行了金针菇、平菇、竹荪等食用菌的栽培试验。郭江（2003）利用毛竹林蔽荫、风小、湿润的独特环境条件，以及拥有较多的竹枝、竹叶、竹箨等凋落物和残留在地里的死竹篼、死竹鞭等有机物，进行地下栽培棘托竹荪和利用空间挂袋毛木耳的立体经营研究。哀建国（2010）针对广泛分布于我国的蕨类植物里白（*Hicriopteris glauca*）的遗传资源、生理生态特性和繁殖技术开展一系列研究。宋瑞生（2014）利用毛竹林生态环境条件，以竹笋加工废料笋壳为培养基质，进行食用菌生产试验。戴琴（2014）在毛竹林下仿野生栽培多花黄精，以扩大黄精种植途径，并为其仿野生栽培提供试验依据。

第二节　类型分布及其特点

一、类型

竹林复合经营在我国有着悠久的历史，劳动人民创造了不少竹与木、草、绿肥作物、药材、家禽等经营模式，既利用了竹林独特环境，改善了林地肥力，又增加了经济收入（表3-22）。

表 3-22　竹林复合经营类型

类型组		类型	名称
华东地区农林复合经营类型	竹-农复合经营类型组	竹-农型	竹-瓜类复合经营 竹-蔬菜复合经营
	竹-牧复合经营类型组	竹-禽型	竹-鸡复合经营 竹-鸭复合经营
		竹-草型	竹-菱叶山蚂蟥复合经营
	竹-经复合经营类型组	竹-药型	竹-七叶一枝花复合经营 竹-通托木复合经营 竹-黄芪复合经营
		竹-茶型	竹-茶复合经营
		竹-菌型	竹-竹荪复合经营 竹-平菇复合经营 竹-香菇复合经营 竹-黑木耳复合经营
		竹-湿型	竹-渔复合经营 竹-鱼塘复合经营

二、分布

(一) 竹-农复合经营类型

竹-农复合经营主要指在竹林营造初期至竹林郁闭前进行作物间种。在间种作物耕种、施肥等过程中，同时抚育了竹林，能取得一定的短期收益。作物间种期视新造竹林郁闭成林时间而定。间作作物主要是瓜类和蔬菜等，而不能套种高耗肥的禾本科作物和对竹子地下系统有严重不利影响的芝麻。也有在农业耕作区周边的田埂、坝堤、塘埂等土地上栽植经济竹种，形成另一种形式的竹-农复合经营，这在浙江省雷竹、早园竹、高节竹主产区的临安市、余杭区、富阳市、德清县等地普遍存在，既提高了土地利用率，增加了收入，也一定程度上改善了区域生态环境和景观效果。此类模式最终的长期产品为竹材或食用竹笋，因此只能在较短时期内存在，一旦竹林满园后即成为只有竹产品的纯林。一般大型竹种采用 $4m \times 4m$ 的造林密度，而小型竹种以 $3m \times 2m$ 为宜。在为母竹留下 $1m^2$ 的土地营养面积后，套种多种农作物作为地被物，套种年限一般不超过 4 年。在造林时，平地应全垦，坡地则在留下水土保持带后行带状整地。应开挖大植穴，施足基肥，在坡地最好沿等高线修筑梯田。

(二) 竹-牧复合经营类型

1. 竹-禽复合经营

发展竹林养殖禽类，可充分利用林间闲置空间，放养的家禽能消灭林地表层害虫，粪便可作为林木的天然有机肥料增加地力，有利于林木的生长，形成科学合理的生态链，同时放养禽类肉质好、无污染、价格高，属于绿色无公害禽产品。竹林养鸡的好处主要有三个：一是降低了成本，把鸡放养在竹林里，林里的青草、竹叶、昆虫都是鸡的天然饲料，大大减少了饲料用量，每只鸡的养殖成本比饲料喂养少4~5元；二是改善了产品的质量，由于放养，鸡的肉质鲜美，在市场上十分畅销，销售价格也比一般养的鸡要高；三是提高了竹笋的产量，用鸡粪当肥料育出的竹笋特别壮，竹笋产量可提高10%左右。

2. 竹-草复合经营

竹-草复合经营的目的是生产牧草或培肥竹林土壤，可以在新造竹林中，也可以在成林竹林中实施，这在中国的四川、贵州等西部地区的区域植被恢复工程建设中得到了一定规模的应用，取得了良好的经济和生态效益，如在撑绿竹、毛竹、慈竹林中栽植优质牧草扁穗牛鞭草。也有针对集约经营毛竹林水土流失严重、立地生产力衰退的问题，将固氮植物园菱叶山蚂蝗引入不同立竹密度的陡坡毛竹纯林中，能在较短时期内改善竹林土壤理化性质和养分状况，提高竹林自肥能力和经济产量（樊艳荣，2012）。

(三) 竹-经复合经营类型

1. 竹-药复合经营

此种模式大多适用于气候温和、雨量充沛、冬暖夏热的中亚热带湿热季风气候区内的丘陵山地，应视地形的不同而选择不同的种类。如适应性强的乌蔹梅、豆腐柴、通托木、蝴蝶花等可普遍栽培，但七叶一枝花、姜黄等应在海拔800~900m的山洼中，山合欢、野薄荷宜于南坡，而华南十大功劳、魔芋、鹰爪枫等则正好相反需植于北坡。山脊之上则可栽培杜鹃、厚果鸡血藤等。

2. 竹-茶复合经营

在此模式中的竹，若属于散生竹类以材用竹种为宜，而丛生竹类则既可为材用竹种亦可为笋用竹种，原因是散生竹类的鞭根可在林内到处生长，必须通过竹林采伐调整立竹密度和在林地上的分布，从而既避免两个物种间过多的相互生长不利影响又易于产品收获。进一步利用时间序列结构和空间结构的功能可在造林后的1~3年内按农作物的生长季节套种黄豆、蔬菜等作为地被物，但是必须给竹和茶留足适当的土地营养面积（傅懋毅，1993）。

3. 竹-菌复合经营

食用菌为植物性的高蛋白食品，种类繁多。在竹林中一般可选用竹荪、平菇、黑木耳。生产食用菌的竹林立地温暖阴湿，土壤肥沃深厚。竹荪和平菇需分别用半腐的竹材、竹枝和棉籽壳为培养基。平铺于高约10cm的林地菌床上。常温竹荪菌种于9月播种，高温竹荪菌种则于5~6月，分别经8个月、4个月生长后即可开始收获。平菇于3月播种，2个月后即可采收。黑木耳则需在林内搭架挂置营养袋培育。

4. 竹-湿复合经营

在平原或低洼湿地开挖鱼塘，在塘岸上栽植1~3行丛生笋用竹（密度4m×3m），竹下套种黄豆、黑麦既可作为地被物又可作为食、饲料。塘泥于冬季挖起作为竹林的肥料，从而充分发挥食物链结构的功能。模式中的竹林一般8~10年老化减产后需更新。

第三节 典型模式：竹－药复合系统

一、系统概述

竹－药复合经营可利用竹林的生境条件和丰富的植物资源，采集或培育药用植物。在人工干扰程度低的竹林群落中，自然生长着许多药用植物。据调查，在贵州省赤水市山地黄壤的立竹密度1800株/hm²的毛竹林中就有药用植物106种，竹农每年从竹林中采集大量的药用植物，获得了相当可观的经济收入。说明一些药用植物与竹子互利共生，可以建成多目标培育的生态系统。竹－药复合经营为药材植物提供蔽阴条件，以防夏季高温伤害。而林下间作药材大多采用集约式的精耕细作，有利于改良林地土壤理化性质，增加肥力，促进竹子生长。因此，充分利用竹林有利的生态环境条件，科学培植药用植物，不但可以解决中药材资源匮乏，还可有效地促进竹区经济的发展。

二、组成结构

竹－药复合系统的物种组成以竹林为主，林下种植草珊瑚、多花黄精、天麻、三叶青、金线莲、七叶一枝花、通托木、黄祀等药材。在林下种植药材，不仅使林下资源得到充分利用，而且药材生长好、质量优。

三、效益分析

(一) 生态效益

利用竹林生态环境开展生物性生产，无损竹林生态质量，还有利于改善竹林生态系统和环境，提高竹林生物总量和生态质量。生态效果上，建立竹－药复合系统可加速竹子残落物特别是竹蔸的分解速率和挖蔸工效以及竹林生态系统的物质循环，及时转化为N、P、K营养元素，再度被竹子根系吸收，增加丰富的营养物质源作为合成作用的原料，从而促进竹林的生长丰产增收，可多出大笋40%，大竹20%，总产量增加60%，有益于为创建材用、笋用丰产林基地创造竹林最佳生境，提高竹林综合利用率，形成竹林生态环境综合利用和永续发展互相促进的良性循环。同时竹林固有的植物残留体可为培养药材提供天然场地和培养料，可占竹林生态系统净生产量的65%以上，可转化有机物质24t/hm²，输入大量农林有机废料约20kg/m²，相当于大量的有机肥料施于竹林，将显著提高土壤肥力，增加竹林营养物质，促进竹林营养系统的良性循环。竹林生态环境利用可对生态因子予以调节，对竹林内光、水、热、肥及空间条件进行改善和调控，造成竹林生长最佳生态环境，可改善立地条件和竹林生态环境，提高生态保护意识和功能，改良土壤，提高肥力，改善维护生态平衡，提高生物产量，形成竹林结构和生态因子互利互惠、互相促进改善的最佳良性循环状态。

(二)社会经济效益

开展竹-药复合经营,可以积极扩大土地、林地资源再利用面积和立体空间开发,可改变当今能源不足、资源枯竭、环境污染、生态恶化、内耗过大、开发较慢的严重困境和恶性循环,能间接增加实际利用面积及经济收入,对我国山区经济具有现实意义。特殊的竹林生态环境系统具有良好的生态质量和立体符合适生环境,其利用价值近于或高出一般耕地、林地,如再进行一些高科技开发推广如栽培食用菌、药材、花卉、蔬菜、营建生物工程、饲养鸟类、珍稀动物等可创单位产值15万~45万元/hm^2,比一般纯竹林的材、收入高出10~30倍,大大高于竹林第一性产品的产值收入,也大大高于单纯经营粮食、经济作物的经济效益。

竹林生态环境为珍贵药材的栽培面积、场地条件、生态佳境及技术开发问题提供了理想的应用环境。开发竹林生态环境,既满足市场需求,又不占耕地房舍,还可提供生态产品和经济收入,利用全社会生态平衡、社会增强实力、提高生产力及山区脱贫致富奔小康,也为广大农村剩余劳力开辟了新的途径和用武之地。按每公顷竹林生态环境开发需10个劳力估算,全国可安排劳力2000万个,相当于近百个中型企业的职工规模,还可带动竹产业的全面振兴。如再进行多层次多途径立体开发经营,"容劳量"可提高1~5倍,全社会人力物力资金可集中开发利用,可大大提高国民总收入和社会收入,创造社会财富,增强国民实力。竹林生态环境利用的优越性、多效性和开拓性还将掀起并推动全社会重视竹业、办竹业、兴竹业的新热潮,将吸引更多的仁人志士和竹农致力扩大竹林开发利用范围和途径,采用生物措施及改造技术,提高竹产业地位,形成竹林生态环境的良性循环,从而增强竹林生态生产力和竹林综合实力,为我国国民经济和解决资源紧缺等提供广阔的前景和战略生态利用途径。

四、现状与问题

不同药材喜好不同的气候、土壤和林下环境,有南北地域之别,因此有道地药材之说。药材的林下栽培模式一定要根据其自身的生态学特性设计,不可千篇一律。根据药用植物生态学特性,在郁闭度较高的林下宜栽培较耐阴的种类,如七叶一枝花、黄精等;而中度耐阴植物则宜栽于郁闭度较低的林下,如板蓝根、白术、山药等。竹林经营措施目前主要是留笋长竹、伐竹式的林分结构调控和施肥式的土壤养分补充等,是以竹子为中心实施的,而竹-药复合经营措施必须同时兼顾到竹子和复合经营药材的良好生长。为此,必须从合理布局、立体经营、互利共生等出发探讨竹-药复合经营优化模式,研究出节本省力环保的养分补充和采收等配套栽培技术。竹药套种在药材种类选择、种植布局、栽培技术、收获加工等方面,尽量按市场要求运作。药材在全社会的用量毕竟较少,不像大宗农产品,它很容易达到市场饱和,所以价格波动往往很大,切忌盲目发展。

选育适合竹-药复合经营的药材是实施竹-药复合经营的关键,选育的药材必须是经济价值高,市场容量大,群众易于接受,栽培投入成本低,具有一定的耐阴、耐干旱、耐土壤贫瘠等抗逆能力，有着短平快经营特点，收获产品的生物量大，尤其是要针对性地从具有可持续经营能力的药材类型中去选育。植物间存在着各种类型的竞争，在系统了解竹-药复合经营的生物学、生态学特性的基础上，根据生态位互补的策略，应开展包括化感作用、种间竞争等种间关系，及复合经营植物时空的合理配置或适应性经营措施等研究。

竹-药复合经营除明显的经济效益外，还具有良好的生态效益和社会效益，但目前就复合经营效益的科学评价方面少有涉及，尤其是生态效益。为更好地推广应用竹-药复合经营模式，必须根据复合经营的不同类型针对性地建立多功能效益的多指标数量化评价体系，尤其是在评价方法上。

第四节　典型模式：竹-菌复合系统

一、系统概述

竹-菌复合经营即利用林荫下空气湿度大、氧气充足，光照强度低、昼夜温差小的特点，不占用耕地，充分利用现有林地资源，以林地废弃枝条为部分营养来源，在郁闭的林下种植食用菌，发展名贵食用菌人工和半人工栽培模式。食用菌林地野外栽培主要是采用人工接种，培养大量菌丝体；菌丝体成熟后返回到林地等适宜食用菌生长发育的地方。郁闭度 0.6~0.9 的林下环境基本上能够满足食用菌出菇环节对温度、湿度高低变化及光照强度、CO_2 浓度的要求。在毛竹林内最适宜栽培的食用菌，首数竹荪。竹荪是腐生真菌，野生竹荪多生长在枯竹蔸上或枯竹鞭上，其菌索可蔓延到竹林地表长出竹荪子实体，但是野生竹荪数量有限。郁闭度 85% 以上的毛竹林，也是栽培其他食用菌的良好场地，如平菇、香菇、金针菇、猴头、灵芝、木耳等。这些菇均采用代料袋栽技术，栽培前应清除林下杂灌草，不需挖地。将培养好的食用菌栽培袋置林下空地栽培。

二、组成结构

竹林下食用菌有竹荪、平菇、香菇、金针菇、灵芝等，栽培形式有林间覆土畦栽食用菌、林间地表地栽食用菌、林间立体栽植食用菌等。由于真菌具有特殊的并近乎苛刻的生活特点，限定了其生活的地区。栽培方式因种不同而异，竹荪：一是利用旧竹蔸就地接菌，二是整畦栽培；平菇：栽培袋为 23cm 宽、40cm 长，在竹材空地上平铺排放，然后再堆高 4~5 层，栽培袋两头出菇；香菇：栽培袋为 20cm 宽、80cm 长，在竹林空隙地搭低架，立式排放，脱袋转色后出菇；金针菇：栽培袋为 17cm 高、35cm 长，出菇前排放到竹林下出菇；灵芝：栽培袋为 17cm 宽、33cm 长，在林地作两排 4~5 层排放，栽培袋一头出菇。

三、效益分析

(一) 生态效益

在毛竹林内栽培竹荪、平菇、金针菇等食用菌后,毛竹的主要生长指标均高于培菌前。年产竹材、竹笋也高于非进行食用菌生产的林分,这是因为生产平菇和金针菇在竹林内留下大量的有机肥料——菌糠。一般 1 亩竹林栽培 180~200m² 的平菇就要留下 3600kg 菌糠,这对改良林地土壤、提高地力起到了良好的作用。栽培竹荪能够加速竹兜的腐烂,据观察,接种 1 年的竹荪,竹兜腐烂程度相当于在自然条件下 3 年的腐烂程度,接种 2 年的竹兜腐烂程度相当于自然条件下 6 年的腐烂程度。加速竹兜的腐烂分解,实际上等于增加毛竹生长的实用面积。菌丝在生长过程中,也可以加快竹叶等残落物的分解,使 N、P、K 等营养元素适度地供应竹子根系吸收,促进毛竹的生长。

(二) 社会经济效益

林地野外栽培的食用菌,具备天然、营养、有机特点,是原生态野生食用菌产品。原生态野生食用菌生产提高了食用菌产品的质量,降低了生产成本,提高了产量,再现了食用菌产品的原生价值,在当今崇尚天然食品的消费时代,原生态野生食用菌产品更受消费者的欢迎,可在很大程度上促进林农增收。

用毛竹林生态环境条件生产食用菌是林业深度开发和提高竹林经济效益的一条切实可行的新途径。试验表明,在毛竹林中栽培竹荪、平菇、金针菇,产量和质量均高于常规条件下的生产,有节省成本的特点,经济效益显著。此外,还能节约大量的土地资源,解决食用菌生产"与农争地"的矛盾。

竹-菌复合经营不占用耕地,充分利用现有林地资源;基础设施标准低,资金投入较少;食用菌生产周期短,降低了投资风险,加快了林农增收致富的步伐;林下发展菌类,原料成本低,可以循环利用,种菌后的培养基废料可作林地肥料,促进林木生长。竹林内丰富的死竹鞭、竹节头和枯枝落叶为竹荪生长发育提供了丰富的营养基质。而竹荪营养生长阶段,菌丝能分泌多种酶,可加速竹林内死竹鞭、竹根、竹节头等难以腐烂的残体的分解,为竹林生长创造了良好条件,两者互为依存,相互促进。因此,毛竹、食用菌复合经营后,竹林短期内有经济收入,为山区多种经营开辟了新的天地。从林业生产周期性角度来看,竹林复合经营能达到以短养长的目的,能促进山区经济发展,有利贫困山区脱贫致富。

四、现状与问题

(一) 主要问题

利用竹林生态环境和竹笋加工废弃物发展食用菌生产,既提高了土地资源的利用率,降低了环境污染,又提高了竹林的经济效益,且食用菌生产剩余物还可以作为竹林的有机肥料,这种复合经营模式是实现竹产业可持续健康发展的新途径之一。结合近年来竹林套种食用菌的一系列研究成果，提出如下建议：一是充分利用竹子的生长发育规律。以浙江地区毛竹林为例，笋期大约55天，一般是3月中旬竹笋出土，到5月中旬抽枝展叶高生长结束。因此，竹林食用菌生产要避开竹子的出笋期，不影响新竹的生长发育和竹林的正常生产经营。二是选择合理的经营模式。竹林自然生态环境决定了食用菌生产要区别于工厂化生产，体现在菌种选择上要选耐高温、栽培方法简便、管理粗放的类型，在经营模式上选择生态经营理念，追求产品的质量，实现生产过程的绿色化、无公害化。三是实现竹子资源的循环利用。在南方竹产区，每年春笋集中上市季节，笋壳等竹笋加工废料被堆放在河道、溪坑和道路两旁，泛滥成灾，时间长了恶臭熏天，污染环境。利用笋壳生产食用菌原料，加工成本低，生态效益好，发展前景广阔。

(二) 可持续经营建议

1. 科学规划，重视竹林复合经营

农林复合经营是目前世界面临人口膨胀、粮食短缺、能源不足、自然资源枯竭、环境污染和生态严重恶化现状下合理充分利用土地资源的一种良好的土地经营体制。随着天然林资源保护工程的实施，林业产业不断转产，多种经营不断发展，在实践中不断总结出一些好的经营方式和模式，促进了林区经济不断繁荣与发展。我国竹林面积约占全国森林面积的3%，发展潜力较大。为了建成高效、稳定和多样的竹林复合系统，发挥其最大的经济、生态和社会效益，必须进行科学的规划设计。在规划设计时需考虑两个方面：一是在复合系统的成分组合上尽可能做到长、短、中的结合；二是在复合系统中配置能长期发挥良好的生态效能的组分，这些组分既有一定的经济价值，又能使经营系统具有良好的生长发育条件，局部气候得到改善，地力长久不衰，以及有害生物能得到较好控制。

2. 因地制宜，合理选择林下植物

不同地区在气候、土壤方面差异很大，就一个地区来说，不同地形条件的光、热、水、土、肥等也会不同，因此应首先确定竹林复合经营立地条件类型，对不同的立地类型采用不同的复合经营模式。不同药材喜好不同的气候、土壤和林下环境，应根据药用植物生态学特性，在郁闭度较高的林下宜栽培较耐阴的种类，而中度耐阴植物则宜栽于郁闭度较低的林下，避免与竹林的种间矛盾。根据地域自然气候不同，栽培食用菌的种类和季节需因地因时而变；因腐生型食用菌需水较多，栽培劳动强度较大，费时较多，因此，用于栽培食用菌的林地应尽量靠近清洁水源，且地势平坦，交通便捷，林道完善。

3. 科技先行，促进农业健康发展

林下种植在坡度较大区域会加大水土流失，种植过程中使用化肥与农药会造成污染，种植过程中需要对林地进行清理，造成树木幼苗受损，种植活动对林地土壤的扰动可能促进碳排放和理化性质改变。因此，不同地区的竹林复合经营模式，必须根据当地的实际情况，选用真正适宜的组分并通过反复试验实践后才能定型、推广。在推广各种林下高效种养殖模式的同时，有必要对各种林下经济模式如何保护林地生态环境进行示范，带动周边的科学发展。同时，以市场为导向，依托科技进步，提高农林复合经营产品的科技含量和附加值。推动竹林复合经营走上科技含量高、经济效益好、资源消耗低、环境污染少、人力资源充分利用的发展道路，促进生产方式向资源节约型、环境友好型转变。

4. 尊重市场，完善服务体系建设

竹林复合经营在种类选择、种植布局、栽培技术、收获加工等方面，尽量按市场要求运作。药材在全社会的用量毕竟较少，不像大宗农产品，它很容易达到市场饱和，所以价格波动往往很大，切忌盲目发展。要围绕竹林复合经营优势产业和主导产品，狠抓竹林复合经营产品企业的发展，对竹林复合经营产品进行深加工，实现农林复合经营产品的多次增值。目前林区绿色食品产业建设举步维艰，主要是布局不合理，小而全，未形成合力，企业很难协作。由于缺乏资金，一些基础性建设项目无法落实；特别是科研开发和技术推广体系尚未形成；未建立专门的营销网络；法律保护措施不完善；社会化服务体系建设有待加强。因此，选择交通方便、资源丰富、信息灵活、管理先进、服务周到的林区建立中心批发市场，由此辐射若干个交易分场，并兴建市场配套设施，如林特产品保鲜库、包装品厂、运输站等；同时要提供良好的信息服务，要尽早地开展电子商务活动，通过国内、国际互联网多渠道为产品找出路，以占领国内国际市场。

5. 加强监管，确保产品质量安全

发展林区绿色食品产业符合社会主义市场经济条件下食品生产和消费发展的趋势，符合林区可持续发展道路的战略思想，符合林业经济增长方式由粗放型向集约型转换的根本要求。国内沿海和经济发达地区人民的消费观念已发生变化，对食品需求不仅注意结构多样性，而且关注食品的安全保障。无公害污染的绿色食品将在食品消费中占据越来越大的比重。此外，许多发达国家对绿色食品的需求量已经大大超过本国的生产能力。开发林区绿色食品不仅可获得良好的经济效益，还可安置大批职工转产和再就业。在越来越多的林产品走向市场、走进千家万户的同时，林产品质量安全问题也日益凸显，部分林产品生产者受利益驱动，不按质量标准生产，致使有毒有害物质超标；林产品质量安全监管职责不清，致使监管缺位、失位等等。因此，依法加强和规范林产品质量安全监督管理，保障人民群众身体健康和财产安全非常重要。强化林产品质量安全监督检查，有利于及时发现和处理产品质量安全问题，从源头上把好林产品质量安全。

参考文献

[1] 哀建国, 2010. 毛竹林下里白生物学与生态学研究[D]. 北京：中国林业科学研究院.

[2] 曹流清, 丁建国, 李小凤, 1997. 毛竹林间种天麻丰产技术研究[J]. 林业科技开发, (3)：23 – 24.

[3] 陈建寅, 兰林富, 2001. 毛竹林现代经营技术初探[J]. 竹子研究汇刊, 20(3)：8 – 14.

[4] 戴琴, 王晓霞, 黄勤春, 2014. 毛竹林下多花黄精仿野生栽培技术[J]. 中国现代中药, 16(3)：205 – 207.

[5] 董金福, 2011. 竹林地仿生栽培姬松茸技术研究[D]. 杭州：浙江农业大学.

[6] 樊艳荣, 陈双林, 杨清平, 等, 2013. 毛竹林下多花黄精种群生长和生物量分配的立竹密度效应[J]. 浙江农林大学学报, 30(2)：199 – 205.

[7] 樊艳荣, 陈双林, 杨清平, 等, 2014. 毛竹材用林林下植被群落结构对多花黄精生长的影响[J]. 生态学报, 34(6)：1471 – 1480.

[8] 樊艳荣, 陈双林, 2012. 商品竹林植物型复合经营理论与实践及其研究进展[J]. 竹子研究汇刊, 31(1)：57 – 62.

[9] 傅懋毅, 傅金和, 方敏瑜, 1993. 竹和中国的农用林业[J]. 竹子研究汇刊, 12(2)：63 – 73.

[10]郭江,2003.毛竹林空间立体经营研究[J].福建林业科技,30(4):66-68.
[11]林盛,2012.竹林套种中药材处处是"黄金"[J].福建农业,(7):19.
[12]潘标志,2006.毛竹雷公藤混农经营技术与固土保水功能[J].亚热带农业研究,(4):262-265.
[13]彭志,方伟,桂仁意,等,2011.安徽省毛竹林下植物物种多样性的研究[J].竹子研究汇刊,30(4):52-56.
[14]彭志,2012.毛竹林复合经营植物选择与生态效应研究[D].杭州:浙江农业大学.
[15]宋瑞生,桂仁意,刘志强,等,2014.毛竹食用菌复合经营模式研究[J].世界竹藤通讯,12(2):1-4.
[16]屠六邦,1999.林菌复合经营类型与技术[J].林业科技开发,1:54-55.
[17]汪文正,陈兴福,1999.我国竹林生态环境利用研究[J].中国林副特产,3:55-57.
[18]王进荣,1992.利用毛竹林生态环境培育食用菌初报[J].江苏林业科技,3:24-27.
[19]魏新雨,2011.毛竹林下仿野生套种草珊瑚技术[J].农村百事通,21:35-38.
[20]吴本驱,1997.毛竹、竹荪复合经营技术与效益分析[J].福建林业科技,24(3):36-38.
[21]吴土金,沈元寿,2009.锥栗林套种毛竹造林初探[J].现代农村科技,12:45-45.
[22]夏方贵,王建宝,曾祥新,2002.毛竹屑反季节覆土栽培香菇技术[J].三明农业科技,1:31-32.
[23]徐春富,1990.利用竹林栽培竹荪好[J].中国林副特产,4:19.
[24]周重光,1993.浙江农竹林业经营及其发展前景[J].竹子研究汇刊,12(1):1-5.

本章作者:汪阳东、王斌(中国林业科学研究院亚热带林业研究所)

第二十三章
果园复合系统

第一节 概 况

果园复合系统是指在同一土地经营单位上，按照生态经济学原理，利用果树与其他动物、植物互生互利的关系在果树的树下或行间适当的间作或养殖，把果（林）、农、牧、副、渔有机组合在一起而形成的具有多种群、多层次、多功能、多效益、高产出等特点的一种农林复合系统（章镇等，1999；黄大国，2009）。果园复合经营的对象是幼龄果园和盛果期果园，以幼龄果园为主。幼龄期果树的树冠较小，果园覆盖面积不大，土地利用率不高。对于一个果园来说，如果单纯地栽植果树，在结果前只有投入而没有产出。如果利用行间空地适当地进行间作，可以取得早期的经济效益，增加果农收入，加快果农脱贫致富；同时，选择适当的间作物，可以利用果树和间作物的互生互利关系减少施肥量和用药量，因而减少果园的早期投入。一种成功的果园复合系统应该兼顾生态、经济、社会三种功能（李文华等，2005）。

果园复合系统根据不同的立地条件和树种、作物特性，进行合理配置，形成互相促进、共同发展的复合体，从而达到适地适栽、充分有效地利用土地、生长空间和光能的生态效果。在空间上是多层次的立体结构，树下及行间散养家禽（鸡、鸭等）或种植植物，在时间上合理套种农作物，能有效地提高光能和土地资源的利用率，充分发挥林地的生产潜力（黄大国，2009）。果园复合经营在水土保持、土壤肥力、防风、净化 CO_2 及保护生物多样性等方面发挥着重要作用（程鹏等，2010）。这种复合系统比单一经营的更有效地改善生态环境，增加果园内动植物种类，由单一果树变为几种动植物的共生群落，实现生态多样性，有利于减少病虫害，实现生态系统的良性循环。另外，在山坡地或有水土流失的地区实行果园复合经营方式还可以有效地控制水土流失和改良土壤，果园复合经营还有改善果园小气候条件、降低地面的温度、增加果园的空气湿度、降低风速等生态效益（俞涛，2009）。

果园复合系统在有限的土地面积内增加了复种指数，提高了空间资源的利用率，这种复合系统收益高、见效快、投资回收期短，可以起到以短养长、以耕代抚的作用，达到低投入、高产出、高利润的经营目的，是对传统的果园生产和土壤管理制度的根本性变革，是涉及多学科、多行业、多部门的综合性农业工程，是一项着眼当前、受益长远的事业。

果园复合系统对于我国地少人多的国情来讲，无疑是充分利用土地资源的有效途径。果园复合经营采用时空结构的结合，可以使土地利用率提高40%~50%，可同时生产多种产品，如果品、粮食、油料、畜禽、蔬菜、药材、木材等，可满足社会多方面的需求。其次，农林复合经营具有集约性的特点，要求投入密集的劳动力，以100 hm^2 果园计，不间种只需300人，复合经营则需500~600人，在收购、运输、批发、零售、加工等各个环节可使大量人员短期就业，有利于安排农村的剩余劳动力（李坤山，1997），明显增加了人员的就业机会。因此，此类经营不但能够增加长期收入，而且还可增加短期收入，从而调动农民的积极性。再次，农林复合经营还培养了大批的农业和林业的科技人员，他们在长期的实践过程中熟练掌握了农林复合的经营技术，弥补了技术人员短缺的缺陷。另外，采取复合经营后，果园产品多种多样，大大丰富了农产品市场，促进了农村经济发展。在农林复合经营模式的生产过程中，不仅可以增加果农收入，提高生活质量和水平，同时为国家和地方增加了税源和一定的税值，同时也带动了区域经济发展（章镇等，1999；程鹏，2003；高英旭，2008）。

第二节 类型分布及其特点

一、果-茶复合系统

果-茶复合经营在我国有较为广泛的应用，是一种传统的栽培方式。而且大部分地区经过系统的研究，已开始形成一套切实可行的栽培技术。果-茶复合经营，可以利用果树和茶树对光照、温度和水分等生态因子的不同需要，提高作物群体对光、温、水的综合利用率，共同协调生长，从而提高单位土地面积的利用率。果树树种可以是落叶果树也可以是常绿果树，果茶复合经营常采用的树种为板栗、银杏、柿、柑橘、香蕉、荔枝、杧果、梅、梨等，这些树种多为乔木或小乔木，喜光；而茶树是灌木，耐阴。据有关资料表明，果-茶复合经营由于遮阴适度，有利于茶树新梢生长，间作园比纯茶园生产出的芽叶嫩度高，产量高，对夹叶比例小，茶多酚、儿茶素和纤维素含量下降，咖啡碱和氨基酸含量上升，因而苦涩味减少，提高了茶汤鲜爽度和香气，增进了绿茶品质。同时间作茶树可以保持水土，提高土壤的保水能力，改善小气候，提高果树的坐果率及产量（章镇等，1999）。

例如，栗-茶复合经营具有良好的共生条件，能显著提高板栗林地经济效益。一般来说，板栗林地的土壤质地和酸碱度均适宜于茶树生长。尤其是山地中部坡位的板栗林下已形成了一定的散光生境，有利于茶树生长。而实行栗-茶复合经营后，由于增加了林地水肥管理，能促进板栗开花结实，从而进一步提高板栗产量。并且，板栗的施药时间一般在5月以后，农药的残毒不会影响春茶质量。

二、果-粮复合系统

果-粮复合系统是指在果树行间间作粮食作物的一种栽植系统。生产中一般有枣-粮复合经营、苹果-花生复合经营、巴旦木-花生复合经营、苹-麦复合经营、梨-麦复合经营、桃-麦复合经营、山楂-麦复合经营、苹-豆复合经营、梨-豆复合经营等。

果树与农作物复合经营后,裸露的地表被大量的农作物覆盖,从而减少了水土流失,而且农作物的枯枝落叶还原土中,有利于改良土壤的物理化学性质和肥力(黄大国,2009)。例如,果树与大豆复合经营后,除大豆种子外,其根、茎、叶干物质产量平均达992~2396 kg/hm^2,而且大豆根部有固氮根瘤菌,可有效增加土壤中的有机质和 N、P、K 含量:有机质增加 3.63%、全氮增加 6.25%、速效钾增加 4.17%、速效磷增加 2.49%。果树与农作物间种,土壤肥力增加,从而促进果树生长。花生耐阴性较强,并且有根瘤菌固氮,可增加土壤地力,适宜替代玉米间作(张新民,2014)。

枣-粮复合经营改善了群落结构,降低了干热风的危害。据观测,枣-粮复合经营地的气温 5~9 月间较一般大田降低 0.10~0.15℃;相对湿度提高 2.1%~2.5%;干热风发生次数减少,风速减小,危害减轻,增产区面积大于减产区面积。据调查,枣树与小麦、大豆、谷子 3 种农作物间作,平均产量分别是相应的单一作物产量的 109.3%,105.9% 和 94.8%,加上红枣的产值,枣-农复合经营的产值远高于单一作物。冬小麦类是枣-粮复合经营的理想作物(李红菊,2005)。

张继样等(张继样,1996)研究表明,小麦抽穗至成熟期间,毛白杨-山楂树-冬小麦复合系统的防风效能平均可达 45%,动力摩擦速度可降低 38%,湍流交换系数降低 33%。枣-农复合经营是我国北方地区最普遍的间作形式之一。河北、山东、河南、陕西、山西的黄河古道地区,人们常以枣-粮复合经营的形式营造防风林网来防风固沙,保护农作物,兼收枣粮之利(曲泽洲等,1993;杨丰年,1996;同金霞等,2003)。高椿翔等(2000)研究株行距为 3m×15m 枣-粮复合系统在枣树生长期间,大风穿过第二行枣树时,风速降低 51%,穿过第八行枣树时,风速降低 55%,穿过第 16 行枣树时,风速降低 74%,平均降低 64%。李增嘉等(李增嘉等,1994)对山东平原县 3m×15m 桃-麦、梨-麦、苹-麦复合系统的空气相对湿度比单作麦田分别提高 9.5%、3% 和 13.1%,对小麦籽粒灌浆极为有利。

三、果-菜(菌)复合系统

果-菜(菌)复合系统是指在果树行间或树下种植蔬菜或菌类的一种栽植系统。在生产中主要有柿-山芋复合经营、李-马铃薯复合经营、梨-辣椒复合经营、杧果-菠菜复合经营、梨-油菜复合经营、苹果-大蒜复合经营、桃-鸡腿菇复合经营、柑橘-白菜复合经营、板栗-木耳复合经营、榛子-银耳复合经营等。果-菜(菌)复合经营适合于幼龄果园,已被果农广泛采用。在不影响果树正常生长的前提下种植蔬菜或食用菌,一是可以增加果园的前期收入,以短养长;另外还可以改良土壤,促进果树生长。

四、果–药复合系统

果树的生长特点是以占据空间为主,其技术效果体现在单位体积内的结果量和果实品质上,而药材(指耐阴和草本药材)的生长特点是以占据地表面为主,其技术效果是单位面积产量。果–药复合经营具有明显的降温、增湿、提高土壤水分、减少地表径流等生态效应,而且可以增加综合经济效益,是成龄果园复合经营的较好模式。

这一组合常采用的果树树种为桃树、柿树、枣树、柑橘等。间作的中药材如连钱草、党参等。另外,多数中药材在生长发育过程中,会释放出各自不同的"气味",这些气味对果树害虫的发育繁殖可起到不同程度的抑制、驱散(或杀死)作用。因此,果–药复合经营比其他的复合经营模式具有更广阔的前景,为生物防治病虫害提供了一条新途径。如桃树–连钱草复合经营,连钱草所发出的一种气味可以抑制或驱散蚜虫对桃树的危害,从而减轻桃树病虫害的发生(因蚜虫是传播植物病毒的主要昆虫介体)。

五、果–草–禽复合系统

果–草–禽复合系统是在果树行间或全园种植一年生或多年生草本植物并在园内散养鸡、鸭、鹅等禽类。家禽在果园内采食青草、草籽和昆虫,禽粪返施果园肥地,是现代生态果园发展的栽培系统之一(杨洪强,2010)。果–草–禽复合经营简单易行,管理方便,省工省时。果园生草有助于水土保持,提高土壤肥力,并能保护果园害虫天敌,还可以为畜禽提供饲料。果园散养家禽既可抑制和清除杂草,减轻害虫危害,减少农药使用量;又可产出高品质、高市价的禽肉和禽蛋;还可改良土壤,培肥地力,促进果树的生长发育。果–草–禽复合经营可以形成以草养禽、以禽积肥、以肥沃土、沃土养根、养根壮树、壮树丰产的良性循环生态系统。

红豆草、百麦根、扁茎黄氏是果–草–禽复合系统中很好的间种草种,这几个草种出苗容易,生长半匍匐,青草期长并可连续利用5年以上,而首选应为原产拉丁美洲的禾本科草种——白喜草。在果–草–禽复合系统中可利用生草覆盖层引放蚯蚓,蚯蚓粪是完全的有机颗粒肥料,有持久释放养分的能力,蚯蚓的活动对改良土壤、提高地力有巨大的功能。蚯蚓可通过雨后捕捉,在有机物富集的潮湿地进行挖掘,利用田间有机物堆置进行自然繁衍及人工集中喂养繁殖等办法引放果园。

参考文献

[1] 陈静,叶晔,2009. 农林复合经营与林业可持续发展[J]. 内蒙古林业调查设计,32(5):84-87.

[2] 陈长旺,2012. 核桃林下生态养殖土鸡的关键技术[J]. 广西畜牧兽医,28(5):275-277.

[3] 程鹏,曹福亮,汪贵斌,2010. 农林复合经营的研究进展[J]. 南京林业大学学报(自然科学版),34(3):151-155.

[4] 程鹏,2003. 现代林业生态工程建设理论与实践[M]. 合肥:安徽科学技术出版社.

[5] 董玉红,欧阳竹,刘世梁,2006. 农业生物多样性与生态系统健康及其管理措施[J]. 中国农业生态学报,14(3):16-20.

[6] 高椿翔,高杰,邓国胜,等,2000. 林粮间作生态效果分析[J]. 防护林科技,44(3):97-98.

[7] 高英旭,刘红民,张敏,等,2008. 辽西低山丘陵区农林复合经营的效应[J]. 辽宁林业科技,1:31-34.

[8] 高占军,2007. 鸡传染性法氏囊病的中草药方剂防治进展[J]. 农村科技,3:56-57.

[9] 郭勤峰,任海,殷柞云,2006. 生物多样性的生态系统功能:质与量的综合评价[J]. 植物生态学报,30(6):1064-1066.

[10] 黄大国,2009. 安徽丘陵地区主要经果林复合经营模式研究[J]. 林业实用技术,3:13-16.

[11] 蒋菊芳,王鹤龄,魏育国,2011. 河西走廊东部不同类型植物物候对气候变化的响应[J]. 中国农业气象,32(4):543-549.

[12] 蒋玉超,2004. 论农林复合经营[J]. 林业勘察设计,2:3-7.

[13] 赖兴会,1999. 云南混农林业的类型和分区[J]. 云南林业调查规划设计,24(1):15-18.

[14] 李红菊,2005. 枣农复合经营优化配置模式[J]. 山西林业科技,2:36-37.

[15] 李坤山,1997. 果树复合生态经济结构研究[J]. 安徽林业科技,1:39-41.

[16] 李美荣,李星敏,柏秦凤,2012. 苹果极端气象灾害气温极值的分布及重现期预测[J]. 干旱地区农业研究,30(3):257-261.

[17] 李薇,2009. 林下草地放牧养鸡对林草的影响[J]. 现代农业科技,11:215-217.

[18] 李文华,闵庆文,张壬午,2005. 生态农业的技术与模式[M]. 北京:化学工业出版社.

[19] 李增嘉,张明亮,李凤超,等,1994. 粮果间作复合群体地上部分生态因子变化动态的研究[J]. 农作物杂志,21(2):13-15.

[20] 林娜,2006. 浅议生物多样性与森林生态系统生产力的关系[J]. 世界林业研究,19(2):35-38.

[21] 刘琴,2012. 林下经济-土鸡养殖模式调研及效益分析[J]. 安徽农学通报,18(17):189-190.

[22] 刘映宁,王景红,李艳莉,等,2011. 运用马尔科夫链方法预测陕西苹果花期冻害年型[J]. 干旱地区农业研究,29(2):272-280.

[23] 孟秀敬,张士锋,张永勇,2012. 河西走廊57年来气温和降水时空变化特征[J]. 地理学报,67(11):1482-1492.

[24] 牛自勉,2001. 我国果树业的发展历程回顾与展望[J]. 中国农学通报,17(3):101-102.

[25] 屈冬玉,胡鸿,张德纯,2006. 绿色园艺——21世纪中国园艺业的发展方向[J]. 园艺学报,28:711-715.

[26] 曲泽洲,王永蕙,1993. 中国果树志·枣卷[M]. 北京:中国林业出版社.

[27] 任敬民,王艳,汪跃华,等,2001. 果园生态系统分析与设计[J]. 农业系统科学与综合研究,17(4):273-275.

[28] 束怀瑞,姜远茂,2013. 果园土壤管理与果树营养[M]. 北京:高等教育出版社.

[29] 束怀瑞,2013. 果树产业可持续发展战略研究[M]. 山东:山东科学技术出版社.

[30] 同金霞,李新岗,窦春蕊,等,2003. 枣-粮复合经营的生态影响及效益分析[J]. 西北林学院学报,18(1):89-91.

[31] 王金生,莫胜利,顾林平,1997. 板栗、茶树间作观察与分析[J]. 林业科技通讯,6:38-40.

[32] 王明章,高振泉,徐可玲,2013. 浅议林下养殖土鸡的经济优势[J]. 中国畜禽种业,12:125.

[33] 吴婷,张新忠,王忆,等,2011. 中国苹果园碳汇能力研究[J]. 园艺学报,38:2458.

[34] 徐明岗,文石林,高菊生,2001. 红壤丘陵区不同种草模式的水土保持效果与生态环境效应[J]. 水土保持学报,15(1):77-80.

[35] 颜军林,2000. WTO与中国果业发展对策的探讨[J]. 华中农业大学学报(社会科学版),37(3):12-14.

[36]杨丰年,1996.新编枣树栽培与病虫害防治[M].北京:中国农业出版社.
[37]杨洪强,2010.生态果园必读[M].北京:中国农业出版社.
[38]姚胜蕊,薛炳烨,1999.果园地面管理研究进展[J].山东农业大学学报,30(2):186-192.
[39]俞涛,2009.枣-农复合系统小气候效应的研究[D].乌鲁木齐:新疆农业大学.
[40]张放,2014.2012年全球主要水果生产变化简析(一)[J].中国果业信息,,31(2):23-32.
[41]张继样,刘克长,任中兴,等,1996.间作型人工林气象效应的研究[J].山东林业科技,12(5):39-41.
[42]张劲峰,Jeannette Van Rijsoort,周鸿,等,2006.生物多样性保护的新概念:参与性自然资源监测[J].北京林业大学学报(社会科学版),5(4):60-64.
[43]张新民,2014.巴旦木林果地间作花生栽培技术[J].农村科技,4:12-13.
[44]张玉萍,贺伟,布仁仓,等,2013.1961-2005年东北地区气温和降水变化趋势[J].生态学报,33(2):0519-0531.
[45]章镇,高志红,1999.果园复合经营类型与技术[J].林业科技开发,2:56-58.
[46]赵政阳,李会科,2006.黄土高原旱地苹果园生草对土壤水分的影响[J].园艺学报,33(3):481-484.

本章作者:束怀瑞、张继祥(山东农业大学),陈修德(国家苹果工程技术研究中心),何天明(新疆农业大学),张玉星、杜国强(河北农业大学),姚允聪(北京农学院),吴南生、叶红莲(江西农业大学)

第二十四章
庭院复合系统

第一节 概 况

　　庭院复合系统在国际上有悠久的历史，在文献中称之为家庭园地（Homegarden，House Garden）、庭园农业（Compound Farm）以及庭园式农林复合经营（Homestead Agroforestry）等。Fernands 和 Nair（1986）根据其在热带农区对庭院农林复合系统的研究提出了如下定义："Homegarden 是人为地把多种用途树木和灌木与一年生和多年生农作物以及多种畜禽在同一个院落中紧密地结合在一起的土地利用方式。这个包括作物、树木和动物组成的单元通常是由家庭成员进行管理的。"庭院复合经营在世界各地都可见到，其中尤以热带地区最为普遍，且系统的组成和结构也比较复杂。亚洲的印度尼西亚、印度喀拉拉邦和斯里兰卡的 Kandyan garden 以及孟加拉国的庭院复合经营在世界上都具有很高的知名度。由于庭院复合系统把多种树木、农作物和动物紧密地结合在同一个土地利用单元中，形成了多层次的结构，提供了高度的生物多样性，所以既能满足人们的多种需要，又能避免单一农业经营中的环境退化和经济风险，在合理的安排和适当的经营条件下，庭院复合系统可以发展成为经济效益高、生态学合理的持续土地利用系统。

　　我国是庭院复合系统最为丰富、历史最为悠久的国家，但只是近些年才开始重视庭院复合经营，并开始对这方面的传统经验进行总结。据考证（云正明，1989；桂慕文，1990），我国原始氏族社会就已有庭院复合经营的雏形。进入奴隶社会以后，奴隶主阶级建造了复杂的庭院复合系统以生产林果畜禽产品和供游乐玩耍。到了封建社会，小农经济的发展促进了庭院复合经营的进一步发展和完善，形成了许多蕴涵着朴素的生态经济学内容的庭院复合经营模式。20 世纪 70 年代的一段时期内，庭院复合经营曾受到较大削弱，进入 80 年代后，庭院复合经营又得到恢复和发展，特别是在科技知识广泛传播和商品经济大潮的影响下，各种现代的庭院复合经营方式不断地涌现出来。

　　自改革开放以来，市场经济得以迅速发展，庭院复合系统更加受到农民的重视，一是由于政府给予鼓励，使庭院复合系统的收益成为家庭总收入的一个部分，在脱贫致富方面起了较好的作用；二是庭院复合经营生产的产品如蔬菜、水果、禽畜蛋肉以及农用木材等，是日常生活必不可缺的，在自家庭院生产，可以自给自足，多余的才送往市场，这为农家生活解决了很大的困难，这也是中国农村的一大特色；三是农民可以利用农闲之时，尤其在早晚有空时在庭院劳动，精耕细作，而且一家老小都可以在庭院复合系统中进行生产活动，做些力所能及的劳动。由于农家对庭院复合系统具有很大的积极性与这种类型经营具有的高度集约性与灵活性，必然会产生很好的成效。

我国的庭院复合系统发展较快，各地因自然条件与传统方式上的不同，各有其经营上的特色。庭院复合经营模式也复杂多样，系统结构很不相同，成分种类颇多。但一般说来，它们的组分可分为生物与非生物环境两大部分。生物包括植物（乔木、灌木、竹类、果树、蔬菜、花卉、药材、菌类等）和动物（家畜、家禽、鱼类以及其他饲养动物），非生物环境包括小地形、土壤、小气候、人工建筑物如房屋、展舍、道路、水池、仓库围墙、加工设施等。这些因子之间与其他生态系统一样，也存在着能量的流动和物质的循环机制。

从庭院复合系统的营养结构来看，它与一般的生态系统尤其人工生态系统有很多共同之处，但它本身又有着一些特殊之处，归纳起来，表现在以下方面：

（1）人类与生物在小范围内共生。一般平原农区，庭院面积不超过 $300m^2$，住宅边的宅旁地也较窄。山区往往村小，庭院面积较大，但也不到 $1000m^2$。在如此小的空间内，人和动物、植物、微生物密集在一起，生物相互之间的作用之密切，活动的频率之高，可塑性之大，都有别于其他生态系统。

（2）庭院复合系统的组分不但复杂，而且有些成分及其数量是很不同于别的生态系统的，比如家禽、家畜种类之多，瓜菜种类多样，苍蝇、蚊虫、跳蚤、蚯蚓、人与禽畜的病菌等共存于小小的系统中，对它们的调控极为重要，调控手段与方法也不同于一般的生态系统。

（3）庭院复合系统中，人工干预作用最为突出。人工干预比其他任何系统都强大和频繁，因此使系统中的人工干预因子变化规律不同于其他生态系统，尤其是环境因子变幅很大，如日照时间、温差、风力变化等往往是较剧烈的。在安排种植与养殖活动时，必须考虑这些特殊变化的环境条件。

（4）栽培的植物种类多、结构复杂。小小的一个菜园子在几平方米的土地上有时有葱、蒜、韭菜、辣椒、胡萝卜等数个种类，上层还有瓜、豆类，周边还有果树或用材树及观赏花木，无论水平配置还是垂直配置，空间利用相当充分，各种群的生态位布局相当合理，对光、温、水的利用率相当高，因而在生物产量与经济效益上是可观的，有的可达家庭年收入的 20%~50%。

（5）庭院复合系统中的栽培植物往往与大面积农田系统的作物相互补充。大田种植的是水稻、小麦、玉米等粮食作物，而在庭院中则种植需精细管理的蔬菜、中草药。庭院复合系统中的产品往往为满足日常生活所需，但多余部分也流向市场。

（6）庭院复合系统中有机质高度富集。它本身的家禽、家畜产生的厩肥与人粪尿等是有机肥料的储库与加工厂，它又是农业生态系统的"汇"，农业生态系统 80% 左右的有机质大部分都要流向庭院复合系统。如果处理得好，则可加强物质转化与利用，促进生产，提高效益。如果方法不当则会造成严重的生态环境问题。

（7）庭院是农业生态与人类生态系统并存的系统。它是农业生态系统的一部分，又是人类生态系统的一个基本单元。"人"是处于主导作用的一个决定性的生物种群。经营该系统既要保证农业生态系统的高效益，同时又要保证人类生态系统的发展与平衡。庭院复合系统不但要生产农、牧、渔、牧及加工等各种产品，而且要创造香化、美化、卫生化的适于人类生活的条件，使人能健康地生活。在这方面庭院复合系统比其他生态系统更加重要。

（8）庭院复合系统使人类文明与物质生产并存。它是人类文明的产物，是社会系统的一个最小单位。在这个小单位中，古老的习俗与现代精神文明融合在一起，它与物质生产互相影响，相互促进。这个小小系统的建设对社会的文明与进步却起到很大的作用。

（9）每个小庭院复合系统与村镇大庭院复合系统是互通的。它们是一个整体，因此在建造每家小庭院复合系统时，必须顾及村镇大庭院复合系统。大小庭院复合系统应和谐、协调，共同发展。这在大、小庭院复合系统统一规划时必须考虑到的，诸如村镇大系统内的街道、交通、公共活动的场地，全村的美化、绿化，村办工厂的布设，污水的排除，环材林的建设等，都得按现代要求统一规划。因此，庭院复合系统的规划设计比其他任何生态系统都复杂。

第二节 类型分布及其特点

纵观全国的庭院复合系统情况，根据其组分的不同，大体可划分为几个类型：单一林木栽培型，立体种植型，种养结合型，养、加工结合型，养、加工与能源开发型。

一、单一树木栽培型

这种类型以获取木材、薪材、果品和保护效能等为主要目的，是较单一的经营方式，其他经营内容很少。这种类型的林木常与农田林网连成一体，并常有成片状和带状围在庭院周围的。

1. 用材型

利用庭院周围的空隙地及庭院附近的宜林地营建林带或片状树林。各种绿化树种在不同地区根据农民的不同兴趣而有所不同，常见的有杨树、槐树、松树、泡桐、梧桐、杉树和竹类等。柳树、榆树也常常是农村庭院的保留树木。在绿化开展较好的地区，速生丰产片林也有一定数量。在热带和亚热带地区这一类型常呈多层的立体结构，林下种植如茶叶、花椒、粮食作物等。

2. 果木型

在宜果林地及零碎地块进行营林活动，以果园形式经营的较多，但也有以少数几株、甚至一株果树为经营对象的。果木品种颇多，最常见的是杏、李、樱桃、枣、柿、石榴、苹果、梨、柑橘、橙等。另外，葡萄的庭院生产近年来发展很快。在一些地方，葡萄在庭院复合经营的产值中比重不断增大。

3. 育苗与其他经济林型

有一些地区因特定的需要，农民们进行树苗的培育，如山茶、洋玉兰等。有的地区农民们种植厚朴、山楂、杜仲、枸杞、金银花等药用树木。这类经营收入虽较高，但生产周期短，收益高。

二、立体栽培型

这种类型主要体现了树木与作物、蔬菜、瓜果及食用菌等在立体空间上的组合搭配。这种类型不但地上部分可以充分利用空间气候资源，实现喜光和耐阴植物的合理配置，地下部分也能实现深根性与浅根性的互补，生物固氮与不固氮互补。也有树木与其他植物不直接间作或进行高低搭配的情形，但因在同一小范围内同时经营，所以也属于本类型。

1. 林果-瓜菜复合型

主要在各种林木果树下进行蔬菜瓜果种植，树木多以果树为主。在北方常见李、杏、柿、苹果，树下种植芹菜、洋葱、青蒜等蔬菜以及马铃薯、山药、地瓜、生姜等作物。南方则以柑橘、橙等果树为主要树种进行立体经营。其他树种如杨树也适于立体经营。在北方无灌溉条件的地区，农民常在庭院四周种植高大的杨树，在树中间种植豆角、黄瓜、胡萝卜等蔬菜，有的还种玉米、向日葵等作物（刘中柱，1988）。林果-瓜菜型是具有悠久历史的庭院复合系统，在我国农村中最为普遍。但由于近些年商品经济观念的提高，这种基本上自给自足的经营方式已发生了转变，向更加开放型的方向发展，如增加食用菌的培养、增加花木和药材的种植等。

2. 林果-食用菌复合型

这种类型是商品化程度高的现代庭院复合经营类型之一。林木下种食用菌的方式有床栽、箱栽和挂袋栽培等，后者更能充分地利用空间，并实现集约化的生产。栽培的食用菌有平菇、金针菇、凤尾菇和木耳、猴头等。

3. 林果-药材复合型

这种方式主要是在庭院树下种植喜阴或耐阴的药用植物如白术、平贝母、黄连等。目前，这类经营还不很普遍，但技术上是可行的，有着很好的发展前景。

三、种养结合型

这种类型在我国最为普遍，涉及的养殖动物从家常的鸡、鸭、鱼、兔、牛、马、猪、羊到不常有和新发展的蜂、鸟、蚯蚓、貉、貂、蝎子、海狸鼠等不胜枚举，所以形成了众多的模式。这种类型中有些是树木与动物之间具有直接的依赖关系，如种桑养蚕，更多的则是树木与养殖动物之间有相互补益的作用。除具有营养物质的循环利用功能外，树木更体现了防护的效益。

四、种、养、加工结合型

这种类型是在种养的基础上增加了加工业,包括手工业和小型机械加工业,还有一些庭院复合经营者把加工当成自己的主业。包括林木果品加工型和粮豆、肉菜加工型两大类。林木果品加工型的一部分是木材机械加工,一部分是手工操作如草条竹编、家具制作、果品加工等,具有很高的经济效益。粮豆、肉菜加工型包括原粮加工、肉类加工、豆类加工和酱菜类腌制等。

五、种养加工与能源开发型

这种类型的突出特点在庭院中设置了一个人工的物质和能量转化场所——沼气池。一般而言,经营沼气池的原料如人畜粪尿和作物秸秆是现成的,农户只需一次性适量投资即可受到益处。通过经营沼气,一方面可以充分利用生物能,另一方面可以促进庭院和整个农业生产体系的物质循环,提高物质养分的利用率,并净化农村环境。

虽然农村办沼气的直接和间接效益十分显著,但由于投资和技术方面的要求较高,沼气的开发还不是发展很快,其产气效率差别也很大。经营合理的沼气池要比一般经营的沼气效率高1倍。

第三节 效益分析

一般说来,庭院复合系统在经济、生态与社会效益上都是突出的,因而农民普遍积极开展这种经营活动。

各地大量事例说明庭院土地生产效率要远远高于当地的农田,平均等于农田产值的6倍以上(按总占地面积计算),因此就生产潜力来讲是不可忽视的(云正明,1989)。另一方面,庭院复合系统生产多种产品,能满足农民多方面的需要,而且利用这些产品非常方便,必要时可以通过集贸市场进行交换或换取现金。它是农民积累资金的重要手段,是脱贫致富的重要途径。

庭院复合系统带来的生态效益也是很显著的。它关系到广大农民的身心健康,关系到下一代人的健康成长。这不但事关农业的发展,而且由于农村是其他行业所需劳力的主要来源,是保卫国家的主要力量源泉,所以农村生态环境关系到国计民生。而庭院复合系统只要安排得合理,便可大大减轻环境污染,比如多风沙地区,有时风来沙扬,人们不能在户外活动。当庭院内外、村里村外栽上了树木,空气就大为不同。院里院外有了树木,夏天树下好乘凉,老人孩子都扩大了活动场所。加之栽有果木与灌草花卉及蔬菜,使人赏心悦目。另一方面,对庭院中的农副产品的"三废"与动物的排泄物进行多层次利用(即利用食物链加环原理),既可生产出更多的经济产品,又可减轻环境污染,促进生态良性循环。

庭院复合系统有着良好的社会效益。在这一系统中安排一部分各家的剩余劳力,利用庭院进行种、养、加工，农忙时下田，农闲时搞庭院生产。农村剩余劳力是越来越多、越来越成为社会问题。在高度集约经营的庭院复合系统中，除了"消化"部分强劳力，尤其使不能参加繁重体力劳动的孤寡老人与病残人可在庭院中进行一些力所能及的生产，可以减轻政府与家庭的负担。

庭院复合系统还关系到农村精神文明建设。庭院生产搞得好，村内美化、绿化好以及卫生条件好，人们安居乐业，精神面貌也会改观。另一方面，由于庭院复合系统结构复杂、管理细微，并常常在系统中引进新的物种，这就要求有一定的科学文化知识，促使农民学文化学技术，对农村的科技发展带来良好的影响。

参考文献

[1] 云正明，1989. 庭院经营技术[M]. 北京：农业出版社.
[2] 刘中柱，刘光辉，1988. 立体农业原理与技术[M]. 福州：福建科学技术出版社.
[3] 桂慕文，1990. 庭院经济古今未来议[J]. 农业考古，(1)：20-25，33.

本章作者：李文华、杨伦（中国科学院地理科学与资源研究所）

第二十五章
小流域复合系统

第一节 概 况

  我国是一个多山少林的国家,也是世界上水土流失最严重的国家之一。中华人民共和国成立以来,为了治理水土流失,各级政府制定了一系列综合治理的方针。自从 20 世纪 80 年代起,在我国广大水土流失地区普遍采用以小流域为单元进行综合治理,取得了显著的生态、经济和社会效益,为发展山区生产、改善生态环境和提高人民生活水平奠定了基础,在改善山区生态环境的条件下促进水土流失山区的农村经济发展。但是,由于我国地域辽阔,自然条件千差万别,各地区在小流域治理过程中,按照"因地制宜"和"因害设防"的原则,采取了多样的模式。

  目前,国内外关于小流域的概念尚无统一的标准,例如美国将水域面积小于 $1000km^2$ 的流域称为小流域;欧洲国家则将集水区面积在 $50 \sim 100km^2$ 以下的流域称为小流域(或称荒溪)。我国在小流域治理中,一般都将 $<50km^2$ 的流域作为综合治理的地理单元,在一般情况下所谓小流域可有几平方千米到几十个平方千米。我国的小流域治理可以说是欧洲许多国家荒溪治理的同义语,因为它是综合治理水土流失的最基本单元,所以在治理小流域过程中,要依据生态学和生态经济学的原理,以及不同的自然和社会经济条件采取不同的林草措施、水保工程措施和农业技术措施。

第二节 典型模式:长汀小流域水土保持系统

一、系统概述

  长汀县地处福建省西部,武夷山南段,汀江上游,南邻广东、西接江西,为闽、粤、赣三省边陲要冲，总土地面积 3099.5km², 东西宽 66km, 南北长 80km。

长汀县严重水土流失发生于 20 世纪初，已逾百年，具有历史久、面积广、程度重、研究历史长等典型性，是我国亚热带山地丘陵地区水蚀荒漠化的一个典型代表。流失区主要分布于县域中部以河田盆地为中心的河田、三洲、濯田、策武等乡镇。河田镇曾被称为"竹子垄""松林源""柳村"。100 多年前仍然是个山清水秀、土地肥沃、森林茂密、柳竹成荫、河深水清、舟楫畅通的富饶村庄。当时有"五通松涛""铁山拥翠""帆飞北浦""绿野丰涛""云雾宝塔""柳村温泉"诸景。但自 20 世纪以来，连续发生多次森林滥伐、林地滥垦事件，植被破坏严重，周围的丘陵山丘童山秃岭连绵，植被覆盖率极低。1940 年《一年来河田土壤保肥试验工作总结》一文中曾描述朱溪河流域的状况是"四周山岭一片红色，闪耀着可怕的血光……在那儿，不闻虫声，不见鼠迹，不投息飞鸟；只有凄怆的静寂，永伴着被毁灭的山林。"水土流失导致泥沙在河道里不断淤高，形成河床比田高的情形，"河田"也就由此得名。

自 2000 年福建省政府"为民办实事"项目实施以来，每年对长汀水土流失治理补助资金投入 1000 万元，连续投资 10 年，2009 年末又批准该项目延期至 2017 年。2000—2009 年段这项投资以生态效益与社会综合效益为目标的投资分别占到了 37.5% 和 33.4%，合计 70.9%，而以经济效益为目标的投资仅占 29.1%。而 2010—2017 年规划年段以生态效益与社会综合效益为目标的投资分别占到了 57.8% 和 14.4%，合计 72.2%，而以经济效益为目标的投资仅占 27.8%，生态效益与经济效益投资差距进一步拉大，从中可以发现水土流失治理投资，偏重于对"地"的生态补偿而对"人"的利益关注不够。对"地"的生态补偿具有较强的环境正外部性，这种外部性通过市场机制转化为农户收益比较困难，自然难以调动农户的积极性。因此，此前长汀水土流失治理虽然取得很大成效，但农民直接收益不高，挫伤了农民参与的积极性。2009 年问卷调查表明，农户家庭纯收入平均 28352.73 元；人均纯收入平均 5949.11 元，为当年福建省平均水平的 89.1%。32.8% 的农户回答曾经从水土保持项目中直接获利，主要是参加水土保持劳动获取工资收入；67.2% 的农户则没有从水土保持项目中直接获取过收入。水土保持项目虽然创造了较多的就业机会，但直接从中获取收益的农户只有约三分之一。随着大规模强化治理阶段的结束，以及许多技术性强的工程措施由专业施工队承建，当地农户从水土保持项目中获取直接收入的可能性更低。还由于少数人在相应政策扶持下，通过承包、租赁等方式取得了集体山场、果场经营权，从中获得了巨大的经济收益，进一步拉大了收入差距——样本农户人均纯收入最低的仅 995 元，最高的达 144213 元。巨大的收入差距，加上数千年"平均主义""不患寡而患不均"的传统文化积淀扭曲了农户对山地开发性治理模式的认知，低收入农户参与水土流失治理的热情更低。这些状况导致水土保持投资对农业发展的投资效应和农业 GDP 的贡献越来越小，水土保持投资的贡献无论是占农业 GDP 的比重还是产投比都成逐步下降的趋势。以上情况说明：水土流失治理不能只停留在造林等植被恢复上，而必须及时调整林农业产业结构，实施合适的林农复合经营模式，既改善农业生态环境，又增加农民收入，实现林农生态系统的可持续发展。

二、生物措施型治理模式

(一) 封禁

水土流失治理最有效和省事的途径是顺应生态系统演替规律让其自然演替。在自然条件下，亚热带退化灌草丛或光板地植被恢复常常是以马尾松等先锋树种入侵后形成先锋树种群落，经过20~30年演化为针阔叶混交林群落。但能否采用这种自然恢复的方式主要取决于生态系统退化的程度及植物生长环境条件。研究表明，长汀侵蚀坡地生态系统自我修复的临界条件为：土壤有机质 >4.0g/kg，植被盖度 >28%，土壤容重 <1.38g/cm³。如果环境条件优于临界条件，封禁5年后植被盖度可以提高到70%，林下植被群落多样性增加，生态系统趋向正向演替；如果环境条件劣于临界条件则需要采用施肥抚育、植树种草等强化治理措施。

长汀水土流失是"烧"出来的。战争年代烧山、大炼钢铁砍树、人口猛增带来烧柴量巨大，植被破坏严重。从2000年开始，长汀采取"强封禁、巧治理"的模式：包括县、镇、村三级联动订立护林法规公约，区域全面封山育林，组建护林队禁止烧柴，补贴煤、沼气、电等代替燃料，全面教育宣传提高村民水保意识等措施，充分发挥生态系统的自我修复能力，大面积开展封禁治理，10年共封禁治理41413.33hm²，减少水土流失面积32826.67hm²，成效显著，成为减少水土流失治理面积最大的治理措施。

封禁后马尾松树枝盘数从"一根毛"1~2盘增加至4~5盘，幼树年高生长量从每年10~20cm增至30~40cm，中龄树林分蓄积量从0.05m³/亩提高到0.15~0.2m³/亩，3~5年林分郁闭度达0.4~0.5。在轻度流失区，经3~5年封禁，植物覆盖度可提高20%~30%，土壤流失量从2000t/(km²·a)下降至500t/(km²·a)。草被、松针覆盖地表，减少了地表裸露，昼夜温差变小，"干热"程度降低，立地条件改善，中旱性植物自然入侵，地被植物增加，土壤养分得以恢复和提高。据监测，封禁5年的中度流失类减轻为轻度或无明显流失，植物种类由7科7属8种增加到17~20科22~26属22~30种；有机质、全氮、全磷含量分别由原来的1.06%、0.11%、0.09%提高到3.8%、0.35%、0.11%。

(二) 低效林改造

马尾松是本地主要的乔木，也是生态恢复的先锋树种，但因强烈的水土流失导致土壤肥力不足，立地环境"干热"化生长不良，形成以"老头松"为主的低效林。据2007年8月对老头松林典型样地调查，在侵蚀严重、土壤贫瘠的侵蚀坡地，树龄达28年的"老头松"植株，冠幅0.65×0.45m，地径2.5cm。根据GB/T16453.2—1996中的4.5.1条，对立地条件较差的中度水土流失地或立地条件较好的强度水土流失地，马尾松幼树1800株/hm²以上的，通过施肥、整地和补植等手段促进老头松生长。施肥方式分为穴状施肥和条沟施肥2种方式。穴状施肥：每年2月和6月在树冠投影上坡挖40cm×30cm×30cm施肥穴1500个/hm²，每穴施入复混肥(或生物有机肥)后覆土踩实。抚育追肥共3年5次(第3年仅春季一次)。对部分草被稀疏，盖度小于30%的老头松林，施肥后每公顷用宽叶雀稗种子与尿素、山表土拌匀后直接播于穴面以快速增加地表植被覆盖。条沟施肥：沿等高线环山挖小水平沟,长、宽、深为100cm×30cm×30cm,挖沟750条/hm²,上下间距,左右距离(以沟中心点计),沟内挖方堆放在沟下沿拍实作埂,沟内施生物有机肥(或复合肥)375kg/hm²,每沟0.5kg,使用覆土,连续施用3年,覆盖度达80%以后再改为封禁治理。

(三)生态林草

生态林草措施的主要目标是根据生态系统理论和生态位理论在长汀建立起地带性亚热带常绿阔叶林森林群落。因此,生态林草措施选取植物品种时注重深根+浅根、针叶+阔叶、耐阴+喜光、常绿阔叶+落叶阔叶、草本+灌木+乔木,以便快速形成阔叶林混交树种多、乔灌草层次分明、植物群落稳定、功能多重的森林生态系统。生态林草措施的生态演化过程是由草被先覆盖裸露流失地,然后以草促林,随后草本逐步退化而由乔灌覆盖山地,实现草→草灌→草灌乔针阔林的正向演替。

生态林草措施是个统称,还可以根据立地条件、侵蚀程度、土地利用等实施小穴播草、草-灌-乔混交、等高草灌带、幼龄果园快速覆盖等衍生措施。适合生态林草措施的立地条件分3类:林木稀少,植被覆盖度<10%的强度流失地;马尾松幼树>100株/亩,植被覆盖度>30%的强、中度流失坡地;马尾松幼树<100株/亩,植被覆盖度<30%的山瘠、山顶强度流失地。根据地带性植被原理及侵蚀坡地立地条件、森林群落价值、植物生态位及营养利用效率等原则筛选出来的用于水土流失治理的乡土先锋品种有:草本类芒萁、类芦、宽叶雀稗、百喜草、香根草,灌木类胡枝子、黄瑞木、赤楠、乌饭,乔木类马尾松、木荷、枫香、杨梅、含笑、香樟、闽西青冈、闽粤栲等。

如等高草灌措施是在汇水坡面内、植被覆盖度<30%以上的水土流失坡地采用小水平沟工程整地或鱼鳞坑整地,结合客土施肥种植灌+草。灌木以胡枝子等速生快长又具改土能力的为主;草本植物以多年生、易繁殖、覆盖快、保水保土效益好的宽叶雀稗为主。按150cm×150cm株行距挖50cm×40cm×30cm种植穴,挖穴土堆种植穴下方作埂;从种植穴上方挖土拌有机肥0.25kg填平种植穴(整成小平台),每穴种植胡枝子容器苗1株;用宽叶雀稗草籽1kg、有机肥20kg、山地表土80kg充分拌匀后均匀撒播在种植穴下方土埂上;15天后,用尿素150kg/hm²均匀撒施于种植穴及埂上。定植一年后还需抚育:阴天或雨前将尿素10kg/亩均匀撒施于种植沟内和播草埂,或在乔灌后面开挖施肥小穴,每穴施入0.1kg尿素后覆土。

三、效益分析

(一)生态效益

经过长期的水土流失治理,项目区土壤容重下降、总孔隙度增加、土壤生物和微生物数量增加,土壤抗蚀力增强,有机质、全N、速效P、速效K都有所上升,但土壤物理性质的恢复明显滞后于化学性质的恢复。治理区群里植物种类明显增加,植物群落向逆向演替被阻断,朝生物多样性、稳定性正向演替。气温、地温日较差减小,"干热化"程度降低,昼夜温差缩小(陈志彪,2005)。植被覆盖率由15%~35%上升到75%~91%,封禁治理植被盖度由30%提高到89%,老头松林由32%提高到90%,生态林草由18%提高到

96%。生态林草措施增加蓄积量达到 5.8m³/(hm²·a)。侵蚀模数、径流系数分别较对照区减少 4300t/(km²·a) 和 0.17，共减少侵蚀量 2.32×10⁶t，增加蓄水量 1.16×10⁸m³。据三洲曾坊水文监测点资料，2000—2005 年仅 6 年时间，河床下切，年平均含沙量从 0.35kg/m³ 下降到 0.21kg/m³，流域输沙模数由 226t/km² 下降到 182t/km²。除了植被盖度和减沙效益之外，植被恢复还改良了土壤，促进土壤理化性质改良。

(二) 社会经济效益

针对不同的自然地理状况和水土流失治理目标，治理过程中采用长短结合，兼顾生态效益和农户经济效益。灌草措施实施后第三年起产薪材 7.5t/hm²，单价 100 元/t，促进马尾松生长增蓄积量 7.5m³/hm²（价格 200 元/m³，下同）；老头松改造措施第三年起均蓄积增长量 4.5m³/hm²；林草措施实施后年运行费以 200 元/hm²；每条崩岗经治理后可保护基本农田 1.5hm²，年增产粮食，年保水 0.2 万 m³，保土 500t（粮食价格 1600 元/t，水 1 元/m³，土 5 元/t）。

封禁、生态林草、低效林改造、经济林果、坡地改造等治理措施完全产生效益之后，保水保肥、防止淤积以及直接的木材薪柴的经济效益十分显著。长汀县 2000—2009 年各种治理措施所产生的经济效益净现值为 6542.76 万元。治理早期投入大，产出少，尚有很多效益没有显现。10 年后各种治理措施完全投产后仅减少水土流失损失一项收益就可达 11936 万元/年，2000—2019 年累计实现经济效益净现值 25.28 亿元，效益费用比为 4.54，投资回收年为 0.12 年，经济内部回收率为 98.56%。

第三节 典型模式：千烟洲农 – 林复合系统

一、系统概述

千烟洲，顾名思义，历史上原有约千户人家（冷秀良，1989）。据传这里曾经出土过 1000 个瓦罐，所以推测史上曾有上千户人家，故称"千檐洲"（谭）；又因千烟洲坐拥 3 个小流域、9 条溪沟和 81 个小丘，每到雨季常被洪水淹没，又称"千淹洲"。

1980—1982 年期间，中国科学院南方山区综合科学考察队在吉泰盆地大规模科考。为了探索广大红壤丘陵山区开发治理的出路，科学家们勇于担当，在江西省各级政府的大力支持下，1983 年选择了代表性较强的泰和县灌溪乡千烟洲进行生产性开发治理综合试验（那文俊，1989）。

千烟洲站位于江西省泰和县，总土地面积 3062.5 亩，建站时仅有 7 户人家，地形以丘陵为主。受中亚热带季风气候控制，降水充沛，地带性土壤为红壤（富铁土），但 20 世纪 80 年代初期的千烟洲，林地面积仅占总面积的 0.43%，荒山荒丘占 85%，水土流失严重，农民生活贫困。中华人民共和国成立后地方政府曾先后在千烟洲建设过劳改农场、知青安置点和国营养牛场等，但开发治理成效不佳，最后均以失败告终。

老一代科学家们通过详细调查、科学论证、精心设计、认真实施,以总体规划的编制为抓手,以水为开发治理的突破口,以商品性生产为调动农民的长期积极性的主要手段,将立体农业发展作为区域生态和经济社会有机结合的有效途径,创建了"丘上林草丘间塘,河谷滩地果渔粮;畜牧水产相促进,加工流通两兴旺"(程彤,1998)的立体农业综合开发模式——"千烟洲模式"。千烟洲模式的成功创建及推广在国内引起了很大反响,得到了许多领导、专家的充分肯定。1985年千烟洲被江西省列为山江湖综合开发治理试验示范基地,1988年"千烟洲红壤丘陵综合开发治理试验研究"荣获中国科学院科学技术进步三等奖,1991年和1992年包括千烟洲模式内容的"中国亚热带东部丘陵山区自然资源合理利用与治理途径"分别荣获中国科学院科学技术进步一等奖和国家科学技术进步三等奖,1990年千烟洲站被列为国家区域农业综合发展试验示范区,1999年千烟洲成果入选《建国五十周年农业成就展》,2000年千烟洲的开发模式及生态建设被纳入普通高等中学《地理》教科书,2007年千烟洲被列为江西省山江湖可持续发展试验区,2013年千烟洲被列入泰和县国家可持续发展实验区中心试区,2016年入选江西省第一批生态文明示范基地。

千烟洲模式的成功创建奠定了千烟洲试验点的科学地位。1988年和1989年中国科学院和江西省政府分别正式批准建立了"中国科学院—江西省千烟洲红壤丘陵综合开发试验站",1992年加入中国科学院生态系统研究网络(CERN),2002年依托千烟洲站成立"江西省区域生态过程与信息重点实验室",2015年千烟洲站被遴选为国防科工委首批高分遥感地面真实性检验场站。

近年来,随着国家生态文明建设的飞速发展,千烟洲站也进入了快速发展时期,进一步明晰了发展定位,建立了千烟洲站"一站四点"研究网络基地,即以人工林增效经营为主的千烟洲本部基地、以退化生态系统生态功能恢复为主的于都基地、以中亚热带次生林为主的井冈山基地和以中亚热带原生常绿阔叶林为主的九连山基地。进行了站区基础设施建设和室内外仪器设备更新,加强了人才队伍建设,并承担了一批重大研究项目,在生态系统生态学、地下生态学研究以及低效林改造和林下资源经营模式方面已经取得了重要成果。目前千烟洲站已成为我国南方红壤区林学和生态学领域具有国际水平的重要研究基地。

二、组成结构

千烟洲模式主要包括:1980—2010年期间实行的林-牧-粮复合经营、林-果-经复合经营和水-陆复合立体经营,以及目前实施的林-禽复合经营和拟开展的种-养殖复合经营。

(一)林-牧-粮复合经营

千烟洲实验区地处赣中吉泰盆地丘陵区,属亚热带气候,温暖湿润,光照充足,生长期长,植物资源丰富。"八五"期间,千烟洲科研工作者提出并实践了林-牧-粮复合经营,在千烟洲实验区建立了"以林为基础,以牧业为主,以粮食为稳定因素的小流域人工配套循环生态系统"(程彤,1998)。该模式把林业、牧业和粮食生产有机地结合起来,有效地解决了当时的吃饭问题和水土流失治理问题，产生了较广泛的社会影响。

(二) 林 – 果 – 经复合经营

20 世纪 80～90 年代，我国南方红壤丘陵山地中原生的常绿阔叶林已不复存在，取而代之的是马尾松、湿地松等人工纯林，忽视了中短期经济效益，千烟洲的科学工作者们提出了林果结合、林 – 药结合，即以长为主，以短养长，长中短一体化的林 – 果 – 经复合经营（陈永瑞，1998）。该模式强调在林业用地上采用空间层次和时间序列结构，空间上利用上 – 中 – 下三个层次，时间上利用一年中的早 – 中 – 晚等种植序列，在保证林木良好生长的前提下，能在短时间和不同的时序上获得较高的经济效益。

(三) 水 – 陆复合立体经营

江西红壤丘陵区降雨量较大，但因是丘陵山地，水分无法储存，旱季缺水严重。因此，筑坝蓄水是综合开发治理红壤丘陵最重要的工程措施，是治理红壤丘陵生态环境的"突破口"。同时，水体及其周围陆地的组合搭配形成的水 – 陆复合立体经营系统，土壤、水、热资源较优越，生产潜力较大。利用水域，发展养殖业，周期短、见效快、收益高；结合红壤丘陵丰富的土地资源，种植牧草，加工饲料和饵料，进而开展猪 – 沼 – 鱼综合开发和生态环境综合治理试验，对提高红壤丘陵区综合开发的经济和生态效益，推动吉泰盆地乃至整个红壤丘陵区生态建设和农业可持续发展，都起到了十分重要的作用。

(四) 林 – 禽复合经营

千烟洲地处典型中亚热带地区，水热资源丰富，森林覆盖率高达 64%，自然环境优良。但由于受传统农林业发展模式和技术条件制约，林下自然资源开发利用进展缓慢。近年来，农业面源污染已经成为我国最重要的污染源，集约化养殖产生的环境污染问题严重影响着我国生态文明建设，农药、化肥等过量使用产生的食品安全问题备受瞩目，绿色生态食品需求旺盛。

泰和乌鸡是国家地理标志产品，曾荣获多项国际大奖，因药食同源而享誉中外。为充分利用泰和县独特乌鸡资源，化资源优势为经济优势，加速推动农牧民脱贫致富，千烟洲开展了林 – 禽复合经营实验示范，探索了亚热带地区马尾松、井冈蜜柚等林下放养泰和乌鸡的林 – 禽复合经营。

(五) 种 – 养殖复合经营

杂交构树是中国科学院植物研究所沈世华研究员课题组利用传统杂交育种方式，结合现代生物技术手段培育出具有突出抗逆性多用途的速生树种，可作为经济作物栽培。经过选育以后，目前可全株收割青储，作为畜禽饲料。由于其蛋白质含量高，在饲料生产中可以替代豆粕，粉碎青储后少量添加玉米等精料可制成猪饲料。用构树饲料，原本普通的猪变身"生态猪"，身价倍增，不仅口感变得清香、细腻，营养价值也大大提高（杨法谊，2017）。

鱼塘上游建立猪舍养猪，猪粪尿可直接排入鱼塘喂鱼（赖建平，2015），也可将收集的鲜猪粪晒干，粉碎后加入10%的麦麸或玉米粉，加水混合搅拌，加水量以猪粪握在手中指缝有水而不滴为宜，然后装入水泥池或土池内分层压紧，装满后将上口用塑料布封好，在20~30℃的温度下发酵3~5天即可。发酵好的猪粪，可以直接喂鱼，也可以加入28%的糠麸、12%的花生饼做成团状喂鱼（李思佳，2013）。

种植构树、紫花苜蓿、黑麦草和象草（程彤，1998）等青饲料或牧草，直接喂养或经收割－加工－青储后喂养牛（猪），利用牛（猪）粪便饲养蚯蚓（成钢，2015），蚯蚓粪便可直接用于果树和农田的有机肥。

三、效益分析

在上述五种典型模式中，每个模式的构成或有森林、或有饲料灌木、或有果树。而这些木本植物在南方亚热带地区，其生态价值不言而喻，主要发挥着固碳释氧、保持水土、涵养水源、调节气候、降噪滞尘、净化空气、生物多样性保护等重要生态功能。

开展农林复合经营，除要求发挥生态功能外，实现经济价值也是其中的主要目标之一。如上述模式中产出的牛、羊、猪、鸡、鱼等畜禽产品，水稻、花生、药材、林果等粮食和经济作物产品，因采用了生态种养殖方式方法，价格高出普通农产品50%~200%，经济价值可观。

参考文献

[1] 白易，张奇，石哲，等，2009. 基于改进PSR模型的恩平市土地可持续利用评价[J]. 水土保持通报，29(4): 209-214.

[2] 毕安平，朱鹤健，王德光，2010. 基于区域产量法测算的福建省农业生态足迹[J]. 自然资源学报，25(6): 967-977.

[3] 曾从盛，郑达贤，2006. 福建典型区生态环境研究[M]. 北京：中国环境科学出版社.

[4] 陈志彪，朱鹤健，刘强，等，2006. 根溪河小流域的崩岗特征及其治理措施[J]. 自然灾害学报，15(5): 83-88.

[5] 陈志彪，朱鹤健，肖海燕，等，2005. 水土流失治理后的花岗岩侵蚀地植物群落特征[J]. 福建师范大学学报（自然科学版），21(4): 97-102.

[6] 陈志彪，2005. 花岗岩侵蚀山地生态重建及其生态环境效应[D]. 福州：福建师范大学.

[7] 程彤，徐光亮，杨汝荣等. 千烟洲红壤丘陵区林－牧－粮开发模式初探. 中国生态系.

[8] 成钢，龙晓晴，王宗宝，等，2015. 太平三号蚯蚓对家畜粪便利用效果比较研究[J]. 家畜生态学报，36(5): 77-80.

[9] 高珊，黄贤金，2010. 基于PSR框架的1953~2008年中国生态建设成效评价[J]. 自然资源学报，25(2): 341-350.

[10] 高长波，陈新庚，韦朝海，等，2006. 广东省生态安全状态及趋势定量评价[J]. 生态学报，26(7): 2191-2197.

[11] 郭旭东，邱扬，连纲，等，2004. 基于PSR框架针对土壤侵蚀小流域的土地质量评价[J]. 生态学报，24(9): 1884-1894.

[12] 何承耕，2007. 多时空尺度视野下的生态补偿理论与应用研究[D]. 福州：福建师范大学.

[13] 侯国林，黄震方，2010. 旅游地社区参与度熵权层次分析评价模型与应用[J]. 地理研究，29(10):

1802-1813.
[14] 胡焕庸,严正元,1992. 人口发展和生存环境[M]. 上海:华东师范大学出版社.
[15] 靳长兴,1995. 论坡面侵蚀的临界坡度[J]. 地理学报,50(3):234-239.
[16] 赖建平,赖小平,杜伯龙,2015. 浅谈鱼猪禽综合养殖技术[J]. 农业与技术,35(20):178-179.
[17] 冷秀良,1989. 千烟洲实验点的选择. 南方山区综合科学考察专辑《红壤丘陵开发和治理-千烟洲综合开发治理实验研究》[M]. 北京:科学出版社.
[18] 李思佳,2013. 猪粪喂鱼病少效益高[J]. 农家参谋,6:24-24.
[19] 李小建,2009. 农户地理论[M]. 北京:科学出版社.
[20] 李岩泉,何春霞,2014. 我国农林复合系统自然资源利用率研究进展[J]. 林业科学,50(8):141-146.
[21] 卢程隆,杨人群,李时桀,1981. 河田土壤侵蚀因素的调查研究[J]. 福建农业学院学报,2:39-48.
[22] 任继周,万长贵,1994. 系统耦合与荒漠-绿洲草地农业系统——以祁连山-临泽剖面为例[J]. 草业学报,3(3):1-8.
[23] 任继周,朱兴运,1995. 中国河西走廊草地农业的基本格局和它的系统相悖——草原退化的机理初探[J]. 草业学报,4(1):69-80.
[24] 王道坦,黄炎和,王洪翠,等,2006. 花岗岩强度水土流失区的治理效益综合评价[J]. 福建热作科技,31(4):4-7.
[25] 王效华,冯祯民,2002. 中国农村家庭能源消费的回顾与展望[J]. 农业机械学报,33(3):125-128.
[26] 晏路明,2007. 地理信息系统在农业经济发展综合评价中的应用——原理·方法·模型·实证[M]. 北京:科学出版社.
[27] 尹忠东,周心澄,朱金兆,2003. 影响水土流失的主要因素研究概述[J]. 世界林业研究,16(3):32-36.
[28] 岳辉,2008. 强度侵蚀山地不同治理措施对植被生长的影响及其生态效益分析[J]. 亚热带水土保持,20(3):23-27.
[29] 张力小,2006. 人地作用关系中生态陷阱现象解析[J]. 生态学报,27(7):2167-2173.
[30] 郑度,申元村,1998. 坡地过程及退化坡地恢复整治研究——以三峡库区紫色土坡地为例[J]. 地理学报,53(2):116-122.
[31] 中共龙岩市委党史研究室,1999. 绿梦成真[M]. 北京:北京广播学院出版社.
[32] Butzer K W, 2000. The human role in environmental history[J]. Science, 287(5462):2427-2428.

本章作者:李文华、王景升(中国科学院地理科学与资源研究所),朱鹤健、毕安平(福建师范大学),肖文发、史玉虎、曾立雄、黄志霖(中国林业科学研究院)

第二十六章 森林旅游

第一节 概况

一、森林旅游内涵

森林旅游是以旅游活动发生的空间载体(森林生态系统)进行分类而得到的一种旅游形式,其最重要的特点即是休闲、游憩活动发生在乔木、灌木、草甸、湿地等林区中。在学术研究中,森林旅游的内涵有广义和狭义之分。广义的森林旅游是指到森林中进行的所有户外游憩活动,包括在林区内进行的乘车、骑马、划船、漫步、登山、滑雪、露营、野餐、狩猎、垂钓、漂流、联欢、探险、摄影、观光、游学和科学研究等。而狭义的森林旅游是指人们在业余时间以森林为背景进行的各种游憩活动,包括野营、野餐、登山、赏雪、观鸟、滑雪、狩猎等(马建章,1998)。广义和狭义的主要区别在于发生于森林生态系统中的科学研究和研学等非业余活动是否属于森林旅游。由于研学旅游成为我国重点鼓励的旅游发展类型,且森林旅游地为重要的研学旅游地;同时,科研也是国家公园、自然保护区、森林公园、湿地公园等重要森林旅游地的重要功能,所以本章中的森林旅游是指广义的森林旅游活动。随着时代的发展,森林旅游逐渐融入了资源的保护和发展的可持续性等内涵,成为生态旅游的一种形式(刘青青,2013)。

二、森林旅游发展历程

森林旅游的发展是和人民生活水平的提高、休闲旅游意识的增强和我国林业产业发展的生态化转型紧密相连的。改革开放以来,我国森林旅游实现了从无到有、从粗放经营到逐渐优化的过程,其发展历程大致可以分为以下四个阶段:

1. 起步阶段(1982—1991年)

改革开放以后,为了科学保护和积极利用丰富的森林风景资源,我国林业部门自20

世纪70年代末至80年代初开始酝酿推动森林公园建设工作,并于1982年建立了中国第一个国家森林公园——张家界国家森林公园。张家界国家森林公园的建立标志着我国森林旅游的正式起步。随后的9年间国家林业部门先后建立了浙江天童、千岛湖等16处国家森林公园,但建设速度慢,发展成效并不显著。这一时期,市场主体对森林游憩功能的认识还很欠缺,森林旅游尚处在萌芽阶段,影响力较小。但这一时期建立的国家森林公园由于资源禀赋高,资金投入力度大,并得到有效保护,后来都成为我国著名的森林旅游目的地,为我国日后森林旅游的发展奠定了基础(李世东和陈鑫峰,2007)。

2. 探索发展阶段(1992—2000年)

1992年邓小平同志南巡讲话后,国家作出了大力发展第三产业的决定,旅游业的巨大作用逐渐得到社会认可。另一方面,随着林业资源危机和经济危机的日趋严重,林区长期以来单一木材生产的产业结构亟需得到调整。同时,前期建设森林公园、发展森林旅游所产生的经济、生态、社会效益及其强劲的带动作用为社会各界所认同。基于以上原因,1992年,林业部在大连召开了全国森林公园及森林旅游工作会议,要求森林环境优美,生物资源丰富,自然景观和人文景观比较集中的国有林场都应建立森林公园,中国森林公园的建设步伐明显加快。到2000年,我国已经形成国家森林公园、省级森林公园和市县级森林公园的三级森林公园体系,共建立森林公园1078处,经营面积983.78万hm^2。全国各级自然保护区的总数达到1276个,总面积1.23亿hm^2,占陆地国土面积的12.4%。1994年,经国家旅游局批准,林业部成立了森林国际旅行社,北京、福建和陕西等25个省份还先后成立了森林旅游公司或森林旅行社,森林旅游管理和开发体系初步形成。

3. 迅速发展阶段(2001—2010年)

2001—2010年这10年间我国经济持续快速增长,国民消费水平显著提高,是森林旅游发展的黄金十年。首先,旅游交通条件显著改善,旅游基础设施不断完善,为森林旅游发展提供了外部条件。其次,国民人均收入水平不断提高,休闲旅游消费能力增强,生态意识不断增强,产生了旺盛的森林旅游消费需求。在这一阶段,森林公园数量快速增长,分布范围不断扩大。截至2010年,全国林业系统建立的各级森林公园达2583处,游客接待人数达到3.96亿人次,收入总额达到294.94亿元。同时,许多省份的森林公园免费向社会公众开放,成为居民周末、节假日休闲游憩的首选,中国森林旅游业的功能也从原来的单一经济功能向经济、社会双重功能转化。

4. 提升发展阶段(2011年至今)

2011年以后,中国森林旅游发展进入全面提升阶段。国家旅游局和国家林业局多次召开会议、制定规划,推进森林旅游的持续健康发展。2011年,为进一步挖掘我国森林旅游的发展潜力,提升发展水平,国家林业局、国家旅游局共同发布《关于加快发展森林旅游的意见》(林场发〔2011〕249号),把发展森林旅游上升为国家战略,作为建设生态文明的重要任务,实现兴林富民的战略支撑点,推动绿色低碳发展的重点领域和促进旅游业发展新的增长极。在加快森林旅游景区发展、提升景区建设水平和服务质量、构建具有可持续竞争力的森林旅游产品体系、深化森林旅游经营机制改革、加强宣传推广和推动农民增收和农村经济发展等多个方面着力提升中国森林旅游的发展效率和质量。充分发挥森林旅游在促进区域经济发展、保护森林等自然资源、提高民生福祉和加快生态文明建设等方面的综合作用成为这一时期及未来一段时间努力的方向。

第二节　类型分布及其特点

根据全国森林旅游资源的空间分布特点和资源特色，可以把我国大致（未含香港、澳门、台湾）划分成9个森林旅游区。

1. 大兴安岭－三江平原－长白山旅游区

该旅游区位于东北地区，包括辽宁、吉林、黑龙江三省，区域内森林等自然资源十分丰富，包含大森林景观，大界江景观，大冰雪景观等。浩瀚的东北大森林，一望无际的林海雪原，丰富的野生动植物资源以及奇异的自然地理环境，构成了该区异彩纷呈的特色资源。该旅游区以大兴安岭、小兴安岭、长白山为载体，以突出北国特色风光为重点，结合森林季相的变化，展现该区域典型的原始森林景观，独特的北方沼泽湿地景观。通过有效整合林区旅游资源和要素，不断完善旅游公共服务体系建设，该区域将建设成以原始森林观光和沼泽湿地观光、体验为重点的旅游区。

2. 天山－祁连山－蒙新高原旅游区

该旅游区位于西北地区，包括内蒙古西部地区、新疆、青海北部、甘肃东北部和宁夏。本区以高原荒漠景观和雪岭冰川景观资源最为典型，集沙漠、戈壁、草原、湖泊、胡杨林等资源于一体，拥有神奇的自然景观和独特的人文景观，优美的胡杨风景被列入中国十大奇妙勾魂风景之一，风蚀地貌景观和响沙奇观也令人叹为观止。该区域旅游以大漠胡杨、荒漠戈壁、冰川湖泊、草原森林等特有景观资源为依托，开展以森林、沙漠、湿地及民俗风情为主体的特色森林等森林旅游。重点发展高山探险游、沙漠科考游等特色旅游活动，打造集沙漠游览、休闲度假、科学研究于一体的世界沙漠旅游休闲度假地。

3. 太行山－泰山－黄河中下游旅游区

该旅游区位于华北地区，主要包括陕西北部、山西、北京、天津、河北、山东、河南北部。该区是华夏文明的重要发源地，长期以来是我国政治、文化中心，以深厚的华夏文化底蕴和雄伟壮观的山体、水体资源相融合而著称。该区域旅游依托黄土高原、华北平原两大地貌单元，结合区域内的太行山、吕梁山、泰山等众多久负盛名的山地旅游资源和黄河、海河水系等湿地资源优势，开发华北地区独具特色的森林观光游、森林文化体验游、湿地体验游等特色旅游产品，打造京津冀核心旅游区，利用其政治、经济、地理优势，带动华北地区森林旅游产业快速可持续发展。

4. 秦岭－大别山－淮河流域旅游区

该旅游区跨越了西北地区和华北地区，包括甘肃西南部、陕西南部、河南南部、安徽北部、江苏北部，形成了众多的森林旅游目的地。秦岭－淮河一线不仅是中华文明的发祥地之一，也是我国南北方的重要分界线，该区旅游资源兼具我国南北方南秀北雄的旅游资源特点，主要以体验我国南北两地在气候、地质地貌、水文、土壤、植被、农业生产、人文习俗等方面明显的差异为特色。该区域旅游依托南北过渡带的独特区位优势，以境内的秦岭、伏牛山、大别山等山脉和淮河等水体资源为载体，开展以森林观光、科普教育、南北文化差异等为主体的旅游产品。该区域可打造出承接我国南北森林旅游业发展的核心区域。

5. 四川盆地–武陵山–长江中下游旅游区

该旅游区跨越华中地区、华东地区，包括四川、重庆、湖北、湖南、江西北部、安徽南部、江苏南部、浙江北部、上海。区域内以惊险神奇的山川峡谷地貌景观和星罗棋布的江、河、湖、渠等水体旅游资源而最具代表性。随着季相变化，境内以张家界、神农架等为代表的森林植被呈现出色彩缤纷、绚丽多姿的景观，而长江流域及洞庭湖、鄱阳湖等水体资源则呈现出一派水乡泽国的秀丽风光。该区域旅游以境内众多的自然山水资源、深厚的文化资源为依托，借鉴张家界、神农架等森林自然资源旅游景区的成功经验，采取区域联合、市场互动的策略，重点开发森林观光游、森林探险游、森林民俗风情游、湿地观光科普游、湿地体验游等特色旅游产品，将该区打造成我国中、东部的经典旅游区。

6. 武夷山–南岭–珠江流域旅游区

该旅游区跨越华南地区、华东地区，包括浙江南部、广东北部、福建北部、江西南部，该区以其茂密的亚热带常绿阔叶林景观、优美的丘陵山水自然风光取胜。区域内山、水、林、人融为一体，吸引着无数海内外游客。该区域旅游以丰富的亚热带天然阔叶林景观和地质地貌为依托，挖掘充满异域文化色彩的岭南文化，打造以独具特色的森林风光、地貌风光、河流及滨海湿地景观为主体的高品位的森林旅游胜地。

7. 热带雨林、季雨林旅游区

该旅游区跨越华南地区、西南地区，包括福建南部、广东南部、广西南部、海南以及云南的西双版纳，该区以热带雨林、季雨林的森林景观为典型代表，树种丰富，类型多样，在我国及世界上均为少有的景观。该区域旅游以该区独特的热带雨林、民族风情、地貌景观为载体，依托便利的交通优势和雄厚的经济优势，通过市场共享、设施共建以及旅游产业软环境升级改造，充分发挥热带森林旅游资源吸引力，整合区域共享资源，以"奇幻雨林、风情雨林"等为主题，大力发展以度假休闲、养生健身、森林文化科普为主题的森林旅游活动，构建世界一流的森林旅游产品体系。

8. 云贵高原珍稀动植物旅游区

该旅游区地处西南地区，包括云南、贵州、广西北部，该区以奇特的岩溶地貌著称，也是中国野生动植物种类最丰富的区域。珍贵的自然历史遗迹、迷人的亚热带森林、圣洁的高山森林生态系统、美丽的高原湖泊湿地构成了本区独有的特色。该区域旅游本区主要开发以珍稀野生动植物、高山森林、高原湿地观光为主的旅游产品，结合资源的优势进行互补，带动桂林山水、北部湾、大西江、高山峡谷、喀斯特地貌、高原湖泊、碧水丹山等特色片区发展，建设成为以自然资源为核心，珍奇野生动植物资源为特色的西南森林等自然资源旅游核心区域。

9. 青藏高原高寒植被旅游区

该旅游区地处青藏高原地区，包括青海西部和西藏。该区以广阔的荒漠和草原景观、高山地区的植被垂直分布景观、雄伟壮阔的高山、大江、大河景观著称于世。该区域旅游以青藏地区神奇美丽的森林等自然资源为载体，以青藏铁路、林芝机场等重要交通资源为纽带，加强旅游基础设施建设和营销宣传力度，注重与周边省份森林等自然资源整合。集中力量培育和提升"藏地江南"——林芝片、拉萨片、"人类生命的禁区"——羌塘片、"冰雪之乡"——珠峰片等世界知名森林等自然资源旅游品牌,将青藏高原区发展为我国高原地区独具魅力的森林等自然资源旅游开展区域。

第三节 典型模式:产业融合的典范——浙江安吉

浙江省安吉县总面积1886km²,竹林面积达108万亩。安吉作为著名的中国竹乡,竹子的种植与利用由来已久,被称为"安吉一宝",竹产业也是安吉土生土长的特色传统产业。改革开放以来,安吉人从原来的种竹子到卖竹子,从卖原竹到卖竹产品,近几年又从卖竹产品到卖竹风景,把竹子从一产做到二产,现在又融入了三产。安吉大面积的竹林资源为森林旅游发展营造了环境,为竹产品加工制造业提供了原材料,旅游的发展又反过来促进当地竹产品的销售并提高当地林农的经营收入。三次产业的融合发展使得安吉竹产业综合产能居全国第一,以全国不到2%的竹资源创造了全国20%的竹业总产值,成为促进农民增收和地方经济发展的支柱产业,同时,竹乡旅游也已经成为安吉的一张靓丽名片。

一、大力发展竹产品加工制造业

安吉以本地丰富的竹林资源为依托,大力发展竹产品加工制造业,包括以竹凉席、竹椅业、竹地板等为代表的传统及主导型竹加工制造业,以及竹纤维、竹提取液等为代表的新兴竹加工制造业。产品类型丰富,涵盖食品(罐头笋、笋干等)、日用品(竹席、竹筷等)、装饰材料(竹地板、竹窗帘等)、结构材料(竹建材)、工艺品(竹根雕、竹扇等)等。近几年,还创新开发了竹纤维制品(服饰、家居、医用纤维等)、竹生物制品(竹醋、竹提取液等)等高投入、高门槛、高附加值的产品。安吉竹产业具有完善的产业链,拥有以外向型为主的龙头企业,区域品牌建设基础良好。先后获得"全国森林经营示范县""全国林业科技示范县""中国竹产业加工中心""中国竹地板之都""中国竹产业展览中心""浙江省竹产业建设先进县"等国家级和省级荣誉。

全县竹产业企业中具有省级农业骨干龙头企业3家,省级林业重点龙头企业16家,产值亿元以上企业8家、产值500万元以上规模企业153家,产品涉及十大系列3000余个品种。竹产品加工制造业的创新发展为安吉旅游推出原创型、特色型旅游购物品提供了可能,是二产、三产融合的重要环节。

二、积极将竹文化融入旅游要素中

安吉旅游的吃住行游购娱无不渗透着竹元素,游客被竹文化所吸引,也因竹文化而流连忘返。竹产业发展与旅游业的繁荣相辅相成,既提高了竹子的附加值,又增添了旅游吸引力。2016年,安吉县共接待游客、旅游总收入分别达到1829万人次、233亿元,是2011年的2.5倍、4.5倍,这与安吉旅游充分挖掘竹文化,融入竹元素不可分割。

安吉旅游的各要素中处处渗透着竹文化创意。第一，吃竹笋宴。安吉的竹笋无论是凉拌、煎炒还是熬汤，均鲜嫩清香，深受游客喜爱。第二，住竹海。安吉拥有高、中、低档的住宿设施，无论是奢华的度假酒店还是小巧的农家乐都与竹为邻，游客漫步在平静的湖水边，听着随风声摇曳的竹海琴音，任自然带给自己放松的身心。第三，赏竹景。安吉县依托丰富的竹资源开发建设了多个以竹为主题的景区：竹博园、竹种园、竹乡森林公园、安吉竹文化生态博物馆、鄣吴竹扇生态博物馆、永裕现代竹产业生态博物馆等。黑绿的乌芽笋香，紫红的金竹、青色的四季竹、花的角竹、苦的苦竹悠悠地释放绿色香气，各形各色的竹子构成安吉旅游的"竹山竹海竹世界"。游人登高远眺，境内重叠的山峦，起伏的山地，呈现一片郁郁葱葱、苍翠欲滴的竹海景观。游客还能在各类竹文化博物馆游览中了解竹子的前世今生、历史未来和文化内涵。第四，购竹礼。竹子种植与第二产业的结合为安吉旅游提供了丰富多样的旅游购物品。可以购买香笋、淡竹叶饮料等，文艺范儿可以购买造型古朴别致的竹扇，酷爱家居者可购买竹塌等竹制家具、建材等。无论何种商品都可以代为邮寄，免除游客的辛劳。

三、小结

安吉县竹产业的成功源于其对本区域资源特色的深刻认知，并在竹子种植的基础上积极发展竹产品加工制造业，将竹元素充分融入旅游各要素中，一产、二产和三产的融合是提高竹产业效率和优化供给结构的关键。世世代代种植的竹子因产业融合成为当地经济发展的引擎和支柱，而实现林业与旅游产业融合，更是"两山"理论的实践化，开辟发展现代林业经济的新模式，为提高山区林农收入提供助力。2016年，安吉县实现地区生产总值324.87亿元，5年年均增长8.2%；城乡居民人均可支配收入分别达到44358元和25477元，5年年均增长9.4%和10.2%；三次产业结构比由2011年的10.8∶48.7∶40.5调整到8.2∶44.4∶47.4，产业结构更加合理，成功跻身全国百强县。安吉县也先后被评定为全国农村产业融合发展试点示范县、全国森林旅游示范县、全省农村一、二、三产业融合发展试点县。

第四节 典型模式：景区中的"低碳先导"——四川九寨沟

一、景区概况

九寨沟风景区位于四川省阿坝藏族羌族自治州九寨沟县境内，是我国著名的国家级风景名胜区，并于1992年与黄龙一同列入《世界自然遗产名录》。九寨沟风景区于1997年10月被联合国教科文组织列入世界生物圈保护区网络，2001年取得"绿色环球21"证书。景区曾先后获得全国优秀自然保护区、中国旅游胜地四十佳、全国保护旅游消费者权益示范单位、首批国家5A级景区等多项荣誉。2011年年初，中华环保联合会和国家旅游局中国旅游景区协会联合举办的"全国低碳旅游实验区工作会议暨授牌仪式"上，九寨沟荣获"全国低碳旅游实验区"称号。自1999年以来，九寨沟景区就一直在积极探索低碳景区发展方式和实现途径。

二、低碳实践

早在20世纪80年代，黄龙—九寨沟景区就曾因为旅游者数量剧增以及相应的景区内车辆过多，景区局部的生态气候受到影响，区内生物的正常繁衍受到干扰。随着居民经济水平的提升，旅游业发展日益繁盛，大规模的外来游客活动带来了负面影响。正因为如此，九寨沟管理层和专家开始关注景区生态保护，着力研究九寨沟旅游的可持续发展和游客管理问题。景区不断深化低碳理念，广泛采用低碳措施和方法，减少汽车尾气排放、充分利用太阳能、加强生物固碳，同时实施促进低碳的管理制度、游客限量政策、员工教育培训、低碳理念的宣传等。

1. 用技术和规划促进景区的低碳发展

技术方面，九寨沟景区一直不遗余力地进行环境方面的相关研究，2005年九寨沟风景区"数字九寨沟"一期工程通过国家验收；2006年九寨沟风景区与华盛顿大学、四川大学组成科研小组，对九寨沟环境保护、生物多样性等进行了研究；2007年与世界自然基金会合作(WWF)，2008年四川大学等单位申报国家重大科研课题，主要解决景区游客和车辆的有序化管理问题；2009年完成编制《九寨沟景区环境综合治理规划(2009—2010)》；2010年以发展低碳旅游为核心，提出"智慧九寨"项目；2011年举办以发展低碳旅游为主要议题的智慧景区国际论坛。通过不断地努力探索，九寨沟景区编制完成了《智慧九寨专项规划》，并打算在此基础上编制《低碳旅游发展专项规划》。景区力图通过规划指导来发展低碳旅游，打造低碳产品，促进景区内设施的低碳化，优化低碳服务和塑造九寨沟的低碳品牌。

2. 减少景区内环境污染和二氧化碳排放量

九寨沟风景区为控制尾气排放，禁止外来车辆进入景区，统一采用绿色环保观光车，并在全国首先成立了绿色观光公司，专门负责沟内交通，这样在减少沟内汽车尾气污染排放量的同时，也能够保证沟内道路交通畅通。景区内还大量修建旅游栈道，鼓励游客通过徒步这种更健康的绿色旅游方式减轻游客给景区内生态环境带来的压力。2001年，为了缓解外部大量游客涌入给九寨沟自然生态环境带来的巨大冲击，景区开始实施游客流量限制政策，此举较大程度上缓解了脆弱生态环境与大量游客活动之间的冲突。2010年国庆黄金周期间，九寨沟首期投入了100辆自行车，在扎如沟启动了"自行车骑游"项目，进一步推进了景区内低碳旅游的发展(焦瑞和陈秋宇，2011)。

3. 节约景区内相关旅游设施的能耗

2001年，九寨沟管理局拆除了景区内所有的公共卫生间，并引入了智能型全自动免水冲环保型厕所，实现了公厕排放的减量化、无害化和资源化。同时，景区内的路灯、厕所照明以及环境监测仪器设备等除了使用普通的水电以外，辅以太阳能和风能。在景区的管理层级，九寨沟管理局以身作则，减少办公用纸，督察节能减排活动，并且将各个部门签订的节能减排协议纳入年度考核之中。

4. 将景区内的碳排放转嫁到景区外

为了减少游客食宿对景区生态环境的影响，以及由此而带来的生活垃圾对景区内生态环境的污染和破坏，九寨沟管理局于 2001 年关闭了景区内所有的宾馆酒店。目前，所有的宾馆酒店都集中在沟口上下 7 km 范围内。同时，九寨沟景区全面实行动态保洁，垃圾全部打包外运集中处理，沟内全部采用生态厕所和环保车载式流动厕所。

5. 合理配置低碳旅游设施

景区在以下旅游设施方面实现了低碳化：①统一采用绿色环保观光车，建设生态停车场，使用电瓶车、天然气车等低碳旅游交通工具建设覆盖景区的生态旅游栈道、规划自行车道等；②使用循环污水处理装置，建设智能型全自动环保型厕所，使用生态垃圾桶，太阳能和风能为辅助能源等方式，发展低碳旅游环卫设施；③利用清洁能源技术对路灯、厕所照明、环境监测仪器设备等进行能源供给；④九寨天堂的大堂利用玻璃钢架结构，在采光、取暖、推广节能灯技术等方面采用多种措施（张利等，2012）。

6. 积极倡导低碳旅游消费方式

在九寨沟景区管理局自然保护协会的倡导下景区成立了"绿色小组"，开展环境教育活动、督察节能减排活动，积极引导游客选择低碳旅游消费方式。在编制《智慧九寨专项计划》过程中，又在九寨沟景区内先后举办智慧景区研讨会、发展低碳旅游和如何进行低碳管理的专题讲座以及发展低碳旅游国际论坛，通过这样的形式，一方面研究探讨了低碳旅游模式，另一方面对低碳旅游知识进行了宣传普及。低碳旅游消费对实现低碳旅游发展目标具有重要实践意义。在这方面景区采取的措施主要包括：倡导低碳旅游交通方式和住宿餐饮方式，倡导游客植树绿化，进行碳补偿，倡导"生态环境保护人人有责"理念，加大宣传，倡议人人参与其中。倡导绿色消费，尽量减少能源、水和生活用品的使用，尤其注意减少一次性用品的使用，避免浪费和污染。

三、低碳旅游发展现状和效果

1. 景区生态环境逐渐恢复

1999 年，九寨沟景区开始实施禁止外来车辆进入景区、统一采用绿色环保观光车的措施，有效控制了汽车尾气排放，保证了九寨沟的空气质量。有关部门的数据显示：九寨沟的汽油与柴油年使用量在 2007 年达到高点后，呈现逐步下降的趋势，两者的降幅分别为 6.47% 与 37.48%。同时，九寨沟每年在道路与交通工具上分别投入大量的资金进行改造，从 2001 年到 2010 年已分别累计投入 2105 万与 21045 万元。九寨沟管理局还启动了退耕还林（草）工程，完成退耕还林（草）6000 亩。2001 年，九寨沟管理局关闭了景区内所有宾馆，实行"沟内游、沟外住"，减少了游客食宿等对生态环境的影响。这些措施使得九寨沟的各景区与景点都保留着最原始的面貌，环境依然优美，生态依然平衡。

2. 景区成为低碳示范

九寨沟管理局紧紧围绕"严格保护、科学管理、合理开发、永续利用"的工作方针，积极实施以"开发为保护、保护促开发"的经营管理模式，在环保、建设等方面在全国景区中创造了多个第一：第一个开通景区绿色环保观光车，观光车尾气排放达到欧四标准，有效保护了景区空气质量；第一个建成了以旅游咨询、环境教育为主要功能的游客中心，积极推行景区科普、环境教育；第一个实现了"沟内游、沟外住"，遏制了景区城市化倾向，有效维护了世界遗产地的真实性和完整性；拆除景区内所有旱厕，第一个引入智能型全自动免水冲环保生态厕所和环保型车载式流动厕所，以及通过垃圾全部打包外运集中处理，实现了景区垃圾日产日清，动态保洁。此外，九寨沟景区还在几乎没有动土石方的前提下建成了近70km生态游道，实现了游步道分离；积极推广可再生清洁能源的开发和利用技术，利用太阳能、风能供电；严格执行能耗和环保标准，努力降低单位GDP能耗，使景区环境质量稳定在一级以内；加强生态保护，使景区内森林覆盖率和植被覆盖率分别达到63.61%和85.5%、景区连续34年无森林火灾；着力打造小众型生态旅游、栈道徒步旅游等低碳旅游产品，规划了自行车道，不断优化低碳服务。

四、小结

景区作为旅游六要素之一，其低碳发展方式对森林旅游业的绿色发展和低碳减排有着至关重要的作用。九寨沟低碳景区建设的实践为我国全面推行低碳旅游发展有着很强的借鉴意义。景区的低碳发展离不开技术的支撑，离不开管理者的支持，更需要游客消费观念的转变。

第五节 林家乐中的"标兵"——福建森林人家

森林人家是以良好的森林环境为背景，以有较高游憩价值的景观为依托，充分利用森林生态资源和乡土特色产品，融森林文化与民俗风情为一体，为游客提供吃、住、娱等服务的健康休闲型品牌旅游产品（陈静，2008）。它最早起源于福建，现在已经发展成为全国知名的森林旅游形式。森林人家强调林农的经营主体地位，注重品牌经营、规范化管理和协作发展，是一种依托良好的森林生态环境，突出休闲的旅游理念，提倡绿色健康的生态旅游形式。

一、背景

一方面，福建省是我国南方重点林区，开展集体林权制度改革后，全省286.3万hm²的生态公益林需要进行利用和保护，而2600多万农村人口大部分位于林区，如何合理利用森林资源，增加林农收入，成为迫切需要破解的难题；另一方面，国民经济经持续30多年的高速发展，城乡居民收入显著增长，休闲化、体验性的生活成为高品质的追求，以森林游憩为代表的生态旅游成为时尚潮流。为解决保护与利用矛盾，创新森林资源利用方式，探寻森林旅游发展新模式，开展森林非木质化利用，发展民生林业，造福林农，福建省林业厅在2006年创新提出了森林人家休闲健康游，成为国内森林旅游新的发展方向。

二、发展历程

福建省位于我国东南沿海，森林覆盖率65.95%，居全国首位，现有森林面积801.27万hm²，具有开发森林旅游的独特优势。2007年，森林人家在福建省各地相继展开，经过积极运作和精心打造，森林人家逐渐成为一张靓丽的生态旅游名片和海峡西岸乡村旅游的亮点，得到各级领导的充分肯定和社会各界的一致好评，取得了良好的生态、社会和经济效益。2009年国家林业局在福建武夷山召开森林人家现场会向全国推广森林人家，安徽、广西、重庆、内蒙古、浙江等先后着手推广森林人家的发展。2011年5月11日，国家林业局和国家旅游局共同签署了《关于推进森林旅游发展的合作框架协议》，协议中内容涉及规范和提升森林人家旅游品牌，培育和发展一批森林人家专业村（基地）。2013年，国家林业局颁布《森林人家等级划分与评定》（LY/T2086-2013），规定了森林人家的属性和定义、基本条件、等级划分、星级基本条件和等级评定，用于指导森林人家等级划分与评定。至此，福建省森林人家已成为在全国极具市场号召力的全新森林旅游品牌，成为积极引导广大林农参与森林旅游并使林农直接受益的重要途径，实现了"国家得绿、农民得利、市民得游"的三赢发展。

三、主要特点

1. 品牌化运作

森林人家开创了森林旅游产品的品牌化运作先河。森林人家运作中树立以人为本的理念，遵循市场经济规律，创新推出完整的旅游产品观念和品牌运作思路，打造"森林人家"旅游品牌。在明确森林人家定义的基础上，福建省开展"森林人家"商标征集活动，注册"森林人家"商标，建立"森林人家"网站，专门设计定制了印有"森林人家"标志的餐具、幌旗、太阳伞和工作人员服装等，建设了一套完善的"森林人家"品牌形象识别系统。同时大力开展主题宣传和营销推广。通过多种宣传工具，展示福建省森林人家日新月异的建设风貌。一是与平民媒体合作。与省重点外宣刊物《福建日报》《福建画报》等合作，图文并茂地展示森林人家。二是与电视媒体合作。与福建电视台经济频道携手推出了"走进山水森林，体验健康生活"专题节目，倡导游客走进森林人家，体验健康休闲的生活。以森林人家形象展示为主线，组织开展我最喜爱的"绿色之旅"暨最具体验价值的十佳森林人家评选活动，在海峡卫视开辟了"关注生态绿色之旅、带您体验八闽风光"特别节目，用摄像机镜头带领广大观众领略了参评线路与森林人家。三是网络推广。通过网络向社会征集、评审，最终确定并注册森林人家商标。建设福建森林旅游网（www.fjftour.com），开辟森林人家网页进行网络推广。"森林人家"品牌化运作与宣传推广迅速提升森林人家品牌知名度，使之成为福建乃至全国森林旅游行业的新品牌。

2. 规范化管理

为了避免盲目发展和无序竞争，福建省林业厅组织制定森林人家发展总体规划，遵循高起点、有特色的原则，与全省"海峡西岸乡村游""5155"计划（即在全省培育和推出50

个旅游名镇、100个旅游名村、50个A级旅游区、50个工农业旅游示范点)相对接,规划通过专家评审后用于指导森林人家建设。规划注重科学性,充分考虑各个区域的投入能力、市场容量和环境承载力,坚持可持续发展原则,将资源节约和环境友好的理念贯穿于规划和指导工作中,正确处理好建设森林人家与森林资源、文物古迹和民俗文化的保护与利用的关系,实现人与自然的和谐发展。通过制定《森林人家规划技术规程》,对森林人家建设的经营服务产地、接待服务设施、服务项目、给排水、供电、邮政通信电视系统和环境保护设施等7个方面进行了指导性规范,同时,"标准"特别提倡和鼓励森林人家进行乡土化和差异化建设,突出地方特色。为进一步规范管理,福建省先后制定《森林人家管理暂行办法》《森林人家建设指导意见》《省级森林人家示范点扶贫资金使用管理办法》等管理规范。2007年,《森林人家基本条件》与《森林人家等级划分与评定》2个省级地方标准颁布。《森林人家基本条件》明确了森林人家的定义,同时在从业资格、经营服务产地、接待服务设施、经营管理和从业人员等5个方面对森林人家经营户进行认定,将符合规范的乡村旅游点纳入森林人家管理范畴,实行授牌经营,并进行动态跟踪管理,对不符合要求或不达标的经营户实行摘牌处理。《森林人家等级划分与评定》为规范森林人家等级,采用星级方式共划分5个等级,等级标志为绿色五角星。等级划分指标从经营服务场地、接待服务设施(综合服务设施、会议设施、客房、厨房、餐厅、公厕、停车场、标识)、环境保护、服务质量要求、服务项目等方面进行规范评分评定等级。评定后统一制作和发放"森林人家"等级标志和证书,通过等级评定,进一步提升了福建省森林人家品质和经营水平。

3. 协同化发展

森林人家发展是在政府的大力支持下,在鼓励农民参与、带动林农致富的原则下积极吸引各方面的资金和各大企业参与。首先,政府投入资金开发核心景区景点,改善森林人家旅游公共基础设施,引导林农参与旅游接待服务。第二,林农是森林人家建设的主体,发挥林农的主体作用,构建"森林人家"休闲健康游平台,整合相关产业资源,实现协同发展、辐射带动,提升林区百姓收入增长,为发展民生林业做出积极贡献。一业兴百业兴,发展森林人家具有很大的乘数效益和辐射带动作用,大力带动周边的森林食品、土特产热销,从而促进林农增收。第三,依托大公司,实行企业化运作,将品位不高、缺乏特色的森林人家拓展成为较高档次的体验型森林人家休闲度假区,完善森林人家旅游产品的中低和高档配套。因此森林人家根据投资主体可分为法人(公司)、个体(村民)、混合(股份)等3种类型,整体上实现多元化投资和经营,依托各方力量的协同化发展。

四、小结

森林人家抓住了休闲健康旅游需求日益旺盛的市场契机,鼓励农民积极利用森林风景资源,兴办各具特色的森林人家、提供相关种养殖旅游产品和各类旅游服务,使景区周边百姓在自家门口就能找到合适的工作,生活条件和生活环境均得到改善。森林人家的推出拓展了生态公益林的利用模式,解决了生态公益林为主的保护区、林场、采育场的职工和林农的生活出路问题,开辟了一条解决生态公益林保护与利用矛盾新的有效途径。同时,森林旅游的开展使得游客有机会住森林人家、吃绿色食品、呼吸新鲜空气和欣赏自然美景,使得许多名不见经传的偏僻林区成为众所周知的旅游胜地。福建森林人家为全国开辟了一条第一产业和第三产业融合发展、经济发展和生态保护兼顾的成功道路。

参考文献

[1] 陈静,2008. 森林旅游品牌创建初探——以森林人家为例[J]. 林业勘察设计,2:39-43.
[2] 陈静,2015. 关于福建省创新发展"森林人家"的思考[J]. 林业经济,3:107-110.
[3] 陈秋华,陈贵松,2015. 森林旅游低碳化研究[M]. 北京:中国林业出版社.
[4] 甄学宁,2006. 森林文化产品的价值与价格[J]. 北京林业大学学报(社会科学版),4:21-25.
[5] 李晓勇,甄学宁,2006. 森林文化结构体系的研究[J]. 北京林业大学学报,4:16-20.
[6] 马耀峰,张春晖,2013. 基于瓶颈破解的我国森林旅游发展理念和产品创新[J]. 旅游科学,1:84-94.
[7] 马建章,1998. 森林旅游学[M]. 哈尔滨:东北林业大学出版社.
[8] 国家林业局,2016. 中国森林等自然旅游资源发展报告[M]. 北京:中国林业出版社.
[9] 焦瑞,陈秋宇,2011. 九寨沟对我国全面推行低碳旅游发展的启示[J]. 中国商贸,18:142-143.
[10] 兰思仁,戴永务,沈必胜,2014. 中国森林公园和森林旅游的三十年[J]. 林业经济问题,2:97-106.
[11] 李世东,陈鑫峰,2007. 中国森林公园与森林旅游发展轨迹研究[J]. 旅游学刊,5:66-72.
[12] 刘世勤,聂影,2016. 中国森林旅游论[M]. 北京:中国林业出版社.
[13] 刘青青,2013. 基于ROST-CM文本分析的森林旅游概念辨析[J]. 中南林业科技大学学报(社会科学版),1:20-23.
[14] 陆明,2008. 香港湿地生态旅游对广西红树林湿地生态旅游的启示[J]. 市场论坛,2:93-95.
[15] 秦卫华,邱启文,张晔,等,2010. 香港米埔自然保护区的管理和保护经验[J]. 湿地科学与管理,6(1):34-37.
[16] 吴景,2009. 福建省森林人家认证指标体系及模型研究[D]. 福州:福建师范大学.
[17] 吴陇,2011. 加快云南省野生动物驯养繁殖产业发展[J]. 云南林业,1:39-40.
[18] 吴章文,吴楚材,文首文,等,2008. 森林旅游学[M]. 北京:中国旅游出版社.
[19] 俞肖剑,2014. 香港米埔湿地保护区的系统化管理模式[J]. 浙江林业,21:24-29.
[20] 张利,蔡小虎,陈素芬,等,2012. 九寨沟国家森林公园低碳运营模式[J]. 中国城市林业,10(4):5-6.
[21] 郑郁,2015. 论森林公园在生态文化建设中的作用和可持续发展对策[J]. 科技风,7:182-183.

本章作者:钟林生(中国科学院地理科学与资源研究所)

第四篇
发展篇

第二十七章 现代组织形式

第一节 概 况

一、背景

作为国民经济的重要组成部分，林业在不同历史时期承载的内容和使命也不尽相同。加强生态建设、维护生态安全是 21 世纪人类面临的共同主题，也是我国经济社会可持续发展的重要基础。在此背景下，以消耗木材资源为主的传统林业产业发展面临严峻的挑战，而以可持续发展理论为指导，充分发挥森林资源多种功能和价值，不断满足社会多样化需求，公益性、市场性、协调性、高效性和开放性相统一的现代林业受到了各国的青睐，我国林业也经历了由以木材生产为主向以生态建设为主的历史转变。随着生态文明建设的进一步深入，森林陆地生态系统的主体地位更加凸显，以森林为经营、管理和利用对象的林业不仅要满足社会对木材等林产品的多样化需求，更要满足改善生态状况、保障国土生态安全的需要。可以说，在生态建设上升为国家战略的今天，生态需求已经成为社会对林业的第一需求。

与此同时，森林依然是我国林区居民生产、生活资料的重要来源，林区居民对森林的依赖性依然存在。林业具有产业链条长、市场需求大、就业空间广等特点，是我国农民特别是山区农民脱贫致富、破解"三农"问题的重要抓手。社会主义市场经济体制下，现代林业不仅体现为科学技术的现代化，更体现为经营组织模式和管理体制的现代化，三者之间相辅相成，共同构成了我国现代林业发展的基础（曹兰芳，2014）。为了破解公有制（集体所有和国有）条件下森林经营的体制机制约束，我国首先在集体林区开展了以"明晰林地使用权和林木所有权、放活经营权、落实处置权、保障收益权"为主要内容的林权改革，随后又分别在黑龙江、吉林和内蒙古等重点国有林区开展了以"建立权属清晰、权责明确、监管有效的森林资源产权制度"为主要内容的国有林场改革。

现代林业的健康发展，需要有成熟的经营主体、健全的行业组织、合理的产业结构、高效的融资渠道、规范的市场秩序作支撑（丁文俊，2010）。虽然我国现阶段在技术、理念、体制、政策等宏观层次上为现代林业体系的构建奠定了坚实的基础，但从微观层次来看，以林农为代表的营林主体尚未达到现代林业的要求。突出表现在农户组织化方面的缺陷：一方面，过小的经营规模，限制了劳动生产率和商品率的提高，并制约了资本的大规模投入；另一方面，分散且缺乏协调的营林活动，导致了经营、规划和林产品销售中的规模不经济。由此引发了一系列的问题：①单位管护成本高、经营水平低、组织实施难度大、抵御风险能力降低；②缺乏林业生产资金和高知识、高技能水平的林业劳动力；③对林产品认证和碳交易等林业新兴市场参与较少（谢和生，2011）。由此可见，研究现代林业经营的组织模式具有重大的理论和现实意义。

二、主要类型

我国的农林复合经营与林下经济是伴随着林权改革而发展壮大的。2003年《关于加快林业发展的决定》指出"林业管理和经营体制还不适应形式发展的需要，要以完善林业产权制度为基础，调动社会各方面发展林业的积极性"。2008年《全面推进集体林权制度改革的意见》的出台，标志着我国集体林区林权改革工作全面展开，并提出"用5年时间基本完成明晰产权、承包到户的改革任务"。与此同时，国有林业企业也经历了一个以"边界调整"为主线的渐进式改革，具体表现为：放权让利、两权分离、股份制改革和建立现代企业制度（朱洪革等，2005），并形成了以林权制度改革为抓手的伊春模式，以剥离企业社会职能为抓手的内蒙古模式，以及以企业改制重组为抓手的吉林模式（李湘玲，2013）。2015年出台的《国有林场改革方案》和《国有林区改革指导意见》进一步明确了"政事分开、事企分开，实现管护方式创新和监管体制创新"和"厘清中央与地方、政府与企业关系，健全森林资源监管体制，创新资源管护方式"的国有林改革的总体要求。

林下经济以生态学原理和循环经济为指导，相比于以单纯木材生长为目标的传统林业，更强调林木生长过程中对生物物种间互利关系的充分利用（翟明普，2011）。由此可知，绿色化理应成为林下经济发展及其结构调整的导向，体现为以生态保护为前提的林下土地、林中环境和森林资源的合理利用。

新一轮集体林区林权改革后，我国的森林经营呈现出经营分散化、规模小型化的特征，由此带来的规模不经济不利于林业和林下经济的可持续发展。类似于农业经营体系的构建，林业也需要建立新型经营体系，即林业经营的组织化和规模化。2008年，中共中央国务院《关于全面推进集体林权制度改革的意见》将扶持林业专业合作社、发展林业专业协会纳入到林业社会化服务建设当中。国家林业局也出台了《关于推进林业专业合作社的指导意见》，并在《林业产业振兴规划（2010—2012年）》提出"支持农民林业专业合作社承担林业和山区经济发展建设项目，鼓励发展各类林业专业协会"，又于2011年提出"十二五"期间培育扶持发展2000个示范社。一系列扶持政策的出台为我国农林复合经营和林下经济组织化和规模化的健康发展创造了良好环境。截止到2011年，全国农民林业专业合作经济组织已有10万多个。

产权制度是农林复合经营和林下经济经营组织化的基础条件。新一轮林权改革后，我国集体林区林地、林木资源的产权配置结果主要分为两类：一类是林地集体所有不变的基础上，通过家庭承包明晰林地资源的经营权、使用权和林木的所有权、处置权和收益权。该类产权配置方式最为普遍，例如，均山制形成的林农间相对平均的林地林木资源分配；抓阄法形成的林农间差异化的林地轮牧资源分配；另一类是林地所有权和经营权保持集体所有不变，以家庭为单位划分集体林的收益权，即将森林资源折价入股，以此作为林农收益分配的标准。较为典型的是福建永安市的"分股不分山、分利不分林"的模式（谢和生，2011）。在此条件下，我国各地区形成了多样化的林业经营组织模式。

作为国内集体林权制度改革最早的省份，福建的林业合作组织发展较快，其组织形式主要有林业专业合作社、股份制或家庭合作林场、林业专业协会等（郑少红，2008；黄和亮，2008；蔡丽丽，2010）。业务范围涉及森林管护、病虫害防治、林道建设等生产环节，以及林权抵押贷款担保等服务环节。辽宁省的林业合作组织可分为林业专业合作社和林业专业协会，前者属于企业法人，且社员联系较为紧密，除了服务本社社员外，还从事对外经营服务；后者属于社团法人，社员联系较为松散，且服务范围仅限于本社社员（孙涤非，2010）。"企业＋合作社＋林农"的组织模式是安徽省宁国市林业合作经营的主要形式，其次是以林产品经营大户和经纪人为成员的强强联合，还有一小部分则由村集体经济组织改制而成（梅莹，2010）。谢和生（2011）从组织的运行机制将林农合作组织分为3类：①合作社。合作社以严格的规制和结构来规范林农的营林行为，目前多用于竹笋、林果、林药等短周期林产品；②协会。主要为同类林产品生产、加工、销售的某些或某个环节提供优先服务，且服务内容通常较为单一，协会的组织模式在竹木类林产品和非木林产品中都有应用；③股份合作。股份合作模式通常涉及林农家庭、村集体、公司等多个利益相关主体，其实现形式通常包括社区股份合作、家庭股份合作、"公司＋农户"股份合作、"公司＋林农合作组织"股份合作。

第二节　农民专业生产合作社

一、背景

以家庭承包、分户经营为主要形式的新一轮林权改革，虽然通过经营权、控制权与剩余索取权的高度集中实现了森林经营的"委托－代理"关系内置，对产权主体起到了一定的激励作用，但如同家庭联产承包责任制一样，分散化、小型化的经营模式也带来的单位管护成本高、经营水平低、组织实施难度大、抵御风险能力低等问题，给林业生产、管理和服务提出了新挑战。构建新型林业经营体系成为了后林改时期的迫切任务（柯水发，2014）。林下经济在空间利用层次上主要包括林下产业、林中产业和林上产业，产业结构上则包括林下种植业、养殖业、采集业和森林旅游业。相对于单纯生产木材的传统林业，林下经济具有资金需求量大、技术水平高、附加值高、市场化程度高等特点，小农户和大市场的矛盾更加突出。鉴于当前我国林地流转市场不完善，且林农更愿意自己保有林地的客观情况，专业生产合作社更符合我国农林复合经营和林下经济规模化发展的要求。

二、典型案例

临安位于浙江省西北部、天目山系南麓，地处太湖、钱塘江两大水系的源头，是浙江省8个重点林区市(县)之一，全市林业用地面积26.04万 hm^2，有林地面积24.35万 hm^2，森林蓄积1020.73万 m^3，森林覆盖率达76.5%，属于典型的山区林业。较高的林地保有量、森林覆盖率和完整的生态体系为林业生态、林业产业的全面发展和规模经营创造了有利条件。2013年全市林业产业总产值为162.69亿元，其中竹产业32.63亿元、坚果食品产业57.52亿元、木材产业6.44亿元、花卉苗木产业2.74亿元、森林旅游产业10亿元、野生动植物开发利用4.36亿元、银杏等其他经济林产业0.3亿元。临安市林业发展以生态建设为中心，在发展林业产业的同时，注重森林生态系统的保护，现有生态公益林面积9.33万 hm^2，占林业用地总面积的35.8%，形成了林业生产、生活、生态"三生共赢"的局面，并于2007年被国家林业局确定为全国首批现代林业示范市。新型林业经营主体对临安转变林业发展方式，开发森林多种功能，提高林业综合生产能力的现代林业建设的顺利推进至关重要。实施山林延包后，临安有近15万公顷的山林属于自留山和承包山，其使用权长期归农户个人所有。在稳定、完善现有产权关系的基础上，临安市鼓励山林折股合作经营、规模经营，以解决小农户与大市场之间的矛盾。建设林业产业合作社，发挥产业化组织、龙头企业、专业市场的带动作用，建立多样化的林业产业化组织模式和产业化运行机制，包括龙头企业带动型("公司+基地+农户")、中介组织带动型("专业协会+农户"，"合作社+农户")、市场带动型("专业市场+农户")等。

高云竹笋专业合作社属于典型的中介组织带动型合作社。临安市竹林资源丰富，全市现有竹林面积100万亩，建有毛竹基地32万亩，雷竹和高节竹笋基地48万亩，天目笋干石竹基地20万亩，年产竹笋产量20万t以上，竹业是临安农业的主导产业。2012年临安竹业总产值31.8亿元，其中竹笋产值9亿元。太湖源镇是临安菜竹笋的重点产区，竹笋收入占竹农家庭收入的65%以上。为了满足竹子实用人才、竹子种植大户对现代竹业栽培技术、市场信息交流的需求，促进临安竹笋产业转型升级，农民增效，杭州临安太湖源观赏竹种园有限公司、临安市现代林业科技服务中心和相关竹子实用人才、竹子种植大户共同发起成立了临安高云竹笋专业合作社。目前合作社有来自临安全市农村的竹笋主产区120多名社员，还包括杭州临安太湖源观赏竹种园有限公司、临安市现代林业科技服务中心、临安畈龙电子商务有限公司等三个企业成员。按照杭州市《关于开展规范化农民专业合作社创建活动的实施意见》，合作社开展了管理民主化、经营规模化、生产标准化、产品安全化和营销品牌化的"五化"建设，在临安竹笋产业的发展中起到良好的示范、带动作用。

生产上，合作社实行规范标准、技术共享、统一品牌、独立管理的生产模式。作为合作社单位成员之一的杭州临安太湖源观赏竹种园有限公司，通过土地流转等形式拥有基地面积1050亩，加上占合作社社员90%以上的当地竹笋种植户，合作社社员所拥有的竹林面积1500多亩。经合作社社员大会同意，生产过程中要求社员严格执行浙江省地方标准《无公害竹笋》(DB33/T333.1—2006)。生产技术上，结合迟熟夏秋季优良笋用竹四季竹无公害生产要求，合作社单位成员之一的临安市现代林业科技服务中心与市质量技术监督局、标准协会制定了杭州市农业标准规范《无公害四季竹栽培技术规程》，并认真组织实施，重点抓好生物有机测土配方施肥技术的推广。2010年，合作社先后举办高品质生物有机测土配方施肥技术培训班2期，培训农户56人次，开展现场技术咨询、指导农民3次。制定土样科学采集、季节性合理施肥等相关生产资料，并发放160多份，有效提高了社员对生物有机测土配肥科学性认识，标准化实施面积以达到80%。

产品安全承载着林下经济的竞争力和可持续发展能力。合作社通过土样采集、分析和生物肥配比，为社员供应生物有机测土配方肥8.6t，其余使用农家肥和少量尿素。合作社制订了农产品质量追溯制度，并将社员通过生物有机测土配方施肥技术生产的鲜雷笋送到农业部农产品及转基因产品质量安全监督检验测试中心(杭州)进行检验，检验报告显示采用配方肥的维生素C、钙、钾、钠、镁、铁及硒等微量元素明显高于使用常规化肥的竹笋，竹笋品质得到了显著的改善。合作社通过对社员加强培训和管理，积极培养社员的品牌化销售观念，为每位社员建立相关档案资料，对社员所生产的鲜笋进行抽检，并定额发放高品质鲜笋包装袋，标注来源，制定了相关惩罚制度，逐步建立完善的竹笋品质检测体系。合作社的高品质鲜笋进行品牌化销售，在检测的基础上注册了"太湖源头"商标，为方便社员高品质鲜笋的销售，统一设计了包装袋和包装盒，逐步与社员建立长期的鲜笋购销协议。

第三节 现代综合服务体系

一、背景

政府涉农部门一直是我国农业生产的社会化服务的供给主体，在长期实践过程中形成了从中央到地方再到基层农技推广中心的垂直化、科层化的社会化服务体系，承担着服务农业的主要任务。结构权变理论认为环境因素会选择那些与其相适应的组织特征。一种组织形式仅仅是其暂时与环境匹配的状态，一旦权变因素发生变化，原先的状态就会被打破，组织又进入适应再匹配的过程中，而组织形态也会在这种匹配与不匹配的循环往复中不断变革。因此，组织变革的过程受到外部环境控制，并向着与环境更加匹配的方向发展(李阳，2013)。农业社会服务体系的组织模式同样受到自然、经济、产业和制度环境的影响，并随着时间的推移不断变革，向着与环境匹配的方向发展。就林业而言，乡镇基层林业站是我国林业科技推广、林业资源管理、林业政策宣传的社会服务的直接载体，对我国林业的发展起到了重要的作用。随着市场经济的发展、林业工作重心的转变，特别是林权改革的深入，我国林业发展所面临的自然、经济和制度环境发生了显著改变，给传统的政府主导型的林业社会化服务体系提出了新的挑战，主要表现在：①以家庭承包经营为主体的现代林业产权制度对传统的林业有害生物防治组织形式、管理方式提出的挑战；②林改后林农多样化、个性化的林业科技需求对传统农技推广方式的挑战；③林下经济对品种选择、价格信息、品牌建设和市场销路等经营性服务的需求对政府职能的挑战。由此可见，我国农林复合经营与林下经济现代综合服务体系的构建，需要全社会的广泛参与，形成多元化的组织模式。

我国林下经济是在集体林权改革、明晰产权的基础上发展起来的，而林权明晰永远是相对，林权权能分割比较复杂，特别是山区林业受地形地貌所限，均山到户的过程中林权纠纷较多。此外，林下经济的发展具有明显的外部性，例如，对森林生态系统的影响，避免负外部性的出现也是林下经济发展所要考虑的问题之一。作为整个社会的正式代表，政府具有公共性和强制性的特征，总是要集中反映和代表整个社会的利益和意志，且政府是系统地采用暴力和强迫人们服从暴力的特殊机构，在实施合约、保护资产、界定产权方面具有天然的优势(巴泽尔，2006)。因此，在林下经济发展过程中，政府应主要提供公益性科技推广与培训、基础设施建设、行业标准建设等公共服务，努力营造有利于林下经济健康发展的良好环境。

二、典型案例

(一) 专业协会

专业协会是家庭联产承包责任制中应用较为广泛的专业服务组织，功能主要表现为农业技术推广和技术服务。分林到户的林权改革在提高农户的营林积极性的同时，也凸显了分散经营与管护成本间的矛盾，林下经济多环节、长链条的特征进一步增加了林农对产前、产中、产后的系列化服务的需求。"经营在户服务在会"的自主经营的林业协会，组织灵活、针对性强，既能避免私人供给中的搭便车现象，又可以克服政府供给的信息不对称、服务供给与需求脱节的弊端，是我国农林复合经营与林下经济现代综合服务体系的重要补充。目前临安林业行业协会有临安市竹产业协会、临安市花卉协会、临安市山核桃产业协会、太湖源镇竹笋产业协会、玲珑花卉产业协会、昌化镇山核桃协会、湍口山核桃产业协会、板桥竹制品加工产业协会等8家。

(二) 科技推广体系

科技推广体系是农林复合经营与林下经济社会化服务体系的主体，是国家林业支持保护体系的重要部分(陈金明，2006；陈裕德，2007；吴成亮，2010)，其组织模式创新对整个农林复合经营与林下经济社会化服务体系组织模式的创新具有重要意义。临安市现代科技服务中心(以下简称中心)作为一家民办非企业单位，以富民兴林为宗旨，为发展新林业开展技术研究及推广，为广大林农、农业龙头企业开展技术服务、技术咨询，为各级政府发展现代林业，促进林业增效、农民增收和新农村建设开展决策咨询，为国内外科研院所、大专院校的科技成果转化开展中介服务，是连接临安市政府和林农的桥梁和纽带，在临安市林业科技推广体系中占有重要地位。中心由临安市农业局教授级高工、享受国务院"政府特殊津贴"专家王安国牵头成立于2006年，并与国际竹藤组织、国际示范林网络、中国林业科学研究院、中国人民大学、浙江省农林大学等国际组织、大专院校、科研单位合作，集集了28位林业、生态、竹子、经济林、经济管理等老、中、青结合专职、兼职专家，其中教授级12名，包括国际竹藤组织原副总干事、世界竹子专家竺肇华，中国人民大学教授、国内外知名环境经济专家、浙江省建设生态省顾问张象枢，并集结了一批长期从事山区农村社会研究的专家和村级农业科技示范户。高层次、多元化的成员结构为中心开展科技推广、技术咨询、人才培训、发展规划等服务提供了良好的条件，特别是以临安太湖源竹种园为基地，以竹笋专业合作社为载体，形成了基地（竹种园）—加速器和纽带（服务中心）—示范户（合作社社员）"三位一体"的共同体，通过推广体制机制的创新，实现了林业科研与推广的一体化。

农业科技推广体系方面。现行的农业科研和推广机制，让许多科研成果难以转化，特别是推广中的"最后一公里"问题，导致农技科研成果最多推广到乡镇，难以进村入户满足农民需求。因此，搭建农业科技研发和推广对接服务平台就显得十分重要。中心根据临安竹产业发展需要，通过培训培养了100多名科技示范户，建立了科技型竹笋专业合作社。以园区为平台，采用"不为我所有而为我所用"的方式，聘请了三十多位不同层次的科技人才和专家学者为智囊团，进行竹子、竹业经济、生态建设、新农村建设等领域的研发、推广和教学实践，并在竹类植物对温室效应响应机制、土壤修复技术、土壤个性化营养补充技术、高品质竹笋生产技术研发和推广、高产竹园管理等领先技术等方面积累了丰富的成果。中心既是国家级省级科技人才与地方科技人员、示范户对接桥梁，还是县、乡二级领导与农民信息对接纽带，合作社既是研究项目中试单位，又是项目成果最佳推广单位，从而形成了高效的农技推广体系。

农业科技推广方法方面。中心实行研发与推广相结合，科普示范基地建设与实用人才培训相结合的推广方法，实现研发成果与农民的对接。中心与竹种园、太湖源竹笋科技示范户发起成立"竹笋专业合作社"。在科技研发小试、中试在园区基础上，推广到示范点（合作社社员中的村级科技带头人），广大农民看示范点、学示范点，同时各村示范点（合作社社员）还主动召集或上门给村民上课，达到了"立竿见影"效果。在具体操作上，中心按竹子生产季节，为120多户社员培训竹林管理、测土配方施肥技术，解决竹林退化、竹笋品质下降的难题。还到实地，按中医看病理论，运用生物有机肥，实施针对性的个性化测土配方用肥，提高了竹林复壮和竹笋的质量，竹农收入显著增加。竹笋专业合作社还与上海益微生物工程公司联合办起生物有机肥工厂，生产供应竹笋专用有机肥料，供应农户竹林用肥，园区和合作社教技术、供肥料，与竹农利益紧密相连。园区印制"高品质竹笋生产技术"资料，统一生产技术规程，向国家工商局申报了"太湖源头"竹笋商标，统一包装和收购用该技术生产的竹笋，提升了经济效益。

第四节 供销合作社

一、背景

作为林业生产的一种新型经济模式，以植物、动物和微生物为对象的林下种养和森林旅游是林下经济的主要内容，在不破坏森林生态结构的条件下，缩短营林收益周期、提高经济效益是其主要目的。林副产品和生态旅游等产品的生产市场指向性更强，这就决定了市场营销在林下经济发展中的重要地位。林权改革在提高我国林业经营主体生产积极性的同时，也凸显了小规模经营与市场连接中交易费用大、风险成本高等问题。随着农林复合经营与林下经济的快速发展，学术界对我国林下经济的发展现状、发展模式、存在问题和保障机制做了较为深入的研究，但研究内容多集中于土地流转、科技支撑、金融扶持等生产投入环节，针对销售环节的研究较少。造成这种现象的原因，一方面在于以分林到户为内容的林权改革的目的，在于改变公有制条件下劳动、资本等生产要素投入积极性不高、经营效率低下的状况，林改后的关注点自然在于林农生产积极性与营林绩效等方面（曾华锋，2009）。随着林改的深入，小规模经营的营林技术、融资成本、营林规模等林业生产要素问题进一步凸显，这也是目前政府林改配套措施主要围绕采伐限额、金融财政支持、科技支撑、土地流转等开展的主要原因。另一方面，以林木产品为主要内容的传统林业生产周期长，加之政府对采伐指标的控制，造成林木采伐成为影响营林收入的主要因素，而非市场营销。我国长期实行的木材统一收购和近期木材市场价格的上涨，进一步淡化了林农的营销意识。

林下经济作为短周期和市场导向性产业，其经营绩效受市场波动影响较大，对营林主体的信息获取能力、市场营销能力和风险承受能力有着更高的要求。建立在分散经营基础上的自产自销模式，显然无法实现小农户和大市场的有效对接，从根本上影响了林农经营绩效的提高和林权改革成果的巩固。以行业协会和合作社为代表的林业合作组织可以方便农户和企业间的合作，加强与政府间的沟通，并起到经验交流、信息共享等多方面的作用，从而降低交易费用，提高风险承受能力。因此，国内学界大多将乡村林业合作组织和龙头企业作为解决林农市场营销问题的途径，由专业合作社对产品统一进行包装与销售，并通过森林食品标志申报，商标注册，以及市场营销，树立品牌，进而实现独立分散经营向规模化、专业化、产业化方向发展，增强产品市场竞争力（曹玉昆，2014）。2013年，中央一号文件也提出"农民合作社是带动农户进入市场的基本主体，在现代农业经营体系中起组织带动作用，是联结农户和市场的主要桥梁和纽带"。

二、典型案例

临安市太湖源镇东坑村距离临安县城30km，现有农户272户，农业人口805个，分布于15.9km长的深山坞里。全村土地总面积26914亩，其中耕地284亩，林地25869亩，森林覆盖率96.1%。林地面积中天然阔叶生态林19200亩，松木用材林800亩，茶林2000亩，竹林5500亩，山核桃林1000亩，香榧300亩，具有丰富的有机农产品资源。早在1990年我国首例出口国外的有机产业就产自东坑村，临安市、太湖源镇、东坑村享有中国有机食品发祥地之称，东坑村更是享有中国有机食品(茶叶)第一村的美誉。为了创建"中国有机食品第一村"品牌，扩大东坑村有机食品在社会上的知名度、影响力，以东坑村村民为主体，成立了临安市东坑有机名茶专业合作社，现有社员200个，农民社员186个，法人社员4个，获得有机认证颁证生产基地3800亩，其中有机茶基地面积1200亩，占临安全市有机茶基地认证总面积的18.2%，平均每名社员经营有机茶基地6.5亩。打造知名品牌是延伸林下经济产业价值链的重要途径(于小飞，2010)。合作社以成员为主要服务对象，为成员提供品牌注册与管理、生产标准化、产品安全化、有机食品生产基地管理等服务，为东坑村茶叶等农产品得到消费者认可，并顺利进入市场奠定了良好的基础。

就营销品牌化而言，合作社不仅有使用的"东坑"牌茶叶商标，并注册了竹笋、山核桃两个产品的"东坑"商标。如今东坑牌有机产业不仅成为临安全市的有机茶品牌，而且是临安市对外的礼品用茶、市级机关与企事业单位的办公用茶和广大民众的日常生活用茶，平均每千克有机茶单价103元，比临安全市有机茶价格高出5.6元。为了使消费者能买到东坑牌有机茶，合作社在临安市开设有七家"东坑"牌有机茶连锁店，同时建立了产品质量跟踪卡制度，使这些连锁店成了宣传产业品牌和了解信息、提升有机名茶质量的重要窗口。为加大宣传有机茶标准化、品牌化的力度，东坑村还组建了"品饮有机茶，有益您健康"的茶艺表演队，大力宣传推广茶文化知识和东坑有机茶品牌。国家级有机食品生产基地建设项目的实施，更促进了东坑有机食品和东坑牌有机茶品牌知名度的提升。

就生产标准化而言，合作社经营管理的1200亩有机茶基地和加工生产的25200kg东坑牌有机茶天目青顶，执行的是NY有机茶标准、NY有机茶生产技术规程标准、NY有机茶加工技术规程标准、NY有机茶产地环境条件标准，并被列为浙江省有机茶标准化栽培推广示范项目。该项目已于2008年通过了现场评估验收，合作社的立体混交复合生态型种植模式成了全市有机茶开发建设的样板。

就产品安全化而言，合作社茶园生产管理过程中，建立了有机茶质量管理体系和六统一的有机茶基地管理规程(统一采收时间，做到适时采收；统一管理时节，做到不误农时；统一管理模式，采用传统农业管理模式；统一管理内容，采收、修剪、除草、铺草、耕作、施肥、防治病虫；统一栽培管理和产品加工的标准，做到在基地管理过程中和产品加工过程中不使用违禁物质；统一茶包装原材料，杜绝二次污染)。合作社按照"六统一"和有机茶标准化的要求为全体社员、茶农举办三期技术培训班(包括现场指导)，从实践来看，让社员、茶农懂得并掌握了有机茶生产过程中安全生产的几个关键点，从栽培管理的源头和产品加工的全过程，摆好产品安全关，确保了生产的产品全都符合有益健康、应用安全的有机茶。

就管理体系而言，合作社建立了统一的有机食品基地管理规程和有机食品的质量管理体系。为确保有机食品生产基地建设项目文档记录材料的系统、完整、连续，合作社在东坑村"国家级有机食品生产基地建设"项目内部设有文档资料记录员一名，负责对基地与作物管理的操作过程和原料的采收、产品的加工过程与质量状况及入库、出库、包装、运输、销售等各个环节，按照统一的表格内容逐一详实地记录清楚，达到可追溯的要求，便于技术质量等相关部门跟踪督查。同时对所有资料装订成册，建立系统档案，保存3年以上。合作社每年还举办2期有机食品生产基地标准化管理的科技培训班。

第五节　信用合作社及其金融机构

一、背景

随着林权制度改革的深入，新型林业经营主体的营林水平、营林方式和集约化程度反映了林业生产关系的根本性转变，经营管理水平的提升、经营规模的壮大带来了林业再生产投入资金需求总量的不断扩张。对国家财政投入的依赖，导致我国林业发展存在资金来源单一、社会资金投入较少等弊端，已经不适应后林改时期林业市场化发展的要求（林凤英，2012）。金融作为市场条件下经济主体融资的核心（冯达，2010），在现代林业的发展和建设中具有不可替代的作用，故而探索金融支持林业发展路径，成为建设现代林业、实现产业规模扩张、集约化经营的关键。当前我国开展林业信贷的金融机构主要有国家开发银行、农业发展银行、中国农业银行、农村信用社、小额信贷机构以及邮政储蓄所，不同金融机构的业务内容各有侧重（秦涛，2012）。国家开发银行和农业发展银行主要履行林业的政策性贷款；农业银行侧重于林业产业化、龙头企业、乡镇企业、小城镇建设的贷款发放，并积极做好信贷扶贫和转向开发工作；农村信用社在农业银行等商业性银行逐步撤出农村地区的情况下，基层服务功能逐渐强化，成为了支持林农和林业中小企业信贷服务的主力军。产权明晰以及林权监管、交易、流转等政策措施和服务设施的完善，为金融部门开发林业发展金融支持服务提供了便利。2004年，国家林业局《森林资源资产抵押登记办法（试行）》的颁布，标志着森林资源资产抵押贷款开始成为我国新型林业经营主体的融资渠道。林权抵押贷款作为以森林资源（资产）及其产权作为抵押品开展的贷款活动，是针对林农小额贷款而设计的新型贷款品种。

二、主要问题

虽然我国在林业融资方面进行了一系列的改革，但从实际运行效果来看，还存在一系列问题，主要表现在：①金融机构动力不足。从林业发展资金的供给角度来看，当前参与林权抵押贷款业务，为林农提供小额贷款的金融机构仍以政策性金融、农村信用社为主，与农业导向性无关的商业性金融机构很少参与其中，而是将贷款中心偏向资产雄厚的林业企业。在此情况下，林地面积小、抵押金额小的普通林农，仍难以享受临泉抵押贷款带来的融资便利（李彧挥，2010）。②缺乏适用于林业特点的金融产品。林业生产周期较长，而当前的林业贷款中，除了国家开发银行外，其他金融机构的贷款期限都在1年左右，不适合林业产业的发展。③森林资源资产管理尚不规范。首先，我国的林权是指林地使用权和林木所有权，公有属性决定了林地所有权不得用于抵押。林地使用权和林木所有权分别收到国家有关"林地用途不得随意变更"和林木采伐指标管理的限制，变现能力有限；其次，我国缺少专门的森林资源资产价值评估机构，导致森林资源作为抵押物时容易出现估值风险，且林产品供需关系的非均衡状态导致其价值波动性较大，但在实际应用中并未达到预期的效果；再次，森林资产作为抵押物存在较大的管理风险。森林经营过程中面临着火灾、干旱、冰雹、风灾、洪涝和盗砍盗伐等众多的自然和人为风险，都会对作为抵押物的价值做成损失。④贷款手续繁琐、融资成本较高。在我国个人信用体系不完备的情况下，金融机构对营林主体信用和还款能力的评判以及森林抵押物的监督和管理，需要花费大量的直接和间接成本，且具有边际成本不变的特征。⑤政策性森林保险不够普及，导致缺乏风险分担机制。

三、发展建议

基于林业期限长、风险大的特性，应该建立多元化的金融服务体系。一是加大以农村信用合作社和林业保险公司为主的商业性金融、合作性金融的创新力度。我国农村信用社的经营网点横向上按照行政区划遍布各个乡镇，纵向上还有县联社、市联社和省联社，是农村金融服务的主体。根据农林复合经营与林下经济的特点，结合林农小额信用贷款、联户联保贷款以及林农生产合作社等乡村林业组织的发展，创新信贷制度和融资业务，加强金融信贷产品开发研究，推出创新型的信贷产品。对于森林保险要以推动林业信贷、实现多方共赢为目标。保险费率和保额的确定综合考虑营林主体的承担能力、保障需求和保险公司的风险防范水平，努力扩大覆盖面，并建立森林保险风险准备金制度。二是进一步强化政策性金融的支持力度。林业政策性金融以国家开发银行和农业发展银行为主体，在地方政府的担保下，向政策性收储企业提供贷款，诱导商业性金融机构和农信社开展林权抵押贷款的积极性。设立专项业务，用以扶持林业经营主体合作造林和发展林下经济。具体操作上可通过林农合作社等组织向林农生产、经营提供信用，实现银行、合作社和林农的共赢。三是支持林业重点县市组建村镇银行、农村资金互助社等新型金融机构。鼓励各类金融机构和专业贷款组织通过委托贷款、转贷款、银团贷款、协议转让资金等方式加强林业贷款业务合作，促进形成多种金融机构参与林业贷款的市场体系。特别是大力发展农村资金互助组，实现分散的林农与商业银行、政策性银行的对接，以解决信息不对称和规模效益问题。

第六节 集体及社区合作社

一、背景

国内对乡村新型合作组织的研究以专业合作社和经营性专业协会为主，涉及社区合作社的并不多，且缺乏统一的定义。王景新(2007)认为社区合作社是行政村、村民小组范围内全员参与的合作经济组织。一类是家庭联产承包责任制实施以来形成的经济社(村小组)与经济联合社(村委员会)，它与村民委员会实行两块牌子、一套班子，村民自然参加，有村支部书记或村委会主任任社长，是我国政经合一体制在"乡政村治"格局下的延续；另一类是股份合作社，包含土地股份合作社、资本型股份合作社、村集体经济组织改制的股份合作社。郭伟(2010)认为农村社区合作社是指聚居在一定地域区域内的农村社区居民，为满足其共同的的生产、生活和文化需求，自愿联合，民主控制的自治互助性组织，其功能涵盖生产、流通、服务等诸多方面。徐更生(2008)认为社区合作社区别于农民专业合作社，是承担了某项或某几项社区服务功能的服务合作社，产生的原因一是收入水平提高带来的居民各种需求的急剧增加；二是低收入群体难以承受昂贵的生存成本而谋求组织起来减轻负担。通过以上定义可以发现，农村社区合作社是人民公社解体后形成的农村集体经济的实现形式，以土地主要内容的集体财产为存在基础，其服务对象是集体财产的全部所有者，即通常所说的行政村、自然村村民。与农业专业合作社和经营性专业协会主要服务于产前、产中和产后的农业生产各环节不同，农村社区合作社的功能更多体现在基础设施、社会治安、医疗卫生、文化娱乐、乡村治理等公共物品供给上，类似于城市居民委员会。

二、典型案例

作为农村社区合作社主要实现形式的村集体在农村公共物品供给中占有主体地位，临安市太湖源镇白沙村发展历程的演变体现了农村社区合作社的公共服务职能。白沙村地处天目山麓和太湖源头，是个山多耕地少、森林资源丰富的山区村，也是个交通便利、山川秀美的临安生态名村，中国最有魅力休闲乡村。全村总面积33km^2，折合50374亩，其中山林面积占91%，森林覆盖率96%，有10个村民小组(自然村)406户1162人；距临安城区42km，省城杭州70km，13省道自浪口穿越白沙，越市岭直通安吉。改革开放以来，白沙村经历了一个以"卖山头"到"卖山货"再到"卖生态"，从"砍树"到"售产品"再到"看树"的发展演变过程，走出了一条"生态、生产、生活'三生'共赢"的富有山区特色的可持续发展之路，开创了全村"经济繁荣、生活富裕、村容整洁、乡风文明、民主管理"的新局面。白沙村的主要做法包括：

(1)加大宣传，提高干部群众环境意识。一是总结历史教训，弄清生态与经济的关系，使群众认识到，以牺牲生态环境资源为代价换来的经济利益必然是"山越砍越秃，人越砍越穷"的一条死路，只有一手抓好生态，一手抓好经济，才是一条活路、幸福路。二是生态文明与"三生共赢"关系，让村民懂得"生态、生产、生活'三生'共赢"是生态文明的一个重要目标和内容，其两者的内涵是一脉相承的道理。为此，村里分别于2003年、2007年和2011年组织专家编写了《白沙村生态建设规划》《白沙村新农村建设规划》《白沙村生态文明建设规划》，使全村生态经济建设不断走向以"三生共赢"为终极目标的前进方向清晰、路径特色明显、文明内涵提升、行为规范有序、发展步步深入的健康轨道。

（2）以非木质资源开发为导向，开辟经济发展新模式。一是抓非木质林产品资源开发利用。在林业科技人员指导下，通过村干部带头、科技示范典型带动等方式，大力鼓励村民开发茶叶、笋干、山核桃"三宝"特产和高山蔬菜、高山花卉。二是抓生态旅游、农家乐培育开发。这是该村落实"三生共赢"理念的一大新亮点，为农民增收致富开拓了一条新途径。1998年，通过山林经营权的流转，村里引进资金，成功开发了全市首个以生态休闲旅游为特色的"太湖源生态旅游景区"，把"生态优势"转化为"经济优势"。与此同时，借助太湖源景区的优势，白沙村的"农家乐"产业应运而生，而且来势迅猛，促使"看树观景"的文化价值进一步提升。全村现有农家乐经营户150户，床位近5000张，分布在9个自然村，带动了全村97%劳动力和500多个外来农民工就业，年接待游客30多万人次，经济收入达3000多万元，占村经济总收入的75%。

（3）确立保护与发展并举方针，坚定不移走"清水治污"之路。一是率先在全市开展封山育林、禁止上山砍伐林木和上山烧木炭等所有破坏生态环境行为，使生态环境得到了很好的恢复和保护。二是加强环境治理。村投资建成6套生活污水统一纳管处理系统，日处理污水量达800t，防止污水流入溪流。成立村农家乐协会管理监督农家乐经营户的污水处置，同时制成宣传小册子，统一规范农家乐经营服务行为。先后投资500多万元建起社区服务中心，全村百分之九十的村道浇筑了柏油路，安装了路灯，道路都进行绿化；建成了3500m²的中心广场和5处1万m²的公园，图书室、医务室、健身场、老年活动室、停车场、卫生服务站等一应俱全。整个村庄绿意盎然，环境面貌焕然一新。三是抓好村规民约完善和落实，用制度来规范村民行为，在宣传教育中突出了对土地资源保护、水资源保护和生物多样性保护，进一步提高村民保护环境意识，执行村规民约的自觉性。

（4）做好转型升级，提升服务质量。一是搞农家乐升级版。发展健康养生农家乐产业，宣传养生之道，提倡药食两用，丰富生活内容，提高农家乐质量。要开发"跨界智慧"，培育新型业态。二是丰富游客文化生活。进一步发掘传统历史文化、民俗文化、红色文化内涵，创新娱乐活动形式，提升办好"嬉水节""野猴节""菊花节"等文化特色活动的质量。

（5）注重人才培养，开展农村实用人才的培育培训。在高级科技人员帮助下，白沙村以举办各种类型培训班为载体，通过专家讲课、现场示范、典型带动、发学习资料等方式，分批分期地对村干部、农业专业大户、农业专业合作社成员等进行学习培训。经多年努力，已先后培养了一批科技示范户、专业种植能手，建立了一支适应生态经济发展的带头人和科技骨干队伍。

参考文献

[1] 巴泽尔,2006. 国际理论:经济权利、法律权利与国家范围[M]. 上海:上海财经大学出版社.
[2] 蔡丽丽,2010. 加快推进林业合作经济组织建设的思考与对策[J]. 市场论坛,1:51-52.
[3] 曹兰芳,2014. 后林改时期农户林业生产行为动态趋势分析[J]. 世界林业研究,4:65-70.
[4] 曹玉昆,2014. 我国林下经济集约经营现状及建议[J]. 世界林业研究,6:60-64.
[5] 曾华锋,2009. 小规模林地合作经营趋势与国外经验借鉴[J]. 世界林业研究,6:19-23.
[6] 陈金明,2006. 关于加强林业科技推广能力建设的思考[J]. 福建林业科技,33(2):210-213.
[7] 陈科灶,2010. 林业多元立体生态开发与林下经济发展[J]. 林产工业,6:50-53.
[8] 陈裕德,2007. 新形势下林业科技推广面临的问题与对策[J]. 福建林业科技,34(3):205-209.
[9] 丁文俊,2010. 完善集体林业良性发展机制的思考[J]. 中国财政,16:56-57.
[10] 冯达,2010. 林权抵押贷款促进机制研究[J]. 国家林业局管理干部学院学报,3:52-56.
[11] 顾艳红,2012. 林业合作组织的主体行为与合作机制研究[D]. 北京:北京林业大学.
[12] 郭伟,2010. 农村社区合作社的实践基础与法律制度构建[D]. 太原:山西财经大学.
[13] 黄和亮,王文烂,吴秀娟,等,2008. 影响农户参与林业合作经济组织因素分析——以福建省为例[J]. 绿色中国,9:55-58.
[14] 柯水发,2014. 新型林业经营主体培育存在的问题及对策——基于浙江、江西及安徽省的典型调查[J]. 6:504-509.
[15] 李湘玲,2013. 大小兴安岭国有林区管理体制改革模式研究[D]. 北京:北京林业大学.
[16] 李阳,2013. 林农参与林业合作组织行为对绩效影响的实证研究[D]. 哈尔滨:东北林业大学.
[17] 李彧挥,2010. 集体林权制度配套改革中的林权抵押贷款研究[J]. 中南林业科技大学学报(社会科学版),5:8-10.
[18] 林凤英,2012. 林权抵押贷款发展的制约因素与对策分析[J]. 福建林业科技,2:164-168.
[19] 秦涛,2012. 基于金融供给视角的我国林业金融服务体系建设再思考[J]. 江苏农业科学,9:368-370.
[20] 孙涤非,2010. 辽宁省林业合作经济组织建设情况综述[J]. 中小企业管理与科技,4:208-209.
[21] 王景新,2007. 再论乡村新型合作经济组织的趋势、问题及政策[J]. 现代经济探讨,9:5-9.
[22] 吴成亮,席璐,侯宁,2010. 我国林业科技推广体系的构建和完善[J]. 北京林业大学学报(社会科学版),9(3):96-102.
[23] 谢和生,2011. 集体林权制度改革下林农合作组织形式研究[D]. 北京:中国林业科学研究院.
[24] 徐更生,2008. 谈谈社区合作社问题[J]. 中国合作经济,2:29-30.
[25] 于小飞,2010. 林下经济产业现状及发展重点分析[J]. 林产工业,4:57-62.
[26] 翟明普,2011. 关于林下经济若干问题的思考[J]. 林产工业,3:47-50.
[27] 张连刚,2013. 林下经济研究进展及趋势分析[J]. 林业经济问题,6:562-567.
[28] 郑少红,2008. 深化林权改革创新农村经营制度[J]. 中国集体经济,5:162-164.
[29] 朱洪革,宣琳琳,2005. 企业边界调整与国有林业企业组织形式研究[J]. 林业经济问题,5:282-286.

本章作者:张象枢、邢光超、谭雪(中国人民大学)

第二十八章
三产融合发展

第一节 概 况

农林复合经营与林下经济作为一种可持续的土地利用和农业发展模式，在保证粮食供应、保护自然资源和环境、促进农林畜牧业可持续发展等方面发挥着重大作用。作为市场化程度较高的产业，农林复合与林下经济还涉及生产、加工、流通和销售等诸多环节，其产业竞争不只是单个企业的竞争，而整个产业链的竞争。2015年，国务院办公厅印发了《关于推进农村一、二、三产业融合发展的指导意见》，意见指出推进农村一、二、三产业（以下简称农村产业）融合发展，是拓宽农民增收渠道、构建现代农业产业体系的重要举措，是加快转变农业发展方式、探索中国特色农业现代化道路的必然要求。2017年中央一号文件对壮大新产业新业态、拓展农业产业链、价值链做出重要部署，发展农村新产业新业态、推进农村一、二、三产融合发展，是农业供给侧结构性改革的重要内容，是培育农业农村发展新动能的突出亮点。加快推进农业产业化发展，从本质上说就是要促进农村三次产业融合发展，构建现代农业产业体系；推进产业链和价值链建设，注重开发农业多种功能，促进三产融合，提高农业综合效益（张丽娜，2015）。农林复合经营与林下经营是农业的重要组成部分，随着我国市场经济体制的不断深入和现代化程度的不断提高，农林复合与林下经济也应当适应现代农业产业体系，积极地延伸产业链，进一步拓展新功能。

三产融合源于日本的六次产业化理论，最早由日本学者今村奈良臣提出。赵霞（2017）基于中央一号文件，在产业融合的基本理论、日本的第六产业概念、其他学者的研究的基础上，结合我国农村三产融合的相关实践，对农村三产融合做出如下界定：农村三产融合指的是以第一产业——农业为依托，以农民及相关生产经营组织为主体，通过高新技术对农业产业的渗透、三次产业间的联动与延伸、体制机制的创新等多种方式，将资金、技术、人力及其他资源进行跨产业集约化配置，将农业生产、加工、销售、休闲农业及其他服务业有机整合，形成较为完整的产业链条，带来农业生产方式和组织方式的深刻变革，实现农村三次产业协同发展。农业三产融合把农业生产向第二、三产业延伸，通过农业与

一、二、三产业的相互延伸与融合，拓展农业多功能，发展农村新业态，并且通过更加有效的产业组织方式，更加紧密的利益联结机制，使农业产业链各环节之间的联系，超越简单的市场交换或商品交换关系，相互之间形成有机融合的一个整体，实现农、工、贸、旅一体化，产、加、销、服一条龙，形成集生产、加工、销售、服务一体化的完整产业链条（邱天朝，2016）。

依照"三产融合"的发展理念，在稳定粮食生产的基础上，延伸农业产业链，提升农业生产的专业化、工业化程度，实现农产品加工流通销售的一体化，对于激发农业活力、繁荣农村经济、提升农民收入、稳定农村社会具有很大的促进作用。随着工业化、城镇化的快速发展，我国传统的精耕细作的小农生产方式使得农业成本过高，经济效益差，单纯依靠农业不能满足农村基本的生活和发展需求（李小静，2016）。同时，城乡之间要素流动加速，新的商业模式和新型业态全方位地向农村渗透，促使传统的农业生产方式和组织方式不断优化升级，农村三产融合的深化发展可以有效解决当前农村生态环境恶化、农村社会发展凋零等问题，实现中国农村地区的可持续发展。首先，"三产融合"有利于实现农地的机械化作业，对于降低农业生产成本、提高农产品竞争力具有重要意义。其次，农村三产融合十分注重生态环境的保护。以生态农业为例，它将传统农业的精华与现代农业技术结合起来，在充分利用农业资源的同时，又注重对农业资源和生态系统的保护和修复；既保障了食品安全，又保护自然环境，促进了农村地区实现的可持续发展。再次，农村三产融合能够有效缓解农村发展凋零的状况，激活农村发展的活力（赵霞等，2017）。农村三产的深度融合，使得生态农业、休闲农业等新型业态蓬勃发展，吸引大量外出务工的青壮年劳动力、大学生等返乡创业或就业，激发农村发展的新活力。最后，"三产融合"实现从生产、加工到销售的一体化，为从根本上确保了农产品质量安全和食物安全带来了可能（李小静，2016）。总之，"三产融合"现已成为中国推动农业现代化和农村经济发展的新的经济业态。

第二节 主要类型

一、农业产业内部融合

农业产业内部融合，即一次产业内部农林牧渔融合发展。主要依托区域农业资源禀赋优势，以农牧结合、农林结合、循环发展为导向，引导农民适应市场需求，合理调整农业产业结构，优化农业种植养殖结构，提高比较效益，推动农业产业内部各子产业间的融合发展，建立起上下游之间的有机联系，将种植业、养殖业的某些环节甚至整个环节连接在一起，有效地整合各类资源，形成以"种植业+畜牧业"、"林业+畜牧业"、种养循环经济等为代表的农业内部紧密协作、循环利用、一体化发展的经营方式，达到保护环境、节约资源、促进农民增收的目的（张丽娜，2015）。

通过种养循环利用，2014年北京市农作物秸秆综合利用率达到了87%，全市年产畜禽粪便700万t，其中，肥料化利用率达到70%，平均回田率达到85%。农林复合经营与林下经济实质上也是种植业、林业、养殖业的融合。如目前在中国南方一些地区积极推广的"猪-沼-稻""猪-沼-果""猪-沼-菜""猪-沼-鱼""猪-沼-林"等综合利用模式就是典型的农业产业内部整合型融合，该模式的推广实现了农户家居环境优美、庭园经济高效的建设目标，有效提高了农民收入水平。在黑龙江地区，大庆、齐齐哈尔、绥化等市依托玉米种植优势，积极发展奶牛、肉牛畜牧业，同时也带动了青贮饲料和苜蓿种植的发展，形成了特色种植和特色养殖相互融合、相互促进的发展模式；佳木斯桦川县星火乡、哈尔滨五常王家屯、农垦等地积极探索鸭稻、蟹稻、鹅玉米等立体式复合型农业，形成了新型种养经济循环发展模式；伊春市依托森林资源优势，养殖全程可追溯寒地森林猪，形成了"林下经济+养殖业"的发展模式。这些有益探索，既优化了农业产业结构，转变了农业发展方式，又在经济效益、社会效益方面产生了"一加一大于二"的聚合效应。

二、产业链延伸型融合

产业链延伸型融合即以农业生产为中心向前后产业链条延伸，向前将种子、农药、化肥连接起来，向后与农产品加工、销售连接起来，将农业生产资料供应与农业生产连接起来，形成农业产加销一条龙服务，通过发展多种形式的适度规模经营，建立完整产业链（赵霞，2017）。其关键是加快农业由生产环节向产前、产后延伸，也就是"接二连三"，提高农产品加工转化率和附加值，健全现代农产品市场体系，创新农产品流通和销售模式，加快推进市场流通体系与储运加工布局的有机衔接，增强对农民增收的带动能力。产业链延伸融合包括一产、二产融合发展模式和一、二、三产融合发展模式。

一产与二产融合发展一般是通过政府引导，使拥有资金、技术、管理优势的龙头企业与拥有种植生产优势的各类新型农业经营主体深度融合，发展适度规模经营，建设原材料基地，即以企业、合作社等为主体，通过订单生产、统购统销、股份合作等利益联结手段，将在空间上分离的农村一、二产业紧密连接，主要形式有"企业+农户""合作社+农户""企业+合作社+农户""企业+合作社+农户+基地"等，这样既破解了企业优质原料来源难的困境，又拓宽了农民增收渠道，实现一举多得（张丽娜，2015）。

一、二、三产融合发展的一种形式是企业通过投资建设大市场，以市场带动农产品生产和流通，将一、二、三产融为一体，形成"基地+企业+市场"的发展模式。如山东省青州市做大花卉产业，构建集花卉种植、配套深加工、科技研发、商贸物流、观光旅游、电子商务、会展经济等于一体的现代花卉产业新体系，全市花卉年交易额达到40多亿元，成为长江以北最大的花卉生产基地和集散中心。黑龙江东宁县引进雨润集团，建成全国最大的黑木耳批发大市场，辐射周边50个县（市）形成产业区域联盟，近50万农民从中获益。另一种形式是龙头企业依托自有品牌优势和市场营销渠道，与新型农业经营主体开展订单式合作，将其生产经营向上游延伸至农产品生产、生产资料供应乃至技术研发等环节，向下游则扩展至销售服务环节，涵盖了研发、生产、加工、流通、销售、服务等各个领域，从而实现贸工农一体化、产加销一条龙，通过品牌的力量逆向拉动农产品加工业和种植业发展。

三、农业与其他产业交叉型融合

交叉型融合主要为一产与三产之间的融合,通常有2种形式:一种是以农村农业为基础,通过开发、拓展和提升农业的多功能性,赋予农业科技、文化、教育和环境价值,使农业的功能拓展至生态休闲、旅游观光、文化传承、科技教育等领域,内涵覆盖生产、生活、生态等方面,从而实现农业与文化、旅游、教育、健康、环保等产业的有机统一。其要点是大力推动科技、人文等元素融入农业,发展比如像休闲农业、乡村旅游、创意农业、农耕体验等,打造富有历史、地域和民族特色的旅游村镇,使农业从过去只卖产品转化为还卖风景、观赏,卖感受、参与,形成高效、绿色、生态的现代化农业发展新型业态,将利润留在农村,有效地促进农民增收和农村发展。这种形式的典型代表包括休闲观光农业、创意农业、会展农业、籽种农业和环保农业等,其中,休闲观光农业实现了农业与旅游业的融合,创意农业实现了农业与文化创意产业的融合,会展农业实现了农业与商务、教育产业的融合,籽种农业实现了农业与科技服务业的融合,而环保农业则实现了农业与生态修复、环境保护等产业的融合(龚晶,2016)。休闲观光农业是目前发展最快,范围最广的融合产业,其主要包含4种类型:一是农林业公园型,主要为都市近郊的农林主体公园,包括观光农业公园、林业体验和野营公园等。二是饮食文化型,即利用农林水产资源产品进行餐饮零售,使当地土特产品品牌化。三是农村景观观赏和山野居住型,主要是在山区和半山区的村落建造住宅区和附带农园的别墅,吸引城市居民来此购房居住和观赏山景。四是终生学习型,主要是从二、三产业回归从事农业的城市居民,他们在农村相关设施中参加以农林水产品生产和农村环境保护为主题的农林水产业研修课程、体验农村生活和学习生态环境保护知识等(王林等,2016)。

通过发展休闲观光农业,2014年底江苏省全省已有各类休闲农业观光园区5100余个,年接待游客达8600万人次,综合收入达到265亿元,大大促进了当地农民增收和农村发展(朱长宁,2016)。江西省全南县近年来调整林业产业结构,发展以桂花、厚朴、黄柏、香樟等为主的木本芳香中药产业,新发展芳香花木产业2万亩,全县芳香花木产业基地达10万亩;新建芳香药用植物基地2000亩、半野生灵芝基地5000亩,全县以灵芝、厚朴、黄柏等为主的林下种养面积达6万多亩。经营芳香苗木的农民人均收入已突破7300元,高出全县农民人均纯收入32%以上。初步形成布局合理、特色鲜明、功能齐全、效益良好的特色立体经济林产业发展格局。同时,全南县近年来,围绕自然山水、历史文化、民族风情、休闲农业等资源,大力推进林下生态、文化与旅游融合,打造独具中医药保健特色的乡村旅游经济体,通过创建观光主题园区,扩大林下中药产业效益链,初步形成农业乡村特色旅游业态(曾其华等,2017)。

另一种形式是实施互联网+现代农业,大力发展农产品电子商务,完善配送及综合服务网络,探索C2C、B2C、O2O等新型业态和商业模式,大幅度缩减产品流通的中间环节和交易成本,推动农产品由"种得好"向"卖得好"转变,如褚橙、柳桃都是对"互联网+农业"的创新营销模式的尝试。目前在全国很多地域都有"互联网+农业"营销模式的探索,并取得很好的成效。在齐齐哈尔,青年电商协会投资500万元,搭建了齐齐哈尔绿色食品交易网，整合400多家专业合作社资源与电商企业建立了合作关系，实现互利共赢；宿迁市发展宿迁农三品网，淘宝、天猫、京东商城宿迁馆、"菜财商城"等电商平台，全市90%农产品加工企业入驻电商平台销售产品，实现多赢；泰州市江南春公司打造的"江苏买菜网"，新建了蔬菜配送电子商务平台，在市区56个小区新建"生鲜便民直供点"，全年销售蔬菜35000t，销售额超过6000万元；宜兴市湖父镇的篱笆园将茶文化、紫砂文化、农家乐有机结合，通过互联网营销，一个村年销售额达3000多万元。还有一些农产品加工企业发展互联网营销，取得突出成绩，以河北金沙河面业集团为例，该企业通过粮食产业化经营和互联网营销，使得小麦从入厂到加工品出厂，最高增值比率达到234.50%，带动了3000多个农民就业并实现增收致富（万宝瑞，2015）。

第三节 发展途径

一、着力培育新型农业经营主体

农村一、二、三产业融合发展是一项系统性工程，涉及面广、复杂性强，新技术、新业态、新商业模式贯穿其中，对经营主体的要求相对较高。而以普通农户为代表的传统经营主体，如果不能向新型经营主体转型，往往难以在产业融合发展中发挥主导作用（龚晶，2016）。因此，要加快培育新型职业农民。对此，一方面要改善农村的生产生活环境，使其与城市的生活环境差距逐渐缩小，同时要给予从事农业的人员不低于或者高于外出打工或者在城市工作所获的收入，这样才能吸引农民或农业知识分子投入农业现代化的建设中。另一方面，要广泛开展职业教育培训，把职业教育及农业大学建在农村或城郊，实现边学习边实践；同时要加强对农民进行农业技术的辅导，使农民不仅具有现代农业生产的知识，还具备策划销售能力、信息分析能力、技术创新能力、综合管理能力和组织协调能力。其次，随着土地适度规模化经营，可引导农业生产者自主以资金或股份的形式成立新型的农民生产经营合作组织，引导农民在从事农产品的生产之外，积极地投入到农产品加工与销售的环节，打造利益共同体，实现农业生产者、销售者与服务者的有机结合。对于这些新型农业经营主体，要从市场准入、税收扶持、金融支持、人才引进、土地流转、用地用电、项目支持等方面给予扶持（李小静，2016）。允许新型农业经营主体将集中连片整治后新增加的部分土地或林地，按规定用于完善农田配套设施，探索开展农-林-畜生产规模经营主体营销贷款改革试点，支持开展代耕代种、联耕联种、土地托管等专业化规模化服务（王林等，2016）。此外，一些本土化的新型农业经营主体受到资源、能力、理念和营销渠道的限制，推进农村一、二、三产业融合发展往往非常缓慢，在提升农业价值链、增加农业附加值方面的效果也不太理想。这就需要引进外部植入型的新型农业经营主体来发挥引领、示范作用，带动本土化的新型农业经营主体更好地实现提质增效升级。同时，鉴于大多普通农民很难适应生产、加工、销售一体化模式，应通过农业龙头企业，将农业生产优势与企业加工、销售、推广优势结合起来，进一步促进订单农业发展。大型龙头企业应通过整合上下游资源,形成完整的产业链,以促进三产融合。

二、延伸农业产业链,激发农业新活力

把发展农产品加工业作为推动农村一、二、三产业融合发展的突破口,针对林下经济产品资源丰富的特色,对接菜篮子工程,加强特色农产品产后商品化处理,改造升级储藏、保鲜、烘干、分类分级、包装和运销等设施装备。推行优惠的税收政策与融资政策,对带动性强的农产品加工企业进行招商引资,引导大型加工企业利用林下经济独特的农业资源进行生产、加工与销售的一体化开发,推广一批农产品精深加工实用技术,培养企业的"工匠精神",提升农产品附加值,推动农产品加工业的发展(李俊超,2016)。鼓励农产品加工企业引进新兴的加工技术,提高农产品加工效率。政府可给予企业适度补贴,激励引导本土农产品加工企业以旧换新,更换引进新型的设备与仪器,提高生产效率,并对较为分散的农产品加工企业进行整合优化,进一步提高企业的市场竞争力,培育一批加工示范企业,推动加工技术、产品研发推广和产业联盟发展,传承发展"老字号"加工企业。鼓励加工、销售企业加强与农业生产者的联系合作,开发新产品、新市场,同时企业可加强与大型商场、农贸连锁市场、批发市场的合作,进一步开拓出高附加值的农产品的销售渠道。鼓励大型农产品加工企业的跨界发展与混搭发展,跨区域整合资源,力求发展出农产品加工方面的龙头企业与农产品的品牌营销企业(邢玉升,2017)。开展农产品及加工副产物综合利用试点工作,化害为利、变废为宝,实现循环利用、高值利用、梯次利用。

三、发展龙头企业,提升"三产融合"发展动力

一是全面实施以农产品精深加工企业为龙头,带动原料基地建设和农民致富的农村经济产业化发展思路。一方面,围绕重点产业链上下游生成关系,发挥龙头企业的带动作用。另一方面,支持优势龙头通过并购、改造、股权融资等方式做大增量(肖铜,2017)。二是鼓励企业发展订单购销、期货交易、集中配送、连锁经营等新型流通业态,支持农业龙头企业与基地农户或专业合作社、家庭农场、林场的互惠合作。引导龙头企业与上下游中小微企业和农业经营主体建立产业联盟,加强产业协作和合作,促进整个产业发展。鼓励龙头企业通过自建、共建、订单收购等方式,与镇村合作发展优势特色产业,建设规模化、专业化、标准化的特色农产品基地(李俊超,2016)。三是依托主导产业和领军龙头,突出品牌产品、品牌企业、品牌产业、品牌经济发展线,实施品牌营销战略。同时农业企业还通过发展农超对接、直营直供和网络直销等方式,建立各类直销店(点)。除了促进农产品的直接产销外,还要发展深加工及批发贸易,即促进农业龙头企业从"种养生产+粗加工+批发"企业向"自产+收购+深加工+批发+零售"的产工贸一条龙的企业集团转型,并提高研发、营销、管理和人才培养等服务能力,真正实现产业升级(王林等,2016)。

四、"互联网+"助力"三产融合"

首先，利用互联网拓宽农产品销售渠道。对于农户而言，目前，我国绝大多数中小农户难以独立解决农产品的营销和运输问题，只能依靠农产品批发市场的逐级批发分销模式进入市场，在整个产业链中处于弱势地位。利用"互联网+"实现线上交易，不仅可减少流通费用，而且可有效拓展农产品销路。因此，要鼓励农户利用互联网、物联网等现代信息技术，发展线上线下相结合的农产品批发和零售业务以增加收入。对于具有一定规模的龙头企业，可以通过自建网络平台或与电商合作，把基地生产、产品加工与互联网和物联网平台融合到一起，消费者通过下载客户端，就可以看到种养殖和加工的全过程，然后线上下单购买。对于地方政府，可以整合区域现有网站资源，统筹建设一批集中统一、权威专业、功能完善的农业门户网站，为企业、农户和消费者创建平台（王林等，2016）。其次，利用"互联网+"为第六产业发展提供金融支持。互联网金融可为农户提供全方位的一站式服务，包括支付、信贷、保险等。"互联网金融+电商+农业生产"可以形成新型的第六产业发展链条：电商与合作社合作定点采购，通过电商平台进行销售；以互联网金融公司为主导的网上银行既可给合作社提供低息贷款，还可为生产所需农资、农药等线上销售提供品质保险（程承坪等，2016）。

五、积极发展休闲观光农业

发展休闲观光农业就是将林下经济与创意农业、休闲农业、乡村旅游结合。以"发展林下经济"为目的，在开展林下立体空间种养基地建设的基础上，延伸农业产业链条，与美丽乡村建设结合，通过整合资源，改善基础设施建设，引导发展乡村旅游、观光农业、创意农业和休闲农业，打造农业景观，建设集林-药、林-禽、采摘观光、生态旅游为一体的"吃、住、购、娱、消"的产业基地，实现生态效益和经济效益的互利互赢（华利静，2016）。其中农业生态园就是典型代表，农产品加工过程和大机械生产场景可开发成农业观光型旅游产品；绿色农业产品和特色林下产品可提升旅游餐饮消费的质量，为旅游者提供绿色健康的食品；农林产品可成为旅游纪念品，为旅游购物提供更多的选择（刘海洋，2016）。林下经济中的林药模式还可以与大健康产业结合，依托林下中药材资源，加大中药材产业生产、品牌认证、加工等产业链条，建立林药种植示范基地，促进林药科技创新，加大综合基础设施、公共服务、特色新型城镇等建设，构建以医药、养生、旅游休闲为支撑的"大健康""林药"体系。大量实践证明，促进休闲观光农业发展是推进农村一、二、三产业融合的手段，更是未来提升产业融合水平的方向。

参考文献

[1] 王林，齐美虎，2016. 国内外农村三产融合对云南高原特色农业现代化的启示[J]. 云南农业，9：11-15.
[2] 龚晶，2016. 促进农民持续增收推动农村一、二、三产业融合发展[J]. 蔬菜，3：1-5.

[3] 李小静, 2016. 农村"三产融合"发展的内生条件及实现路径探析[J]. 改革与战略, 4: 83-86.
[4] 赵霞, 韩一军, 姜楠, 2017. 农村三产融合: 内涵界定、现实意义及驱动因素分析[J]. 农业经济问题, 4: 49-57.
[5] 刘海洋, 2016. 农村一、二、三产业融合发展的案例研究[J]. 经济纵横, 10: 88-91.
[6] 程承坪, 谢雪珂, 2016. 日本和韩国发展第六产业的主要做法及启示[J]. 经济纵横, 369(8): 114-118.
[7] 邢玉升, 耿峥嵘, 2017. 日本六次产业化对黑龙江省三产融合的启示[J]. 北方经贸, 10: 31-33.
[8] 李俊超, 2016. 融合发展农村一、二、三产业加快推进江苏农业产业化[J]. 江苏农村经济, 5: 4-7.
[9] 肖铜, 2017. 推动三产融合发展现代农业[J]. 大庆社会科学, 4: 8-10.
[10] 华利静, 2016. 邢台县林下经济发展现状及对策[J]. 现代农业科技, 20: 128-129.
[11] 邱天朝, 2016. 让农村产业融合成为带动农民增收的新动能[J]. 中国经贸导刊, 34: 16-20.
[12] 李传府, 林泉, 张辉, 2016. 山东三产融合实践与困难[J]. 农村经营管理, 7: 21-22.
[13] 朱长宁, 2016. 价值链重构、产业链整合与休闲农业发展——基于供给侧改革视角[J]. 经济问题, 11: 89-93.
[14] 万宝瑞, 2015. 我国农村又将面临一次重大变革——"互联网+三农"调研与思考[J]. 农业经济问题, 8: 4-7.
[15] 曾其华, 廖伟坤, 李清华, 等, 2017. 全南县创新加速三产融合发展林下智慧中药产业[J]. 江西农业, 2: 42-43.

本章作者: 姚帅臣(中国人民大学)、李文华(中国科学院地理科学与资源研究所)

第二十九章
林下经济的可持续发展

第一节 与林下经济相关的政策现状

随着我国生态文明建设有序开展和林业改革发展深入推进,农林复合经营和林下经济发展获得了前所未有的政策机遇。中共中央、国务院《关于加快推进生态文明建设的意见》明确提出"发展特色经济林、林下经济、森林旅游等林产业"。国务院办公厅印发的《关于加快林下经济发展意见》明确要求"要把林下经济发展与森林资源培育、天然林保护、重点防护林体系建设、退耕还林、防沙治沙、野生动植物保护及自然保护区建设等生态建设工程紧密结合"。退耕还林、天然林资源保护、造林绿化、森林经营等林业生态保护和建设重大工程,为农林复合经营和林下经济发展提供了巨大的发展空间和良好的政策制度保障。集体林权改革、国有林场林区改革等林业改革,进一步激发了农林复合经营和林下经济发展活力。

一、集体林权改革

2008年6月8日,党中央、国务院出台了《关于全面推进集体林权制度改革的意见》。2009年6月22日,中央召开了中华人民共和国成立以来的首次中央林业工作会议,对集体林权制度改革做出全面部署。截至2014年,全国已确权集体林地27.05亿亩,占各地纳入集体林权制度改革面积的98.97%。

集体林权制度改革的核心内容是:在坚持集体林地所有权不变的前提下,依法将林地承包经营权和林木所有权,通过家庭承包的方式落实到本集体经济组织的农户,确立农民作为林地承包经营权人的主体地位。主要包括五个环节:一是明晰产权。以均山到户为主,以均股、均利为补充,把林地使用权和林木所有权承包到农户。二是勘界发证。在勘验"四至"的基础上,核发全国统一式样的林权证,做到图表册一致、人地证相符。三是放活经营权。对商品林,农民可依法自主决定经营方向和经营模式。对公益林,在不破坏生态功能的前提下，可依法合理利用其林地资源。四是落实处置权。在不改变集体林地所有权和林地用途的前提下，允许林木所有权和林地使用权出租、入股、抵押和转让。五是保障收益权。承包经营的收益，除按国家规定和合同约定交纳的费用外，归农户和经营者所有。解决了以往四次林改遗留的林地使用权和林木所有权不明晰、经营主体不落实、经营机制不灵活、利益分配不合理等问题。

林改近年来综合效益逐步显现。一是林业新型经营主体不断壮大。全国共建立林业合作组织 9.43 万个，加入合作组织的农户 1470.96 万户，占林改涉及农户的 9.94%；建立林业合作社 6.11 万个，经营林地面积 13458.58 万亩，增长 23.00%。林业专业合作组织已覆盖全国 30 个省份，涉及种苗、花卉、森林旅游等各个领域，呈现出旺盛的生命力和良好的发展态势，已成为我国林业社会化服务体系建设的重要力量，在科技推广，林产品标准化生产和质量安全体系建设以及无公害、绿色、有机等"三品"认证等方面发挥了主力军作用。二是林下经济发展良好。据不完全统计，2014 年全国林下经济产值达 5414.73 亿元，其中林下种植 1793.45 亿元，林下产品采集加工 1447.34 亿元，林下养殖 1172.91 亿元，森林景观利用 1001.03 亿元。参与农户 5911.42 万户。三是林权服务平台逐步完善。全国有 26 个省份成立县级及以上的林权交易服务机构 1610 个，成立 878 个资产评估机构。四是林权抵押贷款增长明显。全国有 28 个省份开展了林权抵押贷款工作，抵押贷款面积 9040.85 万亩，贷款金额 1797.06 亿元。五是森林保险快速发展。有 26 个省份开展森林保险，投保面积 15.02 亿亩，保险金额 731.09 亿元，保费 68.10 亿元。六是改革试点陆续启动。目前共启动了 8 个国家级集体林改综合改革试验示范区，22 个国家林业局集体林业综合改革试验示范区。

二、国有林场改革

国有林场是我国生态保护和建设的重要力量，是维护国家生态安全的根基。截至 2014 年年底，全国国有林场总数 4855 个，经营总面积 0.76 亿 hm^2，在职职工 48 万人。由于功能定位不清、管理体制不顺、经营机制不活、支持政策不健全，可持续发展面临严峻挑战，加快推进国有林场改革势在必行。2015 年 2 月，中共中央、国务院印发《国有林场改革方案》，国有林场改革全面启动。

国有林场改革围绕保护生态、保障职工生活两大目标，推动政事分开、事企分开，实现管护方式创新和监管体制创新，推动林业发展模式由木材生产为主转变为生态修复和建设为主、由利用森林获取经济利益为主转变为保护森林提供生态服务为主，建立有利于保护和发展森林资源、有利于改善生态和民生、有利于增强林业发展活力的国有林场新体制。计划到 2020 年，森林生态功能显著提升，职工生产生活条件明显改善，管理体制全面创新，基本形成功能定位明确、人员精简高效、森林管护购买服务、资源监管分级实施的林场管理新体制，确保政府投入可持续、资源监管高效率、林场发展有后劲。

主要政策措施包括：一是加强国有林场基础设施建设。各级政府将国有林场基础设施建设纳入同级政府建设计划，加大对林场基础设施建设的投入。二是加强对国有林场的财政支持。中央财政安排国有林场改革补助资金，主要用于解决国有林场职工参加社会保险和分离林场办社会职能问题。省级财政要安排资金,统筹解决国有林场改革成本问题。支农惠农政策适用于国有林场。将国有贫困林场扶贫工作纳入各级政府扶贫工作计划。加大对林场基本公共服务的政策支持力度,促进林场与周边地区基本公共服务均等化。三是加强对国有林场的金融支持。对国有林场所欠金融债务情况进行调查摸底,按照平等协商和商业化原则积极进行化解。开发适合国有林场特点的信贷产品,充分利用林业贷款中央财政贴息政策,拓宽国有林场融资渠道。四是加强国有林场人才队伍建设。参照支持西部和艰苦边远地区发展相关政策,引进国有林场发展急需的管理和技术人才。

三、国有林区改革

中华人民共和国成立后,为满足经济建设对木材的需求,国家分别在东北、西南、西北等9省份陆续建立了138个国有林业(森工)局,形成了国有林区。国有林区是我国森林连片面积最大、天然林资源分布最集中、生物多样性最集中的区域,是我国重要的生态安全屏障和森林资源培育战略基地,大多分布在东北内蒙古高寒地、西南高山峡谷区和西北生态脆弱区。其中东北内蒙古重点国有林区有87个国有林业局,经营面积3274.12万hm^2,西南、西北有51个国有林业局,经营面积1856.38万hm^2。历史上,"先有林区、后有社会",长期实行"政社企合一"的管理体制,管理体制不完善,森林资源过度开发,民生问题较为突出,严重制约了生态安全保障能力。2015年2月,中共中央、国务院印发《国有林区改革指导意见》,国有林区改革全面启动。

国有林区改革以厘清中央与地方、政府与企业各方面关系为主线,积极推进政事企分开,健全森林资源监管体制,创新资源管护方式,完善支持政策体系,建立有利于保护和发展森林资源、有利于改善生态和民生、有利于增强林业发展活力的国有林区新体制,加快林区经济转型,促进林区森林资源逐步恢复和稳定增长,推动林业发展模式由木材生产为主转变为生态修复和建设为主、由利用森林获取经济利益为主转变为保护森林提供生态服务为主。到2020年,基本理顺中央与地方、政府与企业的关系,实现政企、政事、事企、管办分开,林区政府社会管理和公共服务职能得到进一步强化,森林资源管护和监管体系更加完善,林区经济社会发展基本融入地方,生产生活条件得到明显改善,职工基本生活得到有效保障,有序停止天然林商业性采伐,重点国有林区森林面积增加550万亩左右。

主要政策措施包括:一是加强对国有林区的财政支持。国有林区停止天然林商业性采伐后,中央财政通过适当增加天然林资源保护工程财政资金予以支持。适当调整天然林资源保护工程森林管护费和社会保险补助费的财政补助标准,加大中央财政的森林保险支持力度,加大对林区基本公共服务的政策支持力度。二是加强对国有林区的金融支持。分类化解森工企业金融机构债务,开发适合国有林区特点的信贷产品,拓宽林业融资渠道,完善林业信贷担保方式,完善林业贷款中央财政贴息政策。三是加强国有林区基础设施建设。各级政府要将国有林区电网、饮水安全、管护站点用房等基础设施建设纳入同级政府建设规划统筹安排,将国有林区道路按属性纳入相关公路网规划,加快国有林区棚户区改造和电网改造升级。国家结合现有渠道,加大对国有林区基础设施建设的支持力度。四是加快深山远山林区职工搬迁。将林区城镇建设纳入地方城镇建设规划，结合林区改革和林场撤并整合，积极推进深山远山职工搬迁。五是积极推进国有林区产业转型。

四、林业综合改革

(一) 森林生态补偿

我国从 2001 年起由中央财政安排资金开展森林生态效益补助试点工作，2001—2014 年间累计安排森林生态效益补偿基金 802 亿元。2001 年中央财政预算安排 10 亿元，在辽宁等 11 个省份启动了森林生态效益补助试点工作，试点总面积为 1333 万 hm^2，补助标准为每亩每年补助 5 元。2002 年、2003 年延续 2001 年政策。在 3 年试点的基础上，2004 年正式建立了中央财政森林生态效益补偿基金。2004 年中央财政预算安排 20 亿元，按照每亩 5 元的标准对 2666.67 万 hm^2 重点公益林给予补助。资金规模和补偿面积比试点期间翻了一番。2006 年补偿基金规模扩大到 30 亿元，2007 年增加达 33.4 亿元，2008 年增加到 34.95 亿元。2009 年，中央财政大规模增加了补偿面积和资金，将已区划的非天保区国家级公益林和天保区新增造林全部纳入补偿范围，补偿面积达 6993.33 万 hm^2，补偿资金达到 52 亿元。从 2010 年起，中央财政将集体和个人所有的国家级公益林补偿标准由每亩每年 5 元提高到 10 元，当年安排补偿基金 75.8 亿元。2013 年中央财政又将集体和个人所有的国家级公益林补偿标准由每亩每年 10 元提高到 15 元，当年安排补偿基金 148.1 亿元。地方政府在建立健全森林生态效益补偿机制方面也作了有益探索。北京市从 2010 年开始，建立山区生态公益林生态效益促进发展资金，按照每亩每年 40 元的标准执行，其中生态补偿资金每亩每年 24 元，森林健康经营管理资金每亩每年 16 元。根据山区生态公益林的资源总量、生态服务价值、碳汇量的增长情况和过敏及经济社会发展水平，合理核定发展资金增加额度，每 5 年调整一次。广东省省级以上公益林补偿基金与中央财政补偿基金并账核算，标准为每亩每年 22 元，其中基础性补偿标准 18.5 元、激励性补助标准 3.5 元，对生态区位重要、补偿资金落实到位、管护成效显著、整体森林质量高的生态公益林给予激励性补助资金，逐步实现生态公益林差异化补偿。浙江省从 2004 年开始建立地方公益林补偿制度，补偿标准为每亩每年 8 元，到 2014 年公益林补偿标准提高到每亩每年 27 元。江西省从 2006 年开始建立地方生态公益林省级补偿机制，2013 年补偿标准达到每亩每年 17.5 元。江苏省 2002 年就建立了省级生态补偿制度，当年补偿标准为每亩每年 8 元，到 2013 年补偿标准达到 25 元。

(二) 湿地生态补偿试点

为加强湿地保护，中央财政安排专项资金从 2010 年起开展湿地保护与恢复补助试点工作。2014 年起，国家林业局、财政部又开展了退耕还湿试点、湿地生态效益补偿试点和湿地保护奖励等工作。湿地保护与恢复试点的核心是对现有的国际重要湿地、国家重要湿地、湿地自然保护区及国家湿地公园开展湿地保护与恢复，保护的重点是监测监控设施维护和设备购置、聘请管护人员，以加强对现有湿地的保护，恢复的重点是加快退化湿地恢复、湿地生态补水等。2010—2014 年，中央财政共安排湿地保护与恢复资金 13.6 亿元。

退耕还湿试点 2014 年开展，中央财政安排 1.5 亿元在内蒙古、吉林、黑龙江的 13 个国际重要湿地和湿地国家级自然保护区开展了退耕还湿试点，资金主要用于对国际重要湿地或国家级湿地自然保护区范围内及其周边不属于基本农田且不在第二轮土地承包范围内的耕地实施退耕还湿，每亩一次性补贴 1000 元，共退耕还湿 1 万 hm^2。湿地生态效益补偿 2014 年开展试点，资金主要用于对候鸟迁飞路线上的重要湿地因鸟类等野生动物保护造成损失给予的补偿。2014 年安排 6.4 亿元，在 21 个省份的 21 个国际重要湿地或国家级湿地自然保护区及周边开展湿地生态效益补偿试点。补偿对象为属于基本农田和第二轮土地承包范围内，履行湿地保护义务的耕地承包经营权人，同时也可用于因保护湿地遭受损失或受到影响的湿地周边社区（村、组）开展生态修复、环境整治等方面。湿地保护奖励 2014 年开展试点，支出主要用于经考核确认对湿地保护成绩突出的县级人民政府相关部门的奖励支出。2014 年中央财政安排 3 亿元，共奖励 60 个县，每个县奖励 500 万元。

（三）森林保险

中央财政森林保险保费补贴工作开展以来取得了很大成效，补贴范围从 2009 年的 3 个省扩大到目前的 26 个省份、3 个计划单列市和大兴安岭重点国有林区，仅上海、天津、江苏、黑龙江、西藏、宁夏、新疆 7 省份和深圳、厦门 2 个计划单列市尚未纳入中央财政森林保险保费补贴范围。各地申请中央财政森林保险保费补贴的条件包括：公益林地方财政至少补贴 40% 保费，其中省级财政至少补贴 25%；商品林省级财政至少补贴 25% 的保费。公益林保费中央财政补贴 50%，商品林保费中央财政补贴 30%。保险标的为生长和管理正常的商品林和公益林，保险责任范围以人力无法抗拒的自然灾害为主，保险金额和费率以低保费、低成本、广覆盖为原则。

五、林木种苗工程

2010 年 11 月，国家林业局、国家发展改革委、财政部联合印发《全国林木种苗发展规划（2011—2020 年）》，明确了林木种苗的发展重点和方向。截至 2014 年，全国已建成国家级重点林木良种基地 226 处，林木良种基地 800 多处，全国育苗面积 107 万 hm^2，采种基地 90 万 hm^2，主要造林树种良种使用率达到 51%。全国累计选择收集优树 4.46 万株，保存育种材料和品种资源约 8 万份，建立国家级林木种质资源库 13 处。全国累计审（认）定林木良种 5000 多个，其中通过国家级审（认）定的林木良种 384 个。北京、吉林等 23 个省份和 2 个计划单列市颁布了《中华人民共和国种子法》实施办法或地方条例，国家林业局出台了 20 多个部门规章和规范性文件，各级地方林业主管部门制定了 200 多件配套规定和 200 多项地方标准。林木种子和苗木合格率分别从 2002 年的 35.1% 和 80% 提高到目前的 90% 以上。截至 2013 年，全国持证生产者 91657 个，持证经营者 90693 个，其中由国家林业局发放经营许可证的经营者 117 个。

为加强我国林木种质资源的收集、保存和开发利用工作，统筹推进林木种质资源收集保存和开发利用工程建设，国家林业局于 2014 年 9 月 16 日正式印发《全国林木种质资源调查收集与保存利用规划（2014—2025 年）》。在规划期内，完成全国林木种质资源调查，摸清资源本底,建立起层次分明、组织完善、功能齐全的林木种质资源保存、监测、评价、利用体系,使80%以上主要造林树种的种质资源得到有效保存,重点开展主要造林树种及珍贵树种种质资源的监测评价,使保存的资源得到有效利用。这是我国第一次就林木种质资源调查收集与评价利用工作做出全面系统的规划,是推动我国林木种质资源保护的重要措施,是加快我国林木遗传育种事业发展的重要载体。

六、造林绿化

中华人民共和国成立以来,我国造林绿化事业得到长足发展。截至2013年,累计造林面积3.67亿hm^2,其中人工造林2.49亿hm^2,居世界第一位,飞播造林0.31亿hm^2,封山育林0.87亿hm^2。森林覆盖率由中华人民共和国成立初期的8.6%提高到21.63%。围绕生态文明和美丽中国建设,国家大力开展天然林资源保护、退耕还林、京津风沙源治理、三北及长江等重点防护林等重点生态修复工程建设,取得显著成效。截至2013年,林业重点工程累计完成造林0.95亿hm^2,其中2005—2013年完成造林0.29亿hm^2。各地在实施国家重点生态修复工程造林的同时,持续推进或启动实施一批地方造林绿化工程。

(一)义务植树

在邓小平同志的倡导下,1981年12月13日,五届全国人大四次会议通过《关于开展全民义务植树运动的决议》。1982年,国务院颁布《关于开展全民义务植树运动的实施办法》,将群众性植树活动首次以国家法定形式固定下来。从此,全民义务植树运动以其特有的法定性、全民性、义务性、公益性,在中华大地上蓬勃开展起来,成为世界上参加人数最多、持续时间最长、声势最浩大、影响最深远的一项群众性运动。党和国家领导人率先垂范,每年参加首都义务植树活动。全国绿化委员会组织开展了"国际森林日"植树、共和国部长植树、"全国人大机关义务植树""全国政协义务植树""百名将军义务植树"等大型义务植树活动。广大公民参与植树造林、绿化美化家园的积极性空前高涨,爱绿植绿护绿蔚然成风。天津、内蒙古、江苏、新疆等12个省份颁布了义务植树条例或管理办法,辽宁、四川、云南、陕西、甘肃、贵州、青海等地实施义务植树目标责任制,北京、江西、广东等省份将义务植树实现形式从直接参加义务植树拓展到植树、整地、育苗、林木抚育和管护、农村房前屋后植树等方式。截至2013年,全国参加义务植树人数累计144.3亿人次,植树665.2亿株。全民义务植树运动取得了巨大成就。

(二)林业应对气候变化

应对气候变化是国际社会普遍关注的重大全球性问题。林业兼具减缓和适应气候变化的双重作用,是应对气候变化国家战略的重要组成。按照党中央、国务院统一部署,林业应对气候变化工作扎实推进,持续加强,取得积极进展,为增加林业碳汇、应对气候变化、建设生态文明做出了重要贡献。2003年,国家林业局成立碳汇管理办公室,2007年调整成立国家林业局应对气候变化和节能减排工作领导小组。全国21个省份、4个直辖市、2个自治区、4个森工集团相继成立相应工作领导机构。围绕林业应对气候变化"干什么、怎么干"的问题,积极加强政策研究,出台一系列政策文件,努力构建林业应对气候变化政策体系。2009年,发布《应对气候变化林业行动计划》,成为指导各级林业部门开展林业应对气候变化工作的总纲。2011年,制定《林业应对气候变化"十二五"行动要点》,明确"十二五"林业应对气候变化工作的指导思想、基本原则、主要目标和重点任务。2012年,印发《关于落实德班气候大会后加强林业应对气候变化相关工作分工方案》,提出2020年前的重点任务、责任分工和完成时限。积极推进年度新增造林合格面积和森林抚育合格面积两项指标纳入《单位国内生产总值二氧化碳排放降低目标责任评价考核办法》,开展森林增汇能力考核,推进考核工作规范化制度化。为规范林业碳汇交易,研究出台《国家林业局关于推进林业碳汇交易工作的指导意见》,明确推进碳汇交易工作的思路、原则和要求。密切参与国家应对气候变化法立法进程,并组织开展林业应对气候变化立法专题研究。按照《国家适应气候变化战略》要求,启动《林业适应气候变化行动方案(2015—2020年)》研究工作。同时,启动开展2020年后林业增汇减排行动目标研究,提出的目标纳入2020年后国家应对气候变化总体方案。加强技术标准规范建设,逐步建立林业应对气候变化技术制度体系。

(三)中央财政造林补贴试点

2010年,根据《中共中央 国务院关于全国推进集体林权制度改革的意见》《中共中央 国务院关于加大统筹城乡发展力度进一步夯实农业农村发展基础的若干意见》和中央林业工作会议精神,国家启动中央财政造林补贴试点,成为继建立森林生态效益补偿制度、森林抚育补贴制度后我国林业政策的又一重大突破。突破过去对林业重点工程以外的造林主体即群众造林中央资金没有扶持,一般商品林、竹林造林、迹地更新等没有资金扶持的禁区,突破过去国家林业重点工程(退耕还林除外)没有工作经费的政策,突破过去先拨付资金后开展造林的资金兑付和组织管理机制。2010—2013年,财政部、国家林业局连续出台多个中央财政造林补贴政策文件,补贴对象、补贴标准和首次拨付比例随国家财力的增加逐年优化调整。目前执行的标准是:在宜林荒山荒地、沙荒地人工造林和迹地人工更新,面积不小于1亩(含1亩)的林农、林业合作组织以及承包经营国有林的林业职工予以补贴;补贴的形式分为直接补贴和间接补贴;拨付方式为3年按7:3的比例分2次拨付,乔木林和木本油料经济林200元/亩,灌木林120元/亩(内蒙古、宁夏、甘肃、新疆、青海、陕西、山西等省份灌木林200元/亩),水果、木本药材等其他林木100元/亩,新造竹林100元/亩。2010—2013年,中央财政累计安排造林补贴资金625078万元。国家林业局对中央财政造林补贴建立了检查制度,实行县级检查、省级验收、国家级核查的三级检查验收形式。县级检查对象为享受中央财政造林补贴的造林主体,省级验收对象为试点县(包括县级试点单位),国家级核查对象为试点省(含森工集团)。2012年和2013年分别对2010年和2011年中央财政造林补贴试点开展国家级核查,结果显示补贴试点造林完成情况良好,造林积极性和造林质量明显提升,林业合作组织的组建进程明显加快,造林机制创新和规范管理取得新突破。

(四)国家珍贵树种培育示范基地建设

2005年,国家启动实施了珍稀树种培育示范基地建设工作,实现了我国珍稀树种培育无专项投资的历史性突破。2008年5月,国家林业局出台了《珍稀树种培育基地建设作业设计规定》,规范了珍贵树种培育作业设计,为确保建设质量奠定了坚实基础。2013年2月25日,出台了《国家珍贵树种培育示范县管理办法(试行)》,对调动各级政府发展珍贵树种的积极性、加快推进珍贵树种培育、充分发挥引领示范作用具有重要意义。国家珍贵树种培育示范建设工作以示范县为重点和抓手,发动全社会力量开展珍贵树种培育,国家对示范县内的示范基地予以资金扶持。珍贵树种培育示范工作从示范基地培育拓展到整个县域内培育,由单一的林业领域扩展到整个经济社会领域,实现了由点到面的历史性跨越。2013年5月3日,国家林业局出台了《国家珍贵树种培育示范建设成效考核评价办法(试行)》,科学、系统地对省和县林业主管部门以及示范基地的管理、建设工作进行考评,进一步规范了示范建设管理,极大提高了示范建设质量和成效。截至2013年,累计安排国家预算内林业基本建设投资2.94亿元,培育珍贵树种示范基地5.57万hm^2,涉及全国27个省份、4大森工集团的564个建设单位,栽植了红木类、硬阔类、针叶类等100多个珍贵树种,建成了一批珍贵树种培育示范基地。2013年,国家林业局确定广西崇左市为国家珍贵树种培育示范市(地级)、河北省塞罕坝机械林场等65个县(场、局)为国家珍贵树种培育示范县(场、局)。珍贵树种培育示范基地和示范县建设,优化了树种结构,提升森林质量,增加珍贵树种资源储备。

七、森林经营

21世纪以来,党中央、国务院确立以生态建设为主的林业发展战略,森林经营工作逐步提上重要议事日程。"十二五"期间,全国每年完成森林抚育7000万hm^2。2009年,财政部、国家林业局启动实施中央财政森林抚育补贴试点,中央财政按照每亩100元的标准对试点森林抚育工作进行补贴,补贴资金用于中幼林抚育有关费用支出,包括间伐、修枝、除草、割灌、采伐剩余物清理运输、简易作业道路修建等生产作业的劳务用工和机械燃油等直接费用,以及作业设计、检查验收、档案管理、成效监测等间接费用。截至2014年,补贴资金从最初的5亿元增加到现在每年的近60亿元,抚育任务从最初的33.33万hm^2扩大到现在每年353.33万hm^2,政策实施范围由最初的12个省级试点单位扩展到全国覆盖。2009—2014年,中央财政累计投入森林抚育补贴资金249亿元,安排抚育补贴任务1520万hm^2。在中央财政森林抚育补贴的带动下,全国森林抚育经营累计劳务总收入228.8亿元,受益人口2922万人,实现了这项强林惠民政策由试点到常态化的实质性转变。2014—2019年,连续4次国家级抽查结果表明,中央财政森林抚育补贴政策总体实施情况良好,抚育面积核实率、作业质量合格率、作业设计合格率等关键指标项都达到并维持在90%以上。中央实行森林抚育补贴政策,是我国林业转变发展方式由以造林绿化为主向造林绿化和森林经营并重转变的重要标志,在我国林业发展史上具有里程碑意义。实施森林抚育补贴有效改善了多年来我国森林经营严重滞后的状况,促进了以森林抚育为核心的森林经营工作逐步走上常态化、制度化、规范化。

八、天然林资源保护工程

1998年,在我国生态环境不断恶化、国有林区出现"两危"(森林资源危机、林区经济危困)局面的关键时刻,党中央、国务院做出了实施天然林资源保护工程的重大战略决策,同年开展试点工作。工程涉及长江上游、黄河上中游、东北内蒙古等重点国有林区17个省份的734个县和163个森工局。二期工程在延续一期范围的基础上,增加了丹江口库区的11个县(区、市),主要任务是:长江上游、黄河上中游地区继续停止天然林商品性采伐;东北内蒙古等重点国有林区进一步调减木材产量,强化森林管护,管护森林面积17.32亿亩;继续加强公益林建设,建设任务1.16亿亩;加强森林经营,国有中幼林抚育2.63亿亩,后备资源培育4890万亩;保障和改善民生,增加林区就业,提高职工收入,完善社会保障,使职工收入和社会保障接近或达到社会平均水平。主要目标是:森林资源从恢复性增长进一步向质量提高转变,到2020年新增森林面积7800万亩,森林蓄积量净增11亿m^3,增加森林碳汇4.16亿t;生态状况从逐步好转进一步向明显改善转变,工程区水土流失明显减少,生物多样性明显增加;林区经济社会发展由稳步复苏进一步向和谐发展转变,为林区提供就业岗位64.85万个,基本解决转岗就业问题,确保林区社会和谐稳定。

天然林资源保护工程二期政策主要包括5个方面:一是继续实施森林管护中央财政补助政策。国有林管护费每亩每年5元(2015年提高到6元)。集体所有的国家级公益林每亩每年安排中央财政森林生态效益补偿基金10元(2013年已提高到15元);集体所有的地方公益林除由地方财政安排补偿基金外,中央财政每亩每年补助森林管护费3元。二是完善社会保险补助政策。继续对天保工程国有林业实施单位负担的在职职工基本养老、基本医疗、失业、工伤和生育等五项社会保险给予补助,并相应提高补助标准及完善相关政策。三是完善政社性支出补助政策。继续对国有林业单位负担的教育、医疗卫生、公检法司经费及政府经费给予补助,并相应提高补助标准;对将所承担的消防、环卫、街道等社会公益事业移交地方政府管理的省份,中央财政给予补助。四是继续实行公益林建设投资补助政策。中央基本建设投资继续对长江上游、黄河上中游地区安排公益林建设,人工造林每亩补助300元,封山育林补助70元,飞播造林补助120元。五是增加森林培育经营补助政策。中央财政对国有中幼林抚育每亩补助120元;中央基本建设投资对东北内蒙古重点国有林区后备资源培育中的人工造林和森林改造培育每亩分别补助300元和200元。

天然林资源保护工程是一项十分重要的自然生态保护修复工程,工程建设取得了巨大的生态效益和综合效益。工程区森林面积蓄积量实现双增长,生态环境不断改善,生物多样性得到有效保护,职工就业情况继续向好,民生得到较大改善,经济转型发展态势良好,林区体制机制改革不断深入,全民生态保护意识不断加强。成为我国林业以木材生产为主向以生态建设为主转变的重要标志,也是目前我国实施成效最为显著、综合效益最大的生态工程之一。长江上游、黄河上中游13个省份已在2000年全面停止了天然林的商品性采伐,东北内蒙古重点国有林区在停伐减产到位的基础上,从2015年4月1日起继续全面实行大小兴安岭、长白山林区的天然林停止商业性采伐,并进一步停止了河北省天然林商业性采伐。工程建成了有效的森林管护网络体系，管护森林面积达17.32亿亩。工程一期平稳转岗和安置富余职工95.6万人，其中一次性安置68万人。职工基本养老、基本医疗、工伤、失业、生育等五项保险补助政策基本得到落实，参保率分别达到99%、98%、97%、96%和93%；教育、医疗卫生、公检法司等政社性人员补助政策落实到位。

九、退耕还林工程

(一) 政策背景

为从根本上改善我国生态急剧恶化的状况，1998年特大洪灾之后，党中央、国务院将"封山植树，退耕还林"作为灾后重建、整治江湖的重要措施。1999年开始退耕还林试点，2002年全面启动。工程建设范围包括北京、新疆等25个省份和新疆生产建设兵团，共1897个县(市、区、旗)，根据因害设防的原则，按水土流失和风蚀沙化危害程度、水热条件和地形地貌特征，将工程区划分为10个类型区。

(二) 政策要点

一是国家无偿向退耕农户提供粮食、生活费补助。粮食和生活费补助标准为：长江流域及南方地区退耕地每年补助粮食(原粮)2250kg/hm^2，黄河流域及北方地区退耕地每年补助粮食(原粮)1500kg/hm^2。从2004年起，原则上将向退耕户补助的粮食改为现金补助。中央按粮食(原粮)1.40元/kg计算，包干给各省份。具体补助标准和兑现办法，由省份政府根据当地实际情况确定。退耕地每年补助生活费300元/hm^2。粮食和生活费补助年限，1999—2001年还草补助按5年计算，2002年以后还草补助按2年计算；还经济林补助按5年计算；还生态林补助暂按8年计算。尚未承包到户和休耕的坡耕地退耕还林的，只享受种苗造林费补助。退耕还林者在享受资金和粮食补助期间，应当按照作业设计和合同的要求在宜林荒山荒地造林。二是国家向退耕农户提供种苗造林补助费。1999—2007年种苗造林补助费标准按退耕地和宜林荒山荒地造林750元/hm^{2}计算。三是退耕还林必须坚持生态优先。退耕地还林营造的生态林面积以县为单位核算，不得低于退耕地还林面积的80%。对超过规定比例多种的经济林只给种苗造林补助费，不补助粮食和生活费。四是国家保护退耕还林者享有退耕地上的林木(草)所有权。退耕还林后，由县级以上人民政府依照《中华人民共和国森林法》《中华人民共和国草原法》的有关规定发放林(草)权属证书，确认所有权和使用权，并依法办理土地用途变更手续。五是退耕地还林后的承包经营权期限可以延长到70年。承包经营权到期后，土地承包经营权人可以依照有关法律、法规的规定继续承包。退耕还林地和荒山荒地造林后的承包经营权可以依法继承、转让。六是资金和粮食补助期满后，在不破坏整体生态功能的前提下，经有关主管部门批准，退耕还林者可以依法对其所有的林木进行采伐。七是国家对退耕还林实行省(自治区、直辖市)人民政府负责制。八是2007年《国务院关于完善退耕还林政策的通知》规定：①继续对退耕农户直接补助。退耕还林粮食和生活费补助期满后，中央财政安排资金继续对退耕农户给予现金补助。补助标准为：退耕地长江流域及南方地区每年补助现金1575元/hm^2，黄河流域及北方地区每年补助现金1050元/hm^2。原退耕地每年300元/hm^{2}生活补助费继续直接补助给退耕农户，并与管护任务挂钩。补助期为：还生态林补助8年，还经济林补助5年，还草补助2年。②建立巩固退耕还林成果专项资金。为集中力量解决影响退耕农户长远生计的突出问题，中央财政安排一定规模资金，作为巩固退耕还林成果专项资金，主要用于西部地区、京津风沙源治理区和享受西部地区政策的中部地区退耕农户的基本口粮田建设、农村能源建设、生态移民以及补植补造，并向特殊困难地区倾斜。中央财政按照退耕地还林面积核定各省份巩固退耕还林成果专项资金总量，并从2008年起按8年集中安排，逐年下达，包干到省份。③继续安排荒山造林、封山育林，并视情况适当提高种苗造林补助标准。种苗造林费补助标准2008年提高到荒山荒地造林1500元/hm^2、封山育林1050元/hm^2。2009年进一步提高到荒山荒地造乔木林3000元/hm^2、造灌木林1800元/hm^2。2011年，又将荒山荒地造乔木林种苗造林费补助标准提高到4500元/hm^2。1999—2013年，全国共实施退耕还林工程建设任务2981.92万hm^2，其中退耕地造林926.42万hm^2，宜林荒山荒地造林1745.5万hm^2，封山育林310万hm^2。中央共投资3542.08亿元，其中种苗造林费补助278.60亿元，种苗基建3.35亿元，科技支撑和前期工作费1.36亿元，原政策补助2068.88亿元，完善政策补助486.60亿元，巩固成果专项资金703.29亿元。为贯彻落实《国务院关于完善退耕还林政策的通知》精神，自2008年起，逐年对各工程省原有政策补助到期的退耕地造林进行阶段验收。通过阶段验收结果看，退耕还林工程管理规范、造林质量较高、建设成效显著，全国退耕地造林计划面积保存率达99.88%，退耕还林成果得到有效巩固。

（三）新一轮退耕还林还草政策背景

2010年、2012年和2013年中央1号文件及《国民经济和社会发展第十二个五年规划纲要》均提出，要巩固退耕还林成果，统筹安排新的退耕还林任务。党的十八届三中全会要求，稳定和扩大退耕还林范围。2014年，《中共中央 国务院关于全面深化农村改革加快推进农业现代化的若干意见》进一步要求"从2014年开始，继续在陡坡耕地、严重沙化耕地、重要水源地实施退耕还林还草"。2014年6月，国务院批准的《新一轮退耕还林还草总体方案》提出，新一轮退耕还林还草要依据第二次全国土地调查和年度变更调查成果，严格限定在25°以上坡耕地、严重沙化耕地和重要水源地15°~25°坡耕地。到2020年，将全国具备条件的坡耕地和严重沙化耕地约282.67万hm^2退耕还林还草，其中25°以上坡耕地144.87万hm^2，严重沙化耕地113.33万hm^2，丹江口库区和三峡库区15°~25°坡耕地24.67万hm^2。对已划入基本农田的25°以上坡耕地，要本着实事求是的原则，在确保省域内规划基本农田保护面积不减少的前提下，依法定程序调整为非基本农田后，方可纳入退耕还林还草范围。严重沙化耕地、重要水源地的15°~25°坡耕地，需有关部门研究划定范围，再考虑实施退耕还林还草。

（四）新一轮退耕还林还草的政策要点

一是采取"自下而上、上下结合"的方式实施，即在农民自愿申报退耕还林还草任务基础上，中央核定各省份总规模，并划拨补助资金到省份，省级人民政府对退耕还林还草负总责，自主确定兑现给农户的补助标准。二是中央根据退耕还林还草面积将补助资金拨付给省级人民政府。补助资金按以下标准测算：退耕还林补助 22500 元/hm², 其中, 财政部通过专项资金安排现金补助 18000 元、国家发展改革委通过中央预算内投资安排种苗造林费 4500 元；退耕还草补助 12000 元/hm², 其中, 财政部通过专项资金安排现金补助 10200 元、国家发展改革委通过中央预算内投资安排种苗种草费 1800 元。三是中央安排的退耕还林补助资金分三次下达给省级人民政府, 第一年 12000 元/hm²（其中, 种苗造林费 4500 元）、第三年 4500 元/hm²、第五年 6000 元/hm²；退耕还草补助资金分两次下达, 第一年 7500 元/hm²（其中种苗种草费 1800 元）、第三年 4500 元/hm²。四是省级人民政府可在不低于中央补助标准的基础上自主确定兑现给退耕农民的具体补助标准和分次数额。地方提高标准超出中央补助规模部分, 由地方财政自行负担。五是退耕后营造的林木, 凡符合国家和地方公益林区划界定标准的, 分别纳入中央和地方财政森林生态效益补偿。未划入公益林的, 经批准可依法采伐。六是在不破坏植被、造成新的水土流失前提下, 允许退耕还林农民间种豆类等矮秆作物, 发展林下经济, 以耕促抚、以耕促管。七是在专款专用的前提下, 统筹安排中央财政专项扶贫资金、易地扶贫搬迁投资、现代农业生产发展资金、农业综合开发资金等, 用于退耕后调整农业产业结构、发展特色产业、增加退耕户收入, 巩固退耕还林还草成果。八是退耕还林还草后, 由县级以上人民政府依法确权变更登记。

(五) 退耕还林工程的成效

退耕还林工程的实施, 改变了农民祖祖辈辈垦荒种粮的传统耕作习惯, 实现了由毁林开垦向退耕还林的历史性转变, 有效地改善了生态状况, 促进了"三农"问题的解决, 并增加了森林碳汇。一是生态状况明显改善, 秀美山川初露峥嵘。退耕还林工程造林占同期全国林业重点工程造林总面积的一半以上, 相当于再造了一个东北内蒙古国有林区, 占国土面积 82% 的工程区森林覆盖率平均提高 3 个多百分点, 西部地区有些市县森林覆盖率提高了十几个甚至几十个百分点, 昔日荒山秃岭、水土横流、风沙肆虐的面貌得到了明显改观。二是"三农"问题有效破解, 促进了可持续发展。退耕还林工程根植农村, 服务农业, 惠及农民, 是党中央、国务院强农惠农工作的重要组成部分, 是迄今为止我国最大的强农惠农项目。退耕还林为调整农村产业结构提供了良好机遇, 改变了农民传统的广种薄收的耕作习惯, 合理调整了土地利用结构, 促进了农林牧各业的健康协调发展和农民生产生活方式的转变。工程的实施, 不仅使 3200 万农户、1.24 亿农民从政策补助中直接受益, 比较稳定地解决了温饱问题, 而且改变了农民的思想认识, 调整了农村产业结构, 培育了生态经济型的后续产业, 促进了农村富余劳动力的转移, 为有效破解"三农"问题、促进农业可持续发展开辟了新途径。三是碳汇效益明显, 成为中国生态建设的一面旗帜。退耕还林工程创造了世界生态建设史上的奇迹, 资金投入最多、政策性最强、工程范围最广、群众参与程度最高, 均超过苏联斯大林改造大自然计划、美国罗斯福大草原林业工程、北非五国绿色坝工程等世界重大生态建设工程, 是迄今为止世界上最大的生态建设工程, 引起全球关注。按我国人工林平均每公顷蓄积量 46.5 m³ 测算, 退耕还林工程造林成林后, 林分蓄积量将达 13 亿 m³ 多, 能固定二氧化碳 10 亿 t 多, 将为应对全球气候变化、解决全球生态问题作出巨大贡献。退耕还林工程已成为中国政府高度重视生态建设、认真履行国际公约的标志性工程, 受到国际社会的一致好评。20 年的实践证明, 党中央、国务院关于退耕还林的战略决策,是一项具有远见卓识的英明决策。退耕还林顺应了经济社会发展的客观规律,是统筹人与自然和谐发展、建设生态文明、推动可持续发展的成功实践。

十、京津风沙源综合治理

京津风沙源综合治理工程2000年启动试点,2002年全面展开。工程范围涉及北京、天津、河北、山西、内蒙古5省份的75个县(旗、区)。2006年4月,国务院同意对工程规划进行中期结构性调整。截至2012年4月,国家已累计安排资金479亿元,累计完成营造林752.61万hm^2(其中退耕还林109.47万hm^2),治理草地933万hm^2,易地搬迁18万人。二期规划于2012年9月19日经国务院常务会议讨论通过,工程期为2013—2022年,建设范围在一期的基础上适当西扩,西起内蒙古乌拉特后旗,东至内蒙古阿鲁科尔沁旗,南起陕西定边县,北至内蒙古东乌珠穆沁旗。涉及北京、天津、河北、山西、陕西及内蒙古6省份的138个县(旗、市、区)。主要建设任务为:林草植被保护3103.28万hm^2,林草植被建设665.83万hm^2,工程固沙37.15万hm^2,小流域综合治理2.11万km^2,合理建设草地74万hm^2,易地搬迁37.04万人,以及配套水利和农业基础设施建设。二期规划总投资为877.92亿元,其中,基本建设投资694.56亿元(含中央投资398.94亿元),财政资金183.36亿元(全部为中央财政资金)。

京津风沙源综合治理工程采取以林草植被建设为主的综合治理措施,国家给予适当补助。人工营造乔木林中央每亩补助400元,人工营造灌木林中央每亩补助120元;飞播造林每亩120元(包含飞播后管护),封山育林每亩70元,全部由中央投入;工程固沙中央每亩补助500元。经过十多年建设,工程治理成效非常显著:一是工程区森林面积增加。据资源清查与监测,工程区森林面积年均净增37万hm^2;森林覆盖率年均增长0.8个百分点。二是风沙天气明显减少。工程区已由沙尘天气发生发展过程中的加强区变为减弱区。据统计,2000—2002年北京市沙尘天气发生次数均在13次以上,减少到2010—2012年的4次、3次、2次,2014年未发生沙尘天气。三是沙化土地明显减少。据第四次全国荒漠化和沙化监测,工程区固定沙地面积增加9.5万hm^2,增加了1.75%;流动沙地面积减少10.29万hm^2,减幅达30.68%。四是经济效益日益凸显。通过大力发展特色林果、林下种养、生态旅游等产业,拓宽了农民增收致富门路,初步实现了生态建设和经济发展的良性互动。

十一、沙化土地封禁保护补助试点项目

为切实加强沙区生态保护,国家于2013年启动实施了沙化土地封禁保护区试点项目。项目启动以来,截至2015年已累计向内蒙古、西藏、陕西、甘肃、青海、宁夏和新疆7省份下达中央财政补助资金9亿元,启动实施封禁保护补贴试点61个,累计封禁保护面积超过110万hm^2。为切实加强项目和资金管理,确保封禁建设和管护质量,国家林业局于2015年5月出台了《国家沙化土地封禁保护区管理办法》。各省份积极承担试点任务并组织开展建设。各地结合实际组建管护队伍,加强日常巡护,严格管控各类破坏活动,并

采取多种形式加强宣传教育，提高群众对封禁保护工作的认识，确保封禁成效。建立沙化土地封禁保护区是防沙治沙的一项重要内容，是推进生态文明建设的一项重要措施。未来，国家林业局将继续深入推进这项工作，按照《中共中央 国务院关于加快推进生态文明建设的意见》的有关要求，采取有效措施，继续推进封禁保护建设。一是加强制度建设，针对不同封禁保护区采取不同的管理体制和模式，分类施策，提高封禁水平，保障封禁效果。二是优化政策模式，积极探索并不断完善沙化土地封禁保护区建设投资模式，力争建立生态补偿政策。三是强化成效监测，定期对封禁保护区土地沙化、植被及野生动物、水资源等相关因子进行监测和评估，掌握封禁保护前后的变化情况，对封禁保护成效进行综合分析和评估。四是认真总结经验，推广普及，典型示范。系统了解试点建设中出现的新情况、新问题，特别是封禁保护区建设中普遍存在的共性问题，研究提出解决的办法和手段，不断巩固和提升沙化土地封禁成效。

十二、三北防护林体系工程

(一)背景

1978年11月，在邓小平等中央领导同志的亲切关怀和大力倡议下，党中央、国务院做出了在我国西北、华北、东北地区建设三北防护林体系工程的重大战略决策。工程涉及北京等13个省份的551个县(市、区、旗)，计划从1978年至2050年的73年间，造林3508.3万hm^2，林地总面积由2314万hm^2扩大到6084hm^2，森林覆盖率由5%提高到15%，林木总蓄积量增加到42.7亿m^3。

(二)主要技术

在技术方面，实行农、林、牧、水相结合，以形成整体优化作用。以防护林为主，做到多树种、带网片相结合。建立多林业生态模式，使之成为有机的整体，充分提高"体系"的总体功能和综合效益。坚持适地适树，实行多树种，乔、灌、草相结合，形成稳定的森林系统，充分发挥林的整体效益和多种功能。坚持造、封、飞相结合，针对三北地区自然条件严酷、生态系统脆弱、造林条件很差的情况，在积极营造新林的同时，采取封山(沙)育林(草)的措施，保护和发展现存的林草植被资源，在条件适宜的沙区和山区进行飞机播种造林种草。坚持分区划类、分类指导，把三北地区划分为东北西部、蒙新、黄土高原、华北北部四个防护林Ⅰ区和59个防护林Ⅱ类型区，实行分类指导，分区施策。

(三)主要政策

在政策方面，一是推行谁造谁有、允许继承、转让的政策。促进了造林生产责权利的结合，明晰了产权关系，调动了农民的造林积极性。二是推行统分结合和"两工"政策。结合农村双层经营体制改革和全民义务植树等政策的实施，推行"两工"(义务工和劳动积累工)造林和"四统一分"(统一规划、统一标准、统一造林、统一验收、分户经营)的统分结合的造林政策。探索了工程建设新的组织形式和利益激励机制，较好地解决了三北这项劳动密集型工程的劳力问题，促进了按山系、按流域的规模治理，推动了工程建设的稳步发展,提高了建设质量。三是推行"四荒"拍卖和股份合作制造林政策。鼓励不同经济成分主体购买"四荒"植树造林,允许继承、转让,进一步稳定林地所有权、搞活林地使用权和经营权,保障了农民收益权,并对个体造林、育林大户给予一定的经济扶持和必要的信贷支持,充分调动了社会团体、个人和农户投身于工程建设的积极性,解放了林地,保证了防护林工程建设的资金投入和活劳动投入。使生产要素投入与造林收益分配相联系,促进了以公有制为主体,多种所有制经济成分并存格局的形成与发展,拓宽了工程建设的投资渠道,为工程建设增加了活力。四是地方制定了生态效益补偿政策。20世纪80年代中期,辽宁、内蒙古、新疆等省份先后制定了从水资源费、风景区、矿产等部门的收益以及从国家工作人员的工资收入中提取生态建设补偿费的地方政策。虽然没有真正实现公益林建设的价值补偿,但在某种程度上缓解了工程建设投资不足的状况。五是实行青山流转,积极发展非公有制林业政策。为有经济实力的投入主体参与林业建设提供了一个广阔的空间,促进了林业投入主体的多元化。六是集体林权制度改革政策。随着国家大力推进集体林权制度改革,集体林依法明晰产权、放活经营、规范流转、减轻税费,进一步解放和发展林业生产力,三北防护林建设也逐渐趋于规范,出现了不栽无主树、不造无主林的局面,实现了"山定权、树定根、人定心",造林也初步形成"权利责相统一,种育管相衔接"的局面。

(四)政策成效

截至2014年,历经36年建设的三北工程取得了举世瞩目的建设成就,区域生态状况呈现出整体遏制、局部好转的发展态势。重点治理地区沙化土地和沙化程度呈"双降"趋势,治理沙化土地27.8万km^2,保护和恢复严重沙化、盐碱化草原、牧场1000多万hm^2,实现了由"沙进人退"向"人进沙退"的重大转变。局部地区水土流失面积和侵蚀强度呈"双减"趋势,水土流失治理面积由工程建设前的5.4万km^2增加到2010年的38.6万km^2,局部地区的水土流失得到有效控制。平原农区林网化面积和粮食产量呈"双增"趋势,在东北、华北平原等重点农区,基本建成了规模宏大的农田防护林体系,有效庇护农田2248.6万hm^2,农田林网化程度达到68%。工程区森林蓄积量由1977年的7.2亿m^3,增加到14.4亿m^3,净增7.2亿m^3,三北地区四料俱缺的状况得到根本性改善。建成了一大批以苹果、红枣、香梨、板栗、核桃为主的特色经济林基地,总面积达432万公顷,年产干鲜果品3600多万t,年产值537亿元。形成以人造板、家具制造、造纸等为主的木材加工企业5000余家,安排就业人员70多万人,产值达225亿元。广大人民群众从特色经济林产品销售、流通和加工以及人工林木材销售中,得到了实实在在的利益。

十三、沿海防护林

1988年,国家计委批复《全国沿海防护林体系建设工程总体规划》,启动全国沿海防护林体系建设一期工程,范围包括辽宁、海南等11个省份的195个县(市、区)。2000年,国家林业局又启动二期工程建设。2004年印度洋海啸发生后,根据国务院指示,国家林业局对原规划进行了修编,工程建设按照修订后的《全国沿海防护林体系建设工程规划》

(2006—2015年)实施。规划范围扩大到包括辽宁、天津等11个省份和大连、厦门等6个计划单列市的259个县(市、区),建成与沿海地区经济社会发展水平相适应、生态功能完善的海岸保护发展带,基本建成生态结构稳定、防灾减灾功能强大的生态防护林体系。

沿海防护林体系建设工程实行农、林、牧、水相结合,以形成整体优化作用。以防护林为主,做到多树种、带网片相结合。建立多林业生态模式,使之成为有机的整体,充分提高"体系"的总体功能和综合效益。坚持适地适树,多树种、乔灌草相结合,宜乔则乔、宜灌则灌,形成稳定的森林系统。坚持造、封相结合,保护和发展现存的植被资源。坚持分区划类、分类指导,将工程区从北到南划分为环渤海湾沿海地区、长三角沿海地区、东南沿海地区、珠三角及西南沿海地区4个建设类型区、13个类型亚区。国家给予工程建设重点补助,目前实行的标准为人工造林每亩300元,封山育林每亩70元。

经过20多年不懈努力,沿海防护林体系建设取得显著成效,完成造林超过800万hm^2,工程区森林覆盖率达到了36.9%,发挥了明显的生态、经济和社会效益。防护林体系框架基本形成,生物多样性更加丰富,人居环境显著改善,综合效益充分发挥。经测算,沿海防护林体系工程建设年综合效益总价值达到12697亿元,其中生态效益价值8185亿元、经济效益价值4492亿元、社会效益价值20亿元。

十四、长江流域防护林体系建设工程

长江流域横跨中国东部、中部和西部3大经济区共计19个省份。流域总面积180万km^2,占国土面积的18.8%。流域人口占全国的38.5%,经济总量占全国的45%以上,在国家经济社会发展全局中具有重要战略地位,生态区位十分重要。长江流域森林覆盖率曾达到50%以上,到20世纪60年代初期下降到10%左右,1989年森林覆盖率提高到19.9%,但森林资源总量不足,质量不高。20世纪50年代,长江流域水土流失面积为36万km^2,到80年代达62万km^2,年土壤侵蚀量达24亿t,全流域每年损失的水库库容量近12亿m^3。1998年长江洪灾造成的巨大损失至今令人记忆犹新。

党中央、国务院高度重视长江流域生态治理工作。为改善长江流域生态环境,提升抵御灾害能力,1989年6月,国家计委批准《长江中上游防护林体系建设一期工程总体规划》。工程覆盖安徽、江西等12个省份的271个县(市、区),土地面积160万km^2,占流域面积的85%。到2000年,一期工程建设圆满完成,工程区森林植被得到有效恢复。新世纪之初,国家批复并实施《长江流域防护林体系建设二期工程规划(2001—2010年)》。工程区包括长江、淮河流域17个省份的1035个县(市、区),总面积216.2万km^2。通过10年的努力,二期工程建设取得更为明显的生态、经济和社会效益。累计完成造林352.3万hm^2,工程区内森林覆盖率提升4.7%。林分结构得到优化,林地生产力和生态防护功能显著提高。流域水土流失面积逐年下降,滑坡、泥石流灾害明显减轻,生物多样性明显改善,有效抑制钉螺孳生,减少血吸虫滋生场所。工程区人民群众通过参加造林、护林,增加了现金收入。一大批农户通过直接参加工程建设和大力发展经济林果走上致富之路。

2013年,为有效巩固长防工程一二期建设成果,进一步恢复长江流域森林植被、涵养水源、保持水土,维护长江流域的生态安全和人民安康,国家林业局发布实施《长江流域防护林体系建设三期工程规划(2011—2020年)》。规划范围覆盖长江流域17个省份的1026个县(市、区),总面积220.6万km^2。综合考虑长江流域经济社会条件,三期规划把工程区分为16个重点治理区,规划总投资1257.9亿元。建设任务包括人工造林361.6万hm^2、封山育林907.3万hm^2、飞播造林9.2万hm^2。规划到2020年,增加森林面积379.3万hm^2,森林覆盖率达到39.3%,比规划实施前提升1.3%。同时,初步构建完善长江流域生态防护林体系,把长江流域建设成为我国重要的生物多样性富集区、森林资源储备库和应对气候变化的关键区域。

十五、珠江流域防护林体系建设工程

珠江是我国七大河流之一,流经云南、贵州、广西、广东、湖南、江西等6省份,流域总面积44.2万km^2,与长江航运干线并称为我国高等级航道体系的"两横",是大西南出海最便捷的水道。珠江三角洲是我国人口集聚最多、综合实力最强地区之一,下游的香港和澳门对珠江水源的依赖度比较高。整个流域生态区位十分重要。为增加流域森林植被,有效治理石漠化和水土流失,增强抵御旱涝等灾害能力,加快区域生态建设,原林业部先后编制并组织实施了《珠江流域综合治理防护林体系建设工程总体规划(1993—2000年)》《珠江流域防护林体系建设工程二期规划(2001—2010年)》。在一期规划中,工程区仅涉及56个县,在二期规划中,工程区增加到包括珠江流域6省份的187个县(市、区)。整个二期工程国家和地方共投入资金18.6亿元,累计完成营造林95.45万hm^2,取得明显的生态、经济和社会效益。截至2010年,工程区有林地面积达到1913.3万hm^2,森林蓄积量8.3亿m^3,森林覆盖率达到56.8%,分别比2000年增加108.2万hm^2、2.7亿m^3和12%。流域森林面积的增加,增强了其保持水土、涵养水源,减少洪灾、泥石流、滑坡等自然灾害的能力。同时,各地坚持以防护林建设为主体,生态建设与经济发展统筹兼顾,依托工程建设培植了一批林业产业基地,产生了较好的经济效益,促进了农民脱贫致富。贵州省工程区林农年均纯收入由2000年的1327元提高到2009年的2541元,增加91.5%。

国家林业局在前两期建设的基础上,又组织编制、实施《珠江流域防护林体系建设工程三期规划(2011—2020年)》,将工程建设范围扩大到6个省份37个市(州)215个县(市、区),土地面积达到4166.7万hm^2,分为五大治理区8个重点建设区域,重点加强水土流失和石漠化的治理,并在保护现有植被的基础上,加快营林步伐,提高林分质量,增强森林保土蓄水功能。规划建设任务为392.6万hm^2,到2020年,工程区新增森林面积153万hm^2,森林覆盖率提高到60.5%以上,森林蓄积量由8.9亿m^3提高到9.2亿m^3,低效林得到有效改造,林种、树种结构进一步优化,各类防护林面积由1026.7万hm^2增加到1248.8万hm^2,森林保持水土、涵养水源、防御洪灾、泥石流等自然灾害的能力显著增强,水域水质有所提升,有效保证珠江流域特别是香港、澳门的饮用水安全。

十六、平原绿化工程

平原地区是我国重要的粮、棉、油等生产基地,土地面积、耕地面积和人口分别占全

国的 22.3%，47.9% 和 43.8%，在国民经济建设和社会发展中具有极其重要的地位。历史上，我国平原地区森林植被稀少，干旱、洪涝、风沙和霜冻等自然灾害频发，水土流失、土地沙化情况严重。1987—1988 年，林业部编制了《全国平原绿化"五、七、九"达标规划》，将平原绿化纳入《1989—2000 年全国造林绿化规划纲要》整体推进。2006 年，国家林业局组织编制并实施《全国平原绿化工程建设规划（2006—2010 年）》，建设范围涉及 26 个省份的 958 个县（市、区、旗）。截至 2010 年，"五、七、九平原绿化达标规划和二期平原绿化工程规划的实施使平原地区生态明显改善，平原地区森林覆盖率由 1987 年的 7.3% 提高到目前的 15.8%，基本农田林网控制率由 1987 年的 59.6% 增加到 79%，初步建立起比较完善的点、带、片、网平原农田综合防护林体系，区域木材和林产品供给显著增加，村镇人居环境得到有效改善。

2012 年，国务院印发《全国现代农业发展规划（2011—2015 年）》，把农田防护林建设列为我国"十二五"期间现代农业发展的重点任务和重点工程之一。国家林业局制定的《林业发展"十二五"规划》，明确要求构筑平原农区生态屏障，继续实施平原绿化工程。在此基础上，国家林业局组织编制并实施《全国平原绿化三期工程规划（2011—2020 年）》，规划范围覆盖 24 个省份 923 个平原、半平原和部分平原县（市、区、旗），以全国粮食主产省和粮食主产区为重点建设区域，分 6 大片，通过加快农田防护林网建设和村镇绿化，开展退化林带的生态修复和中幼龄林带抚育，切实提升平原农区防护林体系综合功能。规划总投资 457.8 亿元，建设任务包括人工造林 492.4 万 hm^2，修复防护林带 128.1 万 hm^2，农林间作 85.9 万 hm^2。到 2020 年，平原地区森林覆盖率达到 18.7%，增加 1.6%；林木绿化率达到 20.4%，增加 2.3%；基本农田林网控制率达到 95% 以上，提升 20 个百分点。通过三期规划建设，在全国平原地区建立起比较完善的农田防护林体系，实现等级以上公路、铁路、河流等沿线全面绿化，平原地区的森林质量得到有效改善，广大农田得到有效庇护，区域木材及林产品供给显著增加，切实保障国家到 2020 年比 2008 增加千亿斤（1 斤 =500g）粮食产量目标的如期实现。

十七、太行山绿化工程

太行山区是京津地区的天然屏障，生态区位十分重要。历史上的太行山区曾是森林茂密、美丽富饶之地。由于战乱、毁林开荒等原因，太行山森林资源遭到严重破坏，到中华人民共和国成立初期，已经是濯濯童山、遍地裸岩，森林覆盖率不足 5%。中华人民共和国成立后，国家加大太行山的治理力度，但由于多种原因，建设步伐缓慢。据 1984 年统计，太行山区森林覆盖率只有 11.1%。

太行山的生态治理受到党中央、国务院的高度重视。1984 年 12 月，国家计委批准实施《太行山绿化总体规划》，工程建设从 1987—1993 年开展试点建设，于 1994 年全面启动。一期工程实施期限为 1994—2000 年，建设范围涉及北京、河北、山西和河南 4 省份的 110 个县（市、区）。2001 年，国家继续启动实施《太行山绿化工程二期规划（2001—2010 年）》，进一步加大建设力度，规划投资总额增加到 36.0 亿元，是一期建设的 3.5 倍。建设范围涉及北京、河北、山西、河南 4 省份的 77 个县（市、区、国有林管理局）。

太行山绿化二期工程累计完成造林 90.2 万 hm^2，森林覆盖率达到 21%，林木绿化率达到 30.6%。工程区内森林覆盖率稳步提高，林种树种结构进一步优化，森林生态系统稳定性增强，水土流失面积和流失强度大幅度减少和下降，地表径流量降低，干旱、洪涝等自然灾害也明显减少，过去"土易失、水易流"的生态状况显著改善，为当地经济社会可持续发展奠定了坚实基础。工程的实施，带动了太行山区以红枣、核桃、花椒等干果为主的经济林产业发展，解决了大量的剩余劳动力，维护了当地社会的和谐稳定。

根据二期工程结束的测算，太行山区仍有 130 多万 hm^2 宜林荒山荒地，造林绿化任重而道远。为进一步推进太行山区生态建设，国家林业局启动实施了《太行山绿化三期工程规划(2011—2020 年)》。建设范围涉及北京、河北、山西、河南 4 省份 78 个县(市、区、国有林管理局)。工程区分 7 大区 53 个重点县，总面积达 839.6 万 hm^2。规划投资 181.8 亿元，任务包括人工造林 81.6 万 hm^2、封山育林 49.6 万 hm^2、飞播造林 4 万 hm^2 和低效林改造 32.5 万 hm^2。规划到 2020 年，工程区新增森林面积 79.6 万 hm^2，森林覆盖率提升 9.7%。

十八、湿地保护与恢复工程

2002 年，国务院批复了《全国湿地保护工程规划(2002—2030 年)》，要求编制各个阶段的实施规划。2005 年，国务院批复了《全国湿地保护工程实施(2005—2010 年)》，建设自然保护区管理局 76 处，保护管理站点 401 处，湿地监测站点 245 处，野生动物救护站点 44 处，恢复湿地 79162hm^2，湿地污染防治面积 2093hm^2。2012 年，国务院批复了《全国湿地保护工程"十二五"实施规划》，截至 2014 年，建设湿地自然保护区管理局 82 处，保护管理站点 444 处，湿地监测站点 445 处，野生动物救护站点 88 处，科普宣教中心 157 处，修建围栏 2353km，巡护道路 2681km，恢复湿地 98473hm^2。

2010 年，财政部设立了湿地保护补助资金专项。主要用于监测监控设备购买维护、退化湿地修复、聘用管护人员等方面。2010—2013 年，中央财政共投入资金 8.5 亿元，支持实施湿地保护补助项目 325 个，覆盖了全国所有省份。项目的实施，提高了基层湿地保护管理机构的管理能力，改善了湿地的生态状况。2014 年，中央财政将湿地保护补助政策扩大为湿地补贴政策，出台了资金管理办法，新增了湿地生态效益补偿试点、退耕还湿试点、湿地保护奖励试点三个支持方向，2014 年补贴资金达 16 亿元，比 2013 年增加了 5.4 倍。

退耕还湿试点工作在内蒙古、吉林、黑龙江的 13 个国家级湿地自然保护区开展，下达试点任务 15 万亩，按每亩一次性补助 1000 元的标准，安排预算资金 1.5 亿元，共落实退耕地 150198 万亩，为计划的 100.1%。湿地生态效益补偿试点工作在 21 处国际重要湿地或国家级湿地自然保护区及其周边开展试点，安排中央财政资金 6.4 亿元。大多数省份编制了实施方案，对农作物损失进行了适当补偿，修复了村庄生态环境，并进行了环境整治。2014 年，湿地保护奖励资金奖励 60 个县，安排资金 3 亿元，这项政策对于调动地方政府湿地保护的积极性具有重要意义。湿地保护与恢复补贴在 172 处国家湿地公园、湿地自然保护区安排资金 5.04 亿元。

十九、岩溶地区石漠化综合治理工程

石漠化是指在热带、亚热带湿润、半湿润气候条件和岩溶极其发育的自然背景下，受人为活动干扰，使地表植被遭受破坏，导致土壤严重流失，基岩大面积裸露或砾石堆积的土地退化现象，是岩溶地区土地退化的极端形式。2008年2月，国务院批复了《岩溶地区石漠化综合治理规划大纲(2006—2015年)》，治理范围包括贵州、云南、广西、湖南、湖北、四川、重庆、广东8省份的451个县(市、区)。2008年，国家安排专项资金在100个石漠化县开展试点工程，2011年开始由试点阶段转入重点县治理阶段，2011年重点治理县扩大到200个县，2012年扩大到300个县，2014年扩大到314个。工程林业建设内容为人工造林和封山育林，投资标准为：2014年以前，人工造林补助标准300元/亩，封山育林补助标准70元/亩；2014年以后，人工造林补助标准400元/亩，封山育林补助标准70元/亩。到2015年完成石漠化治理面积约7万km^2，占工程区石漠化总面积的54%，新增林草植被面积942万hm^2，植被覆盖度提高8.9个百分点，建设和改造坡耕地77万hm^2，每年减少土壤侵蚀量2.8亿t。

石漠化综合治理工程自2008年试点启动以来，国家已投资56亿元，植树造林投资份额占48%，体现以林业为主体的综合治理路线。累计完成营造林188.8万hm^2，石漠化扩展势头得到初步遏制，由过去持续扩展转变为净减少。一是工程实施对改善生态效益明显。据监测，治理区林草植被盖度提高，生物量明显增加，植被生物量比治理前净增115万t。群落植物丰富度提高，生物多样性指数从治理前的0.735提高到了1.521。二是工程实施有效促进农民增收。石漠化综合治理过程中，各地在抓好植被建设的同时，兼顾后续产业，发展了一批特色林果业、林草种植与加工业、生态旅游业、林下种植养殖业，促进了百姓增收。三是工程实施的社会效益显著。通过实施石漠化综合治理，探索了一条"封、造、改、迁、建、扶"的石漠化综合治理路子。通过工程建设，改善了当地生态质量，营造了良好的投资和发展环境，为构建和谐新农村起到了带动示范作用。

二十、国家储备林基地建设

2012年，国家林业局启动国家储备林建设试点，2014年将建设范围扩大到广西、湖南、福建等15个省份，划定国家储备林1500万亩。中央财政共安排资金17.36亿元，用于国家储备林造林、改培、抚育和基础设施建设，完成建设面积1950万亩。2015年，国家林业局组织编制了《国家储备林建设规划(2016—2020年)》，规划到2020年，在4大区域18个基地，通过人工林集约培育、现有林改造培育、中幼林抚育，建设国家储备林基地2.1亿亩。基地建成后，预计每年平均蓄积量增加1.42亿m^3，折合年木材生产能力9500万m^3。

为加快国家储备林建设，2015年国家林业局与财政部联合下发了《关于加快国家储备林建设的通知》，明确了政策支持的重点。一是专项资金。中央财政每年安排资金，用于国家储备林新造林、改培和抚育等支出。良种、病虫害防治、森林防火也要重点支持国家储备林建设。国家储备林建设贷款按照中央财政林业贴息政策贴息，地方视情况给予积极支持。二是金融政策。开发性金融机构提供国家储备林建设贷款，期限25~30年，宽限期8年，贷款利率为基准利率，提供长周期、低成本的资金支持。三是PPP模式。运用政府和社会资本合作(PPP)模式，吸引社会资本投入国家储备林建设。培育政府和社会资本的长期平等合作关系，优先选择具备稳定现金流和一定财力保障的项目开展PPP模式试点，通过政府付费或补贴等方式保障社会资本获得合理收益，运用PPP模式吸引社会资本、转变政府职能、激发市场活力，提升国家储备林建设的质量和效益。

国家林业局与国家开发银行开展战略合作，创新国家储备林投融资机制。首个试点省(区)广西一期建设750万亩国家储备林100亿元贷款，2015年9月通过国开行总行贷委会评审。该项目贷款期限27年、宽限期8年，目前是我国林业发展史上利用国内政策性贷款规模最大、贷款期限最长的建设项目。积极推进中国农业发展银行国家储备林建设合作。借鉴世行贷款造林项目经验，总结桉树等速生树种高效培育、杉木等一般树种大径材培育和楠木等珍稀树种混交林改培等43种模式和57个案例，编制《国家储备林树种目录》，发布《国家储备林现有林改培技术规程》，探索建立国家储备林培育经营标准体系。围绕"契约管理、代储代管、动用轮换、动态监测"运行机制和"可查、可调、可控"目标要求，以政策保障、项目管理、运行管理、科技支撑、监督指导等制度建设为核心，组织制定了《国家储备林制度方案》。

二十一、林下经济

集体林权制度改革与林业经济结构调整，推动了林下种植、林下养殖、相关产品采集加工、森林景观利用等林下经济的蓬勃发展。2008年中共中央、国务院出台《关于全面推进集体林权制度改革的意见》后，发展林下经济引起中央和各地政府重视，农民发展林下经济的愿望强烈，参与主体逐步增多，经营机制和发展模式不断创新，把发展林下经济作为巩固集体林权制度改革、增加农民收入、保护生态的一项重点工作。2012年7月，国务院办公厅印发《国务院办公厅关于加快林下经济发展意见》，要求在保护生态环境的前提下，以市场为导向，科学合理利用森林资源，大力推进专业合作组织和市场流通体系建设，着力加强科技服务、政策扶持和监督管理，促进林下经济向集约化、规模化、标准化和产业化发展，为实现绿色增长，推动社会主义新农村建设作出更大贡献。2015年4月中共中央、国务院发布的《关于加快推进生态文明建设的意见》明确提出要发展林下经济。

自2013年开始，国家在25个省份开展了林下经济中央财政补助试点工作，到2015年共补助3.85亿元，其中：2013年8000万元、2014年1.5亿元、2015年1.55亿元。2013年9月，国家林业局农村林业改革发展司印发《关于做好林下经济草本中药材种植补贴试点工作的通知》，要求各试点省份加强组织领导，选好试点单位，及时总结经验。《通知》明确，试点单位可以是市、县、乡镇，也可以是专业合作组织或龙头企业。在选择试点单位时优先考虑4个因素：一是地方领导高度重视，明确专门机构指导林下经济发展工作，管理体制顺畅，管理职能明确；二是地方出台了林下经济扶持文件，地方财政已安排林下经济发展扶持资金；三是该区域中草药种植历史悠久，发展规模较大，市场份额占有比例高的地区；四是在试点布局上优先支持国家重点扶贫片区，以及造林育林护林、带动农民增收致富效果明显的地区或单位。到2014年底共有21个省份对林下经济进行资金扶持。河南省规定，扶持对象为注册2年以上的农民林业专业合作社、家庭林场、国有林场，且从事林下中药材及其他种植业2年以上，林下种植基地规模不少于300亩，带动农户数不少于30户，每个项目申请省财政补助资金额度不超过20万元。广西的扶持对象为从事林下经济的专业大户、家庭农(林)场、农民专业合作社、农(林)业产业化龙头企业、林场企业、良种繁育场(站)、相关科研单位，先建后补项目不超过核定的合理投入金额的40%，总额最高不超过80万元，新建项目不超过核定的合理投入金额或实际投入金额的30%，总额最高不超过50万元。甘肃省的扶持对象为从事林下经济发展的林业合作社、家庭林场、林业龙头企业、专业大户等新型林业经营示范主体和农户(农户实施项目须以乡镇或村申报)，扶持范围包括林下种植、林下养殖、林产品采集加工和森林景观利用等林下经济发展，每个项目申报省级财政资金不超过30万元。

2014年，国家林业局编制了《全国集体林地林下经济发展规划纲要(2014—2020)》和《全国集体林地林药林菌发展实施方案(2014—2020)》，全国20个省份出台了省级林下经济规划，为林下经济发展提供了政策指导。2014年年初，国家林业局启动了林下经济认证试点工作。截至2014年年底，全国林下经济产值达到5415亿元，林下经济占林业总产值约10%，参与农户5911万户。其中林下种植1793亿元，林下养殖1173亿元，林下产品采集加工1447亿元，森林景观利用农户收入1001亿元。截止到2015年6月，全国林下经济示范基地3073个，其中国家级林下经济示范基地149个，省级示范基地797个，市级示范基地939个，其他1188个。发展林下经济已经成为山区林区农民的就业增收致富的重要渠道，成为农民工返乡创业、大众创业的重要选择。

第二节 林下经济发展存在的问题

党中央、国务院高度重视农林复合经营和林下经济，将其作为巩固集体林权制度改革、增加农民收入、保护生态环境的一项重要举措。习近平等中央领导同志多次强调，发展林下经济对生态文明建设和绿色可持续发展具有重要意义。2012年7月，国务院办公厅印发《关于加快林下经济发展意见》，为农林复合经营和林下经济发展指明了新方向、提出了新要求、带来了新机遇。国家林业局积极贯彻落实中央精神，编制了《全国集体林地林下经济发展规划纲要(2014—2020)》，开展了林下经济中央财政补助试点。全国20个省份出台了省级林下经济规划，为林下经济发展提供了政策指导。但从农林复合经营和林下经济发展情况和实际需求来看，对于农林复合经营和林下经济的认识、定位、管理、政策等还存在一定不足。

一、思想认识不足

农林复合经营和林下经济兼具经济、生态、社会、文化等多重效益，但在思想认识上人们仍然停留在经济的范畴，社会认知和价值评判重经济效益、轻综合效益。最突出体现在，我们在进行农林复合经营和林下经济调查统计、效益评估、绩效考核、产业规划等时，甚至科学研究中，基本都以经营数据、经济产值、产品产量等经济指标和显性价值为主。其最为重要的生态价值，以及社会文化价值，要么简单描述一语带过，缺乏准确的量化指标和数据，要么根本只字不提。直接导致政府主管部门在确定农林复合经营和林下经济财政补贴对象、产业扶持项目、发展规划，以及相关扶持政策制定时，基本都以经济效益、经营状态、产品类型等经济指标为依据，很少考虑其生态、社会、文化等方面的综合效益和潜在价值。进而影响到农林复合经营和林下经济的健康、持续发展，影响其综合效益的发挥。

二、功能定位不准

长期以来，我国对农林复合经营和林下经济的理解基本上是：利用林下资源进行的复合型生产经营活动，定位于传统的边缘型小农业。往往只重视其产品供给功能，对其生态调节功能、文化服务功能、促进社会和谐发展等重视不够。导致我们在建设发展农林复合系统时基本上是以粮为纲，重视单位土地上的物质产出最大化，而对系统的固土保肥、气候调节、防风固沙、文化多样性、生物多样性保持等重视不足，限制了综合价值发挥。近年来，随着我国生态建设和林业改革的不断深入，农林复合经营和林下经济受到中央和各级地方政府的高度重视，出台了一系列政策措施加以扶持鼓励，但这些政策文件对农林复合经营和林下经济的定位还是局限于林产业。例如，《国务院办公厅关于加快林下经济发展意见》要求"在保护生态环境的前提下，以市场为导向，科学合理利用森林资源，促进林下经济向集约化、规模化、标准化和产业化发展"。虽然要求以保护生态环境为前提，但强调以市场为导向，目标是促进产业化发展。而且国家和地方实施的林下经济财政资金补贴，基本上方向还是扶持产业发展。产业化的目标是追求经济效益，在生产实践中很难充分顾及生态效益，生态功能基本处于从属地位。这与构建健康稳定的生态系统、实现综合效益最大化的农林复合经营理念，与生态优先的林业发展理念，与中央生态文明理念、绿色发展理念等背道而驰。

三、体制机制不顺

我国目前的行政管理体制中，农业和林业管理分属不同部门，农林复合系统是农林物种混合构成的人工生态系统，既有涉农的部分，又有涉林的部分。在不同地区和不同自然地理条件下，农林物种在系统中的主体地位不一样，有时以农为主，有时以林为主，有时兼而有之。有些地方和领域甚至还要涉及水利、旅游、国土、环保、海洋等部门。容易导致在不同的地方，由于对农林复合经营的不同理解和认识造成本地农林业主管部门间的责任推诿和管理冲突。管理主体不明的结果使农林复合经营和林下经济的规划和管理难以有效进行，影响可持续发展。另外，农林复合经营和林下经济发展的主要空间在林下，但受国有林场林区体制机制限制，发展空间受限、发展活力不足。一方面林业职工没有取得林地的长期承包经营使用权，不能长期有效利用林地资源，另一方面，外来经营者和发展资本进入林下受限制，不能引入更多、更优的资本、人才、技术、产品等要素发展农林复合经营和林下经济。

四、扶持政策不力

农林复合经营和林下经济，兼具生态、经济、文化等多重效益，单纯的经济效益有限，亟待政府支持扶持。因为农业本身就是弱势行业，收益低波动大，农林复合经营周期长，要求技术高，相对经济产出更低。其次，农民普遍缺乏充足的技术、资金、市场等支持，抗风险能力弱。第三，农林复合系统对环境贡献大，高效的农林复合系统是一个经济－社会－自然的复合生态系统，三重效益并重，后两者无法直接通过市场和产品获得收益，需要国家兑付。因此农林复合经营和林下经济特别是在初始阶段应该得到政府资金政策支持，但目前我国对农林复合经营和林下经济的扶持政策基本寥寥。2013年开始的林下经济中央财政补助试点工作，到2015年总共只发放补助资金3.85亿元，可谓杯水车薪。部分省份和地方政府陆续对农林复合经营和林下经济进行了一些的政策性支持扶持，但都星星点点，力度都不大。虽然农林复合经营和林下经济经营者可以申请享受退耕还林、天保工程、森林生态补偿等其他相关生态保护和建设的政策性补贴和优惠政策，但由于不是扶持主体对象，可持续性和针对性有所欠缺。促进农林复合经营和林下经济发展的相关配套政策和扶持措施严重滞后，亟待加强。

五、科技支撑不强

我国幅员辽阔，地形地貌复杂，地理气候多变，生物多样性丰富，农业文明灿烂辉煌，具备发展农林复合经营和林下经济的自然优势。农林复合经营是建立在生态学理论和生态经济理论基础之上的，既要构建科学稳定的人工小生态系统，以有效利用土地、生物、光热等资源，又要谋划切合实际、行之有效的发展模式和经营措施。因自然地理条件、经济社会环境、资金技术实力等的不同，发展农林复合经营和林下经济的模式、结构、内容、技术、产品、经营等差异很大。因地制宜、因时制宜地选择发展模式、主打产品和经营策略，既能保护和改善环境，又达到经济产出增加的目的。所以，既要进行一些生态学与生态经济学的基础性研究，也需要一些实用技术、优良品种的研究和开发，同时还需要相关社会、经济和管理学研究的支撑。但目前我国农林复合经营和林下经济缺乏科学研究的支撑，配套技术不足，专业人才匮乏，生产技术水平低、经营管理粗放、效益不高等问题十分突出，严重制约农林复合经营和林下经济发展。

六、发展环境不佳

大部分林区都地处偏远山区，道路、水电、通讯等基础设施建设滞后，农林复合经营和林下经济发展所需的公共社会服务体系不够完善，严重制约了农林复合经济发展。近年来，国家加大了对"三农"的政策扶持力度，但重点是提高粮食产能，满足肉蛋乳的供应，多数多种经营用地未纳入国家基本农田，不享受基本农田建设投资政策。水、电、路等设施落后，无法引进先进的生产加工技术，无法实现大规模的发展。通讯、信息网络不配套，制约了现代经营管理和网络营销，生产经营跟不上市场变化，产品不能直接到达用户，经济效益和抗风险能力较低。基本的生产技术、生产资料、农业机械、农业气象、产品认证、仓储物流等社会化配套不足甚至缺失，大大增加了经营难度。缺乏统一的产品标识、认证、质检、宣传、营销，产品品牌知名度低，市场影响力不够，缺乏市场话语权。营销网络不健全，营销手段落后，仍以产地经销为主，缺乏现代营销理念，缺少现代营销人员，缺乏连锁经营、物流配送等现代营销手段。

七、产业化程度不高

农林复合经营和林下经济在很多有条件的地方并没有大规模推广，参与人员少，实际生产面积小，比较效益尚未显现，总体规模相对较小。大多数还处于一家一户分散经营的状态，自产自销、单兵作战、生产盲目，没有龙头企业带动，产业形式相对单一，产业布局缺乏统一规划，无法形成产业化、集约化、规模化经营。很多林农依然使用老旧的传统管理方法和生产模式，管理水平较低、科技含量不高、抗风险能力弱、经济效益低下。只注重初级产品的生产收集，深加工和新产品开发能力严重不足，无法创造更多附加值和额外效益。宣传推广力度不够，营销人才匮乏，销售手段单一落后，未能实现品牌化发展。总体来看，农林复合经营和林下经济尚处于初级阶段，有土地没技术、有生产没规模、有产品没市场，不能有效利用优势资源，不能有效拓展经营空间，不能有效把握市场行情，依旧处于靠天吃饭的状态，无法获得稳定高效的收益。推进产业化经营势在必行。

第三节 林下经济发展的政策建议

农林复合经营和林下经济兼顾生态保护和经济发展，符合绿色发展理念，符合生态文明建设精神，是生态保护和建设、林区经济社会转型和广大农民增收致富的重要途径。但由于目前存在思想认识不足、功能定位不准、扶持政策不力、发展环境不佳等问题，制约了农林复合经营和林下经济进一步发展，亟需国家及各级地方政府加大扶持力度，创造较为有利的发展条件，力争实现生态、经济、民生等的多赢。

一、以生态文明理念为指导

(一) 丰富发展内涵

农林复合经营和林下经济，虽然从名称上看是一种复合型农林生产经营活动，是一种利用林下资源实现经济开发的行为，但其核心内涵是构建一个可持续经营的人工生态系统。生态是关键而非经济，追求的是生态、经济、文化、社会等综合效益，而不单纯是经济效益。因此，亟需丰富农林复合经营的内涵，突出生态服务功能，兼顾综合功能发挥。明确以发挥生态效益为主、多效并重的农林复合经营和林下经济发展思路。

（二）树立生态优先理念

党的十八大提出"把生态文明建设放在突出地位，融入经济建设、政治建设、文化建设、社会建设各个方面和全过程"。十八届五中全会提出"坚持绿色发展，坚持节约资源和保护环境的基本国策，坚持可持续发展，加快建设资源节约型、环境友好型社会，形成人与自然和谐发展现代化建设新格局"。农林复合经营和林下经济满足生态保护与建设、生态产业的发展、人居环境改善和林业生态文化建设等方面，是典型的绿色发展、可持续发展和低碳发展模式，是生态文明建设的重要体现。因此，要以生态文明理念为指导。在思想认识上，要树立生态优先的发展理念。在相关制度、政策、规划制定，在相关项目实施中，要把发挥生态功能和追求综合效益放在首要位置。把森林可持续经营作为农林复合经营的前提条件，把维护生态安全稳定作为发展林下经济的基础。

（三）建立绿色核算体系

农林复合经营和林下经济现行的经济核算与管理考核制度存在缺陷，考核、统计集中在 GDP 上，注意力集中在经济产出上，而忽略了生态贡献和综合效益。农林复合经营和林下经济要想获得各级政府支持和社会认可，获得更多发展机遇，首先要对农林复合经营和林下经济的生态贡献和综合效益进行科学计量。让政府和社会清楚看到其综合价值和重要作用，进而扭转目前思想认识和价值评判上的误区，重视其生态、社会、文化等服务价值。要尽快建立一个综合的绿色价值核算体系，精确测算、挖掘农林复合系统的生态、经济、社会、文化等多方面的综合效益和隐形价值，让国家、公众全面客观地理解认识农林复合经营和林下经济对经济社会发展、生态环境保护、生态产业发展、生态文化和农业文化繁荣等的巨大贡献，争取良好的发展条件。

二、注重政策引导

（一）明确功能定位

就目前发展情况来看，我国对农林复合经营和林下经济的功能定位，更多倾向于产业经济方面，对其核心的生态功能和综合效益认识不足、定位不准。国家要明确农林复合经营和林下经济在构筑生态安全屏障、发展现代农业、繁荣农村社会、传承农业文明等中不可替代的战略地位，把大力发展农林复合经营和林下经济纳入生态文明建设、现代农业发展、新农村建设等的全局，把构建健康稳定的农林复合生态系统作为林业生态建设、林业改革发展的重要抓手和惠林富民的重要途径。出台推动农林复合经营和林下经济发展的政策措施，制定农林复合经营和林下经济发展的规范性文件，突出生态功能，发挥多重效益，实现可持续发展。为构建生态安全屏障、建设和谐林区，为建设美丽中国和生态文明做出新贡献。

(二)加强规划指导

我国幅员辽阔,南北跨50多个维度,东西越60多个经度,是世界上地形地貌、地理气候最复杂,跨气候带最全、生物多样性最丰富的国家之一。我国拥有悠久的农业文明,探索总结形成了多种农林复合经营发展模式。这两者都是我国发展农林复合经营和林下经济的良好基础。但要使丰富优越的自然地理资源和悠久丰硕的农业文明成就完美契合,使自然生态系统和人工生产系统发生耦合效应,产生数倍于单个系统的综合效益,重要的一点就是做好规划布局。要根据不同的自然地理条件、林地类型、经济社会发展状况等因素,选择不同的发展模式和经营思路,配置不同的生产要素,使农林复合系统的自然、生产各要素相互适宜、协调发展,发挥最大效益。国家要结合全国生态文明建设、现代农业发展、农村社会繁荣等重大战略,在经济社会发展的全局层面,对全国农林复合经营和林下经济发展做出较为翔实、科学的宏观规划,指导、引领全国农林复合经营和林下经济发展。各地方政府要根据国家规划,结合本省份、本地发展实际,出台实践指导性较强的发展规划及实施方案。全面加强对农林复合经营和林下经济发展的规划指导。

(三)推动项目示范

当前,我国农林复合经营和林下经济发展存在活力不足、效益低下、产业化程度低等问题,其中一个重要因素就是缺乏大型示范项目的强力带动。国家和地方政府应在生态区位重要、示范效应较强、经营主体明确、体制机制明晰的地区,投资或扶持建设一批国家级、省级和市县级骨干示范基地。发挥示范带动、项目促动、投资拉动的作用,以点带面,辐射推广。既可直接带动周边农林复合经营和林下经济发展,又可在类似区域推广。激发群众发展农林复合经营和林下经济的热情,起到"探路子、出经验、做示范"的作用。引导农林复合经营和林下经济走上一条技术含量高、生态功能强、产品质量优、经济效益好的健康发展之路。同时,还要特别注意丰富示范内容,针对不同自然地理条件、不同森林类型、不同发展模式等都开展示范建设。

(四)实行行业准入

农林复合经营和林下经济,因其生态、经济、社会、文化等多效兼顾而受国家和地方相关政策的扶持,因其产品绿色健康而受市场青睐。但有不少经营者钻政策和市场的空子,打着农林复合经营和林下经济的幌子,实际上并没有进行实质性的农林复合经营和林下经济活动,骗取国家补贴,欺骗消费者。所以亟待制定严格的行业准入制度,建立科学的行业认证标准,实行系统的行业认证管理,净化发展环境,提升发展水平,提高产品质量,提高综合效益,促进农民增收。2014年年初,国家林业局启动了林下经济认证试点工作,在完善国家森林认证体系的同时,向公众传播绿色消费理念,扩大林下经济影响,取得良好效应。希望在试点基础上尽快向全国推广、向更深层次推广,尽快实现全国覆盖、全产业链覆盖。

三、加强领导考核

（一）国家设立跨部门领导机构

农林复合经营和林下经济涉及林业、农业、水利、国土、旅游、环保等多个部门，管理体制不顺、经营机制不活的问题影响其长期可持续发展，无法调动广大经营者持续大规模投入经营。考虑到农林复合经营和林下经济以林地为经营空间，以生态保护建设为根本，建议国家参照全国绿化委员会的建制，成立以林业为主体、多部门参与、跨部门协作的全国性农林复合经营领导机构。统筹协调相关部门管理职责和权限，有效调动各方积极性，充分利用林业、农业、水利、环保、旅游等部门的优势资源，合力推动农林复合经营事业发展，力争将其培育为生态、经济、社会、文化协同发展，生态有效保护、资源高效利用、产品绿色健康，人与自然和谐相处，生态、民生携手共进的生态富民新业态。

（二）地方政府加强组织领导

各级地方政府，尤其是重点林区，要成立相应的农林复合经营和林下经济专职管理机构，配备专职管理人员和技术队伍，加强对农林复合经营和林下经济发展的组织领导和发展指导。重点抓好资金、政策、项目、规划等的落实，加强技术、生产、营销等产业服务。特别是市县级政府，要组建得力专业队伍，深入产业一线，拿出有效举措，解决发展难题，积极引导、推动农林复合经营和林下经济健康有序发展。

（三）各地各单位强化绿色考核

目前，农林复合经营和林下经济还没有引起相关地区各级政府和领导的足够重视，一个很重要的原因是现行的政绩考核多集中在 GDP 上，没有综合考虑生态、社会等综合效益。一方面造成各级政府和领导对农林复合经营和林下经济在思想上不够重视、行动上不够积极，另一方面存在重经济、轻生态的观念。近年来，部分地区开始实行生态离任审计制度，党政"一把手"离任时，对其任职前后的生态环境状况进行对比考评，使生态文明建设真正成为领导干部政绩考评的重要内容。建议在农林复合经营和林下经济效益测算和绩效考核中，加入生态、社会等因子，实行综合性的绿色价值核算和考核。一方面充分彰显农林复合经营和林下经济的综合价值，另一方面切实调动各级政府和领导的发展积极性。

四、加大资金扶持

（一）设立财政补助专项资金

自 2013 年开始，国家在全国 25 个省份开展了林下经济中央财政补助试点工作，到 2015 年共补助 3.85 亿元，有效缓解了发展林下经济资金短缺的难题，有力促进了农林复合经营和林下经济发展。建议国家在试点基础上，尽快研究设立农林复合经营和林下经济中央财政补助专项资金。扩大补助范围，延长补助年限，巩固前期发展成果，稳定目前良好的发展势头，进一步提升发展水平。此外，各级地方政府也要加大财政扶持力度，安排专项发展资金，结合实际用于品牌宣传、技术引进、人才培养、市场建设、产地和产品质量认证、检验检测体系建设等方面。

(二) 相关项目向林下经济倾斜

引导国家级的相关项目，比如现代农业生产发展资金、林业科技推广示范资金等，向农林复合经营和林下经济倾斜，重点支持示范基地与综合生产能力建设，促进农林复合经营和林下经济技术推广和农民林业专业合作组织发展，支持林下经济优势产品集中开发。此外，林业、农业、水利、扶贫等行业的相关项目也主动向农林复合经营和林下经济倾斜，包括：天然林保护、森林抚育、公益林管护、退耕还林、速生丰产用材林基地建设、木本粮油基地建设、农业综合开发、科技富民、新品种新技术推广等项目，以及农林基本建设、技术转让、技术改造等资金。

(三) 加大财税金融扶持力度

在税收、金融、保险等方面加大对农林复合经营和林下经济的支持力度。符合税收相关规定的农林复合经营者，应依法享受有关税收优惠政策，对农林复合经营和林下经济的产品生产经营减免税收。支持符合条件的龙头企业申请国家相关扶持资金，对生态脆弱区域、少数民族地区和边远地区发展农林复合经营和林下经济，要重点予以扶持。各银行业金融机构加大对农林复合经营和林下经济发展的有效信贷投入，中央财政对符合条件的农林复合经营和林下经济发展项目加大贴息扶持力度，对经营者提供小额优惠贷款和保险补贴。

(四) 建立生态补偿机制

对生态功能突出、生态效益明显的农林复合系统，建立类似于天然林资源保护工程、退耕还林工程、公益林生态补偿等的生态补偿机制。按不同生态区域、不同发展水平、不同生态实效等指标，持续给予不同标准和不同方式的中央财政专项资金生态补偿。

五、强化科技创新

(一) 提高科技支撑能力

加强各类、各地区农林复合经营和林下经济的模式与机理、结构与功能等方面的基础研究，为复合经营系统高效产出奠定理论基础。加大科技攻关和科研成果转化，加大技术集成研究与模式创新力度，加快技术推广应用，加强产学研结合，提高农林复合经营和林下经济的科技支撑能力和技术水平。

(二) 坚持创新驱动

模式与技术不是一成不变的，与时俱进、不断发展完善，重视继承传统知识经验的同时，适时引入现代生物技术、现代农业技术、信息技术等，对传统农林复合系统进行适度改造，实现创新发展。建设开放型技术创新体系，将科研院所和广大群众在长期生产实践中积累的先进技术、优良品种和成功经验大面积推广，努力构建完整高效的产学研合作平台。

(三) 加强基层农技服务机构建设

基层农技推广服务机构一头连着科研机构，一头连着广大农户，是科研成果转化和应用的桥梁和推手，要不断充实基层农技服务机构的专业人才队伍，条件好的地方争取建立农林复合经营和林下经济专职技术服务机构。加强公益性技术服务体系建设，林业、农业、畜牧科研和技术推广部门要根据农林复合经营和林下经济发展需要充实专业技术人员，开展种养技术研究，引进和推广适用技术。

(四) 强化培训辅导

农林复合经营和林下经济技术要求高，政策性强。要求发展经济与保护生态相结合，理论知识与实践经验相结合，传统技术与现代技术相结合。但林区职工长期从事采伐和营造用材生产及农业种植，缺乏农林复合经营好林下经济的专业知识，加之文化素质普遍不高，学习能力弱，配套技术少，新、特、优品种缺，生产经营水平无法提高。因此要下大力气，持续不断加强对从业者和经营者的技术培训和政策辅导，帮助林农充分利用优惠政策，主动运用先进技术理念，克服技术瓶颈，降低生产经营成本，提高经济效益和发展水平。

六、完善社会服务

(一) 加快基础设施建设

林区和林场基础设施建设长期滞后，严重制约了农林复合经营和林下经济发展。国务院《关于加快林下经济发展的意见》提出，要加大林下经济相关基础设施的投入力度。各级政府和相关单位要将林区和林场基础设施建设纳入当地城乡建设总体规划，加快道路、水利、通信、电力等基础设施建设，彻底解决基础设施薄弱的难题。

(二) 加强服务体系构建

农林复合经营和林下经济不是单纯的林下生产，需要涵盖产前、产中、产后一整套的包括融资、技术、销售、基础保障等的服务体系支撑。但目前我国林区公共社会服务体系普遍缺乏，广大林农由于缺乏资金、技术、市场、信息等方面的支持，造成生产困难、效益低下、市场不稳，影响了发展农林复合经营和林下经济的积极性和持续性。急需在重点林区建立农林复合经营和林下经济发展所需的覆盖全产业链的社会服务网络，从产业规划、发展模式、技术辅导，到农资供应、产品销售、仓储物流、产品认证等，为林农提供专业化、社会化的服务和指导。

(三) 强化产业培育

优化生产组织，积极引导建立"企业(林场) +合作社+农户""企业(林场) +基地+农户""订单林业"等生产组织模式，以林产品加工、运销企业为龙头，重点围绕一种或几种产品的生产、销售，与生产基地和农户有机联合，实行一体化经营，形成"风险共担，利益共享"的经济共同体。发展精深加工，延长产业链，提升产业完整度，从产、供、销等各个环节，实现全过程产业化。培育产业发展的助推体系，完善功能配套，提升产业关联度。培育龙头企业和专业化园区，积极引导同类企业兼并重组、合资并股，提升产业集中度，重点培育和扶持一批大的企业集团，提高产业竞争力和经济效益。实施品牌化的发展战略，树立"绿色、环保、无公害"的产品形象，充分挖掘产业潜能，积极扩大产业优势。打造专业化的营销团队，适时根据市场变化，调整销售策略和生产计划，尽量降低生产和市场风险。提高对产品乃至整个产业的广告宣传力度，积极宣传典型案例，充分发挥典型带动作用。

七、推进信息化建设

全球信息化浪潮汹涌而至，信息化成为经济社会创新发展最重要驱动引擎。林业现代化，首先是全面的信息化，信息化是林业现代化建设的第一道工序，以信息化推动林业高质量发展，带动林业现代化各项建设，已成为推动新时期林业改革发展的普遍共识。林下经济也不例外。信息化的对林下经济发展的促进作用，主要体现在三方面，一是有利于促进林下经济发展，吸引更多林业经济开发者参与到林下经济发展中来，更好的促进其经济效益发展。二是有利于促进林下经济技术创新，为林下经济发展提供更加广阔的平台，加快新技术在林下经济中的应用。三是有利于促进林下经济管理科学化，实现智能化管理，提高林下经济信息利用效率。

（一）加快林业云建设

云计算是由分布式计算、并行处理、网格计算发展而来的一种新兴的共享基础架构的方法，可以将巨大的系统池连接在一起以提供各种 IT 服务。云计算既指 IT 基础设施的交付和使用模式，通过网络以按需、易扩展的方式获得所需的资源；也指服务的交付和使用模式，通过网络以按需、易扩展的方式获得所需的服务。云计算的重要作用主要体现在六个方面：一是提高信息共享，实现科学决策。不仅能提供高弹性、高并发性的云计算平台，而且通过信息资源的整合和共享，增加决策的准确性和科学性。二是提高资源利用率，节约建设投资。依据统一的技术标准，将各级基础性、公共性、全局性的项目进行统一建设，形成统一的林业信息化基础平台，为林业系统提供从网络到应用，从安全到管理的综合支撑服务，实现节约投资、避免重复建设。三是提升服务能力，提高办公效率。提供一个高效率的运行平台，为林业决策提供更好的数据分析环境。同时，整合政务信息和服务资源，推进政务公开、改善政府服务、优化发展环境。四是提高基础资源使用的便捷性。使各部门在构建各自业务应用时，如同在办公室用水用电一样便捷的共享信息化基础设施，有利于进一步加强信息资源整合共享和统一管理。五是提高基础资源的可用性和健壮性。使林业信息化基础设施具备更高的稳定性和更强的容灾能力，能够有效消除安全保障中的"短板效应"，增强整个林业信息化环境的安全性。六是提升信息资源共享应用和业务协同能力。能够显著降低林业信息资源共享应用和业务协同的技术门槛，能够保证数据的权威性和统一性，有利于更好地服务于决策和部门管理。2013年8月，国家林业局印发《中国智慧林业发展指导意见》，在"智慧林业管理协同体系"中提出建设"中国林业云创新工程"，采用先进的云计算技术，建设国家、省两级架构的云中心，形成全面统一的中国林业云。2017年10月，国家林业局印发《关于促进中国林业云发展的指导意见》，进一步加强对中国林业云建设的顶层指导。

（二）大力发展林业物联网

物联网是一个基于互联网、传统电信网络等信息承载体，让所有能够被独立寻址的普通物理对象实现互联互通的网络。换句话说，在物联网世界，每一个物体均可寻址，每一个物体均可通信，每一个物体均可控制。又由于物联网所倡导的物物互联规模要远大于现阶段的人与人通信业务，因此物联网的预期市场前景也要远大于之前的计算机、互联网和移动通信等。林业物联网是林业信息化和现代化建设中的关键环节，其重要作用主要体现在以下六个方面：一是环境监测。将整片林子通过无线传感器网络连接在一起，网络节点大量实时地收集林内温度、湿度、光照、气体浓度、树木生长及各种灾害指标情况，并传输到管理平台。二是智慧森林培育。信息管理系统将根据动态监测到的树木生长变化情况，分析树木生长需要的土壤水分、养分、ph值等适宜的环境信息，采取相应管理措施，实现智慧化森林培育。三是智慧化森林管护。以智能传感、宽带无线、卫星定位、RFID等技术为基础，可对动物、车辆、树木、人员、烟、火进行精准识别，可对空气质量、森林气候进行有效探测，在森林防火预警应用前景广阔。四是在野生动物保护的应用中，可对动物进行准确识别和跟踪监控。五是在森林病虫害防治应用中，通过对树叶形状和颜色的变化进行分析，识别昆虫种类，对病虫害进行报警。六是在林政管理应用中，给树木落上户口，对生长、采伐、运输、销售等环节进行森林认证管理，对人员、车辆等进行有效识别，提高防控水平。2012年，林业就被列入国家首批物联网6家示范单位之一，分别在吉林长白山和江西井冈山开展智慧森林监控和智慧森林旅游物联网建设示范。国家林业局在《国家林业局关于进一步加快林业信息化发展的指导意见》、《中国智慧林业发展指导意见》、《"互联网+"林业行动计划——全国林业信息化"十三五"发展规划》等顶层设计中都对林业物联网建设作出了部署。2016年6月，国家林业局印发《关于推进中国林业物联网发展的指导意见》，这是深入贯彻落实《国务院关于推进物联网有序健康发展的指导意见》精神，顺应物联网发展大势、发挥首批国家物联网应用示范部委带头作用的关键举措，对全国林业物联网发展做了全面规划。

（三）推进林业移动互联网发展

移动互联网是一种通过智能移动终端，采用移动无线通信方式获取业务和服务的新兴业态，包含终端、软件和应用3个层面。移动互联网是移动通信技术和互联网技术互相融合形成的，具有终端移动性、业务及时性、服务便利性等特点，消除了时间和地域的限制，人们可以借助移动网络随时随地进行信息传输。随着移动带宽技术的迅速提升，更多的传感设备、移动终端随时随地接入网络，加之云计算、物联网等技术的带动，移动互联网已经渗透到各个行业，形成移动互联生态系统，并逐步走向全球化、智能化。移动互联网在林业中的应用主要有以下三方面：一是林业移动政务。利用移动互联网及相关技术，为公共服务人员提供随时随地的信息支持，减少不必要的物流和人流，提升服务质量和效率。二是林业移动业务。包括移动资源监管、移动营造林管理、移动灾害监控与应急管理、移动林权综合监管、移动林农信息服务等，通过移动互联网技术与林业业务的深度融合，实现林业业务的高效智慧管理。三是林业移动服务。建立林业移动应用服务平台，嵌入各种移动终端和信息渠道，向使用者推送林业产品、旅游资源、文化活动等最新动态，随时随地为用户提供林业信息，满足不同用户的个性化需求。国家林业局在《中国智慧林业发展指导意见》《"互联网+"林业行动计划——全国林业信息化"十三五"发展规划》等顶层设计中都对林业移动互联网建设作出了部署。2017年10月，国家林业局印发《关于促进中国林业移动互联网发展的指导意见》，对推动林业移动互联网健康有序发展作了进一步指导。

(四) 深化林业大数据建设

大数据是指体量特别大、数据类别特别多的数据集，并且这样的数据集无法用传统数据库工具对其内容进行抓取、管理和处理。大数据有"4V"特点：数据体量（Volume）大、数据类别（Variety）多、数据处理速度（Velocity）快、数据真实性（Veracity）高。大数据是一种全新的思维模式和信息资源，被称为信息时代的"石油"。林业大数据是林业信息化和林业现代化建设的核心组成部分，是将林业体系内数据、互联网相关林业数据、林业产业数据等多来源、多形态的数据进行整合、加工处理及分布式存储，利用最新的数据挖掘分析技术和数据可视化技术，充分揭示数据的规律性和价值性，为生态治理、产业经济、林业文化提供强大的数据支撑能力，使林业实现智能感知、智慧管理与智慧服务，形成林业产业结构与创新能力优化发展的现代化模式。林业大数据的重要性主要体现在四个方面：一是林业大数据是生态变迁的"信息收集器"。基于更加多元化的数据采集方式，针对多样化、多态化、多渠道的生态系统所涉及森林、湿地、草原、荒漠、动植物信息及对生态系统影响因素（如大气信息、水土信息、人类活动信息等数据信息），进行全面、全量、全态、全时空的智能采集和分类存储。二是林业大数据是生态发展的"本质显示器"。基于各类生态资源基础信息，通过对生态系统涉及的各类主体对象发展变迁轨迹和生态要素总体表象的分析，进一步研究其内在的相关性、规律性与外在的表现性、影响性之间的关系。应用林业大数据能确定并量化生态系统各个业务对象相互之间的依存特征。三是林业大数据是生态治理的"数据指南针"。基于历史生态变迁的信息挖掘，对各类生态作用因素的行为特征、变化特征、影响特征进行体系化和指标化，以生态现状为起点，以生态治理目标为方向，以系统化的生态治理指标体系和大数据技术为手段，为生态治理工程的主次评判、内容制定、效果评估提供准确的"信息指南针"，是实现生态治理模式向"智慧化"转变的重要保证。四是林业大数据是生态治理与经济发展的"变速箱"。基于对海量信息的分析、动态的监测预警、发展趋势的预测、治理策略的评估，起到"变速箱"的作用，为国家发展提供相匹配的动力转化，为经济发展模式与生态治理策略提供准确的咬合选择。2016年7月，国家林业局发布《关于加快中国林业大数据发展的指导意见》，这是深入贯彻《国务院关于印发〈促进大数据发展行动纲要〉的通知》等系列决策部署的重要举措，旨在充分发挥林业大数据在生态建设中的重要功能和巨大潜力，推进数据资源开放共享，提高林业大数据研究和应用服务能力，对加强生态治理，促进林业产业转型升级，提升林业治理精准化，为林业现代化建设提供更加强有力的支撑。

(五) 加快林业人工智能发展

人工智能是利用计算机或者计算机控制的机器模拟、延伸和扩展人的智能，感知环境、获取知识并使用知识获得最佳结果的理论、方法、技术及应用系统。根据应用范围的不同，人工智能分为专用人工智能、通用人工智能、超级人工智能三类，同时，这三个类别也代表着人工智能不同的发展层次。目前，国家林业局正在开展林业人工智能发展战略研究，人工智能在林业上的应用主要有以下 10 个方面：一是种苗培育。实现全自动化无人苗圃，机器人执行从种植到收获的全部生产流程，不仅节省人工费用，还能保证种苗的品质和一致性。二是植树造林。机器人按照指定程序完成"挖坑、栽植、埋土、浇水"等一系列流程，解放体力劳动。而且可以除去杂草和有害植物，调节种植环境等。三是病虫害防治。利用无人机对难以人工作业、大面积发生的森林病虫害区域实施低空航空遥感监测及防治，解决人力资源不足、覆盖率低、效率低等问题。四是森林防火。通过对森林火灾监测、烟火自动识别、灾害位置自动定位、人工增雨、无人机大量应用等，实现对森林火灾的智能监控和扑灭。五是木材加工。木材加工厂变为"无人工厂"，车间各工作环节全部由智能机器人代替，节省大量人力和时间，保证产品质量。六是林产品贸易。机器代替人力，人们只需在手机客户端下订单，机器人配货，无人机送货，林产品便可直接到达购买者手中。七是森林旅游。通过虚拟旅游，随时随地遍览远在万里之外的风光美景。景区导游机器人可以为游客提供导游、宣传、咨询等服务。八是图像识别。用户只需将手机对着植物特征部位一拍，能自动识别该植物名称，并提供根茎叶花果、产地、分布及功效等详细信息，像随身携带的植物专家。九是森林监测。通过高分辨率林业卫星，为森林资源普查、野生动物保护、沙漠化防治、湿地监测等领域提供分辨率更高、覆盖能力更强、响应时间极短、数据更新极快的信息服务。十是林业管理。智能机器人取代人的部分工作，减轻人们工作压力和强度。工作人员不用必须坐在办公室，可随时随地办公。

(六) 加强信息基础设施建设

互联网改变了传统的经济空间布局，让经济欠发达的林区有机会以较低的成本参与到市场经济中来；信息技术弥合数字鸿沟，帮助林农获得新知识、新技能、新市场；电子商务帮助林农低成本对接大市场，带动林产业发展和就业。加强林区信息基础设施建设，切实提高农林复合经营和林下经济发展的信息化应用水平和支撑能力。各级政府要把林区信息基础设施建设纳入城乡规划统一建设，积极引导、鼓励电信企业参与到政府有要求、林区有需要、发展有前景、各方均受益的林区信息基础设施建设当中，帮助林农获得新知识、新技能、新市场。一是树立互联网思维。立足信息时代，树立互联网思维。以创新思维谋思路，以融合思维促发展，以用户思维强服务，以协作思维聚力量，以快速思维提效率，以极致思维上水平。打破阻碍、开放包容，对全球开放、对全社会开放、对未来开放,开创开放共享、众筹共建林业发展新模式,让所有关心林业、热爱生态的人都参与到林业现代化建设的宏伟蓝图中来。二是强化创新驱动。完善激励自主创新的政策法规,为自主创新提供强有力的法律制度保障,倡导创新,鼓励创新,形成政府、企业、科研院所、高等院校协同创新机制。紧盯市场,加快新技术应用。三是保障安全基础。提升网络安全管理、态势感知和风险防范能力,加强信息网络基础设施安全防护和用户个人信息保护。重视融合带来的安全风险,完善网络数据共享、利用等的安全管理和技术措施,确保数据安全。四是健全应急机制。建立信息安全风险评估机制,建设和完善信息安全监控体系,提高对网络安全事件的应对和防范能力,建设信息安全应急处置机制,不断完善信息安全应急处置预案,重视灾难备份建设,增强信息基础设施和重要信息系统的抗毁能力和灾难恢复能力。

(七) 培育智慧林下产业

促进信息技术在农林复合经营和林下经济发展中的应用,推动产业转型升级。加快对先进技术的引进、消化、吸收和再创新,积极建立具有自主知识产权的核心关键技术体系。加强现代电子技术、传感器技术、计算机控制技术等高新技术在农林复合经营和林下经济中的应用,提升经营水平,提高综合效益。围绕木本粮油、特色经济林、森林旅游、花卉苗木、竹产品、生物质能源、碳汇等林业产业领域,立足现有林业企业和产业基础,培育产业新业态,促进信息技术在产业发展中的应用。积极建立具有自主知识产权的核心关键技术体系;将电子技术、传感器技术、计算机控制技术等信息技术贯穿林业产业全流程,促进物联网、二维码、射频识别等新技术的应用,培育林业产业新模式。

(八) 建设电子商务平台

林产品电子商务在全国各地迅速兴起,众多淘宝村的林产品已经卖到全球各地,但目前我国还没有全国统一的、专业的、全周期服务的林产品电子商务平台,还存在着林业生产企业规模普遍偏小、科技转化率比较低、产业资源支撑能力比较弱等问题,林业产业对新技术、新信息、新成果的接纳、消化和吸收的能力还远不如其他行业,企业主对互联网、电子商务等信息技术应用还没有广泛的信任和认同,再加上林产品大多分布在山区,网络基础设施相对落后,林业电子商务的发展与其他行业相比,相对滞后。加快建设全国农林复合经营和林下经济电子商务平台,发挥专业优势和规模优势,为广大林农和中小林业企业提供一个完善的网上交易市场,使相关参与者共享信息并相互服务。同时配合物流配送、外包解决方案、经营管理、网络商务等基础设施,改进原有企业间的业务流程,促进企业间的物流、信息流、资金流,实现资源共享、降低成本、提高效益。建立林产品信息集中发布平台和预测预警系统,加强林产品质量检测、监测和监督管理,切实维护生产者、经营者、消费者的合法权益。着重建设林业电子商务服务体系、物流配送体系、林产品交易诚信体系、林产品认证和质量追溯体系、林业电子商务标准体系等"五大体系",改变林业商务活动的传统交易和组织方式,推动 B2B、B2C、C2B、C2C、O2O、B2Q 等电子商务经营模式的应用,使林业商务活动网络化、智能化,逐步打破人才、网络、物流等方面的瓶颈,促进林业企业信息交流,降低交易成本,缩短产品的生命周期,开拓新的销售领域。完善林产品市场流通体系，拉动消费需求，促进林农就业，繁荣林区经济，助力林业精准扶贫。

（九）搭建生态产品综合服务平台

我国生态质量仍旧处于较低水平，生态改善与生态退化并存，自然生态系统依然十分脆弱，生态产品供给严重不足，农林复合经营和林下经济提供的涵养水源、保育土壤、固碳释氧等主要生态服务，作为"最公平的公共产品"和"最普惠的民生福祉"，在改善生态环境、防灾减灾、提升人居生活质量等方面发挥了显著的正效益。但总体看，我国生态空间、生产空间、生活空间错配突出，人口密集区生态承载力不足，人们对身边增绿、社区休憩、森林康养的需求越来越迫切。生态体验设施缺乏，森林湿地难以感知，生态资源还未有效转化为优质的生态产品和公共服务，生态服务价值未充分显化和量化，城镇生态服务明显欠缺，优质木材、木本油料、森林食品等林产品供需矛盾突出，高附加值产品比重低，重要材料对外依存度高，巨大的生产潜力没有充分发挥。迫切需要将新一代信息技术与林业生态补偿、林业产业培育、生产加工过程、流通销售环节深度结合，推动林业产业转型升级，实现林业提质增效。搭建农林复合经营生态产品综合服务平台，开辟农林复合经营和林下经济发展新业态，汇聚丰富多彩的森林生态景观、优质富氧的森林环境、沁人心脾的森林空气、健康安全的森林食品、内涵浓郁的森林生态文化等生态资源，配备相应的养生休闲及医疗、康体服务设施，推动以调适机能、延缓衰老为目的的森林游憩、度假、疗养、保健、养老等活动。紧密结合林业生产实际，构建涵盖产前、产中、产后的全产业链多元信息服务，消除行业壁垒，降低创业门槛，为林业行业大众创业、万众创新提供新空间，有效促进林农致富增收。

（十）建立全国林产品智能溯源系统

在当今社会，生态危机已严重影响人类社会的发展，产品安全问题也引起人们广泛关注。欧盟、美国等发达国家和地区要求对出口到当地的部分产品必须具备可追溯性，国务院提出建立健全消费品质量安全监管、追溯、召回制度，但我国许多农林复合经营和林下经济的名优林特产品还没有开展原产地标记注册，在原产地名称上屡遭假冒、抢注等侵权行为，非常有必要利用物联网、射频识别等信息技术，建立产品质量追溯体系，形成来源可查、去向可追、责任可究的信息链条，方便监管部门监管和社会公众查询。林产品标识溯源系统，充分运用物联网、云计算和 GPS 等信息技术，实行"一批一卡"和全程采集数据，实现林产品从原料采集到客户购买查询的全程跟踪管理和服务，追踪林产品从原材料生产到商品进入市场各个阶段，支持品质、产地、特性、生产厂家、检验检测结果和物流状态等信息实时查询和林产品全程监管，实现对森林资源的有效监督和保护，确保森林资源和林产品安全，并有力推进森林认证，有效实施原产地保护，促进国际贸易发展，为其他产品溯源提供基础。我国关于食品溯源体系的研究始于 2002 年，逐步制定了一些相关的标准和指南，2005 年，国家质检总局出台了《出境水产品溯源规程（试行）》，中国物品编码中心编制了《牛肉制品溯源指南》，陕西标准化研究院编制了《牛肉质量跟踪与溯源系统实用方案》。2007 年 11 月，中国物品编码中心编制了《产品溯源通用规范》，规范了我国产品溯源系统的建设,这些都为建立林产品智能溯源系统提供了参考。

参考文献

[1]李世东,2015.中国林业网[M].北京:中国林业出版社.
[2]李世东,2015.中国智慧林业[M].北京:中国林业出版社.
[3]李世东,2016.中国林业大数据[M].北京:中国林业出版社.
[4]李世东,2017.中国林业物联网[M].北京:中国林业出版社.
[5]李世东,2018.中国林业一张图[M].北京:中国林业出版社.
[6]李世东,2018.中国林业移动物联网[M].北京:中国林业出版社.

本章作者:李世东(国家林业和草原局)